21世纪高等院校信息与通信工程规划教材

21st Century University Planned Textbooks of Information and Communication Engineering

# 数字电路与逻辑设计

杨永健 主编

玄玉波 张伟 副主编

Digital Circuit and Logic Design

人民邮电出版社

北京

图书在版编目（CIP）数据

数字电路与逻辑设计 / 杨永健主编. -- 北京 : 人民邮电出版社, 2015.2
21世纪高等院校信息与通信工程规划教材
ISBN 978-7-115-38153-8

Ⅰ. ①数… Ⅱ. ①杨… Ⅲ. ①数字电路－逻辑设计－高等学校－教材 Ⅳ. ①TN79

中国版本图书馆CIP数据核字(2015)第014727号

## 内 容 提 要

本书主要介绍数字电路的基本分析方法和设计方法，以及用可编程逻辑器件设计电路的软件平台和硬件描述语言设计方法。主要内容包括数制和码制、逻辑代数基础、逻辑门电路、组合逻辑电路分析与设计、中规模组合逻辑器件应用、触发器、时序逻辑电路的分析与设计、常用时序集成器件、555 定时器及其应用、半导体存储器件和可编程器件、硬件描述语言、数模和模数转换。

本书编写语言简练，由浅入深，章节顺序安排合理，有较多的例题和习题可供参考和练习，利于教学和自学。本书适合作为高等本科院校通信、电子、电气、信息技术和计算机等专业“数字电路与逻辑设计”课程教材，也适合作为高职高专相关专业的教材以及工程技术人员的技术参考书。

◆ 主　　编　杨永健
　副 主 编　玄玉波　张　伟
　责任编辑　张孟玮
　执行编辑　税梦玲
　责任印制　沈　蓉　彭志环
◆ 人民邮电出版社出版发行　　北京市丰台区成寿寺路 11 号
　邮编　100164　　电子邮件　315@ptpress.com.cn
　网址　http://www.ptpress.com.cn
　北京九州迅驰传媒文化有限公司印刷
◆ 开本：787×1092　1/16
　印张：19.75　　　　2015 年 2 月第 1 版
　字数：494 千字　　　2025 年 1 月北京第 8 次印刷

定价：46.00 元

读者服务热线：(010) 81055256　印装质量热线：(010) 81055316
反盗版热线：(010) 81055315

# 前 言

“数字电路与逻辑设计”是通信、电子、信息技术、自动化、计算机、电力系统以及机电一体化等专业的一门重要的专业基础课程。当今，电子技术飞速发展，许多新的数字电子器件和电路分析方法不断出现，尤其是中规模电子器件的发展更为迅速，因此，数字电路与逻辑设计课程的内容也要不断更新，以适应飞速发展的数字电路与逻辑设计的需要。

全书共分为 10 章。第 1 章、第 2 章介绍数字电路与逻辑设计的基础知识，主要讲解数字电子技术中数制、码制及逻辑代数基础。第 3 章介绍分立元件、TTL 和 CMOS 集成门电路的构成。第 4 章重点介绍组合逻辑电路的分析与设计方法，并详细讲述常用中规模集成组合逻辑器件及其应用。第 5 章介绍时序电路的常用器件——触发器。第 6 章重点讨论时序逻辑电路分析、设计的常用方法以及常用中规模时序逻辑器件与应用。第 7 章介绍半导体存储器和可编程逻辑器件。第 8 章对硬件描述语言做了简要介绍。第 9 章讲述数模转换和模数转换。第 10 章从 555 定时器入手，详细讨论脉冲产生、整形及变换电路的构成方法及应用。每一章都有例题及习题，以帮助读者消化、巩固所学的理论及方法。

本书是作者近年来的教学实践经验的总结，并迎合近年来压缩“数字电路与逻辑设计”课时的课程改革，将重点的内容放在每章的前面，删去进化过程中的器件讲解（如第 5 章中删去了主从 JK 触发器）。本书强调理论联系实际，书中以不同的方式，安排了一定数量的电路实例并和习题紧密配合，以期提高教学效果。本书仍沿用从模拟到数字的体系，如需从数字到模拟的体系讲授，只需将书中第 3 章“门电路”放到前面讲授即可。

本书由杨永健任主编，负责编写提纲的制订、各章初稿的修订和统稿。第 1 章、第 2 章、第 3 章、第 4 章及第 9 章由玄玉波编写；第 5 章、第 6 章、第 10 章由张伟编写；第 7 章、第 8 章由杨永健编写。在编写过程中王勇和吴宁参加了许多工作，给与了很大的支持，在此表示衷心的感谢。

由于时间仓促，作者水平有限，书中难免有欠妥之处，恳请读者批评指正。

作 者

2014 年 10 月

# 目录

# 第1章 数制与码制

现代信息的采集、存储、处理和传输越来越趋于数字化。常用的电子设备，如计算机、电话、照相机等，都是采用数字电路。本章首先介绍模拟信号和数字信号的定义，然后讨论数制、二进制数的算术运算和几种常见的编码。

## 1.1 概述

电子信号可用于表示任何信息，如符号、文字、语音、图像等，从表现形式上可归为两类：模拟信号和数字信号。模拟信号的特点是时间和幅度上都连续变化（连续的含义是在某一取值范围内可以取无限多个数值）。交流放大电路的电信号就是模拟信号，如图 1-1 所示。我们把处理模拟信号的电子电路称为模拟电路。

数字信号是时间和幅度上都不连续变化的离散的脉冲信号，例如图 1-2 所示。用数字信号对数字量进行算术运算和逻辑运算的电路称为数字电路，或数字系统。由于它具有逻辑运算和逻辑处理功能，所以又称为数字逻辑电路。

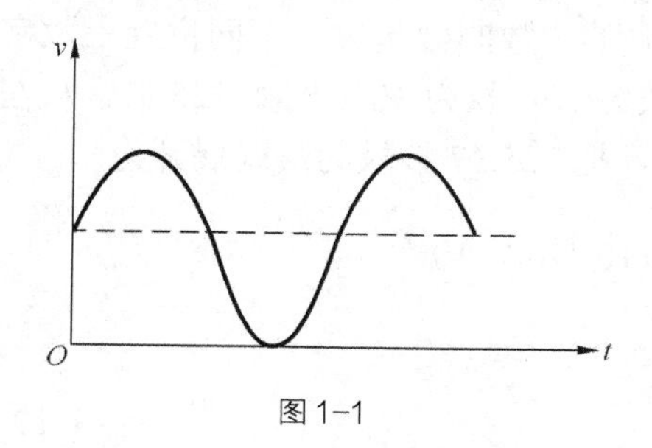


图 1-1

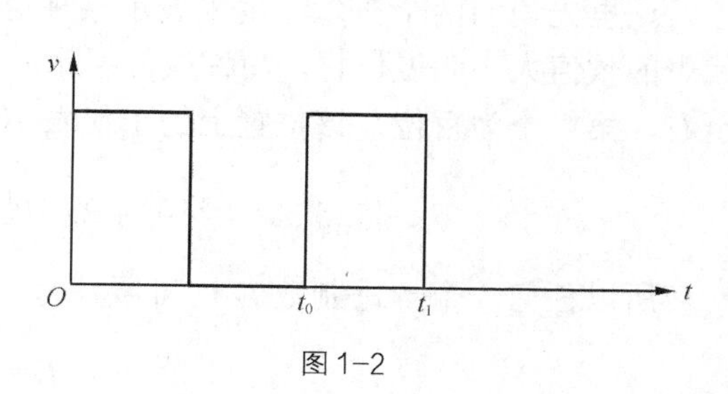


图 1-2

数字信号的高、低电平可以用“1”和“0”来表示。如果高电平用“1”表示，低电平用“0”表示，则称这种表示方法为正逻辑。如果高电平用“0”表示，低电平用“1”表示，则称这种表示方法为负逻辑。本书均采用正逻辑。

对于图 1-2 所示的脉冲波形，它从高电平变化到低电平，再从低电平变化到高电平。在 $t_0$ 时刻出现的波形称为上升沿，在 $t_1$ 时刻出现的波形称为下降沿。对于非理想脉冲波形及脉冲波形的产生和变换将在第 10 章详细介绍。

数字电路通常是根据脉冲信号的有无进行工作的，而与脉冲幅度无关，所以抗干扰能力强、准确度高。虽然数字信号的处理电路比较复杂，但因信号本身的波形十分简单，只有两种状态——有或无，在电路中具体表现为高电平和低电平，所以用于数字电路的半导体管不是工作在放大状态而是工作在开关状态，或饱和导通，或截止。因此制作时工艺要求相对低，易于集成化。随着数字集成电路制作技术的发展，数字电路在通信、计算机、自动控制、航天等各个领域获得了广泛的应用。

数字信号通常都是用数码表示的。数码不仅可以用来表示数量的大小，还可以用来表示事物或事物的不同状态。用数码表示数量大小时，需要用多位数码表示。通常把多位数码中每一位的构成方法及从低位到高位的进位规则称为数制。而在用于表示不同事物时，这些数码已经不再具有表示数量大小的含义，它们只是不同事物的代号，比如，我们每个人的身份证号码。这些号码仅仅表示不同对象，没有数量大小的含义。为了便于记忆和查找，在编制代码时总要遵循一定的规则，这些规则就称为码制。考虑到信息交换的需要，通常会制定一些大家共同使用的通用代码，例如：目前国际上通用的美国信息交换标准代码（ASCII 码，见本章第 1.5 节）就属于这一种。

## 1.2 几种常用的数制

任何一个数都可以用不同的进位体制来表示，但不同进位计数体制的运算方法和难易程度各不相同，这对数字系统的性能有很大影响。常用的进位计数制有十进制、二进制、八进制、十六进制。

### 1.2.1 十进制

十进制数的特点：

（1）每一位有 10 个数码，即 0～9；

（2）由低位向高位的进位原则是“逢十进一”。

这里先说明两个概念，用来表示某种进位体制的数码的个数叫做基数。不同位置上数字代表的数值大小叫做位权，简称权。因此，十进制的基数为 10，权为 $10^i$。例如 125.37，从左至右，第一个为百位，该位置上的 1 代表 100，权为 $10^2$，把 125.37 按权的形式展开为

$$125.37=1\times10^2+2\times10^1+5\times10^0+3\times10^{-1}+7\times10^{-2}$$

所以任何一个十进制数 $D$ 均可展开为

$$D=\sum_{i=-m}^{n-1} k_i 10^i \tag{1-1}$$

式中 $k_i$ 是第 $i$ 位的系数，它可以是 0～9 这 10 个数码中的任何一个。若整数部分的位数是 $n$，小数部分的位数是 $m$，则 $i$ 是包含从 $n-1$～0 的所有正整数和从 $-1$～$-m$ 的所有负整数。

若以 $N$ 取代式中的 10，即可得到任意进制（$N$ 进制）数按十进制展开式的普遍形式

$$D=\sum_{i=-m}^{n-1} k_i N^i \tag{1-2}$$

式中 $i$ 的取值与式（1-1）的规定相同。$N$ 是计数的基数，$k_i$ 是第 $i$ 位的系数，$N^i$ 称为第 $i$ 位的权。

### 1.2.2　二进制

二进制数的特点：

（1）每一位有 2 个数码，即 0 和 1；

（2）由低位向高位的进位原则是“逢二进一”。

所以二进制数各位的权是基数 2 的幂。任意一个二进制数按权展开式为

$$D=\sum_{i=-m}^{n-1} k_i 2^i \tag{1-3}$$

由式 1-3 可计算出它所表示的十进制数的大小。例如

$$(110.01)_2=1\times2^2+1\times2^1+0\times2^0+0\times2^{-1}+1\times2^{-2}=(6.75)_{10}$$

上式中分别使用下脚标 2 和 10 表示括号里的数是二进制数和十进制数。有时也用 B（Binary）和 D（Decimal）代替 2 和 10 这两个脚注。采用二进制计数制，对计算机等数字系统来说，运算、存储和传输极为方便可靠，然而二进制数书写起来很不方便。为此人们经常采用八进制数和十六进制计数制来进行书写或打印。

### 1.2.3　八进制

八进制数的特点：

（1）每一位有 8 个数码，即 0～7；

（2）由低位向高位的进位原则是“逢八进一”。

所以八进制数各位的权是基数 8 的幂。任意一个八进制数按权展开式为

$$D=\sum_{i=-m}^{n-1} k_i 8^i \tag{1-4}$$

由式 1-4 可计算出它所表示的十进制数的大小。例如

$$(23.8)_8=2\times8^1+3\times8^0+8\times8^{-1}=(20)_{10}$$

上式中使用下脚标 8 表示括号里的数是八进制数。有时也用 O(Octal)表示八进制数。

### 1.2.4　十六进制

十六进制的特点：

（1）每一位有 16 个数码，即它由 0～9，A～F 组成，与 10 进制的对应关系是 0～9 对应 0～9，A～F 对应 10～15；

（2）由低位向高位的进位原则是“逢十六进一”。

所以十六进制数各位的权是基数 16 的幂。任意一个十六进制数按权展开式为

$$D=\sum_{i=-m}^{n-1} k_i 16^i \tag{1-5}$$

由式 1-5 可计算出它所表示的十进制数的大小。例如

$$(1B.8)_{16}=1\times16^1+11\times16^0+8\times16^{-1}=(27.5)_{10}$$

上式中使用下脚标 16 表示括号里的数是十六进制数。

几种常用数制之间的变换关系如表 1-1 所示。

**表 1-1　　几种常用数制之间的变换关系**

| 十进制数 | 二进制数 | 八进制数 | 十六进制数 |
|---|---|---|---|
| 0 | 0000 | 0 | 0 |
| 1 | 0001 | 1 | 1 |
| 2 | 0010 | 2 | 2 |
| 3 | 0011 | 3 | 3 |
| 4 | 0100 | 4 | 4 |
| 5 | 0101 | 5 | 5 |
| 6 | 0110 | 6 | 6 |
| 7 | 0111 | 7 | 7 |
| 8 | 1000 | 10 | 8 |
| 9 | 1001 | 11 | 9 |
| 10 | 1010 | 12 | A |
| 11 | 1011 | 13 | B |
| 12 | 1100 | 14 | C |
| 13 | 1101 | 15 | D |
| 14 | 1110 | 16 | E |
| 15 | 1111 | 17 | F |

## 1.3 不同进制间的转换

### 1.3.1 二进制数转换十进制数

把二进制数转换为等值的十进制数，通常采用“加权法”，即把二进制数首先写成加权系数展开式，然后按十进制加法规则求和。例如

$$(101.01)=1\times 2^2+0\times 2^1+1\times 2^0+0\times 2^{-1}+1\times 2^{-2}=(5.25)_{10}$$

### 1.3.2 十进制数转换二进制数

十进制数转换成等值的二进制数，需要将十进制数的整数部分和小数部分分别进行转换，因为二者的转换方法是不相同的。

#### 1. 整数部分的转换

假定十进制整数为（$D$）$_{10}$ 等值的二进制数为 $k_nk_{n-1}\cdots k_0$，则有

$$\begin{aligned}(D)_{10}&=(k_n2^n+k_{n-1}2^{n-1}+\cdots+k_12^1+k_02^0)\\&=2(k_n2^{n-1}+k_{n-1}2^{n-2}+\cdots+k_1)+k_0\end{aligned}$$

上式表明，若将（$D$）$_{10}$除以 2 得到的商为 $k_n2^{n-1}+k_{n-1}2^{n-2}+\cdots+k_1$，而余数即 $k_0$，因此不难看出，若将（$D$）$_{10}$除以 2 得到的商再除以 2，则所得余数即 $k_1$。

具体做法是：用 2 去除十进制整数，可以得到一个商和余数；再用 2 去除商，又会得到一个商和余数，如此进行，直到商为 0 时为止。然后把所有余数按逆序排列，也就是把先得到的余数作为二进制数的低位有效位，后得到的余数作为二进制数的高位有效位，依次排列起来，这就是所谓“除 2 取余，逆序排列”。

例如，将十进制数 98 转化为二进制数，可如下进行

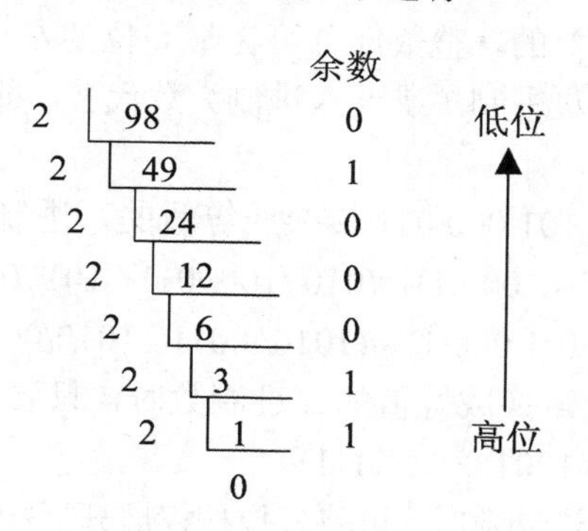


故
$$(98)_{10}=(1100010)_2$$

### 2．小数部分的转换

假定十进制小数为（$D$）$_{10}$，等值的二进制数为 $0.k_nk_{n-1}\cdots k_0$，则有

$$(D)_{10}=(k_{-1}2^{-1}+k_{-2}2^{-2}+\cdots+k_{-m}2^{-m})$$

将上式两边同乘以 2 得到

$$2(D)_{10}=k_{-1}+(k_{-2}2^{-1}+k_{-3}2^{-2}\cdots+k_{-m}2^{-m+1})$$

上式说明，将小数（$D$）$_{10}$ 乘以 2 所得乘积的整数部分即 $k_{-1}$。同理，将乘积的小数部分再乘以 2 又可得到

$$2(k_{-2}2^{-1}+k_{-3}2^{-2}\cdots+k_{-m}2^{-m+1})=k_{-2}+(k_{-3}2^{-1}+k_{-4}2^{-2}\cdots+k_{-m}2^{-m+2})$$

以此类推，将每次乘 2 后得到乘积的小数部分再乘以 2，便可求出二进制小数的每一位了。

具体做法是：用 2 乘十进制小数，可以得到积，将积的整数部分取出，再用 2 乘余下的小数部分，又得到一个积，再将积的整数部分取出，如此进行，直到积中的小数部分为 0，或者达到所要求的精度为止。然后把取出的整数部分按顺序排列起来，先取的整数作为二进制小数的高位有效位，后取的整数作为低位有效位。总结来说，十进制小数转换成二进制小数采用“乘 2 取整，顺序排列”法。

例如，将$(0.625)_{10}$转化为二进制小数时，可如下进行

$0.625\times2=1.25$ ……….整数部分=1 高位

$0.25\times2=0.5$ ……….整数部分=0

$0.5\times=1.0$ ……….整数部分=1

故 $(0.625)_{10}=(0.101)_2$ 低位

### 1.3.3 八进制、十六进制与二进制相互转换

由于八进制数的基数 $8=2^3$，而十六进制的基数 $16=2^4$，所以 3 位二进制数恰好能表示 1 位八进制数，4 位二进制数恰好能表示 1 位十六进制数，因此，二进制转换成等值的八进制（或十六进制）的规则是：从二进制的小数点处开始，向左右两边按每 3 位（或 4 位）二进制数化为一组，不是 3 位（或 4 位）的，整数部分可在最高位的左边添 0，小数部分可在最低位的右边添 0，每组用 1 位等值的八进制（或十六进制）数代替，即可得到相应的八进制（或十六进制）数。举例说明如下。

将二进制数 110 100 011 . 101 000 011 转换成等值的八进制数和十六进制数。

$$(10\ 100\ 011\ .\ 101\ 000\ 1)_2=(010\ /100\ /011\ .\ 101\ /000\ /100)_2=(243.504)_8$$

$$(10\ 100\ 011\ .\ 101\ 000\ 1)_2=(1010/\ 0011\ .\ 1010/0010)_2=(A3.A2)_6$$

八进制（或十六进制）数转换成等值的二进制数时，只要按照上述规则进行逆变换即可。例如，$(1C9.2F)_{16}=(0001\ 1100\ 1001.0010\ 1111)_2$

在将十六进制数转换为十进制数时，可将各位按权展开后相加求和得到。在将十进制数转换为十六进制数时，可以先转换为二进制数，然后再将得到的二进制数转换为等值的十六进制数。

## 1.4 二进制算数运算

### 1.4.1 二进制算术运算的特点

二进制数的加、减、乘、除四则运算，在数字系统中是经常遇到的，它们的运算规则与十进制数很相似。加法运算是最基本的一种运算。在计算机中，引入补码表示后，加上一些控制逻辑，利用加法就可以实现二进制的减法、乘法和除法运算。

**1．二进制的加法运算**

二进制加法运算法则：0+0＝0；0+1＝1+0＝1；1+1＝10（逢 2 进 1）。

**【例 1-1】** 求$(1011011)_2+(1010.11)_2$

$$\begin{array}{r}1011011\phantom{.00}\\ +\quad 1010.11\\ \hline 1100101.11\end{array}$$

则
$$(1011011)_2+(1010.11)_2=(1100101.11)_2$$

**2．二进制数的减法运算**

二进制减法运算法则为：0−0＝1−1＝0；0−1＝1（借 1 当 2）；1−0＝1。

**【例 1-2】** 求$(1010110)_2-(1101.11)_2$

$$\begin{array}{r}1010110\phantom{.00}\\ -\quad 1101.11\\ \hline 1001000.01\end{array}$$

则
$$(1010110)_2-(1101.11)_2=(1001000.01)_2$$

### 3．二进制数的乘法运算

二进制乘法运算法则为：0×0＝0；0×1＝1×0＝0；1×1＝1。

【例 1-3】 求$(1011.01)_2\times(101)_2$

```
     1011.01
  ×      101
 ------------
     1011 01
    00000 0
 +  101101
 ------------
   111000 01
```

则
$$(1011.01)_2\times(101)_2=(111000.01)_2$$

可见，二进制乘法运算可归结为“移位与加法”。

### 4．二进制数的除法运算

二进制除法运算法则为：0÷0＝0；0÷1＝0；1÷1＝1。

【例 1-4】 求$(100100.01)_2\div(101)_2$＝?

```
         111.01
     ___________
101 / 100100.01
      101
      ---------
      1000
       101
      ---------
        110
        101
      ---------
          101
          101
      ---------
            0
```

则
$$(100100.01)_2\div(101)_2=(111.01)_2$$

可见，二进制除法运算可归结为“减法与移位”。

## 1.4.2 原码、反码、补码和补码运算

### 1．原码

正数的符号位为 0，负数的符号位为 1，其他位按照一般的方法数的绝对值来表示就构成了原码。

【例 1-5】 求当机器字长为 8 位二进制数的原码。

$$X=+1011011\qquad Y=-1011011$$

解：
$$[X]_{原码}=01011011\qquad [Y]_{原码}=11011011$$

### 2．反码

对于有效数字（不包括符号位）为 $n$ 位的二进制数 $N$ 的反码（$N$）$_{\text{INV}}$ 是这样定义的

$$(N)_{\text{INV}}=\begin{cases}N & (\text{当}N\text{为正数})\\ 2^n-1-|N| & (\text{当}N\text{为负数})\end{cases} \tag{1-6}$$

具体来说，对于一个带符号的数来说，正数的反码与其原码相同，负数的反码为其原码除符号位以外的各位按位取反。

**【例 1-6】** 求机器字长为 8 位二进制数的反码。

$X$＝+1011011　$Y$＝−1011011

**解：**

$[X]_{原码}$＝01011011　$[X]_{反码}$＝01011011

$[Y]_{原码}$＝11011011　$[Y]_{反码}$＝10100100

负数的反码与负数的原码有很大的区别，反码通常用作求补码过程中的中间形式。

### 3．补码

引入补码以后，计算机中的加减运算都可以统一化为补码的加法运算，其符号位也参与运算。为了说明补码运算的原理，我们先来讨论一个生活中常见的事例。例如，你在 6 点钟的时候发观自己的手表停在 9 点上了，因而必须把表针拨回到 6 点。由图 1-3 可以看出，这时有两种拨法：第一种拨法是往回拨 3 格，9−3=6，拨回到了 6 点；另一种拨法是往前拨 9 格，9+9 =18。由于表盘的最大数只有 12，超过 12 以后的“进位”将自动消失，于是就只剩下减去 12 以后的余数了，即 18−12=6，也将表针拨回到了 6 点。这个例子说明，9−3 的减法运算可以用 9+9 的加法运算代替。因为 3 和 9 相加正好等于产生进位的模数 12，所以我们称 9 为−3 对模 12 的补数，也称为补码（Complement）。

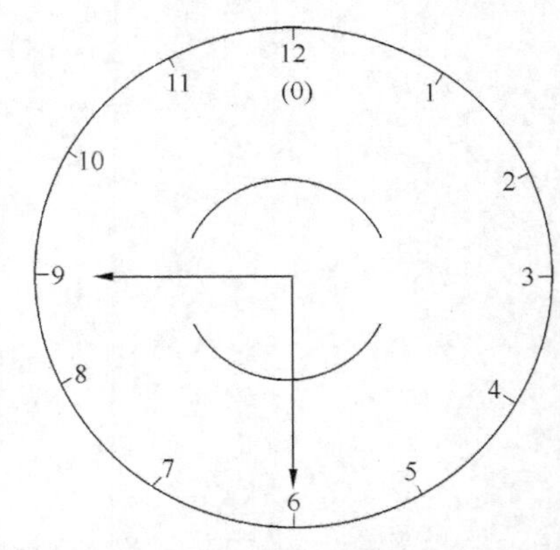

图 1-3　说明补码运算原理的例子

从这个例子中可以得出一个结论，就是在舍弃进位的条件下，减去某个数可以用加上它的补码来代替。这个结论同样适用于二进制数的运算。一个 4 位二进制数的模为 16。例如：0111(7)是−1001(9)对模 16 的补码。

基于上述原理，对于有效数字（不包括符号位）为 $n$ 位的二进制数 $N$，它的补码$(N)_{\text{COMP}}$表示方法为

$$(N)_{\text{COMP}}=\begin{cases}N & (\text{当}N\text{为正数})\\ 2^n-|N| & (\text{当}N\text{为负数})\end{cases} \tag{1-7}$$

由式 1-7 可知，正数（当符号位为 0 时）的补码与原码相同，负数（当符号位为 1 时）的补码等于 $(N)_{\text{INV}}+1=2^n-N$，即负数的补码为其反码加 1。

**【例 1-7】** 写出二进制数的补码：（1）$X$＝+1011011（2）$Y$＝−1011011。

**解：**（1）根据定义有：$[X]_{原码}$＝01011011 $[X]_{补码}$＝01011011

（2）根据定义有：$[Y]_{原码}$＝11011011　　$[Y]_{反码}$＝10100100

$[Y]_{补码}$＝10100101

补码表示的整数范围是 $-2^{n-1} \sim 2^{n-1}-1$，其中 $n$ 为机器字长。8 位二进制补码表示的整数范围是−128～+127（−128 表示为 10000000，无对应的原码和反码）。16 位二进制补码表示的整数范围是−32768～+32767。当运算结果超出这个范围时，就不能正确表示数了，此时称为溢出。

**4．补码加、减运算规则**

（1）运算规则

$$[X+Y]_{补}=[X]_{补}+[Y]_{补}$$
$$[X-Y]_{补}=[X]_{补}+[-Y]_{补}$$

（2）溢出判断，一般用双符号位进行判断

符号位 00 表示正数；11 表示负数；结果的符号位为 01 时，称为上溢；为 10 时，称为下溢。

**【例 1-8】** 设 $x$=+1101，$y$=−0111，符号位为双符号位用补码求 $x+y$，$x-y$。

**解：** $[x]_{补}+[y]_{补}$=00 1101+11 1001=00 0110

$[x-y]_{补}=[x]_{补}+[-y]_{补}$=00 1101+00 0111=01 0100。

上溢出，结果错误。

## 1.5 几种常用的编码

在数字系统中，用预先规定的方法将文字、数字或其他对象编成二进制的数码，这种给信息分配的二进制代码称为对信息的编码。

### 1.5.1 二−十进制编码

在数字系统中，各种数据要转换为二进制代码才能进行处理，而人们习惯于使用十进制数，所以在数字系统的输入输出中仍采用十进制数，这样就产生了用 4 位二进制数表示 1 位十进制数的方法。这种二进制代码称为二−十进制代码（Binary Coded Decimal），简称为 BCD 码。

十进制数有 0～9 共 10 个数码，所以表示 1 位十进制数，至少需要 4 位二进制数，但 4 位二进制数可以产生 $2^4$=16 种组合，因此用 4 位二进制数表示 1 位十进制数，有 6 种组合是多余的。因而，十进制数的二进制编码可以有许多种编码方案，每种编码都有它的特点。表 1-2 列举了目前常用的几种编码。

**表 1-2　常用的十进制代码**

| 十进制数 | 8421 码 | 余 3 码 | 2421 码 | 5211 码 | 余 3 循环码 |
|---|---|---|---|---|---|
| 0 | 0000 | 0011 | 0000 | 0000 | 0010 |
| 1 | 0001 | 0100 | 0001 | 0001 | 0110 |
| 2 | 0010 | 0101 | 0010 | 0100 | 0111 |
| 3 | 0011 | 0110 | 0011 | 0101 | 0101 |
| 4 | 0100 | 0111 | 0100 | 0111 | 0100 |
| 5 | 0101 | 1000 | 1011 | 1000 | 1100 |
| 6 | 0110 | 1001 | 1100 | 1001 | 1101 |
| 7 | 0111 | 1010 | 1101 | 1100 | 1111 |
| 8 | 1000 | 1011 | 1110 | 1101 | 1110 |
| 9 | 1001 | 1100 | 1111 | 1111 | 1010 |

8421码是十进制代码中最简单、最常用的一种编码。这种编码是将每个十进制数码用4位二进制数表示，按自然二进制数的规律排列，并且指定前面10个代码依次表示数码0～9。8421码是一种有权码，每位都有固定的权。各位的权从左到右分别是8、4、2、1，其按权展开式为

$$N = a_3W_3 + a_2W_2 + a_1W_1 + a_0W_0 \tag{1-8}$$

式（1-8）中：$a_3$、$a_2$、$a_1$、$a_0$为各位的代码；$W_3$、$W_2$、$W_1$、$W_0$为各位的权值。8421码的权为$W_3$=8、$W_2$=4、$W_1$=2、$W_0$=1。例如，8421码0110的按权展开式为$0\times8+1\times4+1\times2+0\times1=6$，因而，代码0110表示十进制数码6。8421码对应十进制的10个数码的表示与普通二进制中的表示完全一样，很容易实现彼此之间的转换。必须指出，在8421码中不允许出现1010～1111这几个代码，因为在十进制中没有数码同它们对应。

**【例1-9】** 把下面的十进制数转换为8421码。

（a）25 （b）89 （c） 150 （d）3269

**解：**（a）$(25)_{10}=(00100101)_{8421}$; （b）$(89)_{10}=(10001001)_{8421}$;

（c）$(150)_{10}=(000101010000)_{8421}$; （d）$(3269)_{10}=(0011001001101001)_{8421}$。

2421码和8421码相似，也是一种权码，它用4位二进制表示1位十进制数，所不同的是2421码的权从左到右分别为2，4，2，1，即其权为$W_3$=2，$W_2$=4，$W_1$=2，$W_0$=1。例如，2421的1100，其按权展开式为$1\times2+1\times4+0\times2+0\times1=6$，因而，代码1100表示十进制数码6。2421是一种“对9的自补”代码。在这种编码中，十进制数0和9、1和8、2和7、3和6、4和5的对应码位，互为补码。

余3码是一种特殊的8421码，它是由8421码加3后形成的，所以叫余3码。例如，十进制数4在8421BCD码中是0100，在余3码中就成为0111。余3码的各位无固定的权。

5211码是另一种恒权代码。余3循环码是一种变权码，每一位的1不代表固定的值，它主要特点是相邻的两个代码之间仅有一位状态不同。因此，按余3循环码接成的计数器，每次状态转换过程中只有一个触发器翻转，译码不会产生竞争冒险现象（参看第6章）。

**【例1-10】** 把下面的十进制数转换为余3码。

（a）25 （b）89 （c） 150 （d）3269

**解：**（a）$(25)_{10}=(01011000)_{余3}$; （b）$(89)_{10}=(10111100)_{余3}$;

（c）$(150)_{10}=(010010000011)_{余3}$; （d）$(3269)_{10}=(0110010110011100)_{余3}$

## 1.5.2 可靠性编码

代码在数字系统或者计算机中形成及传送的过程中都可能发生错误，为使代码不易出错，或者出错时容易发现，甚至能查出错误的位置，除提高计算机本身的可靠性外，人们还采用可靠性编码实现。

目前，常用的可靠性编码有格雷（Gray）码和奇偶校验码。下面分别介绍这两种代码的组成及特点。

### 1．格雷码

格雷码又叫循环码。从表1-3的4位格雷码编码表中可以看出格雷码的构成方法，就是每一位的状态变化都按一定的顺序循环。如果从0000开始，最右边一位的状态按0110顺序

循环变化，右边第二位的状态按 00111100 顺序循环变化，右边第三位 0000111111110000 顺序循环变化。可见，自右向左，每一位状态循环中连续的 0、1 数目增加一倍。由于 4 位格雷码只有 16 个，所以最左边一位的状态只有半个循环，即 0000000011111111。按照上面的原则，我们很容易得到更多位数的格雷码。

表 1-3 4 位格雷码与二进制代码的比较

| 编码顺序 | 二进制代码 | 格雷码 |
|---|---|---|
| 0 | 0000 | 0000 |
| 1 | 0001 | 0001 |
| 2 | 0010 | 0011 |
| 3 | 0011 | 0010 |
| 4 | 0100 | 0110 |
| 5 | 0101 | 0111 |
| 6 | 0110 | 0101 |
| 7 | 0111 | 0100 |
| 8 | 1000 | 1100 |
| 9 | 1001 | 1101 |
| 10 | 1010 | 1111 |
| 11 | 1011 | 1110 |
| 12 | 1100 | 1010 |
| 13 | 1101 | 1011 |
| 14 | 1110 | 1001 |
| 15 | 1111 | 1000 |

格雷码最大的特点就是任意两个相邻的数字代码之间仅有一位不同，其余各位均相同。在数字系统中，经常要求代码按一定顺序变化，例如按自然规律计数。如果用普通二进制对十进制数进行编码，则进行二进制加法计数时，十进制数从 5 到 6，其相应的二进制代码从 0101 变到 0110，二进制代码 0101 的最低两位都要改变。若两位的变化不是同时发生（在实际电路中，没有绝对的同时发生），那么，在计数过程中就可能短暂地出现其他代码（0111 或 0100），尽管这种误码出现时间是短暂的，但在有些情况下却是不允许的，因为这可能导致电路状态错误或输出错误。若采用格雷码，由于相邻两个代码只有一位不同，故不可能跳变到其他代码，从而可避免出现这种错误。

### 2．奇偶校验码

奇偶校验码是一种能检验出二进制信息在传送过程中出现错误的代码。这种代码由两部分组成：一部分是信息位，即需要传送的信息本身；另一部分是奇偶校验位，加上校验码后使整个代码中 1 的个数按预先的规定成为奇数或偶数。当信息位和校验位中 1 的总个数为奇数时，称为奇校验，而 1 的总个数为偶数时，称为偶校验。由 4 位信息位及 1 位奇偶校验位构成的 5 位奇偶校验码如表 1-4 所示。

表 1-4 十进制数码的奇偶校验码

| 十进制数码 | 带奇校验的 8421 码 | | 带偶校验的 8421 码 | |
|---|---|---|---|---|
| | 信息位 | 校验位 | 信息位 | 校验位 |
| 0 | 0000 | 1 | 0000 | 0 |
| 1 | 0001 | 0 | 0001 | 1 |
| 2 | 0010 | 0 | 0010 | 1 |
| 3 | 0011 | 1 | 0011 | 0 |
| 4 | 0100 | 0 | 0100 | 1 |
| 5 | 0101 | 1 | 0101 | 0 |
| 6 | 0110 | 1 | 0110 | 0 |
| 7 | 0111 | 0 | 0111 | 1 |
| 8 | 1000 | 0 | 1000 | 1 |
| 9 | 1001 | 1 | 1001 | 0 |

这种编码的特点是：是每一个代码中含有 1 的个数总是奇（偶）数个。这样，一旦某代码在传送过程中出现 1 的个数不是奇（偶）数时，就会被发现。

必须指出，奇偶校验码只能发现代码的一位（或奇数位）出错，而不能发现两位（或偶数位）出错。由于两位出错的概率远低于一位出错的概率，所以用奇偶校验码来检测代码在传送过程中的错误是有效的。

### 1.5.3 字符代码

计算机处理的数据不仅有数字，还有字母、标点符号、运算符号及其他特殊符号。这些数字、字母和专用符号统称字符。字符都必须用二进制代码来表示。它们的编码称为字符代码。

美国信息交换标准码（American Standard Code for Information Interchange，ASCII）是由美国国家标准学会（American National Standard Institute，ANSI）制定的一种常用的字符代码。它已被国际标准化组织（International Organization for Standardization，ISO）确定为国际标准。ASCII 码用 7 位二进制数表示 128 种不同的字符，其中有 96 个图形字符。它们是 26 个大写英文字母和 26 个小写英文字母，10 个数字符号，34 个专用符号，此外还有 32 个控制字符，具体如表 1-5 所示。ASCII 码中控制码的含义如表 1-6 所示。

**表 1-5　　7 位 ASCII 码编码表**

| $b_7b_6b_5$ 字符 $b_4b_3b_2b_1$ | 000 | 001 | 010 | 011 | 100 | 101 | 110 | 111 |
|---|---|---|---|---|---|---|---|---|
| 0000 | NUL | DLE | SP | 0 | @ | P | \ | p |
| 0001 | SOH | DC1 | ! | 1 | A | Q | a | q |
| 0010 | STX | DC2 | “ | 2 | B | R | b | r |
| 0011 | ETX | DC3 | # | 3 | C | S | c | s |
| 0100 | EOT | DC4 | $ | 4 | D | T | d | t |
| 0101 | ENQ | NAK | % | 5 | E | U | e | u |
| 0110 | ACK | SYN | & | 6 | F | V | f | v |
| 0111 | BEL | ETB | ‘ | 7 | G | W | g | w |
| 1000 | BS | CAN | （ | 8 | H | X | h | x |
| 1001 | HT | EM | ） | 9 | I | Y | i | y |
| 1010 | LF | SUB | * | : | J | Z | j | z |
| 1011 | VT | ESC | + | ; | K | [ | k | { |
| 1100 | FF | FS | , | < | L | \ | l | \| |
| 1101 | CR | GS | - | = | M | ] | m | } |
| 1110 | SO | RS | . | > | N | ↑ | n | ~ |
| 1111 | SI | US | / | ? | O | ← | o | DEL |

表 1-6　　ASCII 码中控制码的含义

| 代　码 | 含　义 | |
|---|---|---|
| NUL | Null | 空白，无效 |
| SOH | Start of heading | 标题开始 |
| STX | Start of text | 正文开始 |
| ETX | End of text | 文本结束 |
| EOT | End of transmission | 传输结束 |
| ENQ | Enquiry | 询问 |
| ACK | Acknowledge | 承认 |
| BEL | Bell | 报警 |
| BS | Backspace | 退格 |
| HT | Horizontal tab | 横向制表 |
| LF | Line feed | 换行 |
| VT | Vertical tab | 垂直制表 |
| FF | Form feed | 换页 |
| CR | Carriage return | 回车 |
| SO | Shift out | 移出 |
| SI | Shift in | 移入 |
| DLE | Date Link escape | 数据通信换码 |
| DC1 | Device control1 | 设备控制 1 |
| DC2 | Device control2 | 设备控制 2 |
| DC3 | Device control3 | 设备控制 3 |
| DC4 | Device control4 | 设备控制 4 |
| NAK | Negative acknowledge | 否定 |
| SYN | Synchronous idle | 空转同步 |
| ETB | End of transmission block | 信息块传输结束 |
| CAN | Cancel | 作废 |
| EM | End of medium | 媒体用毕 |
| SUB | Substitute | 代替，置换 |
| ESC | Escape | 扩展 |
| FS | Eile separator | 文件分隔 |
| GS | Group separator | 组分隔 |
| RS | Record separator | 记录分隔 |
| US | Unit separator | 单元分隔 |
| SP | Space | 空格 |
| DEL | Delete | 删除 |

计算机中实际用 8 位二进制代码表示一个字符，称为一个字节。通常在 7 位标准码的左边最高位填入奇偶校验位，它可以是奇校验，也可以是偶校验。这种编码的好处是低 7 位仍

然保持 7 位标准码的编码，高位奇偶校验位不影响计算机内部处理和输入输出规则。此外，还有直接采用 8 位二进制代码进行编码的 EBCDIC 码，称为扩充的 BCD 码。

## 本章小结

不同的数码既可以用来表示不同数值的大小，又可以用来表示不同的事物。

在用数码表示数量的大小时，采用的各种计数进位制规则称为数制。十进制、二进制、八进制、十六进制的构成法是相同的，不同点仅在于它们的基数和权不相等。基数是指数制中使用的数码的个数；权是指数制中每一位所具有的值的大小。

在数字系统中，任何数字、字母、符号都必须变成 0 和 1 的形式，才能传送和处理。为表达众多的信息，产生了二进制编码。本章中列举的十进制代码、格雷码、ASCII 码是几种常见的通用代码。

本章还介绍了二进制数的符号在数字电路中的表示方法——原码、反码、补码的概念，以及采用补码进行带符号数加法运算的原理。

## 习　题

[1-1] 表示任意两位十进制数，需要多少位二进制数？

[1-2] 将下列二进制数转为等值的十六进制数和等值的十进制数。

（1）$(10010111)_2$　（2）$(1101101)_2$　（3）$(0.01011111)_2$　（4）$(11.001)_2$

[1-3] 将下列十六进制数化为等值的二进制数和等值的十进制数。

（1）$(8C)_{16}$　（2）$(3D.BE)_{16}$　（3）$(8F.FF)_{16}$　（4）$(10.00)_{16}$

[1-4] 将下列十进制数转换成等效的二进制数和等效的十六进制数（要求二进制数保留小数点以后 4 位有效数字）。

（1）$(17)_{10}$　（2）$(127)_{10}$　（3）$(0.39)_{10}$　（4）$(25.7)_{10}$

[1-5] 将下列二进制数转换为八进制数和十六进制数。

（1）$(11001010)_2$　（2）$(1010110.011)_2$

（3）$(110011.101)_2$　（4）$(1110111.1101)_2$

[1-6] 将下列十进制数转换为 8421 码和余 3 码。

（1）$(74)_{10}$　（2）$(45.36)_{10}$　（3）$(136.45)_{10}$　（4）$(278.51)_{10}$

[1-7] 将下列 8421 码和 2421 码转换为十进制数。

（1）$(01101001)_{8421}$　（2）$(10010011)_{8421}$

（3）$(11011100)_{2421}$　（4）$(11101011)_{2421}$

[1-8] 将下列数转换为其他进制的数。

（1）将十进制数 548.75 转换为二进制数、八进制数、十六进制数

（2）将二进制数 1010101.101 转换为八进制数、十六进制数、十进制

（3）将八进制数 376.2 转换为二进制数、十六进制数、十进制数

（4）将十六进制数 3AF.D 转换为二进制数、八进制数、十进制数

[1-9] 数字信号波形如下，试写出该波形所代表的二进制数。

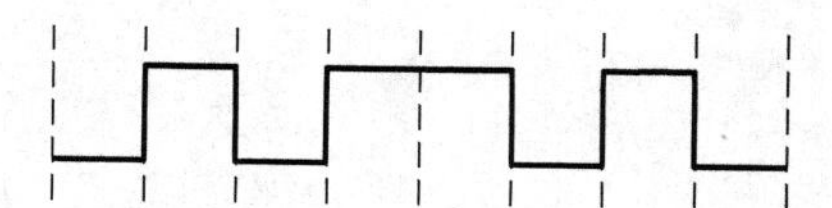

［1-10］写出下列二进制数的原码和补码。

（1）$(+1011)_2$　（2）$(+00110)_2$　（3）$(-1101)_2$　（4）$(-00101)_2$

［1-11］用二进制补码计算下列各式。

（1）4+12　（2）7+12　（3）12−6　（4）24−12

（5）8−11　（6）20−23　（7）−12−5　（8）−15−5

# 第2章 逻辑代数基础

本章主要介绍分析和设计数字电路的数学工具——逻辑代数，从逻辑代数的三种基本运算、基本定律、基本规则、逻辑函数及其化简方法逐步讨论。

逻辑代数也称布尔代数，是英国数学家乔治·布尔（George Boole）于 1847 年首先提出来的。它是分析和设计逻辑电路的一种数学工具，可以用来描述数字电路和数字系统的结构和特性。

## 2.1 逻辑代数中的三种基本运算

### 2.1.1 逻辑代数中的变量和常量

逻辑代数与普通代数相似，有变量与常量。逻辑代数中的变量用大写英文字母 A、B、C…表示，称为逻辑变量。每个逻辑变量的取值只有“0”和“1”两种。逻辑代数中的常量只有“0”和“1”两个。这里的“0”和“1”不再表示数值的大小，而是代表两种不同的逻辑状态。例如：可以用“1”和“0”表示开关的“闭合”与“断开”，信号的“有”和“无”，“高电平”与“低电平”，“是”与“非”等。

### 2.1.2 基本逻辑运算

逻辑运算表示的是逻辑变量以及常量之间逻辑状态的推理运算，而不是数量之间的运算。用公式表示为：Y=F(A，B，C，D…)。这里的 A、B、C、D 为逻辑变量，Y 为逻辑函数，*F* 为某种对应的逻辑关系。逻辑代数中有与（AND）、或（OR）、非（NOT）3 种基本逻辑运算。

#### 1. “与”逻辑

图 2-1 所示的串联开关电路中，把“开关闭合”作为条件，把“灯亮”这件事情作为结果，那么图 2-1 说明：只有决定某件事情的所有条件都具备时，结果才会发生。这种结果与条件之间的关系称为“与”逻辑关系，简称“与”逻辑。如果用 0 和 1 来表示开关和灯的状态，设开关断开和灯不亮均用 0 表示，而开关闭合和灯亮均用 1 表示，将输入变量所有取值下所对应输出值列成表格，称为真值表，如表 2-1 所示。与运算符号为“×”或“·”，与逻辑用表达式可以表示为 Y=A·B 或写成 Y=AB（省略运算符号）。

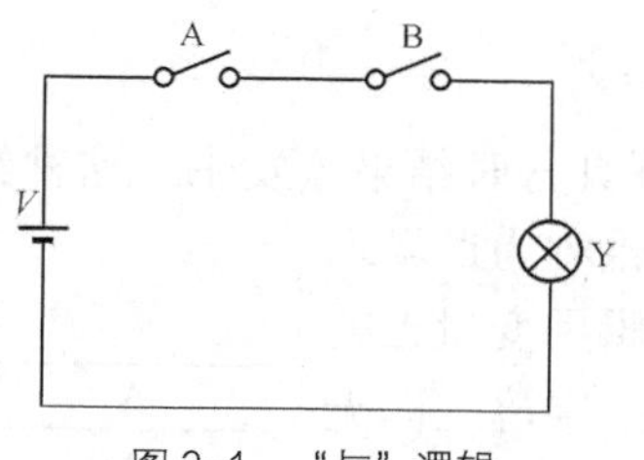

图 2-1 “与”逻辑

表 2-1 与逻辑真值表

| A | B | Y |
|---|---|---|
| 0 | 0 | 0 |
| 0 | 1 | 0 |
| 1 | 0 | 0 |
| 1 | 1 | 1 |

**【例 2-1】** 汽车安全带绑紧检测装置如图 2-2 所示，试分析工作原理。

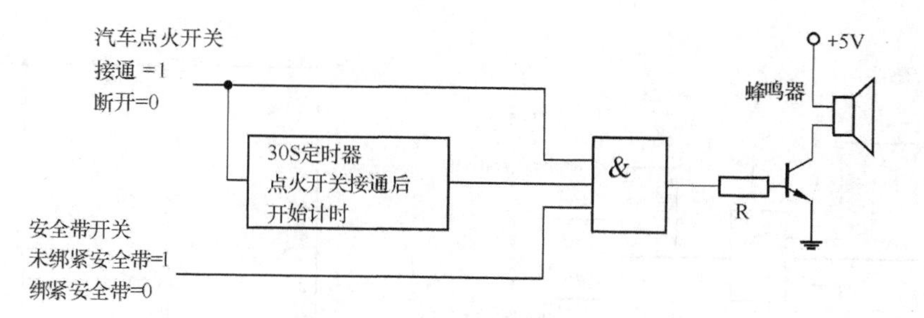

图 2-2 汽车安全带绑紧检测装置

**解**：当汽车点火开关接通，输出信号为高电平，30S 定时器开始计时，当到 30S 时输出为高电平，与此同时若未绑安全带，与门输出为高电平，三极管饱和导通，蜂鸣器报警。

### 2. “或”逻辑

当决定事件结果的 N 个条件中，有一个或一个以上的条件得到满足时，结果就会发生，这种逻辑关系称为或逻辑。或逻辑电路模型如图 2-3 所示。或逻辑运算符号为“+”。或逻辑用表达式可以表示为：Y=A+B。“或”运算又称为逻辑加。或逻辑真值表如表 2-2 所示。

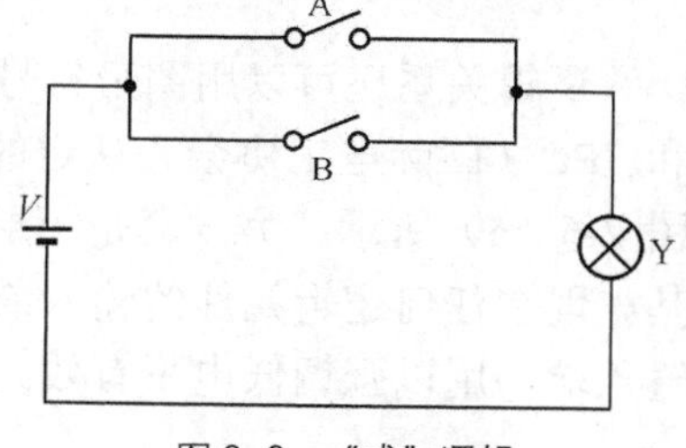

图 2-3 “或”逻辑

表 2-2 或逻辑真值表

| A | B | Y |
|---|---|---|
| 0 | 0 | 0 |
| 0 | 1 | 1 |
| 1 | 0 | 1 |
| 1 | 1 | 1 |

一个入室盗窃检测和警报系统的部分简化图如图 2-4 所示。这个系统可以用在一个房屋中，即具有两扇窗户和一扇门的房间。传感器是磁性开关，它被打开时产生一个高电平输出，关闭时产生一个低电平输出。当门窗安全时，三个输入都是低电平。当一扇窗户或者门被打开时，在或门的输入端就会产生一个高电平，输出端就是高电平。然后激活报警电路，以发出入侵警报。

### 3.“非”逻辑

当决定事件的条件具备时结果不发生，而条件不具备时结果才发生。这种结果与条件之间的关系称为“非”逻辑关系，简称非逻辑。非逻辑也称为逻辑求“反”运算。非逻辑电路模型如图 2-5 所示。“非”逻辑用变量上的“—”表示。本书中非逻辑用表达式表示为：$Y=\overline{A}$。字母上面无非号的称为原变量，有非号的叫做反变量。某些教材和 EDA 软件中也常采用 A′、～A、¬A 等表示 A 的非运算。非逻辑真值表如表 2-3 所示。

**表 2-3　非逻辑真值表**

| A | Y |
|---|---|
| 0 | 1 |
| 1 | 0 |

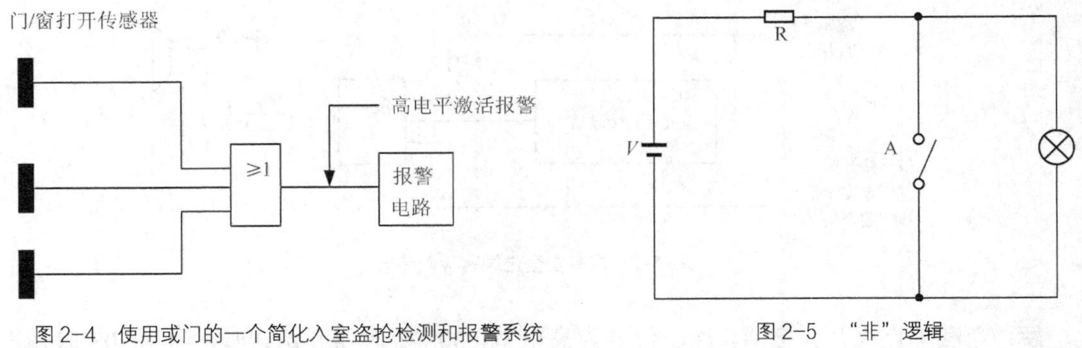


图 2-4　使用或门的一个简化入室盗抢检测和报警系统

图 2-5　“非”逻辑

## 2.1.3　几种常用的逻辑运算

逻辑关系还可以用图形符号表示。图 2-6 给出了被 IEEE（国际电气与电子工程师协会）和 IEC（国际电工协会）认定的两套与、或、非的图形符号，其中一套是特定外形符号，如图 2-6（a）所示。另一套是矩形轮廓符号，如图 2-6（b）所示。否定指示是一个小圆圈，当其出现在任何逻辑元件的输入或者输出位置时，都为反相。图 2-6（c）反相器将小圆圈画在输入端，用以强调低电平有效。

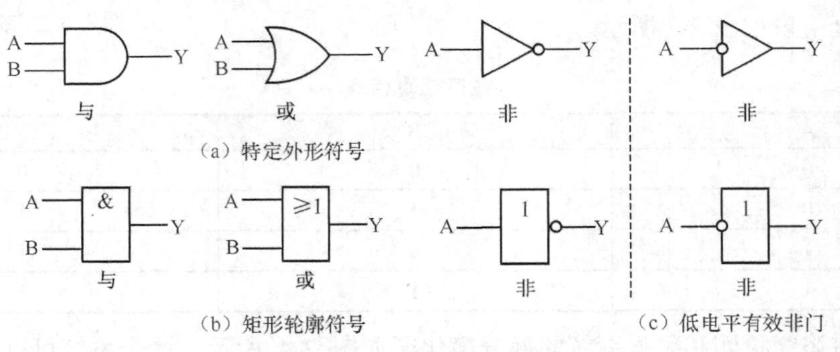


图 2-6　与、或、非的图形符号

三种基本逻辑运算简单，容易实现，为实现更为复杂的逻辑运算，常把与、或、非 3 种基本逻辑运算合理地组合起来使用，这就是复合逻辑运算。与之对应的门电路称为复合逻辑门电路。常用的复合逻辑运算有与非运算、或非运算、与或非运算、异或运算、同或运算等。表 2-4～表 2-8 是这些复合运算的真值表。

**表 2-4 二变量“与非”逻辑真值表**

| A | B | Y |
|---|---|---|
| 0 | 0 | 1 |
| 0 | 1 | 1 |
| 1 | 0 | 1 |
| 1 | 1 | 0 |

$$Y=\overline{AB}$$

**表 2-5 三变量“或非”逻辑真值表**

| A | B | C | Y |
|---|---|---|---|
| 0 | 0 | 0 | 1 |
| 0 | 0 | 1 | 0 |
| 0 | 1 | 0 | 0 |
| 0 | 1 | 1 | 0 |
| 1 | 0 | 0 | 0 |
| 1 | 0 | 1 | 0 |
| 1 | 1 | 0 | 0 |
| 1 | 1 | 1 | 0 |

$$Y=\overline{A+B+C}$$

**表 2-6 四变量“与或非”逻辑真值表**

| A | B | C | D | Y |
|---|---|---|---|---|
| 0 | 0 | 0 | 0 | 1 |
| 0 | 0 | 0 | 1 | 1 |
| 0 | 0 | 1 | 0 | 1 |
| 0 | 0 | 1 | 1 | 0 |
| 0 | 1 | 0 | 0 | 1 |
| 0 | 1 | 0 | 1 | 1 |
| 0 | 1 | 1 | 0 | 1 |
| 0 | 1 | 1 | 1 | 0 |
| 1 | 0 | 0 | 0 | 1 |
| 1 | 0 | 0 | 1 | 1 |
| 1 | 0 | 1 | 0 | 1 |
| 1 | 0 | 1 | 1 | 0 |
| 1 | 1 | 0 | 0 | 0 |
| 1 | 1 | 0 | 1 | 0 |
| 1 | 1 | 1 | 0 | 0 |
| 1 | 1 | 1 | 1 | 0 |

$$Y=\overline{AB+CD}$$

从表 2-7 可见，“异或”运算的逻辑关系是：当 A、B 两个变量取值不相同时，输出 Y 为 1；而 A、B 两个变量取值相同时，输出 Y 为 0。“异或”运算符用⊕表示，也可以用与、或的形式表示，即写成：$Y=A\oplus B=\overline{A}B+A\overline{B}$。

从表 2-8 可见，“同或”逻辑关系恰好和“异或”相反，当 A、B 两个变量取值相同时，输出 Y 为 1；而 A、B 两个变量取值不相同时，输出 Y 为 0。“同或”逻辑的表达式可以写成：$Y=A\odot B=AB+\overline{A}\overline{B}$。“异或”与“同或”互为反运算，即

**表 2-7 “异或”逻辑真值**

| A | B | Y |
|---|---|---|
| 0 | 0 | 0 |
| 0 | 1 | 1 |
| 1 | 0 | 1 |
| 1 | 1 | 0 |

$Y = A \oplus B$

**表 2-8 “同或”逻辑真值表**

| A | B | Y |
|---|---|---|
| 0 | 0 | 1 |
| 0 | 1 | 0 |
| 1 | 0 | 0 |
| 1 | 1 | 1 |

$Y = A \odot B$

$$A \oplus B = \overline{A \odot B}\text{；}\qquad \overline{A \oplus B} = A \odot B$$

表 2-4～表 2-8 对应的图形符号及运算符号如图 2-7 所示。为了书写方便，本书中采用矩形轮廓符号。

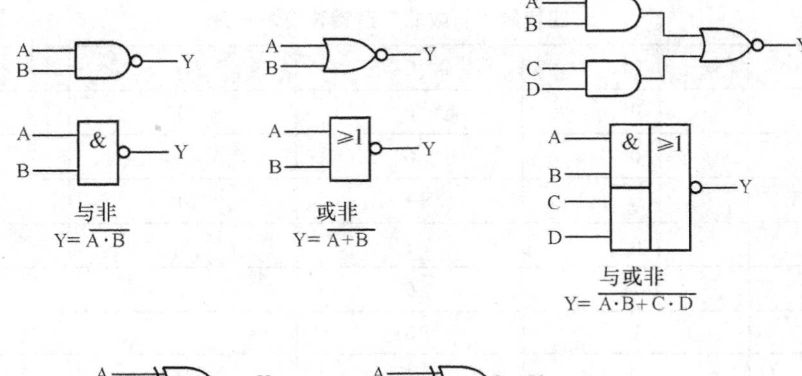


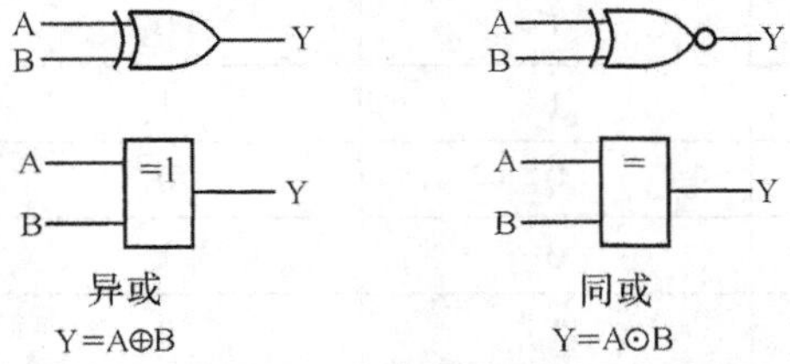


图 2-7　复合逻辑的图形符号和运算符号

**【例 2-2】** 一个制造工厂使用两个存储罐保存在制造加工过程中需要的某种液体化学物质。每一个存储罐有一个传感器用来检测什么时候化学物质液位会降到满罐的 50%。当储罐储量大于 1/2 满罐时，传感器就产生一个 5V 电压。当罐中的化学物质体积降到 1/2 满罐时，传感器就会输出 0V 电压。

指示器面板上需要一个绿色发光二极管，用来显示什么时候两个存储罐的储量都大于 1/2 的满罐。给出如何用与非门实现这个功能的方法。

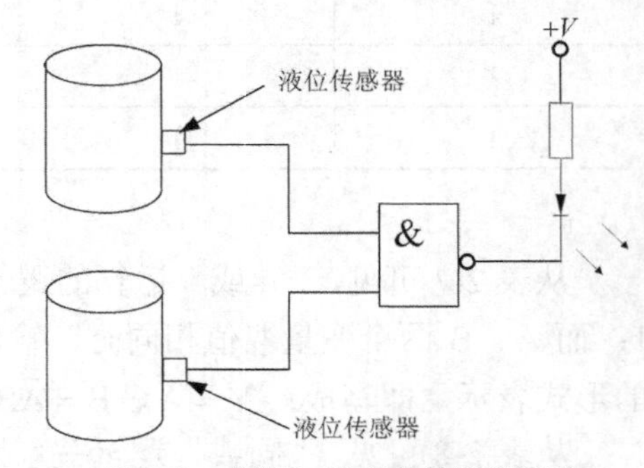


图 2-8　【例 2-2】液体检测设计图

**解**：图 2-8 给出了具有两输入的与非门，此与非门的输入和存储罐液位传感器连接，输出连接到指示器面板上。只要两个传感器输出都是高电平（5V）,也就是表示两个储罐的储量都大于 1/2 的满罐，那么与非门的输出就是低电平（0V），此时绿色发光二极管电路被低电平点亮。

## 2.2　逻辑代数基本定律和常用公式

### 2.2.1　基本定律

根据逻辑与、或、非 3 种基本运算，可推导出逻辑运算的一些基本定律，是化简逻辑函数、分析和设计逻辑电路的基本公式。现将 10 个基本定律列举如下。

① 同一律 $\begin{cases} A+0=A \\ A\cdot 1=A \end{cases}$

② 0-1 律 $\begin{cases} 1+A=1 \\ 0\cdot A=0 \end{cases}$

③ 互补律 $\begin{cases} A+\overline{A}=1 \\ A\cdot\overline{A}=0 \end{cases}$

④ 重叠律 $\begin{cases} A+A=A \\ A\cdot A=A \end{cases}$

⑤ 交换律 $\begin{cases} A+B=B+A \\ A\cdot B=B\cdot A \end{cases}$

⑥ 结合律 $\begin{cases} (A+B)+C=A+(B+C) \\ (A\cdot B)\cdot C=A\cdot(B\cdot C) \end{cases}$

⑦ 分配律 $\begin{cases} A\cdot(B+C)=A\cdot B+A\cdot C \\ A+B\cdot C=(A+B)(A+C) \end{cases}$

⑧ 吸收律 Ⅰ $\begin{cases} AB+A\overline{B}=A \\ (A+B)(A+\overline{B})=A \end{cases}$

Ⅱ $\begin{cases} A+AB=A \\ A\cdot(A+B)=A \end{cases}$

Ⅲ $\begin{cases} A+\overline{A}B=A+B \\ A\cdot(\overline{A}+B)=AB \end{cases}$

⑨ 反演律（摩根定律）$\begin{cases} \overline{A+B+C+\cdots}=\overline{A}\cdot\overline{B}\cdot\overline{C}\cdots \\ \overline{A\cdot B\cdot C\cdots}=\overline{A}+\overline{B}+\overline{C}+\cdots \end{cases}$

⑩ 还原律（二次否定律）$\overline{\overline{A}}=A$

上述定律中，除还原律外，都包括两个公式，它们互为对偶式（对偶定理在后一小节中讨论）。

**【例 2-3】** 用真值表证明公式 $\overline{A+B}=\overline{A}\cdot\overline{B}$ 是否正确。

**解**：列出真值表如下：

| A B | $Y_1=\overline{A+B}$ | $\overline{A}$ | $\overline{B}$ | $Y_2=\overline{A}\cdot\overline{B}$ |
|---|---|---|---|---|
| 0 0 | 1 | 1 | 1 | 1 |
| 0 1 | 0 | 1 | 0 | 0 |
| 1 0 | 0 | 0 | 1 | 0 |
| 1 1 | 0 | 0 | 0 | 0 |

由真值表可见，每一组变量的取值下，$Y_1$与$Y_2$的函数完全相同，所以等式成立。

在逻辑函数运算中，运算的先后次序是：括号→非→与→或，也就是说，如果逻辑表达式中有括号，则必须对括号内的表达式先行运算，然后再依次进行非、与、或运算。

### 2.2.2 常用公式

灵活应用基本定律，可以推导出一些常用公式。可以直接利用这些常用公式对逻辑函数进行化简。

（1）$AB+\overline{A}C+BC=AB+\overline{A}C$

证明：$AB+\overline{A}C+BC=AB+\overline{A}C+(A+\overline{A})BC$

$$=AB+\overline{A}C+ABC+\overline{A}BC$$

$$=AB(1+C)+\overline{A}C(1+B)$$

$$=AB+AC$$

等式成立。

将这个公式推广一下可得到$AB+\overline{A}C+BCD=AB+\overline{A}C$

证明：$AB+\overline{A}C+BCD=A\cdot B+\overline{A}\cdot C+(A+\overline{A})B\cdot C\cdot D$

$$=A\cdot B+\overline{A}\cdot C+A\cdot B\cdot C\cdot D+\overline{A}\cdot B\cdot C\cdot D$$

$$=AB+\overline{A}C$$

（2）$AB+CD=(A+C)(A+D)(B+C)(B+D)$

证明：把 CD 看作一个变量，利用分配定律可得

$$AB+CD=(A+CD)(B+CD)$$

$$=(A+C)(A+D)(B+C)(B+D)$$

## 2.3 逻辑代数中的基本规则

逻辑代数中有三个基本规则，充分应用这些规则，可以扩大公式的应用范围，还可以简化一些公式的证明。

### 2.3.1 代入规则

任何一个含有变量 A 的等式，若将所有出现 A 的位置都用同一个逻辑函数代替，则该等式仍然成立，这个规则称为代入规则。

因为变量 A 只有“0”和“1”两种取值，将 A＝0 和 A=1 代入等式，等式一定成立。对于任何一个逻辑函数和逻辑变量一样，也只有“0”和“1”两种取值，用它取代等式中的变

量 A 时，等式自然会成立。因此代入规则不需证明，即可以认为是正确的。

利用代入定理很容易把基本定理和常用公式推广为多变量的形式。

**【例 2-4】** 用代入定理证明摩根定理也适用于多变量情况。

**解**：已知两变量的摩根定理为 $\overline{A+B}=\overline{A}\cdot\overline{B}$ 和 $\overline{A\cdot B}=\overline{A}+\overline{B}$，今以（B+C）代入第一个等式 B 的位置，同时以 B・C 代入第二个等式中的 B 的位置，于是得到

$$\overline{A+B+C}=\overline{A}\cdot\overline{B+C}=\overline{A}\cdot\overline{B}\cdot\overline{C}$$

$$\overline{A\cdot B\cdot C}=\overline{A}+\overline{B\cdot C}=\overline{A}+\overline{B}+\overline{C}$$

### 2.3.2 反演规则

由原函数求反函数的过程称为反演。由摩根定理可以推论出：只要将原函数 Y 按如下规则进行变换：

① 将原函数 Y 中所有单个变量用它的反变量代替；

② 将“与”和“或”运算互换；

③ 将常数“1”和“0”互换。

就可以得到原函数 Y 的反函数 $\overline{Y}$，这个规则称为反演规则，所求得的表达式称反演式。

**【例 2-5】** 试用摩根定律和反演规则，求函数 $Y=A\overline{B}+B\overline{C}+C(A+0)$ 的反函数 $\overline{Y}$。

**解**：① 用摩根定理求解

$$\begin{aligned}\overline{Y}&=\overline{A\overline{B}+B\overline{C}+C(A+0)}\\&=\overline{A\overline{B}}\cdot\overline{B\overline{C}}\cdot\overline{C(A+0)}\\&=(\overline{A}+B)(\overline{B}+C)(\overline{C}+\overline{A})\end{aligned}$$

② 用反演规则求解

$$\begin{aligned}\overline{Y}&=(\overline{A}+B)\cdot(\overline{B}+C)\cdot[\overline{C}+(\overline{A}\cdot 1)]\\&=(\overline{A}+B)(\overline{B}+C)(\overline{C}+\overline{A})\end{aligned}$$

两种方法求解的结果完全一致，证明了反演规则的正确性。实际上用反演规则求反函数更为简便。

应用反演定理时应该注意以下两点：

① 必须保持原函数的运算次序，正确运用括号表示运算顺序；

② 多个变量上的“非”号应该保持不变。

**【例 2-6】** 试用反演规则，求函数 $Y=(A\overline{B}+C)\cdot\overline{B\overline{C}+\overline{\overline{D}+E}}$ 的反演式 $\overline{Y}$。

**解**：依据反演定理可直接写出

$$\overline{Y}=(\overline{A}+B)\cdot\overline{C}+\overline{(\overline{B}+C)\cdot\overline{D\cdot\overline{E}}}$$

### 2.3.3 对偶规则

由已知逻辑函数式求其对偶式的规则是：

① 将逻辑函数式中所有“与”运算和“或”运算互换；

② 将逻辑函数式中的常数“1”和“0”互换。

由对偶规则可得到一个新的逻辑函数式Y′。Y′称为原函数式Y的对偶式，或者说Y与Y′互为对偶式。

① 若函数式 $Y=(A+B)\cdot(A+C)$，则对偶式 $Y'=AB+AC$；

② 若函数式 $Y=AB+\overline{C+D}$ ，则对偶式 $Y'=(A+B)\cdot\overline{CD}$；

③ 若函数式 $Y=\overline{A+\overline{\overline{B}C}}$，则对偶式 $Y'=\overline{A\cdot\overline{\overline{B}+C}}$。

当某个逻辑恒等式成立时，则它的对偶式也成立，这个规则称为对偶规则。在上面讨论的10个逻辑代数的基本定律中，每个定律所给出的两个公式互为对偶式，因此若其中一式成立，另一式也成立。

**【例2-7】** 试证明 $(A+B)(\overline{A}+C)(B+C)=(A+B)(\overline{A}+C)$

**证**：首先写出等式两边的对偶式得到

$$AB+\overline{A}C+BC \text{ 和 } AB+\overline{A}C$$

根据常用公式可知，这两个对偶式是相等的，亦即 $AB+\overline{A}C+BC=AB+\overline{A}C$。由对偶定理即可确定原来的两式也一定相等。

注意：和反演规则一样，对偶规则前后运算的优先顺序保持不变，多个变量上的非号也不变。

## 2.4 逻辑函数的表示方法

常用的逻辑函数表示方法有真值表、逻辑函数式、逻辑图、波形图、卡诺图和硬件描述语言等。这一节只介绍前面4种方法，卡诺图和硬件描述语言表示逻辑函数将在后面专门介绍。

### 1．真值表

对于一个确定的逻辑函数，它的真值表是唯一的。例如：在举重比赛中有3个裁判员，按“少数服从多数”的原则决定，即只要2个或2个以上的裁判员认为成功，试举成功；否则试举失败。可以将3个裁判员作为3个输入变量，分别用A、B、C来表示，并且“1”表示该裁判员认为成功，“0”表示该裁判员认为不成功。Y作为输出的逻辑函数，Y=1表示试举成功，Y=0表示试举失败。将这个“三人表决电路”的逻辑关系列出真值表，如表2-9所示。

**【例2-8】** 已知逻辑函数 $Y=\overline{A}\,\overline{B}\,\overline{C}+ABC$，求真值表。

**解**：该逻辑函数由3个变量组成，所以用3个变量的真值表。3变量有 $2^3=8$ 种变量取值组合，分别代入逻辑函数式中求出函数值，顺序填在对应的位置上，可以得真值表，见表2-10。

### 2．逻辑函数式表示法

逻辑函数式是将逻辑变量用与、或、非等运算符号按一定规则组合起来，表示逻辑函数与逻辑变量之间关系的逻辑代数式。由真值表写逻辑函数式的一般方法如下。

（1）找出使逻辑函数值Y=1的行，每一行用一个乘积项表示，其中变量取值为“1”时用原变量表示；变量取值为“0”时用反变量表示。

（2）将所有的乘积项进行或运算，即可以得到Y的逻辑函数式。

表 2-9 “三人表决电路”逻辑关系真值表

| A | B | C | Y |
|---|---|---|---|
| 0 | 0 | 0 | 0 |
| 0 | 0 | 1 | 0 |
| 0 | 1 | 0 | 0 |
| 0 | 1 | 1 | 1 |
| 1 | 0 | 0 | 0 |
| 1 | 0 | 1 | 1 |
| 1 | 1 | 0 | 1 |
| 1 | 1 | 1 | 1 |

表 2-10 例 2-8 的真值表

| A | B | C | Y |
|---|---|---|---|
| 0 | 0 | 0 | 1 |
| 0 | 0 | 1 | 0 |
| 0 | 1 | 0 | 0 |
| 0 | 1 | 1 | 0 |
| 1 | 0 | 0 | 0 |
| 1 | 0 | 1 | 0 |
| 1 | 1 | 0 | 0 |
| 1 | 1 | 1 | 1 |

例如：由表 2-9“三人表决电路”真值表列写表达式。表中输入变量为以下 4 种情况时 Y 为“1”：A=0、B=1、C=1（会使乘积项 $\bar{A}BC=1$）；A=1、B=0、C=1（会使乘积项 $A\bar{B}C=1$）；A=1、B=1、C=0（会使乘积项 $AB\bar{C}=1$）；A=1、B=1、C=1（会使乘积项 ABC=1）。因此 Y 的逻辑函数式应当等于 4 个乘积项的“或”运算，即

$$Y=\bar{A}BC+A\bar{B}C+AB\bar{C}+ABC \tag{2-1}$$

上式中每一项中变量之间为逻辑乘，所以每一项称为一个乘积项。而表达式 4 个乘积项之间为“或”的逻辑关系，故称为“与-或”表达式。

### 3. 逻辑图表示法

逻辑图是用逻辑符号表示逻辑函数的图形。

**【例 2-9】** 已知逻辑函数式 $Y=\bar{A}\bar{B}\bar{C}+ABC$，要求画出逻辑图。

**解：**由表达式可以知道，先将 A、B、C 分别用“非”的逻辑符号表示，并将 $\bar{A}$、$\bar{B}$、$\bar{C}$ 之间用“与”的逻辑符号表示，也将 A、B、C 用“与”的逻辑符号表示，最后用“或”的逻辑符号表示 ABC 和 $\bar{A}\bar{B}\bar{C}$ 的或运算，得到如图 2-9 所示的逻辑图。也可画成图 2-10，后者强调了输入的低电平有效。

**【例 2-10】** 逻辑图如图 2-11 所示，写出该逻辑函数的逻辑函数式。

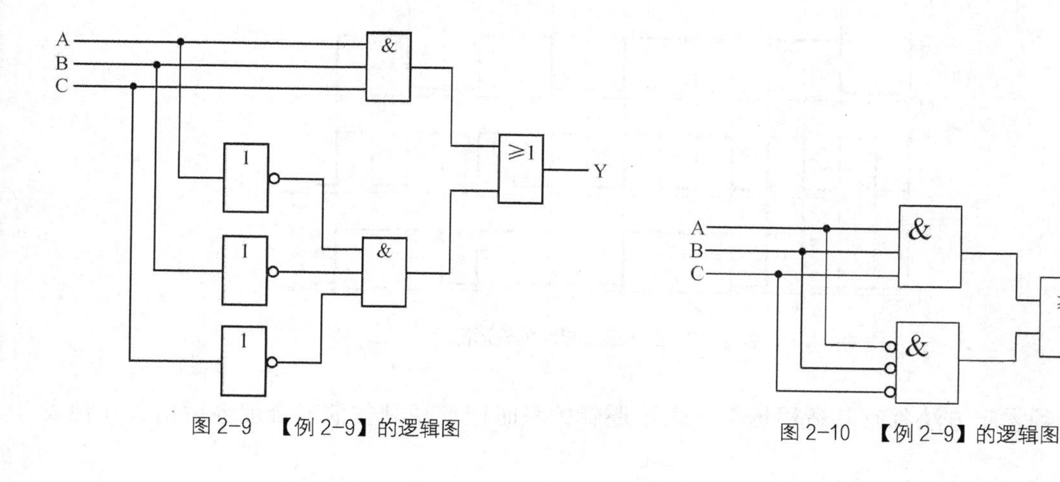


图 2-9 【例 2-9】的逻辑图

图 2-10 【例 2-9】的逻辑图

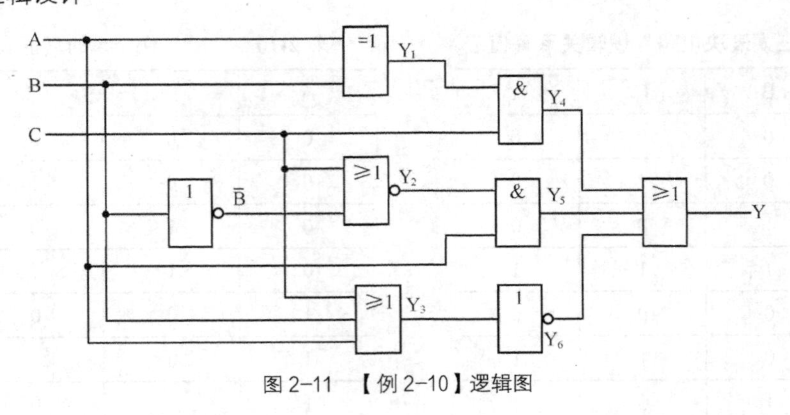


图 2-11 【例 2-10】逻辑图

**解**：从输入端开始，逐级写出输出函数表达式。

$$Y_4 = Y_1 \cdot C = (A \oplus B) \cdot C$$

$$Y_5 = Y_2 \cdot A = \overline{\overline{B} + C} \cdot A$$

$$Y_6 = \overline{Y_3} = \overline{A + B + C}$$

$$Y = Y_4 + Y_5 + Y_6 = (A \oplus B) \cdot C + \overline{\overline{B} + C} \cdot A + \overline{A + B + C}$$

**4．波形图**

如果将逻辑函数输入变量每一种可能出现的取值与对应的输出值按时间顺序依次排列起来，就得到了表示该逻辑函数的波形图（Waveform）。这种波形图也称为时序图（Timing Diagram）。在逻辑分析仪和一些计算机仿真工具中，经常以这种波形图的形式给出分析结果。此外，也可以通过实验观察这些波形图，以检验实际逻辑电路的功能是否正确。

如用波形图来描述三人表决电路，则只需将表 2-9 给出的输入变量与对应的输出变量取值依时间顺序排列起来，就可以得到所要的波形图了，如图 2-12 所示。

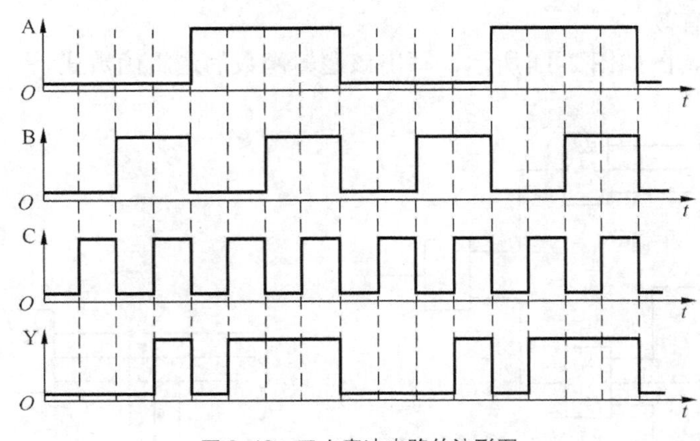


图 2-12 三人表决电路的波形图

每一种表示方法都有其适用场合。表示逻辑关系时应该视具体情况合理地运用。几种表达方式之间可以互相转化。

**【例 2-11】** 已知逻辑函数 Y 的波形图如图 2-13 所示，试求该逻辑函数的真值表。

**解**：从 Y 的波形图上可以看出，在 0～$t_8$ 时间区间里输入变量 A、B、C 所有可能的取值组合均已出现了，而且 $t_8$～$t_{16}$ 的波形只不过是 0～$t_8$ 波形的重复。将 0～$t_8$ 区间每个时间段里 A、B、C 与 Y 的取值对应列表，即可得到真值表，如表 2-11 所示。

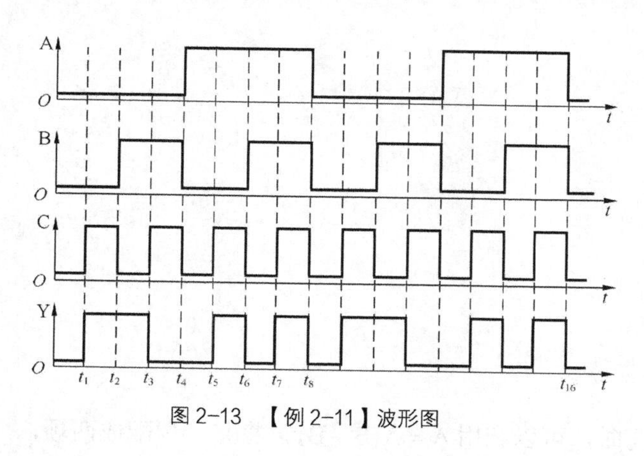


图 2-13 【例 2-11】波形图

**表 2-11 真值表**

| A | B | C | Y |
|---|---|---|---|
| 0 | 0 | 0 | 0 |
| 0 | 0 | 1 | 1 |
| 0 | 1 | 0 | 1 |
| 0 | 1 | 1 | 0 |
| 1 | 0 | 0 | 0 |
| 1 | 0 | 1 | 1 |
| 1 | 1 | 0 | 0 |
| 1 | 1 | 1 | 1 |

## 2.5 逻辑函数的公式化简法

直接根据某种逻辑要求归纳出来的逻辑函数往往不是最简的形式，这就需要对逻辑函数化简，从而可以降低成本和电路复杂度。若同时满足该式中乘积项最少，且该式中每个乘积项的变量最少，则称此逻辑函数式为最简形式。逻辑函数中最通用的函数式是与-或式。

本节介绍化简为与或式的公式化简法。它的原理就是反复使用逻辑代数的基本公式和常用公式消去函数式中多余的因子，以求得函数式的最简形式。公式化简法没有固定的步骤，现将常用的方法归纳如下。

### 1．并项法

利用公式 $AB+A\overline{B}=A$ 将两乘积项合并成一项。例如：

① $Y=ABC+A\overline{B}C=AC$

② $Y=\overline{A}B\overline{C}+\overline{A}BC+AB$

$=\overline{A}B+AB$

$=B$

③ $Y=A\overline{C}\overline{D}+A\overline{C}D+AC\overline{D}+ACD$

$=A(\overline{C}\overline{D}+CD)+A(C\overline{D}+\overline{C}D)$

$=A\overline{(C\oplus D)}+A(C\oplus D)$

$=A$

### 2．吸收法

利用公式 $A+AB=A$ 吸收多余的乘积项 AB。例如：

① $Y = AB + ABCD(E + F) = AB$

② $Y = \bar{A} + B\bar{C} + \bar{A}\bar{B}C = \bar{A} + B\bar{C}$

### 3．消去法

利用公式 $A+\bar{A}B=A+B$ 消去多余变量。例如：

① $Y = \bar{B} + ABC = \bar{B} + AC$

② $Y = \bar{A}B + \bar{A}C + \bar{B}\bar{C}$

$= \bar{A}\cdot(B + C) + \bar{B}\bar{C}$

$= \bar{A}\overline{\bar{B}\bar{C}}+\bar{B}\bar{C}$

$=\bar{A}+\bar{B}\bar{C}$

③ $Y=AB+\overline{AB}C+B\bar{C}$

$=AB+C+B\bar{C}$

$=AB+C+B$

$=B+C$

### 4．配项法

有些逻辑函数，不能直接利用公式化简时，可以利用 $A = A(B + \bar{B})$，将某一项配成两项，再和别的项合并，达到函数进一步化简的目的。例如：

① $Y = AB + \bar{A}\bar{B}C + BC$

$=AB + \bar{A}\bar{B}C + (A + \bar{A})BC$

$=AB+\bar{A}\bar{B}C+ABC+\bar{A}BC$

$=(AB+ABC)+(\bar{A}\bar{B}C+\bar{A}BC)$

$=AB+\bar{A}C$

② $Y=A\bar{C}+B\bar{C}+\bar{A}C+\bar{B}C$

$= A\bar{C}(B+\bar{B})+B\bar{C}+\bar{A}C+\bar{B}C(A+\bar{A})$

$= AB\bar{C}+A\bar{B}\bar{C}+B\bar{C}+\bar{A}C+A\bar{B}C+\bar{A}\bar{B}C$

$= B\bar{C}(1+\bar{A})+\bar{A}C(1+\bar{B})+A\bar{B}(\bar{C}+C)$

$= B\bar{C}+\bar{A}C+A\bar{B}$

### 5．添项法

在逻辑表达式中，加入 $A\cdot\bar{A}$ 或多余项，不会改变函数的功能，但往往可以利用加入的这些项，进一步化简逻辑函数。例如：

① $Y=AB\bar{C}+\overline{ABC}\cdot\overline{AB} = AB\bar{C}+\overline{ABC}\cdot\overline{AB}+AB\overline{AB}$（加 $AB\overline{AB}$ 项）

$= AB(\bar{C}+\overline{AB})+\overline{ABC}\cdot\overline{AB}$

$= AB\overline{ABC}+\overline{ABC}\cdot\overline{AB}$

$= \overline{ABC}$

② $Y=\bar{A}B\bar{C}+\bar{A}BC+ABC$

$= \bar{A}B\bar{C}+\bar{A}BC+ABC+\bar{A}BC$

$= \bar{A}B+BC$

在化简复杂的逻辑函数时，往往需要灵活、交替地综合运用上述方法，才能得到最后的化简结果。

**【例 2-12】** 用公式法化简下列逻辑函数为最简与或式。

$$Y_1=A\bar{C}+ABC+AC\bar{D}+CD$$

$$Y_2=\overline{\overline{A\bar{B}C}+\overline{\overline{BC}+BC\bar{D}}}+\overline{A\bar{B}}$$

$$Y_3=(A+\bar{B})(\bar{A}+B)(B+C)(\bar{A}+C)$$

**解：** 
$$\begin{aligned}Y_1&=A\bar{C}+ABC+AC\bar{D}+CD\\&=A(\bar{C}+BC)+C(A\bar{D}+D)\\&=A\bar{C}+AB+AC+CD\\&=A+AB+CD\\&=A+CD\end{aligned}$$

$$\begin{aligned}Y_2&=\overline{\overline{A\bar{B}C}+\overline{\overline{BC}+BC\bar{D}}}+\overline{A\bar{B}}\\&=A\bar{B}C\cdot(\overline{BC}+BC\bar{D})+\overline{A\bar{B}}\\&=A\bar{B}C\cdot(\overline{BC}+\bar{D})+\overline{A\bar{B}}\\&=A\bar{B}C\cdot(\bar{B}+\bar{C}+\bar{D})+\overline{A\bar{B}}\\&=A\bar{B}C+A\bar{B}C\bar{D}+\bar{A}+B\\&=A\bar{B}C+\bar{A}+B\\&=\bar{B}C+\bar{A}+B\\&=\bar{A}+B+C\end{aligned}$$

$$\begin{aligned}Y_3&=(A+\bar{B})(\bar{A}+B)(B+C)(\bar{A}+C)\\Y_3'&=A\bar{B}+\bar{A}B+BC+\bar{A}C\\&=A\bar{B}+\bar{A}B+\left(B+\bar{A}\right)C\\&=A\bar{B}+\bar{A}B+(\overline{A\bar{B}})C\\&=A\bar{B}+\bar{A}B+C\\Y_3&=(Y_3')'=(A+\bar{B})(\bar{A}+B)C\\&=(AB+\bar{A}\bar{B})\cdot C\\&=ABC+\bar{A}\bar{B}C\end{aligned}$$

## 2.6 逻辑函数的卡诺图化简法

用公式化简法得到的最简的逻辑表达式是否为最简式较难判断。本节介绍的卡诺图法可以比较简便地得到最简的逻辑表达式。

### 2.6.1 最小项与最小项表达式

在 $n$ 个变量的逻辑函数中，如果 $m$ 是包含 $n$ 个变量的乘积项，而且这 $n$ 个变量均以原变量或反变量的形式在 $m$ 中出现且仅出现一次，则称 $m$ 为该组变量的最小项。

例如：$Y(A,B,C)=\bar{B}C+\bar{A}BC$ 中，第二项为最小项，第一项中由于没有出现变量 A，所以不是最小项，$n$ 个变量有 $2^n$ 个最小项。那么，A、B、C 三变量的最小项有 $\bar{A}\bar{B}\bar{C}$、$\bar{A}\bar{B}C$、$\bar{A}B\bar{C}$、$\bar{A}BC$、$A\bar{B}\bar{C}$、$A\bar{B}C$、$AB\bar{C}$、$ABC$。

输入变量取值必使一个对应的最小项的值等于 1。例如，在三变量 A、B、C 的最小项中，当 A=1、B=0、C=0 时，$A\bar{B}\bar{C}=1$。如果把 $A\bar{B}\bar{C}$ 的取值看作一个二进制数，那么它所表示的十进制数就是 4。为了使用方便，将 $A\bar{B}\bar{C}$ 这个最小项记作 $m_4$。按照这一约定，就得到了三变量最小项的编号表，如表 2-12 所示。

**表 2-12　三变量最小项的编号表**

| 最　小　项 | 使最小项为 1 的变量取值<br>A　B　C | 对应十进制数 | 编号（$m_i$） |
|---|---|---|---|
| $\bar{A}\bar{B}\bar{C}$ | 0　0　0 | 0 | $m_0$ |
| $\bar{A}\bar{B}C$ | 0　0　1 | 1 | $m_1$ |
| $\bar{A}B\bar{C}$ | 0　1　0 | 2 | $m_2$ |
| $\bar{A}BC$ | 0　1　1 | 3 | $m_3$ |
| $A\bar{B}\bar{C}$ | 1　0　0 | 4 | $m_4$ |
| $A\bar{B}C$ | 1　0　1 | 5 | $m_5$ |
| $AB\bar{C}$ | 1　1　0 | 6 | $m_6$ |
| $ABC$ | 1　1　1 | 7 | $m_7$ |

根据同样的道理，我们将 A、B、C、D 这 4 个变量的 16 个最小项记作 $m_0 \sim m_{15}$。

从最小项的定义出发，可以证明它有如下重要性质：

① 在输入变量的任何取值组合下，必有一个且仅有一个最小项的值为 1；

② 全体最小项之和为 1；

③ 任意两个不同最小项的乘积为 0；

④ 若两个最小项只有一个因子不同，则称这两个最小项具有相邻性，具有相邻性的两个最小项之和，可以合并消去一个取值互补的变量，例如 $ABC+AB\bar{C}=AB$。

如果一个逻辑函数式的每一项都是最小项，则这个逻辑函数式称为最小项表达式。任何一个逻辑函数都可以表示成最小项之和的形式。求一个逻辑函数的最小项表达式，常用的有拆项法和真值表法。

### 1. 拆项法

逻辑函数中最通用的函数式是与-或式。由与-或式变换为最小项表达式的基本方法是：将与-或式中，缺少变量 X 的最小项，乘以 $(X+\bar{X})$，便将这一乘积项拆成两个最小项之和，反复运用此种方法，可得该函数的最小项表达式。例如，三变量函数 $Y(A,B,C)=AB+\bar{B}C$ 则可化为

$$Y=AB(C+\bar{C})+(A+\bar{A})\bar{B}C = ABC+AB\bar{C}+A\bar{B}C+\bar{A}\bar{B}C = m_7+m_6+m_5+m_1$$

或写作 $Y(A, B, C)=\sum m(1,5,6,7)$。

**2．真值表法**

前面已讨论过，任何逻辑函数都可以用真值表来描述，真值表中每一行实质上就是一个最小项，所以，只要将真值表中输出函数 Y=1 的最小项相加，就是此函数的最小项表达式。

现仍以 Y(A，B，C)=AB+$\overline{B}$C 为例。将输入变量 A、B、C 各种组合的取值代入函数式，求得对应组合取值下的 *Y* 值，填入真值表的输出栏内，如表 2-13 所示。

**表 2-13　　真值表**

| A | B | C | Y |
|---|---|---|---|
| 0 | 0 | 0 | 0 |
| 0 | 0 | 1 | 1 |
| 0 | 1 | 0 | 0 |
| 0 | 1 | 1 | 0 |
| 1 | 0 | 0 | 0 |
| 1 | 0 | 1 | 1 |
| 1 | 1 | 0 | 1 |
| 1 | 1 | 1 | 1 |

在表 2-11 中，有 4 个最小项（$\overline{A}\overline{B}C$，$A\overline{B}C$，$AB\overline{C}$，ABC）使其 Y=1，将这 4 个 Y=1 的最小项相加，记得到该函数的最小项表达式，即

$$
\begin{aligned}
Y(A,B,C)&=\overline{A}\overline{B}C+A\overline{B}C+AB\overline{C}+ABC\\
&=m_1+m_5+m_6+m_7\\
&=\sum m(1,5,6,7)
\end{aligned}
$$

分析真值表 2-11 可知，若将输出函数 Y=0 的所有最小项相加，就可得到该函数的反函数最小项表达式，即

$$
\begin{aligned}
\overline{Y}(A,B,C)&=\overline{A}\overline{B}\overline{C}+\overline{A}B\overline{C}+\overline{A}BC+A\overline{B}\overline{C}\\
&=\sum m(0,2,3,4)
\end{aligned}
$$

由此可见，任一个逻辑函数都能表示成唯一的最小项表达式。

## 2.6.2 用卡诺图表示逻辑函数

卡诺图是由美国工程师卡诺（M.Karnaugh）提出的一种描述逻辑函数的特殊方法。这种方法是将 *n* 个变量的逻辑函数填入一个矩形或正方形的二维空间，即一个平面中，把矩形或正方形划分成 $2^n$ 个小方格，这些小方格分别代表 *n* 个变量逻辑函数的 $2^n$ 个最小项，每个最小项占一格，满足在几何相邻的小方格所表示的最小项具有逻辑相邻性。二变量、三变量、四变量和五变量的卡诺图如图 2-14 所示。正确认识卡诺图的"逻辑相邻"：上下相邻，左右相邻，并呈现"循环相邻"的特性，它类似于一个封闭的球面，如同展开了的世界地图一样，对角线上不相邻。

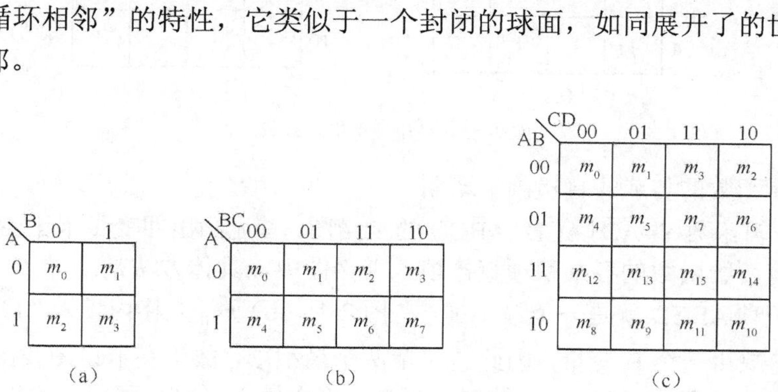

| A\B | 0 | 1 |
|---|---|---|
| 0 | $m_0$ | $m_1$ |
| 1 | $m_2$ | $m_3$ |

（a）

| A\BC | 00 | 01 | 11 | 10 |
|---|---|---|---|---|
| 0 | $m_0$ | $m_1$ | $m_2$ | $m_3$ |
| 1 | $m_4$ | $m_5$ | $m_6$ | $m_7$ |

（b）

| AB\CD | 00 | 01 | 11 | 10 |
|---|---|---|---|---|
| 00 | $m_0$ | $m_1$ | $m_3$ | $m_2$ |
| 01 | $m_4$ | $m_5$ | $m_7$ | $m_6$ |
| 11 | $m_{12}$ | $m_{13}$ | $m_{15}$ | $m_{14}$ |
| 10 | $m_8$ | $m_9$ | $m_{11}$ | $m_{10}$ |

（c）

图 2–14　二到五变量最小项的卡诺图

| AB \ CDE | 000 | 001 | 011 | 010 | 110 | 111 | 101 | 100 |
|---|---|---|---|---|---|---|---|---|
| 00 | $m_0$ | $m_1$ | $m_3$ | $m_2$ | $m_6$ | $m_7$ | $m_5$ | $m_4$ |
| 01 | $m_8$ | $m_9$ | $m_{11}$ | $m_{10}$ | $m_{14}$ | $m_{15}$ | $m_{13}$ | $m_{12}$ |
| 11 | $m_{24}$ | $m_{25}$ | $m_{27}$ | $m_{26}$ | $m_{30}$ | $m_{31}$ | $m_{39}$ | $m_{38}$ |
| 10 | $m_{16}$ | $m_{17}$ | $m_{19}$ | $m_{18}$ | $m_{22}$ | $m_{23}$ | $m_{21}$ | $m_{20}$ |

（d）

图 2-14　二到五变量最小项的卡诺图（续）

## 1. 卡诺图表示逻辑函数

由于任何一个逻辑函数都能表示为若干最小项之和的形式，那么自然也就可以设法用卡诺图来表示任意的一个逻辑函数。由逻辑函数画卡诺图常用的有 2 种方法，现分别举例说明。

（1）由最小项表达式得到卡诺图表示法

例如，画出逻辑函数 $Y=A\bar{B}+BC+\bar{A}BC$ 的卡诺图，首先将所给的逻辑函数变换成它的最小项表达式。即

$$
\begin{aligned}
Y&=A\bar{B}+BC+\bar{A}BC\\
&=A\bar{B}(C+\bar{C})+(A+\bar{A})BC+\bar{A}BC\\
&=A\bar{B}C+A\bar{B}\bar{C}+ABC+\bar{A}BC+\bar{A}BC\\
&=\sum m(3,4,5,7)
\end{aligned}
$$

由于卡诺图中的每一个小方格代表函数的一个最小项，所以按函数最小项表达式中出现的各最小项，在三变量卡诺图中的相应方格内填入“1”；其余方格内填入“0”（为简明起见，也可不填），即可得到该函数的卡诺图，如图 2-15（a）所示。

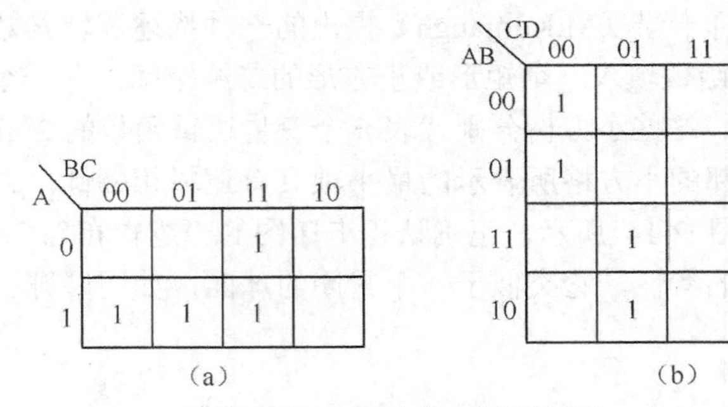

| A \ BC | 00 | 01 | 11 | 10 |
|---|---|---|---|---|
| 0 | | | 1 | |
| 1 | 1 | 1 | 1 | |

（a）

| AB \ CD | 00 | 01 | 11 | 10 |
|---|---|---|---|---|
| 00 | 1 | | | 1 |
| 01 | 1 | | | 1 |
| 11 | | 1 | | |
| 10 | | 1 | | 1 |

（b）

图 2-15　最小项卡诺图表示法

（2）由逻辑函数的与或式直接画卡诺图

例如，画逻辑函数 $Y=\bar{A}\bar{D}+A\bar{C}D+A\bar{B}C\bar{D}$ 的卡诺图。首先画出四变量卡诺图，如图 2-15（b）所示。然后，将所给函数的各乘积项直接填入卡诺图中，具体方法是：

函数中乘积项 $A\bar{B}C\bar{D}$ 就是一个最小项，在图 2-15（b）$m_{10}$ 方格内填入“1”。乘积项 $A\bar{C}D$，不是最小项，它缺少一个 B 变量，因此它包括两个最小项，故可在卡诺图找出变量 $A\bar{C}D$ 取值为 101 的两个方格（即 $m_9$ 和 $m_{13}$），并在这两个方格内填入“1”。同理，乘积项 $\bar{A}\bar{D}$ 也不是最小项，它缺二个变量 B 和 C，因此它包含 4 个最小项，故可在卡诺图中找出变量 AD 取值为

00 的 4 个方格（即 $m_0$、$m_2$、$m_4$ 和 $m_6$），并在这四个方格内填入“1”，所得到的该函数的卡诺图如图 2-15（b）所示。

**【例 2-13】** 已知逻辑函数 $Y=\overline{A}\,\overline{B}\,\overline{C}+AB+\overline{A}BC$，画出表示该函数的卡诺图。

**解：** $Y=\overline{A}\,\overline{B}\,\overline{C}+AB+\overline{A}BC=\overline{A}\,\overline{B}\,\overline{C}+\overline{A}BC+AB\overline{C}+ABC=m_0+m_3+m_6+m_7$

在小方格 $m_7$、$m_6$、$m_3$、$m_0$ 中填“1”，可以得到如图 2-16 所示的卡诺图。待熟练以后可以由逻辑函数的与或式直接画卡诺图。

如果已知逻辑函数的卡诺图，也可以写出该函数的逻辑表达式。其方法与由真值表写表达式的方法相同，即把逻辑函数值为“1”的那些小方格代表的最小项写出，然后“或”运算，就可以得到与之对应的逻辑表达式。由于卡诺图与真值表一一对应，所以用卡诺图表示逻辑函数不仅具有用真值表表示逻辑函数的优点，而且还可以直接用来化简逻辑函数。但是也有缺点：变量多时使用起来麻烦，所以多于 4 变量时一般不用卡诺图表示。

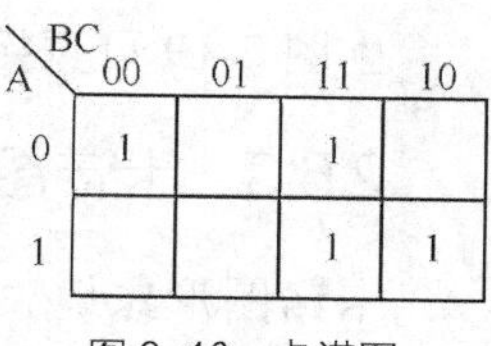

图 2-16 卡诺图

**2．卡诺图的性质**

由于卡诺图是逻辑函数最小项表达式的一种图示形式，所以卡诺图具有具有如下重要性质。

① 若卡诺图中全部方格都是“1”，则该逻辑函数 Y=1（Y 为该函数全部最小项的逻辑和）。

② 两个卡诺图相加，表示它们代表的两个函数相加。例如，$Y_1=AC=\sum m(5,7)$，$Y_2=A\overline{B}\,\overline{C}+BC=\sum m(3,4,7)$，$Y=Y_1+Y_2=\sum m(3,4,5,7)$。如图 2-17 所示，变量相同的两个卡诺图相加，凡两图相同位置的“1”格，在和的图中只保留一个“1”，凡两图不同位置的“1”格，均需表示在和的图中。

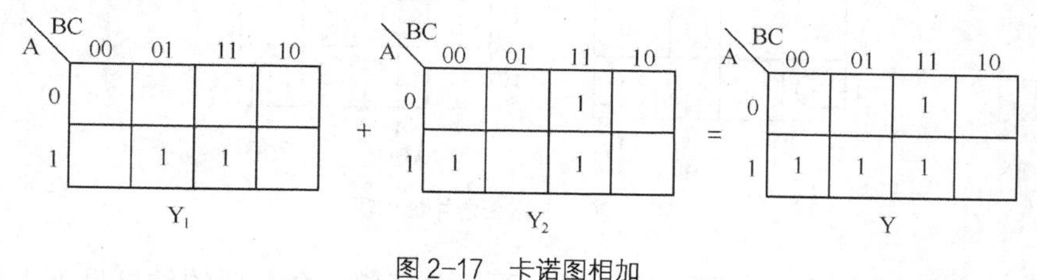

图 2-17 卡诺图相加

③ 两个卡诺图相与，表示它们代表的两个函数相与。例如：$Y_1=AC=\sum m(5,7)$，$Y_2=A\overline{B}\,\overline{C}+BC=\sum m(3,4,7)$，$Y=Y_1\cdot Y_2=(m_5+m_7)(m_3+m_4+m_7)=m_3m_5+m_4m_5+m_5m_7+m_3m_7+m_4m_7+m_7m_7=m_7$。如图 2-18 所示，变量相同的两个卡诺图相乘，只有两图中位置相同的“1”格才能被保留在积的卡诺图中。

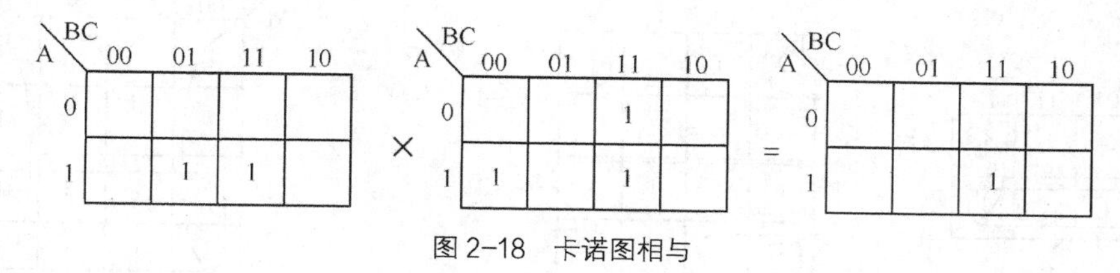

图 2-18 卡诺图相与

④ 将逻辑函数 Y 卡诺图中的“1”格改称“0”格；“0”格改成“1”格，就可得到函数 Y 的反函数 $\overline{Y}$ 的卡诺图，称为卡诺图的反演。根据卡诺图的反演规则，我们可以将函数 Y 卡诺图中所有“0”格的最小项相加，就可得到其反函数 $\overline{Y}$ 的最小项表达式，如图 2-19 所示。

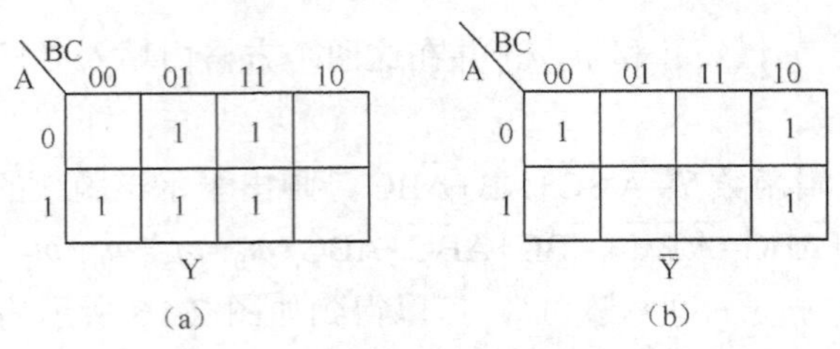


图 2-19 卡诺图取反

由图 2-19 可直接得到：$\overline{Y}=m_0+m_2+m_6=\overline{A}\overline{B}\overline{C}+\overline{A}B\overline{C}+AB\overline{C}$。

## 2.6.3 卡诺图化简逻辑函数

卡诺图形象地表达了最小项之间的相邻性，因此，用卡诺图表示函数时，如相邻的两小方格均填 1，则可用相邻性消去一个变量，使函数得以简化。

### 1. 合并最小项的原则

逻辑上相邻的两个最小项，用一个称作卡诺圈的方圈，把填 1 的相邻小方格圈在一起。如图 2-20 所示，给出了 2 个相邻最小项合并的几种可能情况。从图 2-20 中可以看出，每个方圈都包含一个互为反变量的变量，消去一个取值互补的变量，留下的是取值不变的变量。

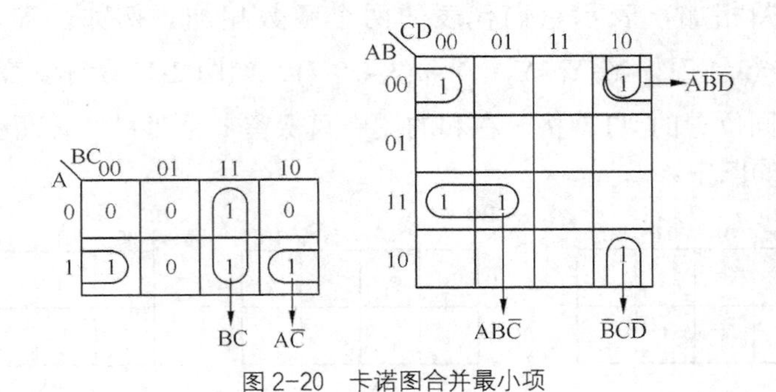


图 2-20 卡诺图合并最小项

4 个相邻的最小项合并成一项，消去两个不同的变量，合并后的结果只剩下公共因子。4 个最小项相邻的几种可能情况如图 2-21 所示。

8 个相邻的最小项，合并成一项，消去 3 个不同的变量，合并的结果只包含公共因子。8 个最小项相邻的几种可能情况如图 2-22 所示。

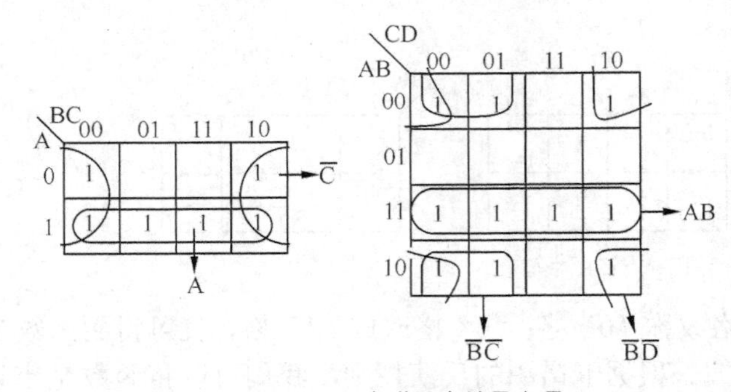


图 2-21 卡诺图合并最小项

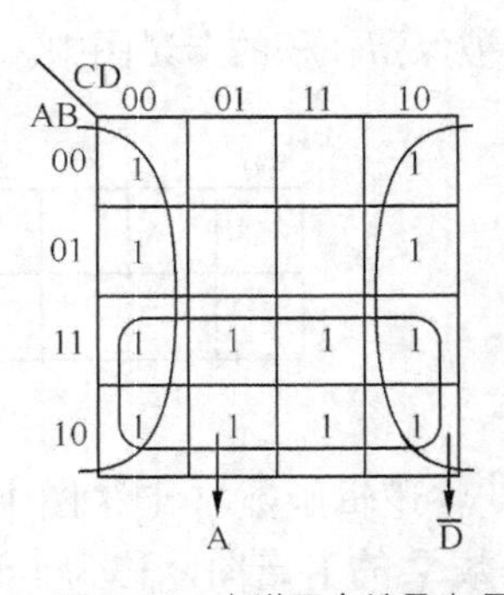


图 2-22 卡诺图合并最小项

至此，可以归纳出合并最小项的一般规则，这就是：如果有 $2^n$ 个最小项相邻（$n$=1、2…），并排列成一个矩形组，则它们可以合并为一项，并消去 $n$ 对因子，合并后的结果中仅包含这些最小项的公共因子。

**2．卡诺图化简法的步骤**

利用卡诺图化简逻辑函数可按如下步骤进行。

（1）画出表示该逻辑函数的卡诺图。

（2）合并相邻最小项（圈卡诺圈）。画圈时必须遵守如下原则：

① 每个圈内“1”的个数必须是 $2^i$ 个；

② 每个圈中的“1”可以多次被圈，但必须保证每个圈内至少有一个“1”没有被圈过，若一个卡诺圈中所有“1”均被别的卡诺圈圈过，则这个卡诺圈是多余的；

③ 卡诺圈内包含的“1”的个数要尽可能多，即卡诺圈要尽可能大，以便消去更多的因子；

④ 圈的个数要尽可能的少（因为一个圈代表一个乘积项）；

（3）将各卡诺圈中最小项合并的结果——乘积项，进行逻辑或，即可得到该函数 $Y$ 的最简与或表达式。

**【例 2-14】** 用卡诺图化简逻辑函数为最简与或式 $Y=A\overline{B}+AC+BC+AB$

**解**：首先画出逻辑函数 Y 的卡诺图，如图 2-23 所示。从图中可以看出，可以合并一个 4 格组和一个 2 格组，合并后为 $Y=A+BC$。

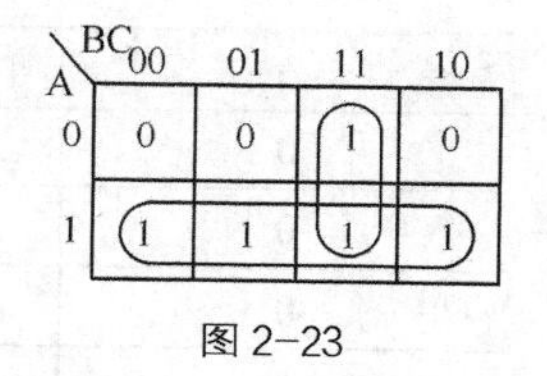

图 2-23

**【例 2-15】** 用卡诺图法将逻辑函数 $Y(A，B，C，D)=\sum m(2，3，5，7，8，10，12，13)$ 化为最简与或表达式。

**解**：从图 2-24 中可以看出：图（a）、图（b）中圈的个数相同，并且都没有重复，其结果都是 4 项。分别为 $Y=A\overline{C}\overline{D}+B\overline{C}D+\overline{A}CD+\overline{B}C\overline{D}$ 和 $Y=\overline{A}\overline{B}C+\overline{A}BD+AB\overline{C}+A\overline{B}\overline{D}$。对于函数的化简其结果不具有唯一性，只有函数最小项表达式才具有唯一性。

**【例 2-16】** 用卡诺图法将下式化为最简与或逻辑式

$$Y=A\overline{B}\overline{C}\overline{D}+\overline{A}B+\overline{A}\overline{B}\overline{D}+B\overline{C}+BCD$$

**解**：首先画出 Y 的卡诺图，如图 2-25 所示，化简后得到 $Y=\overline{A}\overline{D}+BD+\overline{C}\overline{D}$ 。

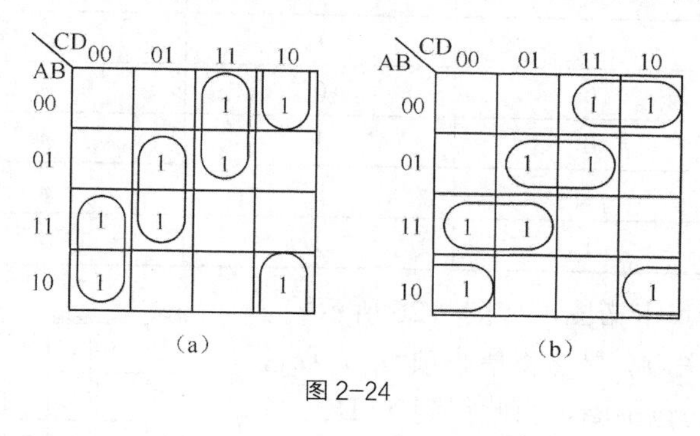

图 2-24

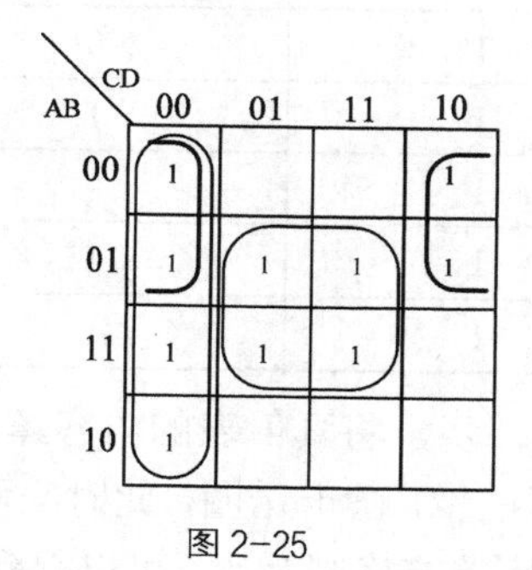

图 2-25

## 2.6.4 具有无关项的逻辑函数式及其化简方法

在一些逻辑电路中，经常遇到对于变量的某些取值，函数值可以任意的，或者这些变量根本不会出现。这些变量取值所对应的最小项称为无关项或任意项。在函数表达式中可以用$\phi$或$d$来表示其为无关项，如：$Y(A，B，C)=\sum m(0，1，5，7)+\sum \phi(4，6)$。其中$m_4$和$m_6$是无关项。该无关项也可以用$A\overline{B}\overline{C}+AB\overline{C}=0$或$A\overline{C}=0$来表达，我们称为约束条件。无关项的意义在于，它的值可以取0或取1，具体取什么值，可以根据使函数尽量得到简化而定。下面举一个利用无关项化简的例子。

**【例 2-17】** 要求设计一个逻辑电路，其功能是判断一位十进制数（8421BCD 码表示）是奇数还是偶数，当十进制数是奇数时，电路输出为 1，当十进制数为偶数时，电路输出为 0，写出该逻辑电路的表达式。

**解**：第一步：根据题意列真值表

假设输入的 8421 码用 4 个变量 A、B、C、D 表示，输出用 Y 表示。当输入 A、B、C、D 代表的 8421 码的值为奇数时，输出 Y 为 1；输入的值为偶数时，Y 为 0。真值表如表 2-14 所示。注意，8421 码只有 10 个，表中 4 位二进制码的后 6 种组合是无关的，因为 1 位十进制数不包括 10-15，这些状态根本不会出现。这后 6 种变量组合对应的最小项就是无关项，本书以$\phi$来表示，它们对应的函数值可以任意假设，为 0 或 1 都可以。

**表 2-14　　例 2-17 真值表**

| A | B | C | D | Y |
|---|---|---|---|---|
| 0 | 0 | 0 | 0 | 0 |
| 0 | 0 | 0 | 1 | 1 |
| 0 | 0 | 1 | 0 | 0 |
| 0 | 0 | 1 | 1 | 1 |
| 0 | 1 | 0 | 0 | 0 |
| 0 | 1 | 0 | 1 | 1 |
| 0 | 1 | 1 | 0 | 0 |
| 0 | 1 | 1 | 1 | 1 |
| 1 | 0 | 0 | 0 | 0 |
| 1 | 0 | 0 | 1 | 1 |
| 1 | 0 | 1 | 0 | $\phi$ |
| 1 | 0 | 1 | 1 | $\phi$ |
| 1 | 1 | 0 | 0 | $\phi$ |
| 1 | 1 | 0 | 1 | $\phi$ |
| 1 | 1 | 1 | 0 | $\phi$ |
| 1 | 1 | 1 | 1 | $\phi$ |

第二步，将真值表的内容填入四变量卡诺图，如图 2-26 所示。

第三步，画卡诺圈，此时应利用无关项，显然将最小项$m_{11}$，$m_{13}$，$m_{15}$对应的方格视为 1，可以得到最大的包围圈，由此得到 Y=D。

| AB\CD | 00 | 01 | 11 | 10 |
|---|---|---|---|---|
| 00 | | 1 | 1 | |
| 01 | | 1 | 1 | |
| 11 | $\phi$ | $\phi$ | $\phi$ | $\phi$ |
| 10 | | 1 | $\phi$ | $\phi$ |

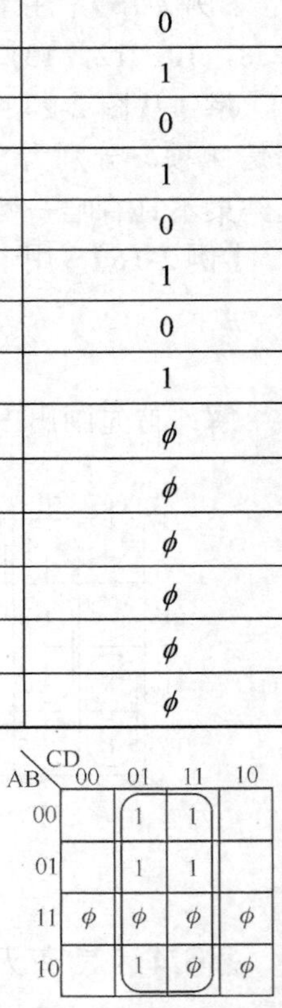

图 2-26 【例 2-17】卡诺图

含有无关项的函数化简与不含无关项的方法相同，仅对在处理无关项时加以考虑，具体如下：

① 画出函数对应的卡诺图，将无关项对应的小方格用$\phi$或×填上；

② 圈卡诺圈，如果在圈时约束项当作 1 时圈得可以更大些，则当作 1 来处理，否则当 0 处理，对于没圈的无关项一律看作 0；

③ 写出化简的表达式。

**【例 2-18】** 化简函数为最简与或式 $Y(A, B, C, D)=\sum m(5, 6, 7, 8, 9)+\sum \phi(10, 11, 12, 13, 14, 15)$。

**解**：画出函数对应的卡诺图如图 2-27 所示，根据化简有利的原则，将其无关项全部看作为 1 来处理的，化简结果为 Y=A+BD+BC。

**【例 2-19】** 化简逻辑函数为最简与或式 $Y=\overline{A}C\overline{D}+\overline{A}B\overline{C}\overline{D}+A\overline{B}\overline{C}\overline{D}$，约束条件 AB+AC=0 。

**解**：画出函数对应的卡诺图如图 2-28 所示，最简与或表达式为

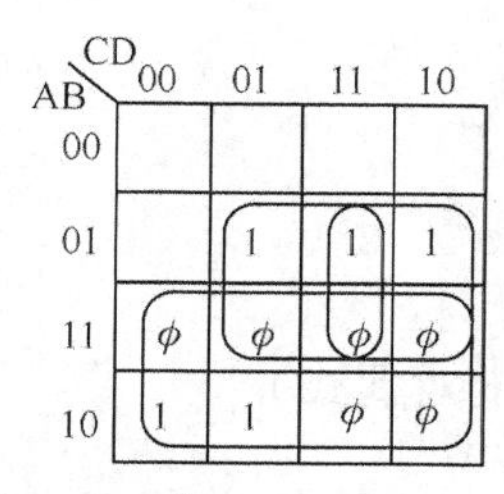

图 2-27　【例 2-18】卡诺图

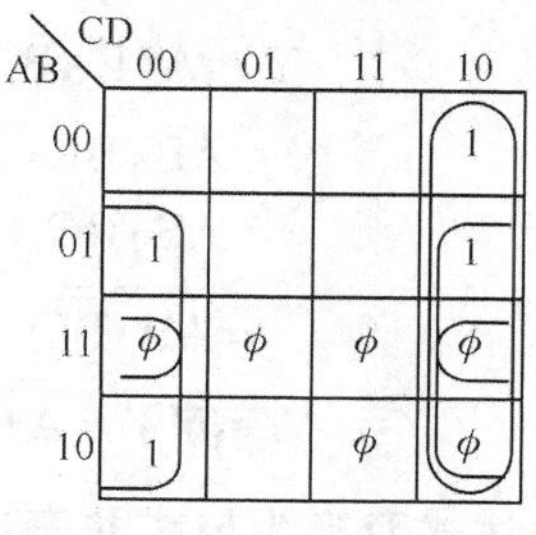

图 2-28　【例 2-19】卡诺图

$$Y=C\overline{D}+B\overline{D}+A\overline{D}$$

合并时，究竟把$\phi$看作 1 还是 0 应以得到的包围圈最大且个数最少为原则。包围圈内都是约束项无意义。

## 2.7　逻辑函数的表达式形式及其转化

在用数字电路实现逻辑函数时，可供选择的数字电路元件主要是各种门电路。常用的门电路有：与门、或门、与非门、与或非门等。为了便于用选定的门电路实现逻辑函数，必须把逻辑函数的最简式化成与所用门电路一致的形式。这就需要研究逻辑函数的表达形式以及它们的相互转化。

逻辑函数表达式的一般形式，最常见的有 5 种，它们是：与或表达式、或与表达式、与非-与非表达式、或非-或非表达式和与-或-非表达式。例如：逻辑函数 $Y=AB+\overline{B}C$，可以表示成：

① 与或表达式　　$Y=AB+\overline{B}C$；

② 或与表达式　　$Y=(A+\overline{B})(B+C)$；

③ 与非-与非表达式　　$Y=\overline{\overline{AB}\cdot\overline{\overline{B}C}}$；

④ 或非-或非表达式　　$Y=\overline{\overline{(A+\overline{B})}+\overline{(B+C)}}$；

⑤ 与-或-非表达式　　$Y=\overline{\overline{B}\,\overline{C}+B\overline{A}}$。

前面我们讲过了得到最简与或表达式的方法。我们可以由最简与或表达式得到其他形式的表达式。这里我们还是以 $Y=AB+\overline{B}C$ 为例加以说明。

### 1．与或表达式转换为与非-与非表达式

将与或表达转换为与非-与非表达式，只需要对给定与或表达式两次求反即可。

$$
\begin{aligned}
Y&=AB+\overline{B}C\\
&=\overline{\overline{AB+\overline{B}C}}\\
&=\overline{\overline{AB}\cdot\overline{\overline{B}C}}
\end{aligned}
$$

### 2．与或表达式转换为或非-或非表达式

先求 Y 的对偶式 Y′，再将 Y′ 变换成与非-与非式形式，最后求 Y′ 的对偶式，即 Y=(Y′)′。先求 Y 的对偶式，得

$$
\begin{aligned}
Y'&=(A+B)(\overline{B}+C)\\
&=A\overline{B}+BC+AC\\
&=AB+BC\\
&=\overline{\overline{AB}\cdot\overline{BC}} \quad \text{（对 Y′ 取两次反）}\\
Y=(Y')'&=\overline{\overline{A+B}+\overline{B+C}} \quad \text{（求上式 Y′ 的对偶式）}
\end{aligned}
$$

### 3．与或表达式变换为与或非表达式

将与或表达式变换为与或非表达式的时候，需要求出逻辑函数反函数 $\overline{Y}$ 的与或表达式，再对 $\overline{Y}$ 求反，可以得到函数 Y 的与或非表达式。

$$
\begin{aligned}
\overline{Y}&=\overline{AB+\overline{B}C} \quad \text{（求出函数 Y 的反函数）}\\
&=\sum m(0,2,3,4)\\
&=\overline{A}B+\overline{B}\,\overline{C} \quad \text{（求最简与或式）}\\
Y&=\overline{\overline{A}B+\overline{B}\,\overline{C}} \quad \text{（对 }\overline{Y}\text{ 求反）}
\end{aligned}
$$

**【例 2-20】**用卡诺图求逻辑函数 Y=AB+AC+BC 的最简与或非表达式。

**解**：首先用卡诺图表示逻辑函数如图 2-29 所示，通过圈“0”得到反函数 $\overline{Y}=\overline{A}\,\overline{B}+\overline{A}\,\overline{C}+\overline{B}\,\overline{C}$，将反函数取反得到最简与或非表达式 $Y=\overline{\overline{A}\,\overline{B}+\overline{B}\,\overline{C}+\overline{A}\,\overline{C}}$ 。

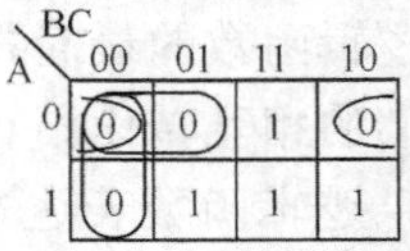

| A \ BC | 00 | 01 | 11 | 10 |
|---|---|---|---|---|
| 0 | 0 | 0 | 1 | 0 |
| 1 | 0 | 1 | 1 | 1 |

图 2-29 【例 2-20】卡诺图

### 4．与或表达式变换为或与表达式

将与或表达式变换为或与表达式需要经过如下步骤：首先求出其反函数 $\overline{Y}$ 的表达式，再对反函数 $\overline{Y}$ 求反，最后用摩根定理进行相应变换。

$$
\begin{aligned}
\overline{Y}&=\overline{A}B+\overline{B}\,\overline{C}\\
Y&=\overline{\overline{A}B+\overline{B}\,\overline{C}} \quad \text{（对 }\overline{Y}\text{ 求反）}\\
&=\overline{\overline{A}B}\cdot\overline{\overline{B}\,\overline{C}} \quad \text{（摩根定理变换）}\\
&=(A+\overline{B})\cdot(B+C)
\end{aligned}
$$

### 5．或与表达式变换为或非-或非表达式

将或与表达式变换为或非-或非表达式可以通过一下步骤：首先，求出逻辑函数的对偶式

$Y'$，然后化简对偶式 $Y'$，求出对偶式的对偶式，即 $Y=(Y')'$，对上述 Y 两次求反。

$$Y'=(A+B)(\overline{B}+C)$$

$$=A\overline{B}+BC \qquad \text{（求 Y 的对偶式）}$$

$$Y=(Y')'=(A+\overline{B})(B+C) \quad \text{（求 Y' 的对偶式）}$$

$$Y=\overline{\overline{Y}}=\overline{\overline{\left(A+\overline{B}\right)\left(B+C\right)}}=\overline{\overline{A+\overline{B}}+\overline{B+C}} \quad \text{（对 Y 两次求反）}$$

## 本章小结

逻辑代数中基本运算是与、或、非。与非、或非、与或非、异或则是由基本逻辑运算复合而成的 4 种常用逻辑运算。本章还给出了表示这些运算的逻辑符号，要注意理解和记忆。

逻辑代数的公式和定理是推演、变换和化简逻辑函数的依据，有些与普通代数相同，有些则完全不一样，例如摩根定理、同一律、还原律等。

逻辑函数常用到的表示方法有 5 种：真值表、卡诺图、函数式、逻辑图和波形图。它们各有特点，但本质相通，可以互相转换。尤其是由真值表到逻辑图和由逻辑图到真值表的转换，直接涉及数字电路的分析与综合问题，应该熟练掌握。

逻辑函数的公式化简法和卡诺图化简法是本章的重点内容。公式化简法没有固定的步骤可循，所以要想迅速得到函数的最简与或表达式，不仅要对公式、定理熟悉运用，而且还要具有一定的运算技巧和经验。卡诺图化简法简单、直观，有可以遵循的明确步骤，不易出错，初学者也易于掌握。但是，当函数变量多于 5 个时，就失去了简单直观的优点，因此也就没有实用价值了。

为了便于选定合适的器件构成最简的电路，需要我们掌握逻辑函数表达式间的相互转换。究竟将函数式化成什么形式的最为有利，要根据选用哪些种类的电子器件而定。

## 习　　题

［2-1］试用列真值表的方法证明下列异或运算公式。

（1）$A\oplus 0=A$　　（2）$A\oplus 1=\overline{A}$　　（3）$A\oplus A=0$

（4）$A\oplus \overline{A}=1$　　（5）$\overline{A\oplus B}=A\odot B$　　（6）$A(B\oplus C)=AB\oplus AC$

［2-2］写出下列函数的对偶式及反演式。

（1）$Y=\overline{A}\,\overline{B}+CD$

（2）$Y=\overline{A+B+\overline{C}+\overline{\overline{D+E}}}$

（3）$Y=AB+\overline{CD}+\overline{BC+\overline{D}+\overline{C}E+\overline{\overline{D+E}}}$

（4）$Y=\overline{A}[\overline{C}+(B\overline{D}+AC)]+AC\overline{D}E$

（5）$Y=ABC+(A+B+C)\overline{AB+BC+AC}$

（6）$Y=\overline{A\overline{D}+(B+\overline{C}D)}$

[2-3] 已知逻辑函数的真值表见题表 2-1（a）、（b），试写出对应的逻辑函数式。

**题表 2-1**（a）

| M | N | P | Q | Z |
|---|---|---|---|---|
| 0 | 0 | 0 | 0 | 0 |
| 0 | 0 | 0 | 1 | 0 |
| 0 | 0 | 1 | 0 | 0 |
| 0 | 0 | 1 | 1 | 1 |
| 0 | 1 | 0 | 0 | 0 |
| 0 | 1 | 0 | 1 | 0 |
| 0 | 1 | 1 | 0 | 1 |
| 0 | 1 | 1 | 1 | 1 |
| 1 | 0 | 0 | 0 | 0 |
| 1 | 0 | 0 | 1 | 0 |
| 1 | 0 | 1 | 0 | 0 |
| 1 | 0 | 1 | 1 | 1 |
| 1 | 1 | 0 | 0 | 1 |
| 1 | 1 | 0 | 1 | 1 |
| 1 | 1 | 1 | 0 | 1 |
| 1 | 1 | 1 | 1 | 1 |

**题表 2-1**（b）

| A | B | C | Y |
|---|---|---|---|
| 0 | 0 | 0 | 0 |
| 0 | 0 | 1 | 1 |
| 0 | 1 | 0 | 1 |
| 0 | 1 | 1 | 0 |
| 1 | 0 | 0 | 1 |
| 1 | 0 | 1 | 0 |
| 1 | 1 | 0 | 0 |
| 1 | 1 | 1 | 0 |

[2-4] 用逻辑代数的基本公式和常用公式将下列逻辑函数化为最简与或形式。

（1） $Y=A\overline{B}+B+\overline{A}B$

（2） $Y=A\overline{B}C+\overline{A}+B+\overline{C}$

（3） $Y=\overline{\overline{A}BC}+\overline{A\overline{B}}$

（4） $Y=(A+B)(A+B+C)(\overline{A}+C)(B+C+D)$

（5） $Y=A\overline{B}(\overline{A}CD+\overline{AD+\overline{B}\,\overline{C}})(\overline{A}+B)$

（6） $Y=AC(\overline{C}D+\overline{A}B)+BC(\overline{\overline{\overline{B}+AD}+CE})$

（7） $Y=A\overline{C}+ABC+AC\overline{D}+CD$

（8） $Y=A+\overline{(B+\overline{C})}(A+\overline{B}+C)(A+B+C)$

（9） $Y=B\overline{C}+AB\overline{C}E+\overline{B}(\overline{\overline{A}\,\overline{D}+AD})+B(A\overline{D}+\overline{A}D)$

（10） $Y=AC+A\overline{C}D+A\overline{B}\,\overline{E}F+B(D\oplus E)+B\overline{C}D\overline{E}+B\overline{C}\,\overline{D}E+AB\overline{E}F$

[2-5] 写出题图 2-1 中各逻辑图的逻辑函数式，并化简为最简与或式。

[2-6] 将下列各函数式化为最小项之和的形式。

（1） $Y=\overline{\overline{A}(B+\overline{C})}$

（2） $Y=\overline{\overline{A}\,\overline{B}+ABD}(\overline{B}+\overline{C}D)$

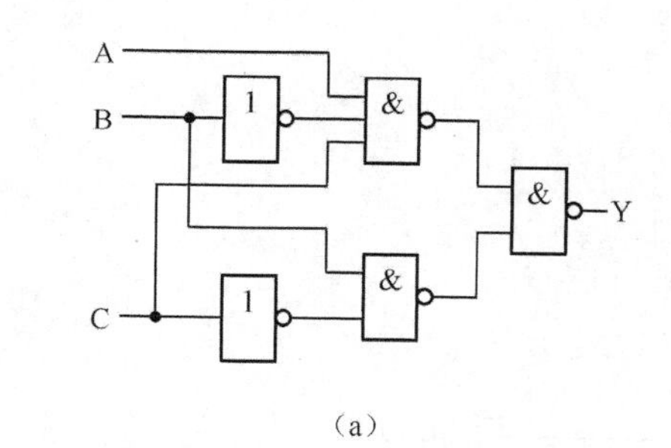

（a）

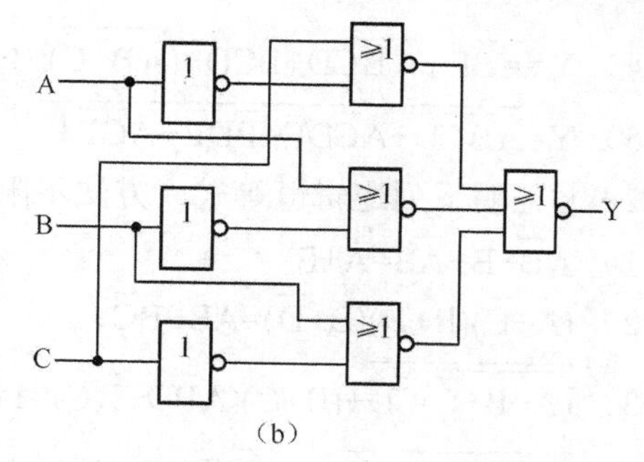

（b）

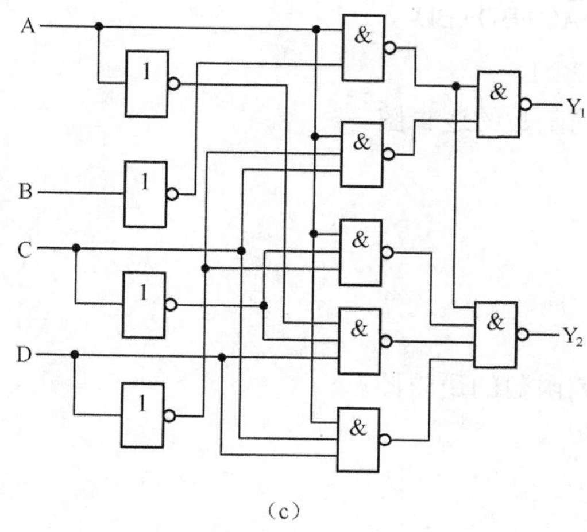

（c）

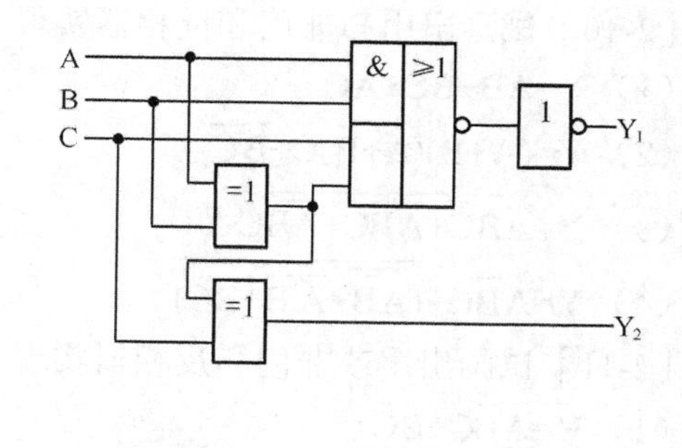

（d）

题图 2-1

（3） $Y=A+B+CD$

（4） $Y=AB+\overline{\overline{BC}(\overline{C}+\overline{D})}$

（5） $Y=L\overline{M}+M\overline{N}+N\overline{L}$

［2-7］用卡诺图化简法将下列函数化为最简与或形式。

（1） $Y=ABC+ABD+\overline{C}\,\overline{D}+A\overline{B}C+\overline{A}C\overline{D}+A\overline{C}D$

（2） $Y=A\overline{B}+\overline{A}C+BC+\overline{C}D$

（3） $Y=\overline{A}\,\overline{B}+\overline{B}C+\overline{A}+\overline{B}+ABC$

（4） $Y=\overline{A}\,\overline{B}+AC+\overline{B}C$

（5） $Y=A\overline{B}\,\overline{C}+\overline{A}\,\overline{B}+\overline{A}D+C+BD$

（6） $Y(A,B,C)=\Sigma m(0,1,2,5,6,7)$

（7） $Y(A,B,C)=\Sigma m(1,3,5,7)$

（8） $Y(A,B,C,D)=\Sigma m(0,1,2,3,4,6,8,9,10,11,14)$

（9） $Y(A,B,C,D)=\Sigma m(0,1,2,5,8,9,10,12,14)$

［2-8］化简下列逻辑函数（方法不限）。

（1） $Y=A\overline{B}+\overline{A}C+\overline{C}\,\overline{D}+D$

（2） $Y=A（C\overline{D}+\overline{C}D）+B\overline{C}D+A\overline{C}D+\overline{A}C\overline{D}$

（3） $Y=\overline{(\overline{A}+\overline{B})}D+(\overline{A}\overline{B}+BD)\overline{C}+\overline{A}\,\overline{C}BD+\overline{D}$

（4） $Y=A\overline{B}D+\overline{A}\,\overline{B}\,\overline{C}D+\overline{B}CD+\overline{(A\overline{B}+C)}(B+D)$

（5） $Y=\overline{A\overline{B}\,\overline{C}D+A\overline{C}DE+\overline{B}D\overline{E}+A\overline{C}\,\overline{D}E}$

［2-9］证明下列逻辑恒等式（方法不限）。

（1） $A\overline{B}+B+\overline{A}B=A+B$

（2） $(A+\overline{C})(B+D)(B+\overline{D})=AB+B\overline{C}$

（3） $\overline{\overline{(A+B+\overline{C})}\,\overline{C}D}+(B+\overline{C})(A\overline{B}D+\overline{B}\,\overline{C})=1$

（4） $\overline{A}\,\overline{B}\,\overline{C}\,\overline{D}+\overline{A}B\overline{C}D+A\overline{B}C\overline{D}+ABCD=\overline{A\overline{C}+\overline{A}C+B\overline{D}+\overline{B}D}$

（5） $\overline{A}(C\oplus D)+B\overline{C}D+AC\overline{D}+A\overline{B}\cdot\overline{C}D=C\oplus D$

［2-10］试画出用与非门和反相器实现下列函数的逻辑图。

（1） $Y=AB+BC+AC$

（2） $Y=(\overline{A}+B)(A+\overline{B})C+\overline{B}\,\overline{C}$

（3） $Y=\overline{AB\overline{C}+A\overline{B}C+\overline{A}BC}$

（4） $Y=A\overline{BC}+\overline{(\overline{A\overline{B}}+\overline{A}\,\overline{B}+BC)}$

［2-11］试画出用或非门和反相器实现下列函数的逻辑图。

（1） $Y=A\overline{B}C+B\overline{C}$

（2） $Y=(A+C)(\overline{A}+B+\overline{C})(\overline{A}+\overline{B}+C)$

（3） $Y=\overline{(AB\overline{C}+\overline{B}C)}\,\overline{D}+\overline{A}\,\overline{B}D$

（4） $Y=\overline{\overline{C\overline{D}}\;\overline{BC}\;\overline{ABC}\;\overline{D}}$

［2-12］对于互相排斥的一组变量 A、B、C、D、E（即任何情况下 A、B、C、D、E 不可能有 2 个或 2 个以上同时为 1），试证明

$$A\overline{B}\,\overline{C}\,\overline{D}\,\overline{E}=A，\overline{A}B\overline{C}\,\overline{D}\,\overline{E}=B，\overline{A}\,\overline{B}C\overline{D}\,\overline{E}=C，\overline{A}\,\overline{B}\,\overline{C}D\overline{E}=D，\overline{A}\,\overline{B}\,\overline{C}\,\overline{D}E=E$$

［2-13］将下列函数化为最简与或函数式。

（1） $Y=\overline{A+C+D}+\overline{A}\,\overline{B}C\overline{D}+A\overline{B}\,\overline{C}D$ 给定约束条件为

$$A\overline{B}C\overline{D}+A\overline{B}CD+AB\overline{C}\,\overline{D}+AB\overline{C}D+ABC\overline{D}+ABCD=0$$

（2） $Y=C\overline{D}(A\oplus B)+\overline{A}B\overline{C}+\overline{A}\,\overline{C}D$，给定约束条件为 $AB+CD=0$

（3） $Y=(A\overline{B}+B)C\overline{D}+\overline{(A+B)(\overline{B}+C)}$，给定约束条件为

$$ABC+ABD+ACD+BCD=0$$

（4） $Y(A,B,C,D)=\sum(m_3,m_5,m_6,m_7,m_{10})$，给定约束条件为

$$m_0+m_1+m_2+m_4+m_8=0$$

（5） $Y(A,B,C)=\sum(m_0,m_1,m_2,m_4)$，给定约束条件为

$$m_3+m_5+m_6+m_7=0$$

（6） $Y(A,B,C,D)=\sum(m_2,m_3,m_7,m_8,m_{11},m_{14})$，给定约束条件为

$$m_0+m_5+m_{10}+m_{15}=0$$

［2-14］用卡诺图将下列含有无关项的逻辑函数，化简为最简的与或式，与非式，与或非式。

（1） $Y=\sum m(0,1,5,7,8,11,14)+\sum \phi(3,9,15)$

（2） $Y=\sum m(1,2,5,6,10,11,12,15)+\sum \phi(3,7,8,14)$

（3） $Y=\sum m(0,2,3,6,9,10,15)+\sum \phi(7,8,11)$

（4） $Y=\sum m(0,2,3,7,8,10.13)+\sum \phi(5,6,11)$

［2-15］利用卡诺图之间的运算将下列逻辑函数化为最简与或式。

（1） $Y=(AB+\bar{A}C+\bar{B}D)(A\bar{B}\bar{C}D+\bar{A}CD+BCD+\bar{B}C)$

（2） $Y=(\bar{A}\bar{B}C+\bar{A}B\bar{C}+AC)(A\bar{B}\bar{C}D+\bar{A}BC+CD)$

（3） $Y=(\bar{A}D+\bar{C}D+C\bar{D})\oplus(A\bar{C}\bar{D}+ABC+\bar{A}D+CD)$

（4） $Y=(\bar{A}\bar{C}\bar{D}+\bar{B}\bar{D}+BD)\oplus(\bar{A}B\bar{D}+\bar{B}D+BC\bar{D})$

# 第3章 门电路

第2章介绍了与、或、非三种基本逻辑运算及复合的逻辑运算，但是并没有讨论构成这些运算的具体电路。构成基本逻辑运算及复合逻辑运算功能的电路称为逻辑门电路，简称门电路。为了正确而有效地使用这些门电路，设计者必须对器件的内部电路，特别是对它的外部特性有所了解。

本章将首先回顾二极管、三极管及MOS管的开关特性，然后着重讨论各种类型的TTL和MOS门电路，在分析电路时，着重讨论它们的逻辑功能和外部特性，对内部电路只做一般介绍。

## 3.1 概述

所谓门就是一种开关，能够按照一定的条件去控制信号的通过或不通过。这种功能的实现如图3-1所示，在输入信号$v_I$的作用下，当S断开时，输出$v_O=V_{CC}$为高电平；当S闭合时，$v_O=$“地”为低电平。半导体二极管、三极管和MOS管是构成这种电子开关的基本开关元件。此时，电路在$v_I$的作用下，工作在导通或截止状态即可。

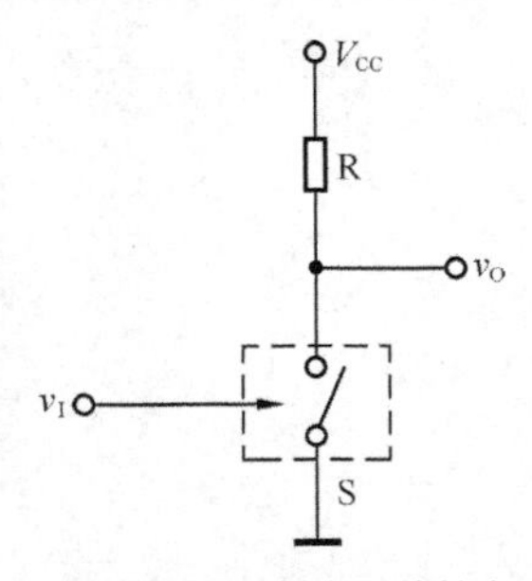


图3-1 用来获得高、低电平的基本开关电路

集成门按内部有源器件的不同可分为两大类：一类为双极型晶体管集成电路，主要有晶体管TTL逻辑、射极耦合逻辑ECL和集成注入逻辑$I^2L$等几种类型，另一类为单极型MOS集成电路，包括NMOS、PMOS和CMOS等几种类型。

TTL逻辑门电路问世较早，其工艺经过不断改进，至今仍为主要的基本逻辑器件之一。随着CMOS工艺的发展，TTL的主导地位受到了动摇，有被CMOS器件取代的趋势。近年来，可编程逻辑器件（PLD）特别是现场可编程门阵列（FPGA）的飞速进步，使数字电子技术开创了新局面，不仅规模大，而且将硬件与软件相结合，使器件的功能更加完善，使用更灵活。

# 3.2 半导体管的开关特性

## 3.2.1 晶体二极管开关特性

### 1. 晶体二极管稳态工作状态

晶体二极管开关电路如图 3-2 所示。当 $v_I > V_{th}$ 时，二极管导通，输入电压 $v_I$ 和输出电压 $v_O$ 之间的关系为

$$v_O = v_I - v_D \tag{3-1}$$

其中，$V_{th}$ 为二极管正向开启电压，又称阈值电压。对于硅二极管 $V_{th}$=0.6～0.7 V，锗二极管 $V_{th}$=0.2～0.3 V。$v_D$ 为导通管压降，硅管 $v_D \approx 0.7$ V，锗管 $v_D \approx 0.3$ V。

当 $v_I < 0$ 时，二极管截止，$i_D \approx 0$，$v_D = -v_I$，$v_O = 0$。

### 2. 晶体二极管瞬态开关特性

晶体二极管在外加大信号电压时，将由导通转向截止或由截止转向导通，过渡过程工作波形如图 3-3 所示。

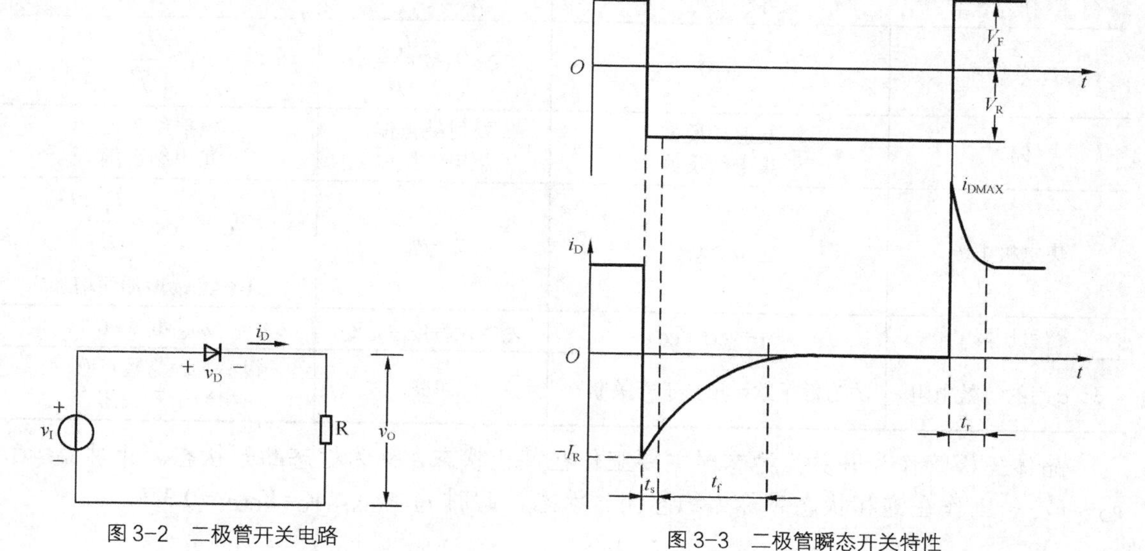


图 3-2 二极管开关电路

图 3-3 二极管瞬态开关特性

（1）由导通转向截止

① $i_D$ 由 $I_R = -V_R/R$ 降至 $0.9I_R$ 所需驱散存储电荷的时间，称为存储时间 $t_s$；

② $i_D$ 由 $0.9I_R$ 逐渐下降至 $0.1I_R$ 所需驱散存储电荷的时间，称为下降时间 $t_f$。

$t_{re} = t_s + t_f$ 时间称为反向恢复时间。

（2）由截止转向导通

由 $i_{Dmax}=(V_R+V_F)/R$ 下降至 $i_D=V_F/R$ 所需的时间，称为二极管正向恢复时间 $t_r$。一般 $t_r << t_{re}$，

所以可以忽略不计。

## 3.2.2 晶体三极管开关特性

### 1．晶体三极管工作状态

NPN 型晶体三极管开关电路如图 3-4 所示。NPN 型晶体三极管截止、放大、饱和工作状态的特点如表 3-1 所示。

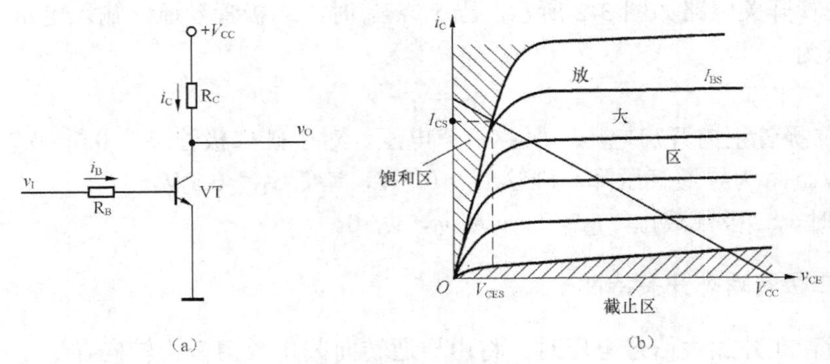


图 3-4 三极管开关

表 3-1 NPN 型晶体三极管工作状态的特点

| 工作状态 | 截止 | 放大 | 饱和 |
|---|---|---|---|
| 条件 | $i_B=0$ | $0<i_B<\dfrac{I_{CS}}{\beta}$ | $i_B>\dfrac{I_{CS}}{\beta}$ |
| 偏置 | 发射结反偏<br>集电结反偏 | 发射结正偏<br>集电结反偏 | 发射结正偏<br>集电结正偏 |
| 集电极电流 | $i_C\approx 0$ | $i_C=\beta i_B$ | $i_C=I_{CS}\approx\dfrac{V_{CC}}{R_C}$<br>且不随 $i_B$ 增加而增加 |
| 管压降 | $v_O=v_{CE}=V_{CC}$ | $v_O\approx v_{CE}=V_{CC}-i_CR_C$ | $v_O=v_{CES}=0.2\sim0.3V$ |
| c、e 间的等效电阻 | 约为数千欧，相当于开关断开 | 可变 | 很小，约为数百欧，<br>相当于开关闭合 |

晶体三极管作为开关，稳态时主要工作在截止状态，称为稳态断开状态。此时 $i_C\approx 0$，$v_O\approx V_{CC}$。工作在饱和状态时称为稳态闭合状态，此时 $i_B>i_{BS}$，$v_O=V_{CES}\approx 0.3V$。

### 2．晶体三极管的瞬态开关特性

晶体三极管开关稳态是处于截止或饱和态，在外加信号作用下，晶体三极管由截止转向饱和或由饱和转向截止的过渡过程工作波形，如图 3-5 所示。在过渡过程中，晶体三极管处于放大状态。

（1）三极管由截止转向饱和的过程

当 $v_I$ 由$-V$ 跳至$+V$ 时：

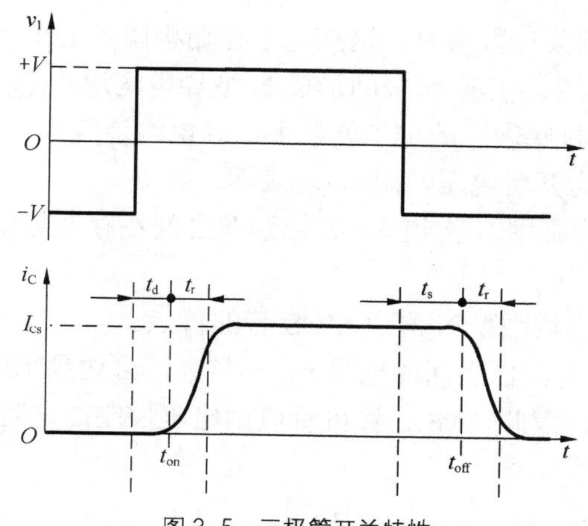


图 3-5 三极管开关特性

① 形成集电极电流，$i_C$ 上升至 $0.1I_{CS}$ 的过程，所需时间 $t_d$ 称为延迟时间；

② $i_C$ 由 $0.1I_{CS}$ 上升至 $0.9I_{CS}$ 的过程，所需时间 $t_r$ 称为上升时间。

三极管由截止到饱和所经历的时间，称为开启时间 $t_{on}$，其大小为 $t_{on}=t_d+t_r$。

（2）三极管由饱和状态转向截止状态的过程

当 $v_I$ 由 $+V$ 下跳至 $-V$ 时，三极管要经历：

① 三极管集电极电流由 $I_{CS}$ 下降至 $0.9I_{CS}$ 所需的时间称为存储时间 $t_s$；

② 三极管集电极电流由 $0.9I_{CS}$ 下降至 $0.1I_{CS}$ 所需的时间称为下降时间 $t_f$。

三极管由饱和状态转向截止状态所经历的时间称为关断时间 $t_{off}$，其大小为 $t_{off}=t_s+t_f$。

### 3.2.3 MOS 管开关特性

MOS 管又称为绝缘栅型场效应三极管（Metal-Oxide-Semiconductor Field Effect Transisteor，MOSFET）。MOS 管分为 N 沟道和 P 沟道两类，每一类又分为增强型和耗尽型两种，因此总共有以下 4 种类型的 MOS 管：N 沟道增强型、N 沟道耗尽型、P 沟道增强型和 P 沟道耗尽型。由于 MOS 门电路大多由增强型 MOS 管构成，因此，本节内容主要介绍增强型 MOS 管的结构和开关特性。

（1）MOS 管的结构和工作原理

N 沟道增强型 MOS 管的结构如图 3-6（a）所示。在一块掺杂浓度较低的 P 型硅衬底上，制作两个高掺杂浓度的 N+区，并用金属铝引出两个电极，分别作漏极 D 和源极 S。然后在半导体表面覆盖一层很薄的二氧化硅（$SiO_2$）绝缘层，在漏-源极间的绝缘层上再装上一个铝电极，作为栅极 G。在衬底上也引出一个电极 B，这就构成了一个 N 沟道增强型 MOS 管。MOS 管的源极和衬底通常是接在一起的（大多数管子在出厂前已连接好）。它的栅极与其他电极间是绝缘的。图 3-6（b）代表符号中的箭头方向表示由 P（衬底）指向 N（沟道）。

（2）增强型 N 沟道 MOS 管的工作原理

① 如果在源极和漏极之间加上正向电压 $v_{DS}$，而令栅极和源极之间的电压 $v_{GS}=0$，则由于漏极和源极之间相当于两个背靠背的 PN 结，漏-源极间没有导电沟道，所以这时漏极电流 $i_D=0$。

② $v_{GS}>v_{GS(th)}$时，漏源之间导电沟道形成。若 $v_{GS}>0$，则栅极和衬底之间的 $SiO_2$ 绝缘层中便产生一个电场。电场方向垂直于半导体表面的由栅极指向衬底的电场。当 $v_{GS}$ 数值较小，吸引电子的能力不强时，漏-源极之间仍无导电沟道出现。$v_{GS}$ 增加时，吸引到 P 衬底表面层

的电子就增多，当 $v_{GS}$ 达到某一数值时，这些电子在栅极附近的 P 衬底表面便形成一个 N 型薄层，且与两个 N+区相连通，在漏-源极间形成 N 型导电沟道。$v_{GS}$ 越大，作用于半导体表面的电场就越强，吸引到 P 衬底表面的电子就越多，导电沟道越厚，沟道电阻越小。开始形成沟道时的栅—源极电压称为开启电压，用 $v_{GS(th)}$表示。

可见，当 $v_{GS}=0$ 时，增强型 N 沟道 MOS 管漏源之间不存在导电沟道；当 $v_{GS}>v_{GS(th)}$时，漏源之间导电沟道形成。

根据以上分析，可得出增强型 N 沟道 MOS 管的特点。

① 当 $v_{GS}=0$ 时，漏极与源极之间的电阻 $r_{DS}$ 非常大，可达到 $10^6\Omega$。当 $v_{GS}$ 增加时，$r_{DS}$ 减小，最小可达到 $10\Omega$左右，因此，MOS 管可看成由电压控制的电阻，如图 3-7 所示。

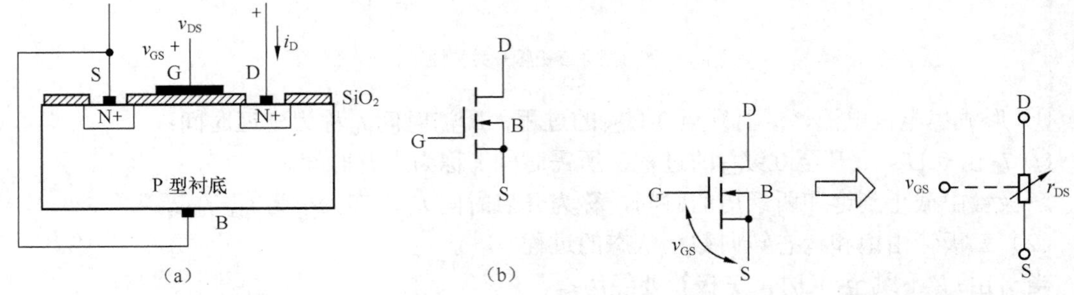


图 3-6 N 沟道增强型 MOS 管的结构和符号

图 3-7 MOS 管的电压控制电阻模型

② 因为栅极与漏源之间有一层 $SiO_2$ 绝缘层，MOS 管的栅极有非常高的输入阻抗。

从栅极几乎没有电流流过，因此 MOS 管为电压控制器件，但是，栅极具有电容效应，在高速电路中应考虑其影响。

增强型 P 沟道 MOS 管的结构及工作原理与 N 沟道 MOS 管类似，这里不做具体分析。为了叙述方便，以下内容中将增强型 N 沟道 MOS 管简称为 NMOS 管，增强型 P 沟道 MOS 管简称为 PMOS 管。NMOS 管和 PMOS 管的开关特性和电路符号如表 3-2 所示。

**表 3-2　　NMOS 管和 PMOS 管的开关特性和电路符号**

| MOS 管类型 | 标 准 符 号 | 开 关 特 性 |
|---|---|---|
| NMOS | D B G S | 当 $v_{GS}>V_{GS(th)}$导通<br>当 $v_{GS}<V_{GS(th)}$截止 |
| PMOS | D B G S | 当$\|v_{GS}\|>\|V_{GS(th)}\|$导通<br>当$\|v_{GS}\|<\|V_{GS(th)}\|$截止 |

## 3.3 分立元件逻辑门电路

所谓分立元件逻辑门电路就是用分立的元件和导线连接起来构成的门电路。由电子电路实现逻辑运算时，它的输入和输出信号都是用电位（或称电平）的高低表示的。高电平和低电平都不是一个固定的数值，而是有一定的变化范围。

### 3.3.1 与门电路

简单的与门电路可以用二极管来实现。其电路和逻辑符号如图 3-8 所示。

设 $V_{CC}$=5 V，A、B 输入端的高低电平分别为 $V_{IH}=3\text{ V}$，$V_{IL}=0\text{ V}$，二极管正向导通压降为 0.7 V。若 A、B 当中有一个为低电平时，二极管 $D_1$ 或 $D_2$ 必有一个导通，输出电压 Y=0.7 V。A、B 同时为高电平时，二极管 $VD_1$ 和 $VD_2$ 导通，Y 为 3.7 V。将输出与输入逻辑电平的关系列表，如表 3-3 所示。

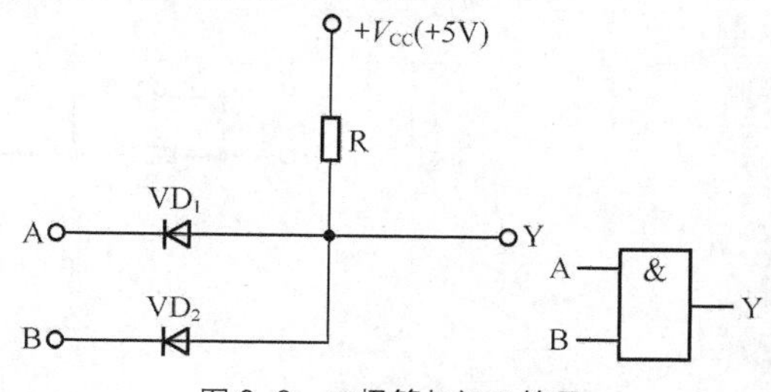

图 3-8 二极管与门及符号

如果规定 3V 以上为高电平，用逻辑 1 表示；0.7 V 以下为低电平，用逻辑 0 表示，则可将表 3-3 改写成表 3-4 的真值表。显然 Y 与 A、B 是“与”逻辑关系。

**表 3-3 与门电路的逻辑电平**

| A/V | B/V | Y/V |
|---|---|---|
| 0 | 0 | 0.7 |
| 0 | 3 | 0.7 |
| 3 | 0 | 0.7 |
| 3 | 3 | 3.7 |

**表 3-4 与门电路的真值表**

| A | B | Y |
|---|---|---|
| 0 | 0 | 0 |
| 0 | 1 | 0 |
| 1 | 0 | 0 |
| 1 | 1 | 1 |

### 3.3.2 或门电路

二极管或门电路及符号如图 3-9 所示。

设 $V_{CC}$=5 V，A、B 输入端的高低电平分别为 $V_{IH}$=3 V，$V_{IL}$=0 V，二极管正向导通压降为 0.7 V。

A、B 两个输入信号都处于低电平时，二极管 $VD_1$、$VD_2$ 截止，输出电压 Y=0V。

A、B 两个输入信号有一个处于高电平，二极管 $VD_1$ 或 $VD_2$ 必有一个导通，输出电压 Y=2.3 V。

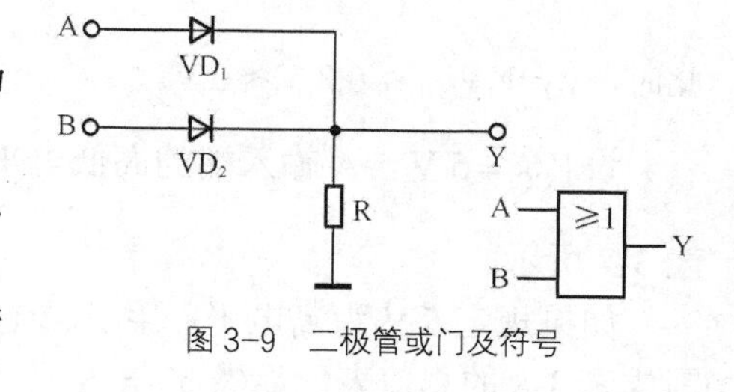

图 3-9 二极管或门及符号

输入输出的电压关系如表 3-5 所示。

如果规定 2.3 V 以上为高电平，用逻辑 1 表示；0 V 以下为低电平，用逻辑 0 表示，则可将表 3-5 改写成表 3-6 的真值表。显然 Y 与 A、B 是“或”逻辑关系。

**表 3-5**

| A/V | B/V | Y/V |
|---|---|---|
| 0 | 0 | 0 |
| 0 | 3 | 2.3 |
| 3 | 0 | 2.3 |
| 3 | 3 | 2.3 |

**表 3-6**

| A | B | Y |
|---|---|---|
| 0 | 0 | 0 |
| 0 | 1 | 1 |
| 1 | 0 | 1 |
| 1 | 1 | 1 |

### 3.3.3 非门电路

晶体三极管开关电路的最基本应用电路为反相器电路。反相器电路如图 3-10 所示。

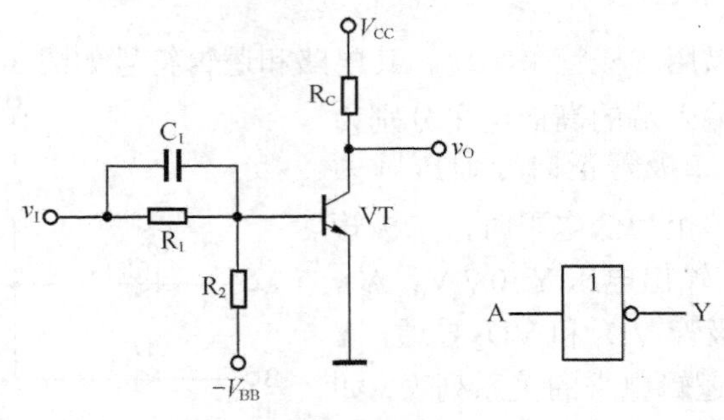


图 3-10 晶体管反相器

当 $v_I=V_L$ 时，保证三极管截止，即要求 $V_{BE}\leqslant 0$，此时 $v_O\approx V_{CC}$。

$$V_{BE}=V_L-\frac{R_1}{R_1+R_2}(V_L+V_{BB})\leqslant 0$$

当 $v_I=V_H$ 时，保证三极管饱和，要求 $i_B\geqslant i_{BS}$，即

$$i_{BS}=\frac{V_{CC}-V_{CE(sat)}}{\beta R_C}$$

$$i_B=\frac{V_H-V_{BE(on)}}{R_1}-\frac{V_{BE(on)}+V_{BB}}{R_2}$$

$$\frac{V_H-V_{BE(on)}}{R_1}-\frac{V_{BE(on)}+V_{BB}}{R_2}\geqslant\frac{V_{CC}-V_{CE(sat)}}{\beta R_C}$$

此时，$v_O=V_{CE(sat)}\approx 0.3\text{ V}\approx 0\text{ V}$。

设 $V_{CC}=5\text{ V}$，A 输入端的高低电平分别为 $V_{IH}=5\text{ V}$，$V_{IL}=0\text{ V}$。输入输出的电压关系如表 3-7 所示。

如果规定 5 V 为高电平，用逻辑 1 表示；0 V 为低电平，用逻辑 0 表示，则可将表 3-7 改写成表 3-8 的真值表。显然 Y 与 A 是“非”逻辑关系。

**表 3-7**

| A/V | Y/V |
|---|---|
| 5 | 0 |
| 0 | 5 |

**表 3-8**

| A | Y |
|---|---|
| 1 | 0 |
| 0 | 1 |

掌握了基本门电路的工作原理后，下面介绍两种分离元件的复合门电路。

### 3.3.4 与非门电路

与非门电路及逻辑符号如图 3-11 所示，它的真值表如表 3-9 所示。由图 3-11 中可看出与非门电路由二极管与门和三极管非门构成的，只要 A、B 有一个为低电平，输出 Y 就为高电

平；只有A、B全为高电平时，输出Y才为低电平。

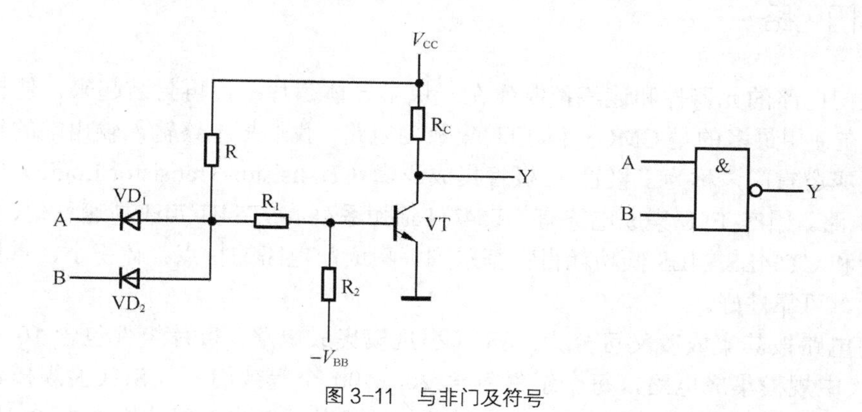


图3-11 与非门及符号

### 3.3.5 或非门电路

或非门电路及逻辑符号如图3-12所示，它的真值表如表3-10所示。由图3-12可看出，或非门电路由二极管或门和三极管非门构成的，只要A、B有一个为高电平，输出Y就为低电平；只有A、B全为低电平时，输出Y才为高电平。

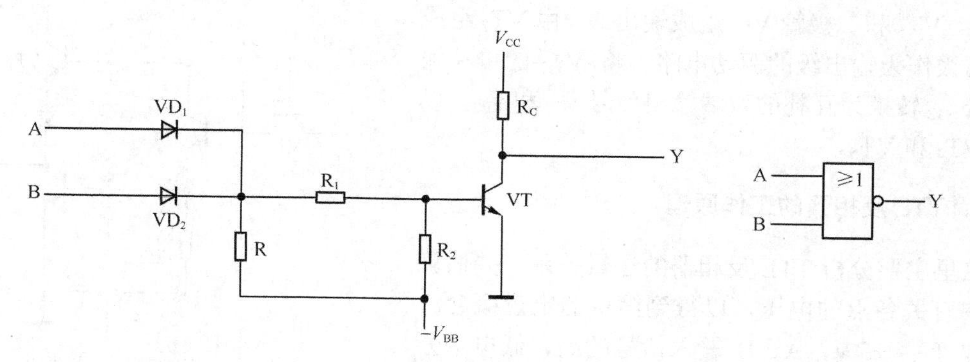


图3-12 或非门及符号

表3-9

| A | B | Y |
|---|---|---|
| 0 | 0 | 1 |
| 0 | 1 | 1 |
| 1 | 0 | 1 |
| 1 | 1 | 0 |

表3-10

| A | B | Y |
|---|---|---|
| 0 | 0 | 1 |
| 0 | 1 | 0 |
| 1 | 0 | 0 |
| 1 | 1 | 0 |

由图3-11、图3-12中可看出分立元件门电路的缺点：

① 由于采用分立元件且需要联结，因此体积大、工作不可靠；

② 需要不同电源；

③ 各种门的输入、输出电平不匹配。

这促使人们采用集成门电路。

## 3.4 TTL门电路

把构成门电路的元器件和连线都制作在一块半导体芯片上，再封装起来，便构成了集成门电路。现在使用最多的是 CMOS 和 TTL 集成门电路。我们把电路输入输出端的结构都采用三极管的集成逻辑门，称为三极管-三极管集成逻辑（Transistor-Transistor Logic）门电路，简称 TTL 门电路。国产 TTL 集成电路有 CT54/74 通用系列、CT54H/74H 高速系列、CT54S/74S 肖特基系列和 CT54LS/74LS 低功耗肖特基系列。集成门电路的特点：体积小、重量轻、功耗低、价格低、可靠性好。

逻辑门电路按其集成度又可分为：SSI（小规模集成电路，每片组件包含 10～20 个等效门），MSI（中规模集成电路，每个组件包含 20～100 个等效门），LSI（大规模集成电路，每组件内含 100～1000 个等效门），VLSI（超大规模集成电路，每片组件内含 1000 个以上等效门）。

### 3.4.1 TTL反相器电路结构及工作原理

TTL 集成非门电路结构如图 3-13 所示。该电路由 3 部分组成：由三极管 $VT_1$ 组成电路的输入级；由 $VT_4$、$VT_5$ 和二极管 VD 组成输出级；由 $VT_2$ 组成的中间级作为输出级的驱动电路，将 $VT_2$ 的单端输入信号 $v_{I2}$ 转换为互补的双端输出信号 $v_{C2}$ 和 $v_{E2}$，以驱动 $VT_4$ 和 $VT_5$。

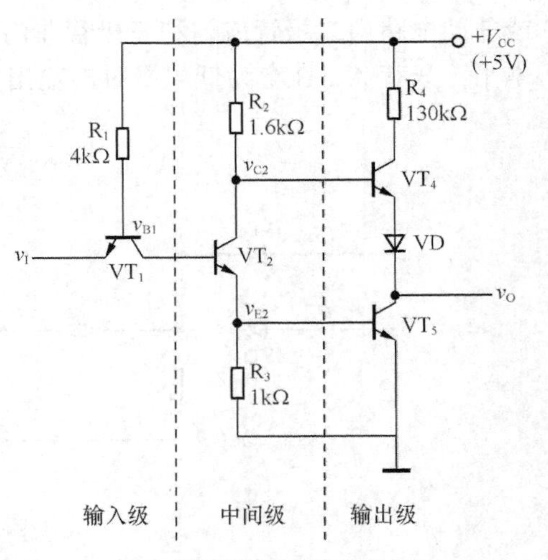

图 3-13 TTL 反向器典型电路

#### 1. TTL 反相器的工作原理

这里主要分析 TTL 反相器的逻辑关系，并估算电路中有关各点的电压，以得到简单的定量概念。设电源 $V_{CC}$=+5 V，A、B 输入信号的高、低电平分别为：$V_{IH}$=3.6 V，$V_{IL}$=0.3 V，PN 结的开启电压为 $V_{on}$=0.7 V。

（1）当 $v_I=V_{IL}$=0.3 V 时，$VT_1$ 的发射结导通，其基极电压 $v_{B1}= V_{IL}+V_{BE(on)}$=1 V，该电压作用于 $VT_1$ 的集电结和 $VT_2$、$VT_5$ 的发射结上，所以 $VT_2$、$VT_5$ 都截止，而 $VT_4$ 和 VD 导通，$R_2$ 上的压降很小可忽略，输出为高电平，$v_O=V_{OH}\approx V_{CC}-V_{BE4}-V_D=3.6$ V。

（2）当输入信号为高电平 $V_{IH}$=3.6 V，假设暂不考虑 $VT_1$ 管的集电极支路，则 $VT_1$ 管的发射结应导通，可能使 $v_{B1}=V_{IH}$+0.7=4.3 V。但是，由于 $V_{CC}$ 经 $R_1$ 作用于 $VT_1$ 管的集电极、$VT_2$ 和 $VT_4$ 管的发射结，使三个 PN 结必定导通，此时，$v_{B1}=v_{BC1}+v_{BE2}+v_{BE5}$=2.1 V，使 $VT_1$ 管的发射结反偏，$VT_1$ 管处于倒置工作状态，$VT_2$ 和 $VT_5$ 管饱和导通，$v_{C2}=V_{CES2}+V_{BE(on)5}$=1V。该电压作用于 $VT_4$ 的发射结和二极管 VD，显然 $VT_4$ 和 VD 截止，且 $VT_5$ 饱和导通，使输出为低电平，$v_O=V_{OL}=v_{CES5}$=0.3 V。

综上所述，TTL 非门输入端输入低电平，输出即为高电平；当输入端输入高电平时，输出为低电平，实现了反向的逻辑功能。

#### 2. 采用推拉式输出级以提高开关速度和带负载能力

$VT_4$、$VT_5$ 组成射极输出器，优点是既能提高开关速度，又能提高负载能力。当输入高电平时，$VT_5$ 饱和，$VT_5$ 的集电极电流可以全部用来驱动负载。当输入低电平时，$VT_5$ 截止，$VT_4$ 导通（为射极输出器），其输出电阻很小，带负载能力很强。可见，无论输入如何，$VT_4$ 和 $VT_5$ 总是一管导通而另一管截止。这种工作方式称为推拉式（Push-Pull）电路或图腾柱（Totem-Pole）输出电路。

### 3.4.2 TTL 的反相器电气特性

设计实际数字电路时，除了了解门电路的逻辑功能外，更重要的是要了解门电路的电气特性。只有这样，才能使所设计的电路不但满足所需要的逻辑功能，而且既使在最坏的情况下也能正常工作。门电路的电气特性如下：

① 电压传输特性；

② 输入特性；

③ 输出特性；

④ 动态特性。

本节在阐述上述电气特性过程中，还将提出一些重要概念，如噪声容限、扇出系数、速度、功耗等。

#### 1. 电压传输特性

所谓电压传输特性，就是指门电路的输出电压 $v_O$ 随输入电压 $v_I$ 变化的特性。电压传输特性可采用如图 3-14 所示的实验电路来测得。图 3.13 所示 TTL 反相器的电压传输特性如图 3-15 所示。

在曲线的 AB 段，当 $v_I<0.6$ V 时，$v_{B1}<1.3$ V，$VT_2$ 和 $VT_5$ 管截止，$VT_4$ 导通，输出为高电平 $V_{OH}=V_{CC}-v_{R2}-v_{D2}-v_{BE4}=3.4\text{ V}$，故 AB 段称为截止区。

在曲线 BC 段，当 0.7 V$<v_I<$1.3 V 时，$VT_2$ 管的发射极电阻 $R_3$ 直接接地，故 $VT_2$ 管开始导通并处于放大状态，所以 $v_{C2}$ 和 $v_O$ 随 $v_I$ 的增高而线性地降低，但 $VT_5$ 管仍截止，故 BC 段称为线性区。

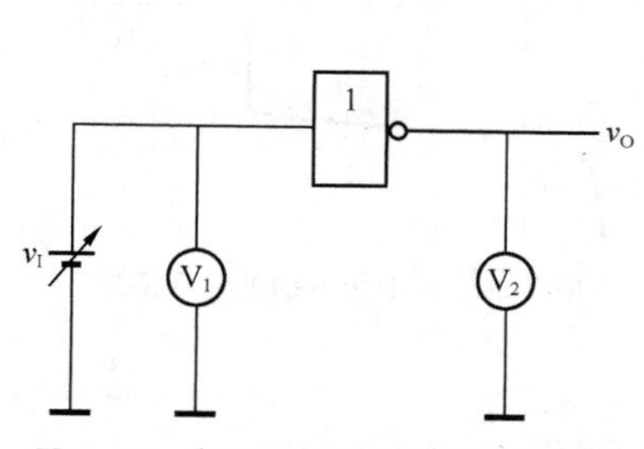

图 3-14 电压传输特性测试实验电路

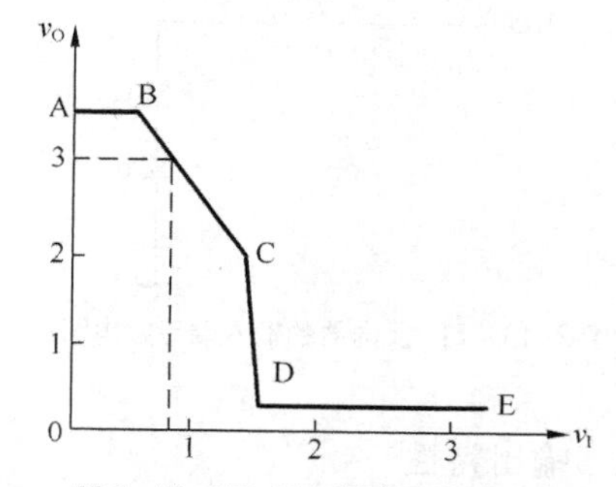

图 3-15 TTL 反相器电压传输特性

在 CD 段，当 1.3 V$<v_I<$1.4 V 时，$v_{B1}$=2.1 V，使 $VT_2$ 和 $VT_5$ 管均趋于饱和导通，$VT_4$ 管截止，所以 $v_O$ 急剧下降为低电平，$v_O=V_{OL}=0.3\text{V}$，故称 CD 段为转折区。

在 DE 段，$v_I$ 大于 1.4 V 以后，$v_{B1}$ 被钳位在 2.1 V，$VT_2$ 和 $VT_5$ 管均饱和，$v_O = v_{CES}$ =0.3 V，故 DE 段称为饱和区。

为了正确地处理门电路与门电路、门电路与其他电路之间的连接问题，必须了解门电路输入端和输出端的伏安特性，也就是通常所说的输入特性和输出特性。

**2．输入特性**

所谓输入特性，是指门电路输入电压和输入电流的关系。TTL 反相器中，如果仅仅考虑输入信号是高电平和低电平而不是某一个中间值的情况，则可忽略 $VT_2$ 和 $VT_5$ 的 bc 结反向电流以及 $R_3$ 对 $VT_5$ 基极回路的影响，输入端的等效电路如图 3-16 所示。

当 $V_{CC} = 5$ V，$v_I = V_{IL} = 0.3$ V 时，$VT_2$ 和 $VT_5$ 管截止，$i_I$ 为负值，输入低电平电流为

$$I_{IL} = -\frac{V_{CC} - v_{BE1} - V_{IL}}{R_1} = -1\,\text{mA}$$

$v_I$=0 时的输入电流称为输入短路电流 $I_{IS}$。显然，$I_{IS}$ 的数值比 $I_{IL}$ 的数值要略大一点。在做近似分析计算时，经常用手册上给出的 $I_{IS}$ 近似代替 $I_{IL}$ 使用。

随 $v_I$ 的增大，$v_I$ 的绝对值随之略有减小，当 $v_I$ 升至 1.4 V 时，$VT_2$ 管和 $VT_5$ 管都导通，$i_I$ 随 $v_I$ 的增大而迅速减小，$i_{R_1}$ 中的绝大部分经 $VT_1$ 管的 bc 结流入 $VT_2$ 管的基极。当 $v_I$=$V_{IH}$=3.6 V 时，$VT_1$ 管处于 $v_{BC}$>0、$v_{BE}$<0 的状态。在这种工作状态下，相当于把原来的集电极 $c_1$ 当作发射极使用，而把原来的发射极 $e_1$ 当作集电极使用了，因此称这种状态为倒置状态。倒置状态下三极管的电流放大系数$\beta_i$极小（在 0.01 以下），如果近似地认为$\beta_i$=0，则这时的输入电流只是 be 结的反向电流，所以高电平输入电流 $I_{IH}$ 很小。74 系列门电路每个输入端的 $I_{IH}$ 值一般为几十微安。

根据图 3-16 的等效电路可以画出输入特性曲线，如图 3-17 所示。输入电压介于高、低电平之间的情况要复杂一些，但考虑到这种情况通常只发生在输入信号电平转换的短暂过程中，所以就不详细分析了。

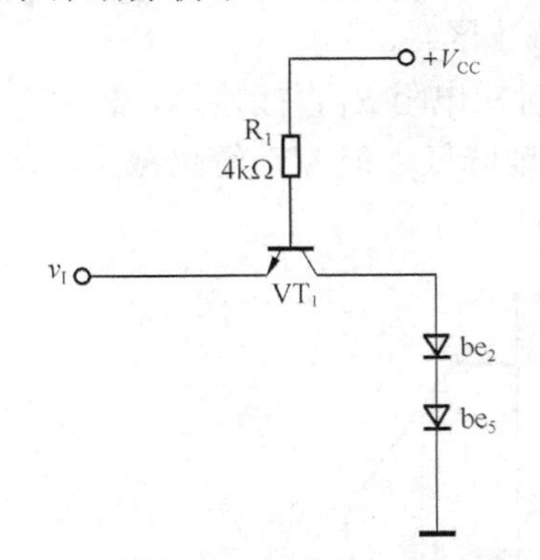


图 3-16　TTL 反向器的输入端等效电路

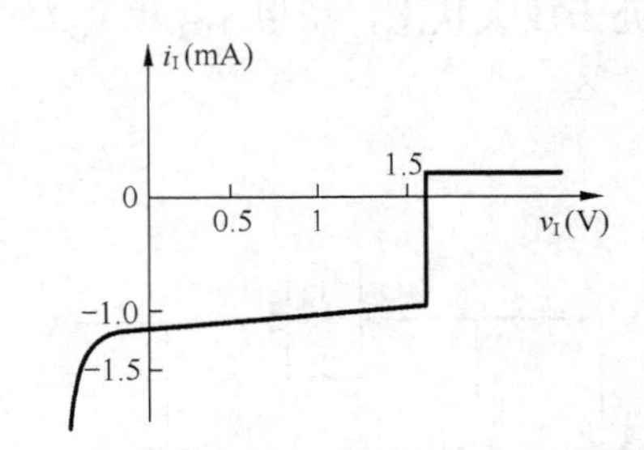


图 3-17　TTL 反向器的输入特性

**3．输出特性**

门电路在使用时一般要接负载。负载的种类较多，可以是同类门电路或其他类型门电路，也可以是电阻、二极管和三极管等元件。门电路输出端接了负载就要向负载提供电流。当门

电路向负载提供电流时，将会引起输出电压的变化。所谓门电路输出特性，就是指输出电压和输出电流的关系。

为了简单起见，用一只电阻来代替TTL反相器门电路的负载，分析TTL反相器的输出特性。当门电路输出低电平时，$VT_5$管导通，负载电流从外部负载流入门电路，该电流称为低电平输出电流，也称为灌电流（Sinking Current），用$i_{OL}$表示，如图3-18所示。当门电路输出高电平时，$VT_3$管导通，负载电流从门电路流出经过电阻到地，该电流称为高电平输出电流，也称为拉电流（Sourcing Current），用$i_{OH}$表示，如图3-20所示。注意，由于实际的高电平输出电流与图中规定的电流方向相反，$i_{OH}$值为负。从反相器输出端看进去的输出电压与输出电流的关系，称为反向器输出特性。

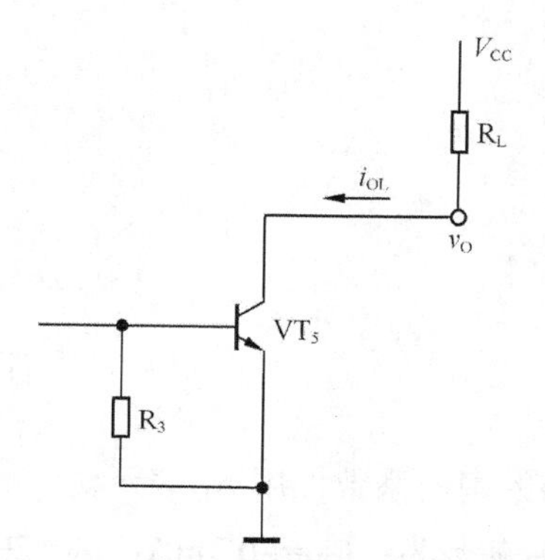


图3-18　TTL反向器低电平输出等效电路

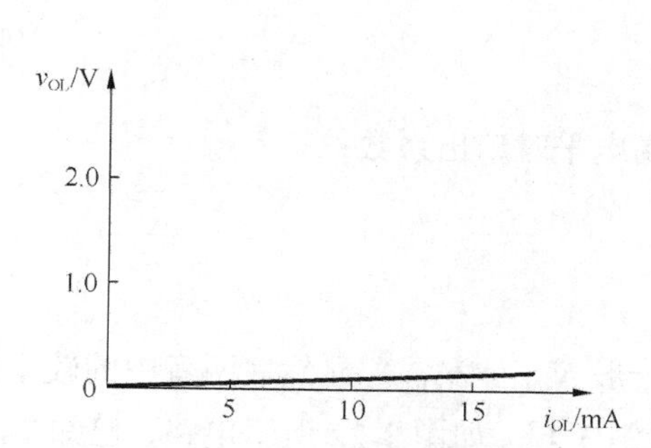


图3-19　TTL反向器低电平输出特性

（1）灌电流输出特性

当驱动门输出低电平时，电流从负载门灌入驱动门。输出为低电平时，门电路输出端的$VT_5$管饱和导通而$VT_4$管截止。由于$VT_5$管饱和导通时ce间的电阻很小（10Ω以内）。当负载门的个数增加，灌电流$i_{OL}$增大$i_L$增加，会使$VT_5$脱离饱和，输出低电平$v_{OL}$仅稍有升高，如图3-19所示，一定范围内基本为线性关系。低电平最大输出电流$I_{OL}\approx 16$ mA。

（2）拉电流输出特性

当驱动门输出高电平时，$VT_4$管工作在射极输出状态，电路的输出阻抗很低。电流从驱动门拉出，流至负载门的输入端。拉电流增大时，$R_4$上的压降增大，会使输出高电平降低。74系列门电路在输出为高电平时的输出特性曲线如图3-20所示。从曲线上可见，在$|i_{OH}|<5$ mA时，$v_{OH}$变化很小；当$|i_{OH}|>5$ mA以后，随着$i_{OH}$绝对值的增加$v_{OH}$下降较快。

门电路输出电流增大将引起电路的抗干扰能力降低，传输延迟时间增加，器件过热等问题，因此在使用中应对输出电流的大小应作限制。所以手册上给出的高电平输出电流的最大值要比5 mA小得多。74系列门电路的运用条件规定，输出为高电平时，最大负载电流不能超过0.4 mA。如果$V_{CC}$=5 V，$V_{OH}$=2.4 V，那么当$I_{OH}$=−0.4 mA时门电路内部消耗的功率已达到1 mW。

在介绍门电路输入输出特性的基础上，提出扇出系数的概念。所谓扇出系数是指一个逻辑门可以带同类门的数目。输出低电平时的扇出系数：

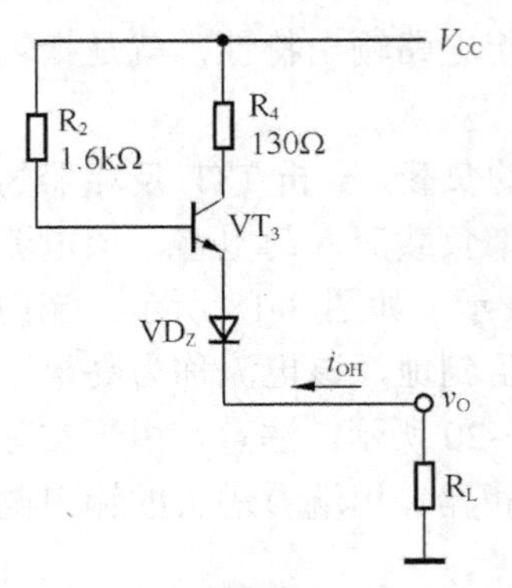


图 3-20 TTL 反向器高电平输出等效电路

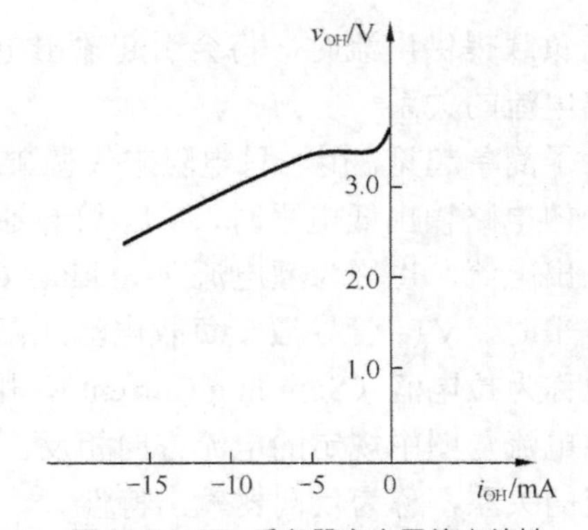


图 3-21 TTL 反向器高电平输出特性

$$N_{OL}=\left|\frac{I_{OL}}{I_{IL}}\right|$$

高电平时扇出系数：

$$N_{OH}=\left|\frac{I_{OH}}{I_{IH}}\right| \tag{3-2}$$

一般 $N_{OL}\neq N_{OH}$，显然取两者中的较小值作为门电路的扇出系数，用 $N_O$ 表示。

【例 3-1】 如图 3-22 所示电路，已知 74S00 门电路 $G_P$ 参数为：$I_{OH}$=−0.3mA，$I_{OL}$=20 mA，$I_{IH}$ =50 μA，$I_{IL}$=−1 mA，试求门 $G_P$ 的扇出系数 N 是多少？要求 $G_P$ 输出的高低电平满足 $V_{OH}\geqslant 3.2$ V，$V_{OL}\leqslant 0.3$ V

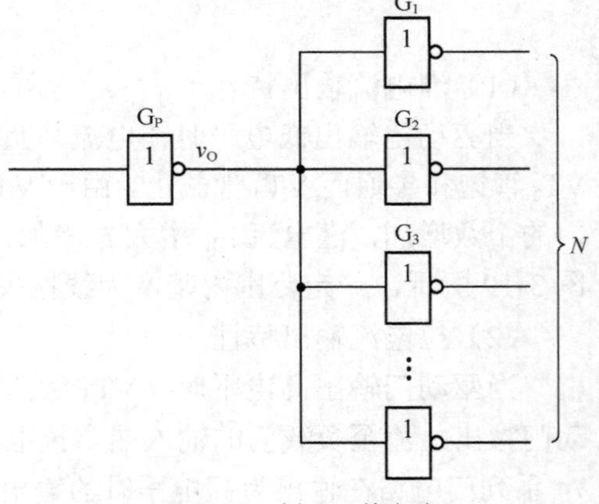


图 3-22 例 3-1 的电路

解：对门 P 输出的高、低电平情况分别进行讨论。门 P 输出低电平时，设可带门数为 $N_{OL}$：$N_{OL}\times I_{IL}\leqslant I_{OL}$  $N_{OL}\leqslant\left|\frac{I_{OL}}{I_{IL}}\right|=\frac{20}{1}=20$。

门 P 输出高电平时，设可带门数为 $N_{OH}$：

$N_{OH}\times I_{IH}\leqslant I_{OH}$，$N_{OH}\leqslant\left|\frac{I_{OH}}{I_{IH}}\right|=\frac{0.3}{0.05}=6$，扇出系数 $N_O$=6。

### 4．输入端噪声容限

考虑到实际的电压传输特性曲线会受门电路内部参数的分散性和外界条件（如电源电压、温度等）影响，为了使门电路可靠地工作，器件生产商对门电路的高低电平规定了严格的电压范围。在保证输出高低电平基本不变的条件下，允许输入信号的高低电平有一个波动范围，这个范围称为噪声容限。高低电平的电压范围一般采用来极限值表示。图 3-23 给出了噪声容限的计算方法。因为在将许多门电路互相连接组成系统时，前一级门电路的输出就是后一级门电路的输入，所以根据输出高电平的最小值 $V_{OH(min)}$和输入高电平的最小值 $V_{IH(min)}$便可求得

输入为高电平时的噪声容限为

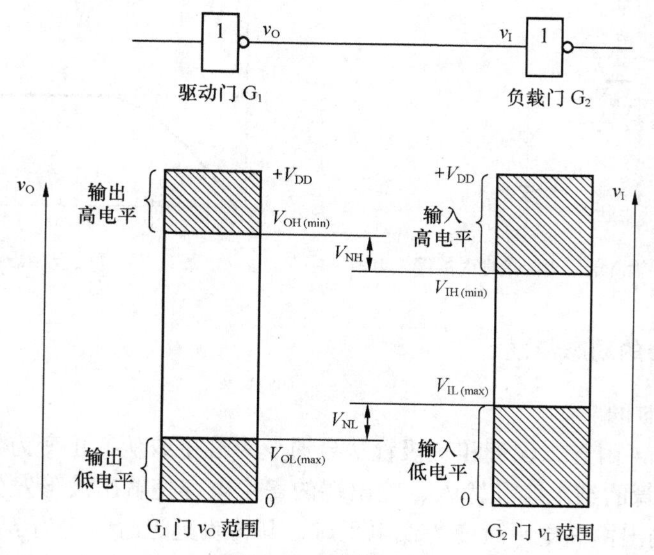


图 3-23 噪声容限

$$V_{NH}=V_{OH(min)}-V_{IH(min)}$$

同理，根据输出低电平的最大值 $V_{OL(max)}$和输入低电平的最大值 $V_{IL(max)}$便可求得输入为低电平时的噪声容限为

$$V_{NL}=V_{IL(max)}-V_{OL(max)}$$

74 系列门电路的典型参数见 3.4.4 小节的表 3-11，查得 $V_{OH(min)}$=2.4 V，$V_{OL(max)}$=0.4 V，$V_{IH(min)}$=2.0 V，$V_{IL(max)}$=0.8 V，故得到 $V_{NH}$=0.4 V，$V_{NL}$=0.4 V。

### 5. 输入端负载特性

在具体使用门电路时，有时需要在输入端与地之间或者输入端与信号的低电平之间接入电阻 $R_P$，如图 3-24 所示。由图可知，因为输入电流流过 $R_P$ 上产生压降而形成输入端电位 $v_I$。

$$v_I=\frac{R_P}{R_1+R_P}(V_{CC}-v_{BE1}) \tag{3-3}$$

上式表明，在 $R_P << R_1$ 的条件下，$v_I$ 几乎与 $R_P$ 成正比，但是当 $v_I$ 上升到 1.4 V 以后，$VT_2$ 和 $VT_5$ 的发射结同时导通，$v_{B1}$ 钳位在了 2.1 V 左右，输入相当于接高电平。此时既使 $R_P$ 再增大，$v_I$ 也不会再升高了。$v_I$ 与 $R_P$ 的关系也就不再遵守式（3-3）的关系，特性曲线趋近于 $v_I$=1.4 V 的一条水平线，如图 3-25 所示。悬空的输入端相当于接高电平，即认为输入端接一个无穷大的电阻。

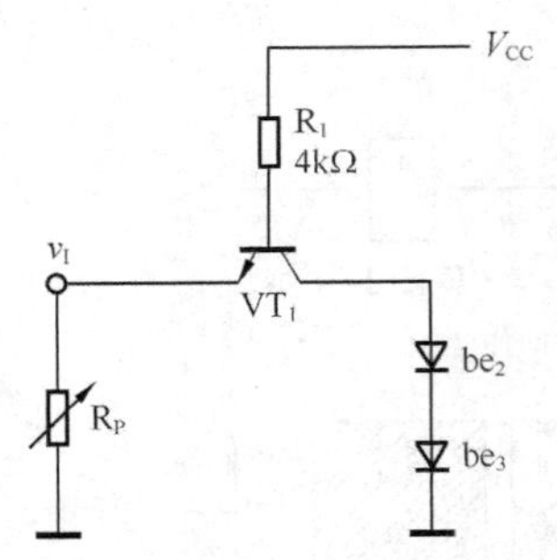


图 3-24　TTL 反向器输入端经电阻接地时的等效电路

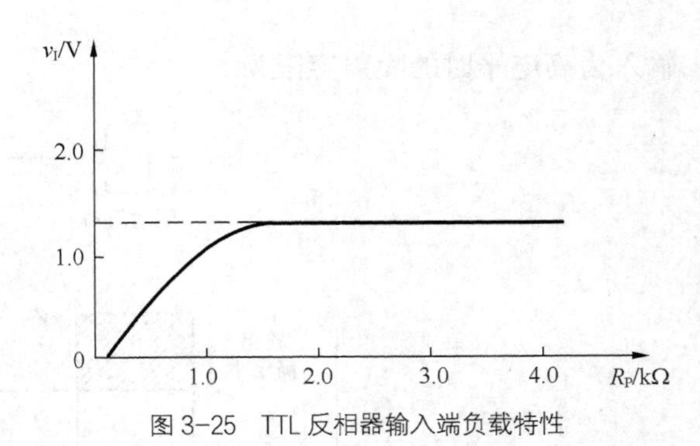


图 3-25　TTL 反相器输入端负载特性

#### 6．TTL 反相器的动态特性

（1）传输延迟时间

在 TTL 电路中，由于二极管和三极管从导通变为截止或从截止变为导通都需要一定的时间，而且由于晶体管的结电容和输入、输出端的寄生电容使输出波形发生了畸变和延迟，如图 3-26 所示。当输出由高电平跳变为低电平时，其传输延迟时间记为 $t_{PHL}$，当输出由低电平跳变为高电平时，其传输延迟时间记为 $t_{PLH}$，两者之间的平均值称为平均传输延迟时间，即

$$t_{pd} = \frac{t_{PLH} + t_{PHL}}{2}$$ 。

传输时间的计算一般是由输入波形上升沿的 50%幅值处到输出波形下降沿 50%幅值处所需要的时间，称为导通延迟时间 $t_{PHL}$；而从输入波形下降沿 50%幅值处到输出波形上升沿 50%幅值处所需要的时间，称为截止延迟时间 $t_{PLH}$。$t_{pd}$ 越小，电路的开关速度越高。一般 TTL 与非门的 $t_{pd}$=10～40 ns。

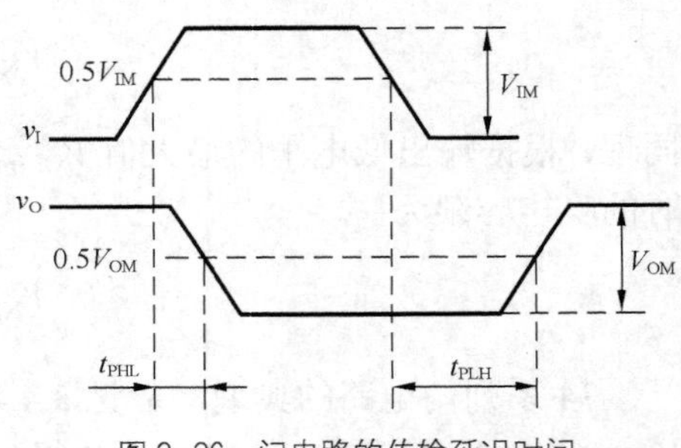


图 3-26　门电路的传输延迟时间

（2）动态功耗

集成电路的功耗和集成密度密切相关。功耗大的的元器件集成度不能很高，否则，器件因无法散热而容易烧毁。

当门电路从一种稳定工作状态，突然转变到另一种稳定状态的过程中，将产生附加的功耗，我们称为动态功能。工作频率越高，动态功耗越大。TTL 门电路平均功耗在毫瓦数量段。

### 3.4.3　其他类型的 TTL 门电路

#### 1．其他逻辑功能的门电路

为了便于实现各种不同的逻辑函数，在门电路的定型产品中除了反相器以外还有与门、或门、与非门、或非门、与或非门和异或门几种常见的类型。尽管它们的逻辑功能各异，但输入端、输出端的电路结构形式与反相器基本相同，因此前面所讲的反相器的输入特性和输出特性对这些门电路同样适用。

（1）与非门

与非门电路电路如图 3-27 所示。它与反相器的区别就在于输入端改成了多发射极三极管。如图 3-28（a）所示，多发射极三极管它的基区和集电区是共用的。而在 P 型的基区上制作二个（或多个）每一个发射极能各自独立的发射极。多发射极晶体管及其等效形式的结构如图 3-28（b）所示，我们可以将多发射极三极管看作两个发射极独立而基极和集电极分别并联在一起的三极管。

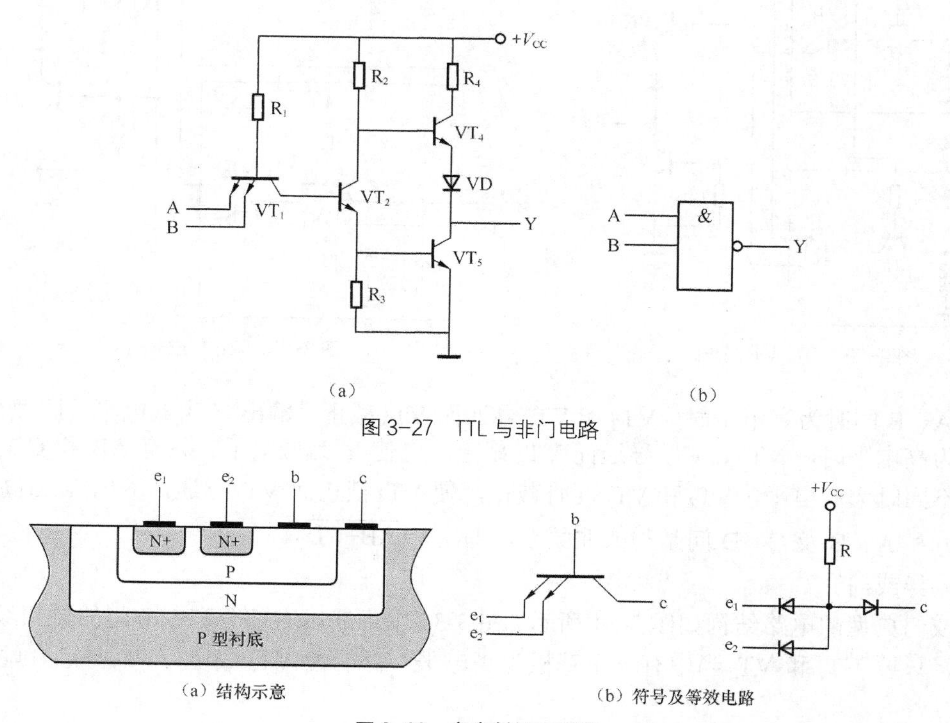


图 3-27　TTL 与非门电路

图 3-28　多发射极三极管

设 $V_{CC}$=5 V，输入高电平 1，$v_{IH}$=3.6 V，低电平 0，$v_{IL}$=0.3V，PN 结开启电压 $v_{ON}$=0.7 V。当输入端有一个为低电平时，则 $VT_1$ 必有一个发射结导通，并将 $VT_1$ 的基极钳位在 1.0V。这时 $VT_2$、$VT_5$ 截止，输出为高电平；当输入全为高电平时，这时 $VT_2$、$VT_5$ 饱和，输出为低电平。由此可见，电路的输出与输入之间满足与非逻辑关系，即 $Y=\overline{AB}$

（2）或非门

或非门的典型电路如图 3-29 所示。图中 $VT_1'$ $VT_2'$ $R_1'$ 所组成的电路和 $VT_1$ $VT_2$ $R_1$ 组成的电路完全相同。当 A 为高电平时，$VT_2$ 和 $VT_4$ 同时导通，$VT_3$ 截止，输出 Y 为低电平。当 B 为高电平时，$VT_2'$ 和 $VT_4$ 同时导通而 $VT_3$ 截止，Y 也是低电平。只有 A、B 都为低电平时，$VT_2$ 和 $VT_2'$ 同时截止，$VT_4$ 截止而 $VT_3$ 导通，从而使输出称为高电平。因此，Y 和 A、B 间为或非关系，即 $Y=\overline{(A+B)}$。可见，或非门中的输入端和输出端电路结构与反相器相同，所以输入特性和输出特性也和反相器一样。在将两个或输入端并联时，无论高电平输入电流还是低电平输入电流，都是单个输入端输入电流的两倍。

（3）与或非门

若将图 3-29 所示的或非门电路中的每个输入端改用多发射极三极管，就得到了图 3-30 所示的与或非门电路。

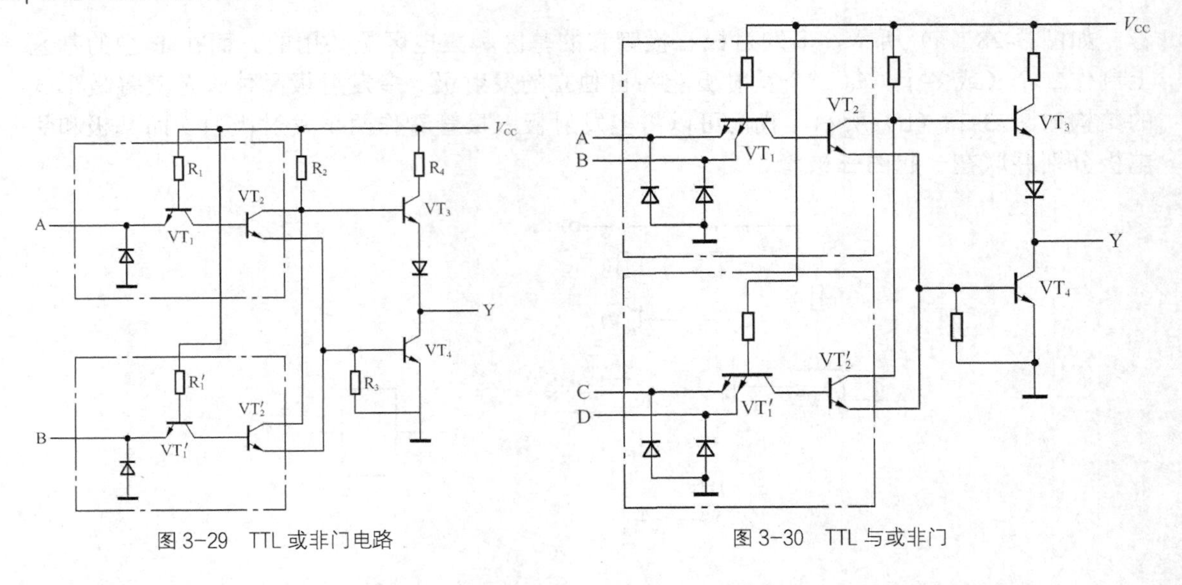


图 3-29 TTL 或非门电路　　　图 3-30 TTL 与或非门

当 A、B 同时为高电平时，$VT_2$ 和 $VT_4$ 导通而 $VT_3$ 截止，输出 Y 为低电平。同理，当 C、D 同时为高电平时，$VT_2'$、$VT_4$ 导通而 $VT_3$ 截止，也使 Y 为低电平。只有 AB 和 CD 每一组输入都不同时为高电平，$VT_2$ 和 $VT_2'$ 同时截止，使 $VT_4$ 截止而 $VT_3$ 导通，输出 Y 为高电平。因此，Y 和 A、B 及 C、D 间是与或非关系，即 $Y=\overline{(AB+CD)}$。

（4）异或门

异或门典型的电路结构如图 3-31 所示。图 3-31 中虚线以右部分和或非门的倒相级、输出级相同，只要 $VT_6$ 和 $VT_7$ 当中有一个基极为高电平，都能使 $VT_8$ 截止、$VT_9$ 导通，输出为低电平。

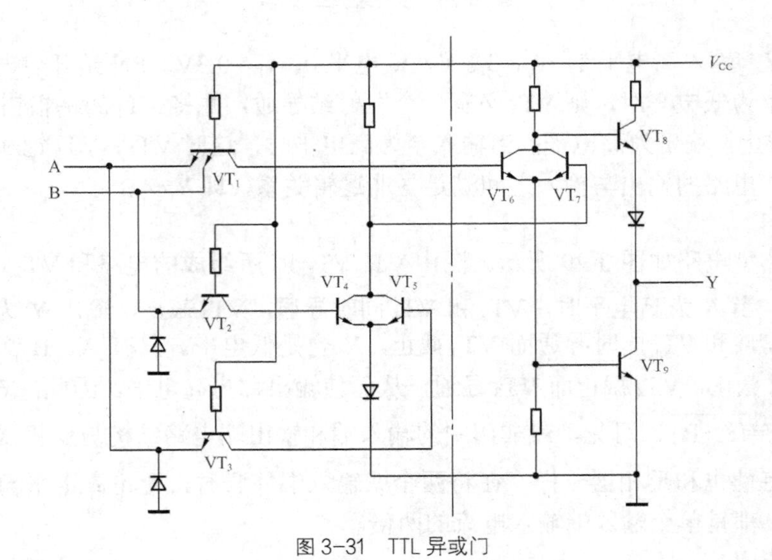


图 3-31 TTL 异或门

若 AB 同时为高电平，则 $VT_6$、$VT_9$ 导通而 $VT_8$ 截止，输出为低电平。反之，若 AB 同时为低电平，则 $VT_4$ 和 $VT_5$ 同时截止，使 $VT_7$ 和 $VT_9$ 导通而 $VT_8$ 截止，输出也为低电平。

当AB不同时，$VT_1$正向饱和导通、$VT_6$截止。同时，由于AB中必有一个是高电平，使$VT_4$、$VT_5$中有一个导通，从而使$VT_7$截止。$VT_6$、$VT_7$同时截止以后，$VT_8$导通，$VT_9$截止，故输出为高电平。因此，Y和AB间为异或关系，即$Y = A \oplus B$。

在与非门、或非门电路的基础上于电路内部增加一极反相级就可以构成与门、或门电路，其输入电路及输出电路和与非门、或非门相同，这里不再详述了。

### 2．集电极开路门（OC门）

在工程实践中，往往需要将两个门的输出端并联以实现与逻辑的功能，称为线与。如将两个TTL与非门电路的输出端连接在一起，如图3-32所示。当一个门输出高电平另一个门输出低电平时，将会产生很大的电流，有可能导致器件损毁如图3-33所示。

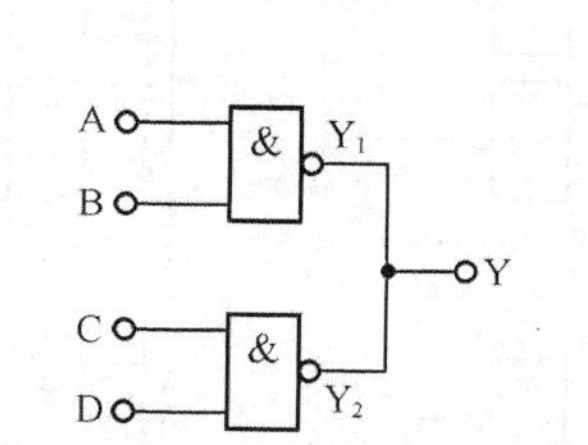


图3-32　与非门的线与连接示意图

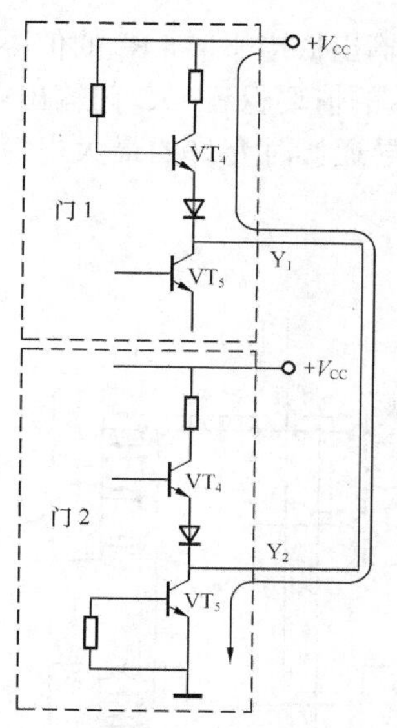


图3-33　TTL与非门直接线与的情况

其次，在采用推拉式输出级的门电路中，电源一经确定（通常规定为5 V），输出的高电平也就固定了（不可能高于电源电压5 V），因而无法满足对不同输出高电平的需要。

解决这个问题的方法就是把输出极改为集电极开路的三极管结构。集电极开路输出的门电路称为OC门（Open Collector gate），OC门的电路结构和逻辑符号如图3-34所示，OC门电路在工作时需外接上拉电阻（Pull-up resistors）和电源。因为OC门内没有电源，所以无论输出电平为高或低，输出电流均从外电路流入OC门。

OC门主要有以下几方面的应用。

① 实现线与。如图3-35电路所示，逻辑关系为$Y = Y_1 \cdot Y_2 = \overline{AB} \cdot \overline{CD}$。OC门进行线与时，要选择大小合适的上拉电阻。例如：OC门并联驱动与非门，其上拉电阻$R_P$的选择如下。

当OC门输出高电平时，$R_P$的值不能太大。计算OC上拉电阻最大值的工作状态图如图3-36所示。$R_P$的值要保证输出电压大于等于$V_{OH(min)}$。$I_{OH}$是每个OC门输出高电平（三极管$VT_4$截止）时的漏电流，$I_{IH}$是负载门每个输入端为高电平时的输入电流。$n$为OC门个数，$m$为负载门输入端个数。

由$V_{CC}-(nI_{OH}+mI_{IH})R_p \geqslant V_{OH(min)}$　得 $R_{P(max)}=\dfrac{V_{CC}-V_{OH(min)}}{nI_{OH}+m\cdot I_{IH}}$。

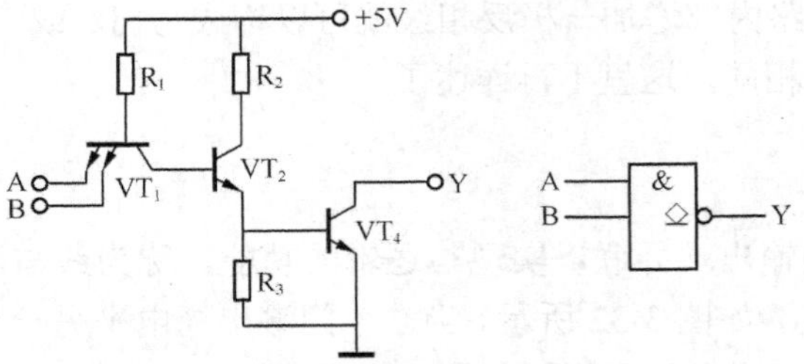

图 3-34　OC 门电路及逻辑符号

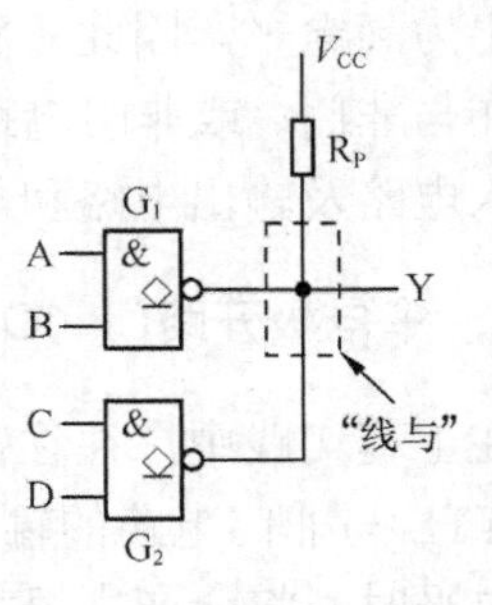


图 3-35　OC 门线与结构

当 OC 门输出低电平时，$R_P$ 的值不能太小。计算 OC 上拉电阻最小值的工作状态图如图 3-37 所示。$R_P$ 的值要保证 OC 门输出电压小于等于 $V_{OL(max)}$。$I_{OL(max)}$是 OC 门输出为低电平（三极管 $VT_4$ 导通）时允许的最大电流，$I_{IL}$ 是负载门低电平时的输入电流，$m'$ 为负载门的个数。

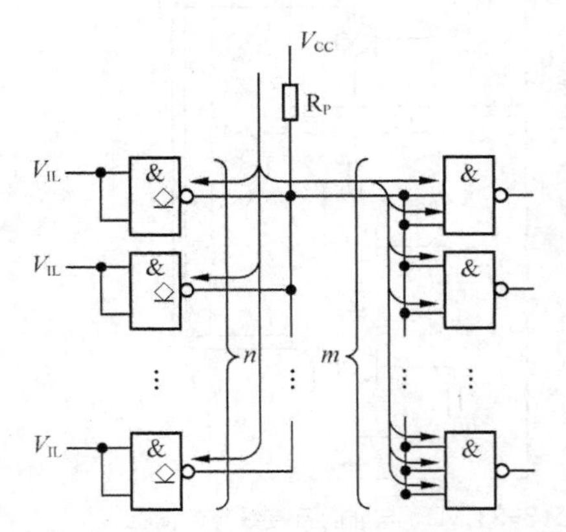


图 3-36　计算 OC 负载电阻最大值的工作状态

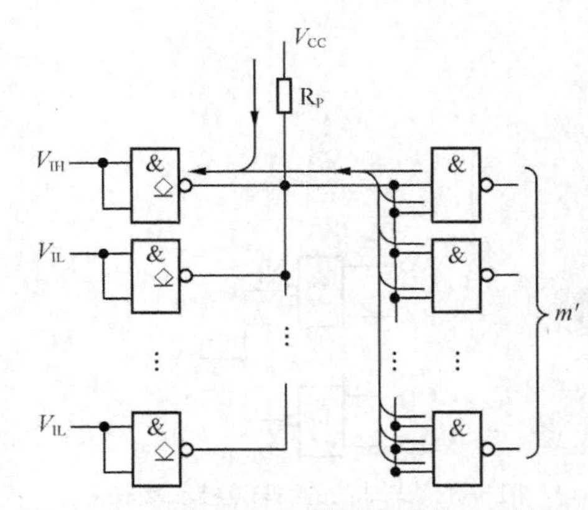


图 3-37　计算 OC 负载电阻最小值的工作状态

由 $\dfrac{V_{CC}-V_{OL(max)}}{R_P}+m'\cdot|I_{IL}| \leqslant I_{OL(max)}$，得：$R_{P(min)}=\dfrac{V_{CC}-V_{OL(max)}}{I_{OL(max)}-m'\cdot|I_{IL}|}$

② 驱动高电压、大电流的负载，即用作驱动器。如继电器、指示灯、发光二极管等，而普通的与非门则不行。用来驱动发光二极管的电路如图 3-38 所示。当电路在输入 A、B 都为高电平时输出低电平，这时发光二极管发光，否则，输出高电平，发光二极管熄灭。

③ 电平转换。改变图 3-35 中 $V_{CC}$ 的电压大小，可以满足对不同输出高电平的需要，即实现了电平转换。

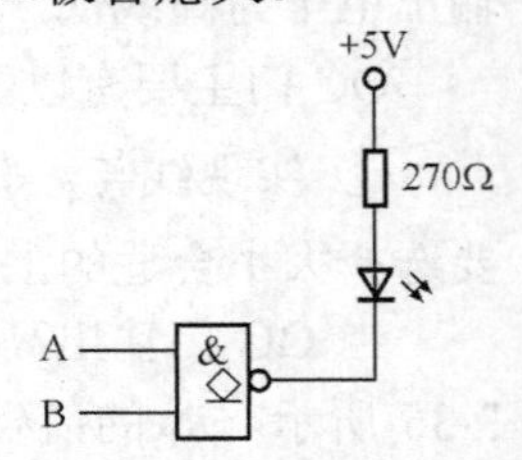


图 3-38　OC 门驱动发光二极管逻辑示意图

**【例 3-2】** 试为图 3-39 确定一合适大小的上拉电阻 $R_P$，已知 $G_1$ 和 $G_2$ 为 OC 门，输出高电平时的漏电流 $I_{OH}$=200μA，输出管导通时允许的最大电流 $I_{OL(max)}$=16 mA。$G_3$、$G_4$ 和 $G_5$ 均为 74 系列与非门，它们的低电平输入电流为 $I_{IL}$=−1 mA，高电平输入电流为 $I_{IH}$=40μA。给定 $V_{CC}$=5 V，要求 OC 门输出的高电平 $V_{OH} \geqslant 3.0$ V，低电平 $V_{OL} \leqslant 0.4$ V。

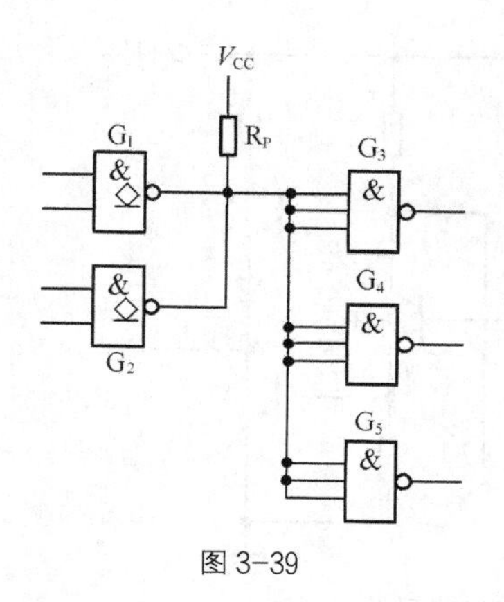


图 3-39

**解**：根据 $R_{P(min)}=\dfrac{V_{CC}-V_{OL(max)}}{I_{OL(max)}-m'\cdot|I_{IL}|}$，有 $R_{P(min)}=\dfrac{5-0.4}{16-3\times1}=0.35\ k\Omega$

$$R_{P(max)}=\frac{V_{CC}-V_{OH(min)}}{nI_{OH}+m\cdot I_{IH}}，有 R_{P(max)}=\frac{5-3}{2\times0.2+9\times0.04}=2.63\ k\Omega$$

选定的 $R_P$ 值应在 2.63 kΩ与 0.35 kΩ之间，故取 $R_P$=1 kΩ。

### 3. 三态逻辑门

（1）三态输出门的结构及工作原理

三态与非门电路结构如图 3-40（a）所示。因为这种电路结构总是接在集成电路的输出端，所以也将这种电路称为输出缓冲器（Output Buffer）。当 $\overline{EN}=0$ 时，G 输出为 1，VD 截止，相当于一个正常的二输入端与非门，即 Y=AB，称为正常工作状态。当 $\overline{EN}=1$ 时输出为 0，VD 导通，$VT_4$、$VT_3$ 都截止。这时从输出端 Y 看进去，呈现高阻，称为高阻态，或禁止态。总结为当 $\overline{EN}=0$ 时，$Y=\overline{AB}$；当 $\overline{EN}=1$ 时，输出端 Y 为高阻。图 3-40（b）所示的是三态输出与非门的逻辑符号。三角形记号表示三态输出结构。$\overline{EN}$ 输入端处的小圆圈表示三态门为低电平有效信号，即只有在 $\overline{EN}$ 为低电平时，电路方处于正常工作状态。反之，则没有这个小圆圈，符号记为 EN，电路在 EN 为高电平时处于正常工作状态。

（2）三态门的应用

① 组成单向总线——实现信号的分时单向传送。

在一些比较复杂的数字系统（例如微型计算机）当中，为了减少各个单元之间的连线数目，希望能用同一条导线分时传递若干个门电路的输出信号。这时三态门可以采用总线结构，如图 3-41 所示，只要多个门的 EN 轮流为 1，就可以使各个门的输出信号轮流送到公共的传输线上。

② 组成双向总线，实现信号的分时双向传送。

如图 3-42 所示，当 EN=1 时，$G_1$ 工作，$G_2$ 高阻，数据 $D_0$ 经 $G_1$ 反相送到总线传输；当 EN=0 时，$G_1$ 高阻，$G_2$ 工作，来自总线的数据 $D_1$ 经 $G_2$ 反相后送入电路内部。

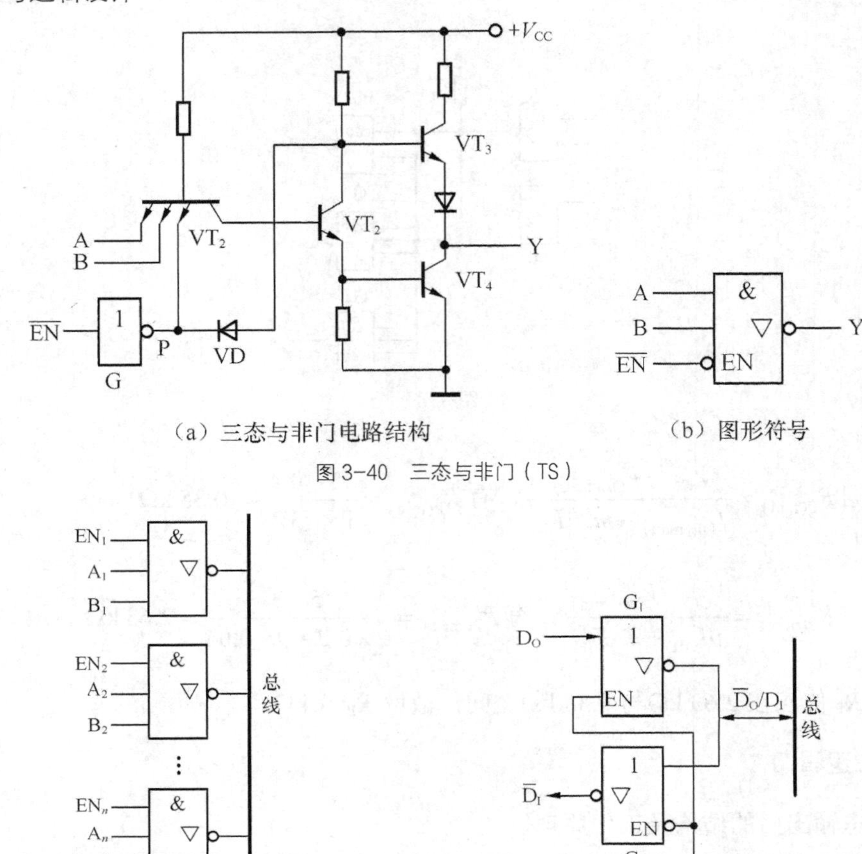


（a）三态与非门电路结构　　（b）图形符号

图 3-40　三态与非门（TS）

图 3-41　总线结构　　图 3-42　双向传输

### 3.4.4　TTL 电路的改进系列

在生产实践过程中，对集成门电路提高工作速度、降低功耗、加强抗干扰能力以及提高集成度等方面提出更高、更新的要求。TTL 电路的改进系列主要有：54H/74H 系列，又称高速系列；54S/74S 系列，又称肖特基系列；54LS/74LS 系列，又称低功耗肖特基系列；54AS/74AS 及 54ALS/74ALS 系列，又称先进的肖特基系列和先进的低功耗肖特基系列。不同系列性能比较如表 3-11 所示。在 TTL 门电路中，无论是哪一种系列，只要器件品名相同，那么器件功能就相同，只是性能不同。

**表 3-11　　不同系列 TTL 电路（74××）性能比较**

| 参数名称与符号 | 系列 | | | | | |
|---|---|---|---|---|---|---|
| | 74 | 74S | 74LS | 74AS | 74ALS | 74F |
| 输入低电平最大值 $V_{IL(max)}$/V | 0.8 | 0.8 | 0.8 | 0.8 | 0.8 | 0.8 |
| 输出低电平最大值 $V_{OL(max)}$/V | 0.4 | 0.5 | 0.5 | 0.5 | 0.5 | 0.5 |

续表

| 参数名称与符号 | 系列 | | | | | |
|---|---|---|---|---|---|---|
| | 74 | 74S | 74LS | 74AS | 74ALS | 74F |
| 输入高电平最小值 $V_{IH(min)}$/V | 2.0 | 2.0 | 2.0 | 2.0 | 2.0 | 2.0 |
| 输出高电平最小值 $V_{OH(min)}$/V | 2.4 | 2.7 | 2.7 | 2.7 | 2.7 | 2.7 |
| 低电平输入电流最大值 $I_{IL(max)}$/mA | −1.0 | −2.0 | −0.4 | −0.5 | −0.2 | −0.6 |
| 低电平输出电流最大值 $I_{OL(max)}$/mA | 16 | 20 | 8 | 20 | 8 | 20 |
| 高电平输入电流最大值 $I_{IH(max)}$/μA | 40 | 50 | 20 | 20 | 20 | 20 |
| 高电平输出电流最大值 $I_{OH(max)}$/mA | −0.4 | −1.0 | −0.4 | −2.0 | −0.4 | −1.0 |
| 传输延迟时间 $t_{pd}$/ns | 9 | 3 | 9.5 | 1.7 | 4 | 3 |
| 每个门的功耗 /mW | 10 | 19 | 2 | 8 | 1.2 | 4 |
| 延迟一功耗积 Pd/pJ | 90 | 57 | 19 | 13.6 | 4.8 | 12 |

### 3.4.5 ECL 和 $I^2L$

（1）ECL

ECL 是一种非饱和型高速逻辑电路，是发射极耦合电路，主要应用于高速、超高速数字系统中。与 TTL 相比其优点如下：

① 速度最快，目前 ECL 门电路的传输延迟时间已缩短在 0.1 ns 以内；

② 射极输出结构，输出内阻很低，带负载能力很强，扇出系数达 90 以上；

③ 设有互补输出端，同时输出端可以并联，实现线或逻辑功能。

其主要缺点是：

① 功耗大，每个门平均功耗可达 100 mW 以上；

② 输出电平稳定性较差；

③ 抗干扰能力差，ECL 逻辑摆幅只有 0.8 V，噪声容限只有 200 mW。

（2）$I^2L$

$I^2L$ 电路的基本单元是由多集电极三极管构成的反相器，反相器偏流由恒流管提供，工作在恒流状态。目前 $I^2L$ 主要用于制作大规模集成电路的内部逻辑电路。

$I^2L$ 电路的优点是：

① 电路结构简单，电路中没有电阻元件，既节省所占硅片面积，又降低功耗；

② 多集电极输出结构可以通过线与将几个门输出端并联，以获得所需的逻辑功能；

③ $I^2L$ 电路能在低电压、微电流下工作，最低可以工作在 1 V 以下，$I^2L$ 反相器的工作电

流可以小于 1 nA。

$I^2L$ 电路的缺点有：

① 抗干扰能力差，输出摆幅比较小，通常在 0.6 V，噪声容限很小；

② 开关速度慢，反相器传输时间可达 20～30 ns。

## 3.5 CMOS 门电路

### 3.5.1 CMOS 反相器电路结构及工作原理

CMOS 反相器是由一个 PMOS 管和一个 NMOS 管串接组成，如图 3-43 所示。

$VT_1$ 为 PMOS 管，$VT_2$ 为 NMOS 管，它们的开启电压分别是：$V_{GS(th)P}<0$，$V_{GS(th)N}>0$。两管的栅极相连构成门电路的输入端，两管的漏极相连构成门电路的输出端。为了使衬底和漏源之间的 PN 结始终处于反偏，将 NMOS 管的衬底接到电路的最低电位，PMOS 管的衬底接到电路的最高电位。为了使门电路能正常工作，CMOS 反相器的电源电压 $V_{DD}$ 必须满足 $V_{DD} > V_{GS(th)N} + |V_{GS(th)P}|$。$V_{DD}$ 的取值范围较大，一般在 3～18V。当 $v_I=V_{IL}=0$ V 时，有

$$\begin{cases} |v_{GS1}| = V_{DD} > |V_{GS(th)P}| \\ v_{GS2} = 0 < V_{GS(th)N} \end{cases}$$

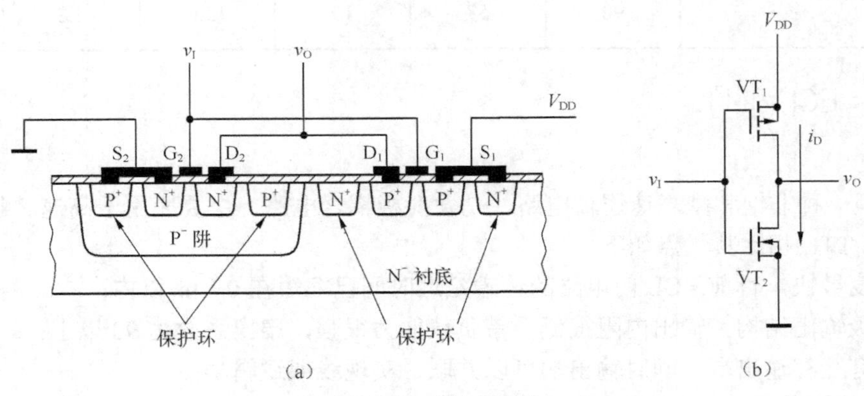


图 3-43　CMOS 反相器

故 $VT_1$ 导通，而且导通内阻很低（在 $|v_{GS1}|$ 足够大时可小于 1 kΩ），而 $VT_2$ 截止，内阻很高（可达 $10^8$～$10^9$Ω），因此，输出为高电平 $V_{OH}$，且 $V_{OH}\approx V_{DD}$。

当 $v_I=V_{OH}=V_{DD}$ 时，则有

$$\begin{cases} v_{GS1} = 0 < |V_{GS(th)P}| \\ v_{GS2} = V_{DD} > V_{GS(th)N} \end{cases}$$

故 $VT_1$ 截止 $VT_2$ 导通，输出为低电平 $V_{OL}$，且 $V_{OL}\approx 0$。从以上分析可知，当 CMOS 反相器输入电压为低电平时，输出电压为高电平；当输入电压为高电平时，输出电压为低电平，实现了反相器的逻辑功能。

CMOS 反相器中的 $VT_1$ 管，$VT_2$ 管都工作在开关状态，可以用如图 3-44 所示的互补开关电路模型来更直观地表示 CMOS 反相器的工作原理。不论 $v_I$ 输入的是高电平还是低电平，$VT_1$、$VT_2$ 管总是工作在一个导通一个截止的互补状态，所以把这种电路的结构形式称为互补型金属氧化物半导体电路（Complementary-Symmeter Metal-Oxide-Semiconductor Circuit），简称 CMOS 电路。由于静态下无论 $v_I$ 是高电平还是低电平，$VT_1$ 和 $VT_2$ 总有一个是截止的，而且截止内阻又极高，流过 $VT_1$ 和 $VT_2$ 的静态电流极小，因而 CMOS 反相器的静态功耗极小。这也是 CMOS 集成电路吸引人的地方，所以便携式的电子产品几乎都采用 CMOS 集成电路。

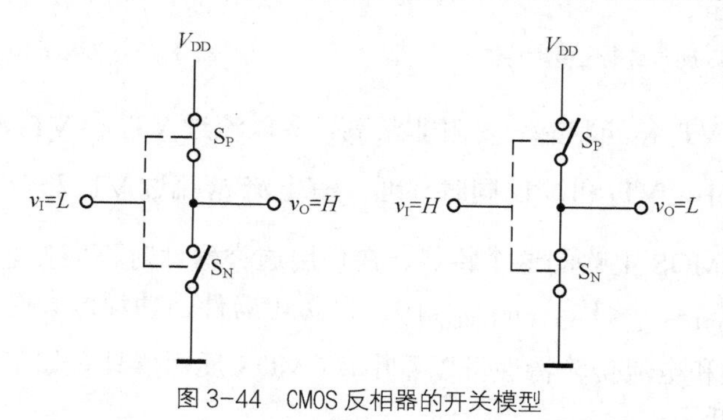


图 3-44 CMOS 反相器的开关模型

## 3.5.2 CMOS 的反相器电气特性

### 1. 电压传输特性和电流传输特性

在图 3-43 所示的 CMOS 反相器电路中，设 $V_{DD} > V_{GS(th)N} + |V_{GS(th)P}|$，且 $V_{GS(th)N} = |V_{GS(th)P}|$，$VT_1$ 和 $VT_2$ 具有同样的导通内阻 $R_{ON}$ 和截止内阻 $R_{OFF}$，则电压传输特性如图 3-45 所示。

在 AB 段，由于 $v_I < V_{GS(th)N}$，而 $|v_{GS1}| > |V_{GS(th)P}|$，故 $VT_1$ 导通并工作在低内阻的电阻区，$VT_2$ 截止，分压的结果使 $v_O = V_{OH} \approx V_{DD}$。

在 CD 段，$v_I > V_{DD} - |V_{GS(th)P}|$，使 $|v_{GS1}| < |V_{GS(th)P}|$ 故 $VT_1$ 截止。而 $v_{GS2} > V_{GS(th)N}$，$VT_2$ 导通，因此 $v_O = V_{OL} \approx 0$。

在 BC 段，$V_{GS(th)N} < v_I < V_{DD} - |V_{GS(th)P}|$ 的区间里，$v_{GS2} > V_{GS(th)N}$、$|v_{GS1}| > |V_{GS(th)P}|$，$VT_1$ 和 $VT_2$ 同时导通。如果 $VT_1$ 和 $VT_2$ 参数完全对称，则 $v_I = \frac{1}{2}V_{DD}$，即工作于电压传输特性转折区的中点。我们将电压传输特性转折区中点所对应的输入电压称为反向器的阈值电压（Threshold Voltage），用 $V_{TH}$ 表示。因此，CMOS 反向器的阈值电压为 $V_{TH} \approx \frac{1}{2}V_{DD}$。

从图 3-45 所示的曲线上还可以看出，CMOS 反相器的电压传输特性上不仅 $V_{TH} = \frac{1}{2}V_{DD}$，而且转折区的变化率的很大，因此它更接近于理想开关特性。

图 3-46 所示为漏极电流随输入电压而变化的曲线，即所谓电流传输特性。这个特性也可以分为三个工作区。在 AB 段，因为 $VT_2$ 工作在截止状态，内阻非常高，所以流过 $VT_1$ 和 $VT_2$ 的漏极电流几乎等于零。

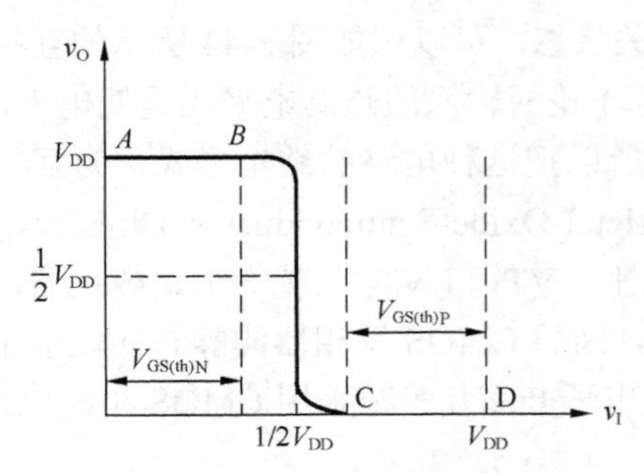

图 3-45 COMS 反向器电压传输特性

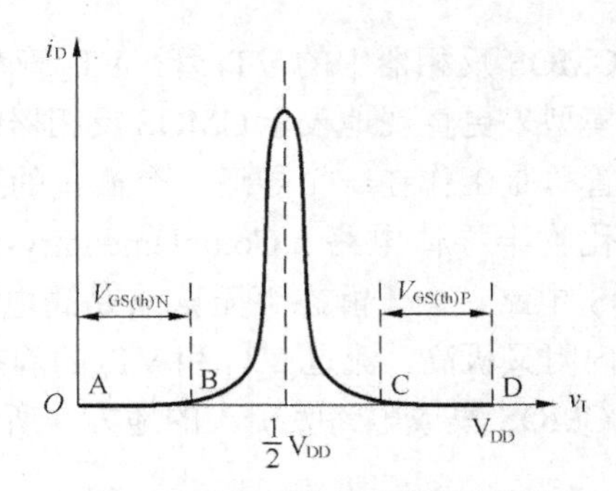

图 3-46 COMS 反向器电流传输特性

在 CD 段，因为 $VT_1$ 截止状态，内阻非常高，所以流过 $VT_1$ 和 $VT_2$ 漏极电流也几乎为零。在特性曲线的 BC 段中，$VT_1$ 和 $VT_2$ 同时导通，有电流 $i_D$ 流过 $VT_1$ 和 $VT_2$，而且 $v_I=\frac{1}{2}V_{DD}$ 附近 $i_D$ 最大。考虑到 CMOS 电路的这个特点，在使用这类器件时不应使之长期工作在电流传输特性的 BC 段（$V_{GS(th)N}<v_I<V_{DD}-\left|V_{GS(th)P}\right|$），以防止器件因功耗过大而损坏。

由电压传输特性和电流传输特性可以看出，CMOS 反相器具有如下特点。

① 静态功耗极低。

② 噪声容限为 $V_{DD}/2$（可通过提高电源电压提高输入端噪声容限），抗干扰能力最强。需要指出的是，不同厂商生产或不同类型的 CMOS 门电路，其高低电平的极限值并不完全一致。在实际使用 CMOS 门电路时，应以器件数据手册中所提供的参数为准。

③ 电源利用率高，且允许 $V_{DD}$ 可以在一个较宽的范围内变化。

④ 输入阻抗高，带负载能力强。

### 2. CMOS 门电路输入特性

从 MOS 管的结构可知，它的栅极和衬底之间存在以 $SiO_2$ 为介质的输入电容，并且此绝缘介质又非常薄（约 1000 埃），极易被击穿，所以 MOS 电路的在输入端必须采用保护措施。

4000 系列 CMOS 门电路的输入保护电路如图 3-47 所示。在图 3-47 中，$VD_1$、$VD_2$ 是双极型二极管，其正向导通压降为 0.5～0.7 V，反向击穿电压约为 30 V；$R_S$ 阻值在 1.5～2.5 kΩ 之间；$C_1$、$C_2$ 分别为 $VT_1$、$VT_2$ 管的栅极等效电容。

在输入信号电压的正常工作范围内（$0\leqslant v_I\leqslant V_{DD}$）输入保护电路不起作用。若二极管的正向导通压降为 $V_{DF}$，则 $v_I>V_{DD}+V_{DF}$ 时，$VD_1$ 导通，将 $TV_1$ 和 $VT_2$ 的栅极电位 $v_G$ 钳在 $V_{DD}+V_{DF}$，保证加到 $C_2$ 上的电压不超过 $V_{DD}+V_{DF}$。而当 $v_I<-0.7$ V 时，$VD_2$ 导通，将栅极电位 $v_G$ 钳在 $-V_{DF}$。保证加到 $C_1$ 上的电压也不会超过 $V_{DD}+V_{DF}$。因为多数 CMOS 集成电路使用的 $V_{DD}$ 不超过 18 V，所以加到 $C_1$ 和 $C_2$ 上的电压不会超过允许的耐压极限。

在输入端出现瞬时的过冲电压使 $VD_1$ 或 $VD_2$ 发生击穿的情况下，只要反向击穿电流不过大，而且持续时间很短，那么在反向击穿电压消失后 $VD_1$ 和 $VD_2$ 的 PN 结仍可恢复工作。

当然，这种保护措施是有一定限度的。通过 $VD_1$ 或 $VD_2$ 的正向导通电流过大或反向击穿电流过大，都会损坏输入保护电路，进而使 MOS 管栅极被击穿。因此，在可能出现上述情况时，还必须采取一些附加的保护措施，并注意器件的正确使用方法。

根据图 3-47 所示的输入保护电路可以画出它的输入特性曲线，如图 3-48 所示。在 $-V_{DF} < v_I < V_{DD} + V_{DF}$ 范围内，输入电流 $i_I \approx 0$。当 $v_I > V_{DD} + V_{DF}$ 或者 $v_I < -V_{DF}$ 以后，$i_I$ 的绝对值随 $v_I$ 绝对值的增加而迅速加大。电流的绝对值将由输入信号的电压和内阻所决定。

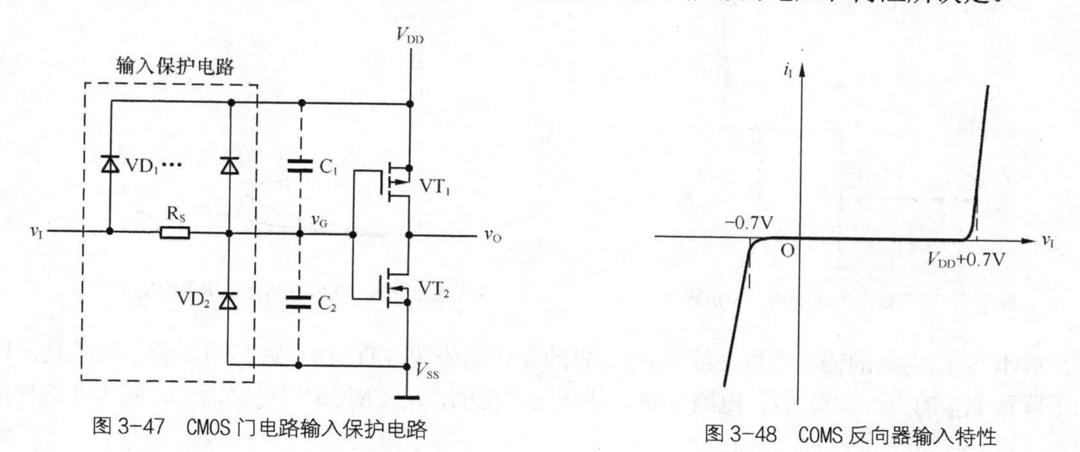


图 3-47 CMOS 门电路输入保护电路

图 3-48 COMS 反向器输入特性

根据 CMOS 门电路的输入特性，可以得到以下结论。

① 当输入电压处于正常范围内时，门电路的输入阻抗非常大，输入电流几乎为 0。

② 由于 CMOS 门电路输入阻抗高，容易接收干扰，在使用中多余的输入端不能悬空，否则，将会由于输入端电平的不确定而造成逻辑错误。

③ CMOS 门电路输入端接一电阻到地，不管电阻阻值多大，都相当于接低电平。

### 3. CMOS 门电路输出特性

（1）高电平输出特性

当 CMOS 反相器的输出为高电平，即 $v_O=v_{OH}$ 时，P 沟道管导通而 N 沟道管截止，电路的工作状态图如图 3-49 所示。这时的负载电流 $i_{OH}$ 是从门电路的输出端流出的。在图 3-50 所示的输出特性曲线上为负。$v_{OH}$ 的数值等于 $V_{DD}$ 减去 $VT_1$ 管的导通压降。即拉电流增加，$v_{OH}$ 值下降。因为 MOS 管的导通内阻与 $v_{GS}$ 大小有关，所以在同样的 $i_{OH}$ 值下 $V_{DD}$ 越高，则 $VT_1$ 导通时 $v_{GS1}$ 越负，它的导通内阻越小，$v_{OH}$ 也就下降得越少。

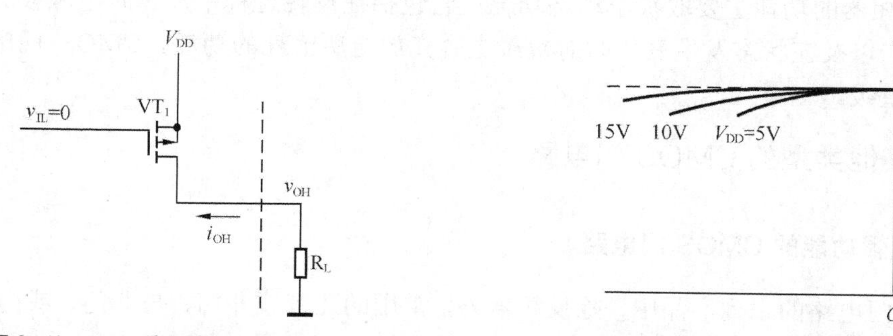


图 3-49 COMS 反向器高电平输出电路

图 3-50 COMS 反向器高电平输出特性

（2）低电平输出特性

当 CMOS 反相器的输出为低电平，即 $v_O=V_{OL}$ 时，P 沟道管截止而 N 沟道管导通，电路的工作状态图如图 3-51 所示。这时的负载电流 $i_{OL}$ 是从负载电路注入 $VT_2$，输出电平随灌入电流 $i_{OL}$ 增加，$v_{OL}$ 值上升，如图 3-52 所示。

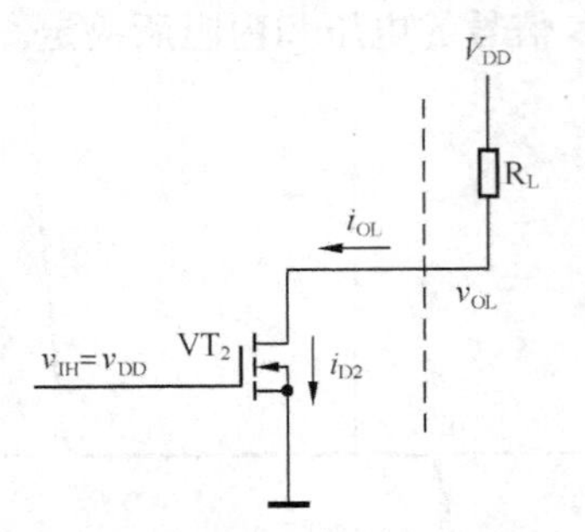


图 3-51　COMS 反向器低电平输出电路

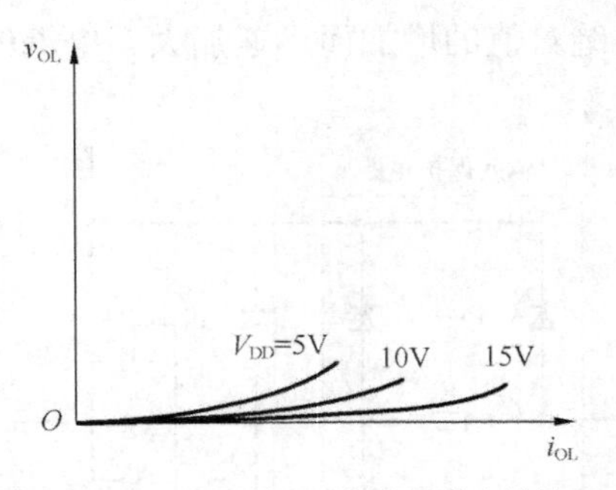


图 3-52　COMS 反向器低电平输出特性

CMOS 门电路的输出特性曲线 $v_O=f(i_i)$总的变化趋势和 TTL 门电路相同。所不同的是，$V_{OH}$ 的下降和 $V_{OL}$ 的上升，对 TTL 电路来说，基本是线性的，对 CMOS 门电路而言，则为非线性的。

#### 4．CMOS 反相器的动态特性

（1）传输延迟时间（Popagation Delay）

由于 CMOS 反相器的 MOS 管的电极之间以及电极和衬底之间都存在寄生电容，尤其是输出端与其他 CMOS 门电路相连时，不可避免地存在负载电容。像 TTL 电路那样，我们将输出电压滞后于输入电压所需要的时间称为传输延迟时间，如图 3-53 所示。

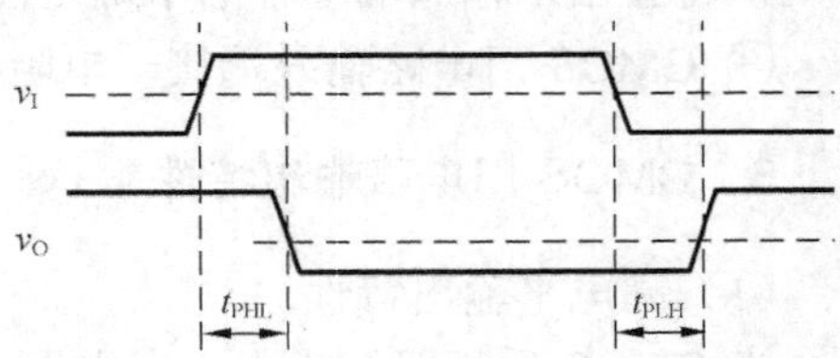

图 3-53　CMOS 反相器传输延迟时间的定义

传输延迟时间是表示门电路工作速度的重要参数。由于传输延迟时间主要是由电路充放电产生的，所以如要减少传输延迟时间必须减少负载电容和 MOS 管的导通电阻。不同系列的 CMOS 门电路传输延迟时间值相差很大。如 4000 系列 CMOS 反相器 CD4069 的平均传输延迟时间 $t_{Pd}$ 超过 100 ns，74HC 系列 CMOS 反相器 74HC04 的 $t_{Pd}$ 只有 9 ns，而改进型系列的 74AHC04 的 $t_{Pd}$ 只有 5 ns。

（2）动态功耗

CMOS 反相器的功耗主要取决于动态功耗，它包括在反转过程中，瞬时电压较大产生的瞬时导通功率，以及在状态发生变化时对负载电容充放电所消耗的功耗。CMOS 门电路平均功耗在微瓦数量级。

### 3.5.3　其他类型的 CMOS 门电路

#### 1．其他逻辑功能的 CMOS 门电路

在 CMOS 门电路的系列产品中，除反相器外，常用的还有或非门、与非门、或门、与门、与或非门、异或门等几种。

为了画图方便，并能突出电路中与逻辑功能有关的部分，以后在讨论各种逻辑功能的门电路时就不再画出每个输入端的保护电路了。

图 3-54 所示为二输入端的与非门电路。它由两个并联的 PMOS 管 $VT_1$、$VT_3$ 和两个串联的 NMOS $VT_4$、$VT_2$ 管组成。当输入端 A 和 B 为高电平时，$VT_4$ 和 $VT_2$ 导通而 $VT_3$ 和 $VT_1$ 截止，输出低电平；当输入端 A 和 B 有一个或一个以上为低电平时，与该低电平相连的 NMOS 管截止，PMOS 管导通，电路输出高电平，所以该电路具有与非逻辑功能，即 $Y=\overline{AB}$。

图 3-55 所示为二输入端的或非门电路。它由两个并联的 NMOS 管 $VT_2$、$VT_4$ 和两个串联的 PMOS $VT_1$、$VT_3$ 管组成。当输入端 A 和 B 为低电平时，$VT_4$ 和 $VT_2$ 截止而 $VT_3$ 和 $VT_1$ 导通，输出高电平；当输入端 A 和 B 有一个或一个以上为高电平时，与该高电平相连的 NMOS 管导通，PMOS 管截止，电路输出低电平，所以该电路具有或非逻辑功能。即 $Y=\overline{A+B}$。

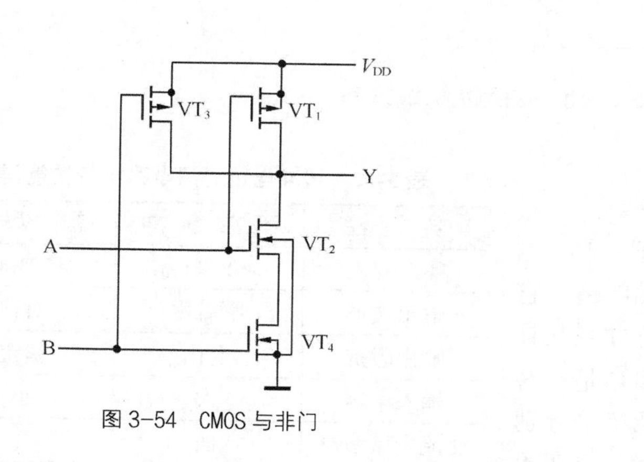

图 3-54 CMOS 与非门

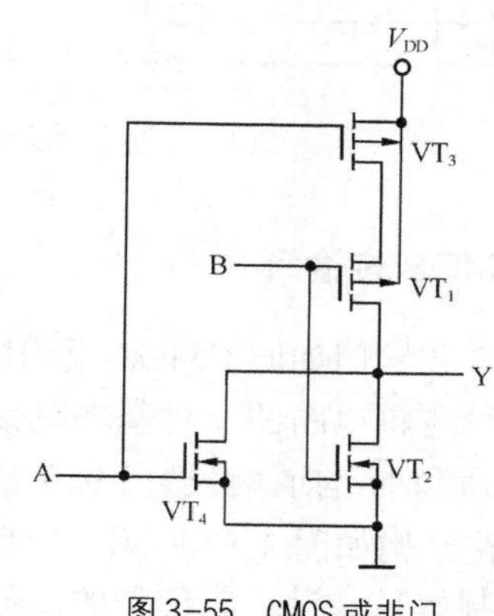

图 3-55 CMOS 或非门

通过以上分析，可以归纳出 CMOS 门电路的一般构成规律。

① CMOS 门电路由 NMOS 管和 PMOS 管组成，NMOS 管和 PMOS 管成对出现。门电路的每个输入端同时加到一个 NMOS 管和一个 PMOS 管的栅极上。

② 将多个 NMOS 管串联，PMOS 管并联，可得到 CMOS 多输入与非门；将多个 NMOS 管并联，PMOS 管串联，可得到 CMOS 多输入或非门。

图 3-54 和图 3-55 所示的与非门和或非门虽然电路很简单，但存在着一些不足之处。比如，门电路的输出电阻受输入电平状态的影响。以图 3-54 所示的与非门为例，假设 MOS 管的导通电阻为 $R_{ON}$，截止时电阻为∞，其输出阻抗分析如下：

① 当 A=B=1 时，输出电阻为 $VT_2$ 管和 $VT_4$ 管的导通电阻串联，其值为 $2R_{on}$；

② 当 A=B=0 时，输出电阻为 $VT_1$ 管和 $VT_3$ 管的导通电阻并联，其值为 $R_{on}/2$；

③ 当 A=1、B=0 时，输出电阻为 $VT_3$ 管的导通电阻，其值为 $R_{on}$；

④ 当 A=0、B=1 时，输出电阻为 $VT_1$ 管的导通电阻，其值为 $R_{on}$。

可见，输入电平状态不同，输出电阻可相差 4 倍之多。

另外，门电路输出高低电平也受输入端数目影响，例如，输入端越多，则串联的 NMOS 管越多，输出的低电平电压也越高。为了避免经过多次串、并后带来的电平平移和对输出特性的影响，实际的 CMOS 门电路常常引入反相器作为每个输入端和输出端的缓冲器。如实际的 CMOS 或门电路就是由 4 个非门和 1 个与非门组成，如图 3-56 所示。由于在输入和输出端增加了缓冲器，大大改善了 CMOS 门电路的电气性能，表 3-12 比较了 CMOS 门电路带缓冲电路和不带缓冲电路对门电路电气性能的影响。

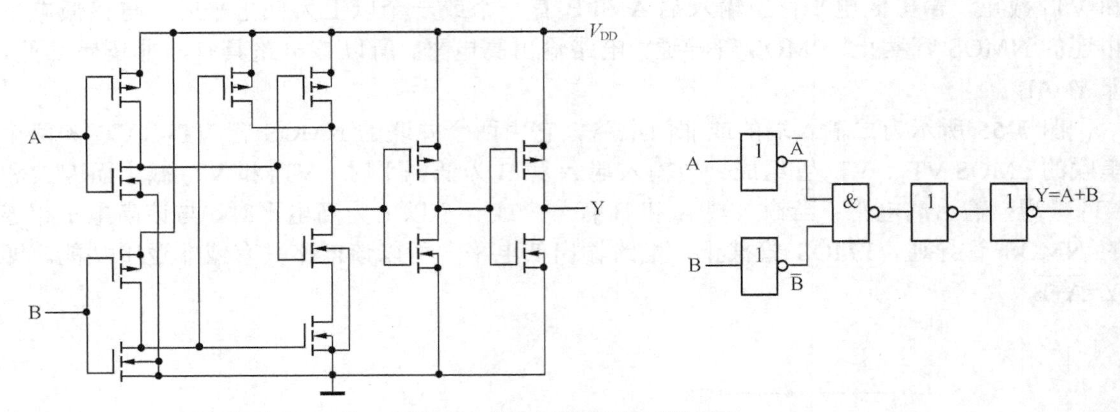


图 3-56 带缓冲级的 CMOS 或门电路

### 2. CMOS 传输门

表 3-12 缓冲电路对门电路电气性能得影响

| 特　性 | 不带缓冲 | 带缓冲 |
|---|---|---|
| 噪声容限 | $>20\%V_{DD}$ | $>30\%V_{DD}$ |
| 输出波形 | 不对称 | 对称 |
| 输出阻抗 | 变化 | 恒定 |
| 输入电容 | 大 | 小 |
| 交流电压增益 | 低 | 高 |
| 传输延迟 | 快 | 慢 |

CMOS 传输门如同 CMOS 反相器一样，也是构成各种逻辑电路的一种基本单元电路。它是由 P 沟道和 N 沟道增强型 MOS 管并联互补组成。电路结构如图 3-57 所示，C 和 $\overline{C}$ 是一对互补的控制信号，设控制信号的高低电平分别为 $V_{DD}$ 和 0V，那么当 C=0、$\overline{C}=1$ 时，只要输入信号的变化范围不超出 0～$V_{DD}$，则 $VT_1$ 和 $VT_2$ 同时截止，输入与输出之间呈高阻态（大于 $10^9\Omega$），传输门截止。

反之，若 $C=1$ 、$\overline{C}=0$ ，而且在 $R_L$ 远大于 $VT_1$、$VT_2$ 的导通内阻的情况下，则当 $0<v_I<V_{DD}-V_{GS(th)N}$ 时 $VT_1$ 将导通。而当 $\left|V_{GS(th)P}\right|<v_I<V_{DD}$ 时 $VT_2$ 导通。因此，$v_I$ 在 0～$V_{DD}$ 之间变化时，$VT_1$ 和 $VT_2$ 至少有一个是导通的，使 $v_I$ 与 $v_O$ 两端之间呈低阻态（小于 1 kΩ），传输门导通。

由于 $VT_1$、$VT_2$ 管的结构形式是对称的，即漏极和源极可互易使用，因而 CMOS 传输门属于双向器件，它的输入端和输出端也可互易使用。

利用 CMOS 传输门和 CMOS 反相器可以组合成各种复杂的逻辑电路，如异或门、数据选择器、寄存器、计数器等。

图 3-58 就是用反相器和传输门构成异或门的一个实例。由图可知：

① 当 A=1、B =0 时，$TG_1$ 截止而 $TG_2$ 导通，$Y=\overline{B}=1$；

② 当 A=0、B =1 时，$TG_1$ 导通而 $TG_2$ 截止，Y=B=1；

③ 当 A= B =0 时，$TG_1$ 导通而 $TG_2$ 截止，Y=B=0；

④ 当 A=B=1 时，$TG_1$ 截止而 $TG_2$ 导通，$Y=\overline{B}=0$ 。

因此，Y 与 A、B 之间是异或逻辑关系，即 $Y=A\oplus B$。

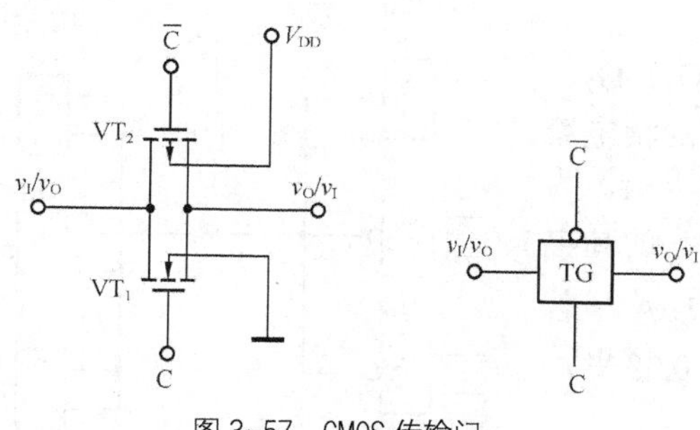


图 3-57 CMOS 传输门

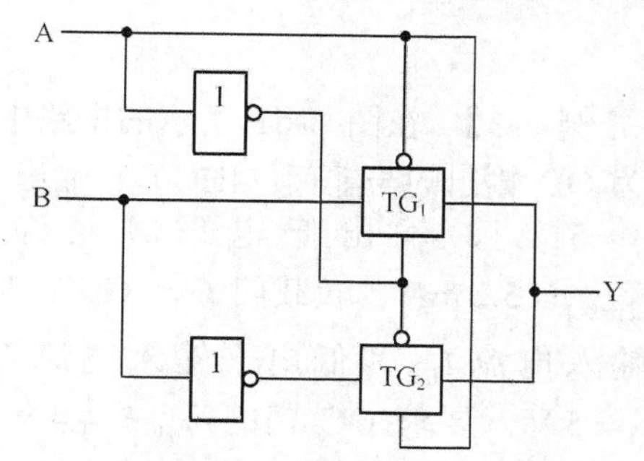


图 3-58 用反相器和传输门构成的异或门电路

利用传输门可以构成模拟开关，用来传输连续变化的模拟电压信号。模拟开关的基本电路由 CMOS 传输门和一个 CMOS 反相器组成，也是双向器件。电路结构如图 3-59 所示，假定接在输出端的电阻值为 $R_L$，双向模拟开关的导通内阻值为 $R_{TG}$。当 C=0(低电平)时，开关截止，输出与输入之间的联系被切断 $v_O$=0。当 C=1（高电平）时，开关接通，输出电压为

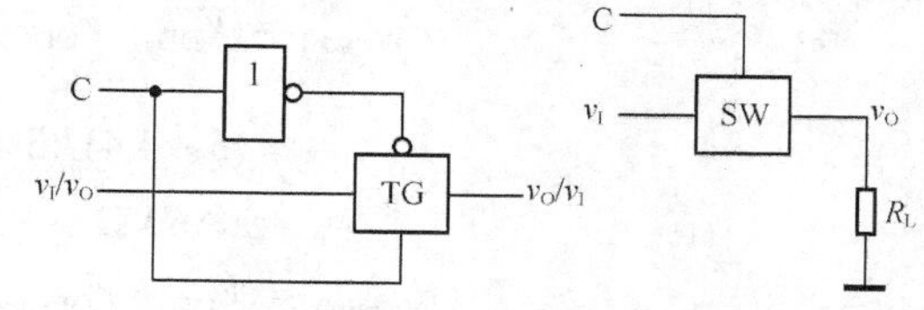


图 3-59 CMOS 双向模拟开关的电路结构和符号

$$v_O = \frac{R_L}{R_L + R_{TG}} v_I$$

我们将 $v_O$ 和 $v_I$ 的比值定义为电压传输系数 $K_{TG}$，即

$$K_{TG} = \frac{v_O}{v_i} = \frac{R_L}{R_L + R_{TG}}$$

为了得到大而稳定的电压传输系数，应使 $R_L >> R_{TG}$，而且希望 $R_{TG}$ 不受输入电压变化的影响。目前某些精密的 CMOS 模拟开关的导通电阻已经降到了 20Ω以下。

### 3. OD 门

如同 TTL 电路中集电极开路构成 OC 门那样，在 CMOS 电路中漏极开路输出的门电路，也可用于实现“线与”逻辑功能，称为 OD（Open Drain gate）门。图 3-60 是两输入与非逻辑的 OD 门 74HC03 的电路结构图，其输出电路是一个漏极开路的 NMOS 管。其应用和外接上拉电阻 $R_P$ 的计算方法与 OC 门类同，这里不再赘述。

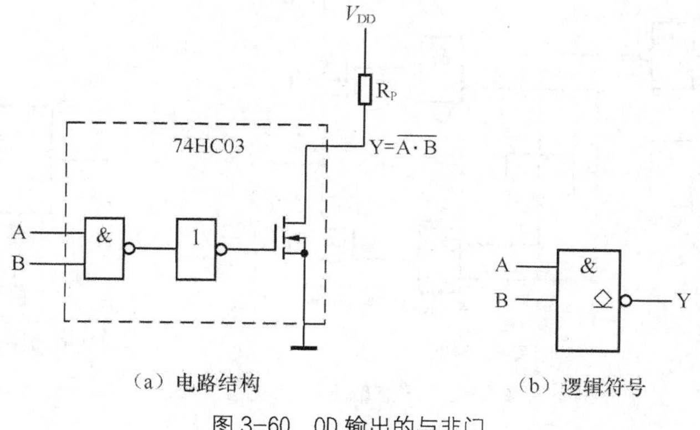


图 3-60 OD 输出的与非门

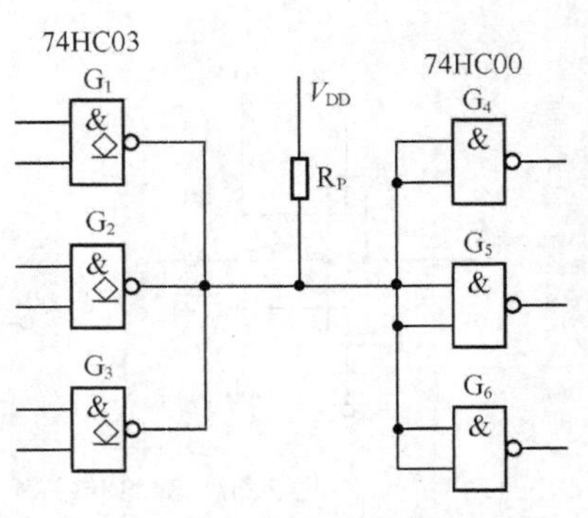


图 3-61 例 3-3 的电路

**【例 3-3】** 在图 3-61 所示的电路中，已知 $G_1$、$G_2$、$G_3$ 为 OD 输出的与非门 74HC03，输出高电平时的漏电流 $I_{OH}=5\,\mu A$，输出低电平时允许的最大电流为 $I_{OL(max)}=5.2\,mA$。负载门 $G_4$～$G_6$ 为 74HC00，它的高电平输入电流 $I_{IH}$ 和低电平输入电流 $I_{IL}$ 均为 1μA。若 $V_{DD}=5\,V$，要求 OC 门的 $V_{OH}\geqslant 4.4\,V$、$V_{OL}\leqslant 0.33\,V$，试求 $R_P$ 取值的允许范围。

**解：**

$$\begin{aligned}R_{P(max)} &= (V_{DD}-V_{OH(min)})/(nI_{OH}+mI_{IH})\\ &=(5-4.4)/(3\times5\times10^{-6}+6\times10^{-6})\Omega\\ &=28.6\ k\Omega\end{aligned}$$

$$\begin{aligned}R_{P(min)} &= (V_{DD}-V_{OL(max)})/(I_{OL(max)}-m'|I_{IL}|)\\ &=(5-0.33)/(5.2\times10^{-3}-6\times10^{-6})\Omega\\ &=0.90\ k\Omega\end{aligned}$$

故 $R_P$ 允许的取值范围为

$$28.6\ k\Omega < R_P < 0.90\ k\Omega$$

### 4．CMOS 逻辑三态门

三态输出的 CMOS 反相器的电路结构如图 3-62 所示。从这个电路图中可以看到，为了实现三态控制，除了原有的输入端 A 以外，又增加了一个三态控制端 $\overline{EN}$。当 $\overline{EN}$=0 时，若 A=1，则 $G_4$、$G_5$ 的输出同为高电平，$VT_1$ 截止，$VT_2$ 导通，$Y=0$；若 A=0，则 $G_4$、$G_5$ 的输出同为低电平，$VT_1$ 导通，$VT_2$ 截止，$Y=1$。因此，$Y=\overline{A}$，反相器处于正常工作状态。而当 $\overline{EN}$=1 时，不管 A 的状态如何，$G_4$ 输出高电平而 $G_5$ 输出低电平，$VT_1$ 和 $VT_2$ 同时截止，输出呈现高阻态。

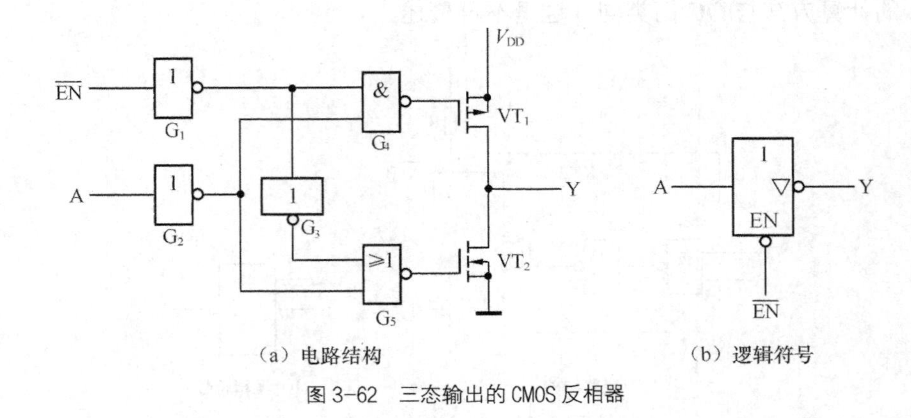


（a）电路结构　　（b）逻辑符号

图 3-62 三态输出的 CMOS 反相器

### 3.5.4 BiCMOS 电路

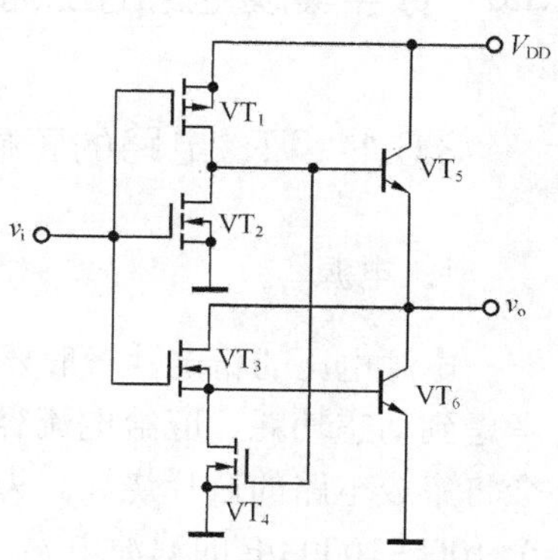

图 3-63 BiCMOS 反相器

BiCMOS 逻辑部分采用 CMOS 结构，输出部分采用双极型三极管，因此它兼有 CMOS 的低功耗和双极型电路低输出内阻的优点。图 3-63 是 BiCMOS 反相器电路。

当 $v_I=V_{IH}$ 时，$VT_2$、$VT_3$、$VT_6$ 导通，$VT_1$、$VT_4$、$VT_5$ 截止，输出 $v_O=V_{OL}$。当 $v_I=V_{IL}$ 时，$VT_1$、$VT_4$、$VT_5$ 导通，$VT_2$、$VT_3$、$VT_6$ 截止，输出 $v_O=V_{OH}$。

由于 $VT_5$、$VT_6$ 导通内阻很小，从而减小了传输延迟时间，目前 BiCMOS 反相器传输延迟时间可以减小到 1 ns 以下。

### 3.5.5 CMOS 逻辑门电路技术参数

CMOS 逻辑门电路技术参数性能比较见表 3-13。

表 3-13 各种 CMOS 系列门电路性能的比较（以 74××04 为例）

| 参数名称和符号 | 74HC04 | 74HCT04 | 74AHC04 | 74AHCT04 | 74LVC04 | 74ALVC04 |
|---|---|---|---|---|---|---|
| 电源电压范围 $V_{DD}$/V | 2～6 | 4.5～5.5 | 2～5.5 | 4.5～5.5 | 1.65～3.6 | 1.65～3.6 |
| 输入高电平最小值 $V_{IH(min)}$/V | 3.15 | 2 | 3.15 | 2 | 2 | 2 |
| 输入低电平最大值 $V_{IL(max)}$/V | 1.35 | 0.8 | 1.35 | 0.8 | 0.8 | 0.8 |
| 输出高电平最小值 $V_{OH(min)}$/V | 4.4 | 4.4 | 4.4 | 4.4 | 2.2 | 2.0 |
| 输出低电平最大值 $V_{OL(max)}$/V | 0.33 | 0.33 | 0.44 | 0.44 | 0.55 | 0.55 |
| 高电平输出电流最大值 $I_{OH(max)}$/mA | −4 | −4 | −8 | −8 | −24 | −24 |
| 低电平输出电流最大值 $I_{OL(max)}$/mA | 4 | 4 | 8 | 8 | 24 | 24 |
| 高电平输入电流最大值 $I_{IH(max)}$/μA | 0.1 | 0.1 | 0.1 | 0.1 | 5 | 5 |
| 低电平输入电流最大值 $I_{IL(max)}$/μA | −0.1 | −0.1 | −0.1 | −0.1 | −5 | −5 |
| 平均传输延迟时间 $t_{pd}$/ns | 9 | 14 | 5.3 | 5.5 | 3.8 | 2 |
| 输入电容最大值 $C_I$/pF | 10 | 10 | 10 | 10 | 5 | 3.5 |
| 功耗电容 $C_{pd}$/pF | 20 | 20 | 12 | 14 | 8 | 27.5 |

## 3.6 数字集成电路的正确使用

### 3.6.1 TTL 电路的正确使用

#### 1. 电源

电源电压的稳定性一般要求在 5%～10%，即电源电压应限制在 5V±(0.25～0.5)V 以内。考虑到动态功耗，应给电流容量留出一定的富余量。特别注意：电源的极性不能接反，否则会将集成电路的芯片烧坏。为了消除电源的纹波电压，通常在电路板的电源总入口处，加一个 100～1000 μF 的滤波电容。逻辑电路回路的地线与控制电路回路的地线要分开，以消除控制电路地线对系统的干扰。在每个芯片的电源与地线之间接一个 0.01～0.1 μF 的电容，用以消除电源的高频干扰。

#### 2. 输入端

TTL 集成门电路使用时，对于闲置输入端（不用的输入端）一般不悬空，主要是防止干扰信号从悬空端引入电路。输入端不能与低内阻电源相连，否则，由于电流过大会烧坏芯片。对于闲置输入端的处理以不改变电路逻辑状态及工作稳定性为原则。常用的方法有：

① 对于与非门的闲置输入端可直接接电源电压，或通过 1～10 kΩ的电阻接电源；

② 如前级驱动能力允许时，可将闲置输入端与有用输入端并联使用；

③ 在外界干扰很小时，与非门的闲置输入端可以剪断或者悬空，但不允许接开路长线，以免引入干扰而产生逻辑错误；

④ 或非门不使用的闲置输入端应接地，对与或非门中不使用的与门至少有一个输入端接地。

#### 3. 输出端

具有推拉输出结构的 TTL 门电路的输出端不允许直接并联使用。输出端不允许直接接电源或直接接地。使用时，输出电流应小于产品手册上规定的最大值。三态输出门的输出端可并联使用，但在同一时刻只能有一个门工作，其他门输出处于高阻状态。OC 门输出端可并联使用（线与），但公共输出端和电源 $V_{CC}$ 之间应接上拉电阻。

### 3.6.2 CMOS 电路的正确使用

在使用 CMOS 电路时，要注意技术手册上给出的各种参数，包括电源电压，允许功耗、输入电压幅度、工作环境温度等，不要超出参数的极限。

#### 1. 电源

CMOS 电路的工作电压范围比较宽，可达 3～18 V，使用时不要超出此极限。在一个系统有几个电源分别供电时，多电源的开、关顺序必须合理。启动时先接 CMOS 电路电源，后接输入信号和负载电路电压；关机时，先关输入信号和负载电源，后关 CMOS 电源。

### 2．输入端

在存储和运输 CMOS 器件时，用金属屏蔽层做包装材料；组装调试时，电烙铁和其他工具、仪表、工作台面均需良好接地，不用的输入端不能悬空。输入高电平不得高于 $V_{DD}$+0.5 V，输入低电平不得低于 $V_{SS}$−0.5 V（$V_{SS}$ 为 CMOS 管源极所接电压）。输入端的电流应限制在 1 mA 以内。

### 3．输出端

CMOS 电路的输出端不能进行线与。CMOS 驱动 CMOS 的能力很强，在高速时扇出系数可达 10～20。另外，对于 CMOS 电路应特别注意静电击穿的问题。

## 3.7 TTL 电路与 CMOS 电路的接口

在数字电路或系统的设计中，往往由于工作速度或者功耗指标的要求，需要采用多种逻辑器件混合使用，例如，TTL 和 CMOS 两种器件都要使用。由于每种器件的电压和电流参数各不相同，因而需要采用接口电路，一般需要考虑下面 3 个条件：

① 驱动器件必须能对负载器件提供足够大的灌电流；

② 驱动器件必须对负载器件提供足够大的拉电流；

③ 驱动器件的输出电压必须处在负载器件所要求的输入电压范围，包括高、低电压值。

其中条件 1 和条件 2，属于门电路的扇出数问题，已做过详细的分析。条件 3 属于电压兼容性的问题。其余如噪声容限、输入和输出电容以及开关速度等参数在某些设计中也必须予以考虑。

下面就 CMOS 门驱动 TTL 门或者相反的两种情况的接口问题进行分析。

### 1．CMOS 门驱动 TTL 门

在这种情况下，只要两者的电压参数兼容，不需另加接口电路，仅按电流大小计算出扇出数即可。CMOS 门驱动 TTL 门的简单电路如图 3-64 所示。当 CMOS 门的输出为高电平时，它为 TTL 负载提供拉电流，反之则提供灌电流。

**【例 3-4】** 用一 COMS 芯片 74HC00 与非门电路来驱动一个基本的 TTL 反相器和 6 个 74LS 门电路。试验算此时的 CMOS 门电路是否过载？

**解：**（1）由器件手册可查得接口参数如下：一个基本的 TTL 反相器，$I_{IL}$=1.6 mA，6 个 74LS 门的输入电流。$I_{IL}$=6×0.4 mA=2.4 mA。总的输入电流 $I_{IL}$(total)=1.6 mA+2.4 mA=4 mA。

（2）因 74HC00 门电路的 $I_{OL}$=$I_{IL}$=4 mA，所驱动的 TTL 门电路未过载。

### 2．TTL 驱动 CMOS

此时 TTL 为驱动器件，CMOS 为负载器件。由器件手册查得，当 TTL 输入为低电平时，它的输出电压参数与 CMOS HC 的输入电压参数是不兼容的。例如，74LSTTL 的 $V_{OH(min)}$为 2.7 V，而 CMOS 的 $V_{IH(min)}$为 3.5 V。为了克服这一矛盾，常采用如图 3-65 所示的接口措施。

由图可知，用上拉电阻 $R_P$ 接到 $V_{DD}$ 可将 TTL 的输出高电平电压升到约 5 V，上拉电阻的值取决于负载器件的数目以及 TTL 和 CMOS 的电流参数。此时 $R_P$ 可作具体的计算得出。

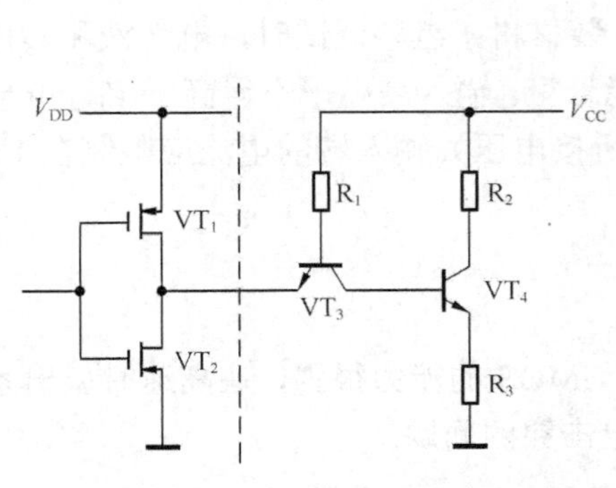


图 3-64　CMOS 门驱动 TTL 门

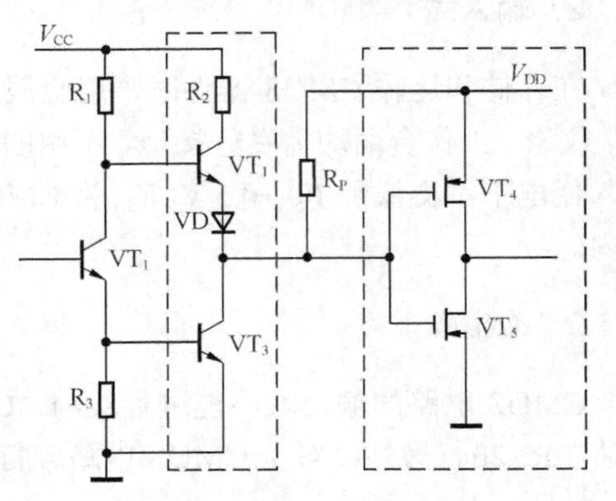


图 3-65　TTL 门驱动 CMOS 门

OC 门作为 TTL 电路可以和其他不同类型不同电平的逻辑电路进行连接。图 3-66（a）所示 CMOS 电源电压 $V_{DD}$=5 V 时，一般的 TTL 门可以直接驱动 CMOS 门。图 3-66（b）所示 CMOS 电路的 $V_{DD}$=5～18 V，特别是 $V_{DD} > V_{CC}$ 时，必须选用集电极开路（OC 门）TTL 电路。

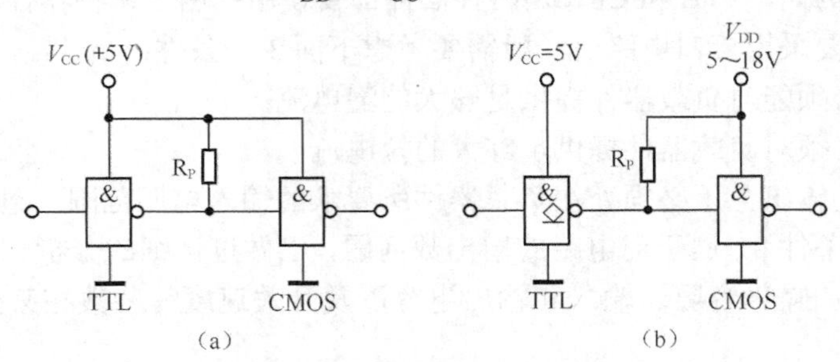


图 3-66　TTL(OC)驱动 CMOS 门电路

## 3.8　门电路带负载时的接口电路

### 3.8.1　用门电路直接驱动显示器件

在数字电路中，往往需要用发光二极管来显示信息的传输，如简单的逻辑器件的状态，七段数码显示，图形符号显示等。在每种情况下均需接口电路将数字信息转换为模拟信息显示。

图 3-67 表示 CMOS 反相器 74HC04 驱动发光二极管 LED 的方法，电路中串接了限流电阻 $R$ 以保护 LED。限流电阻的大小可分两种情况来计算。

对于图 3-67（a），当门电路的输入为低电平时，输出为高电平，于是

$$R = \frac{V_{OH} - V_F}{I_D}$$

对于图 3-67（b），当门电路的输入为高电平时，输出为低电平，故有

$$R=\frac{V_{CC}-V_{F}-V_{OL}}{I_{D}}$$

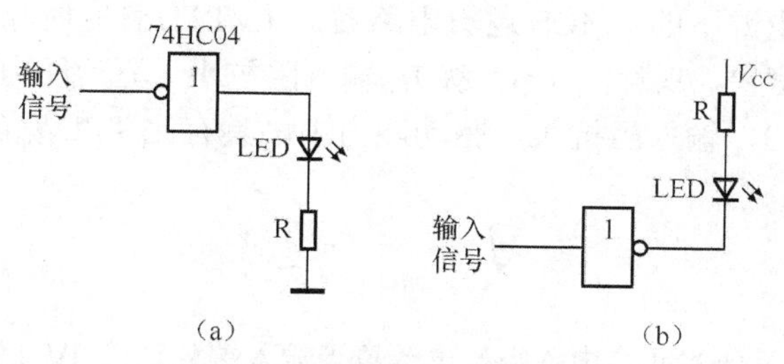


图 3-67 CMOS 74HC04 驱动 LED 的电路

以上两式中，$I_D$ 是 LED 的电流，$V_F$ 是 LED 的正向压降，$V_{OH}$ 和 $V_{OL}$ 为门电路的输出高、低电平电压，常取典型值。

**【例 3-5】** 试用 CMOS 反相器 74HC04 作为接口电路，使门电路的输入为高电平时，LED 导通。设 $I_D$＝10 mA，$V_F$＝2.2 V，$V_{CC}$＝5 V，$V_{OL}$＝0.1 V。

**解**：根据题意，应选用图 3-67（b）驱动 LED 电路，得：$R=\frac{5-2.2-0.1}{10\text{mA}}=270\ \Omega$

### 3.8.2 机电性负载接口

在工程实践中，往往会遇到各种数字电路以控制机电性系统的功能，如控制电动机的位置和转速，继电器的接通与断开，流体系统中的阀门的开通和关闭，自动生产线中的机械手多参数控制等。下面以继电器的接口电路为例来说明。在继电器的应用中，继电器本身有额定的电压和电流参数。一般情况下，需用运算放大器以提升到必须的数-模电压和电流接口值。对于小型继电器，可以将两个反相器并联作为驱动电路，如图 3-68 所示。

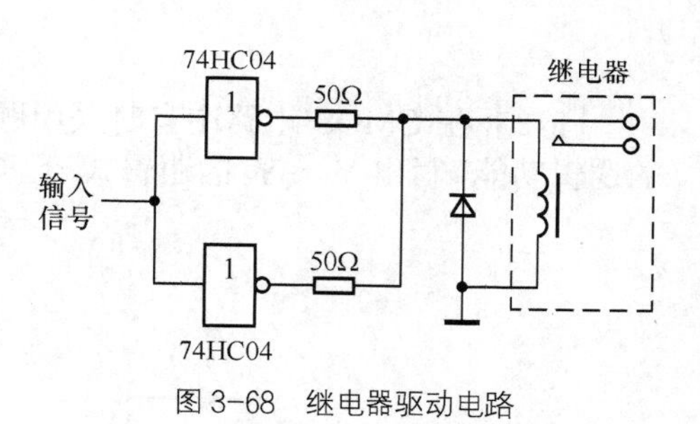


图 3-68 继电器驱动电路

## 本章小结

利用半导体器件的开关特性，可以构成与门、或门、非门、与非门、或非门、与或非门、异或门等各种逻辑门电路，也可以构成在电路结构和特性两方面都别具特色的三态门、OC 门、OD 门和传输门。随着集成电路技术的飞速发展，分立元件的数字电路已被集成电路所取代。

TTL 电路的优点是开关速度较高，抗干扰能力较强，带负载的能力也比较强，缺点是功耗较大。

CMOS 电路具有制造工艺简单、功耗小、输入阻抗高、集成度高、电源电压范围宽等优点，其主要缺点是工作速度稍低，但随着集成工艺的不断改进，CMOS 电路的工作速度已有了大幅度的提高。

CMOS 器件不用的输入端必须连到高电平或低电平，这是因为 CMOS 是高输入阻抗器件，理想状态是没有输入电流的。如果不用的输入引脚悬空，很容易感应到干扰信号，影响芯片的逻辑运行，甚至静电积累永久性的击穿这个输入端，造成芯片失效。另外，只有 4000 系列的 CMOS 器件可以工作在 15V 电源下，74HC，74HCT 等都只能工作在 5V 电源下，现在已经有工作在 3V 和 2.5V 电源下的 CMOS 逻辑电路芯片了。TTL 悬空时相当于输入端接高电平。

TTL 电流控制，速度快，功耗大（mA 级），输入阻抗小，驱动能力强。CMOS 电压控制，速度慢，功耗小（μA 级），输入阻抗大，驱动能力小，具有比 TTL 宽的噪声容限。

# 习　　题

［3-1］在题图 3-1（a）（b）两个电路中，试计算当输入端分别接 0V、5V 和悬空时输出电压 $v_O$ 的数值，并指出三极管工作在什么状态。假定三极管导通以后 $V_{BE}$≈0.7V，电路参数如图中所注。

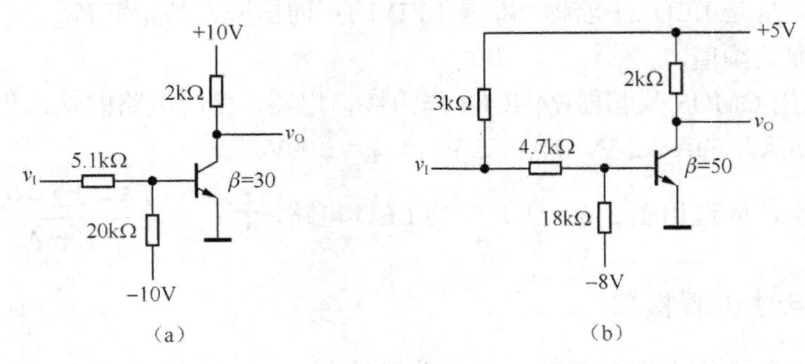


题图 3-1

［3-2］在 CMOS 电路中有时采用题图 3-2（a）～（d）所示的扩展功能用法，试分析各图的逻辑功能，写出 $Y_1$～$Y_4$ 的逻辑式。已知电源电压 $V_{DD}=10$ V，二极管的正向导通压降为 0.7V。

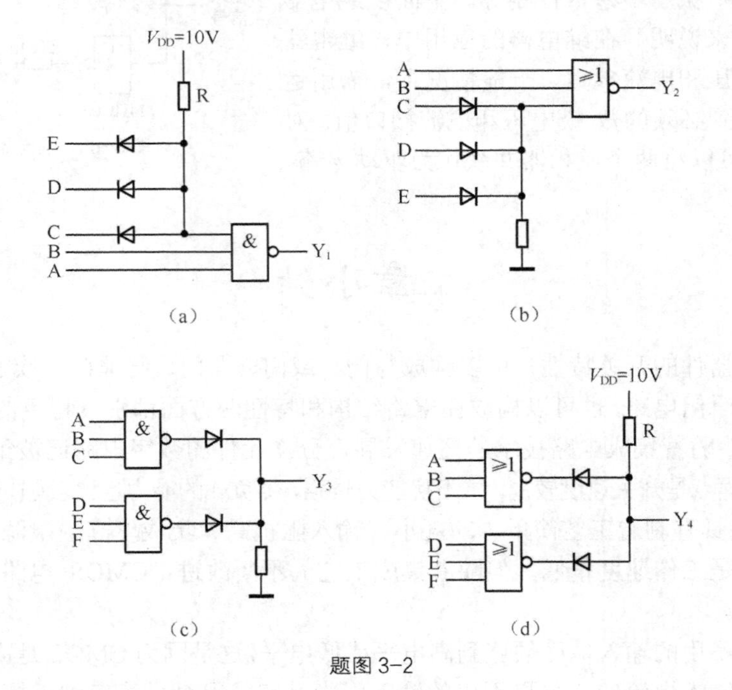


题图 3-2

［3-3］指出题图 3-3 中各门电路的输出是什么状态（高电平、低电平或高阻态）。已知这些门电路都是 74 系列 TTL 电路。

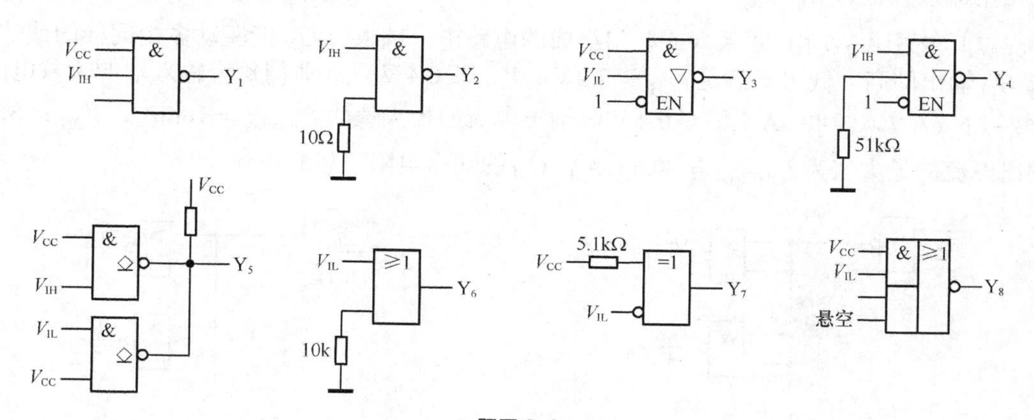


题图 3-3

［3-4］在题图 3-4 电路中 $R_1$、$R_2$ 和 C 构成输入滤波电路。当开关 S 闭合时，要求门电路的输入电平 $V_{IL} \leqslant 0.4\text{ V}$；当开关 S 断开时，要求门电路的输入电压 $V_{IH} \geqslant 4\text{ V}$，试求 $R_1$ 和 $R_2$ 的最大允许阻值。$G_1$～$G_5$ 为 74LS 系列 TTL 反相器，它们的高电平输入电流 $I_{IH} \leqslant 20\ \mu\text{A}$，低电平输入电流 $I_{IL} \leqslant -0.4\text{ mA}$。

［3-5］已知TTL与非门带灌电流负载最大值$I_{OL}$=15 mA，带拉电流负载最大值为$I_{OH}$=−0.4mA，输出高电平 $V_{OH}$=3.6 V，输出低电平 $V_{OL}$=0.3 V；发光二极管正向导通电压 $V_D$=2 V，正向电流 $I_D$=5～10 mA，三极管导通时 $V_{BE}$=0.7 V，饱和电压降 $V_{CES} \approx 0.3$ V，$\beta$=50。如题图 3-5 所示两电路均为发光二极管驱动电路，试问：

（1）两个电路的主要不同之处；

（2）题图 3-5（a）中 R 和题图 3-5（b）中 $R_b$ 的取值范围。

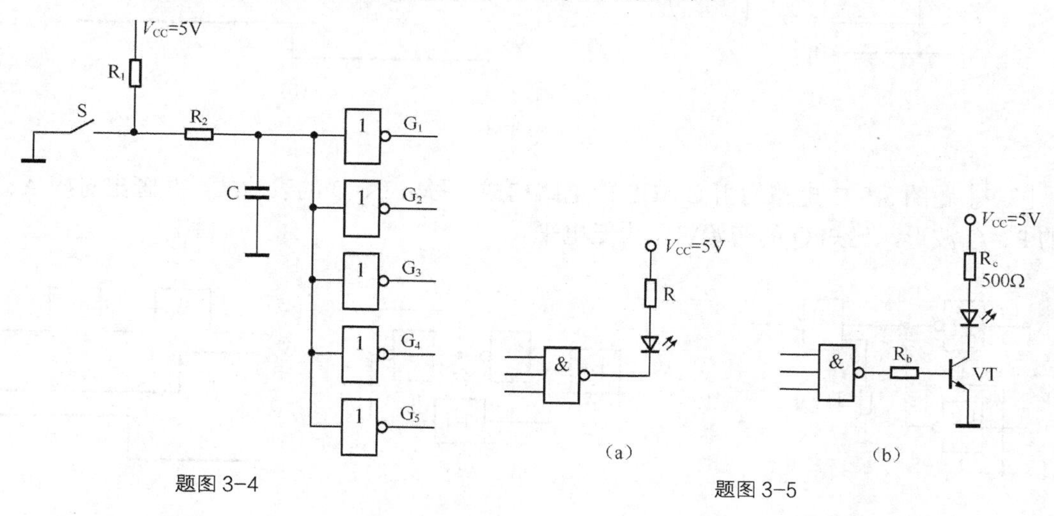


题图 3-4

题图 3-5

［3-6］在题图 3-6 由 74 系列 TTL 与非门组成的电路中，计算门 $G_M$ 能驱动多少同样的与非门。要求 $G_M$ 输出的高、低电平满足 $V_{OH} \geqslant 3.2\text{ V}$，$V_{OL} \leqslant 0.4\text{ V}$。与非门的输入电流为

$I_{IL} \leqslant -1.6$ mA，$I_{IH} \leqslant 40$ μA，$V_{OL} \leqslant 0.4$ V 时输出电流最大值为 $I_{OL(max)}=16$ mA，$V_{OH} \geqslant 3.2$ V 时输出电流最大值为 $I_{OH(max)}=-0.4$ mA。$G_M$ 的输出电阻可忽略不计。

［3-7］在题图 3-7 由 74 系列或非门组成的电路中，试求门 $G_M$ 能驱动多少同样的或非门。要求 $G_M$ 输出的高、低电平满足 $V_{OH} \geqslant 3.2$ V，$V_{OL} \leqslant 0.4$ V。或非门每个输入端的输入电流为 $I_{IL} \leqslant -1.6$ mA, $I_{IH} \leqslant 40$ μA, $V_{OL} \leqslant 0.4$ V 时输出电流的最大值为 $I_{OL(max)}=16$mA，$V_{OH} \geqslant 3.2$ V 时输出电流的最大值为 $I_{OH(max)}=-0.4$ mA，$G_M$ 的输出电阻可忽略不计。

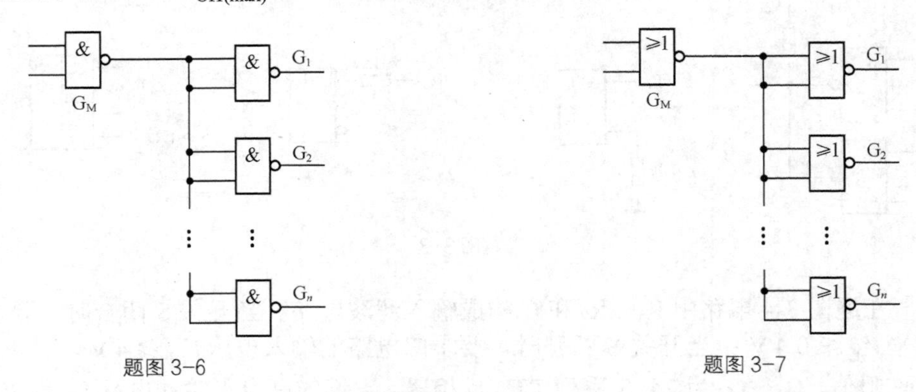


题图 3-6　　　　题图 3-7

［3-8］分别写出题图 3-8（a）所示电路当 X=0 和 X=1 时输出 $F_1$ 和 $F_2$ 的表达式。若已知各电路输入波形如题图 3-8（b）所示，试对应画出输出 $F_1$、$F_2$ 的波形。

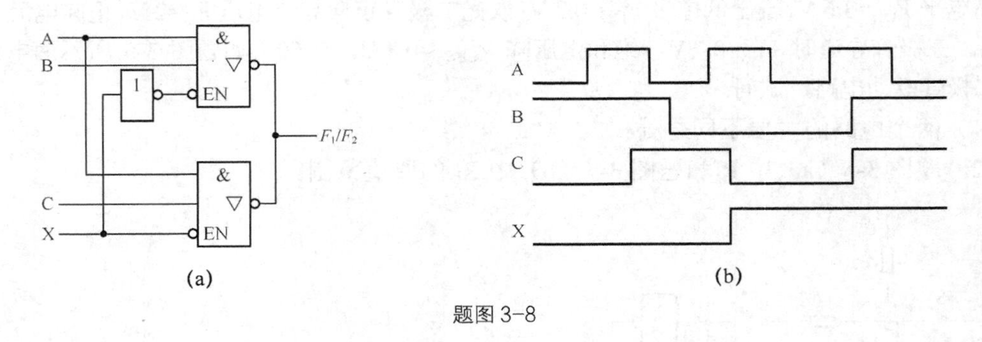


题图 3-8

［3-9］题图 3-9 中电路均由 CMOS 门电路构成，写出 P、Q 的表达式，并画出对应 A、B、C 的 P、Q 波形，已知 Q 的初始状态为低电平。

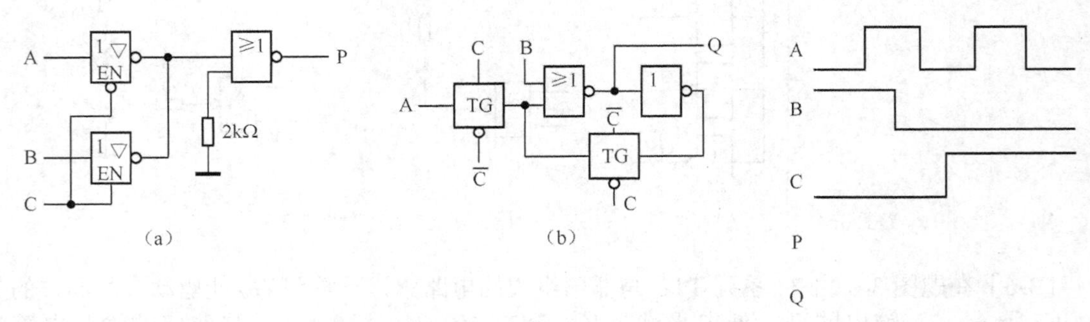


题图 3-9

[3-10] 计算题图 3-10 电路中上拉电阻 $R_P$ 的阻值范围。其中 $G_1$、$G_2$、$G_3$ 是 74LS 系列 OC 门，输出高电平时的漏电流 $I_{OH} \leqslant 100\ \mu A$，输出低电平时允许的最大电流 $I_{OL(max)} = 8\ mA$，$G_4$、$G_5$、$G_6$ 为 74LS 系列与非门，它们的输入电流为 $I_{IL} \leqslant -0.4\ mA$、$I_{IH} \leqslant 20\ \mu A$。OC 门的输出高、低电平应满足 $V_{OH} \geqslant 3.2V$、$V_{OL} \leqslant 0.4\ V$。

[3-11]题图 3-11 是一个继电器线圈驱动电路。要求在 $v_I = V_{IH}$ 时三极管 VT 截止，而 $v_I = 0$ 时三极管 VT 饱和导通。已知 OC 门输出管截止时的漏电流 $I_{OH} \leqslant 100\ \mu A$，导通时允许流过的最大电流 $I_{LM} = 10\ mA$，管压降小于 0.1 V。三极管 $\beta = 50$，继电器线圈内阻 240Ω，电源电压 $V_{CC} = 12\ V$、$V_{EE} = -8\ V$、$R_2 = 3.2\ k\Omega$，$R_3 = 18\ k\Omega$，试求 $R_1$ 的阻值范围。

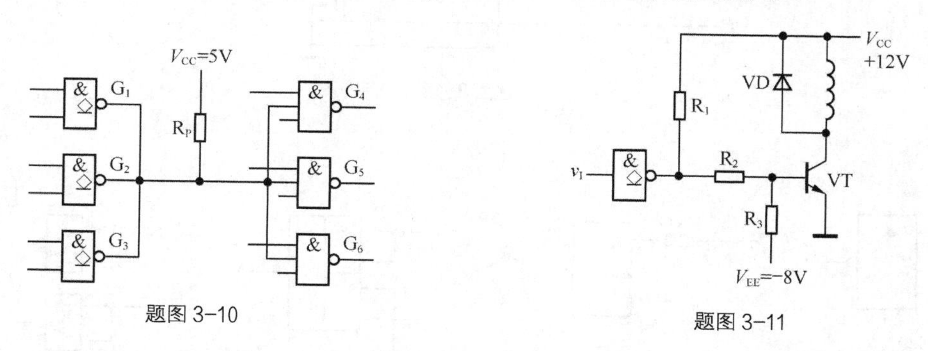

题图 3-10　　题图 3-11

[3-12] 在题图 3-12（a）电路中已知三极管导通时 $V_{BE} = 0.7\ V$，饱和压降 $V_{CE(sat)} = 0.3\ V$，三极管的 $\beta = 100$。OC 门 $G_1$ 输出管截止时的漏电流约为 50 μA，导通时允许的最大负载电流为 16mA，输出低电平 $V_{OL} \leqslant 0.3\ V$。$G_2$～$G_5$ 均为 74 系列 TTL 电路，其中 $G_2$ 为反相器，$G_3$ 和 $G_4$ 是与非门，$G_5$ 是或非门，它们的输入特性如题图 3-12（b）所示。试问

（1）在三极管集电极输出的高、低电平满足 $v_{OH} \geqslant 3.5\ V$，$v_{OL} \leqslant 0.3\ V$ 的条件下，$R_B$ 的取值范围有多大？

（2）若将 OC 门改推拉式输出的 TTL 门电路，会发生什么问题？

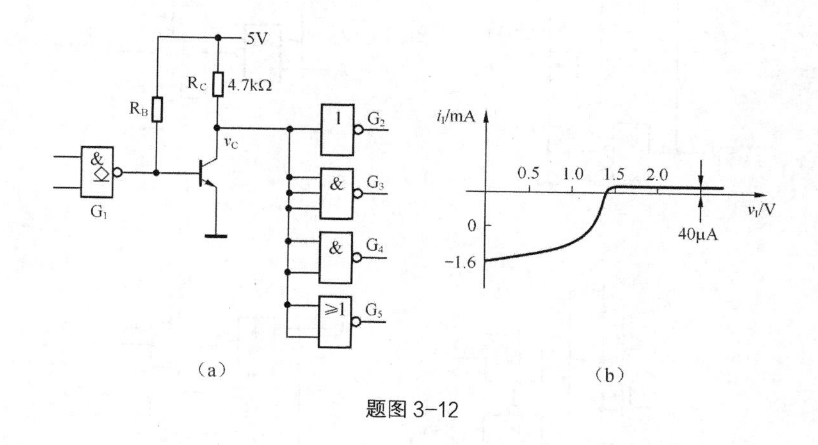

题图 3-12

[3-13] 写出题图 3-13 所示 CMOS 电路的输出 Y 逻辑表达式，并说明它的逻辑功能。

[3-14] 说明题图 3-14 中各门电路的输出是高电平还是低电平。已知它们都是 74HC 系列的 CMOS 电路。

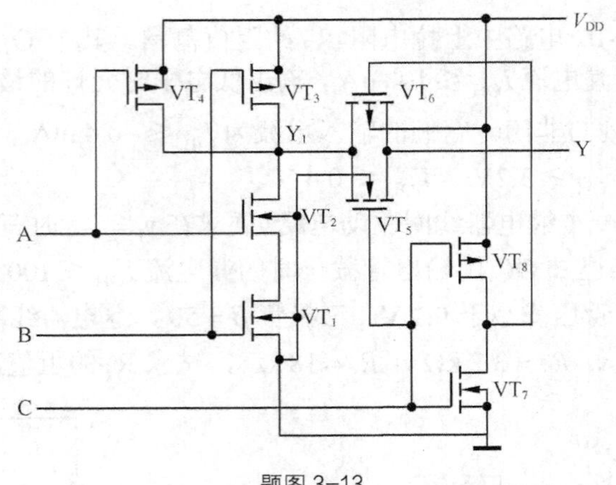


题图 3-13

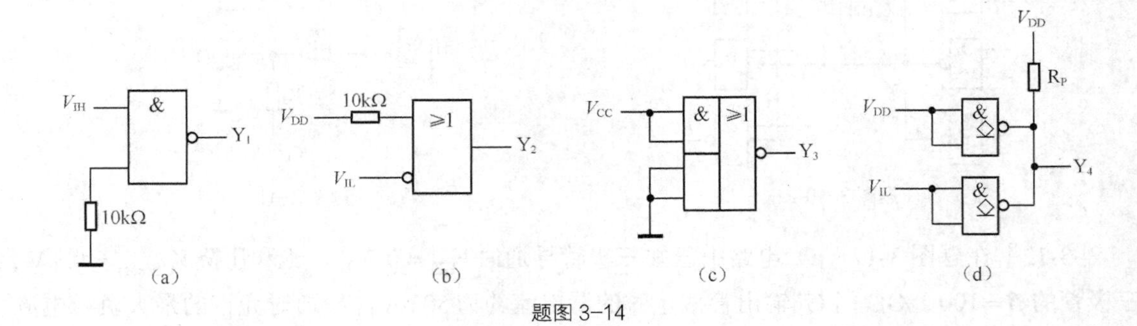


题图 3-14

［3-15］电路如题图 3-15 所示。

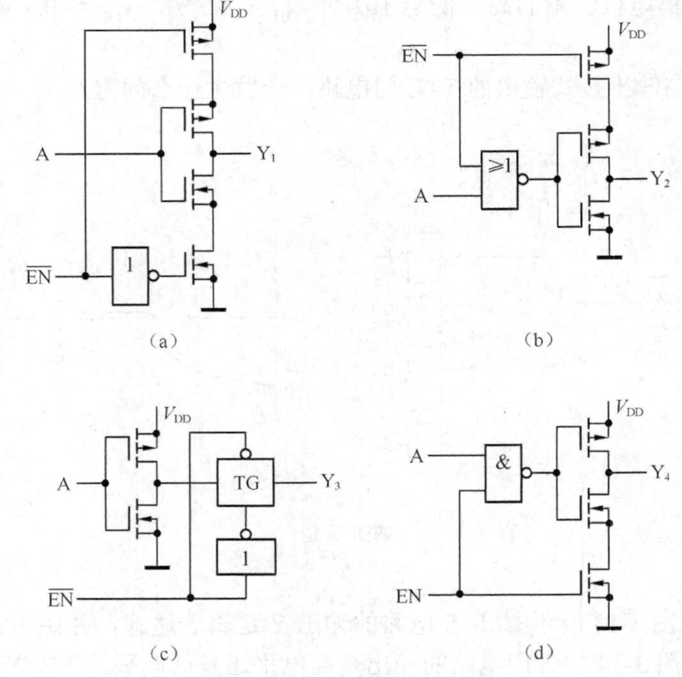


题图 3-15

（1）写出 $Y_1$、$Y_2$、$Y_3$、$Y_4$ 的逻辑表达式；

（2）说明 4 种电路的相同之处与不同之处。

［3-16］计算题图 3-16 电路中接口电路输出端 $v_C$ 的高、低电平，并说明接口电路参数的选择是否合理。CMOS 或非门电源电压 $V_{DD}=10\,V$，空载输出的高、低电平分别为 $V_{OH}=9.95\,V$、$V_{OL}=0.05\,V$，门电路的输出电阻小于 200Ω。TTL 与非门的高电平输入电流 $I_{IH}$=20 μA，低电平输入电流 $I_{IH}=-0.4\,mA$。

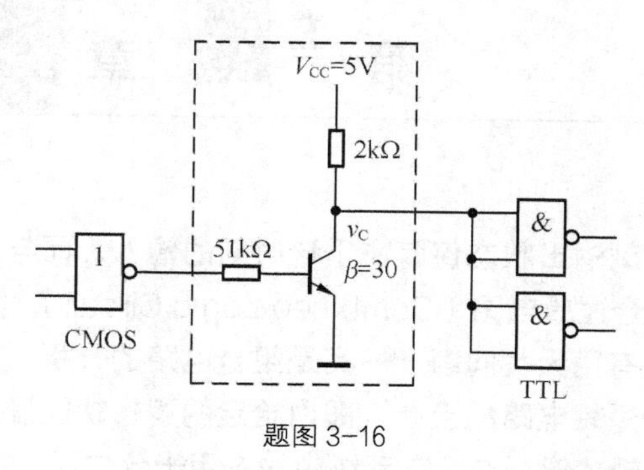


题图 3-16

［3-17］试说明下列各种门电路中哪些可以将输出端并联使用（输入端的状态不一定相同）。

（1）具有推拉式输出级的 TTL 电路；

（2）TTL 电路的 OC 门；

（3）TTL 电路的三态输出门；

（4）普通的 CMOS 门；

（5）漏极开路输出的 CMOS 门；

（6）CMOS 电路的三态输出门。

# 第4章 组合逻辑电路

在数字电路中，任何时刻输出状态仅取决于该时刻的输入，而与过去时刻的状态无关，具备这种逻辑功能的电路称为组合逻辑电路（Combined Logic Circuit），简称组合电路。

研究组合逻辑电路主要有两大类问题，一类是组合电路的分析，即由给定的逻辑图得到电路的逻辑功能。另一类是组合逻辑电路的设计，即由给定的逻辑功能设计电路的逻辑图。组合电路可以单独完成各种复杂的逻辑功能，在数字系统中的应用十分广泛。

## 4.1 概述

组合电路在电路结构上的基本特点是：

① 单纯由各类逻辑门组成；

② 电路的输出和输入之间没有反馈途径；

③ 电路中不包含存储元件。

多端输入、多端输出组合逻辑电路的一般框图如图4-1所示，其中 $X_1 X_2 \cdots X_n$ 是输入信号，$Y_1 Y_2 \cdots Y_n$ 是输出信号。输出和输入间的逻辑关系可以用下面的逻辑函数式表示：

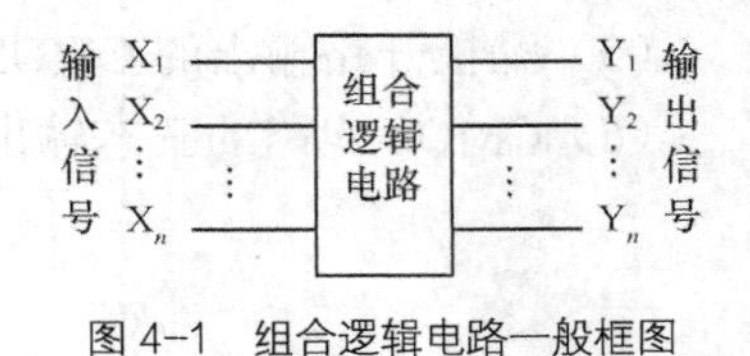


图4-1 组合逻辑电路一般框图

$$Y_i = f(X_1, X_2, \cdots, X_i) \qquad i = 1, 2, \cdots, n \tag{4-1}$$

## 4.2 组合逻辑电路的分析

组合逻辑电路的分析主要是找出电路的输出与输入之间的逻辑关系，进而判断电路的逻辑功能和性能。

分析组合逻辑电路的基本步骤可归纳为：

① 由给定的逻辑电路写出各个输出端的逻辑表达式；

② 化简或变换输出函数表达式；

③ 列出函数的真值表；

④ 从真值表分析其执行的逻辑功能；

⑤ 对电路的逻辑功能进行评述，用文字对电路的逻辑功能进行描述，并对原电路的设计方法进行评定，在必要时可以提出相应的改进意见。

下面举例说明组合电路的一般分析方法和步骤。

**【例 4-1】** 组合电路如图 4-2 所示，分析该电路的逻辑功能。

（1）由逻辑图逐级写出逻辑表达式。为了写表达式方便，借助中间变量 P

$$P=\overline{ABC}$$

$$L=AP+BP+CP$$

$$=A\overline{ABC}+B\overline{ABC}+C\overline{ABC}$$

（2）化简与变换。因为下一步要列真值表，所以要通过化简与变换，使表达式有利于列真值表。

$$L=\overline{ABC}(A+B+C)$$

（3）由表达式列出真值表。如表 4-1 所示。

（4）分析逻辑功能。由真值表可知，当 A、B、C 三个变量不一致时电路输出为“1”，所以这个电路称为“不一致电路”。

上例中输出变量只有一个，对于多输出变量的组合逻辑电路，分析方法完全相同。

**表 4-1　例 4-1 的真值表**

| A | B | C | L |
|---|---|---|---|
| 0 | 0 | 0 | 0 |
| 0 | 0 | 1 | 1 |
| 0 | 1 | 0 | 1 |
| 0 | 1 | 1 | 1 |
| 1 | 0 | 0 | 1 |
| 1 | 0 | 1 | 1 |
| 1 | 1 | 0 | 1 |
| 1 | 1 | 1 | 0 |

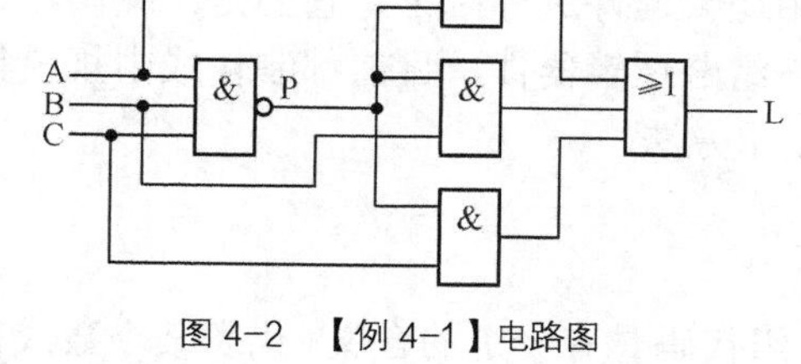
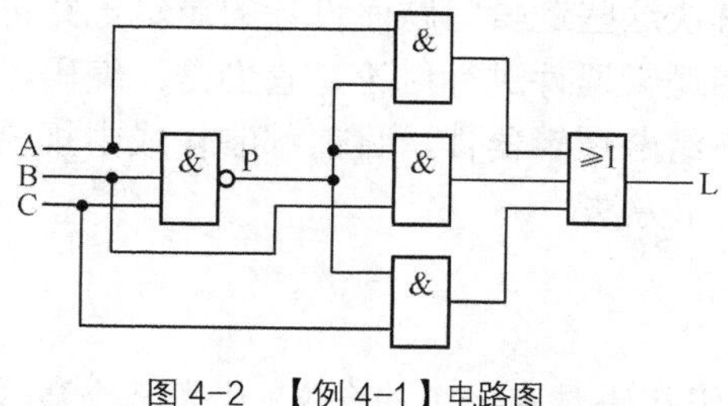


图 4-2 【例 4-1】电路图

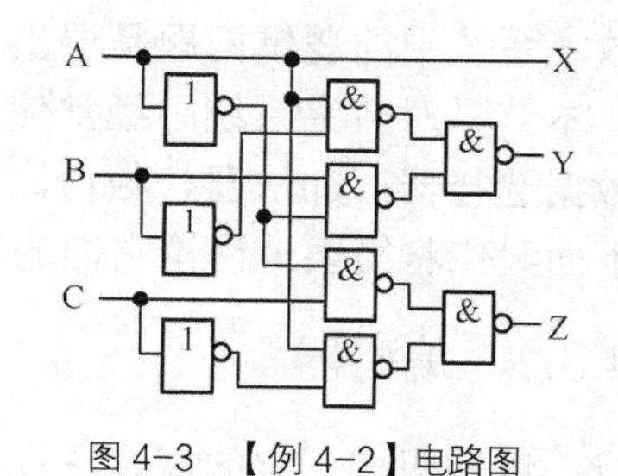


图 4-3 【例 4-2】电路图

**【例 4-2】** 组合电路如图 4-3 所示，分析该电路的逻辑功能。

**解：**（1）由给定的组合电路写出输出函数表达式

$$X=A$$

$$Y=\overline{\overline{A\overline{B}}\cdot\overline{\overline{A}B}}$$

$$Z=\overline{\overline{A\overline{C}}\cdot\overline{\overline{A}C}}$$

（2）化简输出函数

$$X=A$$

$$Y=\overline{\overline{A\overline{B}}\cdot\overline{\overline{A}B}}=A\overline{B}+\overline{A}B$$

$$Z=\overline{\overline{A\overline{C}}\cdot\overline{\overline{A}C}}=A\overline{C}+\overline{A}C$$

（3）由表达式列出真值表，如表 4-2 所示。

表 4-2 例 4-2 真值表

| A | B | C | X | Y | Z |
|---|---|---|---|---|---|
| 0 | 0 | 0 | 0 | 0 | 0 |
| 0 | 0 | 1 | 0 | 0 | 1 |
| 0 | 1 | 0 | 0 | 1 | 0 |
| 0 | 1 | 1 | 0 | 1 | 1 |
| 1 | 0 | 0 | 1 | 1 | 1 |
| 1 | 0 | 1 | 1 | 1 | 0 |
| 1 | 1 | 0 | 1 | 0 | 1 |
| 1 | 1 | 1 | 1 | 0 | 0 |

（4）分析逻辑功能

分析真值表可以看出，这个电路逻辑功能是对输入的二进制码求反码。最高位为符号位，0 表示正数，1 表示负数，正数的反码与原码相同；负数的数值部分是在原码的基础上逐位求反。

分析的步骤并非一定要遵循，应视具体情况而定，可略去其中的某些步骤。在实际工作中，可以用实验的方法测出输出与输入逻辑状态的对应关系，从而确定电路的逻辑功能。

## 4.3 常用的组合逻辑器件

数字系统中的逻辑问题是层出不穷的，为解决这些逻辑问题而设计的逻辑电路也是不胜枚举。本节只对数字系统中经常使用的几种常用逻辑器件进行讨论，它们是：编码器、译码器、数据选择器、加法器、数值比较器等。这些组合逻辑器件，目前都制作成中规模集成芯片，下面我们将简要地讨论它们的逻辑功能及使用方法。

### 4.3.1 编码器

将二进制码按一定的规律进行编排，使每一组代码具有一定的含义（代表某个数或符号），这一过程称为编码。实现编码的逻辑电路称为编码器。常用的编码器有普通编码器和优先编码器两类，编码器又可分为二进制编码器和二-十进制编码器。

#### 1. 普通编码器

图 4-4 是 2 位二进制编码器的框图，它的输入是 $I_0$～$I_3$ 4 个高电平信号，输出是 2 位二进制代码 $Y_1Y_0$。为此，又将它称为 4 线-2 线编码器。输出与输入的对应关系如表 4-3 所示。在表中仅列出输入变量的四种状态，其余所对应的输出均应为 0。

表 4-3 4 线-2 线编码器功能表（高电平编码有效）

| 输入 | | | | 输出 | |
|---|---|---|---|---|---|
| $I_0$ | $I_1$ | $I_2$ | $I_3$ | $Y_1$ | $Y_0$ |
| 1 | 0 | 0 | 0 | 0 | 0 |
| 0 | 1 | 0 | 0 | 0 | 1 |
| 0 | 0 | 1 | 0 | 1 | 0 |
| 0 | 0 | 0 | 1 | 1 | 1 |

由真值表写出各输出端的逻辑表达式

$$
\begin{aligned}
Y_1 &= \overline{I_0}\,\overline{I_1}\,I_2\,\overline{I_3} + \overline{I_0}\,\overline{I_1}\,\overline{I_2}\,I_3 \\
Y_0 &= \overline{I_0}\,I_1\,\overline{I_2}\,\overline{I_3} + \overline{I_0}\,\overline{I_1}\,\overline{I_2}\,I_3
\end{aligned} \tag{4-2}
$$

根据逻辑表达式画出逻辑图如图 4-4 所示。

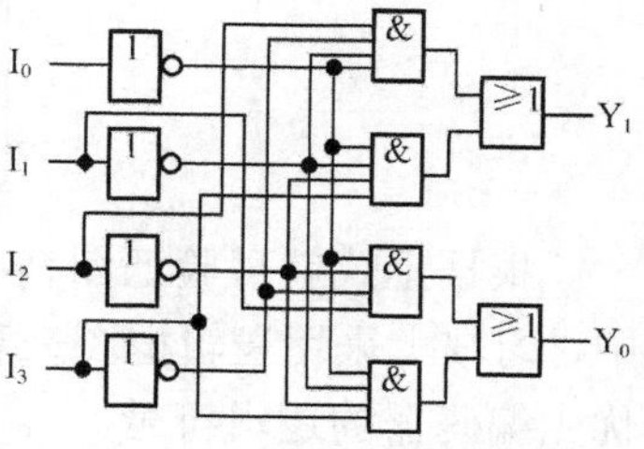

上述编码器不允许出现输入为 2 个或 2 个以上的取值为 1 情况，否则就会出现错误。实际中通常采用优先编码器避免这种现象出现。

图 4-4 2 位二进制编码器

## 2. 优先编码器

优先编码器首先对所有的输入信号按优先顺序排队，然后选择优先级最高的一个输入信号进行编码。下面以优先编码器 CD4532 为例，介绍优先编码器的逻辑功能和使用方法。

CD4532 是一种常用的 8 线-3 线优先编码器。其逻辑功能如表 4-4 所示，其中，$I_7$～$I_0$ 为编码输入端，高电平有效。$Y_0$～$Y_2$ 为编码输出端。其功能如下所述。

① S 端为片选（使能）输入端。当 S=1 时，编码器工作；当 S=0 时，禁止编码器工作，此时无论 8 个输入端为何种状态，3 个输出端均为低电平，且 $Y_S$ 和 $Y_E$ 均为低电平。

② $Y_S$ 端为使能输出端，只有当所有的编码输入端都是低电平（即没有编码输入），而且 S=1 时，$Y_S$=0，即“电路工作，但无编码输入”。

③ $Y_E$ 端只有在 S=1，且所有输入均为 0 时（即没有编码输入），输出为 1，它可以和另一片相同器件的 S 级联，以便组成更多输入端的优先编码器，称 $Y_E$ 为输出扩展端。

④ 优先顺序为 $I_7 \rightarrow I_0$，即 $I_7$ 的优先级最高，$I_0$ 的优先级最低。

**表 4-4　CD4532 优先编码器功能表（高电平编码有效）**

| 输入 | | | | | | | | | 输出 | | | | |
|---|---|---|---|---|---|---|---|---|---|---|---|---|---|
| S | $I_7$ | $I_6$ | $I_5$ | $I_4$ | $I_3$ | $I_2$ | $I_1$ | $I_0$ | $Y_2$ | $Y_1$ | $Y_0$ | $Y_S$ | $Y_E$ |
| 0 | $\phi$ | $\phi$ | $\phi$ | $\phi$ | $\phi$ | $\phi$ | $\phi$ | $\phi$ | 0 | 0 | 0 | 0 | 0 |
| 1 | 0 | 0 | 0 | 0 | 0 | 0 | 0 | 0 | 0 | 0 | 0 | 0 | 1 |
| 1 | 1 | $\phi$ | $\phi$ | $\phi$ | $\phi$ | $\phi$ | $\phi$ | $\phi$ | 1 | 1 | 1 | 1 | 0 |
| 1 | 0 | 1 | $\phi$ | $\phi$ | $\phi$ | $\phi$ | $\phi$ | $\phi$ | 1 | 1 | 0 | 1 | 0 |
| 1 | 0 | 0 | 1 | $\phi$ | $\phi$ | $\phi$ | $\phi$ | $\phi$ | 1 | 0 | 1 | 1 | 0 |
| 1 | 0 | 0 | 0 | 1 | $\phi$ | $\phi$ | $\phi$ | $\phi$ | 1 | 0 | 0 | 1 | 0 |
| 1 | 0 | 0 | 0 | 0 | 1 | $\phi$ | $\phi$ | $\phi$ | 0 | 1 | 1 | 1 | 0 |
| 1 | 0 | 0 | 0 | 0 | 0 | 1 | $\phi$ | $\phi$ | 0 | 1 | 0 | 1 | 0 |
| 1 | 0 | 0 | 0 | 0 | 0 | 0 | 1 | $\phi$ | 0 | 0 | 1 | 1 | 0 |
| 1 | 0 | 0 | 0 | 0 | 0 | 0 | 0 | 1 | 0 | 0 | 0 | 1 | 0 |

从功能表可导出输出函数的逻辑表达式为

$$
\begin{cases}
Y_2 = S\overline{\overline{I_7}\,\overline{I_6}\,\overline{I_5}\,\overline{I_4}} \\
Y_1 = S\overline{\overline{I_7}\,\overline{I_6}(I_5+I_4+\overline{I_2})(I_5+I_4+\overline{I_3})} \\
Y_0 = S\overline{\overline{I_7}(I_6+\overline{I_5})(I_6+I_4+\overline{I_3})(I_6+I_4+I_2+\overline{I_1})} \\
Y_E = \overline{I_0+I_1+I_2+I_3+I_4+I_5+I_6+I_7+\overline{S}} \\
Y_S = S(I_0+I_1+I_2+I_3+I_4+I_5+I_6+I_7)
\end{cases}
\tag{4-3}
$$

根据上式就可验证图 4-5（a）所示的功能逻辑图。在由中规模集成电路组成的应用电路中，习惯上采用逻辑框图来表示中规模集成电路器件，称为逻辑符号，图 4-5（b）是 CD4532 优先编码器的逻辑符号。

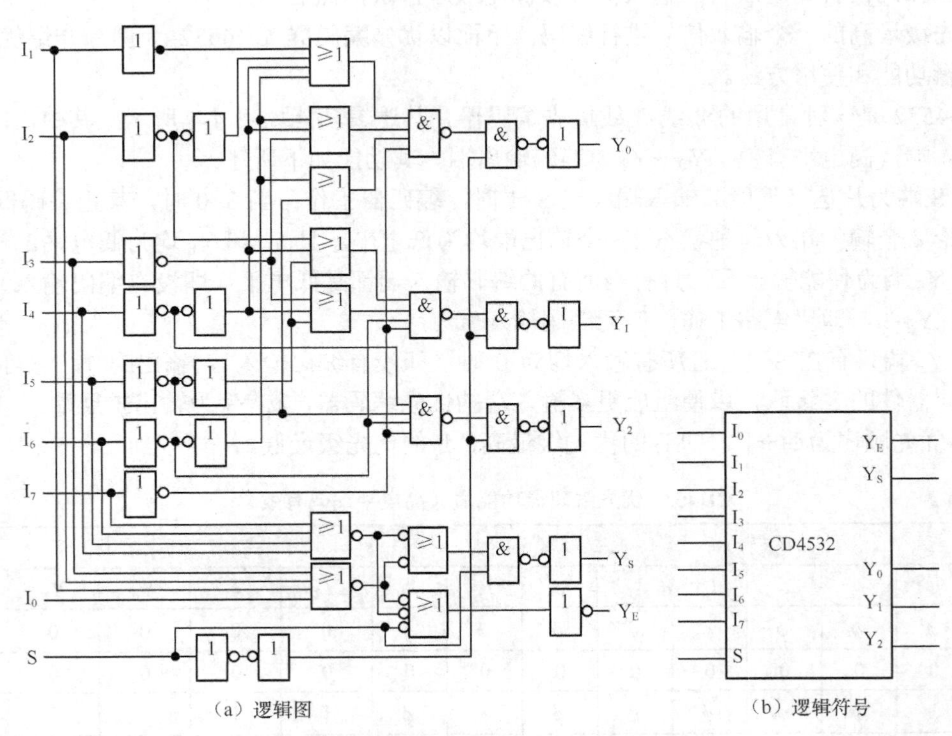


（a）逻辑图　　（b）逻辑符号

图 4-5　CD4532 优先编码器的逻辑图及逻辑符号

**【例 4-3】** 分析图 4-6 用两片 8-3 线优先编码器 CD4532 扩展实现的 16/4 线优先编码器

**解**：它共有 16 个编码输入端，用 $A_0$～$A_{15}$ 表示；有 4 个编码输出端，用 $L_0$～$L_3$ 表示。片 1 为低位片，其输入端 $I_0$～$I_7$ 作为总输入端 $A_0$～$A_7$；片 2 为高位片，其输入端 $I_0$～$I_7$ 作为总输入端 $A_8$～$A_{15}$。

当片 2 的输入端没有信号输入，即 $A_8$～$A_{15}$ 全为 0 时，$Y_{E2}=1$，片 1 处于允许编码状态，$Y_{S2}=0$。设此时 $A_5=1$，则片 1 的输出为 $Y_2Y_1Y_0=101$，由于片 2 输出 $Y_2Y_1Y_0=000$，所以总输出为 $L_3L_2L_1L_0=0101$。

工作时当片 2 有信号输入时，$Y_{E2}=0$，片 1 处于禁止编码状态，$Y_{S2}=1$。设此时 $A_{12}=1$（即片 2 的 $I_4=1$），则片 2 的输出为 $Y_2Y_1Y_0=100$。由于片 1 输出 $Y_2Y_1Y_0=000$，所以总输出为 $L_3L_2L_1L_0=1100$。可见 $A_{15}$ 优先级别最高。

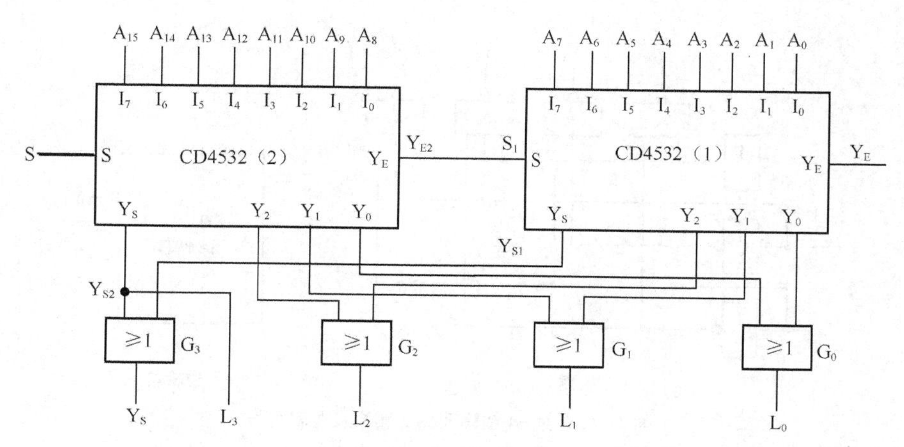


图 4-6　扩展实现的 16 线-4 线优先编码器

## 4.3.2　译码器

译码是编码的逆过程，将输入的每个二进制代码赋予的含义“翻译”过来，并给出相应的输出信号。具有译码功能的逻辑部件称为译码器。

### 1．二进制译码器

（1）2 线-4 线译码器

2 线-4 线译码器的逻辑功能如表 4-5 所示。它的输入是两位二进制原码，4 位译码输出为低电平有效。

**表 4-5**　　**2 线-4 线译码器功能表**

| 输入 | | | 输出 | | | |
|---|---|---|---|---|---|---|
| $\overline{S}$ | $A_1$ | $A_0$ | $\overline{Y_0}$ | $\overline{Y_1}$ | $\overline{Y_2}$ | $\overline{Y_3}$ |
| 1 | $\phi$ | $\phi$ | 1 | 1 | 1 | 1 |
| 0 | 0 | 0 | 0 | 1 | 1 | 1 |
| 0 | 0 | 1 | 1 | 0 | 1 | 1 |
| 0 | 1 | 0 | 1 | 1 | 0 | 1 |
| 0 | 1 | 1 | 1 | 1 | 1 | 0 |

$\overline{S}=0$ 时，由表 4-5 可写出各输出函数式

$\overline{Y}_0=\overline{\overline{A_1}\,\overline{A_0}}=\overline{m_0}$；$\overline{Y}_1=\overline{\overline{A_1}A_0}=\overline{m_1}$；

$\overline{Y}_2=\overline{A_1\overline{A_0}}=\overline{m_2}$；$\overline{Y}_3=\overline{A_1A_0}=\overline{m_3}$。

用门电路实现 2 线-4 线译码器的逻辑电路如图 4-7（a）所示。图 4-7（b）所示 2/4 译码器的逻辑符号，在逻辑框图内部标注输入输出原变量的名称。以低电平作为有效的输入或输

出信号，则于框图外部相应的输入或输出端外加画小圆圈，并在外部标注的输入或输出端信号名称上加非号“–”。

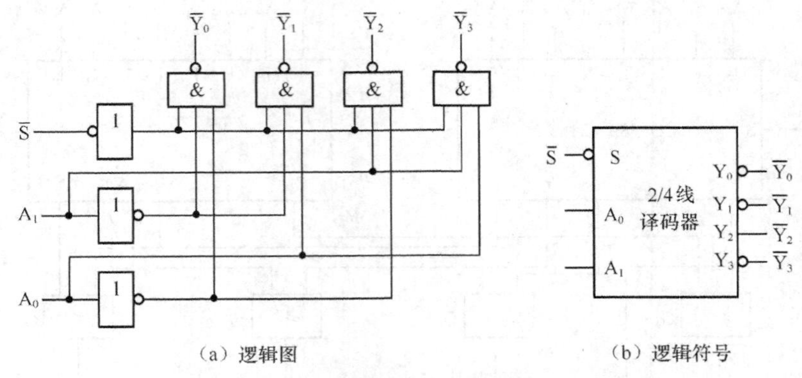


（a）逻辑图　　（b）逻辑符号

图 4-7　2 线-4 线译码器逻辑图及逻辑符号

（2）3 线-8 线译码器

3 线-8 线译码器 74LS138 是一种典型的二进制译码器，其逻辑电路如图 4-8 所示，逻辑符号如图 4-9 所示，功能表如表 4-6 所示。它有 3 个输入端 $A_2$、$A_1$、$A_0$，8 个输出端 $\overline{Y_0}\sim\overline{Y_7}$，输出低电平有效。$S_1$、$\overline{S_2}$、$\overline{S_3}$ 为使能输入端，当 $S_1\overline{S_2}\,\overline{S_3}=100$ 时，译码器工作，否则译码器禁止，输出全 1。译码器工作时，由表 4-6 可写出各输出函数式：

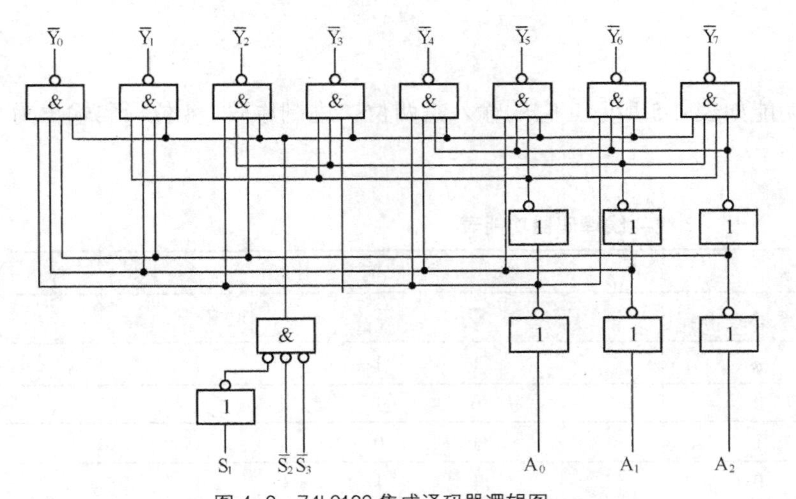


图 4-8　74LS138 集成译码器逻辑图

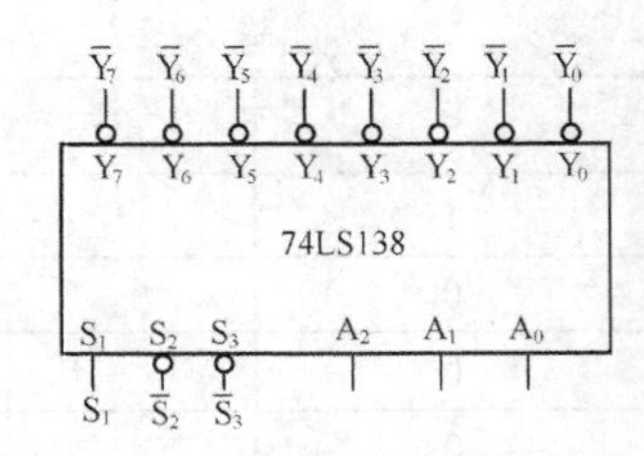


图 4-9　74LS138 逻辑符号

$$\overline{Y_0}=\overline{\overline{A_2}\,\overline{A_1}\,\overline{A_0}}=\overline{m_0} \qquad \overline{Y_4}=\overline{A_2\overline{A_1}\,\overline{A_0}}=\overline{m_4}$$

$$\overline{Y_1}=\overline{\overline{A_2}\,\overline{A_1}\,A_0}=\overline{m_1} \qquad \overline{Y_5}=\overline{A_2\,\overline{A_1}\,A_0}=\overline{m_5}$$

$$\overline{Y_2}=\overline{\overline{A_2}A_1\,\overline{A_0}}=\overline{m_2} \qquad \overline{Y_6}=\overline{A_2\,A_1\,\overline{A_0}}=\overline{m_6}$$

$$\overline{Y_3}=\overline{\overline{A_2}\,A_1\,A_0}=\overline{m_3} \qquad \overline{Y_7}=\overline{A_2\,A_1\,A_0}=\overline{m_7}$$

表 4-6　　3 线-8 线译码器 74LS138 功能表

| 输入 | | | | | | 输出 | | | | | | | |
|---|---|---|---|---|---|---|---|---|---|---|---|---|---|
| $S_1$ | $\overline{S}_2$ | $\overline{S}_3$ | $A_2$ | $A_1$ | $A_0$ | $\overline{Y}_0$ | $\overline{Y}_1$ | $\overline{Y}_2$ | $\overline{Y}_3$ | $\overline{Y}_4$ | $\overline{Y}_5$ | $\overline{Y}_6$ | $\overline{Y}_7$ |
| $\phi$ | 1 | $\phi$ | $\phi$ | $\phi$ | $\phi$ | 1 | 1 | 1 | 1 | 1 | 1 | 1 | 1 |
| $\phi$ | $\phi$ | 1 | $\phi$ | $\phi$ | $\phi$ | 1 | 1 | 1 | 1 | 1 | 1 | 1 | 1 |
| 0 | $\phi$ | $\phi$ | $\phi$ | $\phi$ | $\phi$ | 1 | 1 | 1 | 1 | 1 | 1 | 1 | 1 |
| 1 | 0 | 0 | 0 | 0 | 0 | 0 | 1 | 1 | 1 | 1 | 1 | 1 | 1 |
| 1 | 0 | 0 | 0 | 0 | 1 | 1 | 0 | 1 | 1 | 1 | 1 | 1 | 1 |
| 1 | 0 | 0 | 0 | 1 | 0 | 1 | 1 | 0 | 1 | 1 | 1 | 1 | 1 |
| 1 | 0 | 0 | 0 | 1 | 1 | 1 | 1 | 1 | 0 | 1 | 1 | 1 | 1 |
| 1 | 0 | 0 | 1 | 0 | 0 | 1 | 1 | 1 | 1 | 0 | 1 | 1 | 1 |
| 1 | 0 | 0 | 1 | 0 | 1 | 1 | 1 | 1 | 1 | 1 | 0 | 1 | 1 |
| 1 | 0 | 0 | 1 | 1 | 0 | 1 | 1 | 1 | 1 | 1 | 1 | 0 | 1 |
| 1 | 0 | 0 | 1 | 1 | 1 | 1 | 1 | 1 | 1 | 1 | 1 | 1 | 0 |

利用译码器的使能端可以方便地扩展译码器的容量。图 4-10 是将两片 74LS138 扩展为 4 线-16 线译码器连线图，其工作原理如下。

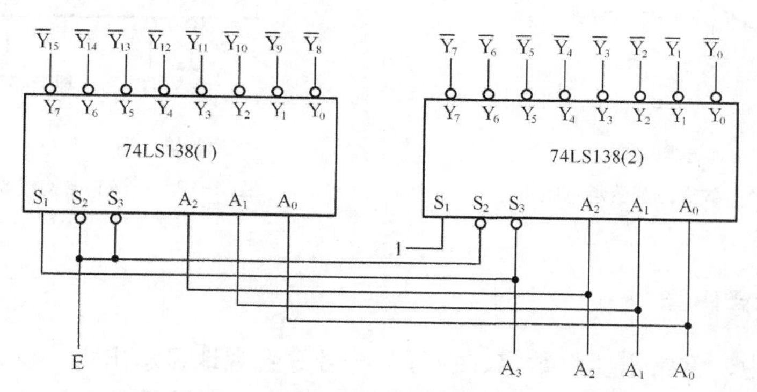


图 4-10　两片 74LS138 扩展为 4 线-16 线译码器

当 E＝1 时，两个译码器都禁止工作，输出全 1；当 E＝0 时，译码器工作。这时，如果 $A_3$=0，高位片（1）禁止，低位片（2）工作，输出 $\overline{Y}_0$~$\overline{Y}_7$ 由输入二进制代码 $A_2A_1A_0$ 决定；如果 $A_3$=1，低位片（2）禁止，高位片（1）工作，输出 $\overline{Y}_8$~$\overline{Y}_{15}$ 由输入二进制代码 $A_2A_1A_0$ 决定。从而实现了 4 线-16 线译码器的功能。

译码器一个很重要的应用就是构成数据分配器。所谓数据分配器是将一路输入数据根据地址码分配给多路输出中的某一路。数据分配器的作用与单刀多掷开关相似，如图 4-11 所示。也正因为如此，市场上没有集成数据分配器产品，只有集成译码器产品。当需要数据分配器时，可以用译码器改接。

**【例 4-4】** 用译码器设计一个“1 线-8 线”数据分配器。

**解：** 1 线-8 线数据分配器功能如表 4-7 所示。为了实现表 4-7 功能，按图 4-12 所示使用

3/8 译码器 74LS138 即可。

表 4-7　　数据分配器功能

| 地址选择信号 | | | 输出 |
|---|---|---|---|
| $A_2$ | $A_1$ | $A_0$ | |
| 0 | 0 | 0 | $D_0$=D |
| 0 | 0 | 1 | $D_1$=D |
| 0 | 1 | 0 | $D_2$=D |
| 0 | 1 | 1 | $D_3$=D |
| 1 | 0 | 0 | $D_4$=D |
| 1 | 0 | 1 | $D_5$=D |
| 1 | 1 | 0 | $D_6$=D |
| 1 | 1 | 1 | $D_7$=D |

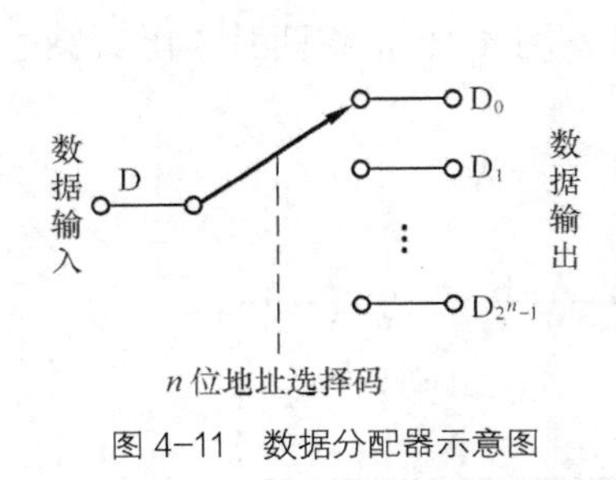


图 4-11　数据分配器示意图

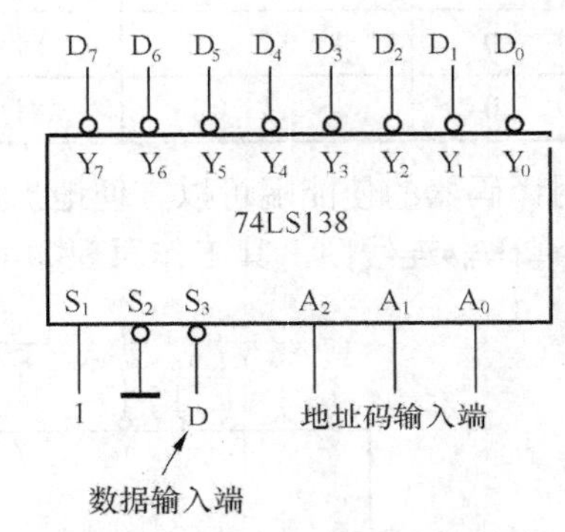


图 4-12　用译码器构成数据分配器

## 2. 数字显示译码器

在数字系统中，常常需要将数字、字母、符号等直观地显示出来，供人们读取或监视系统的工作情况。能够显示数字、字母或符号的器件称为数字显示器。

在数字电路中，数字量都是以一定的代码形式出现的，所以这些数字量要先经过译码，才能送到数字显示器去显示。能把数字量翻译成数字显示器所能识别的信号的译码器称为数字显示译码器。

（1）数字显示器

常用的数字显示器有多种类型：按显示方式分，有字型重叠式、点阵式、分段式等；按发光物质分，有半导体显示器（又称发光二极管（LED）显示器）、荧光显示器、液晶显示器、气体放电管显示器等。

目前应用最广泛的是由发光二极管构成的 7 段数字显示器。7 段数字显示器就是将 7 个（加小数点为 8 个）发光二极管按一定的方式排列起来，7 段 a、b、c、d、e、f、g（小数点 DP）各对应一个发光二极管，利用不同发光段的组合，显示不同的阿拉伯数字。如图 4-13 所示。

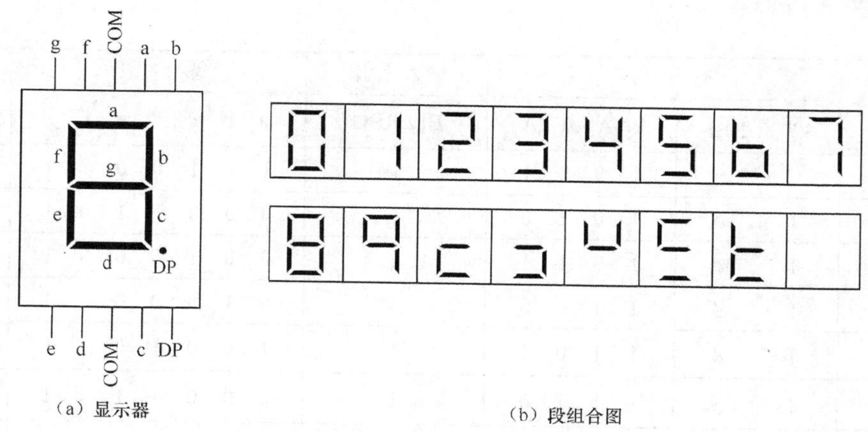


（a）显示器　　（b）段组合图

图 4-13　7 段数字显示器及发光段组合图

按内部连接方式不同，7 段数字显示器分为共阳极和共阴极两种，如图 4-14 所示。

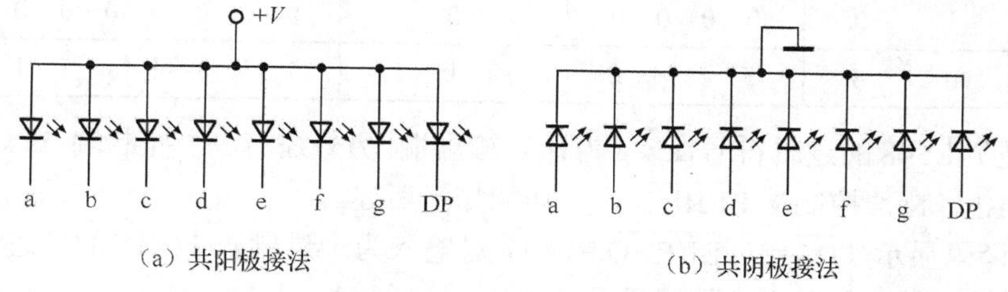


（a）共阳极接法　　（b）共阴极接法

图 4-14　半导体数字显示器内部接法

共阳极数字显示器的驱动电平为“0”，共阴极数字显示器的驱动电平为“1”。半导体显示器的优点是工作电压较低（1.5～3 V）、体积小、寿命长、亮度高、响应速度快、工作可靠性高。缺点是工作电流大，每个字段的工作电流约为 10 mA。

（2）数字显示译码器

74LS48 是一种与共阴极数字显示器配合使用的集成译码器，它的功能是将输入的 4 位二进制代码转换成显示器所需要的 7 个段信号 a～g，其逻辑功能如表 4-8 所示。

**表 4-8　　7 段显示译码器 74LS48 的逻辑功能表**

| 功能（输入） | 输入 | | | 输入/输出 | 输出 | 显示字形 |
|---|---|---|---|---|---|---|
| | $\overline{LT}$ | $\overline{RBI}$ | $A_3$ $A_2$ $A_1$ $A_0$ | $\overline{BI}/\overline{RBO}$ | a b c d e f g | |
| 0 | 1 | 1 | 0 0 0 0 | 1 | 1 1 1 1 1 1 0 | 0 |
| 1 | 1 | $\phi$ | 0 0 0 1 | 1 | 0 1 1 0 0 0 0 | 1 |
| 2 | 1 | $\phi$ | 0 0 1 0 | 1 | 1 1 0 1 1 0 1 | 2 |
| 3 | 1 | $\phi$ | 0 0 1 1 | 1 | 1 1 1 1 0 0 1 | 3 |
| 4 | 1 | $\phi$ | 0 1 0 0 | 1 | 0 1 1 0 0 1 1 | 4 |
| 5 | 1 | $\phi$ | 0 1 0 1 | 1 | 1 0 1 1 0 1 1 | 5 |
| 6 | 1 | $\phi$ | 0 1 1 0 | 1 | 0 0 1 1 1 1 1 | 6 |
| 7 | 1 | $\phi$ | 0 1 1 1 | 1 | 1 1 1 0 0 0 0 | 7 |
| 8 | 1 | $\phi$ | 1 0 0 0 | 1 | 1 1 1 1 1 1 1 | 8 |

续表

| 功能（输入） | 输入 | | | 输入/输出 | 输出 | 显示字形 |
|---|---|---|---|---|---|---|
| | $\overline{LT}$ | $\overline{RBI}$ | $A_3$ $A_2$ $A_1$ $A_0$ | $\overline{BI}$ / $\overline{RBO}$ | a b c d e f g | |
| 9 | 1 | $\phi$ | 1 0 0 1 | 1 | 1 1 1 0 0 1 1 | |
| 10 | 1 | $\phi$ | 1 0 1 0 | 1 | 0 0 0 1 1 0 1 | |
| 11 | 1 | $\phi$ | 1 0 1 1 | 1 | 0 0 1 1 0 0 1 | |
| 12 | 1 | $\phi$ | 1 1 0 0 | 1 | 0 1 0 0 0 1 1 | |
| 13 | 1 | $\phi$ | 1 1 0 1 | 1 | 1 0 0 1 0 1 1 | |
| 14 | 1 | $\phi$ | 1 1 1 0 | 1 | 0 0 0 1 1 1 1 | |
| 15 | 1 | $\phi$ | 1 1 1 1 | 1 | 0 0 0 0 0 0 0 | |
| 灭灯 | $\phi$ | $\phi$ | $\phi$ $\phi$ $\phi$ $\phi$ | 0 | 0 0 0 0 0 0 0 | |
| 灭零 | 1 | 0 | 0 0 0 0 | 0 | 0 0 0 0 0 0 0 | |
| 试灯 | 0 | $\phi$ | $\phi$ $\phi$ $\phi$ $\phi$ | 1 | 1 1 1 1 1 1 1 | |

图 4-15 是 74LS48 的逻辑符号，a～g 为译码输出端。另外还有 3 个控制端：试灯输入端 $\overline{LT}$、灭零输入端 $\overline{RBI}$、特殊控制端 $\overline{BI}/\overline{RBO}$ 。其功能如下所述。

（1）正常译码显示。$\overline{LT}$ =1，$\overline{BI}/\overline{RBO}$ =1 时，对输入为十进制数 1～15 的二进制码（0001～1111）进行译码，产生对应的 7 段显示码。

（2）灭零。当输入 $\overline{RBI}$ =0，而输入为 0 的二进制码 0000 时，则译码器的 a～g 输出全 0，使显示器全灭；只有当 $\overline{RBI}$ =1 时，才产生 0 的 7 段显示码，所以 $\overline{RBI}$ 称为灭零输入端。

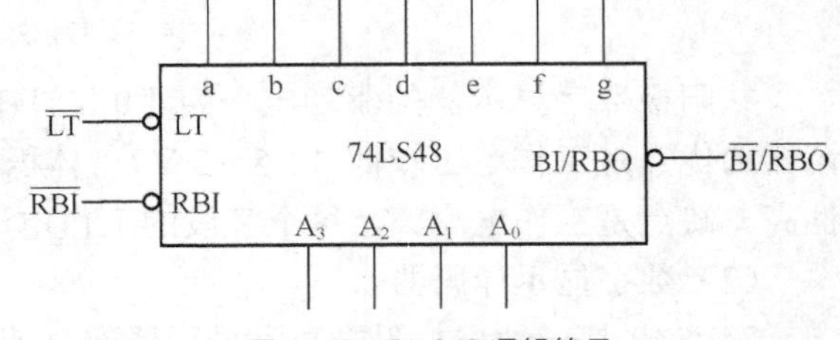

图 4-15 74LS48 逻辑符号

（3）试灯。当 $\overline{LT}$ =0 时，无论输入怎样，a～g 输出全 1，数码管 7 段全亮。由此可以检测显示器 7 个发光段的好坏。$\overline{LT}$ 称为试灯输入端。

（4）特殊控制端 $\overline{BI}/\overline{RBO}$ ，$\overline{BI}/\overline{RBO}$ 可以作输入端，也可以作输出端。

作输入使用时，如果 $\overline{BI}$ =0 时，不管其他输入端为何值，a～g 均输出 0，显示器全灭，因此 $\overline{BI}$ 称为灭灯输入端。

作输出端使用时，受控于 $\overline{RBI}$ 。当 $\overline{RBI}$ =0，输入为 0 的二进制码 0000 时，$\overline{RBO}$ =0，用以指示该片正处于灭零状态。所以，$\overline{RBO}$ 又称为灭零输出端。

将 $\overline{BI}/\overline{RBO}$ 和 $\overline{RBI}$ 配合使用，可以实现多位数显示时的“无效 0 消隐”功能。在多位十进制数码显示时，整数前和小数后的 0 是无意义的，称为“无效 0”。在图 4-16 所示的多位数码显示系统中，就可将无效 0 灭掉。从图 4-16 中可见，由于整数部分 74LS48 除最高位的 $\overline{RBI}$ 接 0、最低位的 $\overline{RBI}$ 接 1 外，其余各位的 $\overline{RBI}$ 均接受高位的 $\overline{RBO}$ 输出信号。所以整数部分只有在高位是 0，而且被熄灭时，低位才有灭零输入信号。同理，小数部分除最高位的 $\overline{RBI}$ 接 1、最低位的 $\overline{RBI}$ 接 0 外，其余各位均接受低位的 $\overline{RBO}$ 输出信号，所以小数部分只有在低位是 0 而且被熄灭时，高位才有灭零输入信号。从而实现了多位十进制数码显示器的“无效 0 消隐”功能。

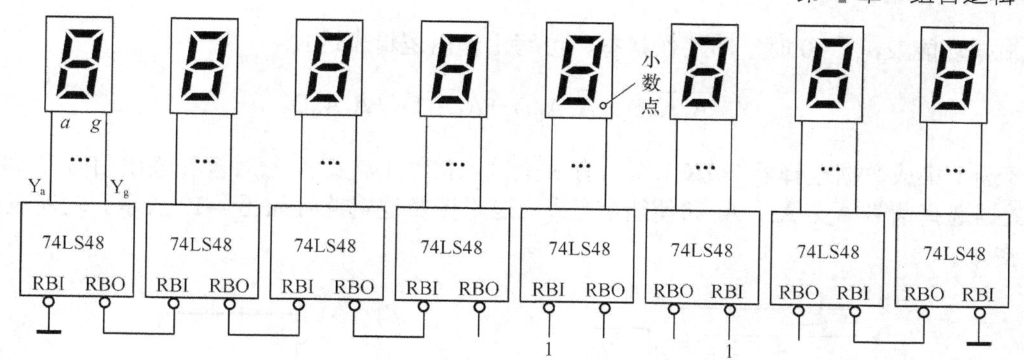

图 4-16 半导体数字显示器的内部接法

### 4.3.3 数据选择器

根据地址码从一组输入数据选出一个作为输出的过程叫做数据选择，具有数据选择功能的电路称为数据选择器。它的作用与单刀多掷开关相似，如图 4-17 所示。下面以 4 选 1 数据选择器为例，介绍数据选择器的基本功能和工作原理。

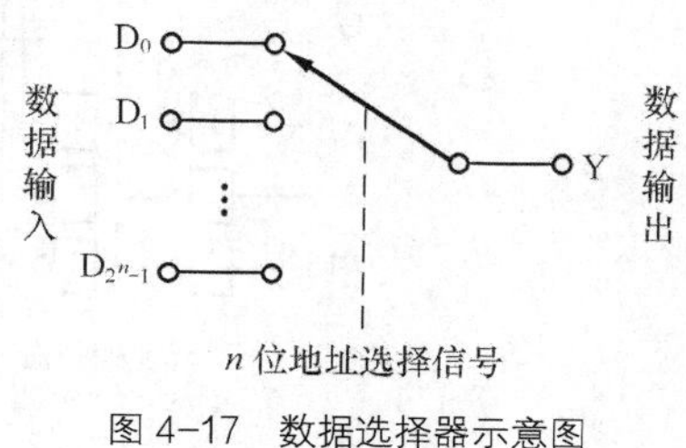

图 4-17 数据选择器示意图

图 4-18（a）为 4 选 1 数据选择器逻辑图，其功能如表 4-9 所示。通过给定不同的地址代码（即 $A_1A_0$ 的状态），即可从 4 个输入数据中选出所要的一个，并送至输出端 Y。图 4-18（b）是 4 选 1 数据选择器逻辑符号。

**表 4-9** **4 选 1 数据选择器功能**

| 使能端 | 地址端 | | 输出 |
|---|---|---|---|
| $\bar{S}$ | $A_1$ | $A_0$ | Y |
| 1 | $\phi$ | $\phi$ | 0 |
| 0 | 0 | 0 | $D_0$ |
| 0 | 0 | 1 | $D_1$ |
| 0 | 1 | 0 | $D_2$ |
| 0 | 1 | 1 | $D_3$ |

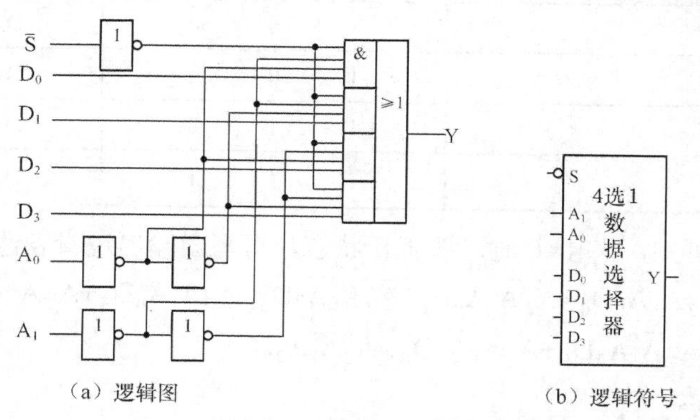

图 4-18 4 选 1 数据选择器的逻辑图及逻辑符号

根据功能表，$\overline{S}$=0 时，即工作状态，可写出输出逻辑表达式

$$Y_1=\overline{A}_1\overline{A}_0D_0+\overline{A}_1A_0D_1+A_1\overline{A}_0D_2+A_1A_0D_3$$

8 选 1 集成数据选择器 74HC151 具有 8 个输入信号 $D_0$～$D_7$，一对互补输出信号 Y 和 $\overline{W}$，3 个数据选择信号 $A_2$、$A_1$、$A_0$ 和使能信号 $\overline{S}$。逻辑图及逻辑符号如图 4-19 所示。功能表如表 4-10 所示。

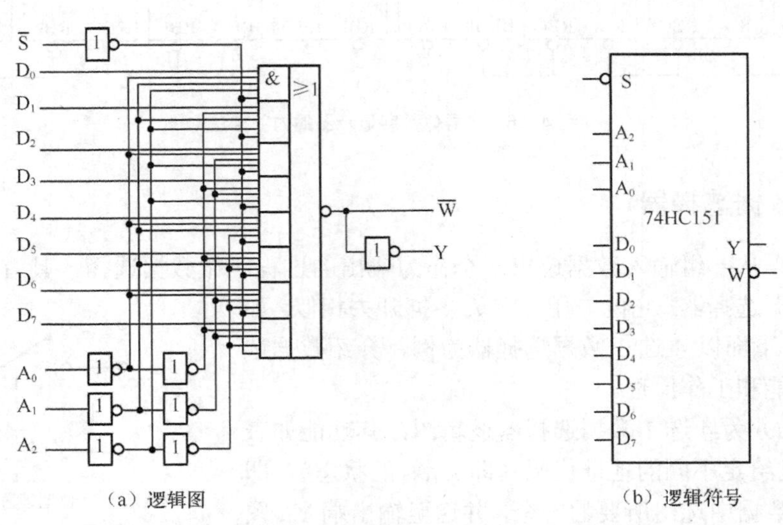


图 4-19　8 选 1 数据选择器 74HC151 的逻辑图及逻辑符号

**表 4-10　　8 选 1 数据选择器 74HC151 功能表**

| 使　　能 | 地址端 | | | 输出 | |
|---|---|---|---|---|---|
| $\overline{S}$ | $A_2$ | $A_1$ | $A_0$ | Y | $\overline{W}$ |
| 1 | $\phi$ | $\phi$ | $\phi$ | 0 | 1 |
| 0 | 0 | 0 | 0 | $D_0$ | $\overline{D_0}$ |
| 0 | 0 | 0 | 1 | $D_1$ | $\overline{D_1}$ |
| 0 | 0 | 1 | 0 | $D_2$ | $\overline{D_2}$ |
| 0 | 0 | 1 | 1 | $D_3$ | $\overline{D_3}$ |
| 0 | 1 | 0 | 0 | $D_4$ | $\overline{D_4}$ |
| 0 | 1 | 0 | 1 | $D_5$ | $\overline{D_5}$ |
| 0 | 1 | 1 | 0 | $D_6$ | $\overline{D_6}$ |
| 0 | 1 | 1 | 1 | $D_7$ | $\overline{D_7}$ |

由功能表 4-11 可知，当 $\overline{S}$=0 时，即工作状态，可写出输出逻辑表达式

$$\begin{aligned}Y=&\overline{A}_2\overline{A}_1\overline{A}_0D_0+\overline{A}_2\overline{A}_1A_0D_1+\overline{A}_2A_1\overline{A}_0D_2+A_2A_1A_0D_3+A_2\overline{A}_1\overline{A}_0D_4\\&+A_2\overline{A}_1A_0D_5+A_2A_1\overline{A}_0D_6+A_2A_1A_0D_7\\=&(\sum_{i=0}^{7}m_iD_i)\end{aligned}$$

这里 Y 是输出信号，$\overline{W}$ 是 Y 的互补信号，$m_i$ 是选择信号的最小项，$D_i$ 是输入信号。

如果需要更大规模的数据选择器，可进行通道扩展。例如用两片 74HC151 和 3 个门电路就可以组成一个 16 选 1 的数据选择器，连接电路如图 4-20 所示。

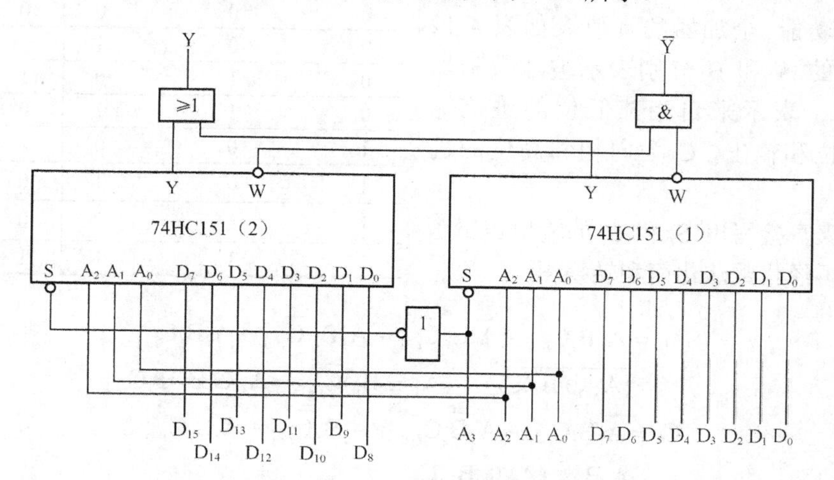


图 4-20 两片 74HC151 组成 16 选 1 数据选择器的逻辑图

### 4.3.4 加法器

在数字系统中对二进制数进行加、减、乘、除运算时，都是转化成加法运算完成的，所以加法运算是构成运算电路的基本单元。

#### 1．加法器的基本概念及工作原理

（1）半加器

半加器的真值表见表 4-11。表 4-11 中的 A 和 B 分别表示被加数和加数输入，S 为本位和输出，C 为向相邻高位的进位输出。由真值表可直接写出输出逻辑函数表达式

表 4-11 半加器的真值表

| 输入 | | 输出 | |
|---|---|---|---|
| 被加数 A | 加数 B | 和数 S | 进位数 C |
| 0 | 0 | 0 | 0 |
| 0 | 1 | 1 | 0 |
| 1 | 0 | 1 | 0 |
| 1 | 1 | 0 | 1 |

$$S=\overline{A}B+A\overline{B}=A\oplus B$$

$$C=AB$$

可见，可用一个异或门和一个与门组成半加器，如图 4-21（a）所示。半加器逻辑符号如图 4-21（b）所示。

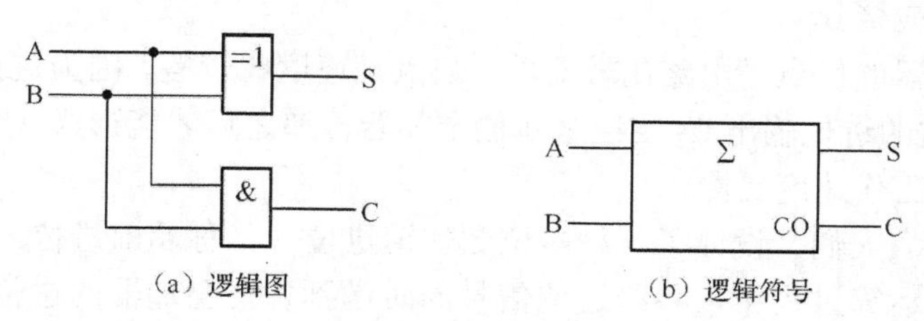


（a）逻辑图　　（b）逻辑符号

图 4-21 半加器

（2）全加器

在多位数加法运算时，除最低位外，其他各位都需要考虑低位送来的进位。全加器就具有这种功能。全加器的真值表如表 4-12 所示。表中的 $A_i$ 和 $B_i$ 分别表示被加数和加数输入，$C_{i-1}$ 表示来自相邻低位的进位输入。$S_i$ 为本位和输出，$C_i$ 为向相邻高位的进位输出。

表 4-12　全加器的真值表

| 输入 | | | 输出 | |
|---|---|---|---|---|
| $A_i$ | $B_i$ | $C_{i-1}$ | $S_i$ | $C_i$ |
| 0 | 0 | 0 | 0 | 0 |
| 0 | 0 | 1 | 1 | 0 |
| 0 | 1 | 0 | 1 | 0 |
| 0 | 1 | 1 | 0 | 1 |
| 1 | 0 | 0 | 1 | 0 |
| 1 | 0 | 1 | 0 | 1 |
| 1 | 1 | 0 | 0 | 1 |
| 1 | 1 | 1 | 1 | 1 |

由真值表直接写出 $S_i$ 和 $C_i$ 的输出逻辑函数表达式，再经代数法化简和转换得

$$\begin{aligned} S_i &= \overline{A}_i\overline{B}_iC_{i-1} + \overline{A}_iB_i\overline{C}_{i-1} + A_i\overline{B}_i\,\overline{C}_{i-1} + A_iB_iC_{i-1} \\ &= \overline{(A_i \oplus B_i)}C_{i-1} + (A_i \oplus B_i)\overline{C}_{i-1} = A_i \oplus B_i \oplus C_{i-1} \end{aligned} \tag{4-4}$$

$$\begin{aligned} C_i &= \overline{A}_iB_iC_{i-1} + A_i\overline{B}_iC_{i-1} + A_iB_i\overline{C}_{i-1} + A_iB_iC_{i-1} \\ &= A_iB_i + (A_i \oplus B_i)C_{i-1} \end{aligned} \tag{4-5}$$

根据式（4-4）和式（4-5）式画出全加器的逻辑电路如图 4-22（a）所示。图 4-22（b）所示为全加器的逻辑符号。

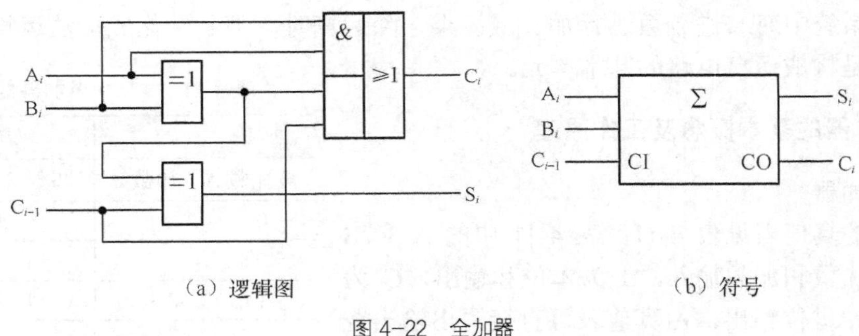


（a）逻辑图　　（b）符号

图 4-22　全加器

2．多位数加法器

要进行多位数相加，最简单的方法是将多个全加器进行级联，称为串行进位加法器。图 4-23 所示是 4 位串行进位加法器，从图中可见，两个 4 位相加数 $A_3A_2A_1A_0$ 和 $B_3B_2B_1B_0$ 的各位同时送到相应全加器的输入端，进位数串行传送。全加器的个数等于相加数的位数。最低位全加器的 $C_{i-1}$ 端应接 0。

串行进位加法器的优点是电路比较简单，缺点是速度比较慢。因为进位信号是串行传递，图 4-23 中最后一位的进位输出 $C_3$ 要经过 4 位全加器传递之后才能形成。如果位数增加，传输延迟时间将更长，工作速度更慢。

为了提高速度，人们又设计了一种多位数快速进位（又称超前进位）的加法器。所谓快速进位，是指加法运算过程中，各级进位信号同时送到各位全加器的进位输入端。现在的集成加法器，大多采用这种方法。

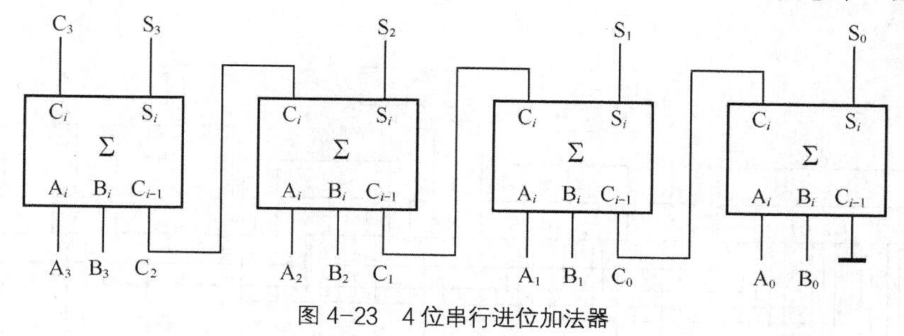


图4-23 4位串行进位加法器

### 3. 快速进位集成4位加法器74LS283

74283是一种典型的快速进位的集成加法器。首先介绍快速进位的概念及实现快速进位的思路。

重新写出全加器$S_i$和$C_i$的输出逻辑表达式

$$S_i = A_i \oplus B_i \oplus C_{i-1} \tag{4-6}$$

$$C_i = A_i B_i + (A_i \oplus B_i) C_{i-1} \tag{4-7}$$

考察进位信号$C_i$的表达式，可见：

① 当$A_i=B_i=1$时，$A_iB_i=1$，得$C_i=1$，即产生进位，所以定义$G_i=A_iB_i$，$G_i$称为产生变量；

② 当$A_i \oplus B_i = 1$，则$A_iB_i=0$，得$C_i=C_{i-1}$，即低位的进位信号能传送到高位的进位输出端，所以定义$P_i = A_i \oplus B_i$，$P_i$称为传输变量；

③ $G_i$和$P_i$都只与被加数$A_i$和加数$B_i$有关，而与进位信号无关。

将$G_i$和$P_i$代入式（4-6）和式（4-7），得：

$$S_i = P_i \oplus C_{i-1} \tag{4-8}$$

$$C_i = G_i + P_i C_{i-1} \tag{4-9}$$

由式（4-9）得各位进位信号的逻辑表达式如下：

$$C_0 = G_0 + P_0 C_{-1} \tag{4-10a}$$

$$C_1 = G_1 + P_1 C_0 = G_1 + P_1 G_0 + P_1 P_0 C_{-1} \tag{4-10b}$$

$$C_2 = G_2 + P_2 C_1 = G_2 + P_2 G_1 + P_2 P_1 G_0 + P_2 P_1 P_0 C_{-1} \tag{4-10c}$$

$$C_3 = G_3 + P_3 C_2 = G_3 + P_3 G_2 + P_3 P_2 G_1 + P_3 P_2 P_1 G_0 + P_3 P_2 P_1 P_0 C_{-1} \tag{4-10d}$$

由式（4-10）可以看出：各位的进位信号都只与$G_i$、$P_i$和$C_{-1}$有关，而$C_{-1}$是来自最低位的进位信号，其值为0，所以各位的进位信号都只与被加数$A_i$和加数$B_i$有关，它们是可以并行产生的，从而可实现快速进位。

根据以上思路构成的快速进位的集成4位加法器74LS283的逻辑图如图4-24所示。

### 4. 集成加法器的应用

（1）加法器级联实现多位二进制数加法运算

一片74LS283只能进行4位二进制数的加法运算，将多片74LS283进行级联，就可扩展加法运算的位数。用2片74LS283组成的8位二进制数加法电路如图4-25所示。

S3
S2
S1
S0
C3
C2
C1
C0
C-1
P3
P2
P1
P0
=1
≥1
&
1
B3
A3
B2
A2
B1
A1
B0
A0
C-1

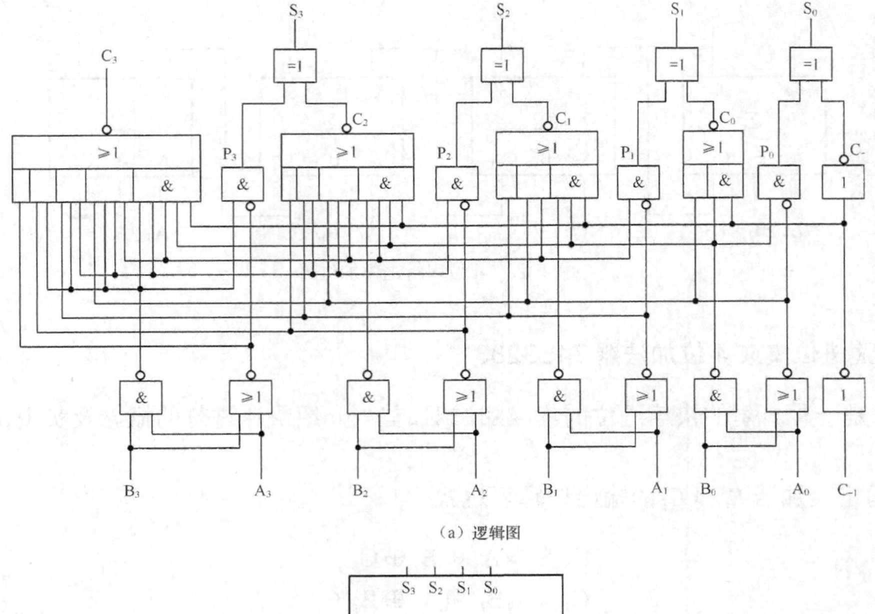

（a）逻辑图

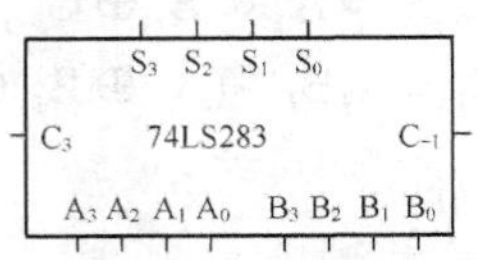

S3 S2 S1 S0
C3
74LS283
C-1
A3 A2 A1 A0 B3 B2 B1 B0

（b）逻辑符号

图 4-24 集成 4 位加法器 74LS283

S8
S7 S6 S5 S4
S3 S2 S1 S0
C3
74LS283（2）
C-1
A3 A2 A1 A0 B3 B2 B1 B0
A7 A6 A5 A4 B7 B6 B5 B4
S3 S2 S1 S0
C3
74LS283（1）
C-1
0
A3 A2 A1 A0 B3 B2 B1 B0

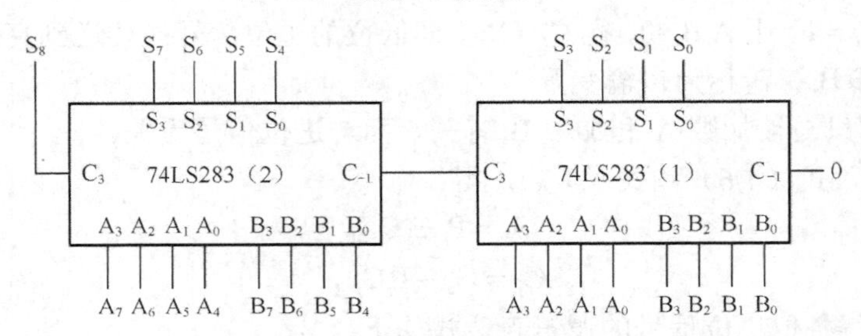

图 4-25 2 片 74283 组成的 8 位二进制加法电路图

（2）用 74LS283 实现 8421BCD 码到余 3 码的转换

对同一个十进制数符，余 3 码比 8421BCD 码多 3。因此实现 8421BCD 码到余 3 码的变换，只需将 8421BCD 码中加 3（即 0011）。所以，从 74LS283 的 $A_3$～$A_0$ 输入 8421BCD 码的 4 位代码，$B_3$～$B_0$ 接固定代码 0011，就能实现相应的转换，其逻辑图如图 4-26 所示。

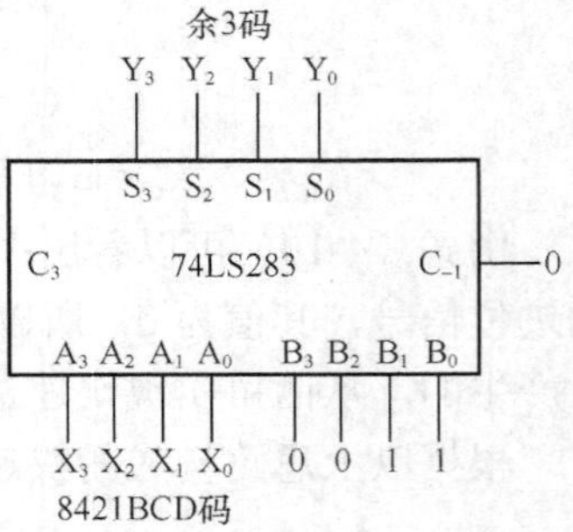

余3码
Y3 Y2 Y1 Y0
S3 S2 S1 S0
C3
74LS283
C-1
0
A3 A2 A1 A0 B3 B2 B1 B0
X3 X2 X1 X0 0 0 1 1
8421BCD码

图 4-26 将 8421BCD 码转换成余 3 码

## 4.3.5 数值比较器

### 1. 1 位数值比较器

1 位数值比较器的功能是比较两个 1 位二进制数 A 和 B 的大小，比较结果有 3 种情况，即：A＞B、A＜B、A＝B。其真值表如表 4-13 所示。

表 4-13　　1 位数值比较器真值表

| 输入 | | 输出 | | |
|---|---|---|---|---|
| A | B | $Y_{(A>B)}$ | $Y_{(A<B)}$ | $Y_{(A=B)}$ |
| 0 | 0 | 0 | 0 | 1 |
| 0 | 1 | 0 | 1 | 0 |
| 1 | 0 | 1 | 0 | 0 |
| 1 | 1 | 0 | 0 | 1 |

由真值表写出逻辑表达式

$$Y_{(A>B)}=A\overline{B}\text{；}Y_{(A<B)}=\overline{A}B\text{；}Y_{(A=B)}=\overline{A}\,\overline{B}+AB=A\odot B$$

由以上逻辑表达式可画出逻辑图，如图 4-27 所示。

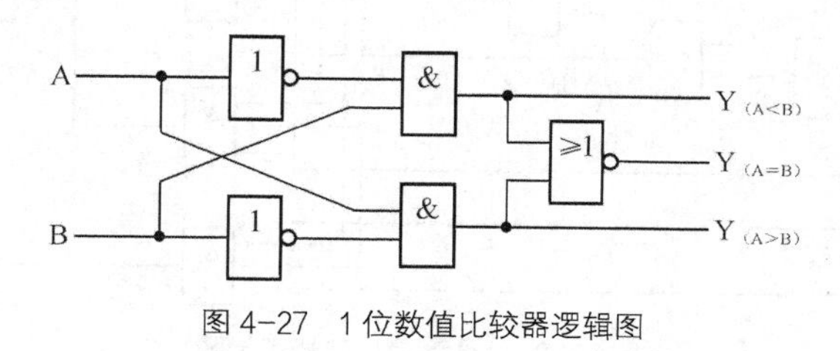


图 4-27　1 位数值比较器逻辑图

## 2．考虑低位比较结果的多位比较器

1 位数值比较器只能对两个 1 位二进制数进行比较，而实用的比较器一般是多位的，而且在高位相等的情况下，需考虑低位的比较结果。下面以 2 位为例讨论这种数值比较器的结构及工作原理。

2 位数值比较器的真值表如表 4-15 所示。其中 $A_1B_1$、$A_0B_0$ 为数值输入端，$I_{(A>B)}$、$I_{(A<B)}$、$I_{(A=B)}$为输入低位片比较结果，是为了实现 2 位以上数码比较而设置的。$Y_{(A>B)}$、$Y_{(A<B)}$、$Y_{(A=B)}$为本位片 3 种不同比较结果输出端。

表 4-15　　2 位数值比较器的真值表

| 数值输入 | | 级联输入 | | | 输出 | | |
|---|---|---|---|---|---|---|---|
| $A_1$　$B_1$ | $A_0$　$B_0$ | $I_{(A>B)}$ | $I_{(A<B)}$ | $I_{(A=B)}$ | $Y_{(A>B)}$ | $Y_{(A<B)}$ | $Y_{(A=B)}$ |
| $A_1>B_1$ | $\phi$　$\phi$ | $\phi$ | $\phi$ | $\phi$ | 1 | 0 | 0 |
| $A_1<B_1$ | $\phi$　$\phi$ | $\phi$ | $\phi$ | $\phi$ | 0 | 1 | 0 |
| $A_1=B_1$ | $A_0>B_0$ | $\phi$ | $\phi$ | $\phi$ | 1 | 0 | 0 |
| $A_1=B_1$ | $A_0<B_0$ | $\phi$ | $\phi$ | $\phi$ | 0 | 1 | 0 |
| $A_1=B_1$ | $A_0=B_0$ | 1 | 0 | 0 | 1 | 0 | 0 |
| $A_1=B_1$ | $A_0=B_0$ | 0 | 1 | 0 | 0 | 1 | 0 |
| $A_1=B_1$ | $A_0=B_0$ | 0 | 0 | 1 | 0 | 0 | 1 |

由此可写出如下逻辑表达式

$$Y_{(A>B)}=(A_1\cdot\overline{B}_1)+(A_1\odot B_1)(A_0\cdot\overline{B}_0)+(A_1\odot B_1)(A_0\odot B_0)\cdot I_{(A>B)}$$

$$Y_{(A<B)}=(\overline{A}_1\cdot B_1)+(A_1\odot B_1)(\overline{A}_0\cdot B_0)+(A_1\odot B_1)(A_0\odot B_0)\cdot I_{(A<B)}$$

$$Y_{(A=B)}=(A_1\odot B_1)\cdot(A_0\odot B_0)\cdot I_{(A=B)}$$

根据表达式画出逻辑图如图 4-28 所示。图中用了两个1位数值比较器，分别比较（$A_1$、$B_1$）和（$A_0$、$B_0$），并将比较结果作为中间变量，这样逻辑关系比较明确。

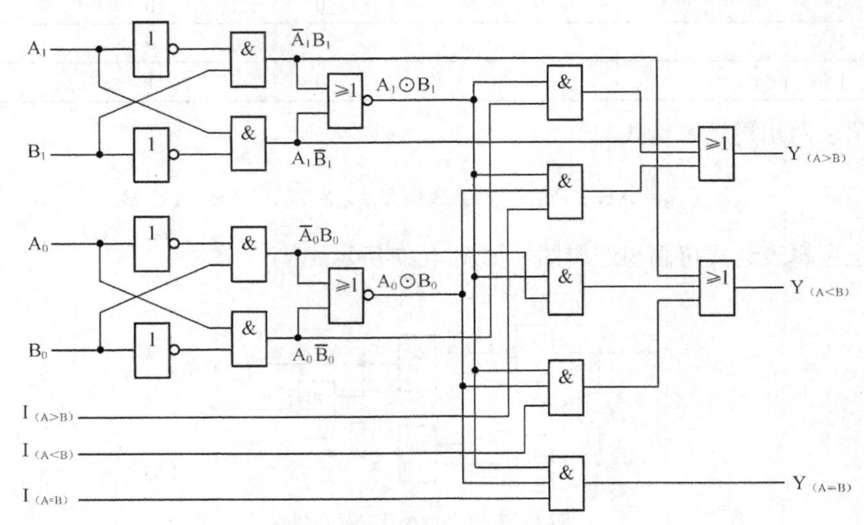


图 4-28　2 位数值比较器逻辑图

### 3. 集成数值比较器及其应用

（1）集成数值比较器 74LS85

74LS85 是典型的集成 4 位二进制数比较器。具体逻辑图可查阅器件手册，其比较原理和图 4-28 所示的 2 位二进制数比较器类似。

（2）集成数值比较器的应用

① 单片应用

一片 74LS85 可以对两个 4 位二进制数进行比较，此时级联输入端 $I_{(A>B)}$、$I_{(A=B)}$、$I_{(A<B)}$ 应分别接 0、1、0。当参与比较的二进制数少于 4 位时，高位多余输入端可同时接 0 或 1。

② 数值比较器的位数扩展

常用串联扩展方式如图 4-29 所示。

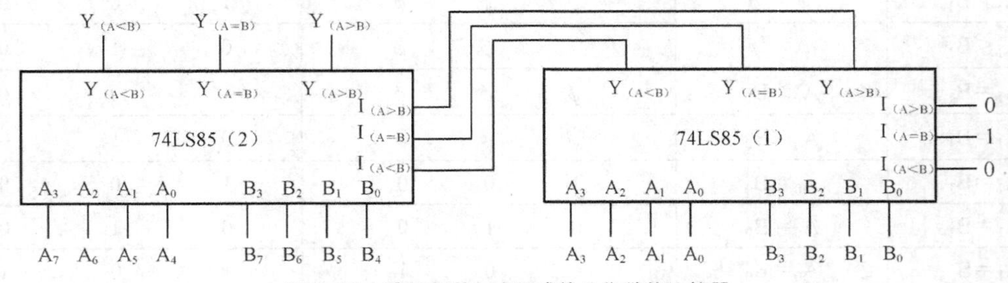


图 4-29　采用串联方式组成的 8 位数值比较器

按照上述级联方式可以扩展成任何位数的二进制数比较器。但是，由于这种级联方式中比较结果是逐级进位的，工作速度较慢，级联芯片数越多，传递时间越长，工作速度越慢，因此，当扩展位数较多时，常采用并联方式。

目前生产的数值比较器产品中，也有采用其他电路结构形式的。因为电路结构不同，扩展输入端的用法也不完全一样，使用时应注意加以区别。

## 4.4 组合逻辑电路的设计方法

组合逻辑电路的设计是根据给出的实际逻辑问题，经过逻辑抽象，列出真值表和进行逻辑化简、变换等步骤，求出能实现该逻辑问题的最佳逻辑电路。它是组合电路分析的逆过程。

本节将首先讨论组合电路的基础设计方法，然后通过实例说明用小规模数字集成门电路（SSI）和中规模集成组件（MSI）设计组合逻辑电路的具体步骤。

### 4.4.1 组合逻辑电路的设计方法

根据给定的逻辑问题，设计出最佳（或最简）的组合电路。但是，由于设计中使用器件类型的不同，其最佳组合电路的具体含意也不同。以逻辑门作为电路基本单元的设计，其“最简”含意是，所用门的数目最少，而且各门输入端的数目和电路的级数也要最少。以中规模集成组件作为电路的基本单元时，则以所用的MSI组件个数最少，品种最少，组件之间的连线最少作为最佳电路的标准。组合逻辑电路的设计，可按如下步骤进行。

① 对给出的逻辑设计问题，进行逻辑抽象。即从逻辑的角度来描述设计问题的因果关系，再根据因果关系，确定输入、输出变量，规定变量状态的逻辑赋值（即确定哪种状态用逻辑“0”表示，哪种状态用逻辑“1”表示）。

② 根据设计问题的逻辑抽象，列出逻辑真值表。

③ 由真值表写出该设计问题的逻辑函数表达式。

④ 选定器件的类型为小规模集成门电路或中规模集成器件。当采用小规模集成电路设计时，则要根据所选用的门进行函数化简，以求用最少的门来实现。当采用中、大规模集成电路设计时，需对表达式进行适当的变换，以适应所选MSI器件的需要，然后再用最少的集成块来实现。

⑤ 画出相应的逻辑图。

上述组合逻辑电路的设计步骤，可归纳成如图4-30所示的流程图。

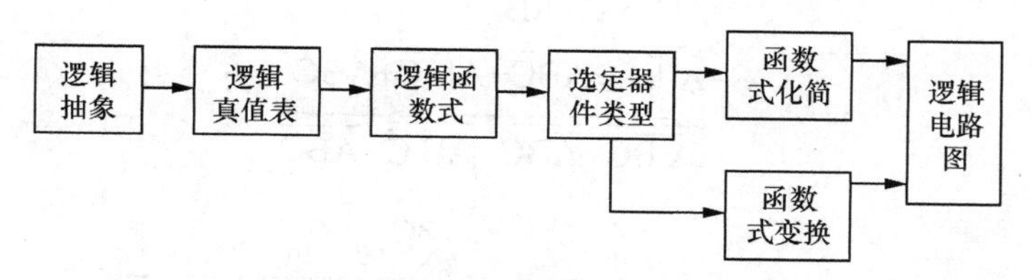


图4-30 组合逻辑电路设计流程图

随着设计问题陈述形式的不同，上述设计步骤可作相应的简化。例如：有的设计问题是以真值表的形式给出的，就不必对设计问题进行逻辑抽象了，有的设计问题的逻辑关系既简单又十分明确，则可以不经列写真值表而直接写出逻辑表达式。

### 4.4.2 用 SSI 设计组合逻辑电路

组合逻辑电路有单端输出和多端输出两大类，这两大类组合电路的设计步骤是完全相同的，但对逻辑函数的化简方法稍有不同。

下面通过具体的设计举例来说明此类组合电路的设计过程和设计方法。

**【例 4-5】** 试用与非门设计一个组合逻辑电路，完成如下逻辑功能：有三个班学生上自习，大教室能容纳两个班学生，小教室能容纳一个班学生。设计两个教室是否开灯的逻辑控制电路，要求如下：

① 一个班学生上自习，开小教室的灯；

② 两个班上自习，开大教室的灯；

③ 三个班上自习，两教室均开灯。

**解：** 第一步：逻辑抽象。确定输入、输出变量的个数，根据电路要求，设输入变量 A、B、C 分别表示三个班学生是否上自习，1 表示上自习，0 表示不上自习；输出变量 Y、G 分别表示大教室、小教室的灯是否亮，1 表示亮，0 表示灭。

第二步：列真值表，如表 4-15 所示。

**表 4-15　　　　例 4-5 真值表**

| A | B | C | Y | G |
|---|---|---|---|---|
| 0 | 0 | 0 | 0 | 0 |
| 0 | 0 | 1 | 0 | 1 |
| 0 | 1 | 0 | 0 | 1 |
| 0 | 1 | 1 | 1 | 0 |
| 1 | 0 | 0 | 0 | 1 |
| 1 | 0 | 1 | 1 | 0 |
| 1 | 1 | 0 | 1 | 0 |
| 1 | 1 | 1 | 1 | 1 |

第三步：写出逻辑表达式并利用卡诺图化简（如图 4-31 所示），将化简后的与或逻辑表达式转换为与非形式。

$$Y=AC+BC+AB$$
$$=\overline{\overline{AC}\cdot\overline{BC}\cdot\overline{AB}}$$
$$G=\bar{A}\,\bar{B}C+\bar{A}B\bar{C}+A\bar{B}\,\bar{C}+ABC$$
$$=\overline{\overline{\bar{A}\,\bar{B}C}\cdot\overline{\bar{A}B\bar{C}}\cdot\overline{A\bar{B}\,\bar{C}}\cdot\overline{ABC}}$$

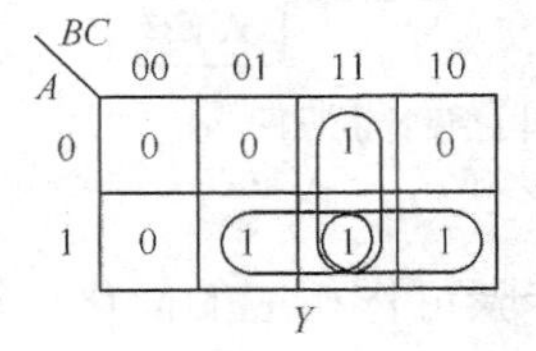


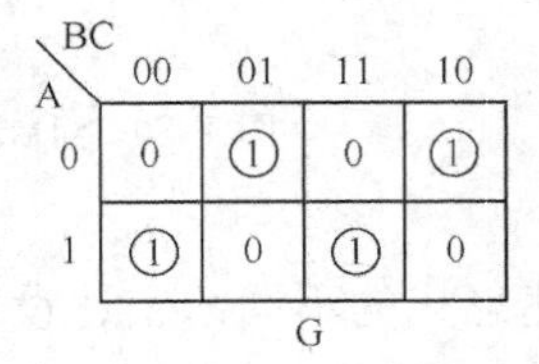


图 4-31　例 4-5 卡诺图

第四步：画逻辑图。图 4-32 所示的是用与非门实现的组合逻辑电路。

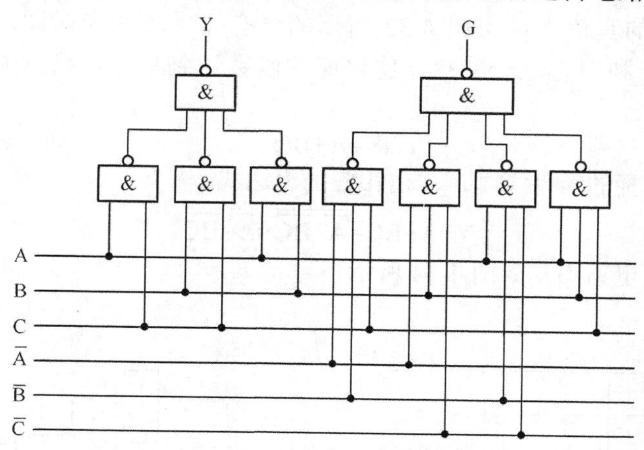


图 4-32 用与非门实现的组合逻辑电路

**【例 4-6】** 设计一个电路，用于判别一位 8421 码是否大于 5。大于 5 时，电路输出 1，否则输出 0。用与非门、与或非门分别实现此电路（允许加反相器）。

**解**：（1）用与非门实现的步骤如下。

第一步：根据题意列真值表

假设输入的 8421 码用 4 个变量 A、B、C、D 表示，输出用 Y 表示。当输入 A、B、C、D 代表的 8421 码的值在 0～5 之间，输出 Y 为 0；输入的值为 6～9 时，Y 为 1。因为输入 A、B、C、D 表示 8421 码，所以 A、B、C、D 的取值在 1010～1111 是不可能出现的，因此把它们视为无关项。由此可得到表 4-16 的真值表。

**表 4-16** **例 4-6 真值表**

| A | B | C | D | Y |
|---|---|---|---|---|
| 0 | 0 | 0 | 0 | 0 |
| 0 | 0 | 0 | 1 | 0 |
| 0 | 0 | 1 | 0 | 0 |
| 0 | 0 | 1 | 1 | 0 |
| 0 | 1 | 0 | 0 | 0 |
| 0 | 1 | 0 | 1 | 0 |
| 0 | 1 | 1 | 0 | 1 |
| 0 | 1 | 1 | 1 | 1 |
| 1 | 0 | 0 | 0 | 1 |
| 1 | 0 | 0 | 1 | 1 |
| 1 | 0 | 1 | 0 | $\phi$ |
| 1 | 0 | 1 | 1 | $\phi$ |
| 1 | 1 | 0 | 0 | $\phi$ |
| 1 | 1 | 0 | 1 | $\phi$ |
| 1 | 1 | 1 | 0 | $\phi$ |
| 1 | 1 | 1 | 1 | $\phi$ |

第二步：求最简的与或表达式

由表 4-16 所示的真值表可得图 4-33 所示的含有无关项的卡诺图。无关项的取值是任意的，我们可以充分利用它这一特点，使化简的函数达到最简。显然无关项取 1 对化简最有利。

$$Y=A+BC$$

第三步：根据选择的器件类型，求出相应的表达式。

$$Y=A+BC=\overline{\overline{A+BC}}=\overline{\overline{A}\cdot\overline{BC}}$$

第四步：画逻辑电路图，如图 4-34 所示。

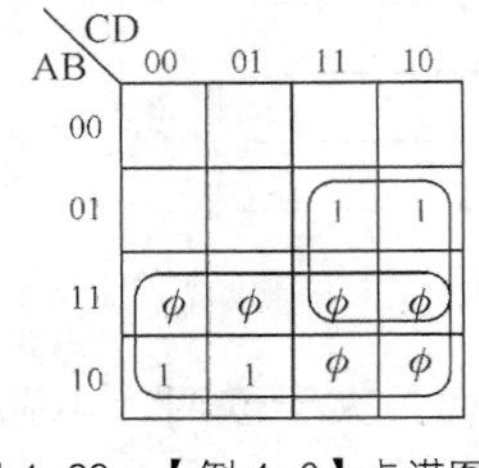

图 4-33 【例 4-6】卡诺图

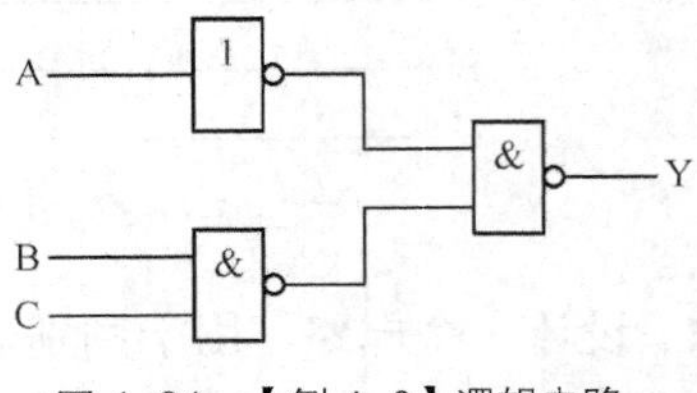


图 4-34 【例 4-6】逻辑电路

（2）用与或非门实现的步骤如下。

第一步：根据题意列真值表，与（1）相同。

第二步：求最简的与或非表达式。

圈卡诺图中 0 方格，得图 4-35 所示的卡诺图。得出 $\overline{Y}$ 的最简与或表达式：

$$\overline{Y}=\overline{A}\,\overline{B}+\overline{A}\,\overline{C}$$

Y 的最简与或非表达式为

$$Y=\overline{\overline{A}\overline{B}+\overline{A}\overline{C}}$$

第三步：画逻辑电路图，如图 4-36 所示。

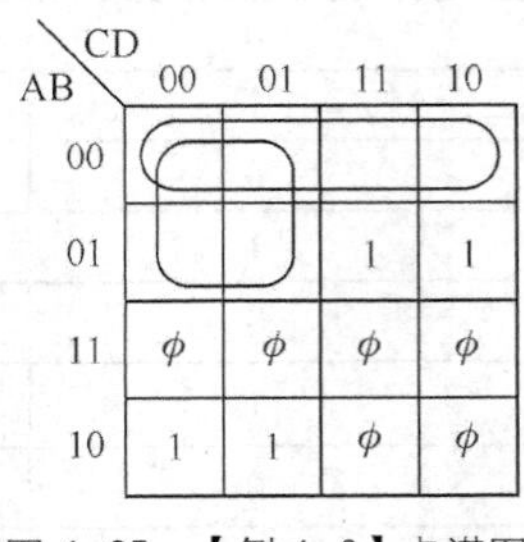

图 4-35 【例 4-6】卡诺图

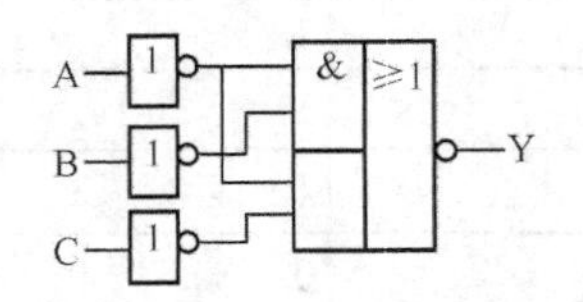


图 4-36 【例 4-6】逻辑电路

**【例 4-7】** 用门电路设计一个将 8421BCD 码转换为余 3 码的变换电路。

**解：**（1）分析题意，列真值表。

该电路输入为 8421BCD 码，输出为余 3 码，因此它是一个四输入、四输出的码制变换电路，其框图如图 4-37（a）所示。根据两种 BCD 码的编码关系，列出真值表如表 4-17 所示。由于 8421BCD 码不会出现 1010～1111 这 6 种状态，因此把它们视为无关项。

表 4-17 例 4-7 例题真值表

| A | B | C | D | $E_3$ | $E_2$ | $E_1$ | $E_0$ |
|---|---|---|---|---|---|---|---|
| 0 | 0 | 0 | 0 | 0 | 0 | 1 | 1 |
| 0 | 0 | 0 | 1 | 0 | 1 | 0 | 0 |
| 0 | 0 | 1 | 0 | 0 | 1 | 0 | 1 |
| 0 | 0 | 1 | 1 | 0 | 1 | 1 | 0 |
| 0 | 1 | 0 | 0 | 0 | 1 | 1 | 1 |
| 0 | 1 | 0 | 1 | 1 | 0 | 0 | 0 |
| 0 | 1 | 1 | 0 | 1 | 0 | 0 | 1 |
| 0 | 1 | 1 | 1 | 1 | 0 | 1 | 0 |
| 1 | 0 | 0 | 0 | 1 | 0 | 1 | 1 |
| 1 | 0 | 0 | 1 | 1 | 1 | 0 | 0 |
| 1 | 0 | 1 | 0 | $\phi$ | $\phi$ | $\phi$ | $\phi$ |
| 1 | 0 | 1 | 1 | $\phi$ | $\phi$ | $\phi$ | $\phi$ |
| 1 | 1 | 0 | 0 | $\phi$ | $\phi$ | $\phi$ | $\phi$ |
| 1 | 1 | 0 | 1 | $\phi$ | $\phi$ | $\phi$ | $\phi$ |
| 1 | 1 | 1 | 0 | $\phi$ | $\phi$ | $\phi$ | $\phi$ |
| 1 | 1 | 1 | 1 | $\phi$ | $\phi$ | $\phi$ | $\phi$ |

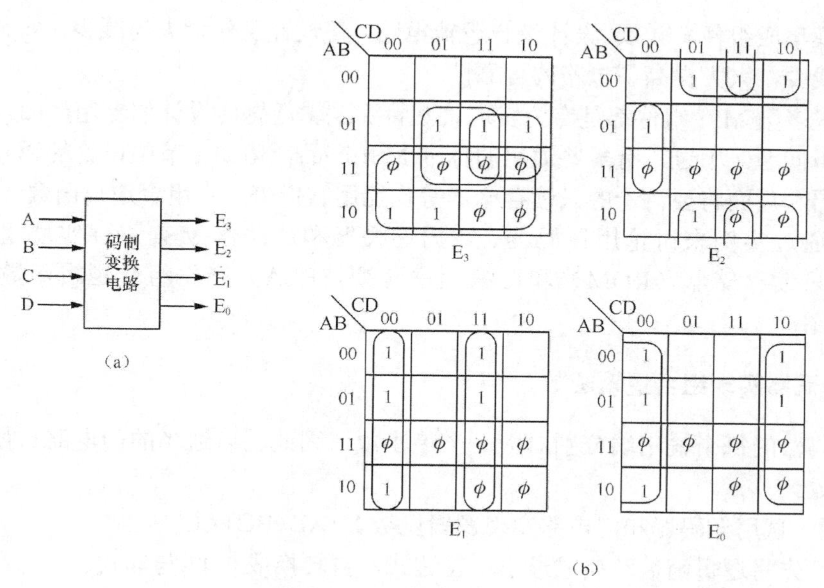


图 4-37 例 4-7 框图及卡诺图

（2）选择器件，由卡诺图如图 4-37（b）所示，写出输出函数表达式。

$$E_3=A+BC+BD=\overline{\overline{A}\cdot\overline{BC}\cdot\overline{BD}}$$

$$E_2=B\overline{C}\cdot\overline{D}+\overline{B}C+\overline{B}D=B\overline{C+D}+\overline{B}(C+D)$$

$$=B\oplus(C+D)$$

$$E_1=\overline{C}\cdot\overline{D}+CD=C\odot D$$

$$E_0=\overline{D}$$

（3）画逻辑电路，如图 4-38 所示。

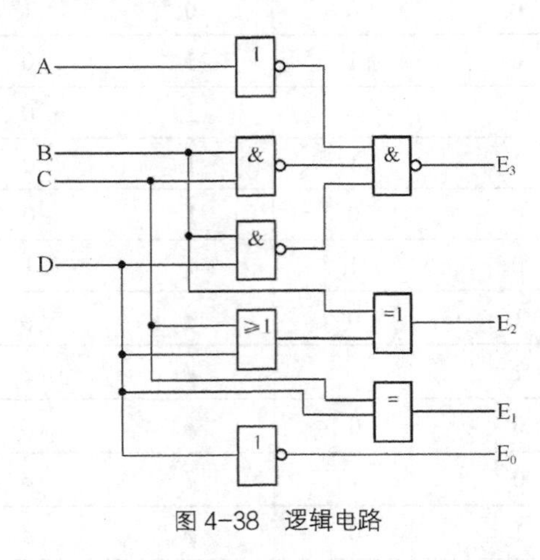


图 4-38　逻辑电路

### 4.4.3　用中规模集成组件设计组合逻辑电路

用中规模集成组件（MSI）设计组合逻辑电路，使设计工作量大为减少，同时设计中电路体积小、连线少，大大提高了电路的可靠性。

虽然，大多数 MSI 组件都是专为实现某些特殊逻辑问题而设计的专用产品，不能用它来实现其他逻辑问题。不过，有一些通用的标准 MSI 产品，诸如上节中讨论的译码器、数据选择器、全加器和后面将要讨论的只读存储器等均能用它们来产生组合逻辑函数。

本节将通过实例来讨论用译码器、数据选择器和加法器 MSI 组件实现组合逻辑函数的方法。用只读存储器（ROM）和可编程序阵列（PLA）产生组合逻辑函数的方法将在第 7 章中介绍。

#### 1．用译码器实现组合逻辑函数

由于译码器的每个输出端分别对应一个最小项，因此辅以适当的门电路，便可实现任何组合逻辑函数。

**【例 4-8】** 试用译码器和门电路实现逻辑函数 Y=AB+BC+AC

**解：**（1）先将逻辑函数转换成最小项表达式，再转换成与非-与非式。

$$Y=\overline{A}BC+A\overline{B}C+AB\overline{C}+ABC$$

$$=m_3+m_5+m_6+m_7=\overline{\overline{m_3}\cdot\overline{m_5}\cdot\overline{m_6}\cdot\overline{m_7}}$$

（2）该函数有 3 个变量，所以可用 3 线-8 线译码器来实现。用一片 74LS138 加一个与非门就可实现逻辑函数 Y，设 $A_2$=A、$A_1$=B、$A_0$=C。逻辑图如图 4-39 所示。

**【例 4-9】** 某组合逻辑电路的真值表如表 4-18 所示，试用译码器和门电路设计该逻辑电路。

**表 4-18　　例 4-9 的真值表**

| 输入 | | | 输出 | | |
|---|---|---|---|---|---|
| A | B | C | L | F | G |
| 0 | 0 | 0 | 0 | 0 | 1 |
| 0 | 0 | 1 | 1 | 0 | 0 |
| 0 | 1 | 0 | 1 | 0 | 1 |
| 0 | 1 | 1 | 0 | 1 | 0 |
| 1 | 0 | 0 | 1 | 0 | 1 |
| 1 | 0 | 1 | 0 | 1 | 0 |
| 1 | 1 | 0 | 0 | 1 | 1 |
| 1 | 1 | 1 | 1 | 0 | 0 |

**解：**（1）写出各输出的最小项表达式，再转换成与非-与非形式。

$$L=\overline{A}\,\overline{B}C+\overline{A}B\overline{C}+A\overline{B}\,\overline{C}+ABC=m_1+m_2+m_4+m_7=\overline{\overline{m_1}\cdot\overline{m_2}\cdot\overline{m_4}\cdot\overline{m_7}}$$

$$F=\overline{A}BC+A\overline{B}C+AB\overline{C}=m_3+m_5+m_6=\overline{\overline{m_3}\cdot\overline{m_5}\cdot\overline{m_6}}$$

$$G=\overline{A}\,\overline{B}\,\overline{C}+\overline{A}B\overline{C}+A\overline{B}\,\overline{C}+AB\overline{C}=m_0+m_2+m_4+m_6=\overline{\overline{m_0}\cdot\overline{m_2}\cdot\overline{m_4}\cdot\overline{m_6}}$$

（2）选用 3 线—8 线译码器 74LS138。设 $A_2$=A、$A_1$=B、$A_0$=C。用一片 74LS138 加 3 个与非门就可实现该组合逻辑函数，逻辑图如图 4-40 所示。

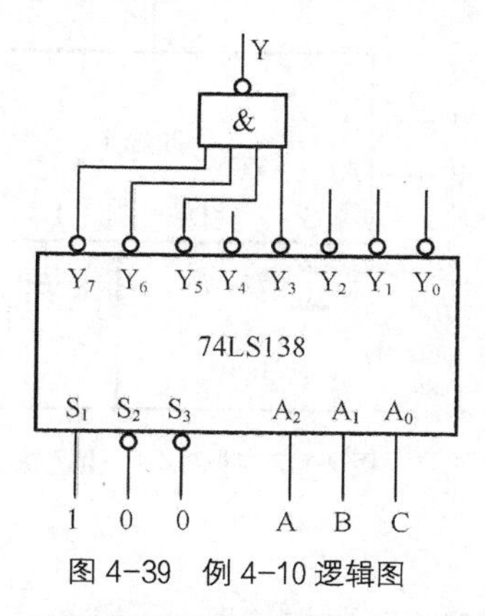

图 4-39　例 4-10 逻辑图

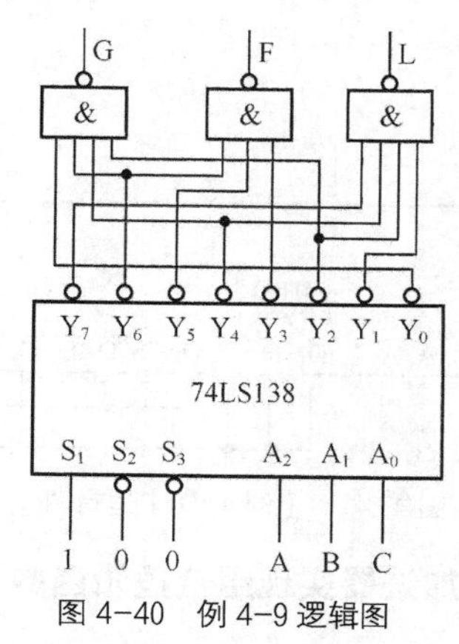

图 4-40　例 4-9 逻辑图

可见，用译码器实现多输出逻辑函数时，优点更明显。

### 2．用数据选择器实现组合逻辑函数

由于任何逻辑函数都可以表示成最小项之和的形式，因此应用对照比较法，利用数据选择器，当使能端有效时，将地址输入、数据输入代替逻辑函数中的变量实现逻辑函数。一般情况下，具有 *n* 位地址码的数据选择器，可以产生不多于 *n*+1 个变量的任意逻辑函数。

（1）当逻辑函数的变量个数和数据选择器的地址输入变量个数相同时，可直接用数据选择器来实现逻辑函数。

**【例 4-10】** 试用 8 选 1 数据选择器 74HC151 实现逻辑函数 $L=AB+BC+AC$

**解：** 因为 L 函数的输入变量有 3 个，8 选 1 数据选择器的地址码也为 3 个，所以可用下述方法实现 L 函数。

① 将逻辑函数转换成最小项表达式 $L=\overline{A}BC+A\overline{B}C+AB\overline{C}+ABC=m_3+m_5+m_6+m_7$。

② 将函数的输入变量接至数据选择器的地址输入端，权位高低要一一对应，即 $A=A_2$，$B=A_1$，$C=A_0$。函数的输出变量接至数据选择器的输出端，即 $L=Y$。将逻辑函数 L 的最小项表达式与 74HC151 的输出逻辑表达式相比较，显然，L 式中出现的最小项，对应的数据输入端应接 1，L 式中没出现的最小项，对应的数据输入端应接 0。即 $D_3=D_5=D_6=D_7=1$；$D_0=D_1=D_2=D_4=0$。

③ 根据上述分析画出连线图如图 4-41 所示。

（2）当逻辑函数的变量个数大于数据选择器的地址输入变量个数时，不能用前述的简单办法。应分离出多余的变量，把它们加到适当的数据输入端。

**【例 4-11】** 试用 4 选 1 数据选择器产生逻辑函数 $Z=\overline{A}\,\overline{B}\,\overline{C}+A\overline{B}C+AB$。

**解：** 因为 Z 函数的输入变量有 3 个，所以可用 4 选 1 数据选择器实现 Z 函数。方法如下。

① 写出 4 选 1 数据选择器的输出逻辑表达式 $Y=\overline{A_1}\,\overline{A_0}D_0+\overline{A_1}A_0D_1+A_1\overline{A_0}D_2+A_1A_0D_3$。

② 将 Z 式整理成与 Y 式完全对应的形式 $Z=\overline{A}\,\overline{B}\cdot\overline{C}+\overline{A}B\cdot 0+A\overline{B}\cdot C+AB\cdot 1$。

③ 对照 Y 式与 Z 式知，只要令 $A_1=A$，$A_0=B$，$D_0=\overline{C}$，$D_1=0$，$D_2=C$，$D_3=1$。则数据选择器的输出函数 Y 就是 Z 式所表示的逻辑函数。

④ 按照对应关系画连线图如图 4-42 所示。

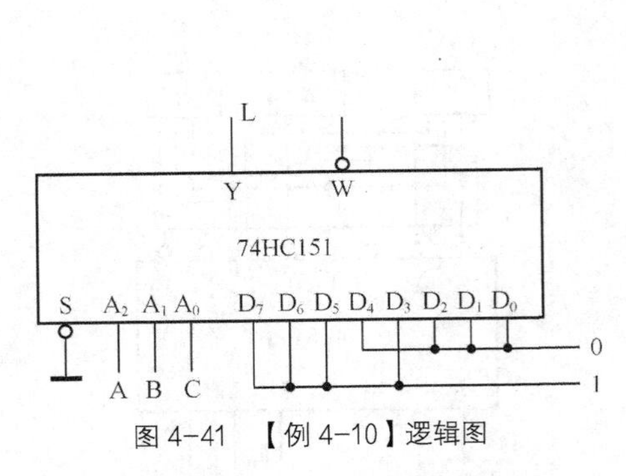


图 4-41 【例 4-10】逻辑图

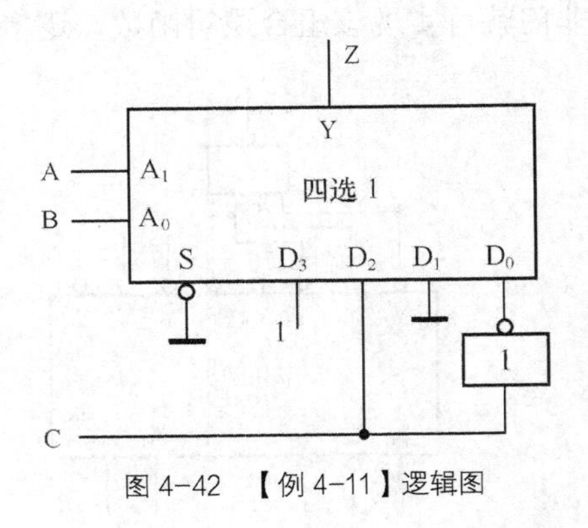


图 4-42 【例 4-11】逻辑图

### 3．用加法器实现组合逻辑函数

**【例 4-12】** 用 74LS283 和少量门电路构成一位 8421BCD 码加法器。

**解：** 当两个用 8421BCD 码表示的一位十进制数相加时，每个加数都不会大于 9（1001），考虑到低位来的进位，最大的和为 9+9+1=19。

当和小于等于 9 时，可直接输出，不需要修正。当加法运算的和大于 9 时，可分为 2 种情况。①加法运算的和在 10～15，此时无进位（$C_3=0$）。如 6+7 的结果是 1101，需加 0110 修正为 10011。②加法运算的和在 16～19，此时有进位（$C_3=1$）。如 8+8 的结果为 10000，需加 0110 修正后为 10110。上述两种情况可以由一个修正电路来完成。设 C 为修正信号，则

$$C=C_3+C_{(9<s<16)}$$

其中，$C_3$ 为 74LS283 进位输出信号，$C_{(9<s<16)}$表示和数在 10～15 的情况（如图 4-43 所示）。

由图 4-43 得到

$$C_{(9<s<16)}=S_3S_2+S_3S_1$$

所以有

$$C=C_3+S_3S_2+S_3S_1$$

因此，可用一片 74LS283 加法器进行求和运算，用门电路产生修正信号，再用一片 74LS283 实现加 6 修正，即得一位 8421BCD 码加法器，如图 4-44 所示。

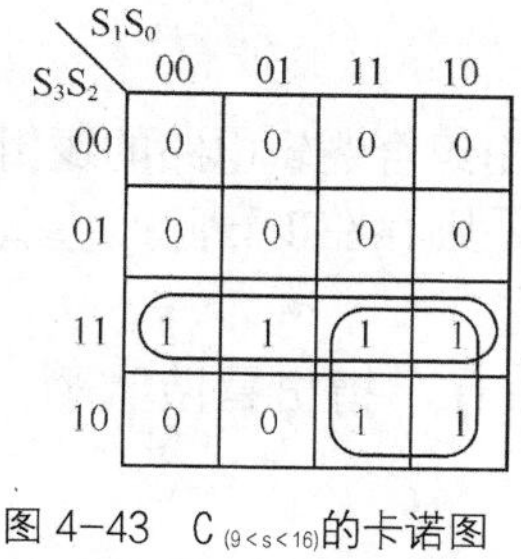

| $S_3S_2$ \ $S_1S_0$ | 00 | 01 | 11 | 10 |
|---|---|---|---|---|
| 00 | 0 | 0 | 0 | 0 |
| 01 | 0 | 0 | 0 | 0 |
| 11 | 1 | 1 | 1 | 1 |
| 10 | 0 | 0 | 1 | 1 |

图 4-43 $C_{(9<s<16)}$的卡诺图

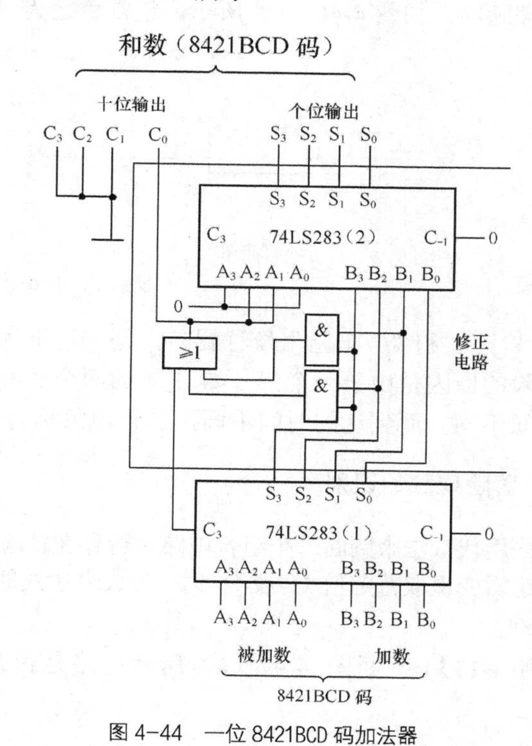


图 4-44 一位 8421BCD 码加法器

## 4.5 组合逻辑电路中的竞争冒险

前面在分析和设计组合逻辑电路时，都没有考虑门电路延迟时间对电路的影响。实际上，由于延迟时间的存在，当一个输入信号经过多条路径传送后又重新会合到某个门上，由于不同路径上门的级数不同，或者门电路延迟时间的差异，导致到达会合点的时间有先有后，从而产生瞬间的错误输出，这一现象称为竞争冒险。

### 1．产生竞争冒险的原因

图 4-50（a）所示的电路中，逻辑表达式为 $L=A\overline{A}$，理想情况下，输出应恒等于 0。但是由于 $G_1$ 门的延迟时间 $t_{pd}$，A 下降沿到达 $G_2$ 门的时间比 A 信号上升沿晚 $1t_{pd}$，因此，使 $G_2$ 输出端出现了一个正向窄脉冲，如图 4-45（b）所示，通常称之为“1 冒险”。

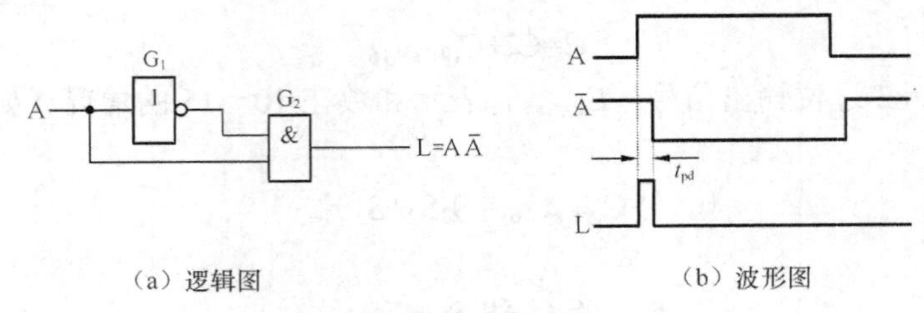


图 4-45 产生 1 冒险

同理，在图 4-46（a）所示的电路中，由于 $G_1$ 门的延迟时间 $t_{pd}$，会使 $G_2$ 输出端出现了一个负向窄脉冲，如图 4-46（b）所示，通常称之为"0 冒险"。

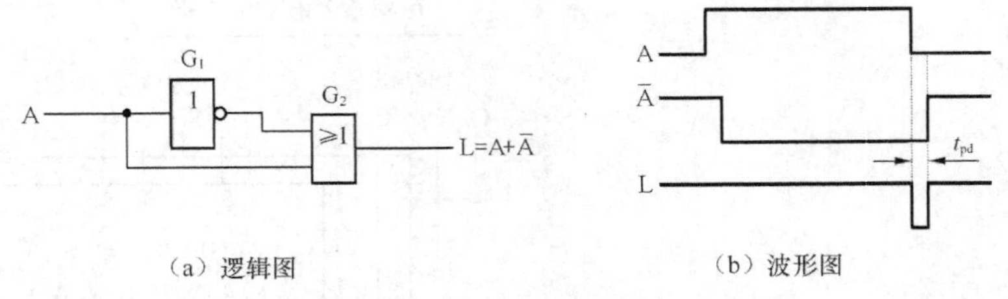


图 4-46 产生 0 冒险

"0 冒险"和"1 冒险"统称冒险，是一种干扰脉冲，有可能引起后级电路的错误动作。产生冒险的原因是由于一个门（如 $G_2$）的两个互补的输入信号分别经过两条路径传输，由于延迟时间不同，而到达的时间不同，这种现象称为竞争。

**2．冒险现象的识别**

可采用代数法来判断一个组合电路是否存在冒险，方法为：写出组合逻辑电路的逻辑表达式，当某些逻辑变量取特定值（0 或 1）时，如果表达式能转换为 $L=A\overline{A}$ 则存在 1 冒险；$L=A+\overline{A}$ 则存在 0 冒险。

**【例 4-13】** 判断图 4-47（a）所示电路是否存在冒险，如有，指出冒险类型，画出输出波形。

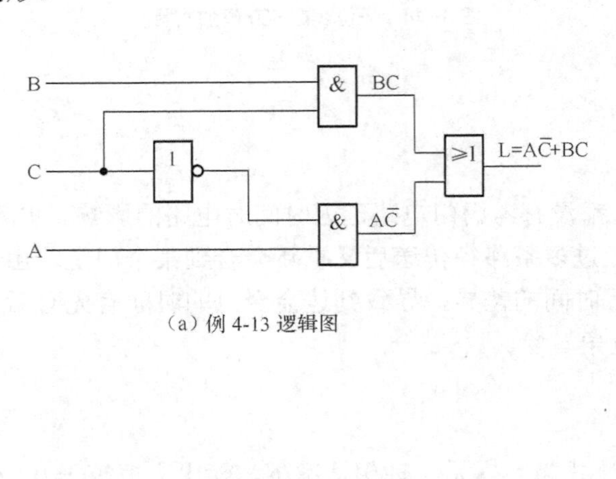


（a）例 4-13 逻辑图

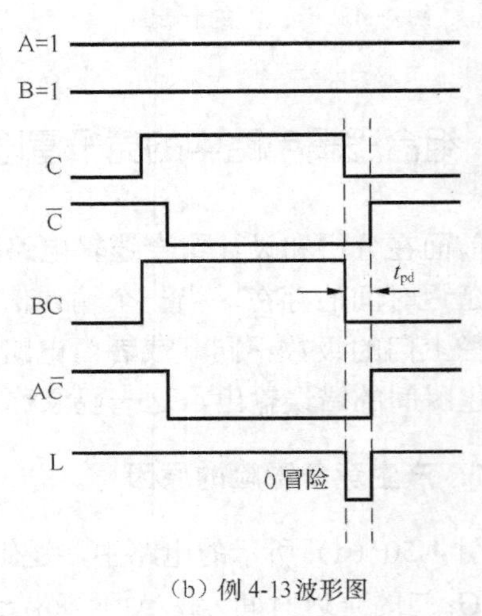


（b）例 4-13 波形图

图 4-47

**解**：写出逻辑表达式：$L=A\overline{C}+BC$

若输入变量 A=B=l，则有$L=C+\overline{C}$，因此，该电路存在 0 冒险。下面画出 A=B=l 时 L 的波形。在稳态下，无论 C 取何值，L 恒为 l，但当 C 变化时，由于信号的各传输路径的时延不同，将会出现图 4-47（b）所示的负向窄脉冲，即 0 冒险。

**【例 4-14】** 判断逻辑函数$L=(A+B)(\overline{B}+C)$是否存在冒险。

**解**：如果令 A＝C＝0，则有$L=B\cdot\overline{B}$，因此，该电路存在 1 冒险。

**3．冒险现象的消除方法**

当组合逻辑电路存在冒险现象时，可以采取以下方法来消除冒险现象。

（1）加冗余项

在例 4-13 的电路中，存在冒险现象。如在其逻辑表达式中增加乘积项 AB，使其变为$L=A\overline{C}+BC+AB$，则在原来产生冒险的条件 A＝B＝1 时，L=1，不会产生冒险。这个函数增加了乘积项 AB 后，已不是“最简”，故这种乘积项称冗余项。

（2）变换逻辑式，消去互补变量

例 4-14 的逻辑式$L=(A+B)(\overline{B}+C)$存在冒险现象。如将其变换为$L=A\overline{B}+AC+BC$，则在原来产生冒险的条件 A＝C＝0 时，L=0，不会产生冒险。

（3）增加选通信号

在电路中增加一个选通脉冲，接到可能产生冒险的门电路的输入端。当输入信号转换完成，进入稳态后，才引入选通脉冲，将门打开。这样，输出就不会出现冒险脉冲。

（4）增加输出滤波电容

由于竞争冒险产生的干扰脉冲的宽度一般都很窄，在可能产生冒险的门电路输出端并接一个滤波电容（一般为 4～20 pF），利用电容两端的电压不能突变的特性，使输出波形上升沿和下降沿都变的比较缓慢，从而起到消除冒险现象的作用。

# 本章小结

组合逻辑电路是由各种门电路组成的没有记忆功能的电路，它没有输出至输入的反馈延迟电路。它的特点是任一时刻的输出信号只取决于该时刻的输入信号，而与电路原来的状态无关。

组合逻辑电路的分析方法：写出逻辑表达式→化简和变换逻辑表达式→列出真值表→确定功能。

本章着重介绍了具有特定功能常用的中规模集成组件，如编码器、译码器、数据选择器和数据分配器、数值比较器、加法器等，这些组件应用十分广泛。

组合逻辑电路的设计关键步骤是：对给定的逻辑问题通过逻辑抽象后，能以真值表（或逻辑表达式）的形式作出正确的功能描述。

用 MSI 设计组合逻辑电路关键问题是，必须熟悉各类 MSI 部件的逻辑功能及输出函数表达式，以便能选择最合适的 MSI 组件，满足所设计的逻辑问题。其次，必须把按设计问题得到的逻辑表达式，变换成与所选 MSI 组件的逻辑函数式相类似的形式，以便通过两个逻辑函数的对应关系，确定输入变量的连接关系。

按给定的逻辑问题，设计出来的组合逻辑电路，在输入变量的状态发生变化的瞬间过渡过程中，组合电路的输出会产生瞬时尖峰脉冲（俗称电压毛刺），这就是组合电路中的竞争-冒险现象。若电路的负载对电压毛刺敏感，就会使负载电路误动作，造成危害。为此，在组合电路的设计中应采取消除竞争-冒险的有效措施。

# 习　题

［4-1］分析如题图 4-1 所示两个逻辑电路的逻辑功能是否相同？要求写出逻辑表达式，列出真值表。

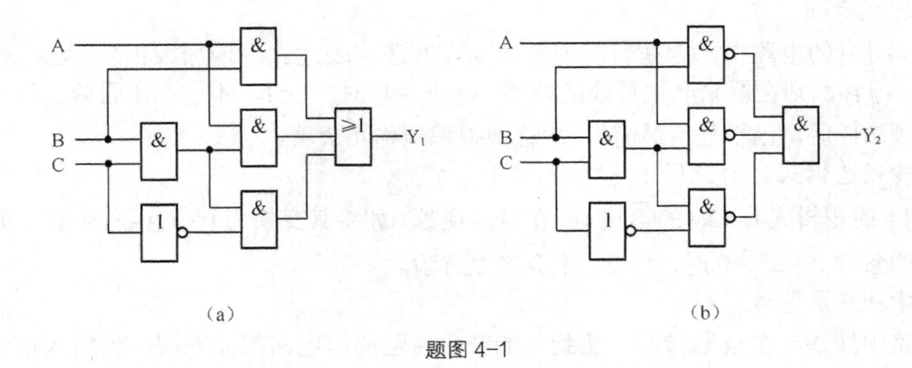


题图 4-1

［4-2］写出如题图 4-2 所示电路输出信号的逻辑表达式，并说明电路的逻辑功能。

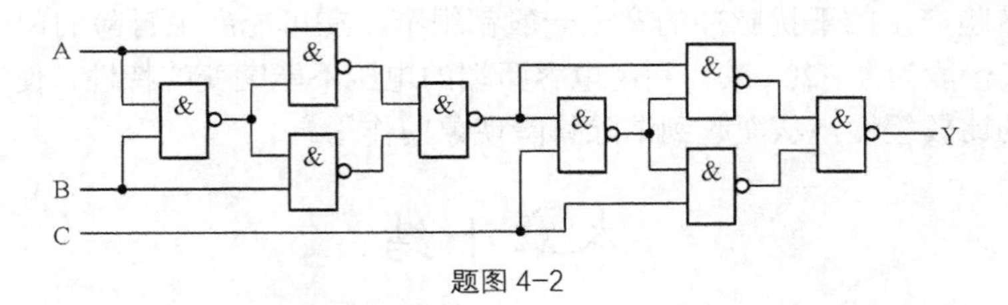


题图 4-2

［4-3］写出如题图 4-3 所示各电路输出信号的逻辑表达式，并说明电路的逻辑功能。

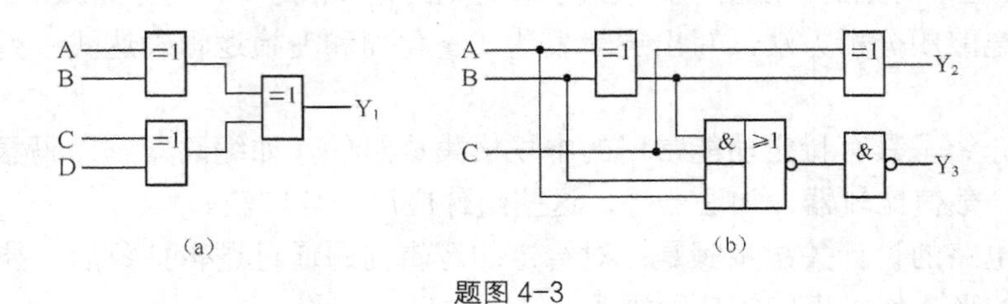


题图 4-3

［4-4］分析如题图 4-4 所示 74HC153 双 4 选 1 数据选择器的工作原理，画出逻辑框图，写出功能表。

［4-5］题图 4-5 是对十进制数 9 的求补集成电路 CC14561 的逻辑图，写出当 COMP=1、Z=0 和 COMP=0、Z=0 时，$Y_1$～$Y_4$ 的逻辑式，列出真值表。

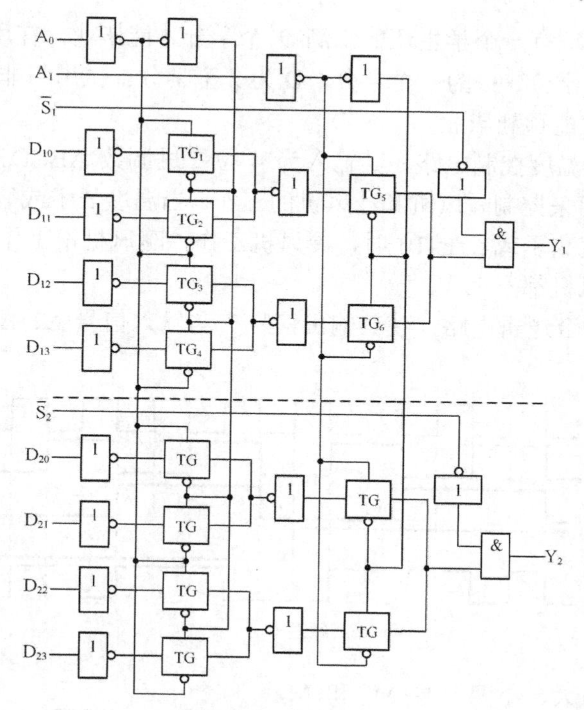
A0
A1
S1
D10
D11
D12
D13
S2
D20
D21
D22
D23
TG1
TG2
TG3
TG4
TG5
TG6
TG
&
Y1
Y2

题图 4-4

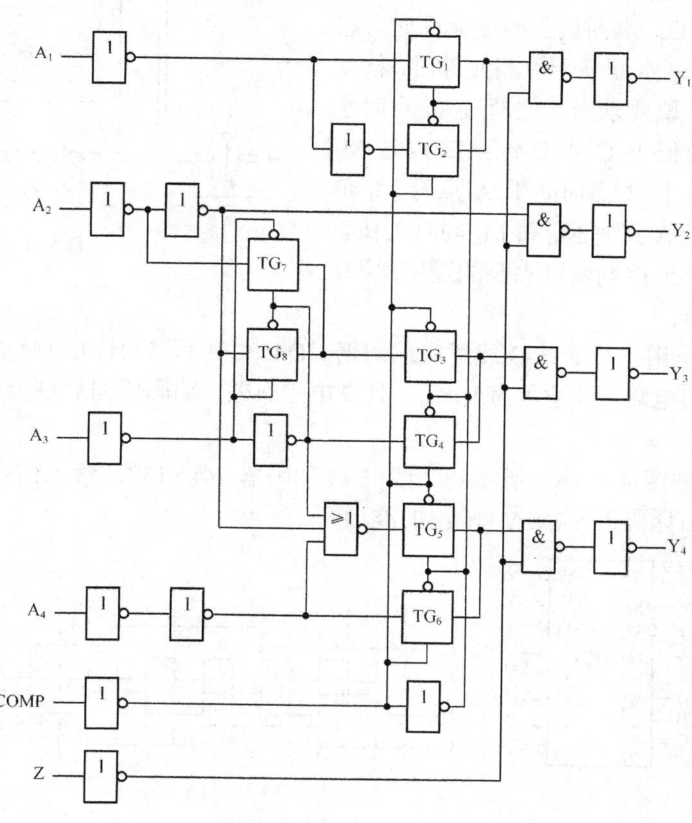
A1
A2
A3
A4
COMP
Z
TG1
TG2
TG3
TG4
TG5
TG6
TG7
TG8
≥1
&
Y1
Y2
Y3
Y4

题图 4-5

[4-6] 某高校毕业班有一个学生还需修满 9 个学分才能毕业，在所剩的 4 门课程中，A 为 5 个学分，B 为 4 个学分，C 为 3 个学分，D 为 2 个学分。试用与非门设计一个逻辑电路，其输出为 1 时表示该生能顺利毕业。

[4-7] 试设计一个温度控制电路，其输入为 4 位二进制数 ABCD，代表检测到的温度，输出为 X 和 Y，分别用来控制暖风机和冷风机的工作。当温度低于或等于 5 时，暖风机工作，冷风机不工作；当温度高于或等于 10 时，冷风机工作，暖风机不工作；当温度介于 5 和 10 之间时，暖风机和冷风机都不工作。

[4-8] 设计一个组合逻辑电路，使其输出信号 F 与输入信号 A、B、C、D 的关系满足题图 4-6 所示的波形图。

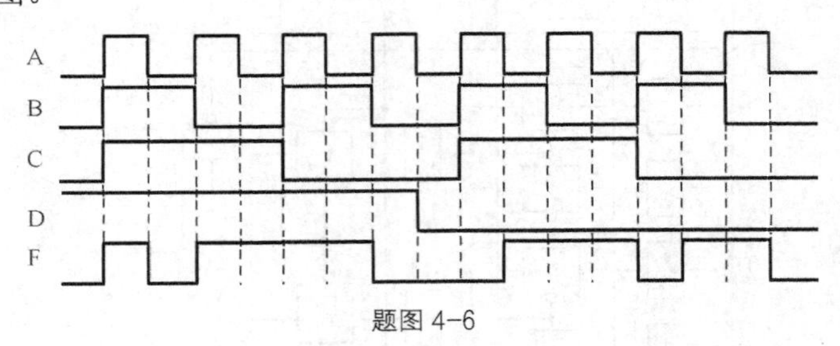

题图 4-6

[4-9] 有一水箱由大、小两台泵 $M_L$ 和 $M_S$ 供水，如题图 4-7 所示。水箱中设置了 3 个水位检测元件 A、B、C。水面低于检测元件时，检测元件给出高电平；水面高于检测元件时，检测元件给出低电平。现要求当水位超过 C 点时水泵停止工作；水位低于 C 点而高于 B 点时 $M_S$ 单独工作；水位低于 B 点而高于 A 点时 $M_L$ 单独工作；水位低于 A 点时 $M_L$ 和 $M_S$ 同时工作。试用门电路设计一个控制两台水泵的逻辑电路，要求电路尽量简单。

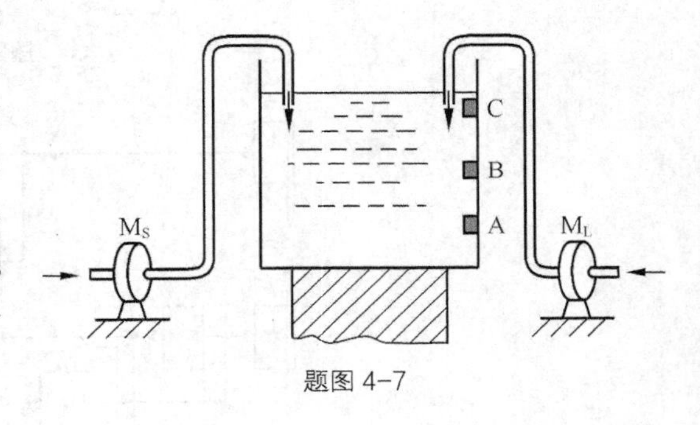

题图 4-7

[4-10] 试画出用 1 片 8 线-3 线优先编码器 CD4532 组成 8421BCD 优先编码器的逻辑图。允许附加必要的门电路，设输入为 $I_9$～$I_0$，且高电平有效，编码优先顺序为 $I_9 \to I_0$，输出为 $A_3$、$A_2$、$A_1$、$A_0$。

[4-11] 已知题图 4-8（a）所示的 3 线-8 线译码器 74LS138，输入信号的波形如题图 4-8（b）所示。试画出译码器 $\overline{Y}_0$ 到 $\overline{Y}_7$ 输出的波形。

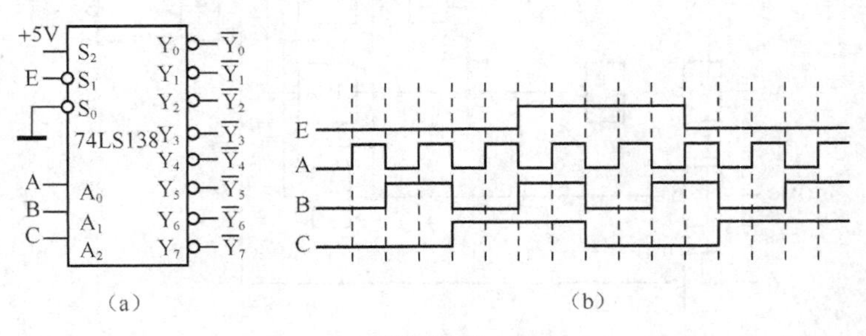

题图 4-8

［4-12］试画出用 3 线-8 线译码器 74LS138 和门电路产生多输出逻辑函数的逻辑图。

$$\begin{cases} Y_1=AC \\ Y_2=\bar{A}\,\bar{B}C+A\bar{B}\,\bar{C}+BC \\ Y_3=\bar{B}\,\bar{C}+AB\bar{C} \end{cases}$$

［4-13］画出用 4 线-16 线译码器 74LS154 和门电路产生如下多输出逻辑函数的逻辑图。题图 4-9 是 74LS154 的逻辑框图，图中 $\bar{S}_A$ 、$\bar{S}_B$ 是两个控制端（亦称片选端）译码器工作时应使 $\bar{S}_A$ 、$\bar{S}_B$ 同时为低电平，输入信号 $A_3$、$A_2$、$A_1$、$A_0$ 为 0000～1111 这 16 种状态时，输出端从 $\bar{Y}_0$ 到 $\bar{Y}_{15}$ 依次给出低电平输出信号。

$$Y_1=\bar{A}\,\bar{B}\,\bar{C}D+\bar{A}\,\bar{B}C\bar{D}+A\bar{B}\,\bar{C}\,\bar{D}+\bar{A}B\bar{C}\,\bar{D}$$

$$Y_2=\bar{A}BCD+A\,\bar{B}CD+AB\bar{C}D+ABC\bar{D}$$

$$Y_3=\bar{A}B$$

［4-14］用 3 线-8 线译码器 74LS138 和门电路设计 1 位二进制全减器电路。输入为被减数 $P_i$、减数 $Q_i$ 和来自低位的借位 $B_{i-1}$；输出为两数之差 $D_i$ 及向高位的借位信号 $B_i$。

［4-15］分析题图 4-10 所示电路，74HC151 写出输出 Z 的逻辑函数式。

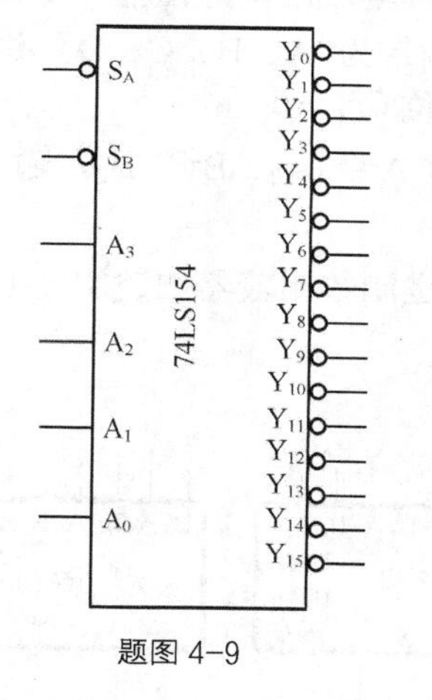


题图 4-9

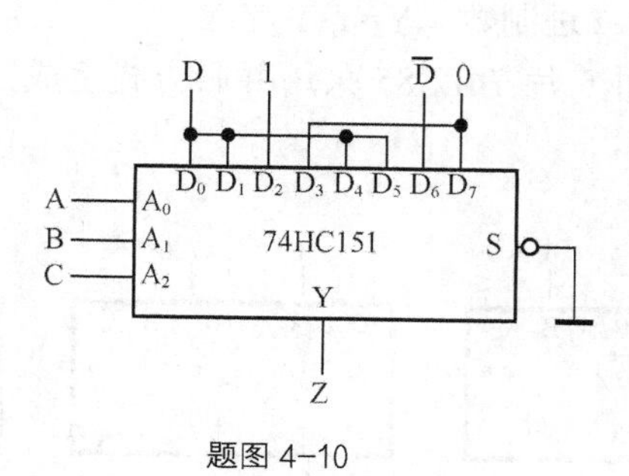


题图 4-10

［4-16］试用 4 选 1 数据选择器（见图 4-18）产生逻辑函数 $Y=A\bar{B}\,\bar{C}+\bar{A}\,\bar{C}+BC$ 。

［4-17］用双 4 选 1 数据选择器 74HC153 实现 1 位全加器电路。74HC153 原理图参看习题［4-4］。设 $A_i$ 和 $B_i$ 分别表示被加数、加数输入，$C_{i-1}$ 表示来自相邻低位的进位输入。$S_i$ 为本位和输出，$C_i$ 为向相邻高位的进位输出。

［4-18］试用两片双 4 选 1 数据选择器 74LS153（见习题 4-4）和 3 线-8 线译码器 74LS138 接成 16 选 1 数据选择器。

［4-19］题图 4-11 是用两个 4 选 1 数据选择器

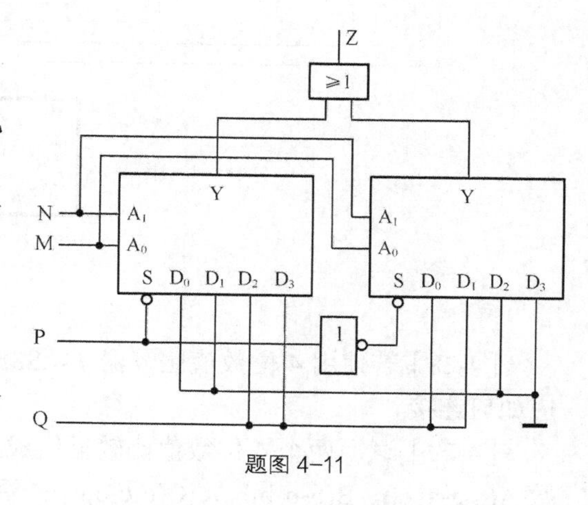


题图 4-11

组成的逻辑电路，试写出输出 Z 与输入 M、N、P、Q 之间的逻辑函数。

[4-20] 用 8 选 1 数据选择器 74HC151 产生逻辑函数

$$Y=AC+\overline{A}B\overline{C}+\overline{A}\cdot\overline{B}C$$

[4-21] 设计用 3 个开关控制一个电灯的逻辑电路，要求改变任何一个开关的状态都控制电灯由亮变灭或由灭变亮。要求用数据选择器来实现。

[4-22] 用 8 选 1 数据选择器设计一个函数发生器电路，它的功能表如题表 4-1 所示。设 $S_1S_0A=A_2A_1A_0$。

题表 4-1

| $S_1\ S_0$ | Y |
|---|---|
| 0 0 | $A\cdot B$ |
| 0 1 | $A+B$ |
| 1 0 | $A\oplus B$ |
| 1 1 | $\overline{A}$ |

[4-23] 试用 4 位并进行加法器 74LS283（见图 4-24）设计一个加/减运算电器。当控制信号 M=0 时它将两个输入的 4 位二进制数相加，而 M=1 时它将两个输入的 4 位二进制数相减。允许附加必要的门电路。

[4-24] 能否用一片 4 位并行加法器 74LS283（见图 4-24）将余 3 代码转换成 8421 的二十进制代码？如果可能，应当如何连线？

[4-25]已知输入为 8421 码二-十进制数，要求当输入小于 5 时，输出为输入数加 2，当输入大于、等于 5 时，输出为输入数加 4，试用一片中规模集成四位加法器 74LS283 及“与或非”门、“非”门实现电路，请画出逻辑图。提示：设输入为 A、B、C、D，并从 $B_3$、$B_2$、$B_1$、$B_0$ 输入；输出端为 $S_3$、$S_2$、$S_1$、$S_0$，令来自低位进位 $C_{-1}=0$。

[4-26] 设计一个乘法器，输入是两个 2 位二进制数 $A=A_1A_0$、$B=B_1B_0$，输出是两者的乘积（一个 4 位二进制数）$Y=Y_3Y_2Y_1Y_0$。

[4-27] 用 5 片 74LS85 采用并联方式组成 16 位二进制数比较器如题图 4-12 所示，试分析其工作原理。

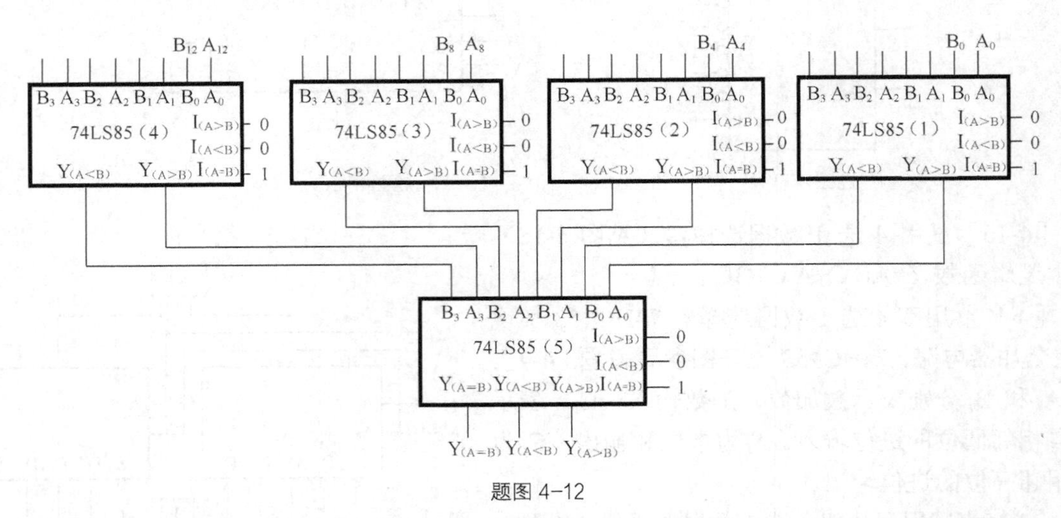


题图 4-12

[4-28] 若使用 4 位数值比较器 74LS85 组成 10 位数值比较器，需要用几片？各片之间的应如何连接？

[4-29] 试用两个 4 位数值比较器组成三个数的判断电路。要求能够判别三个 4 位二进制数 $A(a_3a_2a_1a_0)$、$B(b_3b_2b_1b_0)$、$C(c_3c_2c_1c_0)$是否相等、A 是否最大、A 是否最小，并分别给出“三

个数相等”、“A 最大”、“A 最小”的输出信号。可以附加必要的门电路。

［4-30］试分析题图 4-13 电路当中 A、B、C、D 单独一个改变状态时是否存在竞争-冒险现象？如果存在竞争-冒险现象，那么都发生在其他变量为何种取值的情况下？

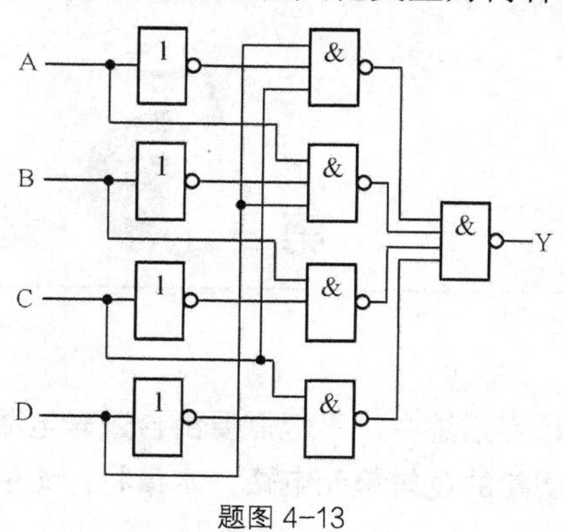


题图 4-13

# 第5章 触发器

在现代的计算机、信息与数字系统中，不但需要组合逻辑电路，还需要有能够存储状态的电路。触发器就是能够实现存储功能的逻辑单元电路。本章将讨论触发器的电路结构和工作原理，以及所实现的逻辑功能。

## 5.1 基本触发器

在数字电路中，将能够存储一位“0”或“1”的二值信号器件统称为触发器。基本触发器（又称锁存器）是构成各种触发器的基础电路，它可由或非门或与非门构成。本节主要讨论由与非门组成的基本 SR 触发器。

### 5.1.1 与非门组成的基本 SR 触发器

（1）电路结构

基本 SR 触发器又称直接置位-复位触发器（Directly Set-reset flip-flop），可由两个与非门交叉耦合构成，其逻辑电路如图 5-1（a）所示。

在图 5-1（a）中，$\overline{S}_D$、$\overline{R}_D$ 是触发器的两个输入端，其中$\overline{S}_D$为置位（Set）端，意思是 Q 的输出为高电平，因此又称置“1”端。$\overline{R}_D$ 为复位（Reset）端，意思是 Q 输出为低电平，因此也称置“0”端。Q 与$\overline{Q}$为两个互补输出端，Q 为高电平时，$\overline{Q}$为低电平，而当 Q 为低电平时，$\overline{Q}$为高电平。图 5-1（b）为其逻辑符号。逻辑符号中的小圆圈表示低电平有效。

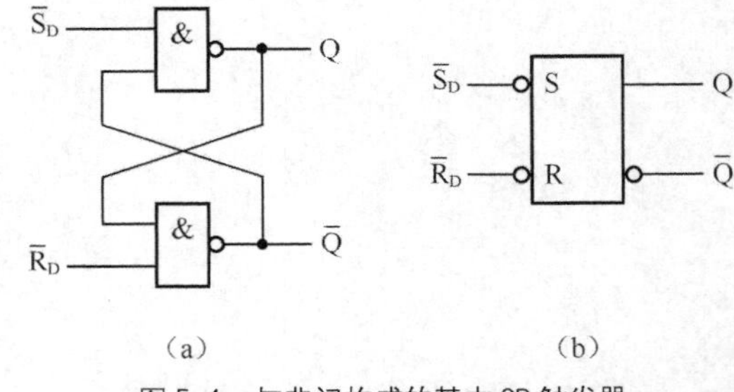

图 5-1 与非门构成的基本 SR 触发器

（2）电路工作原理

基本 SR 触发器具有两个输入端，所以有 4 种组合输入信号。

① 触发器置 0。输入$\overline{S}_D$=1、$\overline{R}_D$=0 时，根据与非门的逻辑功能，无论此时$\overline{Q}$的状态是 0 还是 1，$\overline{R}_D$=0 定会迫使触发器$\overline{Q}$=1，$\overline{Q}$=1 的状态反馈后再与$\overline{S}_D$=1 同时作用，便使 Q=0，从而达到触发器置 0 功能。

② 触发器置 1。输入$\overline{S}_D$=0、$\overline{R}_D$=1 时，由于触发器是对称构成的，同理，无论此时 Q 的状态是 0 还是 1，$\overline{S}_D$=0 也定会迫使触发器 Q=1，即触发器置 1，同样 Q=1 的状态反馈后再

与$\overline{R}_D$=1 同时作用，使$\overline{Q}$=0。

③ 触发器的记忆功能。输入$\overline{S}_D$=1、$\overline{R}_D$=1 时，触发器将保持原态（0 或 1）不变，Q 与$\overline{Q}$保持互补状态，若 Q=1，则$\overline{Q}$=0；若 Q=0，则$\overline{Q}$=1。这就是说$\overline{S}_D$、$\overline{R}_D$都不作用触发器时，触发器将保持原有的状态不变，这就是所谓的记忆功能。

④ 触发器不允许状态。输入$\overline{S}_D$=0、$\overline{R}_D$=0，两个输入端同时作用时，根据与非门的逻辑功能，两个与非门的输出会同时为 1，触发器的两个输出端不再是互补状态，即 Q=1，$\overline{Q}$=1，而当两个触发信号同时撤销时，即$\overline{S}_D$、$\overline{R}_D$两输入信号同时由 0 变为 1 时，触发器将会出现不确定状态，其状态是 0 还是 1，取决于两个构成触发器的与非门的传输延迟时间 $t_{pd}$ 的长短，哪个与非门的 $t_{pd}$ 短，那个门的输出就先翻转，即先由 1 变成 0，并再将 0 反馈到另一与非门的输入，使其与非门的输出端保持 1 不变。然而，由于两个与非门 $t_{pd}$ 值不能绝对相等，所以在触发输入信号同时撤出时，触发器状态也将是不确定的。因此，为了保证触发器的工作稳定，要求输入信号$\overline{S}_D$、$\overline{R}_D$不允许同时为 0，即遵守$\overline{S}_D+\overline{R}_D$=1 的约束条件。

由上可见，$\overline{R}_D$为低电平触发时，触发器置 0，即 Q=0；而$\overline{S}_D$为低电平触发时，触发器置 1，即 Q=1。显然由与非门构成的基本 SR 触发器是低电平触发有效。

（3）特性表

用真值表的方式来描述上述触发器的输入与输出之间的逻辑关系，则得到如表 5-1 所示特征表，而特性简表如表 5-2 所示。需要说明的是，表中的 $Q^n$ 是某一时刻 $t$ 到来之前触发器的原态（现态），$Q^{n+1}$ 则是 t 时刻到来之后，触发器的新状态（次态），$\overline{S}_D$、$\overline{R}_D$是 $t$ 时刻到达时，触发器的输入值。

**表 5-1　　与非门组成的基本 SR 触发器特征表**

| 原　态 | 输 入 信 号 | 新 状 态 | 功　能 |
|---|---|---|---|
| $Q^n$ | $\overline{S}_D$ $\overline{R}_D$ | $Q^{n+1}$ | |
| 0 | 1 0 | 0 | 置 0 |
| 1 | 1 0 | 0 | |
| 0 | 0 1 | 1 | 置 1 |
| 1 | 0 1 | 1 | |
| 0 | 1 1 | 0 | 保持（记忆） |
| 1 | 1 1 | 1 | |
| 0 | 0 0 | 1 | 不互补（不允许） |
| 1 | 0 0 | 1 | |

**表 5-2　　表 5-1 的简化特征表**

| $\overline{S}_D$ | $\overline{R}_D$ | $Q^{n+1}$ |
|---|---|---|
| 1 | 0 | 置 0 |
| 0 | 1 | 置 1 |
| 1 | 1 | $Q^n$（保持） |
| 0 | 0 | $\phi$（不允许） |

注：其中 $\phi$ 形象的表示信号同时撤销时状态不定。

表 5-1 完整地描述了在输入信号$\overline{S}_D$和$\overline{R}_D$的作用下，触发器原态（现态）和新状态（次态）之间的转换关系，即触发器的逻辑功能。它与组合逻辑的真值表的区别在于其包含了时间先后（$n$，$n$+1）的因素，故将此表称为特征表。

**【例 5-1】** 由与非门构成的基本 SR 触发器的输入$\overline{S}_D$和$\overline{R}_D$的波形如图 5-2 所示，试画出其 Q 与$\overline{Q}$的波形。设触发器的初态 Q=0，忽略门的传输延迟时间。

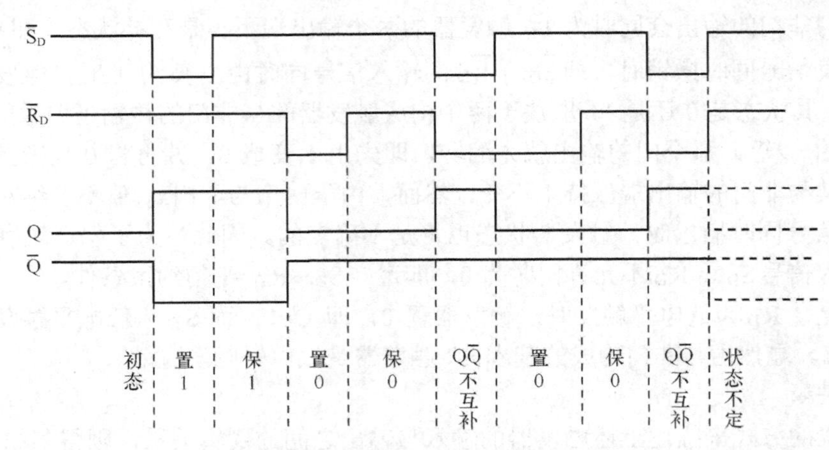


图 5-2 【例 5-1】与非门构成 SR 触发器工作波形

**【例 5-2】** 机械开关（如按键、波动开关、继电器等）常常用作数字系统的逻辑电平输入装置，在机械开关接通或断开瞬间，触点由于机械的弹性振颤，会出现图 5-3 所示的抖动现象，运用基本 SR 触发器消除机械开关触点抖动引起的脉冲输出。

**解**：可以采用图 5-4（a）所示电路解决机械开关抖动现象，称为去抖动电路。设单刀双掷开关 S 原来与 B 点接通，这时锁存器的状态为 0。图 5-4（b）中虚线上部是开关 S 由 B 拨向 A，然后又拨回 B 过程中，$\overline{S}_D$和$\overline{R}_D$端的波形。虚线以下是在此情况下 Q 端波形。可以看到，在开关每次变化时，基本 SR 触发器只有一次翻转，不存在抖动波形。图 5-4（a）所示去抖电路特别适用于需要对机械开关状态进行计数的场合，它可以消除开关触点抖动造成的误计数。

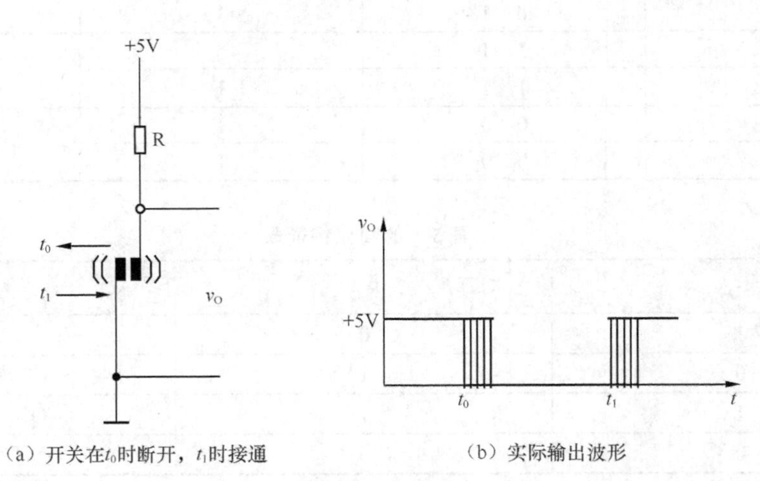


（a）开关在$t_0$时断开，$t_1$时接通　（b）实际输出波形

图 5-3 机械开关的“抖动”现象

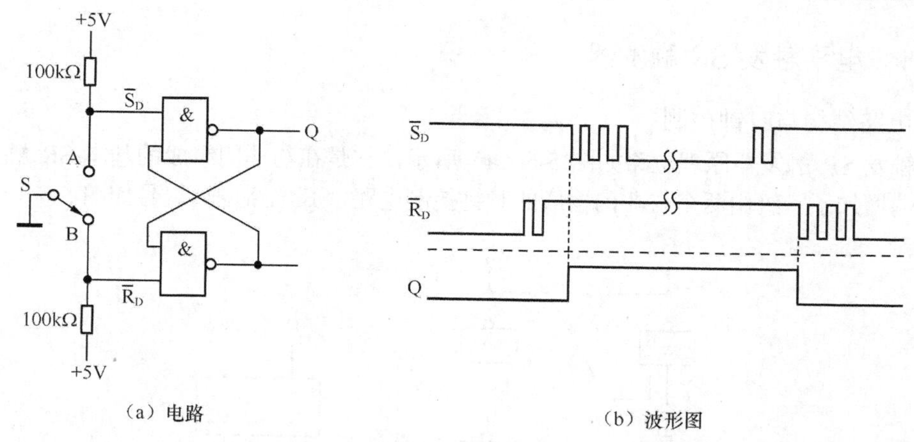


（a）电路

（b）波形图

图 5-4 用基本 SR 触发器构成的机械开关去抖电路

### 5.1.2 或非门组成的基本 SR 触发器

基本 SR 触发器还可由或非门组成，如图 5-5（a）所示，图 5-5（b）是其逻辑符号。

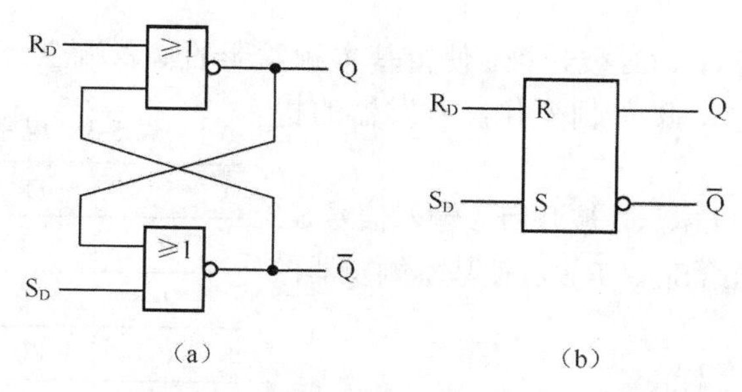


（a）

（b）

图 5-5 或非门构成的基本 SR 触发器

由或非门的逻辑功能可知，这种触发器的触发方式与前述由与非门构成的触发器刚好相反，输入 $S_D$ 和 $R_D$ 是高电平触发有效。也即当 $S_D$=1，$R_D$=0 时，触发器置 1，即 Q=1，$\overline{Q}$=0；当 $S_D$＝0，$R_D$=1 时，触发器复位置 0，即 Q=0，$\overline{Q}$=1；当 $S_D$=$R_D$=0 时，状态保持原态不变；当 $S_D$=$R_D$=1 同时作用时，Q 输出端与 $\overline{Q}$ 输出端均为“0”，而此时输入信号同时撤出，即 $S_D$、$R_D$ 同时由高电平“1”变为低电平“0”时，输出状态则为不定状态。可以看出或非门构成的基本 SR 触发器的置 1 和置 0 功能是高电平有效的。

## 5.2 电平触发器

上述基本触发器的特点是输入信号一经出现，触发器的输出状态就随之发生变化。但在实际应用中，往往要求数字电路系统中各触发器要按一定时间节拍同步协调动作。这就需要对各触发器引入控制脉冲信号，这种控制脉冲称为时钟脉冲，简称 CP（Clock Pulse）。在 CP 为高电平期间，按照输入信号作相应翻转的触发器，称为电平触发器。

### 5.2.1 电平触发 SR 触发器

（1）电路结构与时钟控制

电平触发 SR 触发器原理电路如图 5-6（a）所示，它是在与非门组成的基本 SR 触发器信号输入的前端增加了一级由两个与非门构成的时钟控制电路，其电路逻辑符号如图 5-6（b）所示。

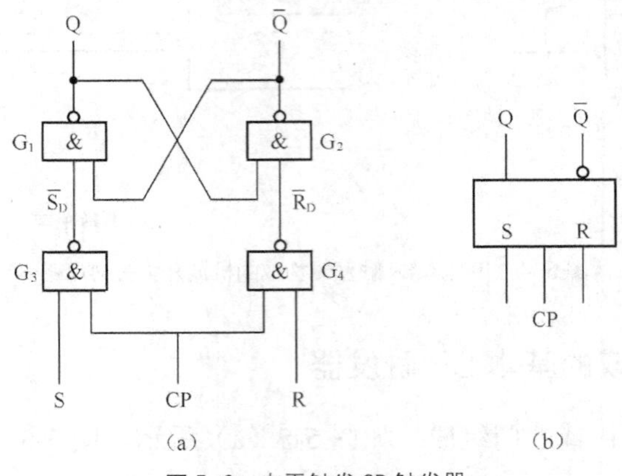


图 5-6 电平触发 SR 触发器

当 CP=0 时，与非门 $G_3$、$G_4$ 被封锁，使得基本触发器的输入端全为高电平，即 $\overline{S}_D=\overline{R}_D=1$，所以此时无论输入信号 S、R 如何变化，触发器的状态都会保持不变。

当 CP=1 时，与非门 $G_3$、$G_4$ 被开启，输入信号 S、R 通过 $G_3$、$G_4$ 反相传送给 $\overline{S}_D$、$\overline{R}_D$，使基本触发器做相应翻转。

**表 5-3 电平触发 SR 触发器的特征表**

| S | R | $Q^{n+1}$ |
|---|---|---|
| 0 | 1 | 置 0 |
| 1 | 0 | 置 1 |
| 0 | 0 | $Q^n$（保持） |
| 1 | 1 | $\phi$（不定态） |

（2）特征表与特征方程

由于 CP=1 时，输入信号 S、R 分别与基本触发器的输入 $\overline{S}_D$、$\overline{R}_D$ 反相，所以只要将表 5-1 输入值取反，即可得到电平触发 SR 触发器的特征表 5-3。

与基本 SR 触发器同理，表中的$\phi$代表的含义是，在 CP=1 期间，S、R 不能同时为 1，否则，一是触发器的两个输出端 Q 与 $\overline{Q}$ 同时为 1 而不互补，工作不正常，其次是在 CP 撤销时，即 CP 由高电平 1 变为低电平 0 时，触发器的输出 Q 将出现不定状态。故此要求 S、R 不能同时为 1，即规定 SR=0 为约束条件。

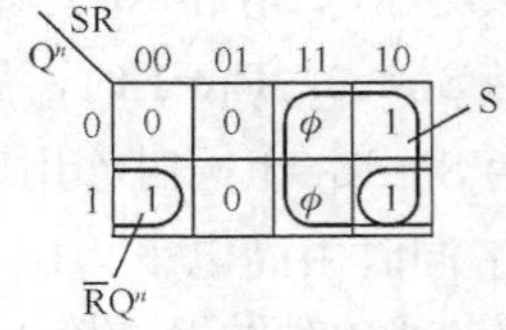


图 5-7 SR 触发器卡诺图

特征表也可用卡诺图形式描述，如图 5-7 所示。由图 5-7 所示的卡诺图，可求得 SR 触发器的逻辑关系表达式为

$$Q^{n+1}=S+\overline{R}\,Q^n$$
$$SR=0\text{（约束条件）} \qquad (5\text{-}1)$$

该方程描述了触发器的逻辑功能，称为特性方程。

（3）SR 触发器激励表

在设计数字时序电路时，往往还需要知道从当前状态转换为指定的下一个状态时所要求的输入条件，描述这种条件的表就称为触发器的激励表。激励表可从特征表派生出来，是触发器逻辑功能的又一种表达形式。由特性表 5-3 可推出 SR 触发器激励表，如表 5-4 所示。

表 5-4 SR 触发器激励表

| $Q^n$ | $Q^{n+1}$ | S | R |
|---|---|---|---|
| 0 | 0 | 0 | $\phi$ |
| 0 | 1 | 1 | 0 |
| 1 | 0 | 0 | 1 |
| 1 | 1 | $\phi$ | 0 |

由表 5-4 可见，若使原态 $Q^n$=0 在 CP 到来时仍保持 $Q^{n+1}$=0 不变，输入信号可有两种选择：若 SR=00，可保持 0 状态不变；若 SR=01，可使状态置 0。所以为维持触发器 0 状态不变，只要使 S=0，而 R 取值随意，若用$\phi$形象表示 1 和 0 的任意取值，则有 SR=0$\phi$。同理，若在 CP 到来时保持 Q=1 不变，则 SR=00 保持状态不变；或 SR=10 状态置 1，所以有 SR=$\phi$0；若要使状态由 0 变 1，应使 SR=10；若使状态由 1 变 0，应使 SR=01。

**【例 5-3】** 电平触发 SR 触发器的输入 S、R 及钟控脉冲 CP 的波形如图 5-8 所示，试画出输出 Q 与 $\overline{Q}$ 的波形，设触发器的初态 Q=0。

**解**：输出波形如图 5-8 所示。

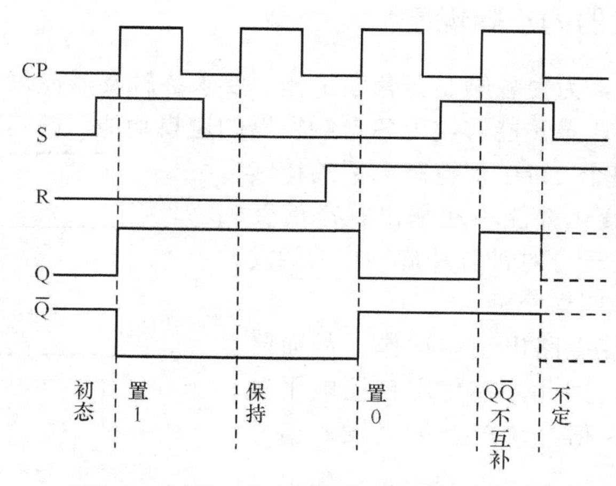


图 5-8 【例 5-3】电平触发 SR 触发器工作波形

### 5.2.2 电平触发 D 触发器

（1）电路结构

为了从根本上避免 SR 触发器输入同时为 1 时输出状态不确定的情况，可在 S 与 R 间接一非门，使 R=$\overline{S}$，信号由 S 端输入，并改称数据输入 S 端为 D 端，如此就构成了电平触发 D 触发器，如图 5-9（a）所示，其逻辑符号如图 5-9（b）所示。

（2）特征表与特性方程

CP=0 时，输入控制门被封锁，触发器保持原态不变。

CP=1 时，D=S=$\overline{R}$ 。若 D=0，相当 S=0，R=1，则 $Q^{n+1}$=0；若 D=1，相当 S=1，R=0，则 $Q^{n+1}$=1。其特征表如表 5-5 所示。

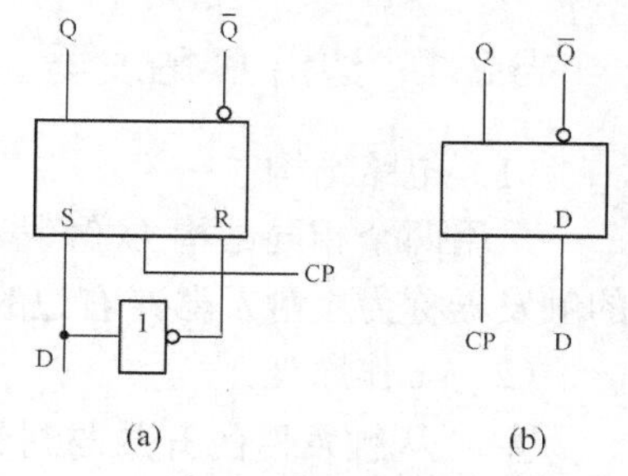


图 5-9 电平触发 D 触发器

由电路构成特点有 D=S=$\overline{R}$ ，将此带入 SR 触发器特征方程式 5-1，即电平触发 D 触发器的特性方程

$$Q^{n+1}=D \tag{5-2}$$

另外，D 触发器的特性方程，也可由特征表直接得出。由上述分析可知，电平 D 触发器的逻辑功能是：CP 到来（即 CP=1）时，将数据存入触发器；CP 过后（即 CP=0），触发器保存该数据不变。

（3）D 触发器激励表

由 D 触发器特性表同样可以衍生成激励表，如表 5-6 所示。

**表 5-5　电平触发 D 触发器特征表**

| D | $Q^{n+1}$ |
|---|---|
| 0 | 0 |
| 1 | 1 |

**表 5-6　D 触发器激励表**

| $Q^n$ | $Q^{n+1}$ | D |
|---|---|---|
| 0 | 0 | 0 |
| 0 | 1 | 1 |
| 1 | 0 | 0 |
| 1 | 1 | 1 |

### 5.2.3　电平触发器的空翻现象

在时序数字电路中，为使各触发器有序工作，要求各触发器在每个 CP 时钟到来时只能翻转一次。电平触发器，虽然能够实现各自触发器的逻辑功能，但其时钟 CP 都是电平触发方式，其特点是：在整个 CP=1 保持高电平的持续时间内，输入信号的变化都能引起输出状态的变化。如图 5-10 所示，在一个时钟脉冲周期中，触发器发生多次翻转的现象叫做空翻。

显然，空翻现象使电路出现误动作，从而降低了系统的抗干扰性。因此，在使用钟控电平触发器时，要保证在时钟信号 CP=1 期间输入信号恒定不变。

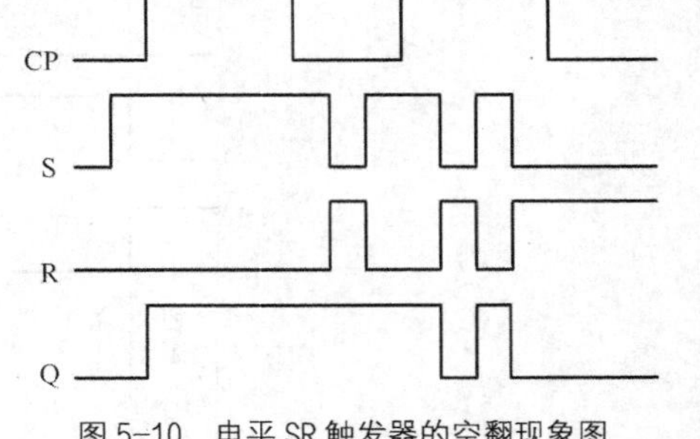

图 5-10　电平 SR 触发器的空翻现象图

## 5.3　边沿触发器

边沿触发器仅在时钟 CP 信号上升沿或下降沿时才对输入信号响应，因此，边沿触发器不仅克服了空翻现象，而且大大提高了抗干扰能力，工作更为可靠。边沿触发方式的触发器的类别有主从结构边沿触发器，维持阻塞触发器和传输延迟触发器等。

### 5.3.1　边沿 D 触发器

（1）电路结构

采用两个相同结构 D 触发器构成的主从结构的边沿 D 触发器如图 5-11（a）所示，左边的触发器称为主触发器，右边的触发器称为从触发器。

（2）工作原理

主、从触发器的开放与封锁分别是由传输门 $TG_1$、$TG_3$ 控制；而传输门 $TG_2$、$TG_4$ 则分别控制两个基本触发器自锁电路的通与断。CP 与 $\overline{CP}$ 是控制传输门通断的互为反相的时钟脉冲。

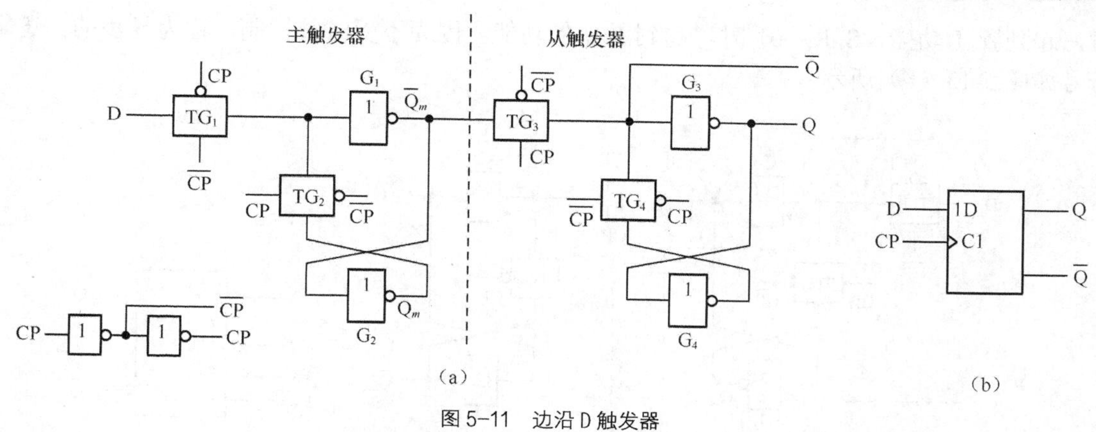


图5-11 边沿D触发器

① 当CP=0，$\overline{CP}$=1时，$TG_1$通，$TG_2$断，主触发器开放，但因$TG_2$断而失去自锁作用，D信号经两非门到达$Q_m$端，即$Q_m$=D，$\overline{Q}_m=\overline{D}$。虽然此时$Q_m$随D的变化而变化，但是，$TG_3$断，使输入D的变化不会影响到从触发器的状态，$TG_4$通，从触发器形成自锁，保持触发器原态不变。

② 当CP由0变到1，$\overline{CP}$由1变为0后，$TG_1$断，主触发器输入闭锁，主触发器状态不再受输入D作用，其状态因$TG_2$导通而自锁，保持了CP由0变为1之前瞬间的D信号。同时，$TG_3$通，$TG_4$断，从触发器输入开放，且失去自锁作用，输出状态跟随主触发器状态而变，即$\overline{Q}_m$经$TG_3$和与非门$G_3$到达Q端，使$Q^{n+1}=\overline{\overline{Q}}_m$=D。

③ CP=1，$\overline{CP}$=0以后，主触发器封锁，故触发器继续保持不变。

表5-7所示是边沿D触发器的功能表。以CP脉冲上升沿为时间基准，用符号"↑"表示，D为此刻之前瞬间的电平，$Q^{n+1}$是CP脉冲上升沿到达后Q的状态。逻辑符号如图5-11（b）所示。其中，方框内侧>符号表示该触发器对时钟信号的脉冲上升沿敏感。方框内C1与1D控制关联。

**表5-7 主从边沿D触发器功能表**

| CP | D | $Q^{n+1}$ |
|---|---|---|
| ↑ | 0 | 0 |
| ↑ | 1 | 1 |

由于主触发器开放时，是一个无记忆的触发器，只有在CP上升沿前的瞬间所接收的D信号才对触发器的翻转起作用，显然不存在空翻现象，其抗干扰能力强。

**【例5-4】** 上述主从边沿D触发器的输入D及脉冲CP的波形如图5-12所示，试画出输出Q的波形，设触发器的初态Q=0。

**解：** 输出波形如图5-12所示。

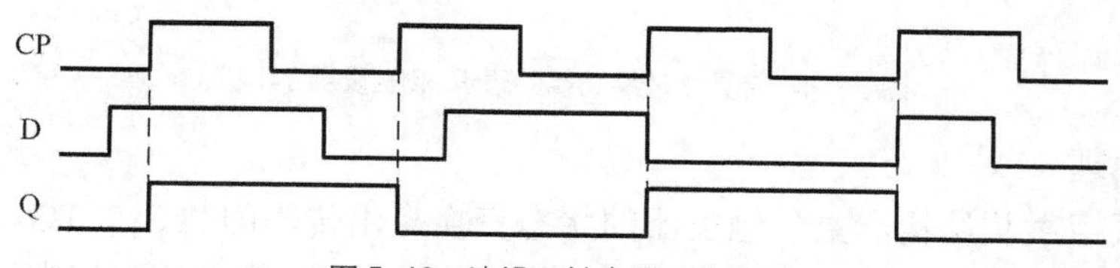


图5-12 边沿D触发器工作波形

为实现异步置1、置0的功能，需引入$S_D$和$R_D$信号，可以将图5-11中的反相器改成或非门，形成图5-13（a）所示的电路。$S_D$和$R_D$端的内部线在图中以虚线示出。这里$S_DR_D$=10

时，起到置 1 功能，$S_DR_D$=01 时，起到置 0 的功能，因为不受时钟控制，称为异步的。逻辑符号如图 5-13（b）所示 。

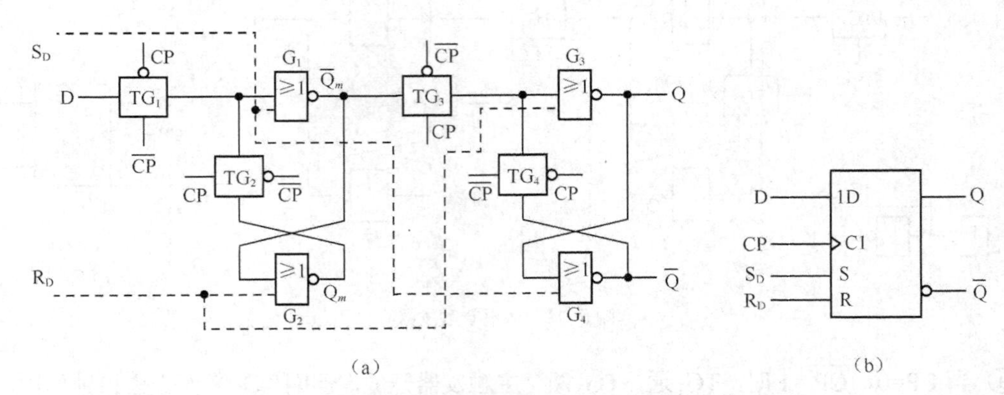


图 5-13 带异步置 1 和置 0 的边沿 D 触发器及逻辑符号

## 5.3.2 边沿 JK 触发器

（1）电路结构

使用传输门构成的边沿 JK 触发器 74HC73，其逻辑电路如图 5-14 所示。其中，$TG_1$、$TG_3$、$TG_5$ 与 $TG_2$、$TG_4$、$TG_6$ 工作状态总是相反。它由两个输入端 J 和 K，称为 JK 触发器。

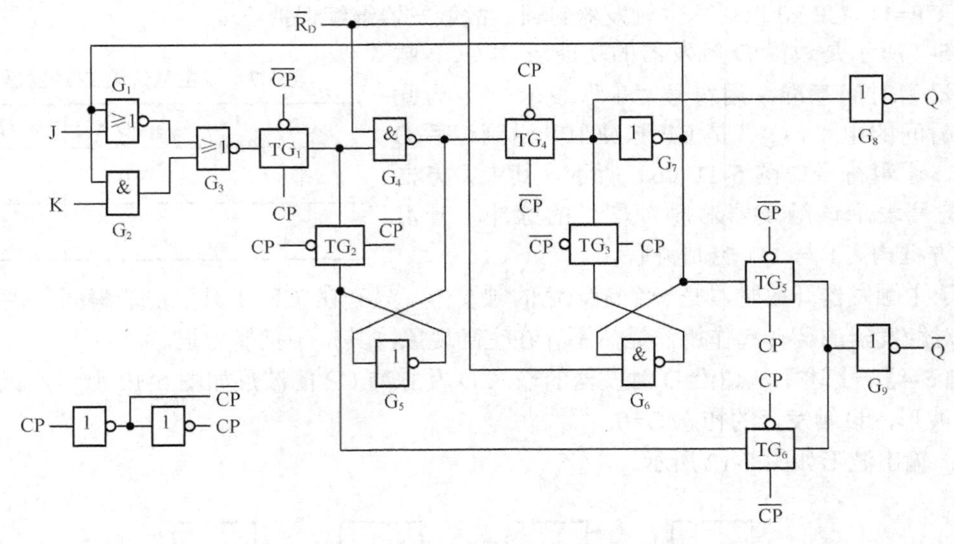


图 5-14 带异步清零功能的边沿 JK 触发器 74HC73

（2）工作原理

该电路仍采用主从结构，主从触发器的状态变换是由传输门 $TG_1$、$TG_4$ 控制；而传输门 $TG_2$、$TG_3$ 则分别控制两个基本触发器自锁电路的通与断。CP 与 $\overline{CP}$ 是控制传输门通断的互为反相的时钟脉冲。

① $\overline{R}_D$ 为异步置 0 端，且低电平有效。当 $\overline{R}_D$=0 时，$G_4$ 和 $G_6$ 门的输出均为 1，当 CP=0 时 $TG_4$，$TG_6$ 均导通，输出 Q 为 0，$\overline{Q}$=1；当 CP=1 时 $TG_3$，$TG_5$ 均导通，输出 Q 为 0，$\overline{Q}$=1。

② 当$\overline{R}_D$=1 时，$G_4$和$G_6$门等效为反相器。其电路等效图如图 5-15 所示。

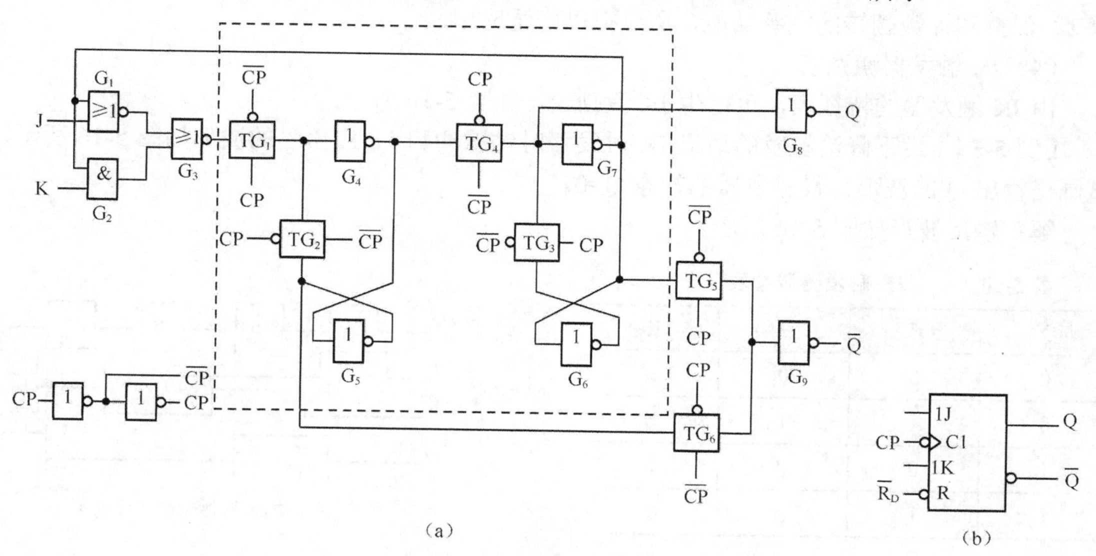


图 5-15　边沿 JK 触发器原理图及 74HC73 逻辑符号

从图 5-15 的等效图中可以看出虚线以里就是上面我们介绍的边沿 D 触发器，所不同的是本电路的状态翻转是在时钟脉冲的下降沿，在逻辑符号中用>前加小圆圈表示，如图 5-15（b）所示。

在 CP=1，$\overline{CP}$=0 时，$TG_1$通，$TG_4$断，主触发器开放，使输入的变化不会影响到从触发器的状态，触发器保持原态不变。当 CP 由 1 变到 0，$\overline{CP}$由 1 变为 0 后，$TG_1$断，主触发器输入闭锁，主触发器状态不再受输入信号作用，其状态因$TG_2$导通而自锁，保持了 CP 由 0 变为 1 之前瞬间的 D 信号。同时，$TG_4$通，$TG_3$断，从触发器输入开放，且失去自锁作用，输出状态跟随主触发器状态而变。CP=0，$\overline{CP}$=1 以后，主触发器封锁，故触发器继续保持不变。

由于$G_3$的输出相当于边沿 D 触发器的输入端 D，且将$G_7$的输出 Q（与$G_8$的输出相同）反馈到输入端。设$G_3$的输出为 D，则$D=\overline{\overline{J+Q^n}+KQ^n}$，由于$Q^{n+1}$=D，则可以推出 JK 触发器的特性方程为$Q^{n+1}=J\overline{Q}^n+\overline{K}Q^n$。

（3）逻辑功能描述

将 JK 触发器的特性方程用真值表描述，即得 JK 触发器的特征表，如表 5-8 所示，特性简表如表 5-9 所示。

**表 5-8　JK 触发器的特征表**

| J | K | $Q^n$ | $Q^{n+1}$ |
|---|---|---|---|
| 0 | 0 | 0 | 0 |
| 0 | 0 | 1 | 1 |
| 0 | 1 | 0 | 0 |
| 0 | 1 | 1 | 0 |
| 1 | 0 | 0 | 1 |
| 1 | 0 | 1 | 1 |
| 1 | 1 | 0 | 1 |
| 1 | 1 | 1 | 0 |

**表 5-9　JK 触发器简化特征表**

| J | K | $Q^{n+1}$ |
|---|---|---|
| 0 | 0 | $Q^n$ 保持 |
| 0 | 1 | 0　置 0 |
| 1 | 0 | 1　置 1 |
| 1 | 1 | $\overline{Q^n}$ 取反 |

显然 JK 触发器克服了 SR 触发器 SR=11 时不确定的现象，没有输入约束条件，具有置 0、置 1、保持和计数翻转的完善功能，所以得以广泛应用。

（4）JK 触发器激励表

由 JK 触发器的特征表，可衍生 JK 激励表，如表 5-10 所示。

**【例 5-5】** 设下降沿触发的边沿 JK 触发器时钟脉冲和 J、K 信号的波形如图 5-16 所示，试画出输出 Q 的波形，设触发器的初态 Q=0。

**解：** 输出波形如图 5-16 所示。

**表 5-10　　JK 触发器激励表**

| $Q^n$ | $Q^{n+1}$ | J | K |
|---|---|---|---|
| 0 | 0 | 0 | $\phi$ |
| 0 | 1 | 1 | $\phi$ |
| 1 | 0 | $\phi$ | 1 |
| 1 | 1 | $\phi$ | 0 |

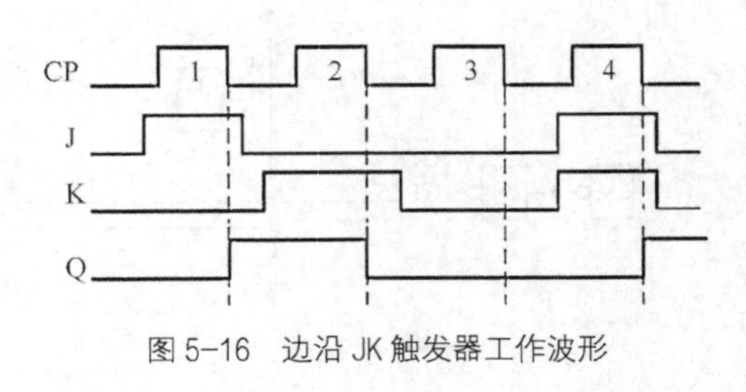

图 5-16　边沿 JK 触发器工作波形

## 5.3.3　维持-阻塞型 D 触发器

维持阻塞触发器是边沿触发器的另一种电路结构形式，常见于 TTL 电路。

### 1．电路结构

维持阻塞 D 触发器电路如图 5-17（a）所示，其中，$G_1$、$G_2$ 门构成基本触发器，$G_3$、$G_4$、$G_5$、$G_6$ 门与维持阻塞线组成导引电路。

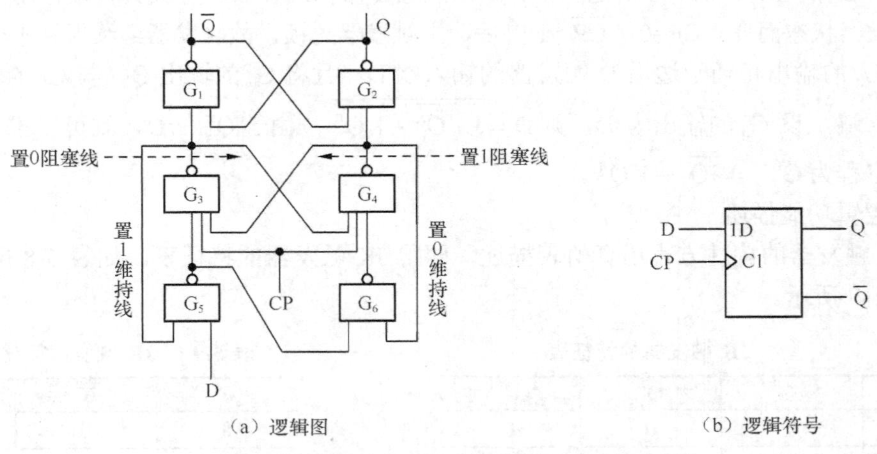

（a）逻辑图　　（b）逻辑符号

图 5-17　对称型维持阻塞 D 触发器电路及逻辑符号

### 2．工作原理

当 CP=0 时，$G_3$、$G_4$ 门被封锁，$G_3=G_4=1$，基本触发器保持原态不变。且 $G_3=G_4=1$ 反馈至 $G_5$、$G_6$ 门输入端，使其两门开放，输入信号 D 取反后送达 $G_3$、$G_4$ 门输入端，等待 CP 到来。

当时钟 CP=1 到来时，按输入状态分 2 种情况讨论。

（1）若D=0，CP到来前，$G_5=1$，$G_6=0$。在CP到来时，$G_3$门输入全1，即$G_3=\overline{G_4G_5CP}=\overline{111}=0$，而$G_4=\overline{G_3G_6CP}=1$，由于此时$G_3=0$，$G_4=1$，所以Q=0，$\overline{Q}=1$，实现置0功能。

当CP=1到来经$1t_{pd}$，$G_3$由1变0，通过置1维持线反馈封锁$G_5$门，使$G_5$维持高电平输出，而通过置0阻塞线封锁$G_4$门，防止触发器置1。

（2）若D=1，情况刚好与上述情况相反，在CP=1到来时，$G_4$门输入全1，使$G_4=0$，而$G_3$门因输入$G_5=0$，使$G_3=1$，由于此时$G_3=1$，$G_4=0$，使Q=1，$\overline{Q}=0$，实现置1功能。

当CP=1到来经$1t_{pd}$，$G_4$由1变0，通过置0维持线反馈封锁$G_6$门，使$G_6$维持高电平输出，而通过置1阻塞线封锁$G_3$门，防止触发器置0。

显然，维持阻塞D触发器也是一种边沿触发器，且在CP上升沿到来时，状态发生翻转，故此，该触发器为上升沿触发。其逻辑符号如图5-17（b）所示。

维持-阻塞D触发器的特性表、特性方程和状态转换图与电平触发D触发器完全一致。

除以上主从结构和维持阻塞结构的边沿触发器，还有利用传输延迟构成的边沿触发器，这里不做详细介绍。虽然电路结构不同，但是在触发方式上都是边沿触发器，逻辑符号是一致的。这类触发器抗干扰能力强，应用很广泛。

## 5.4 触发器的逻辑功能和功能转换

触发器的逻辑功能是指次态和现态、输入信号之间的逻辑关系，这种关系可以用特征表、特性方程或状态图来描述。前面讲过三种逻辑功能的触发器，分别是SR触发器、D触发器和JK触发器，它们之间是可以互相转换的。由于D触发器和JK触发器具有较完善的功能，有很多独立的中小规模集成电路产品，也可以利用它们构成不同逻辑功能的触发器。这里将讨论JK触发器功能转换，其他触发器逻辑功能的实现，读者可以采用类似的方法举一反三。

### 1．JK触发器构成D触发器

JK触发器的特性方程为$Q^{n+1}=J\overline{Q}^n+\overline{K}Q^n$，令J=D，K=$\overline{D}$，就可将JK触发器转换为D触发器，如图5-18所示。

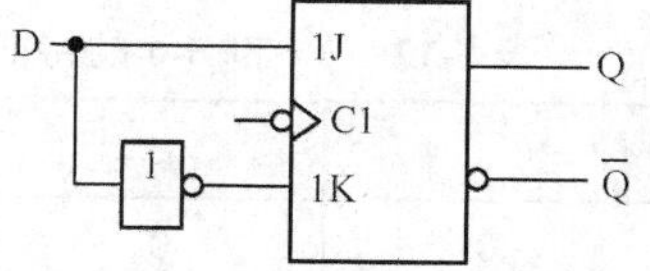

图5-18 用JK触发器实现D触发器的逻辑功能

### 2．JK触发器构成T触发器

将JK触发器的JK相连即可图5-19所示的T触发器逻辑电路。将J=K=T代入JK触发器的特性方程就可得到T触发器的特性方程为

$$Q^{n+1}=\overline{T}Q^n+T\overline{Q}^n=T\oplus Q^n$$

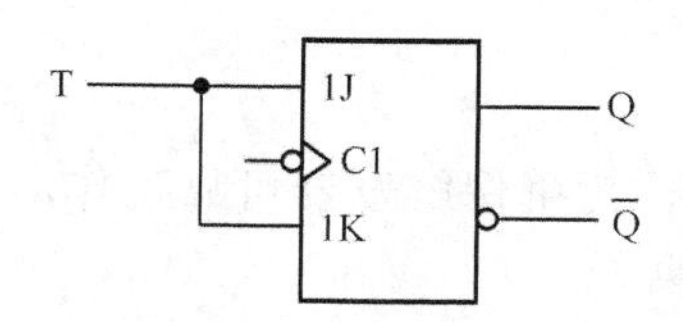

图5-19 用JK触发器实现T触发器的逻辑图

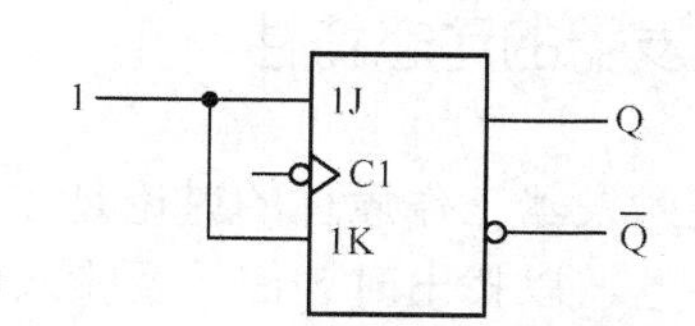

图5-20 用JK触发器实现T'触发器的逻辑图

T 触发器的特征表如表 5-11（a）所示。T=1 时，每来一个 CP 脉冲，触发器状态翻转一次；而 T=0 时，则不对 CP 信号做出响应，触发器状态不变。所以 T 触发器又称可控计数触发器，可由表 5-11（b）表示。

**表 5-11　（a）T 触发器的特征表**

| $Q^n$ | T | $Q^{n+1}$ |
|---|---|---|
| 0 | 0 | 0 |
| 1 | 0 | 1 |
| 0 | 1 | 1 |
| 1 | 1 | 0 |

**（b）T 触发器简化特征简表**

| T | $Q^{n+1}$ |
|---|---|
| 0 | $Q^n$ |
| 1 | $\overline{Q}^n$ |

### 3．JK 触发器构成 T′ 触发器

当 JK 触发器的输入端固定接高电平，则构成 T′ 触发器，如图 5-20 所示。由 JK 触发器的特性方程可得 T′ 触发器的特征方程 $Q^{n+1}=\overline{Q}^n$。由此可见，T′ 触发器在时钟脉冲作用下，可连续翻转，也就是说时钟每作用一次，触发器翻转一次，故称计数触发器。

**【例 5-6】** 已知某触发器的特征表如表 5-12 所示，用边沿 JK 触发器和少量门电路实现。

**解：** 由特征表写出 $Q^{n+1}$ 输出表达式，并变换为 JK 触发器的特性方程的形式。

$$
\begin{aligned}
Q^{n+1} &= \overline{A}\,\overline{B}\,\overline{Q}^n + \overline{A}B + A\overline{B}Q^n + AB\cdot 0 \\
&= \overline{A}\,\overline{B}\,\overline{Q}^n + \overline{A}B(\overline{Q}^n + Q^n) + A\overline{B}Q^n \\
&= (\overline{A}\,\overline{B} + \overline{A}B)\overline{Q}^n + (\overline{A}B + A\overline{B})Q^n \\
&= \overline{A}\,\overline{Q}^n + (A\oplus B)Q^n
\end{aligned}
$$

与 JK 触发器特性方程 $Q^{n+1} = J\,\overline{Q}^n + \overline{K}Q^n$ 对照，得 $J=\overline{A}, K=\overline{A\oplus B}$。电路如图 5-21 所示。

**表 5-12　例 5-6 的特征表**

| A | B | $Q^{n+1}$ |
|---|---|---|
| 0 | 0 | $\overline{Q}^n$ |
| 0 | 1 | 1 |
| 1 | 0 | $Q^n$ |
| 1 | 1 | 0 |

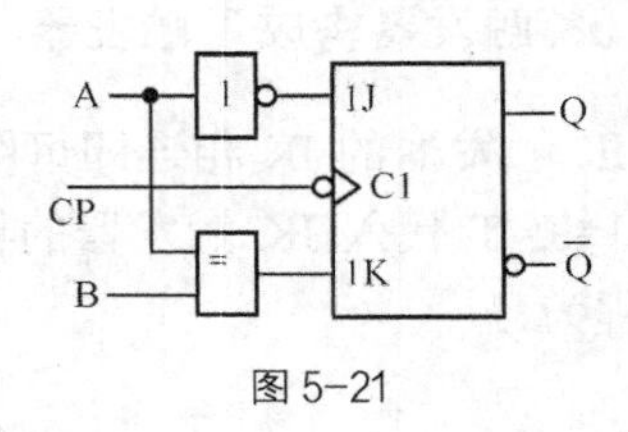

图 5-21

## 5.5　触发器的动态特性

上述触发器工作原理的讨论是在理想情况下进行的，为确保触发器可靠工作，还需讨论其动态特性，以找出时钟信号及输入信号间相互配合的要求。

### 5.5.1 基本SR触发器

基本 SR 触发器（或称锁存器）是多种触发器电路的基本组成部分，因此讨论其动态特性是十分必要的。

#### 1．输入信号宽度

实际的门电路都存在传输延迟时间，假定所有门电路的平均传输延迟时间 $t_{pd}$ 相等。设基本 SR 触发器的初始状态为 Q=0、$\overline{Q}$=1，输入信号波形如图 5-22 所示。

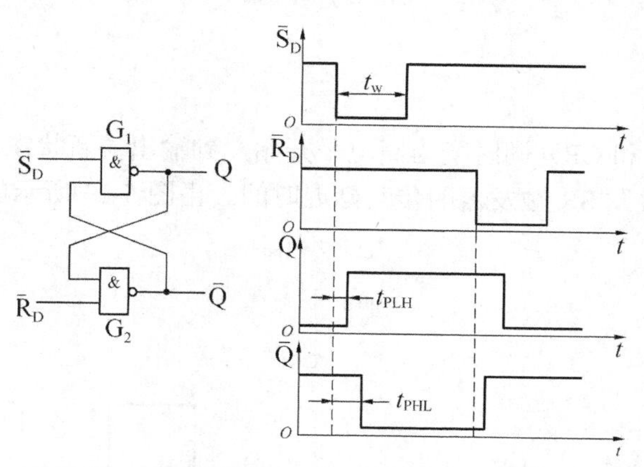


图 5-22 基本SR触发器的电路与动态波形

当 $\bar{S}_D$ 的下降沿到达后，经门 $G_1$ 的传输延迟时间 $t_{pd}$ 后，Q 端变为高电平。该高电平反馈到门 $G_2$ 的输入端，经门 $G_2$ 的传输延迟时间 $t_{pd}$，使 $\overline{Q}$ 变为低电平。当 $\overline{Q}$ 的低电平再反馈到 $G_1$ 的输入端以后，即使 $\bar{S}_D$=0 的信号消失（即 $\bar{S}_D$ 回到高电平），基本 SR 触发器被置成 Q=1 状态也将保持不变。可见，为保证基本 SR 触发器可靠地翻转，必须等到 $\overline{Q}$=0 的状态反馈到 $G_1$ 的输入以后，$\bar{S}_D$=0 的信号才可以取消。因此，$\bar{S}_D$ 输入的低电平信号宽度应满足

$$t_w \geqslant 2t_{pd}$$

同理，如果从 $\bar{R}_D$ 端输入置 0 信号，其宽度也必须大于或等于 $2t_{pd}$。

#### 2．传输延迟时间

从输入信号到达起，到基本 SR 触发器输出端新状态稳定地建立起来为止，所经过的这段时间称为基本 SR 触发器的传输延迟时间。由上述分析可知，输出端从低电平变为高电平的传输延迟时间 $t_{PLH}$ 和从高电平变为低电平的传输延迟时间 $t_{PLH}$ 是不相等的，它们分别为

$$t_{PLH} = t_{pd}$$
$$t_{PHL} = 2t_{pd}$$

若基本 SR 触发器由或非门组成，则其传输延迟时间将为

$$t_{PLH} = 2\,t_{pd}\,,\quad t_{PHL} = t_{pd}$$

## 5.5.2 同步电平触发 SR 触发器的动态特性

### 1. 输入信号宽度

图 5-23 所示为同步电平触发 SR 触发器，为了保证由门 $G_1$ 与 $G_2$ 门组成的 SR 锁存器可靠翻转，则要求它的输入信号 $\overline{S}_D$ 和 $\overline{R}_D$ 的宽度必须大于 $2t_{pd}$。而这里 $\overline{S}_D=\overline{S\cdot CP}$、$\overline{R}_D=\overline{R\cdot CP}$，故要求 S（或 R）和 CP 同时为高的时间应满足

$$t_{w(S\cdot CP)}\geqslant 3\,t_{pd}$$

### 2. 传输延迟时间

从 S 和 CP（或 R 和 CP）同时变为高电平开始，到输出端新状态稳定地建立起来为止，所经过的时间为电平触发 SR 触发器的传输延迟时间。由图 5-23 所示的电路图可知

$$t_{PLH}=2\,t_{pd}$$

$$t_{PHL}=3\,t_{pd}$$

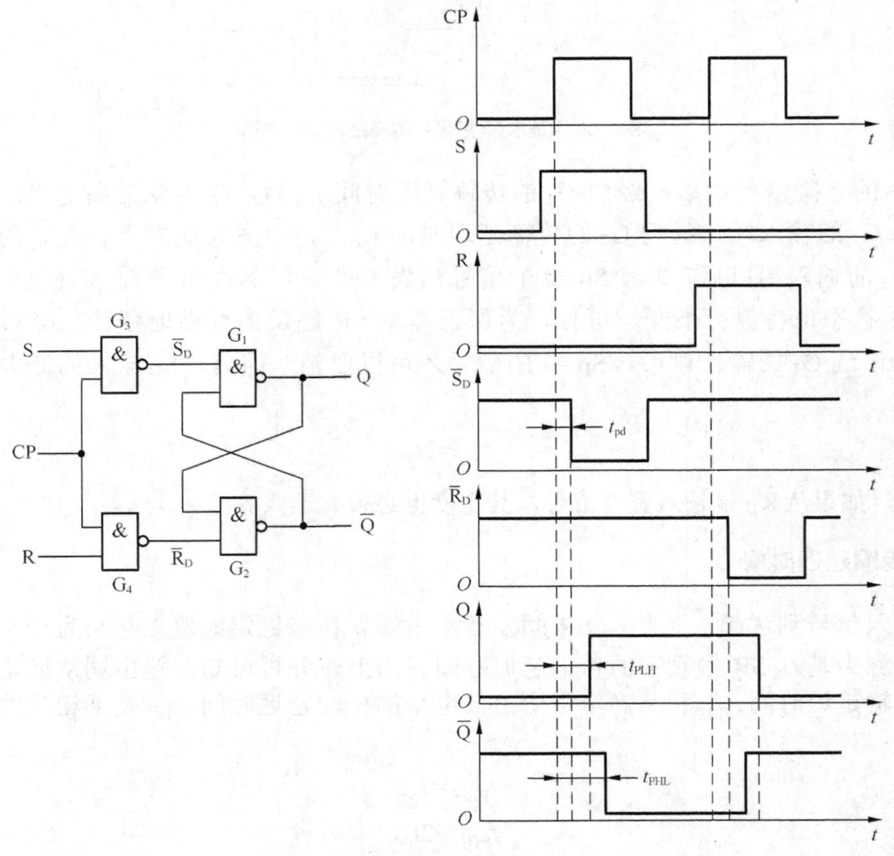


图 5-23 电平触发 SR 触发器的电路和动态波形

### 5.5.3 维持阻塞触发器的动态特性

**1．建立时间**

由图 5-24 所示维持阻塞触发器的电路可见，由于 CP 信号是加到门 $G_3$ 和 $G_4$ 上的，因而在 CP 上升沿到达之前门 $G_5$ 和 $G_6$ 输出端的状态必须稳定地建立起来。输入信号到达 D 端以后，要经过一级门电路的传输延迟时间，$G_6$ 的输出状态才能建立起来，而 $G_5$ 的输出状态需要经过两级门电路的传输延迟时才能建立，因此 D 端的输入信号必须先于 CP 的上升沿到达，而且建立时间应满足

$$t_{set} \geqslant 2t_{pd}$$

**2．保持时间**

由图 5-24 所示电路可知，为实现边沿触发，应保证 CP=1 期间门 $G_6$ 的输出始终不受 D 端状态变化的影响。

为此，在 D=0 的情况下，当 CP 上升沿到达以后还要等门 $G_4$ 输出的低电平返回到门 $G_6$ 的输入端以后，D 端的低电平才允许改变。因此输入低电平信号的保持时间为

$$t_{HL} \geqslant 2\,t_{pd}$$

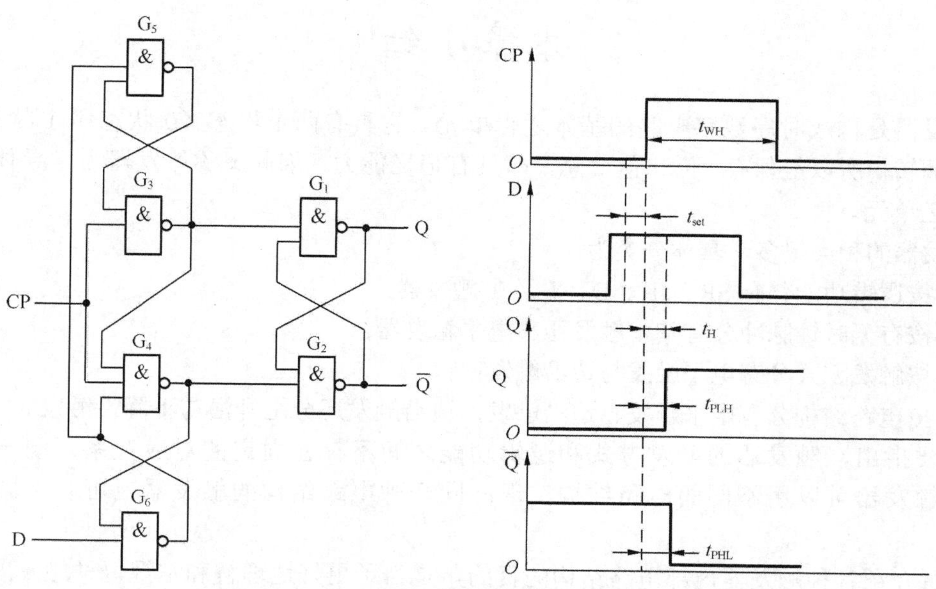


图 5-24 维持阻塞触发器的动态特性

在 D=1 的情况下，由于 CP 上升沿到达后，$G_3$ 的输出将 $G_4$ 封锁，所以不要求输入信号继续保持不变，故输入高电平信号的保持时间 $t_{HH}=0$。

**3．传输延迟时间**

由图 5-24 所示电路不难推算出，从 CP 上升沿到达时开始计算，输出由高电平变为低电

平的传输延迟时间$t_{PHL}$和由低电平变为高电平的传输延迟时间$t_{PLH}$分别是

$$t_{PHL}=3t_{pd}$$

$$t_{PLH}=2t_{pd}$$

#### 4．最高时钟频率$f_{c(max)}$

为确保由门$G_1$～$G_4$组成的同步SR触发器能可靠地翻转，CP高电平的持续时间应大于$t_{PHL}$，所以时钟信号高电平的宽度$t_{WH}$应大于$t_{PHL}$，而为了在下一个CP上升沿到达之前确保门$G_5$和$G_6$新的输出电平得以稳定地建立，CP低电平的持续时间$t_{WL}$不应小于门$G_4$的传输延迟时间$t_{pd}$和$t_{set}$之和，$t_{WL}\geqslant t_{set}+t_{pd}$。因此有

$$f_{c(max)}=\frac{1}{t_{WH}+t_{WL}}=\frac{1}{t_{set}+t_{pd}+t_{PHL}}=\frac{1}{6t_{pd}}$$

最后需要强调说明一点，在实际的集成触发器器件中，每个门的传输延迟时间是不同的。由于内部的逻辑门采用了各种形式的简化电路，所以它们的传输延迟时间比标准输入、输出结构门电路的传输延迟时间要小得多。由于在上面的讨论中假定了所有门电路的传输延迟时间是相等的，所以得出的一些结果只用于定性说明有关的物理概念。每个集成触发器产品的动态参数数值最后要通过实验测定，或参考器件手册。

## 本章小结

触发器是构成时序数字电路的基本逻辑单元。它具有两个稳态（0状态和1状态），且可触发翻转，所以能保存1位二值信息，即具有记忆能力，因此又称触发器为半导体存储单元或记忆单元。

触发器的种类很多，具体分类为：

① 按逻辑功能分有SR、JK、D、T及T′触发器；

② 按有无时钟脉冲分有基本触发器和电平触发器；

③ 按触发方式分有电平触发与边沿触发；

④ 按电路结构分有电平触发、边沿触发，边沿触发还分上升沿与下降沿触发。

需要指出，触发器的触发方式和逻辑功能之间不存在固定的对应关系。同一种逻辑功能的触发器可以用不同的电路结构实现；同一种电路结构的触发器也可有不同的逻辑功能。

本章介绍各种触发器内部电路结构的目的，是为了更好地理解和掌握每种触发方式的动作特点，而学习的重点是各种触发器的逻辑功能与外部特性，以便灵活应用。在实际应用中，生产厂家罕有专门的SR触发器芯片提供，实际应用时可以由JK触发器直接代用。

触发器的逻辑功能是用特性表、特性方程、状态转换图及波形图来加以描述的。

在实际应用中，为确保触发器在动态工作时能可靠地翻转，输入信号要与时钟信号在时间上的互相配合要满足一定的要求，主要体现在建立时间、保持时间、时钟信号的宽度以及最高工作频率的限制上。具体工作参数见器件手册。

# 习 题

[5-1] 画出题图 5-1 所示由与非门组成的基本 RS 触发器输出端 Q、$\overline{Q}$ 的电压波形，输入端 $\overline{S}_D$、$\overline{R}_D$ 的电压波形如图中所示。

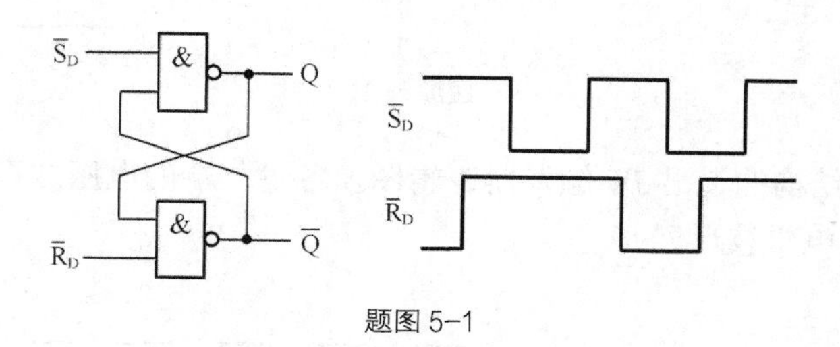


题图 5-1

[5-2] 画出题图 5-2 由或非门组成的基本 RS 触发器输出端 Q、$\overline{Q}$ 的电压波形，输入端 $S_D$，$R_D$ 的电压波形如图中所示。

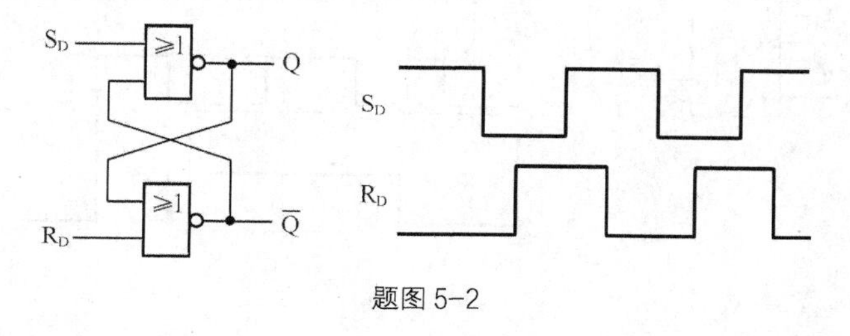


题图 5-2

[5-3] 在题图 5-3 电路中，若 CP、S、R 的电压波形如图中所示，试画出 Q 和 $\overline{Q}$ 端与之对应的电压波形。假定触发器的初始状态为 Q=0。

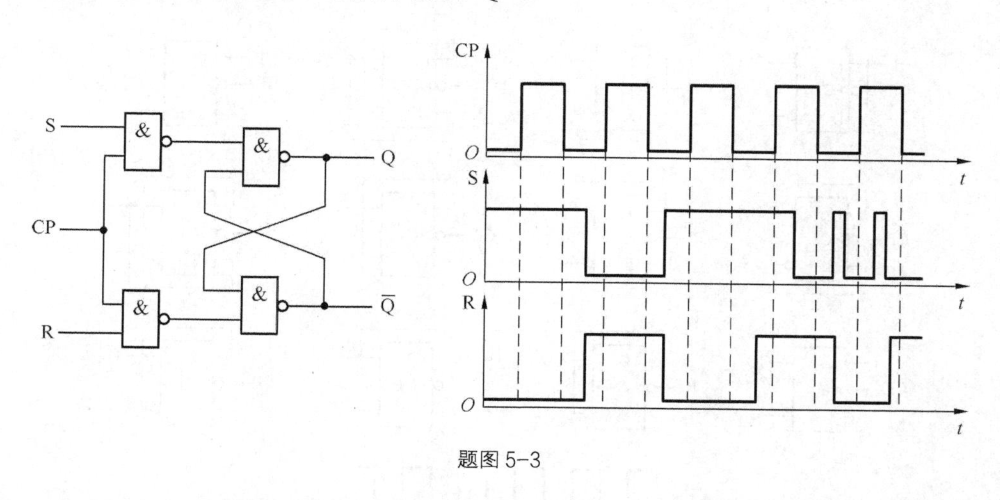


题图 5-3

[5-4] 已知维持阻塞结构的边沿 D 触发器逻辑图及输入端的电压波形如题图 5-4 所示，试画出 Q、$\overline{Q}$ 端对应的电压波形。

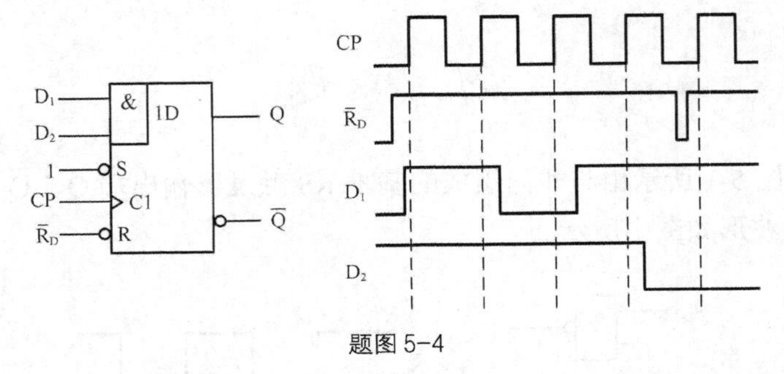


题图 5-4

[5-5] 已知主从结构的边沿 JK 触发器逻辑图及各输入端的电压波形如题图 5-5 所示，试画出 Q、$\overline{Q}$ 端对应的电压波形。

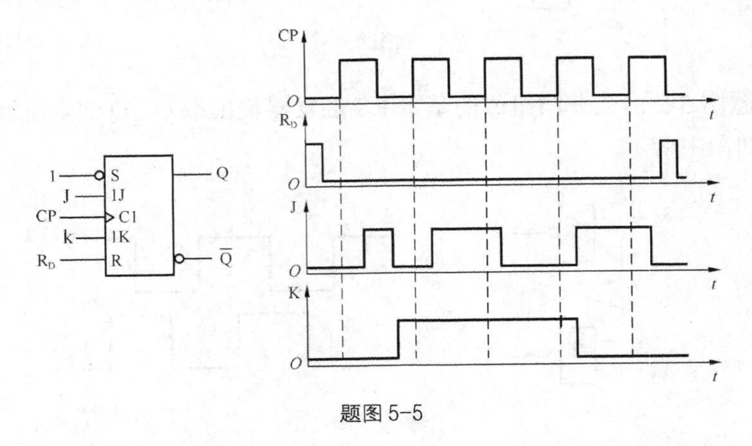


题图 5-5

[5-6] 设题图 5-6 中各触发器的初始状态皆为 Q=0，试画出在 CP 信号连续作用下各触发器输出端的电压波形。

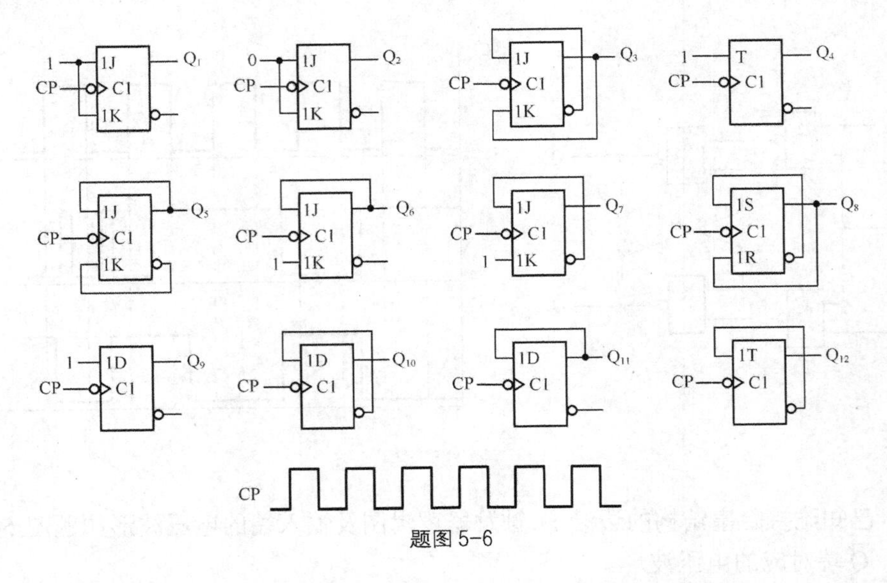


题图 5-6

[5-7] 试写出题图 5-7（a）中各电路的次态函数（即 $Q_1^{n+1}$、$Q_2^{n+1}$、$Q_3^{n+1}$、$Q_4^{n+1}$）与现态

和输入变量之间的函数式，并画出在题图 5-7（b）给定信号的作用下 $Q_1$、$Q_2$、$Q_3$、$Q_4$ 的电压波形。假定各触发器的初始状态均为 Q=0。

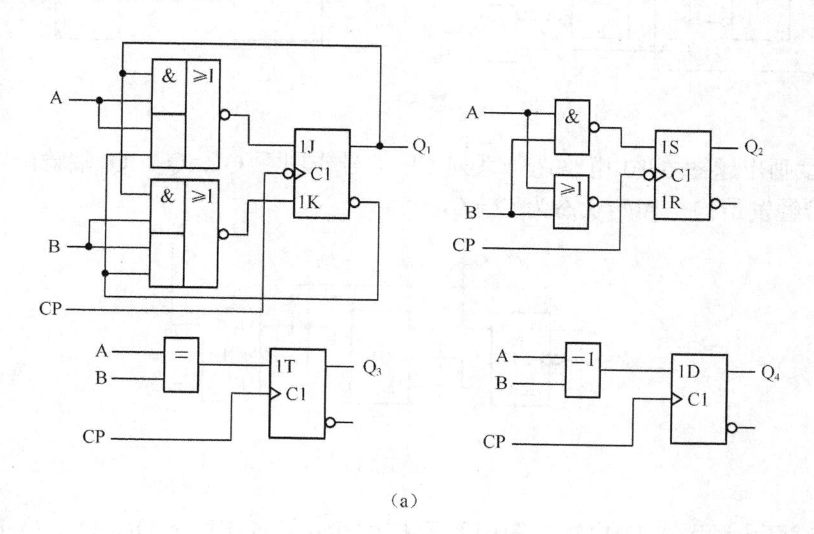


（a）

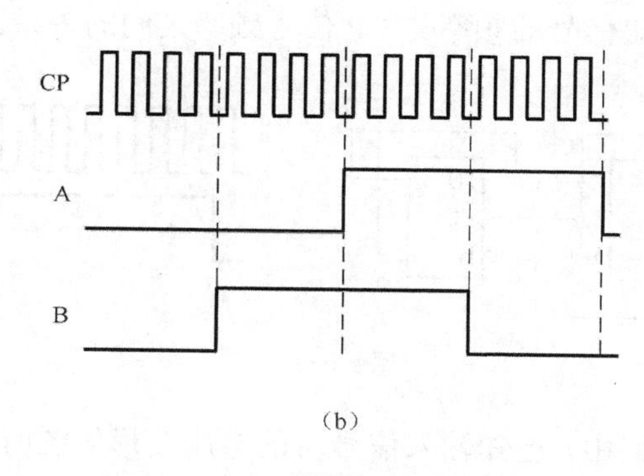


（b）

题图 5-7

［5-8］用上升沿触发的边沿 D 触发器分别构成 T 触发器和 T′ 触发器。

［5-9］题图 5-8 所示是边沿触发器电路。试画出在一系列 CP 和 A 脉冲作用下，$Q_1$、$Q_2$ 端对应的输出电压波形。设触发器的初始状态皆为 Q=0。

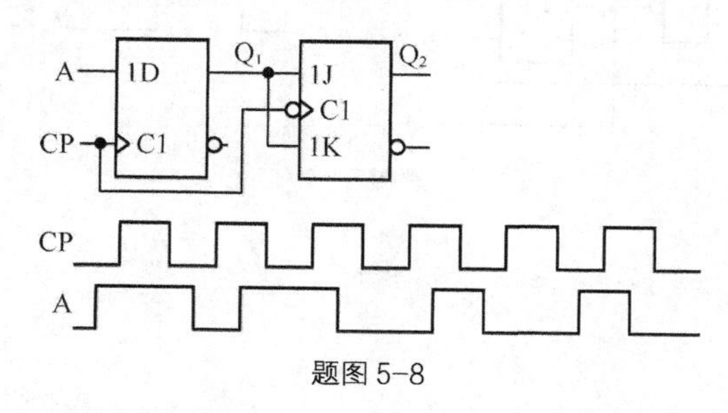


题图 5-8

［5-10］试画出题图 5-9 电路输出 Y、Z 的电压波形，输入信号 A 和时钟 CP 的电压波形如图中所示，设触发器的初始状态均为 Q = 0。

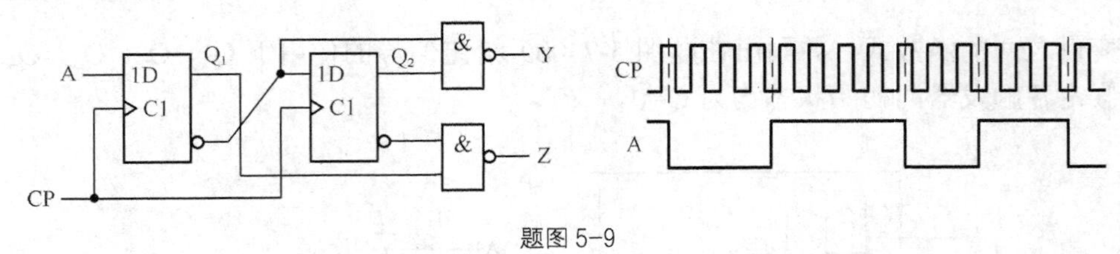


题图 5-9

［5-11］试画出题图 5-10 电路在一系列 CP 信号作用下 $Q_1$、$Q_2$、$Q_3$ 端输出电压的波形，触发器为边沿触发结构，初始状态为 Q＝0。

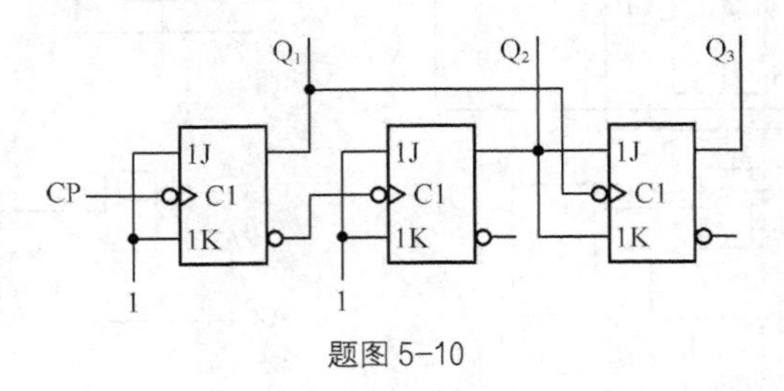


题图 5-10

［5-12］试画出题图 5-11 电路在图中所示 CP、$\overline{R}_D$ 信号作用下 $Q_1$、$Q_2$、$Q_3$ 的输出电压波形，并说明 $Q_1$、$Q_2$、$Q_3$ 输出信号的频率与 CP 信号频率之间的关系。

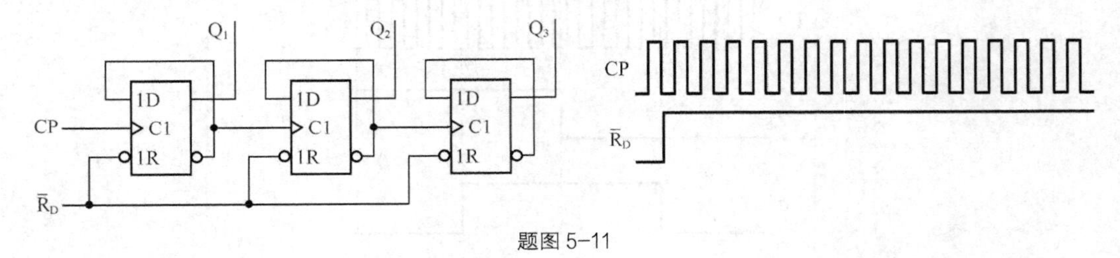


题图 5-11

［5-13］在题图 5-12 电路中，已知输入信号 $v_I$ 的电压波形如图所示，试画出与之对应的输出电压 $v_O$ 的波形。触发器为维持阻塞结构，初始状态为 Q=0。（提示：应考虑触发器和异或门的传输延迟时间。）

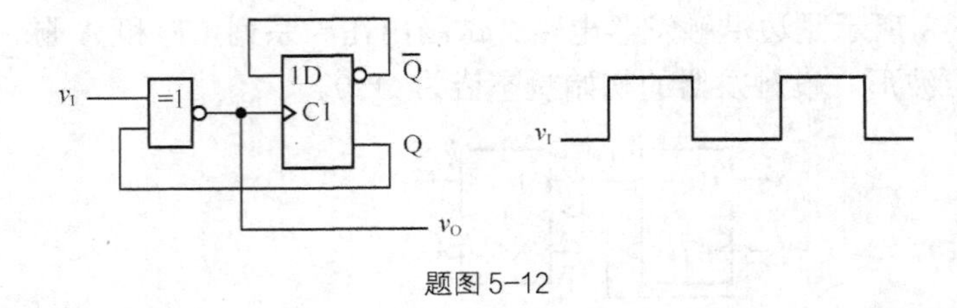


题图 5-12

# 第6章 时序逻辑电路

本章将在组合逻辑电路和触发器的基础上讲述时序逻辑电路。首先介绍时序逻辑电路的分析方法，然后详细介绍逻辑设计中常用的典型时序逻辑电路的工作原理、逻辑功能及应用，最后讲述时序逻辑电路的设计方法。

## 6.1 概述

### 6.1.1 时序逻辑电路的结构

时序逻辑电路与组合逻辑电路不同，任一时刻的输出信号不仅取决于当时的输入信号，而且还取决于电路原来的状态（或称与过去的输入有关），具备这种逻辑功能的电路称为时序逻辑电路（sequential logic circuit），简称时序电路。

日常所熟悉的电子表核心电路就是典型的时序电路，所显示的每刻时间都是在原来时间状态上加 1 得到的。显然，时序电路必须含有具有记忆能力的存储器件，以保存原有的状态。存储器件的种类很多，但最常用的是触发器。

由触发器作为存储器件的时序电路的基本结构如图 6-1 所示，一般来说，它由组合电路和触发器两部分组成。图中：

$X_0 \sim X_{p-1}$ 为外部输入信号；

$Y_0 \sim Y_{m-1}$ 为外部输出信号；

$W_0 \sim W_{r-1}$ 为触发器的激励信号，由组合电路的内部输出，也是触发器的输入信号；

$Q_0 \sim Q_{t-1}$ 为存储电路的输出状态。

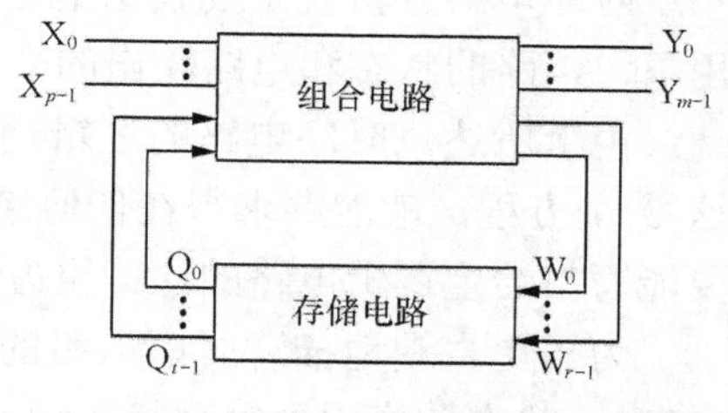

图 6-1　典型时序逻辑电路结构

### 6.1.2 描述时序电路逻辑功能的函数

由图 6-1 可见，可用三组逻辑方程完整地描述其信号间的逻辑关系与功能。

（1）输出方程

$$Y_i(t_n) = F_i(X_0, X_1, \cdots, X_{p-1}; Q_0^n, Q_1^n, \cdots, Q_{t-1}^n) \qquad i = 0,1,2,\cdots,m-1$$

该式表示，$t_n$ 时刻的电路输出取决于 $t_n$ 时刻的输入 $X$ 及触发器状态 $Q^n$。

（2）激励（或驱动）方程

$$W_j(t_n)=G_j(X_0,X_1,\cdots,X_{p-1};Q_0^n,Q_1^n,\cdots,Q_{t-1}^n)\quad j=0,1,2,\cdots,r-1$$

该式表示，$t_n$ 时刻触发器输入激励取决于 $t_n$ 时刻的输入 X 及触发器状态 $Q^n$。

（3）状态方程

$$Q_k^{n+1}=H_k(W_0,W_1,\cdots,W_{r-1};Q_0^n,Q_1^n,\cdots,Q_{t-1}^n)\quad k=0,1,2,\cdots,t-1$$

其中，$Q_k^n$ 代表 $t_n$ 时刻的原来状态，$Q_k^{n+1}$ 代表 $t_{n+1}$ 时刻的新状态。可见，$t_{n+1}$ 时刻的新状态是 $t_n$ 时刻触发器激励与状态的函数。

### 6.1.3 时序电路的分类

（1）按触发器状态改变方式来分，可分为同步时序电路与异步时序电路两类。同步时序电路是指各触发器的时钟端全部连接在一起。只有当时钟脉冲到来时，电路的状态才能改变，改变后的状态将一直保持到下一个时钟脉冲的到来，期间无论外部输入有无变化，每个状态都是稳定的。若电路中没有统一的时钟信号，触发器的状态翻转不是同时发生的，则称为异步时序逻辑电路。

（2）按照电路输出与输入、触发器状态的关系来分，可分为米利（Mealy）型与摩尔（Moore）型两种结构模型。其中，米利型时序电路的输出不仅与现态有关，而且还取决于电路当前的输入。摩尔型时序电路的输出仅取决于电路的现态，而与电路当前的输入无关。显然，摩尔型电路是米利型电路的一种特例。

## 6.2 时序电路的分析方法

### 6.2.1 同步时序逻辑电路的分析方法

时序电路分析就是要找出给定时序电路的逻辑功能，也即找出在输入变量和时钟信号作用下，电路的状态和电路输出的变化规律。

由上所述，时序电路的逻辑功能可以用输出方程、激励方程和状态方程完全描述，根据这 3 个方程，就能够求得在任何给定输入信号和电路状态下的电路输出和新状态。因此，只要能写出给定逻辑电路的这三组方程，也就可以清楚地表述电路的逻辑功能。

为了更直观地描述时序电路的工作过程和逻辑功能，还要作出状态转换真值表（简称状态表）、状态转换图（简称状态图）和时序波形图（简称时序图或波形图）。

下面举例说明时序电路的一般分析方法和步骤。

**【例 6-1】** 分析图 6-2 所示时序逻辑电路的功能。

（1）观察逻辑图

在分析电路时，首先观察逻辑图，明确它的时钟激励情况，确定它是同步还是异步时序电路；分清输入变量和输出变量、组合电路部分和记忆电路部分。

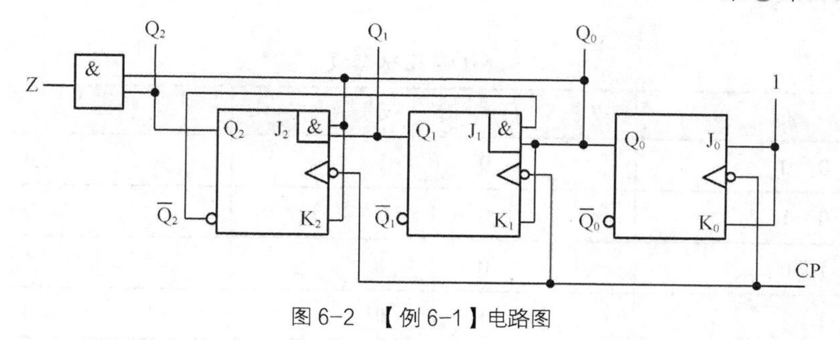


图 6-2 【例 6-1】电路图

由图 6-2 可见，电路中记忆电路是三个下降沿触发的 JK 触发器构成，且触发器都是由同一时钟脉冲 CP 直接激励，所以它是同步时序电路。电路没有输入，触发器的次态 $Q^{n+1}$ 由触发器原来 $Q^n$ 有关，所以属于摩尔型。

（2）写出各触发器的激励方程

从给定的逻辑图中写出每个触发器的激励方程（亦即存储电路中每个触发器输入信号的逻辑函数式）。由图 6-2 电路可得本例的激励函数分别为：

$$J_0 = K_0 = 1$$

$$J_1 = \overline{Q}_2^n Q_0^n,\quad K_1 = Q_0^n$$

$$J_2 = Q_1^n Q_0^n,\quad K_2 = Q_0^n$$

（3）写出相应的状态方程及电路输出方程

根据触发器的类型写出相应的特性方程，然后将激励方程代入，便可得到该时序电路的状态方程

$$Q_2^{n+1} = J_2\overline{Q}_2^n + \overline{K}_2 Q_2^n = Q_1^n Q_0^n \overline{Q}_2^n + \overline{Q}_0^n Q_2^n$$

$$Q_1^{n+1} = J_1\overline{Q}_1^n + \overline{K}_1 Q_1^n = \overline{Q}_2^n Q_0^n \overline{Q}_1^n + \overline{Q}_0^n Q_1^n$$

$$Q_0^{n+1} = J_0\overline{Q}_0^n + \overline{K}_0 Q_0^n = 1\overline{Q}_0^n + \overline{1}Q_0^n = \overline{Q}_0^n$$

方程组右边的变量都是在下一个 CP 到来之前（即 $t_n$ 时刻）电路输入和触发器的状态。待下一个 CP 来到时（即 $t_{n+1}$ 时刻），触发器将转换成新状态（也称次态）$Q^{n+1}$。该式反映了在输入信号作用和 CP 的触发下，电路状态的转换情况，故称此式为状态方程。

输出方程为：

$$Z = Q_2^n Q_0^n$$

式中，右侧变量都是在 $t_n$ 时刻的原值。

（4）作出状态转换真值表、状态转换图和时序波形图

① 列状态转换真值表（简称状态表）。

状态转换真值表是时序电路功能的图表表示法。它列出了在 CP 脉冲及各种组合输入信号的作用下，电路由 $t_n$ 时刻状态 $Q^n$ 转换到 $t_{n+1}$ 时刻电路状态 $Q^{n+1}$ 及电路输出状态的具体值。此电路没有输入和输出，根据状态方程即可列出状态表，如表 6-1 所示。

表 6-1　　　　例 6-1 电路状态表

| $Q_2^n$　$Q_1^n$　$Q_0^n$ | $Q_2^{n+1}$　$Q_1^{n+1}$　$Q_0^{n+1}$ | Z |
|---|---|---|
| 0　0　0 | 0　0　1 | 0 |
| 0　0　1 | 0　1　0 | 0 |
| 0　1　0 | 0　1　1 | 0 |
| 0　1　1 | 1　0　0 | 0 |
| 1　0　0 | 1　0　1 | 0 |
| 1　0　1 | 0　0　0 | 1 |
| 1　1　0 | 1　1　1 | 0 |
| 1　1　1 | 0　0　0 | 1 |

② 画出状态转换图（简称状态图）。

状态转换图是将状态转换表中的内容以图形方式表述，它以更加形象的方式直观地显示出时序电路的逻辑功能。

本例中，三级触发器共有 8 种组合状态，因此用 8 个标有状态值的圆圈表示。用箭头指明状态转移的情况，箭头旁的标注给出了完成此转移输入值及现在输出值，写成×/×，斜线上面写输入，斜线下写输出。本例只有输出没有输入，其状态转换图如图 6-3 所示。

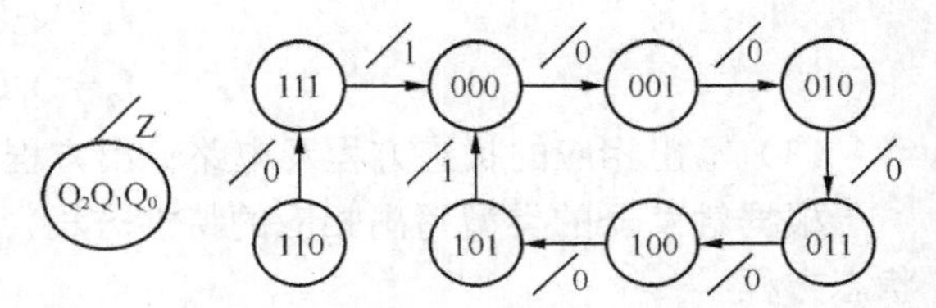

图 6-3　【例 6-1】电路状态转换图

③ 画时序波形图。

波形图是用示波器在对电路测试中显示出的实际波形，由波形图可以看出时钟 CP、电路中各触发器的状态 Q 及输出信号 Z 之间对应于时间的关系，真实地反映出电路信号的时序情况。图 6-4 画出了该电路的工作逻辑时序图。

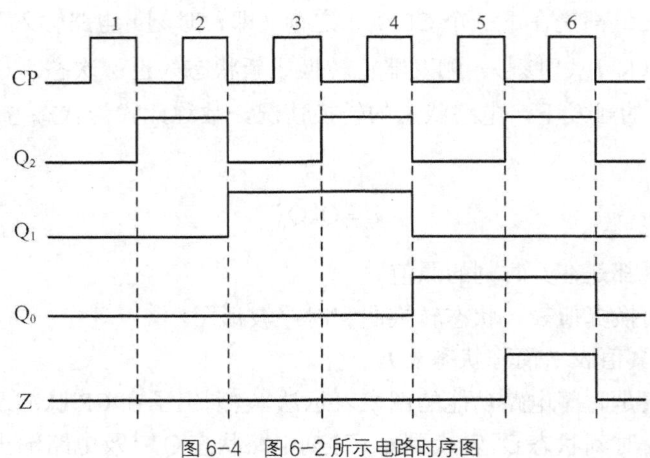

图 6-4　图 6-2 所示电路时序图

（5）逻辑功能的描述

由上述电路状态图、状态表都可清楚地看出本例中电路的工作过程。电路在时钟 CP 作用下，主循环的状态值将以加 1 递增的规律变化，共六个状态，我们称为六进制加法计数器，Z 的周期是时钟周期的六倍，称为进位脉冲。

（6）检查自启动特性

电路的自启动特性功能是指：若电路从偏离状态开始，随着时钟 CP 的输入，都能自动进入有效循环（或称主循环）状态，就称此电路具有自启动特性，否则称不具有自启动特性。

本例中，当进入偏离循环 110 或 111 时，均能进入有效循环状态，具有自启动功能。

**【例 6-2】** 分析图 6-5 所示时序逻辑电路的逻辑功能。

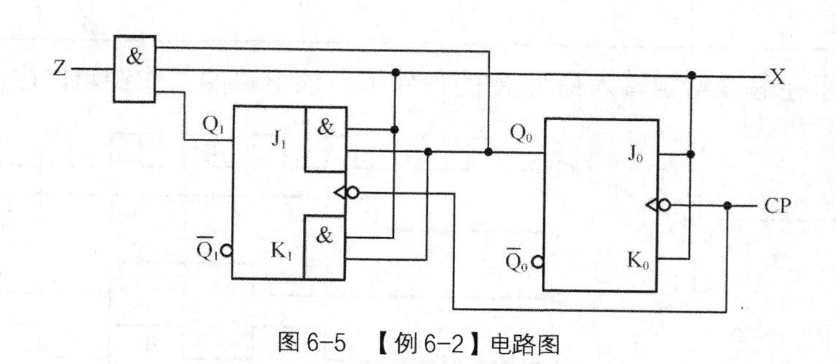


图 6-5 【例 6-2】电路图

（1）观察逻辑图

由图 6-5 可见，电路中记忆电路是两个下降沿触发的 JK 触发器构成，且触发器都是由同一时钟脉冲 CP 直接激励，所以它是同步时序电路；输入变量为 X，输出变量为 Z，显然是个单输入、单输出结构。因为输出 Z 与触发器状态 $Q_1$、$Q_0$、输入 X 有关，所以该电路为米利型。

（2）写出各触发器的激励方程

$$J_1 = K_1 = X\,Q_0^n$$

$$J_0 = K_0 = X$$

（3）写出相应的状态方程及电路输出方程

将图 6-5 的激励函数代入 JK 触发器特性方程便得到状态方程组

$$Q_1^{n+1} = X\,Q_0^n\,\overline{Q_1^n} + \overline{XQ_0^n}\,Q_1^n$$

$$Q_0^{n+1} = X\,\overline{Q_0^n} + \overline{X}\,Q_0^n$$

输出方程为

$$Z = X\,Q_1^n\,Q_0^n$$

（4）作出状态转换真值表、状态转换图和时序波形图

① 列状态转换真值表（简称状态表）。

由状态方程与输出方程可列出状态表，如表 6-2 所示。

② 画出状态转换图（简称状态图）。

③ 画时序波形图。

**表 6-2　　例 6-2 电路的状态表**

| X $Q_1^n$ $Q_0^n$ | $Q_1^{n+1}$ $Q_0^{n+1}$ | $Z=XQ_1^nQ_0^n$ |
|---|---|---|
| 0 0 0 | 0 0 | 0 |
| 0 0 1 | 0 1 | 0 |
| 0 1 0 | 1 0 | 0 |
| 0 1 1 | 1 1 | 0 |
| 1 0 0 | 0 1 | 0 |
| 1 0 1 | 1 0 | 0 |
| 1 1 0 | 1 1 | 0 |
| 1 1 1 | 0 0 | 1 |

图 6-7 画出了在假设给定输入信号 X 的条件下，该电路的工作逻辑时序图。

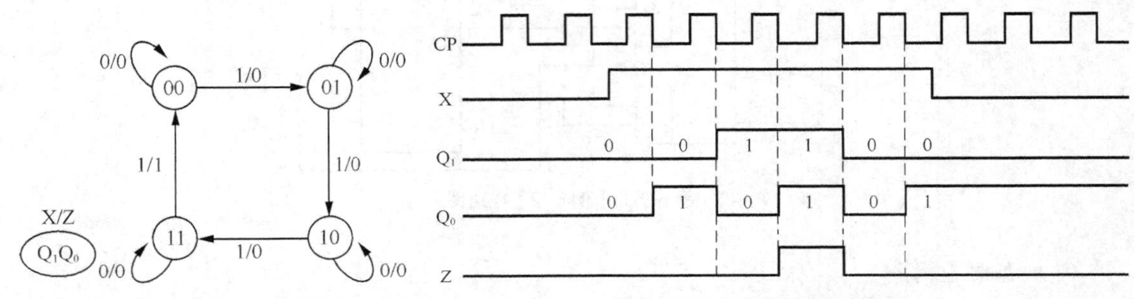


图 6-6　【例 6-2】电路状态转换图　　图 6-7　图 6-5 所示电路时序图

（5）逻辑功能的描述

由上述电路状态图、状态表都可清楚地看出本例中电路的工作过程。

当 X=0 时，电路无论处于何种状态，在时钟 CP 作用下，状态都将保持不变。

当 X=1 时，电路在时钟 CP 作用下，其状态值将以加 1 递增的规律变化，即

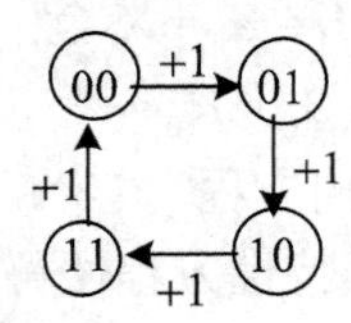


由此可见此电路是一可控模 4 计数器，X=0 时保持，X=1 时加 1 计数。

（6）检查自启动特性

本例中，两级触发器的 4 种状态已全部被使用，所以不存在自启动问题。

综上所述，时序电路功能有 4 种主要描述方法，即逻辑式、状态表、状态图、波形图。分析时序逻辑电路的一般步骤也可归结为：

① 写各触发器的激励方程；

② 写各触发器的状态方程（也称次态方程）；

③ 写时序电路的输出方程；

④ 列状态转换表（简称状态表）；

⑤ 画状态转换图（简称状态图）；

⑥ 画时序波形图（简称时序图）；

⑦ 说明电路的逻辑功能；

⑧ 检查电路能否自启动。

上述步骤是设计同步时序电路的一般化过程，实际设计中并不是每一步都要执行，可根据具体情况简化或省略一些步骤。

### 6.2.2 异步时序逻辑电路的分析举例

异步时序电路的分析方法与步骤和上述基本相同，由于异步时序逻辑电路中没有统一的时钟脉冲，所以还要特别注意各触发器的激励情况，分析时必须写出时钟方程。

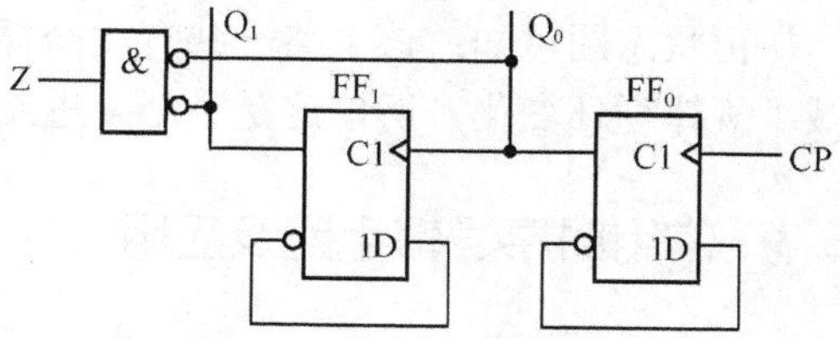

**【例 6-3】** 试分析图 6-8 所示的时序逻辑电路的功能并检查电路能否自启动。

图 6-8 例 6-3 的逻辑电路图

**解：**

（1）写出各时钟方程

$CP_0$=CP（时钟脉冲源的上升沿触发）；

$CP_1=Q_0$（当 $Q_0$ 由 0→1 时，$Q_1$ 才可能改变状态，否则 $Q_1$ 将保持原状态不变）。

（2）写出各触发器的激励方程

$$D_0=\overline{Q_0^n}，\ D_1=\overline{Q_1^n}$$

（3）写各触发器的次态方程

将各激励方程代入 D 触发器的特性方程 $Q^{n+1}=D$，得

$$Q_0^{n+1}=D_0=\overline{Q_0^n}\ \text{（CP 由 0→1 时此式有效）}$$

$$Q_1^{n+1}=D_1=\overline{Q_1^n}\ \text{（}Q_0\text{ 由 0→1 时此式有效）}$$

（4）写输出方程

$$Z=\overline{Q_1^n}\,\overline{Q_0^n}$$

（5）列状态转换表如表 6-3 所示

表 6-3 例 6-3 电路的状态转换表

| 现态 | | 次态 | | 输出 | 时钟脉冲 | |
|---|---|---|---|---|---|---|
| $Q_1^n$ | $Q_0^n$ | $Q_1^{n+1}$ | $Q_0^{n+1}$ | Z | $CP_1$ | $CP_0$ |
| 0 | 0 | 1 | 1 | 1 | ↑ | ↑ |
| 1 | 1 | 1 | 0 | 0 | 0 | ↑ |
| 1 | 0 | 0 | 1 | 0 | ↑ | ↑ |
| 0 | 1 | 0 | 0 | 0 | 0 | ↑ |

（6）画状态转换图和时序波形图

根据状态转换表可得状态转换图如图 6-9 所示，时序图如图 6-10 所示。

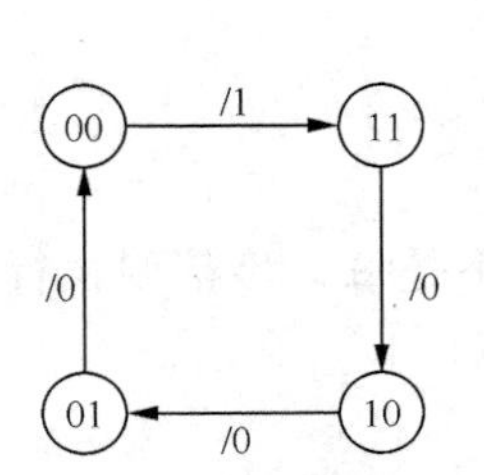


图 6-9 【例 6-3】电路的状态图

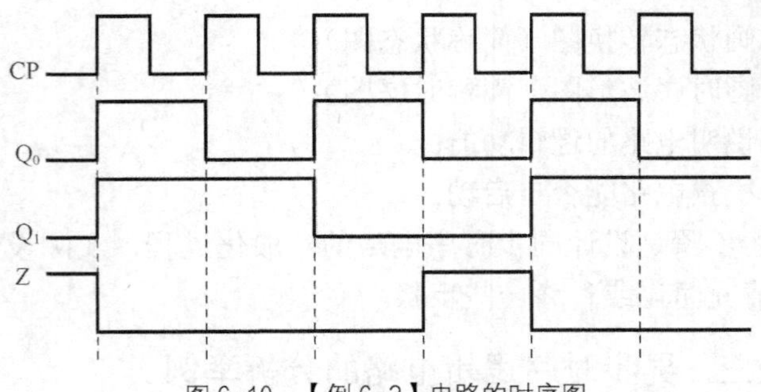


图 6-10 【例 6-3】电路的时序图

（7）逻辑功能分析

由状态图可知：该电路一共有 4 个循环状态 00、01、10、11，在时钟脉冲作用下，按照减 1 规律循环变化，所以这是一个 4 进制减法计数器，Z=1 是借位信号。

## 6.3 常用时序逻辑电路及应用

### 6.3.1 寄存器与移位寄存器

寄存器（Register）与移位寄存器的应用极广，是数字电路中重要的时序逻辑部件。寄存器只能暂存数码，而移位寄存器不但可以暂存数码，而且可以使数码在寄存器中向左或向右平行移位，以实现多种逻辑功能。

#### 1．寄存器

寄存器用于寄存一组二值代码，它被广泛地用于各类数字系统和计算机系统中。

因为一个触发器只能存储 1 位二值代码，所以 $N$ 位二值代码就需要 $N$ 个触发器组成的寄存器组储存。

对寄存器中的触发器只要求它们具有置 1、置 0 的功能，因此无论是电平触发还是脉冲触发或是边沿触发的触发器，都可以组成寄存器。

图 6-11 是由电平触发 D 触发器组成的 4 位寄存器 74LS75 的逻辑图。由电平触发的动作特点可知，在 CP 的高电平持续期间，Q 端的状态将跟随 D 端状态而变，在 CP 变成低电平以后，Q 端将保持 CP 变为低电平时刻 D 端的状态。

图 6-12 则是由 CMOS 边沿触发器组成的 4 位寄存器 74HC175 的逻辑电路。根据边沿触发的动作特点可知，触发器输出端的状态仅仅取决于 CP 上升沿到达时刻的 D 端状态，可见，虽然 74LS75 和 74HC175 都是 4 位寄存器，但由于采用了不同结构类型的触发器，所以动作特点是不同的。

在上述两种寄存器中，接收数据时各位代码是同时输入的，而触发器的数据是并行出现在输出端，因此称这种输入与输出方式为并入-并出方式。

为了增加使用的灵活性，在有些寄存器电路中还附加了控制电路，使寄存器具有异步置 0、输出三态控制和“保持”等功能。这里的“保持”，是指 CP 信号到达时触发器不随 D 端的输入信号而改变状态，保持原来的状态不变。

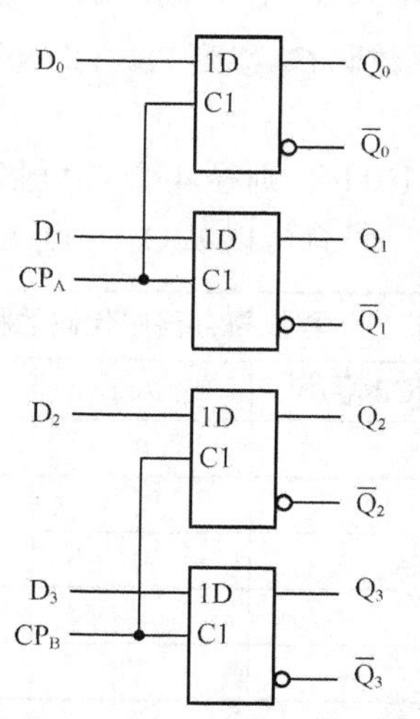


图 6-11　TTL 电平触发寄存器 74LS75 的逻辑电路图

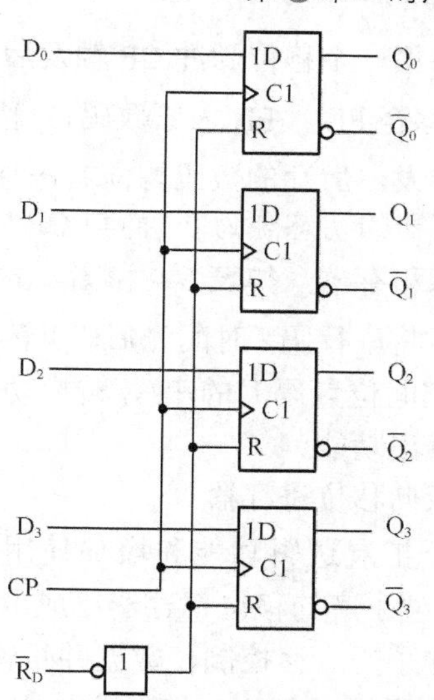


图 6-12　CMOS 边沿触发寄存器 74HC175 逻辑电路图

2．移位寄存器

移位寄存器（Shift Register）除了具有存储代码的功能之外，还具有移位功能，在移位脉冲的作用下，寄存器里存储的代码能依次左移或右移。因此，移位寄存器不但可以用来寄存代码，还可以用来实现数据的串—并行相互转换、数值运算以及数据处理等。

（1）单向移位寄存器

由边沿触发方式的 D 触发器组成的 4 位单向移位寄存器（简称移存器）如图 6-13 所示。图中各触发器之间均按移位方式串接，即每个触发器的输出端 Q 依次接到下一个触发器的输入端 D。

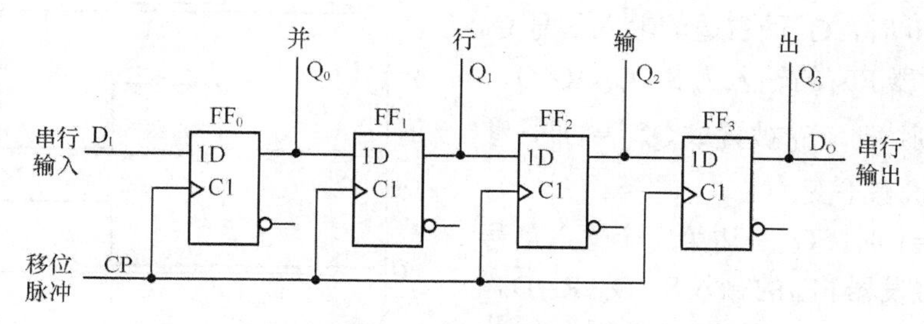


图 6-13　用 D 触发器构成的移位寄存器

$D_I$ 是串行输入端；$D_o$ 为串行输出端；$Q_3 \sim Q_0$ 为并行输出端。它可以串行输入、串行输出或并行输出，是串入-串/并出单向移存器。属同步时序电路。

由图 6-13 可得各触发器的状态方程为

$$\begin{cases} Q_0^{n+1} = D_0 = D_I \\ Q_1^{n+1} = D_1 = Q_0^n \\ Q_2^{n+1} = D_2 = Q_1^n \\ Q_3^{n+1} = D_3 = Q_2^n \end{cases} \tag{6-1}$$

显然在第一个移位脉冲 CP 触发后，输入数码 $D_I$ 存入触发器 $FF_0$，同时触发器 $FF_0$ 内的原有数码 $Q_0$ 移至 $FF_1$，$FF_1$ 内原数码 $Q_1$ 移至 $FF_2$，$FF_2$ 内的原数码 $Q_2$ 移到 $FF_3$。即每来一个移位脉冲，各触发器所存的数码均向右平移一位。

若寄存器的初态全为 0，而与 CP 同步的串行数码为“1011”，则经 4 个 CP 触发，就由 $D_0$ 端全部移入移存器，如表 6-4 和图 6-14 所示。这时“1011”码就可以从 $Q_3$ ～ $Q_0$ 端并行输出。从而实现了将串行码（时间先后码）转换成并行码（空间位置码）的串/并转换功能，即串入—并出功能。

表 6-4　移位寄存器中代码的移动情况

| 移位脉冲 CP 顺序 | 输入 $D_I$ | $Q_0Q_1Q_2Q_3$ |
|---|---|---|
| 0 | 0 | 0000 |
| 1 | 1 | 1000 |
| 2 | 0 | 0100 |
| 3 | 1 | 1010 |
| 4 | 1 | 1101 |

（2）双向移位寄存器

为便于扩展逻辑功能和增加使用的灵活性，在定型生产的移位寄存器集成电路上有的又附加了左右移控制、数据并行输入、保持、异步置零（复位）等功能。图 6-15 示出由 4 个触发器 $FF_0$ ～ $FF_3$ 和各自的输入控制电路组成 4 位双向移位寄存器 74LS194。

图 6-15 中的 $D_{IR}$ 为数据右移串行输入端，$D_{IL}$ 为数据左移串行输入端，$D_0$～$D_3$ 为数据并行输入端，$Q_0$～$Q_3$ 为数据并行输出端。移位寄存器的工作状态由控制端 $S_1$ 和 $S_0$ 的状态指定。$\overline{R}_D$ 为异步置 0 端，正常工作时 $\overline{R}_D$ 处于高电平。

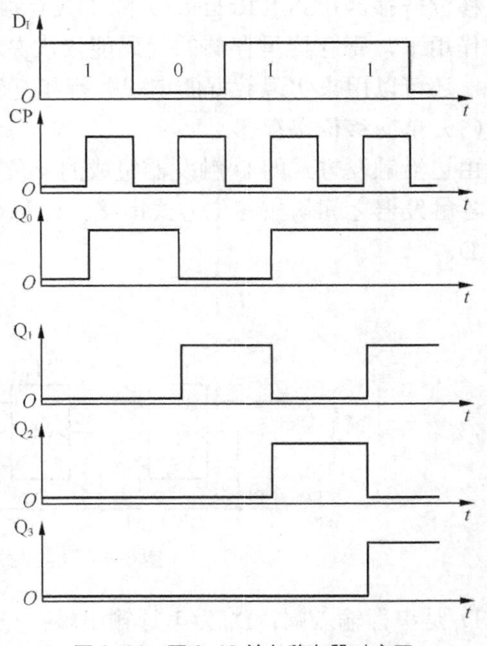

图 6-14　图 6-13 单向移存器时序图

由图 6-15 可见，$FF_0$ 的输入控制电路是由与或非门 $G_1$ 和反相器 $G_2$ 组成的具有互补输出的 4 选 1 数据选择器。它的互补输出作为 $Q_0$ 的输入信号。

当 $S_1$= $S_0$=0 时，$G_1$ 最右边的输入信号 $Q_0$ 被选中，使触发器 $FF_0$ 的输入为 S= $Q_0$、R= $\overline{Q}_0$，故 CP 上升沿到达时 $FF_0$ 被置成 $Q_0^{n+1}=Q_0^n$，移位寄存器保持状态不变。

当 $S_1$= $S_0$=1 时，$G_1$ 左边第二个输入信号 $D_0$ 被选中，使触发器 $FF_0$ 的输入 S= $D_0$、R= $\overline{D}_0$，故 CP 上升沿到达时，$FF_0$ 被置成 $Q_0^{n+1}=D_0$，移位寄存器处于数据并行输入状态。

当 $S_1$=0、$S_0$=1 时，$G_1$ 最左边的输入信号 $D_{IR}$ 被选中，使触发器 $FF_0$ 的输入为 S=$D_{IR}$、R=$\overline{D}_{IR}$，故 CP 上升沿到达时 $FF_0$ 被置成 $Q_0^{n+1}$=$D_{IR}$，移位寄存器工作在右移状态。

当 $S_1$=1、$S_0$=0 时，$G_1$ 右边第二个输入信号 $Q_1$ 被选中，使触发器 $FF_0$ 的输入为 S=$Q_1^n$、R=$\overline{Q_1^n}$，故 CP 上升沿到达时触发器被置成 $Q_0^{n+1}=Q_1^n$，这时移位寄存器工作在左移状态。

其他 3 个触发器的工作原理与 $FF_0$ 基本相同，不再赘述。

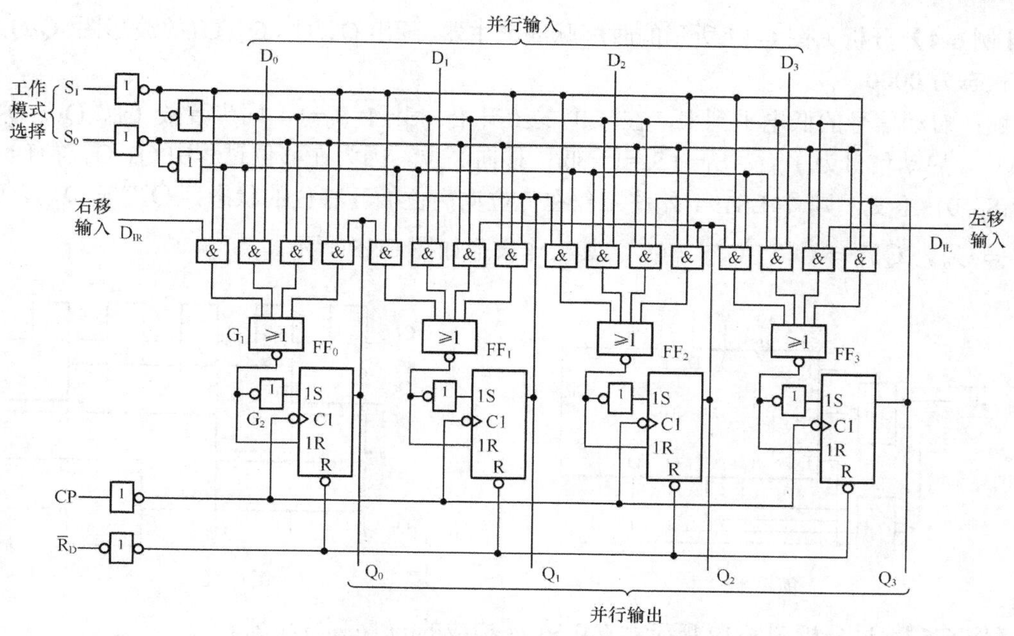


图 6-15 双向移位寄存器 74LS194 的逻辑图

由上述分析可得 74LS194 的功能表，如表 6-5 所示。

**表 6-5** **74LS194 的功能表**

| $\overline{R}_D$ | $S_1$ $S_0$ | 工作状态 |
|---|---|---|
| 0 | $\phi$ $\phi$ | 置 0 |
| 1 | 0 0 | 保持 |
| 1 | 0 1 | 右移 |
| 1 | 1 0 | 左移 |
| 1 | 1 1 | 并行输入 |

用两片 74LS194 接成 8 位双向移位寄存器的连接图如图 6-16 所示。这里是将其中一片的 $Q_3$ 接至另一片的 $D_{IR}$ 端，再将另一片的 $Q_0$ 接到这一片的 $D_{IL}$，并把两片的 $S_1$、$S_0$、CP 和 $\overline{R_D}$ 分别并联。

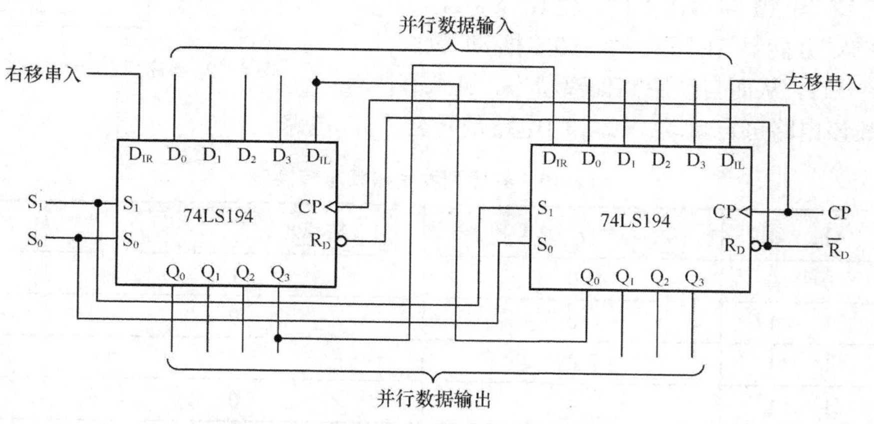


图 6-16 用两片 74LS194 接成 8 位双向移位寄存器

**【例 6-4】** 分析如图 6-17 所示的时序脉冲产生器，画出 $Q_0$、$Q_1$、$Q_2$、$Q_3$ 的波形图。$Q_0Q_1Q_2Q_3$ 初始状态为 0000。

**解**：启动信号的低电平到来，在 CP 的上升沿：$S_1=1$ $S_0=1$，同步置数 $Q_0$、$Q_1$、$Q_2$、$Q_3$ 为 0111。启动信号为 1 后：$S_1=0$ $S_0=1$，低位移向高位。因为在移位过程中 $Q_0$~$Q_3$ 总有一个为 0，$S_1S_0=01$ 不变，则 74LS194 始终工作在低位向高位循环移位的状态，$Q_0^{n+1}=D_{IR}=Q_3^n$，$Q_3^{n+1}=Q_2^n$，$Q_2^{n+1}=Q_1^n$，$Q_1^{n+1}=Q_0^n$。其工作波形如图 6-18 所示。

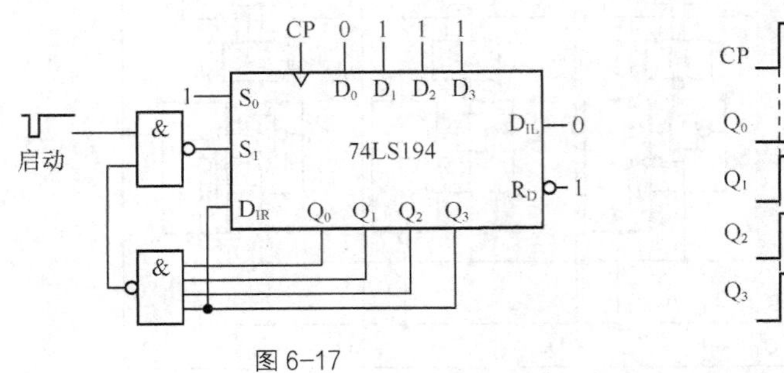


图 6-17

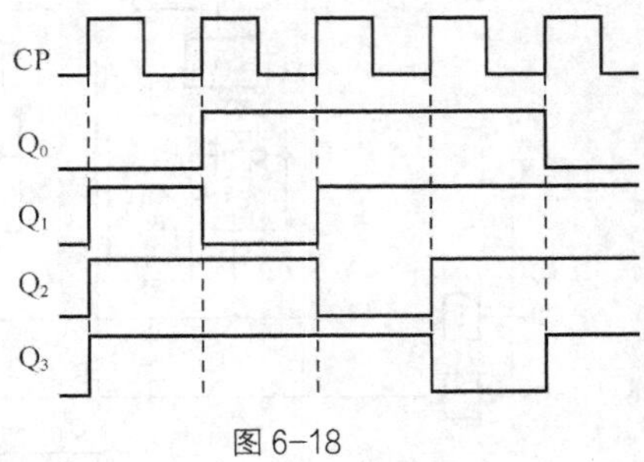


图 6-18

**【例 6-5】** 试分析图 6-19 所示由 74LS194 构成的 *m* 序列发生器。

**解**：（1）写出输入端和控制端的激励函数

$$\begin{cases} D_{IR}=Q_3^n \oplus Q_2^n \\ S_1=\overline{Q_3^n+Q_2^n+Q_1^n+Q_0^n} \\ D_3=D_2=D_1=D_0=1 \end{cases} \tag{6-2}$$

（2）写出状态转换表

由于 $S_0=1$，所以当 $S_1=1$ 时，为并行置数，当 $S_1=0$ 时，为右移。

由表 6-6 可看出，在 CP 的激励下，该电路 $Q_3$ 端的输出脉冲序列为 111100010011010，其循环长度 $P=15=2^4-1$。$Q_3Q_2Q_1Q_0=0000$ 状态（全 0 状态）是该发生器的偏离状态。电路一旦进入 0000 偏离状态，或非门立即输出“1”，使 $S_1=S_0=1$，芯片执行并入功能，在下一个 CP 推动下，$Q_3Q_2Q_1Q_0=1111$，从而自动脱离偏离状态，进入有效状态。故该电路可自启动。或非门电路是防全“0”电路。

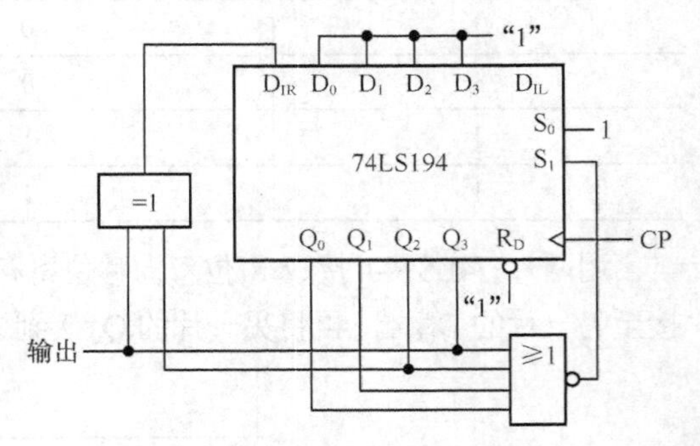


图 6-19 *m* 序列（$P=15$）发生器

**表 6-6　　图 6-19 *m* 序列发生器状态转换表**

| $Q_0$ $Q_1$ $Q_2$ $Q_3$ | $D_{IR}=Q_3^n \oplus Q_2^n$ | $S_1=\overline{Q_3^n+Q_2^n+Q_1^n+Q_0^n}$ | 功能 |
|---|---|---|---|
| 0 0 0 0 | 0 | 1 | 并入 |
| 1 1 1 1 | 0 | 0 | 移位 |
| 0 1 1 1 | 0 | 0 | 移位 |
| 0 0 1 1 | 0 | 0 | 移位 |
| 0 0 0 1 | 1 | 0 | 移位 |

续表

| $Q_0$ $Q_1$ $Q_2$ $Q_3$ | $D_{IR}=Q_3^n \oplus Q_2^n$ | $S_1=\overline{Q_3^n+Q_2^n+Q_1^n+Q_0^n}$ | 功能 |
|---|---|---|---|
| 1 0 0 0 | 0 | 0 | 移位 |
| 0 1 0 0 | 0 | 0 | 移位 |
| 0 0 1 0 | 1 | 0 | 移位 |
| 1 0 0 1 | 1 | 0 | 移位 |
| 1 1 0 0 | 0 | 0 | 移位 |
| 0 1 1 0 | 1 | 0 | 移位 |
| 1 0 1 1 | 0 | 0 | 移位 |
| 0 1 0 1 | 1 | 0 | 移位 |
| 1 0 1 0 | 1 | 0 | 移位 |
| 1 1 0 1 | 1 | 0 | 移位 |
| 1 1 1 0 | 1 | 0 | 移位 |
| 1 1 1 1 | 0 | 0 | 移位 |

由上述分析可以推论：任何线性序列发生器均存在全“0”偏离状态，这是因为在全“0”状态下，任何异或反馈函数的输出 $D_{IR}$ 均为“0”，其下一状态仍然全为“0”。因此 $n$ 位移存器最多有效状态只能有 $2^n-1$ 个。可见最长线性脉冲序列的循环长度为 $P=2^n-1$。

综上所述，$m$ 序列信号的特点如下。

① 循环长度 $P=2^n-1$（$n$ 为移存器级数），是最长线性序列。

② 每个循环周期中码元为“1”的总数比“0”的总数仅只多一个。因此循环长度 $P$ 值很大时，序列中出“1”和出“0”的概率都接近 1/2。而且 $P$ 值越大，序列中码元的“0”、“1”排列的规律性越差。

③ 因为随机序列中码元为“0”或为“1”的概率均为 1/2，而且任一码元的取值都与其前后码无关，显示出码元分布的随机性。如上所述，$m$ 序列的循环长度越长，就越接近随机序列的特性。因此常用这种 $m$ 序列来模拟离散的随机信号，并称它为伪随机码。$m$ 序列经常被用于数字通信的保密通信。

### 6.3.2 计数器

计数器是一种能统计输入脉冲个数的时序电路。它是一种重要的时序逻辑电路，应用十分广泛，除用于计数，还可用作分频、定时、产生节拍脉冲、脉冲序列发生器等。

计数器种类繁多，分类方式也多种多样。按计数器中触发器翻转是否与计数脉冲同步，可分为同步计数器和异步计数器。

按数字的增减趋势分还有加法计数器、减法计数器和可逆计数器（或称为加/减计数器）。

若按计数进制分有二进制计数器和非二进制计数器。非二进制计数器中最典型的是十进制计数器。

#### 1. 同步计数器

（1）同步二进制加法计数器

图 6-20 是同步 4 位二进制加法计数器，它由接成 T 型的 JK 触发器和与门组成。电路中

各触发器时钟都由同一个 CP 直接激励，故为同步时序电路。CP 就是被统计的计数脉冲；C 是进位输出信号，C 只与 Q 有关，所以是摩尔型时序电路。$\overline{R}_D$ 为异步直接置 0 端。$\overline{R}_D=0$ 时，可使计数器复位而处于初始状态，即 $Q_3Q_2Q_1Q_0=0000$。

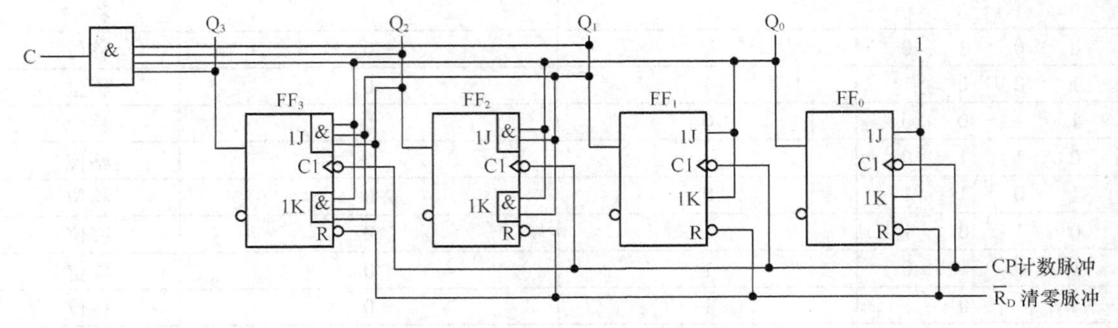


图 6-20　同步 4 位二进制计数器

由图 6-20 可得到激励方程、新状态方程和输出方程如下。

激励方程

$$\begin{cases} T_0=1 \\ T_1=Q_0^n \\ T_2=Q_0^n\,Q_1^n \\ T_3=Q_0^n\,Q_1^n\,Q_2^n \end{cases} \tag{6-3}$$

新状态方程

$$\begin{cases} Q_0^{n+1}=\overline{Q}_0^n \\ Q_1^{n+1}=Q_0^n \oplus Q_1^n \\ Q_2^{n+1}=(Q_0^n\,Q_1^n)\oplus Q_2^n \\ Q_3^{n+1}=(Q_0^n\,Q_1^n\,Q_2^n)\oplus Q_3^n \end{cases} \tag{6-4}$$

输出方程

$$C=Q_0^n\,Q_1^n\,Q_2^n\,Q_3^n \tag{6-5}$$

由上述方程可得到图 6-20 电路状态转换表如表 6-7 所示。

**表 6-7**　　**图 6-17 电路状态转换表**

| 计数脉冲 | 电路状态 | | | | 进位输出 |
|---|---|---|---|---|---|
| CP | $Q_3$ | $Q_2$ | $Q_1$ | $Q_0$ | C |
| 0 | 0 | 0 | 0 | 0 | 0 |
| 1 | 0 | 0 | 0 | 1 | 0 |
| 2 | 0 | 0 | 1 | 0 | 0 |
| 3 | 0 | 0 | 1 | 1 | 0 |
| 4 | 0 | 1 | 0 | 0 | 0 |
| 5 | 0 | 1 | 0 | 1 | 0 |
| 6 | 0 | 1 | 1 | 0 | 0 |

续表

| 计数脉冲 | 电路状态 | 进位输出 |
| --- | --- | --- |
| 7 | 0 1 1 1 | 0 |
| 8 | 1 0 0 0 | 0 |
| 9 | 1 0 0 1 | 0 |
| 10 | 1 0 1 0 | 0 |
| 11 | 1 0 1 1 | 0 |
| 12 | 1 1 0 0 | 0 |
| 13 | 1 1 0 1 | 0 |
| 14 | 1 1 1 0 | 0 |
| 15 | 1 1 1 1 | 1 |
| 16 | 0 0 0 0 | 0 |

由表 6-7 可画出图 6-20 电路图的状态转换图，如图 6-21 所示。并再根据触发器的触发方式，可画出其工作时序波形图，如图 6-22 所示。

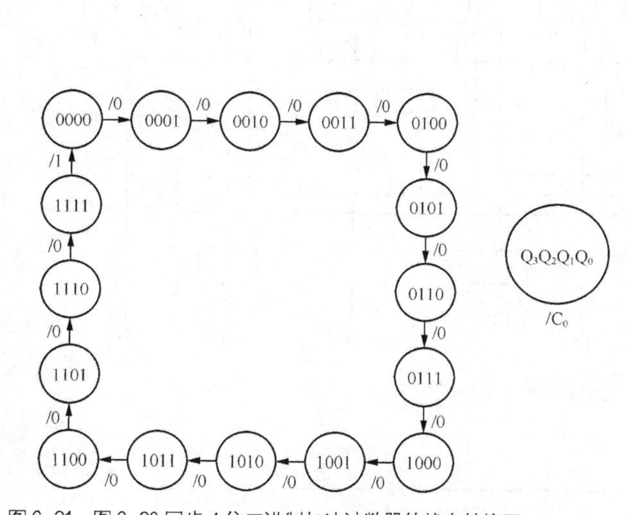


图 6-21　图 6-20 同步 4 位二进制加法计数器的状态转换图

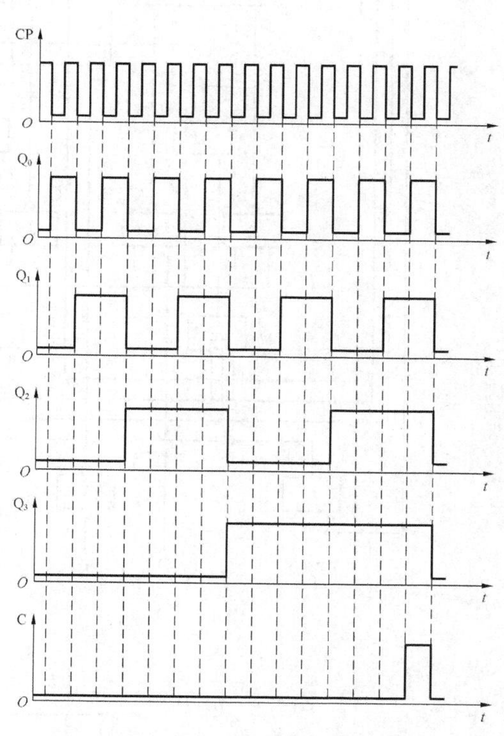


图 6-22　图 6-20 电路时序波形图

由图 6-22 工作时序波形图可以看出，若计数输入脉冲的频率为 $f_0$，则 $Q_0$、$Q_1$、$Q_2$ 和 $Q_3$ 端输出脉冲的频率将依次为 $\frac{1}{2}f_0$、$\frac{1}{4}f_0$、$\frac{1}{8}f_0$、$\frac{1}{16}f_0$，分别称为 2 分频，4 分频、8 分频及 16 分频。针对这种分频功能，也将计数器称为分频器。

此外，每输入 16 个计数脉冲计数器工作一个循环，C 的周期是时钟脉冲周期的 16 倍，所以又将这个电路称为模十六进制计数器，C 是进位输出信号。计数器中能计到的最大数量称为计数器的容量。$n$ 位二进制计数器的容量等于 $2^n$。

（2）中规模同步 4 位二进制加法计数器 74LS161

在实际生产的计数器芯片中，往往还附加了一些控制电路，以增加电路的功能和使用的灵活性。图 6-23 为中规模集成的 4 位同步二进制计数器 74LS161 逻辑电路。对其做如下说明。

① 时钟脉冲 CP 经非门 $G_2$ 反相后同步激励 4 个 JK 触发器的 CP 端。使触发器在 CP 脉冲的上升沿翻转。

② 异步置 0 端 $\overline{R}_D$ 经门 $G_3$ 反相缓冲后，送到各触发器的直接置 0 端，可强迫各触发器同时复位置 0。

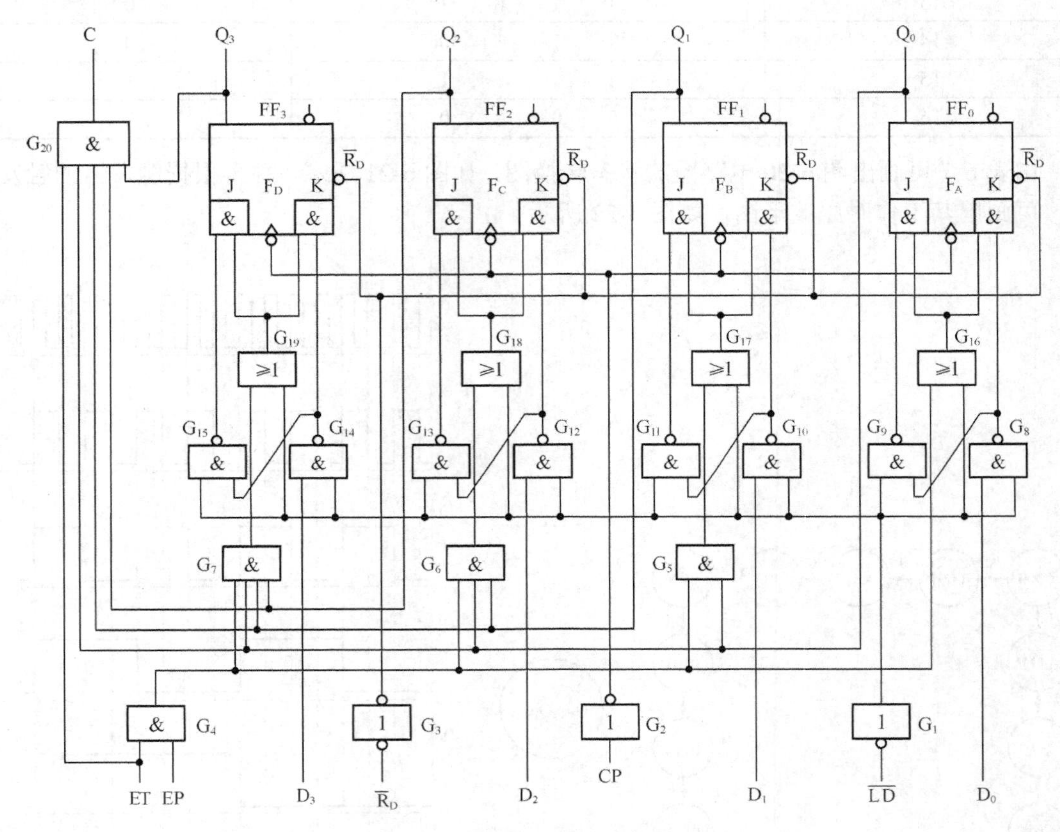


（a）74LS161逻辑图

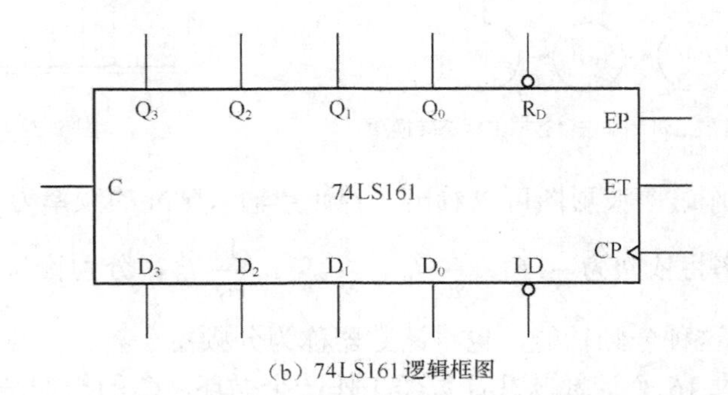


（b）74LS161 逻辑框图

图 6-23　4 位同步二进制计数器 74LS161

③ $D_3D_2D_1D_0$端为并行数据输入端，$Q_3Q_2Q_1Q_0$为计数并行输出端，$Q_0$为最低位。$C_o$为进位输出端。计数脉冲由 CP 端送入。

④ $\overline{LD}$为并行预置数控制端。当$\overline{LD}$=0 时，门 $G_1$输出“1”，使与非门 $G_8$～$G_{15}$全开放，或门 $G_{16}$～$G_{19}$的输出恒为“1”，这时有

$$J_0=D_0,\ K_0=\overline{D}_0$$

代入新状态方程

$$Q_0^{n+1}=J_0\ \overline{Q}_0^n+\overline{K}_0\ Q_0^n=D_0\ \overline{Q}_0^n+D_0\ Q_0^n=D_0$$

同理有

$$Q_1^{n+1}=D_1,\quad Q_2^{n+1}=D_2,\quad Q_3^{n+1}=D_3$$

上式说明，当$\overline{LD}$=0 时，不论 EP 、ET 为何值，在 CP 的上升沿来到后，数据 $D_3$、$D_2$、$D_1$、$D_0$将分存入相应的触发器中，从而计数器可预置数据功能。端称为置数控制端，低电平有效。

⑤ $\overline{LD}$=EP=ET=1 时，门 $G_1$输出“0”，封锁与非门 $G_8$～$G_{15}$。使数据 $D_3$、$D_2$、$D_1$、$D_0$不能置入各触发器。门 $G_4$输出“1”，使进位门 $G_5$～$G_7$开放。此时的电路连接与图 6-14 所示的二进制计数器相同，故在 CP 激励下，电路进行二进制递加计数，并由 C 端产生进位脉冲 $C=Q_3^n\ Q_2^n\ Q_1^n\ Q_0^n\ ET=Q_3^n\ Q_2^n\ Q_1^n\ Q_0^n$。因此，当$\overline{LD}$=EP=ET=1 时，电路执行带进位的计数功能。

⑥ 当$\overline{LD}$=ET=1、EP=0 时，门 $G_{16}$～$G_{19}$的输出均为“0”，使各触发器的 J、K 均为“0”，触发器输出保持原状态不变，进位信号 C 也保持不变，EP 端称为计数控制端。

⑦ 当$\overline{LD}$=1、ET=0、EP=$\phi$时，计数器仍保持不变，但 C=0，进位信号不能保持。ET 端称为进位控制端，EP 和 ET 可以实现计数器保持和扩展的功能。

上述逻辑功能可归纳为表 6-8。

**表 6-8　4 位同步二进制计数器 74LS161 功能表**

| CP | $\overline{R}_D$ | $\overline{LD}$ | EP　ET | 功能 |
|---|---|---|---|---|
| $\phi$ | 0 | $\phi$ | $\phi$　$\phi$ | 异步置零 |
| ↑ | 1 | 0 | $\phi$　$\phi$ | 并行置数 |
| $\phi$ | 1 | 1 | 0　1 | 保持 |
| $\phi$ | 1 | 1 | $\phi$　0 | 保持（$C_o$=0） |
| ↑ | 1 | 1 | 1　1 | 计数 |

除 74LS161 外，4161 和 40161（CMOS）也可完成上述逻辑功能，而且引脚排也相同。

（3）同步二进制减法计数器

根据二进制减法计数规则，在 $n$ 位二进制减法计数器中，只有当第 $i$ 位以下各位触发器同时为 0 时，再减 1 才能使第 $i$ 位触发器翻转。因此，采用控制 T 端方式组成同步二进制减法

计数器时，第 $i$ 位触发器输入端 $T_i$ 的逻辑式应为

$$T_i=\overline{Q}_{i-1}^n\ \overline{Q}_{i-2}^n \cdots\cdots \overline{Q}_1^n\ \overline{Q}_0^n=\prod_{j=0}^{i-1}\overline{Q}_j^n \quad (i=1,\ 2,\ \cdots,\ n-1) \tag{6-6}$$

根据式（6-6）可接成的同步二进制减法计数器电路如图 6-24 所示，其中 T 触发器是将 JK 触发器的 J 和 K 接在一起作为 T 输入端而得到的。

（4）同步二进制可逆计数器 74LS191

在有些应用场合要求计数器既能递增计数又能递减计数，这种能进行加/减的计数器称为可逆计数器。

将图 6-20 所示加法计数器和图 6-24 所示减法计数器的控制电路合并，再通过一根可逆控制线选择加法计数还是减法计数，就构成了可逆计数器。基于这种原理设计的 4 位同步二进制可逆计数器如图 6-25 所示。

图 6-25 中，$\overline{S}$ 为片选使能端，$\overline{LD}$ 为异步并行置数控制端，$\overline{U}/D$ 为加/减计数控制端，C/B 为进位/借位输出端，$CP_I$ 为计数脉冲输入，$CP_0$ 为计数脉冲输出。

当 $\overline{S}=0$、$\overline{LD}=1$ 时，电路处于计数状态时，各个触发器输入端的逻辑式为

$T_0=1$；

$T_1=(\overline{\overline{U}/D})Q_0^n+(\overline{U}/D)\overline{Q}_0^n$；

$T_2=(\overline{\overline{U}/D})Q_1^n\ Q_0^n+(\overline{U}/D)\overline{Q}_1^n\ \overline{Q}_0^n$；

$T_3=(\overline{\overline{U}/D})Q_2^n\ Q_1^n\ Q_0^n+(\overline{U}/D)\overline{Q}_2^n\ \overline{Q}_1^n\ \overline{Q}_0^n$。

以此可推得，若构成 $i$ 级可逆计数器，其触发器输入激励方程组可写成

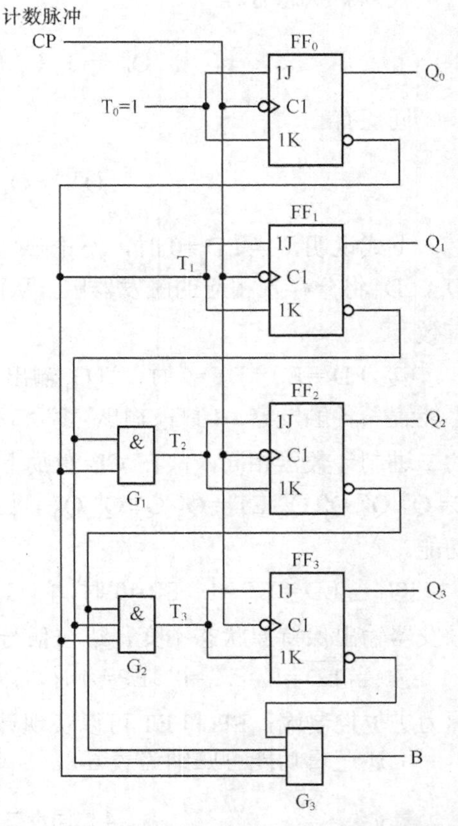


图 6-24　由 T 触发器构成的同步二进制减法计数器

$$\begin{cases} T_0=1; \\ T_i=(\overline{\overline{U}/D})\prod_{j=0}^{i-1}\overline{Q}_j^n+(\overline{U}/D)\prod_{j=0}^{i-1}\overline{Q}_j^n \end{cases} \tag{6-7}$$

由上述公式可见，当 $\overline{U}/D=0$ 时，式（6-7）与式（6-5）相同，计数器实现加法计数；当 $\overline{U}/D=1$ 时，式（6-6）与式（6-5）相同，计数器实现减法计数。

由图 6-25 可见，当 $\overline{LD}=0$ 时，输入数据 $D_3\sim D_0$ 被立即置入触发器 $FF_0\sim FF_3$ 中，而不受输入时钟 $CP_1$ 影响，显然这与 74LS161 不同，实现的是异步置数。

当 $\overline{S}=1$ 时，使得 $T_0\sim T_3$ 全为 0，$FF_0\sim FF_3$ 保持状态不变，实现使能控制。

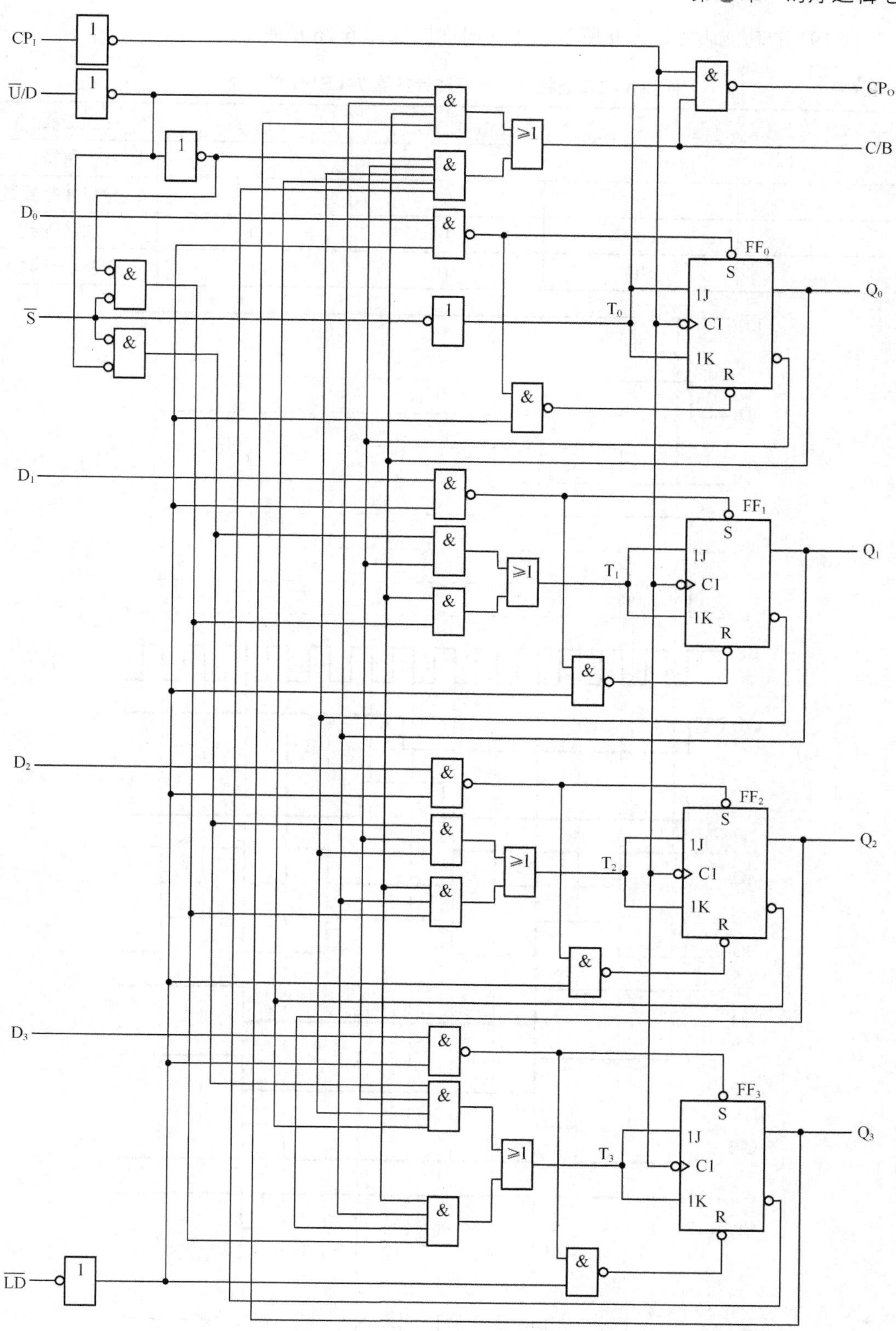


图6-25 同步4位二进制可逆计数器74LS191

74LS191 的功能表如表 6-9 所示，工作时序图如图 6-26 所示。

**表 6-9　　同步 4 位二进制模十六可逆计数器 74LS191 的功能**

| $CP_I$ | $\overline{S}$ | $\overline{LD}$ | $\overline{U}/D$ | 功能 |
|---|---|---|---|---|
| × | 1 | 1 | × | 保持 |
| × | × | 0 | × | 异步并行置数 |
| ↑ | 0 | 1 | 0 | 加法计数 |
| ↑ | 0 | 1 | 1 | 减法计数 |

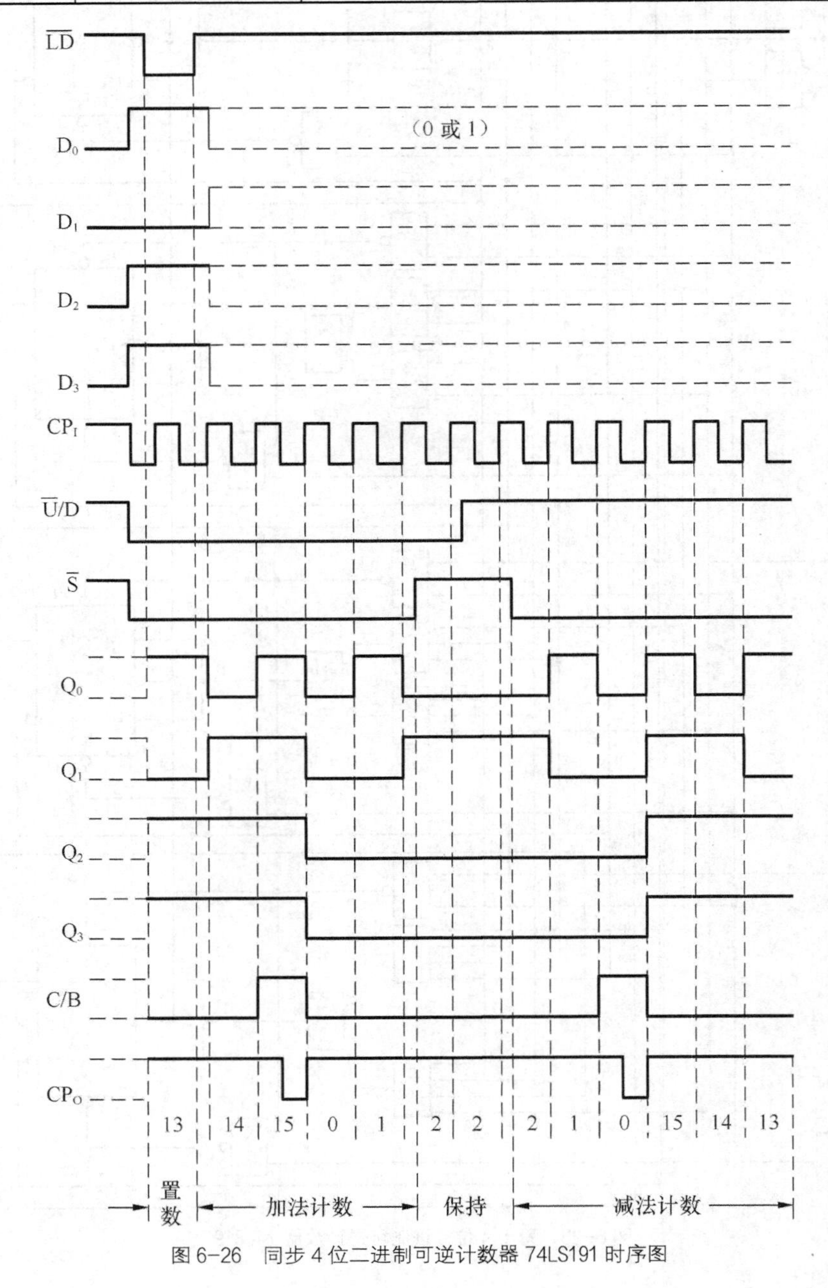


图 6-26　同步 4 位二进制可逆计数器 74LS191 时序图

（5）同步十进制计数器

图 6-27 所示电路是用 T 触发器组成的同步十进制加法计数器电路，它是在图 6-20 同步二进制加法计数器电路的基础上略加修改而成的。

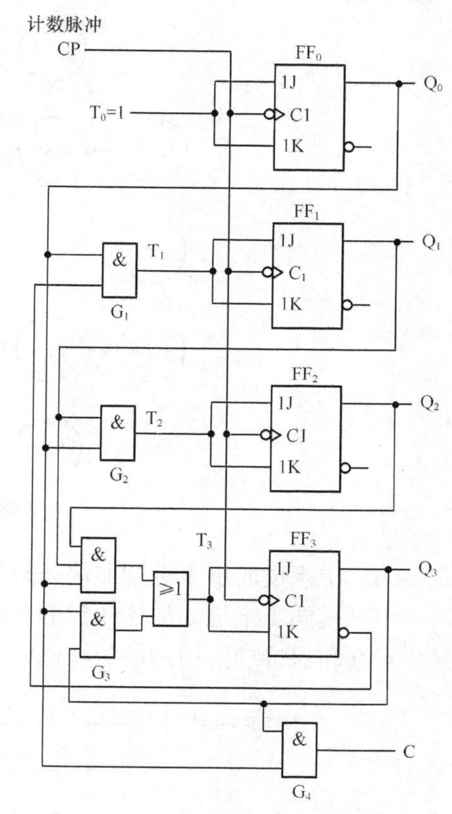

图 6-27　同步十进制加法计数器

由图 6-27 可有

$$\begin{cases} T_0=1 \\ T_1=Q_0^n\,\overline{Q}_3^n \\ T_2=Q_0^n\,Q_1^n \\ T_3=Q_0^n\,Q_1^n\,Q_2^n+Q_0^n\,Q_3^n \end{cases} \tag{6-8}$$

将式（6-8）代入 T 触发器的特性方程可得到电路的新状态方程

$$\begin{cases} Q_0^{n+1}=\overline{Q}_0^n \\ Q_1^{n+1}=(Q_0^n\,\overline{Q}_3^n)\oplus Q_1^n \\ Q_2^{n+1}=(Q_0^n\,Q_1^n)\oplus Q_2^n \\ Q_3^{n+1}=(Q_0^n\,Q_1^n\,Q_2^n+Q_0^n\,Q_3^n)\oplus Q_3^n \end{cases} \tag{6-9}$$

输出方程

$$C=Q_3^n\,Q_1^n \tag{6-10}$$

根据式（6-9）列出图 6-27 同步十进制加法计数器状态转换表，如表 6-10 所示，并画出图 6-28 所示的状态转换图。由图 6-28 可见，该电路具有自启动特性。

**表 6-10　　同步十进制加法计数器状态转换表**

| 计数脉冲序号 | 原状态 | | | | 新状态 | | | | 输出 |
|---|---|---|---|---|---|---|---|---|---|
| CP | $Q_3^n$ | $Q_2^n$ | $Q_1^n$ | $Q_0^n$ | $Q_3^{n+1}$ | $Q_2^{n+1}$ | $Q_1^{n+1}$ | $Q_0^{n+1}$ | C |
| 0 | 0 | 0 | 0 | 0 | 0 | 0 | 0 | 1 | 0 |
| 1 | 0 | 0 | 0 | 1 | 0 | 0 | 1 | 0 | 0 |
| 2 | 0 | 0 | 1 | 0 | 0 | 0 | 1 | 1 | 0 |
| 3 | 0 | 0 | 1 | 1 | 0 | 1 | 0 | 0 | 0 |
| 4 | 0 | 1 | 0 | 0 | 0 | 1 | 0 | 1 | 0 |
| 5 | 0 | 1 | 0 | 1 | 0 | 1 | 1 | 0 | 0 |
| 6 | 0 | 1 | 1 | 0 | 0 | 1 | 1 | 1 | 0 |
| 7 | 0 | 1 | 1 | 1 | 1 | 0 | 0 | 0 | 0 |
| 8 | 1 | 0 | 0 | 0 | 1 | 0 | 0 | 1 | 0 |
| 9 | 1 | 0 | 0 | 1 | 0 | 0 | 0 | 0 | 1 |
| 10 | 1 | 0 | 1 | 0 | 1 | 0 | 1 | 1 | 0 |
| 11 | 1 | 0 | 1 | 1 | 0 | 1 | 1 | 0 | 1 |
| 12 | 1 | 1 | 0 | 0 | 1 | 1 | 0 | 1 | 0 |
| 13 | 1 | 1 | 0 | 1 | 0 | 1 | 0 | 0 | 1 |
| 14 | 1 | 1 | 1 | 0 | 1 | 1 | 1 | 1 | 0 |
| 15 | 1 | 1 | 1 | 1 | 0 | 0 | 1 | 0 | 1 |

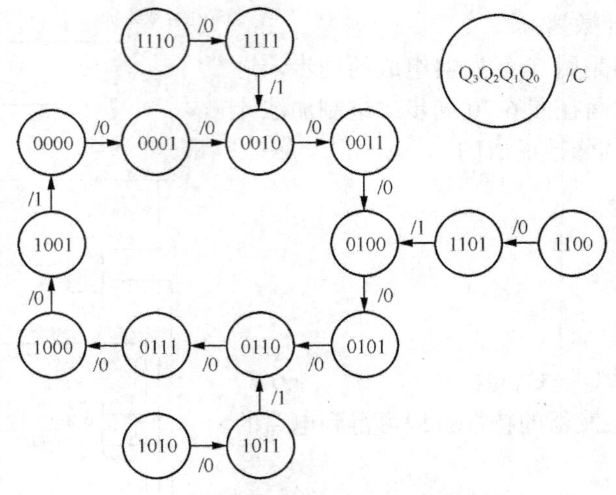


图 6-28 图 6-27 电路的状态转换图

（6）中规模同步十进制加法计数器 74LS160

中规模同步十进制加法计数器 74LS160 的电路是在图 6-27 基础上增加了同步并行置数、异步置 0 和保持功能而构成的。电路如图 6-29 所示。

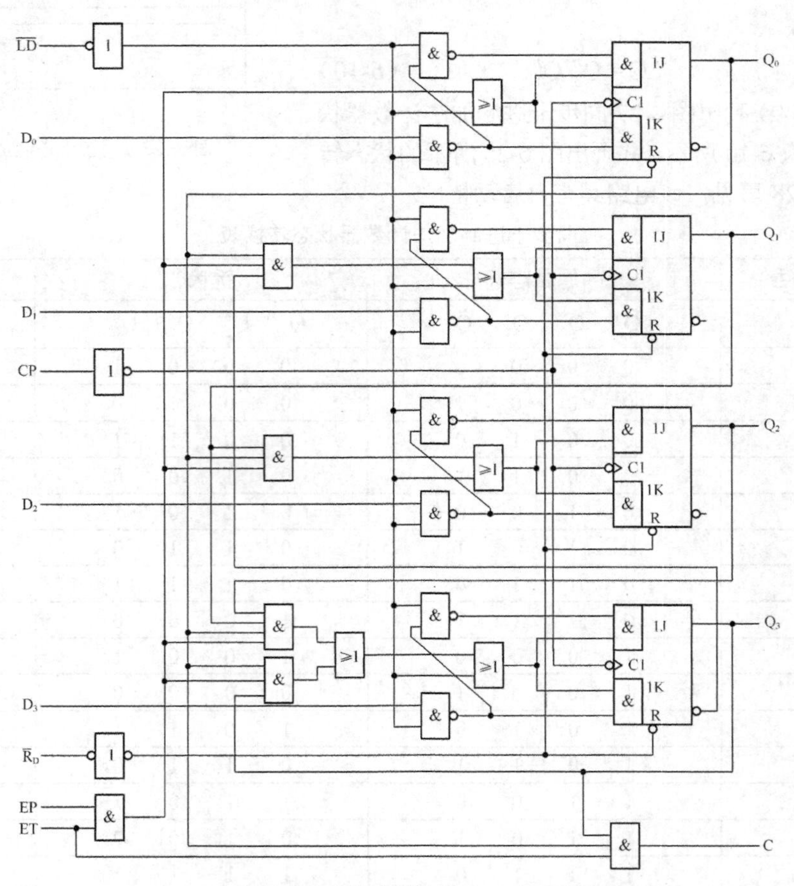


图 6-29 同步十进制加法计数器 74LS160 逻辑电路图

该电路除计数模值为 10，遵从如图 6-28 所示的状态图外，其他控制功能与 74LS161 的完全相同。根据状态图，我们可以得到其时序波形图，如图 6-30 所示，每输入十个脉冲，计数器工作一个循环，进位输出端 C 是时钟周期的十倍。

（7）同步十进制减法计数器

同步十进制减法计数器如图 6-31 所示。它是在同步二进制减法计数器电路的基础上修改而来的。

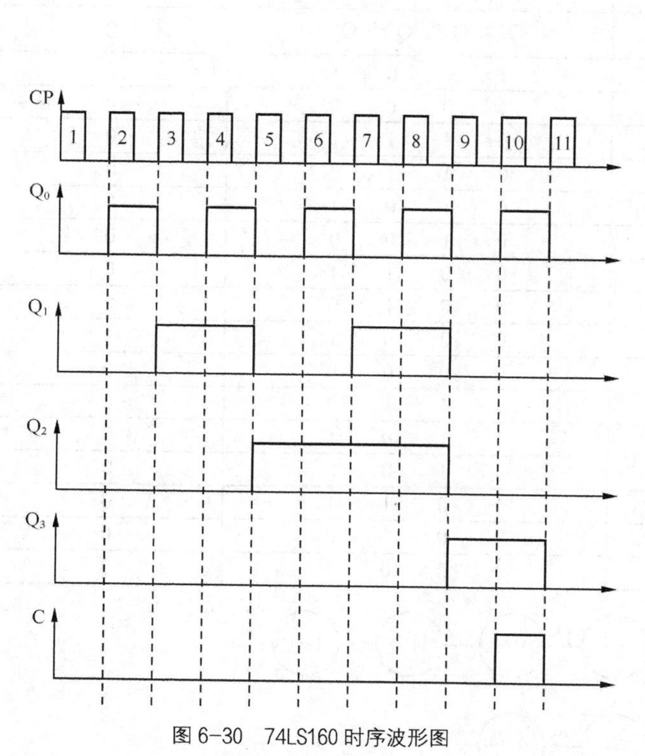


图 6-30 74LS160 时序波形图

图 6-31 同步十进制减法计数器

由图 6-31 可写出电路激励方程

$$\begin{cases} T_0 = 1 \\ T_1 = \overline{Q}_0^n\ \overline{\overline{Q}_1^n \overline{Q}_2^n \overline{Q}_3^n} \\ T_2 = \overline{Q}_0^n\ \overline{Q}_1^n\ \overline{\overline{Q}_1^n \overline{Q}_2^n \overline{Q}_3^n} \\ T_3 = \overline{Q}_0^n\ \overline{Q}_1^n\ \overline{Q}_2^n \end{cases} \tag{6-11}$$

将式（6-10）代入 T 触发器的特性方程便得到电路的状态方程

$$\begin{cases} Q_0^{n+1} = \overline{Q}_0^n \\ Q_1^{n+1} = \left(\overline{Q}_0^n \overline{\overline{Q}_1^n \overline{Q}_2^n \overline{Q}_3^n}\right) \oplus Q_1^n \\ Q_2^{n+1} = \left(\overline{Q}_0^n \overline{Q}_1^n \overline{\overline{Q}_1^n \overline{Q}_2^n \overline{Q}_3^n}\right) \oplus Q_2^n \\ Q_3^{n+1} = \left(\overline{Q}_0^n \overline{Q}_1^n \overline{Q}_2^n\right) \oplus Q_3^n \end{cases} \tag{6-12}$$

输出方程

$$B=\overline{Q}_0^n\ \overline{Q}_1^n\ \overline{Q}_2^n\ \overline{Q}_3^n$$

由上述方程可列出表 6-11 所示同步十进制减法计数器状态转换表，并画出图 6-32 所示状态转换图。

**表 6-11　　同步十进制减法计数器状态转换表**

| 计数脉冲序号 | 原状态 | | | | 新状态 | | | | 输出 |
|---|---|---|---|---|---|---|---|---|---|
| CP | $Q_3^n$ | $Q_2^n$ | $Q_1^n$ | $Q_0^n$ | $Q_3^{n+1}$ | $Q_2^{n+1}$ | $Q_1^{n+1}$ | $Q_0^{n+1}$ | B |
| 0 | 0 | 0 | 0 | 0 | 1 | 0 | 0 | 1 | 1 |
| 1 | 1 | 0 | 0 | 1 | 1 | 0 | 0 | 0 | 0 |
| 2 | 1 | 0 | 0 | 0 | 0 | 1 | 1 | 1 | 0 |
| 3 | 0 | 1 | 1 | 1 | 0 | 1 | 1 | 0 | 0 |
| 4 | 0 | 1 | 1 | 0 | 0 | 1 | 0 | 1 | 0 |
| 5 | 0 | 1 | 0 | 1 | 0 | 1 | 0 | 0 | 0 |
| 6 | 0 | 1 | 0 | 0 | 0 | 0 | 1 | 1 | 0 |
| 7 | 0 | 0 | 1 | 1 | 0 | 0 | 1 | 0 | 0 |
| 8 | 0 | 0 | 1 | 0 | 0 | 0 | 0 | 1 | 0 |
| 9 | 0 | 0 | 0 | 1 | 0 | 0 | 0 | 0 | 0 |
| 10 | 1 | 1 | 1 | 1 | 1 | 1 | 1 | 0 | 0 |
| 11 | 1 | 1 | 1 | 0 | 1 | 1 | 0 | 1 | 0 |
| 12 | 1 | 1 | 0 | 1 | 1 | 1 | 0 | 0 | 0 |
| 13 | 1 | 1 | 0 | 0 | 1 | 0 | 1 | 1 | 0 |
| 14 | 1 | 0 | 1 | 1 | 1 | 0 | 1 | 0 | 0 |
| 15 | 1 | 0 | 1 | 0 | 1 | 0 | 0 | 1 | 0 |

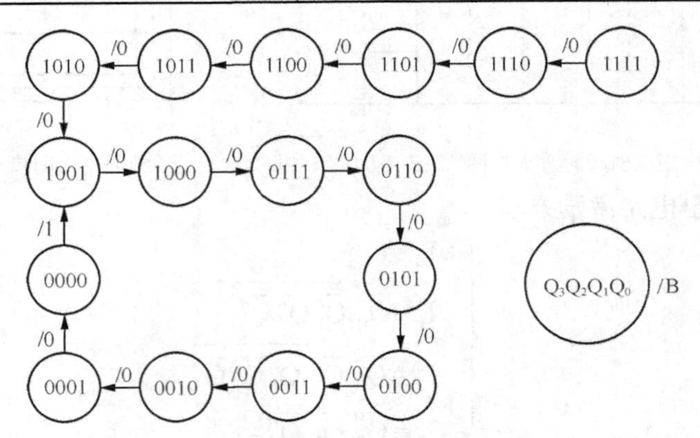

图 6-32　同步十进制减法计数器状态转换图

（8）中规模同步十进制可逆计数器 74LS190

将图 6-27 所示同步加法计数器控制电路器与图 6-31 所示同步十进制减法计数器的控制电路合并，并由一个加/减控制信号进行控制，就得到了图 6-33 所示的单时钟同步十进制可逆计数器电路 74LS190。

由图可知，当加/减控制信号 $\overline{U}/D$ =0 时做加法计数，当 $\overline{U}/D$ =1 时做减法计数。其他各输入端、输出端的功能及用法与同步十六进制可逆计数器 74LS191 完全类同。74LS190 的功能表也与 74LS191 的功能表（如表 6-9 所示）相同。

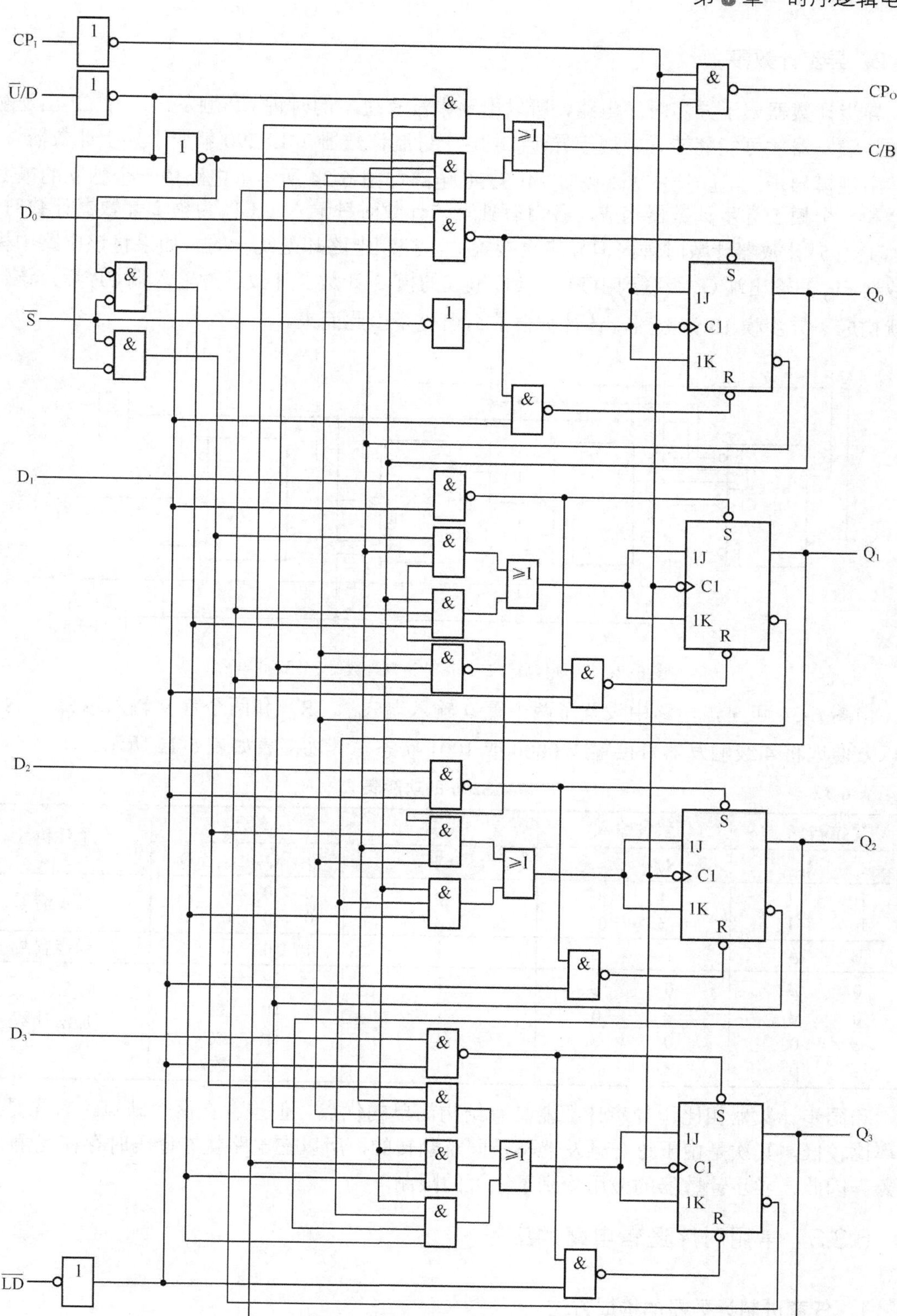


图 6-33 同步十进制可逆计数器电路 74LS190

### 2. 异步计数器

异步计数器属于异步时序电路，所以电路中没有统一的时钟 CP 触发，只有 CP 出现触发沿时，触发器才可能翻转。中规模异步二-五-十进制计数器 74LS290 就属于异步计数器。

中规模异步二-五-十进制计数器 74LS290 电路如图 6-34 所示。电路由一个独立的模 2 计数器和一个模 5 异步计数器构成，各自有独立的计数时钟输入，$CP_0$ 为模 2 计数器计数时钟，$CP_1$ 为模 5 计数器计数时钟，但异步直接置数，控制电路却是统一的。如果将该电路中模 2 计数器 $FF_0$ 的输出端 $Q_0$ 级联到由 $FF_1$ ～ $FF_3$ 组成的模 5 计数器计数脉冲输入端 $CP_1$ 后，该计数器就构成了异步模 10 计数器，该计数器的命名也是由此而来。

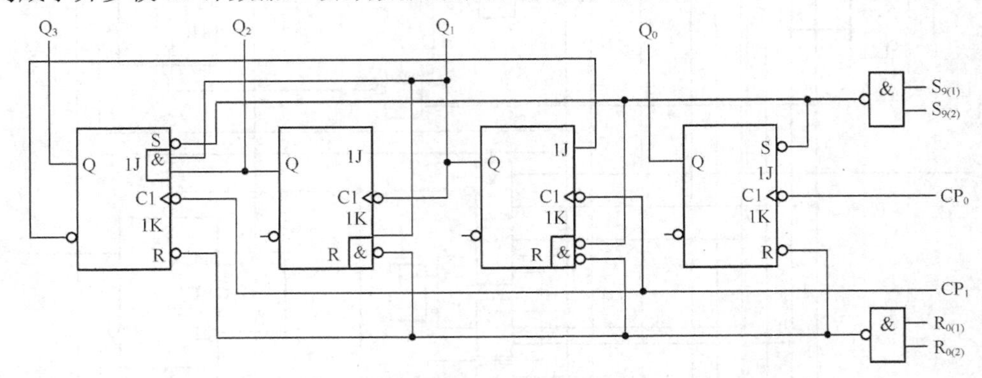


图 6-34 中规模异步二-五-十进制计数器 74LS290 电路

由图 6-34 可见，电路中设置了两个置 0 输入端 $R_{01}$、$R_{02}$ 和两个置 9 输入端 $S_{91}$、$S_{92}$，可以方便地将 4 级触发器直接置成 0000 或 1001 状态。其功能表如表 6-12 所示。

表 6-12 74LS290 的功能表

| 复位输入 | | 置位输入 | | 时钟 | 输出 | | | | 工作模式 |
|---|---|---|---|---|---|---|---|---|---|
| $R_{0(1)}$ | $R_{0(2)}$ | $S_{9(1)}$ | $S_{9(2)}$ | CP | $Q_3$ | $Q_2$ | $Q_1$ | $Q_0$ | |
| 1 | 1 | 0 | $\phi$ | $\phi$ | 0 | 0 | 0 | 0 | 异步清零 |
| 1 | 1 | $\phi$ | 0 | $\phi$ | 0 | 0 | 0 | 0 | |
| $\phi$ | $\phi$ | 1 | 1 | $\phi$ | 1 | 0 | 0 | 1 | 异步置数 |
| 0 | $\phi$ | 0 | $\phi$ | ↓ | 计数 | | | | 加法计数 |
| 0 | $\phi$ | $\phi$ | 0 | ↓ | 计数 | | | | |
| $\phi$ | 0 | 0 | $\phi$ | ↓ | 计数 | | | | |
| $\phi$ | 0 | $\phi$ | 0 | ↓ | 计数 | | | | |

和同步计数器相比，异步计数器具有结构简单的优点。但也存在两个缺点：首先是工作频率比较低，其次是由于每个触发器不是同时翻转的，所以在电路状态译码时存在竞争-冒险现象。因此，异步计数器的应用受到了很大的限制。

## 6.3.3 常用时序逻辑电路的应用

### 1. 任意进制计数器的构成方法

目前市场上计数器芯片产品的种类有限，为能满足对各种模值计数器的需求，可在已有的计数器芯片上，通过不同外加电路的连接，实现所需模值计数器。

在$N$进制计数器的顺序计数过程中，若通过外加控制电路的方法，设法使之跳越$N$-$M$个状态，就可实现$M$进制计数器。

而用中规模计数器芯片实现任意进制计数器的方法可分为异步反馈置“0”法和同步反馈预置数法两类。下面将通过例题分别加以讨论。

（1）异步反馈置“0”法

异步反馈置零法的工作原理是将已有的$N$进制计数器，当它从全0状态$S_0$开始计数，在接收了$M$个计数脉冲以后，电路进入$S_M$状态，此时电路将$S_M$状态译码后产生一置0信号加到计数器的异步置零输入端，使计数器立刻返回到$S_0$状态，由此计数器跳过$N$-$M$个状态，从而得到$M$进制计数器。图6-35给出异步反馈置零法状态转换原理示意图。

由图6-35可见，由于电路一进入$S_M$状态后，就立即被置成$S_0$状态，所以$S_M$状态仅在极短的瞬间暂时出现，而不受计数脉冲影响，所以在稳定的同步计数状态循环中不包括$S_M$状态。因此，计数器经过$S_0$～$S_{M-1}$的$M$个计数状态和一个临时状态$S_M$，从而实现$M$计数功能。

**【例6-6】** 试采用异步反馈置零法将同步4位二进制计数器74LS161实现模10计数。

**解：** 由题可知$M$=10，根据图6-35所示原理，当计数器计数到$Q_3$ $Q_2$ $Q_1$ $Q_0$=1010状态时，承担译码器的与非门G应输出的低电平信号反馈给$\overline{R}_D$端，以使计数器立即复位置0，回到$Q_3$ $Q_2$ $Q_1$ $Q_0$=0000状态。所以电路应设计为如图6-36所示电路结构。其电路状态转换图如图6-37所示。

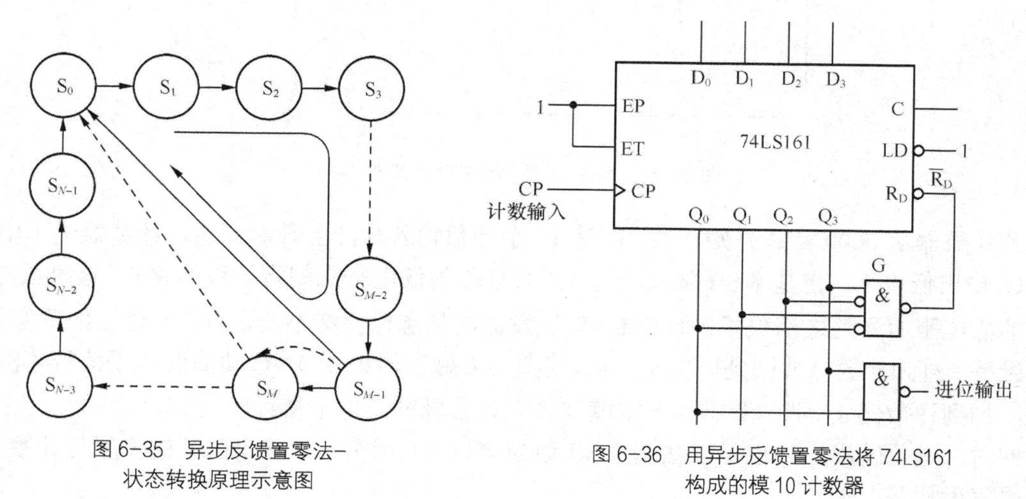


图6-35 异步反馈置零法-状态转换原理示意图

图6-36 用异步反馈置零法将74LS161构成的模10计数器

用反馈异步置零法将74LS161构成的模10计数器中，由于置零信号随着计数器被置0而消失，所以置零信号持续时间极短，如果触发器的复位速度有快有慢，则可能动作慢的触发器还未来得及复位，置零信号就已经消失，导致电路误动作。因此，这种接法的电路可靠性不高。

为了克服这个缺点，将采用图6-38所示电路加以改进。

图6-38中的与非门$G_1$起译码器的作用，当电路进入1010状态时，它输出低电平信号。与非门$G_2$和$G_3$组成了SR锁存器，以它$\overline{Q}$端输出的低电平作为计数器的置零信号。

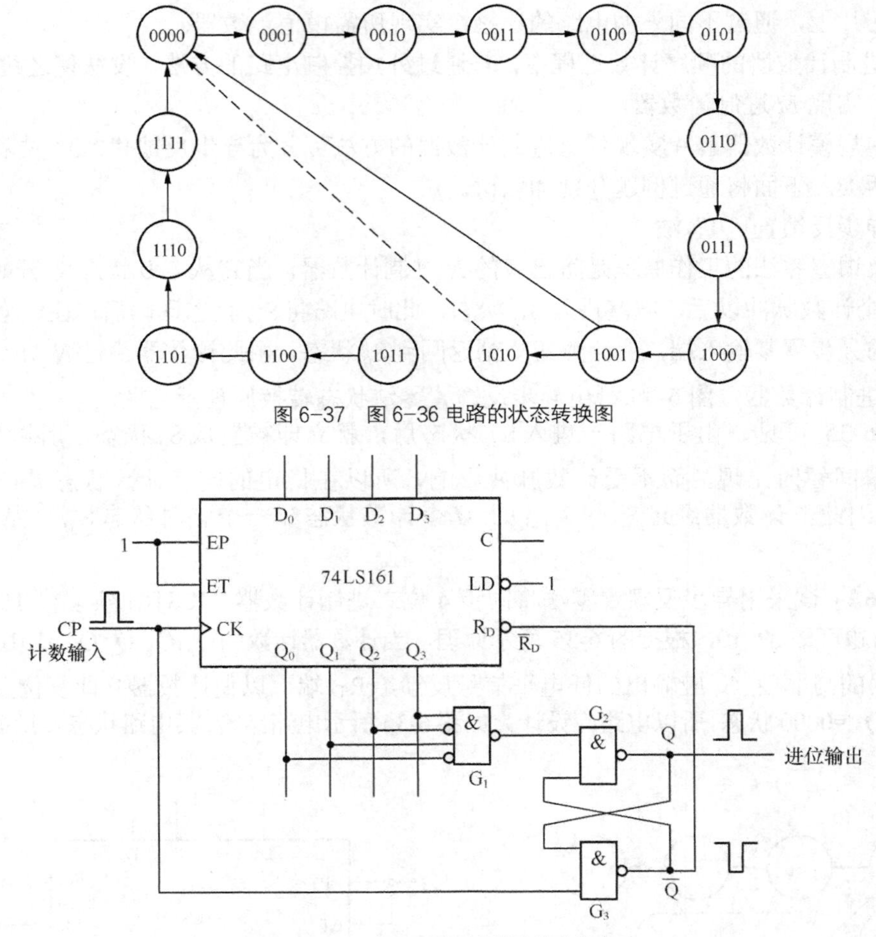


图 6-37　图 6-36 电路的状态转换图



图 6-38　图 6-36 所示计数器的改进电路

若计数器从 0000 状态开始计数，则第 10 个计数输入脉冲上升沿到达时计数器进 1010 状态，$G_1$ 输出低电平，将基本 SR 触发器置 1，而 $\overline{Q}$ 端的低电平立刻将计数器置 0。这时虽然 $G_1$ 输出的低电平信号随之消失了，但基本 SR 触发器的状态仍保持不变，因而计数器的置零信号得以维持。直到计数脉冲回到低电平以后，基本 SR 触发器被置 0，$\overline{Q}$ 端的低电平信号才消失。可见，加到计数器 $\overline{R}_D$ 端的置零信号宽度与输入计数脉冲高电平持续时间相等。

同时，进位输出脉冲也可以从基本 SR 触发器的 Q 端引出。这个脉冲的宽度与计数脉冲高电平宽度相等。

（2）同步反馈预置数法

同步反馈预置数法与异步反馈置零法不同，在 *N* 进制计数器的顺序计数过程中，它是通过给计数器重复置入某个数值 *j* 的方法跳越 *N-M* 个状态，从而获得 *M* 进制计数器的。

而同步反馈预置数法又分为译码反馈与进位输出反馈两种。

（1）同步译码反馈预置数法

对于具有同步并行置数输入端的计数器，由于置数输入端变为有效电平后，计数器不会立刻被置数，必须等到下一个时钟信号到达后，才能将计数器置数。所以若计数模值为 *M*，

预置数为 $j$，则计数器从 $S_j$ 开始计数，当顺序计数器计数前行 $M-1$ 个状态到达状态 $S_{j+(M-1)}$ 时译出同步置数信号。当下一个计数脉冲到达时，计数器完成置数回到计数初始状态 $S_j$，进入下一循环计数过程。可见，循环计数状态从 $S_j$ 到 $S_{j+(M-1)}$，共包含 $M$ 个状态，从而实现了 $M$ 进制计数功能。其状态转换原理如图 6-39 所示。

**【例 6-7】** 将计数器 74LS161 采用同步译码反馈预置零法构成模 10 计数器。

**解：** 由题可知，预置数 j=0，模值 M=10，则有 j+(M−1)=0+(10−1)=9，当计数器计数状态为 1001 时，状态译码产生 $\overline{LD}$=0 信号，由 74LS161 功能表（如表 6-8 所示）可知，在下一个计数脉冲 CP 到达时，计数器并行置数为 0，回到初始 0000 状态，准备开始下一个计数周期，同时电路产生一有效进位输出。由此可有预置数位为 $D_3\ D_2\ D_1\ D_0$=0000，反馈译码值为 $Q_3\ Q_2\ Q_1\ Q_0$=1001，所以将 74LS161 用同步译码反馈预置零法构成的模 10 计数器如图 6-40 所示。

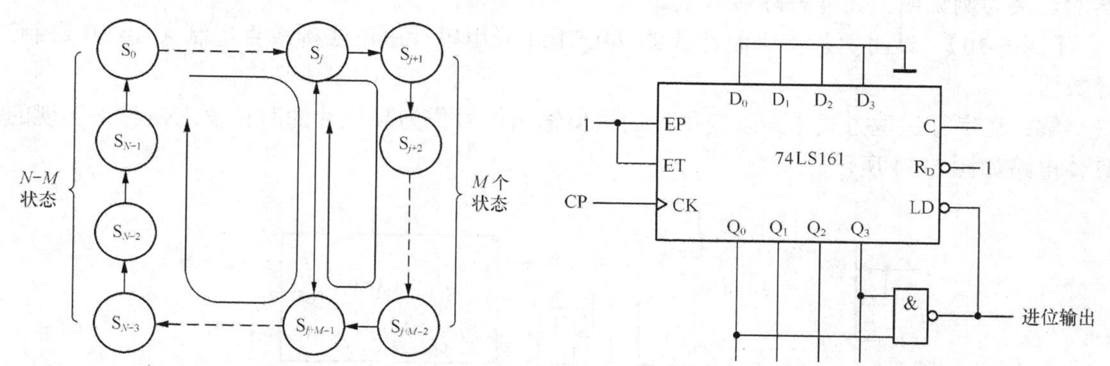


图 6-39 同步译码反馈预置数法状态转换原理示意图　图 6-40 采用同步译码反馈预置零法用 74LS161 构成的模 10 计数器

**【例 6-8】** 将计数器 74LS161 采用同步译码反馈预置（置 3）数法构成余 3 码模 10 计数。

**解：** 由题可知，预置数 $j$=3，模值 $M$=10，则有 $j+(M-1)=3+(10-1)=12$，与例 6-7 同理，预置数位为 $D_3\ D_2\ D_1\ D_0$=0011，反馈译码值为 $Q_3\ Q_2\ Q_1\ Q_0$=1100，其设计出的电路如图 6-41 所示。

（2）同步进位反馈预置数法

$N$ 进制计数器的状态转换图如图 6-42 所示。若实现 $M$ 进制计数，可将预置数设为 $N-M$，这样，当计数器进入到 $N-1$ 状态时，进位输出 C 为 1，经反相器使 $\overline{LD}$=0，在下一个计数触发脉冲到达时，计数器并行置数 $N-M$，显然计数状态包含了 $S_{N-M} \sim S_{N-1}$ 共 $M$ 个状态，从而实现模 $M$ 计数功能。

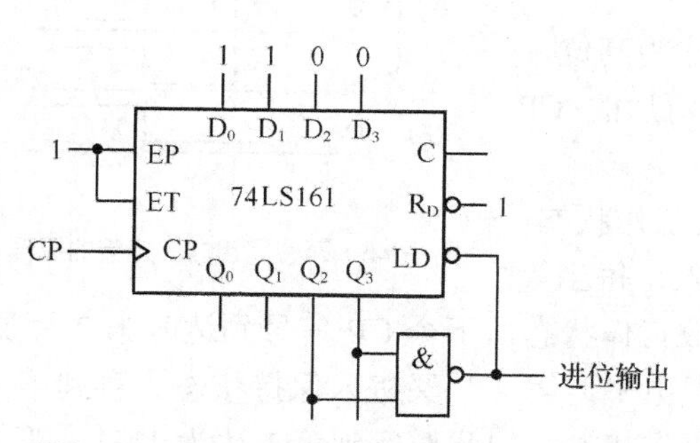


图 6-41 用 74LS161 实现的余 3 码模 10 计数器

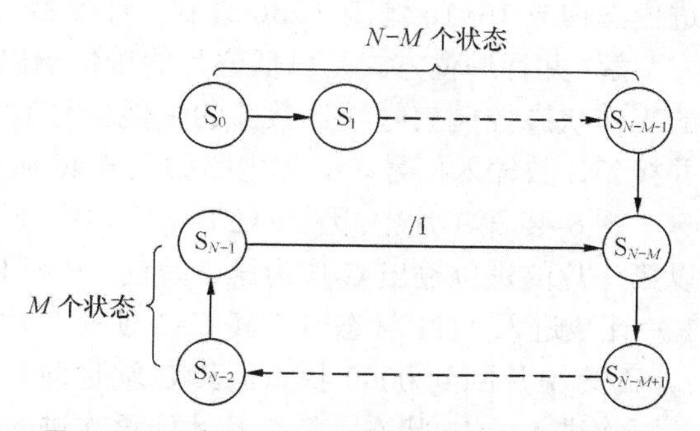


图 6-42 同步进位输出反馈预置数法状态转换示意图

【例 6-9】 将计数器 74LS161 采用同步进位反馈预置数法构成模 10 计数器。

解：74LS161 为模 16 计数器，所以进位反馈预置数应为 16−10=6，即 $D_3\ D_2\ D_1\ D_0$=0110，由此可得电路如图 6-43 所示。

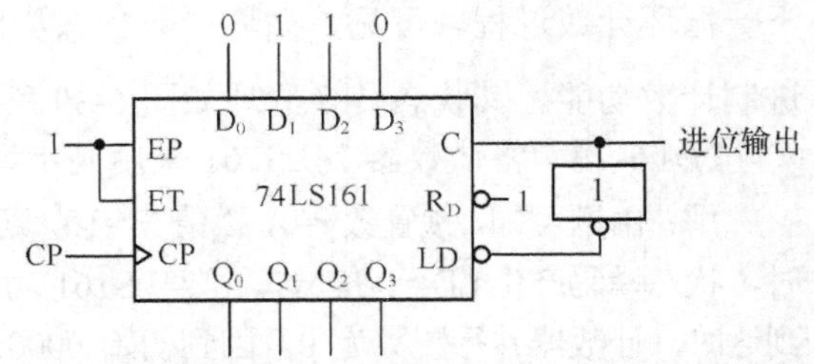

图 6-43 采用同步进位反馈预置数法用 74LS161 构成模 10 计数器

2．计数器容量的扩展

当所需计数模值 $M$ 超过单片计数器容量 $N$ 时，必须采用多片 $N$ 进制计数器才能实现。各片间的连接可采用串行进位方式、并行进位方式。置数方式有整体异步置零方式和整体同步置数方式。下面仅以两级计数器的连接为例说明上述 4 种连接方式。

【例 6-10】 试将两片十进制计数器 74LS160 采用串行进位法构成百进制（10×10 进制）计数器。

解：在串行进位方式中，以低位片的进位输出信号作为高位片的时钟输入信号来实现的。具体电路如图 6-44 所示。

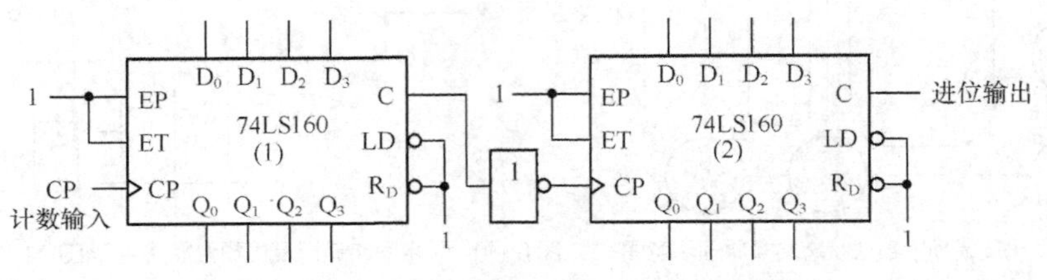

图 6-44 采用串行进位法构成的百进制计数器

图 6-44 中，由于两片 74LS160 的 EP 和 ET 均接高电平 1，所以都工作在计数状态。第 1 片每计到 9(1001)时 C 端输出变为高电平，经反相器后使第 2 片的 CP 端为低电平。下一个计数输入脉冲到达后，第 1 片回到 0(0000)状态，C 经反相后使第 2 片的时钟输入端产生一个正跳变，于是第 2 片加 1，从而实现百进制计数，该过程如图 6-45 所示。可见，在这种接法下两片 74LS160 不是同步工作的。

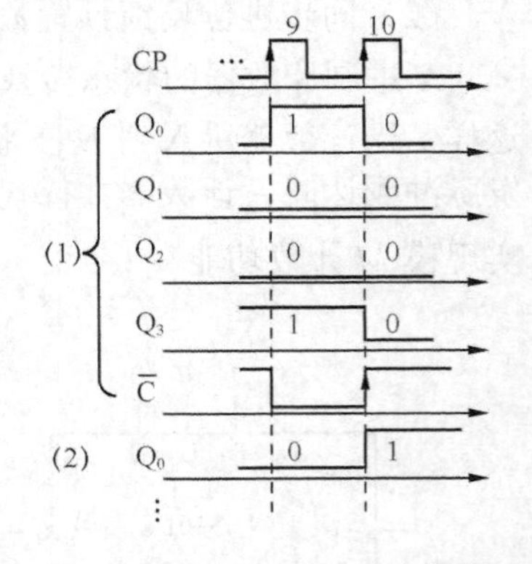

图 6-45 两片间用非门连接的原理

【例 6-11】 试将两片十六进制计数器 74LS161 采用并行进位法构成 16×16 进制（256 进制）计数器。

解：并行进位方式是以低位片的进位输出信号作为高位片的工作状态控制信号（计数器的使能信号），再将两片的 CP 并接到计数输入信号。具体电路如图 6-46 所示。

图 6-46 第 1 片中，因 EP=ET=1 而始终处于计数工作状态。以第 1 片的进位输出 C 作为第 2 片的 EP 和 ET 输入，每当第 1 片计数进入 1111 状态时，其 C=1 使第 2 片为计数工作状态，下个 CP 信号到达时第 2 片加 1，而第 1 片回到 0000 状态，其 C 端也同时回到低电平，第 2 片又进入保持状态。直到第 1 片再次进入 1111 状态，第 2 片才能再次进入计数工作状态，如此循环到第 1 片为 1111，第 2 片为 1111 时，再来时钟脉冲，回到初态 00000000。状态图变化如表 6-13 所示。

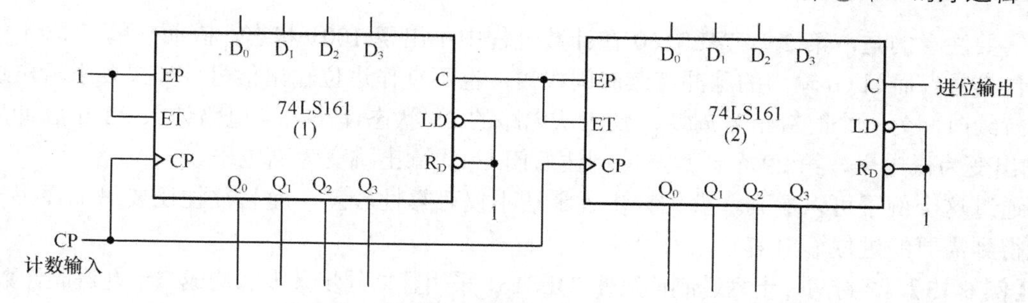


图 6-46　采用并行进位法构成的 16×16 进制计数器

**表 6-13　　　　并行进位法构成的 16×16 进制计数器状态表**

| CP 顺序 | （2）片 $Q_3\ Q_2\ Q_1\ Q_0$ | （1）片 $Q_3\ Q_2\ Q_1\ Q_0$ | 状态数 |
|---|---|---|---|
| 0 | 0 0 0 0 | 0 0 0 0 | 1 |
| 1 | 0 0 0 0 | 0 0 0 0 | 2 |
| ⋮ | ⋮ | ⋮ | ⋮ |
| 15 | 0 0 0 0 | 1 1 1 1 | 16 |
| 16 | 0 0 0 1 | 0 0 0 0 | 17 |
| ⋮ | ⋮ | ⋮ | ⋮ |
| 31 | 0 0 0 1 | 1 1 1 1 | 32 |
| 32 | 0 0 1 0 | 0 0 0 0 | 33 |
| ⋮ | ⋮ | ⋮ | |
| 47 | 0 0 1 0 | 1 1 1 1 | 48 |
| 48 | 0 0 1 1 | 0 0 0 0 | 49 |
| | ⋮ | ⋮ | |
| 255 | 1 1 1 1 | 1 1 1 1 | 256 |
| | 0 0 0 0 | 0 0 0 0 | |

**【例 6-12】**　试将两片十进制计数器 74LS160 采用整体异步置零法构成 29 进制计数器。

**解：**图 6-47 是整体置零方式的接法。首先将两片 74LS160 以并行进位方式连成一个百进制计数器。当计数器从全 0 状态开始计数，计入 29 个脉冲时，经门 $G_1$ 译码产生低电平信号立刻将两片 74LS160 同时置零，于是便得到了二十九进制计数器。

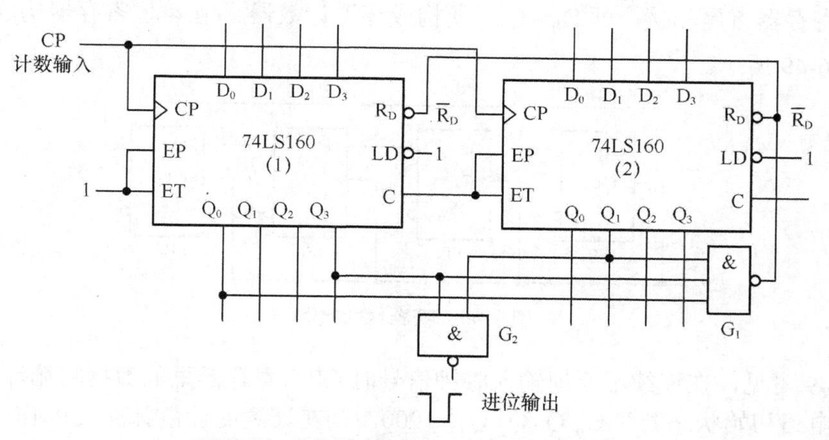


图 6-47　整体异步置零方式构成模 29 计数器

需要注意的是，第 2 片 74LS160 在计数过程中不出现 1001 状态，因而它的 C 端不能产生进位信号。而门 $G_1$ 输出的脉冲持续时间极短，也不宜作进位输出信号。如果要求输出进位信号持续时间为一个时钟信号周期，则应从电路的 28 状态译出。当电路计入 28 个脉冲后门 $G_2$ 输出变为低电平，第 29 个计数脉冲到达后门 $G_2$ 的输出跳变为高电平。

通过这个例子可以看到，整体异步置零法不仅可靠性较差，而且往往还要另加译码电路才能得到需要的进位输出信号。

**【例 6-13】** 试将两片十六进制计数器 74LS161 采用整体同步置零法构成二十九进制计数器。

**解：** 由题可知模值 $M$=29，所以有 $M-1=(28)_{10}=(11100)_2$，将其译码后接到两片 74LS161 的 $\overline{LD}$ 端，再将两片 74LS161 计数器采用并行进位方式连接，则可得到图 6-48 所示采用整体同步置数法接成的二十九进制计数器。

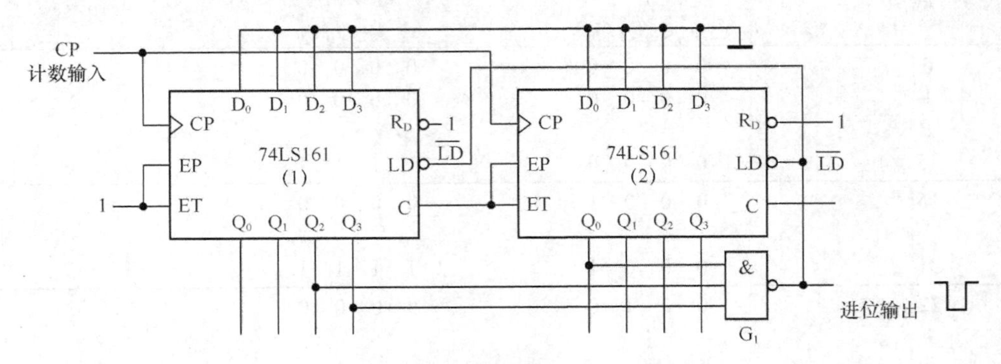


图 6-48 采用整体同步置数法构成的二十九进制计数器

由图 6-48 可见，当将电路的 28 状态译码产生 $\overline{LD}$=0 信号，同时加到两片 74LS161 上，在下一个计数脉冲（第 29 个输入脉冲）到达时，将 0000 同时置入两片 74LS161 中，从而得到二十九进制计数器。进位信号可以直接由门 $G_1$ 的输出端引出。

由上述分析可见，采用整体置数方式可以避免置零法的缺点。

### 3．移位寄存器型计数器

（1）环形计数器

将移位寄存器首尾相接，即 $D_0=Q_{n-1}$ 便构成环形计数器。用 4 位寄存器构成的扭环计数器电路如图 6-49 所示。

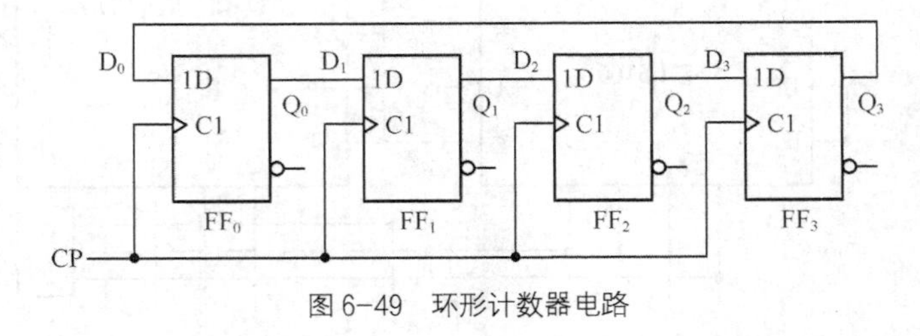


图 6-49 环形计数器电路

由图 6-49 可见，在连续不断地输入时钟信号时 CP，寄存器里的数据将循环右移。

例如，电路初始状态若为 $Q_0\ Q_1\ Q_2\ Q_3$=1000，则在连续的计数脉冲 CP 作用下，电路的状态将按 1000→0100→0010→0001→1000 的次序循环变化。因此，可用电路的不同状态表示输入时钟信号的数目，也就是说，可以把这个电路作为时钟脉冲的计数器。

根据移位寄存器的工作特点，可直接画出 4 位环形计数器的状态转换图如图 6-50 所示。

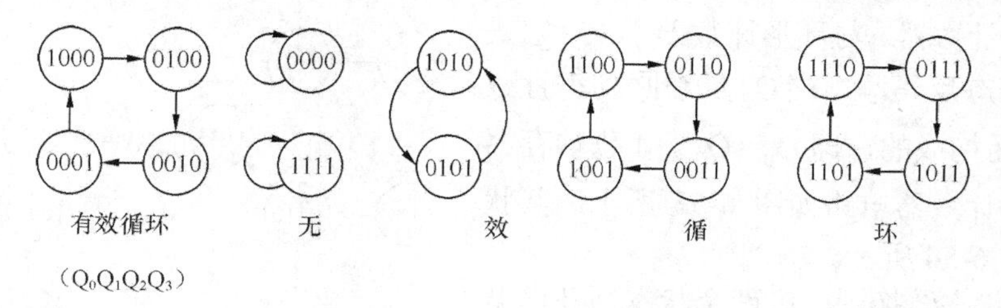


图 6-50　4 位环形计数器状态转换图

如果取由 1000、0100、0010 和 0001 所组成的状态循环为所需要的有效循环，那么同时还存在着其他几种无效循环。而且，一旦脱离有效循环之后，电路将不会自动返回有效循环中去，即不能自启动。为确保它能正常工作，必须首先通过串行输入端或并行输入端将电路置成有效循环中的某个状态，然后再开始计数。

考虑到使用的方便，在许多场合下需要计数器能自启动，亦即当电路进入任何无效状态后，都能在时钟信号作用下自动返回有效循环中去。通过在输出与输入之间接入适当的反馈逻辑电路，可以将不能自启动的电路修改为能够自启动的电路。图 6-51 所示电路是能自启动的 4 位环形计数器电路。

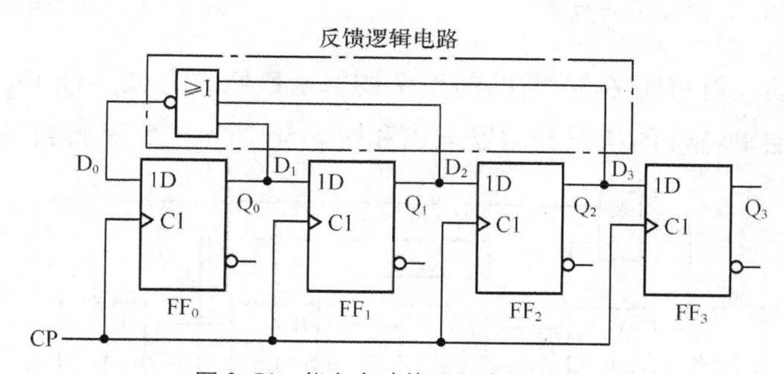


图 6-51　能自启动的环形计数器电路

根据图 6-51 所示的逻辑图得到它的状态方程为：

$$\begin{cases} Q_0^{n+1}=\overline{Q_0^n+Q_1^n+Q_2^n} \\ Q_1^{n+1}=Q_0^n \\ Q_2^{n+1}=Q_1^n \\ Q_3^{n+1}=Q_2^n \end{cases} \tag{6-13}$$

其电路的状态转换图，如图 6-52 所示。

环形计数器最显著的优点就是电路结构极其简单。而且，在有效循环的每个状态只包含一个 1（或 0）时，可以直接以各个触发器输出端的 1 状态表示电路的一个状态，不需要另外加译码电路。

但它的缺点是没有充分利用电路的状态，用 $n$ 位移位寄存器组成的环形计数器只用了 $2^n$

个状态中的 $n$ 个状态。

（2）扭环形计数器（又称约翰逊计数器）

为了提高环形计数器的电路状态利用率，可以采用扭环形计数器。与环形计数器不同，它是将最高位的状态反码输出端 $\overline{Q}_3$ 反馈回到串行数据输入端 $D_0$ 而构成的，即 $D_0=\overline{Q}_3$。4 位移存器构成的扭环型计数器电路如图 6-53 所示。其状态转换图如图 6-54 所示。

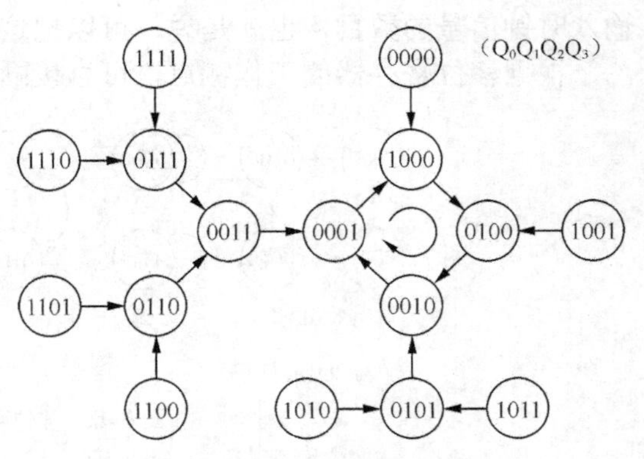

图 6-52　图 6-51 电路的状态转换图

图 6-54 状态转换图中有两个状态循环，若取其中一个为有效循环，则另一个就为无效循环。显然这个计数器不能自启动。

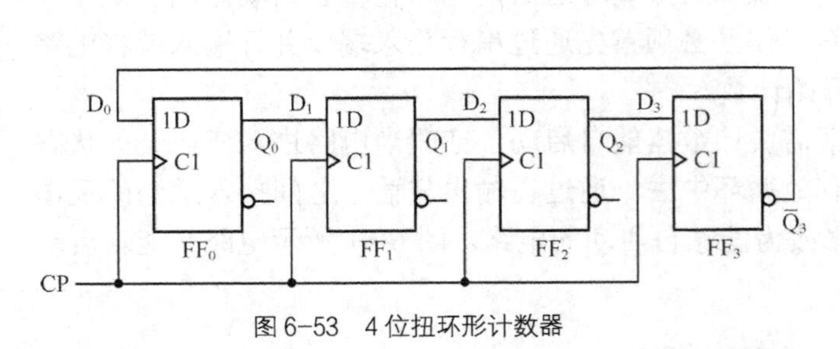

图 6-53　4 位扭环形计数器

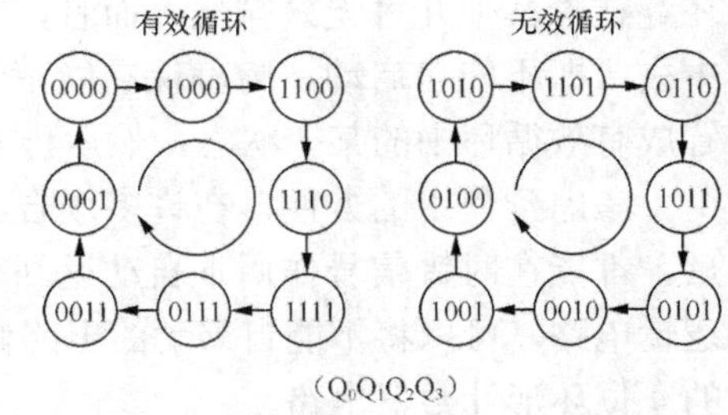

图 6-54　4 位扭环形计数器状态转换图

为了实现自启动，可将图 6-54 电路的反馈逻辑函数修改为 $D_0=Q_1\overline{Q}_2+\overline{Q}_3$，就可得到图 6-55 所示的具有自启动特性的扭环计数器电路和图 6-56 所示的状态转换图。

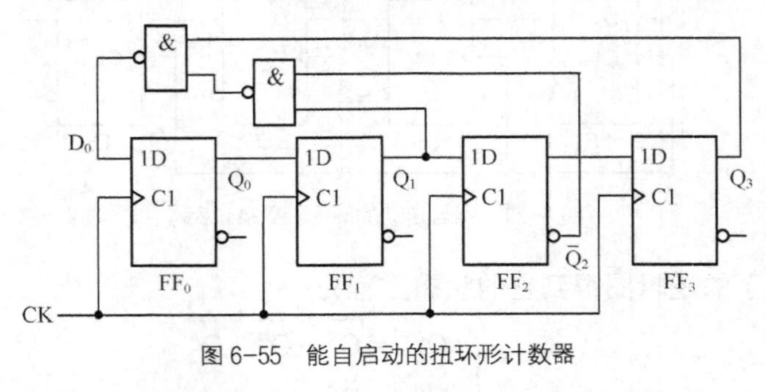

图 6-55　能自启动的扭环形计数器

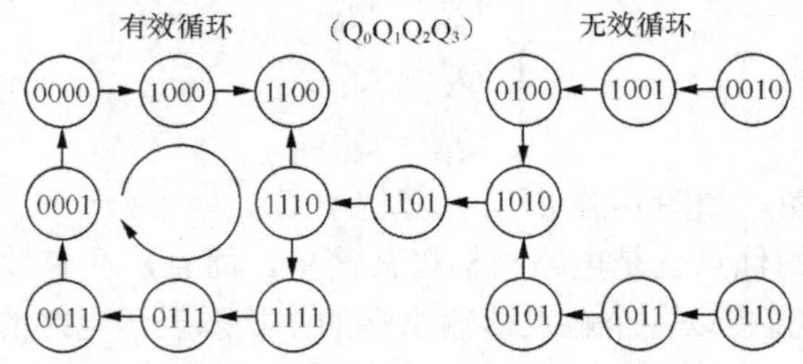

图 6-56　图 6-54 电路的状态转换图

由上述可知，用 $n$ 位移位寄存器构成的扭环形计数器可以得到含 $2n$ 个有效状态的循环，状态利用率较环形计数器提高了一倍。但仍有 $2^n-2n$ 个无效状态。若采用图 6-55 中的有效循环，可见状态间的转换只改变一位，所以在将电路状态译码时不会产生竞争-冒险现象。

**4．顺序脉冲发生器**

在数字控制系统中，经常需要系统按照事先规定的顺序进行一系列的操作。这就要求系统的控制部分能给出一组在时间上有一定先后顺序的脉冲信号来实现各种控制。顺序脉冲发生器就是用来产生这样一组顺序脉冲的电路。

顺序脉冲发生器可以用移位寄存器构成。当环形计数器工作在每个状态中只有一个 1 的循环状态时，它就是一个顺序脉冲发生器。

这种方案的优点是不必附加译码电路，结构比较简单。缺点是触发器的状态利用率低，只适合简单的控制过程，另外电路还需具有自启动特性。

在顺序脉冲数较多时，可以用计数器和译码器组合成顺序脉冲发生器。图 6-57 给出了由计数器 74LS161 及 3-8 译码器 74LS138 构成的顺序脉冲发生器。

图 6-57 所示电路中，为使计数器 74LS161 工作在计数状态，$\overline{R_D}$、$\overline{LD}$、EP 和 ET 均应接高电平。由于它的低 3 位触发器是按八进制计数器连接的，所以在连续输入 CP 信号的情况下，$Q_2\ Q_1\ Q_0$ 的状态将按 000 到 111 的顺序反复循环，并在译码器输出端 $\overline{P}_0$ 至 $\overline{P}_7$ 依次输出的顺序负脉冲。

在 74LS138 的使能端 $\overline{S}_2$ 端加入选通脉冲 CP，使触发器的翻转时间与选通脉冲的有效时间错开，在 CP 上升沿到达且高电平持续时间内，计数器状态发生翻转，而译码器因 $\overline{S}_2$ =CP=1 不受计数器输出变化的影响，而使全部输出为高电平。当 CP 由高电平变为低电平后，计数器输出状态到达稳定，而此时 $\overline{S}_2$ =CP=0，译码器使能有效，输出产生译码输出，从而克服了计数器状态译码时产生的竞争-冒险现象。图 6-58 给出了图 6-57 顺序脉冲发生器的输出电压波形。

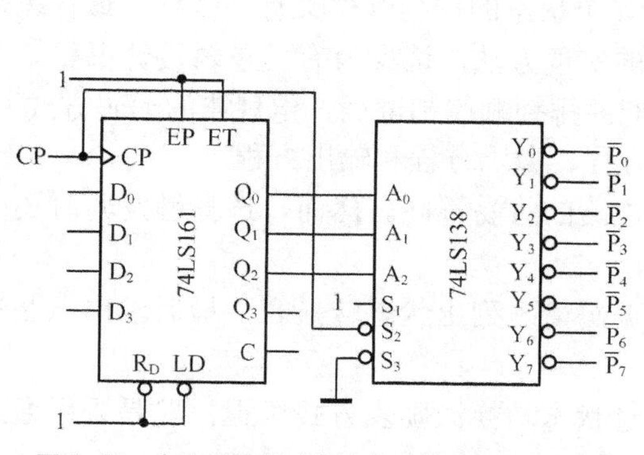


图 6-57　由中规模集成电路构成的顺序脉冲发生器

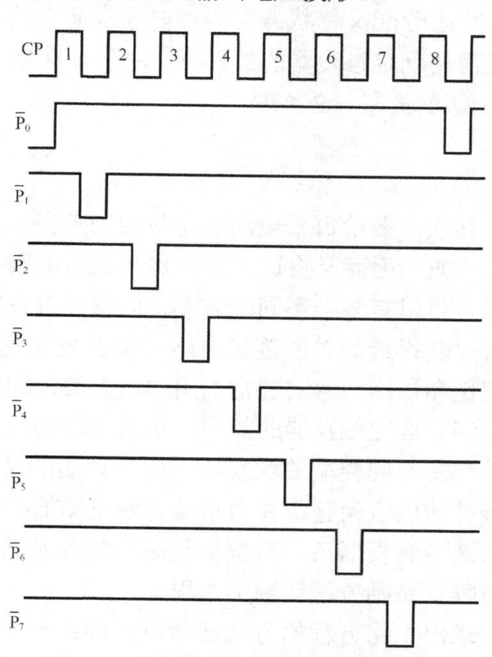


图 6-58　图 6-57 顺序脉冲发生器输出波形图

## 6.4 时序逻辑电路的设计方法

### 6.4.1 同步时序逻辑电路的设计方法

时序逻辑电路设计是根据给出的具体逻辑问题，求出实现这一逻辑功能的逻辑电路，设计结构应力求简单。当选用小规模集成电路做设计时，电路最简的标准是所用的触发器和门电路的数目最少，而且触发器和门电路的输入端数目也最少。而当使用中、大规模集成电路时，电路最简的标准则是使用的集成电路数目最少，种类最少，而且互相间的连线也最少。

同步时序逻辑电路设计步骤如下。

（1）逻辑抽象得出电路的状态转换图或状态转换表

① 分析给定的逻辑问题，确定输入、输出变量以及电路的状态数。通常都是取原因（或条件）作为输入逻辑变量，取结果作输出逻辑变量。

② 定义每个电路状态的含义，并将电路状态顺序编号。

③ 按照题意画出电路的状态转换图，并列出电路的状态转换表。

由此就把给定的逻辑问题抽象成为一个时序逻辑函数了。

（2）状态化简

若两个电路状态在相同的输入下有相同的输出，并转到同一次态，则称这两个状态为等价状态。显然，等价状态是重复的，可以合并，以减少电路状态。电路的状态数越少所需用来记忆状态的触发器个数也就越少，则设计出来的电路也就越简单。

状态化简的目的就在于将等价状态合并，以求得最简的状态转换图。

（3）状态分配

状态分配又称状态编码。时序逻辑电路的状态是用触发器状态的不同组合来表示的。因此先需要确定触发器的数目 $n$。由于 $n$ 个触发器共有 $2^n$ 种状态组合，所以为获得时序电路所需的 $M$ 个状态，必须取：

$$2^{n-1} < M \leqslant 2^n \tag{6-14}$$

其次，要给每个电路状态规定对应的触发器状态组合。每组触发器的状态组合都是一组二值代码，因而又将这项工作称为状态编码。在 $M < 2^n$ 的情况下，从 $2^n$ 个状态中取 $M$ 个状态的组合可以有多种不同的方案，而每个方案中 $M$ 个状态的排列顺序又有许多种。最佳编码方案可以获得最简单的逻辑电路。关于最佳编码的实现方法，请参考有关逻辑设计书籍。为便于记忆和识别，本书通常选用的状态编码和它们的排列顺序都遵循一定规律的编码方式。

（4）选定触发器的类型，求出电路的状态方程、激励方程和输出方程

选用不同类型的触发器，所设计出的逻辑电路的难易不同。然而，选择触发器时还应考虑器件的供应问题，并力求减少触发器的类型。

选定触发器后，再根据状态转换图及状态编码情况列出状态转换表，最后求出电路的状态方程、激励方程和输出方程。

求出电路方程的方法通常有两种：一是通过状态转换激励表方式求得，二是采用通过新状态方程与触发器的特征方程对比法获得。

（5）检查所设计电路的自启动特性

通常为保证所设计的电路能可靠运行，在检查到电路不能自启动时，还要采取措施加以解决。方法一是在电路开始工作时通过预置数将电路状态置成有效状态中的初始态。方法二是通过修改逻辑设计使偏离状态能自动进入有效状态。

（6）根据得到的方程式画出逻辑电路图

下面通过具体实例进一步讨论时序逻辑电路的设计方法。

**【例 6-14】** 分别用下降沿触发边沿 D 触发器和下降沿触发边沿 JK 触发器设计一个 8421BCD 码同步五进制加法计数器，要求带进位输出。

**解：**（1）首先我们先来看用 D 触发器设计一个 8421BCD 码同步五进制加法计数器过程。

① 逻辑抽象，并画出状态转换图。

由题可知，该计数器在每个时钟脉冲作用下，触发器输出编码值加 1，编码顺序与 8421BCD 码一致，每五个时钟脉冲完成一个计数周期。只有进位输出，而无须输入信号，因此该电路是摩尔型电路。

五进制计数器应有 5 个有效状态，分别用$S_0$，$S_1$，$S_2$，$S_3$，$S_4$表示。令进位输出逻辑变量为 C，有进位时 C=1，反之 C=0。由此可画出图 6-59 所示状态转换图。

② 状态化简。

因五进制计数器必须用 5 个不同的状态表示已经输入的脉冲个数，所以状态转换图已是最简图，不必化简。

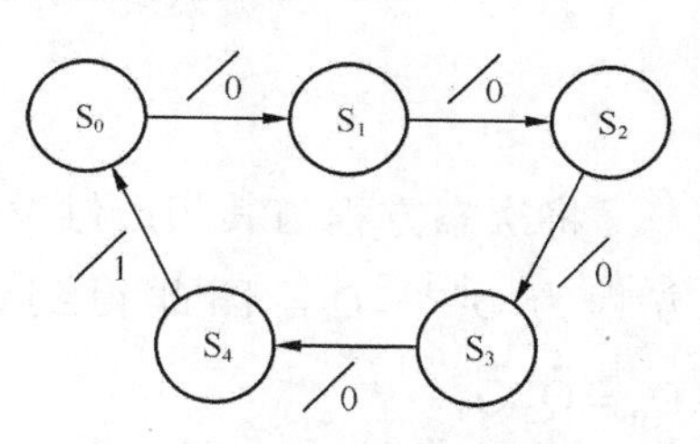

图 6-59 例 6-14 的状态转换图

③ 状态分配。

因该设计电路状态 $M$=5，根据式（6-14）有 $2^2<5<2^3$，故取 $n$=3。因此，$S_0$到$S_4$的编码分别是 000，001，010，011，100。

④ 根据选定的触发器，求出电路状态方程、激励方程和输出方程。

由以上步骤，得到其状态表如表 6-14 所示。

表 6-14 8421BCD 码同步五进制加法计数器的状态转换表

| 现态 | | | 次态 | | | 进位信号 |
|---|---|---|---|---|---|---|
| $Q_2^n$ | $Q_1^n$ | $Q_0^n$ | $Q_2^{n+1}$ | $Q_1^{n+1}$ | $Q_0^{n+1}$ | C |
| 0 | 0 | 0 | 0 | 0 | 1 | 0 |
| 0 | 0 | 1 | 0 | 1 | 0 | 0 |
| 0 | 1 | 0 | 0 | 1 | 1 | 0 |
| 0 | 1 | 1 | 1 | 0 | 0 | 0 |
| 1 | 0 | 0 | 0 | 0 | 0 | 1 |
| 1 | 0 | 1 | $\phi$ | $\phi$ | $\phi$ | $\phi$ |
| 1 | 1 | 0 | $\phi$ | $\phi$ | $\phi$ | $\phi$ |
| 1 | 1 | 1 | $\phi$ | $\phi$ | $\phi$ | $\phi$ |

由表 6-14 可画出对应的各触发器次态和输出的卡诺图，如图 6-60 所示。3 个触发器可组合 8 个状态（000~111），其中有 3 个状态（101、110、111）在 8421BCD 码同步五进制加法计数器中是偏离状态，在图 6-60 所示的卡诺图中以无关项 $\phi$ 表示，于是得到电路的状态方程

和输出方程

$$
\begin{aligned}
Q_2^{n+1} &= Q_0^n Q_1^n \\
Q_1^{n+1} &= \overline{Q}_1^n Q_0^n + Q_1^n \overline{Q}_0^n \\
Q_0^{n+1} &= \overline{Q}_2^n \overline{Q}_0^n \\
C &= Q_2^n
\end{aligned}
\tag{6-15}
$$

$Q_2^{n+1}$

| $Q_2^n$ \ $Q_1^nQ_0^n$ | 00 | 01 | 11 | 10 |
|---|---|---|---|---|
| 0 | 0 | 0 | 1 | 0 |
| 1 | 0 | φ | φ | φ |

$Q_1^{n+1}$

| $Q_2^n$ \ $Q_1^nQ_0^n$ | 00 | 01 | 11 | 10 |
|---|---|---|---|---|
| 0 | 0 | 1 | 0 | 1 |
| 1 | 0 | φ | φ | φ |

$Q_0^{n+1}$

| $Q_2^n$ \ $Q_1^nQ_0^n$ | 00 | 01 | 11 | 10 |
|---|---|---|---|---|
| 0 | 1 | 0 | 0 | 1 |
| 1 | 0 | φ | φ | φ |

C

| $Q_2^n$ \ $Q_1^nQ_0^n$ | 00 | 01 | 11 | 10 |
|---|---|---|---|---|
| 0 | 0 | 0 | 0 | 0 |
| 1 | 1 | φ | φ | φ |

图 6-60 例 6-14 的卡诺图

将次态方程与其相应触发器的特性方程比较，求出激励方程。由于 D 触发器的特性方程为 $Q^{n+1} = D$，因此得到该触发器激励方程为：$D_2 = Q_0^n Q_1^n$，$D_1 = Q_1^n Q_0^n + Q_1^n \overline{Q}_0^n$，$D_0 = \overline{Q}_2^n \overline{Q}_0^n$。

⑤ 检查所设计电路的自启动特性。将 3 个偏离状态 101、110 及 111 分别作为现态，代入电路的状态方程和输出方程 6-15，求其次态和输出分别为 010/1、010/1 和 100/1，其状态转换图如图 6-61 所示。故该电路具有自启动特性。

⑥ 画逻辑图。根据激励方程可画出逻辑图，如图 6-62 所示。

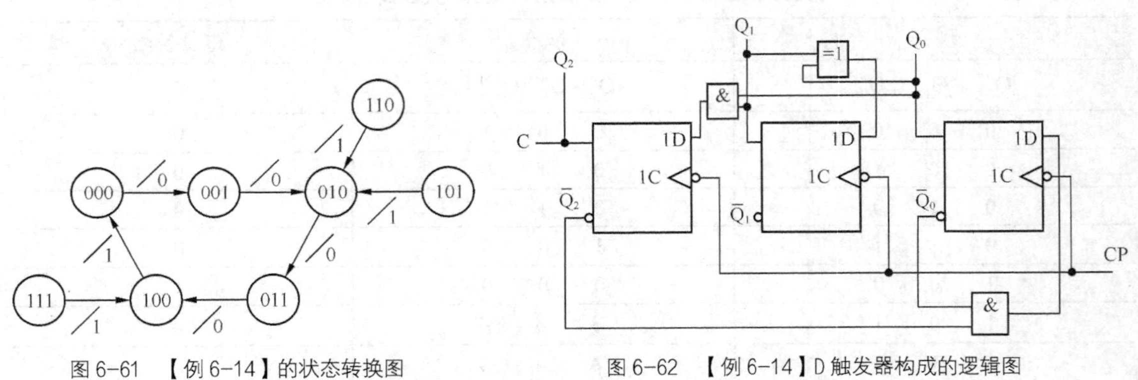


图 6-61 【例 6-14】的状态转换图

图 6-62 【例 6-14】D 触发器构成的逻辑图

（2）下面来看用 JK 触发器设计一个 8421BCD 码同步五进制加法计数器过程。

前几步都是一样的，当得到状态方程和输出方程以后，如果用 JK 触发器来实现，那么需要对照 JK 触发器的特性方程 $Q^{n+1} = J\overline{Q}^n + \overline{K}Q^n$。与 $Q_2^{n+1} = J_2\overline{Q}_2^n + \overline{K}_2 Q_2^n$ 对照，得到 $J_2 = Q_0^n Q_1^n$，

$K_2=1$；与 $Q_1^{n+1}=J_1\overline{Q_1^n}+\overline{K_1}Q_1^n$ 对照，得到 $J_1=K_1=Q_0^n$；与 $Q_0^{n+1}=J_0\overline{Q_0^n}+\overline{K_0}Q_0^n$ 对照，得到 $J_0=\overline{Q_2^n}$，$K_0=1$。

也可以采用另一种方法求激励方程，通过状态转换表的变化写出激励信号，然后直接求出激励方程。其状态激励表如表6-15所示。

**表6-15　　码同步五进制加法计数器的状态转换表及激励信号**

| 现态 | | | 次态 | | | 激励信号 | | | | | |
|---|---|---|---|---|---|---|---|---|---|---|---|
| $Q_2^n$ | $Q_1^n$ | $Q_0^n$ | $Q_2^{n+1}$ | $Q_1^{n+1}$ | $Q_0^{n+1}$ | $J_2$ | $K_2$ | $J_1$ | $K_1$ | $J_0$ | $K_0$ |
| 0 | 0 | 0 | 0 | 0 | 1 | 0 | $\phi$ | 0 | $\phi$ | 1 | $\phi$ |
| 0 | 0 | 1 | 0 | 1 | 0 | 0 | $\phi$ | 1 | $\phi$ | $\phi$ | 1 |
| 0 | 1 | 0 | 0 | 1 | 1 | 0 | $\phi$ | $\phi$ | 0 | 1 | $\phi$ |
| 0 | 1 | 1 | 1 | 0 | 0 | 1 | $\phi$ | $\phi$ | 1 | $\phi$ | 1 |
| 1 | 0 | 0 | 0 | 0 | 0 | $\phi$ | 1 | 0 | $\phi$ | 0 | $\phi$ |
| 1 | 0 | 1 | $\phi$ | $\phi$ | $\phi$ | $\phi$ | $\phi$ | $\phi$ | $\phi$ | $\phi$ | $\phi$ |
| 1 | 1 | 0 | $\phi$ | $\phi$ | $\phi$ | $\phi$ | $\phi$ | $\phi$ | $\phi$ | $\phi$ | $\phi$ |
| 1 | 1 | 1 | $\phi$ | $\phi$ | $\phi$ | $\phi$ | $\phi$ | $\phi$ | $\phi$ | $\phi$ | $\phi$ |

由表6-15得到激励信号的卡诺图，如图6-63所示。

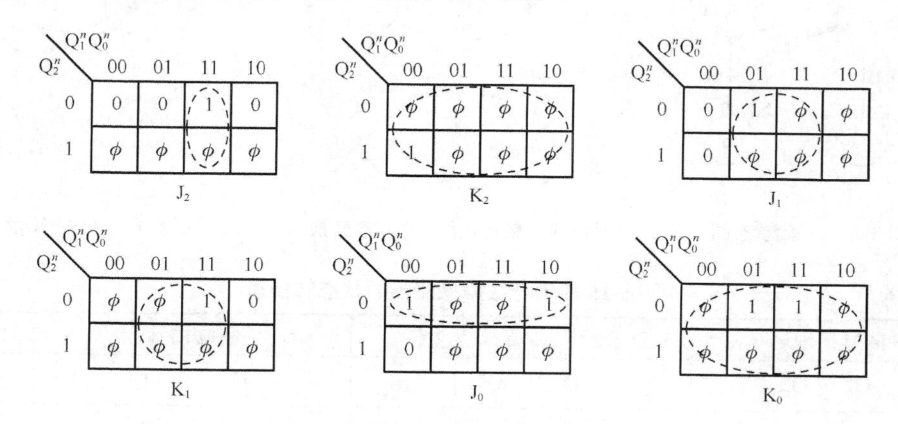


图6-63　例6-14的激励卡诺图

化简得到其激励方程分别为 $J_2=Q_0^nQ_1^n$，$K_2=1$；$J_1=K_1=Q_0^n$；$J_0=\overline{Q_2^n}$，$K_0=1$。电路自启动状态仍为图6-61，逻辑图如图6-64所示。

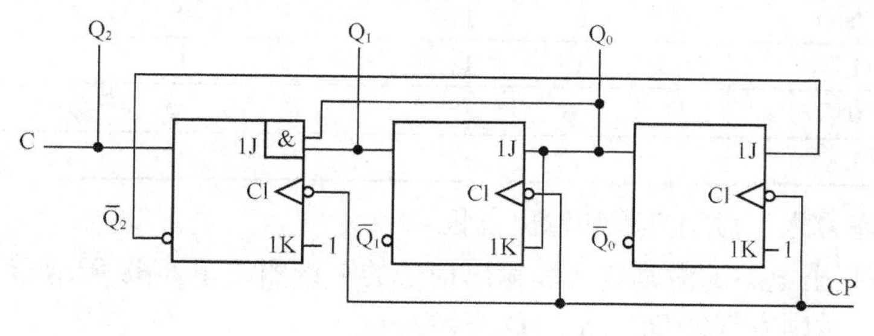


图6-64　【例6-14】JK触发器构成的逻辑图

**【例 6-15】** 试用上升沿触发器的边沿 D 触发器设计一个串行数据检测器。该检测器有一个输入端 X，当连续输入 3 个或 3 个以上 1 时，该电路输出 Y=1，否则输出 Y=0。

**解**：（1）根据设计要求，设定状态，画出状态转换图。

$S_0$——初始状态或没有收到 1 时的状态；

$S_1$——收到一个 1 后的状态；

$S_2$——连续收到两个 1 后的状态；

$S_3$——连续收到 3 个 1（以及 3 个以上 1）后的状态。

根据题意可画出图 6-65 所示的状态图。

（2）状态化简

状态化简就是合并等效状态。所谓等效状态就是那些在相同的输入条件下，输出相同、次态也相同的状态。观察图 6-65 可知，$S_2$ 和 $S_3$ 是等价状态，所以将其合并，并用 $S_2$ 表示，图 6-66 是经过化简之后的状态图。

（3）状态分配，列状态转换表

本例取 $S_0$=00、$S_1$=01、$S_2$=11。图 6-67 是该例编码形式的状态图。由图 6-67 可画出状态表如表 6-16 所示。

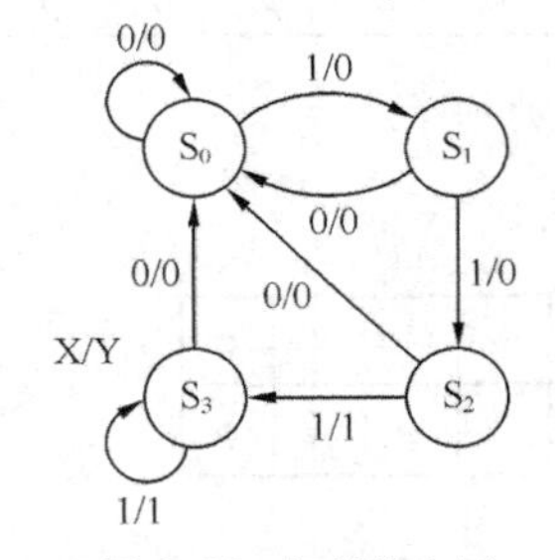

图 6-65 初始状态图

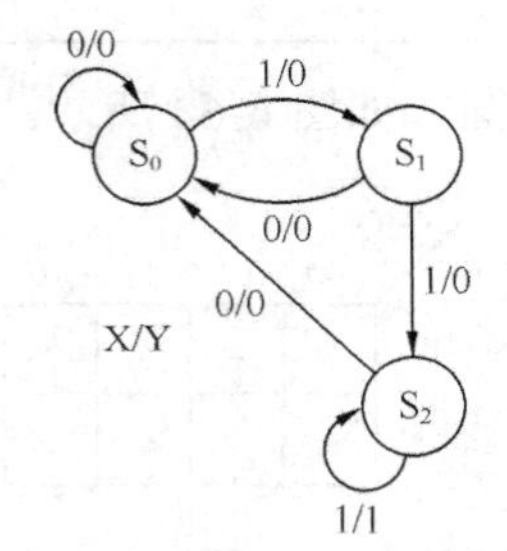

图 6-66 经过化简后的状态转换图

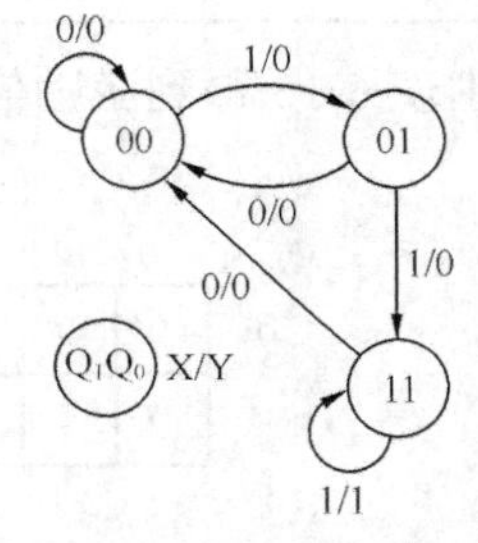

图 6-67 例 6-15 状态图

**表 6-16　例 6-15 的串行数据检测器的状态转换表**

| 输入信号 | 现态 | | 次态 | | 激励信号 | | 输出信号 |
|---|---|---|---|---|---|---|---|
| X | $Q_1^n$ | $Q_0^n$ | $Q_1^{n+1}$ | $Q_0^{n+1}$ | $D_1$ | $D_0$ | Y |
| 0 | 0 | 0 | 0 | 0 | 0 | 0 | 0 |
| 0 | 0 | 1 | 0 | 0 | 0 | 0 | 0 |
| 0 | 1 | 0 | $\phi$ | $\phi$ | $\phi$ | $\phi$ | $\phi$ |
| 0 | 1 | 1 | 0 | 0 | 0 | 0 | 0 |
| 1 | 0 | 0 | 0 | 1 | 0 | 1 | 0 |
| 1 | 0 | 1 | 1 | 1 | 1 | 1 | 0 |
| 1 | 1 | 0 | $\phi$ | $\phi$ | $\phi$ | $\phi$ | $\phi$ |
| 1 | 1 | 1 | 1 | 1 | 1 | 1 | 1 |

（4）求出状态方程、激励方程和输出方程

由表 6-16 可画出电路的激励信号和输出信号的卡诺图如图 6-68 所示。可得到电路的输出方程为 $Y = XQ_1^n$，激励方程为 $D_0 = X$，$D_1 = XQ_0^n$。

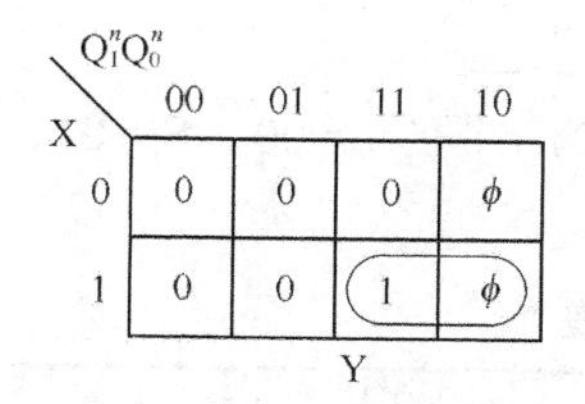


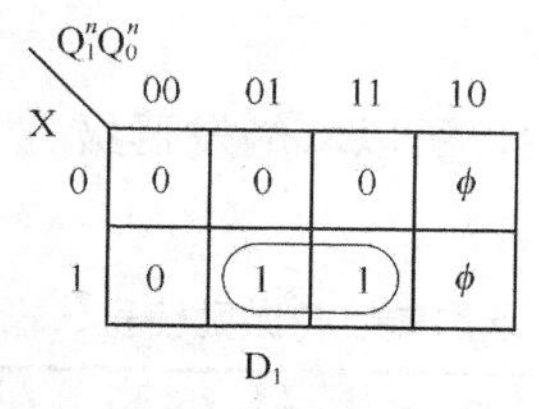


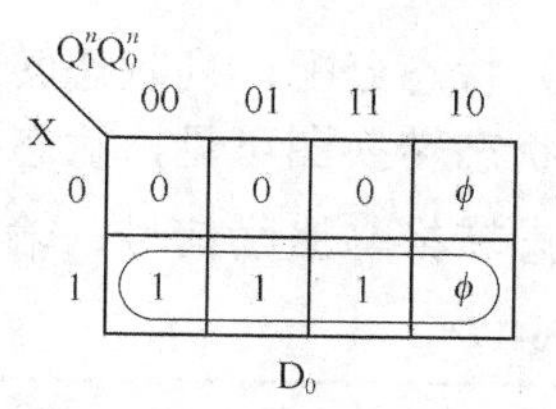


图 6-68　【例 6-15】激励信号及输出信号的卡诺图

（5）检查能否自启动

状态转换图如图 6-69 所示，可见，电路能够自启动。

（6）画逻辑图

根据激励方程和输出方程，画出该串行数据检测器的逻辑图如图 6-70 所示。

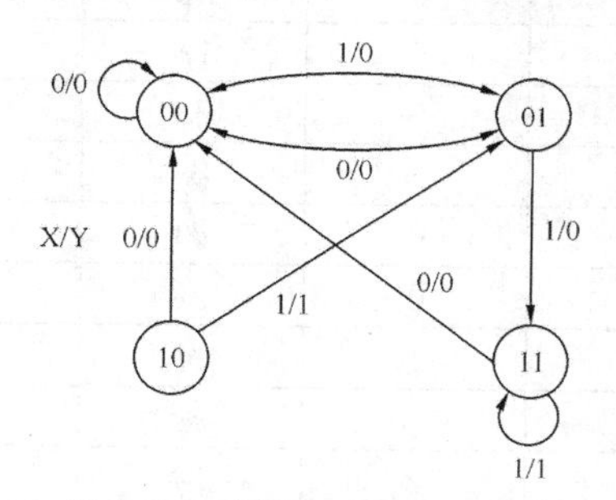


图 6-69　【例 6-15】状态转换图

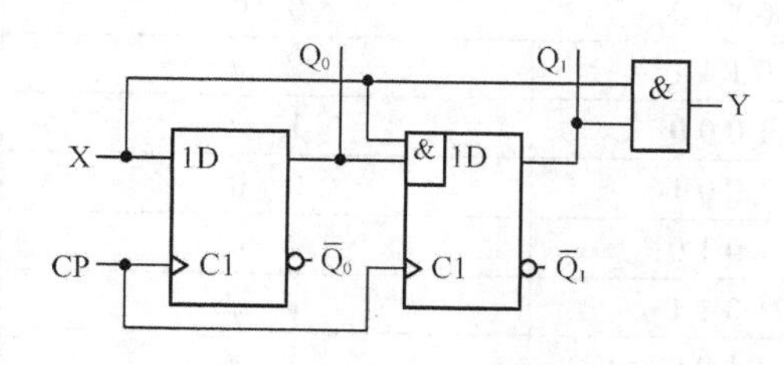


图 6-70　【例 6-15】的逻辑图

**【例 6-16】** 试用 JK 触发器设计一个饮料自动销售机的逻辑电路。它的投币口每次只能投入一枚五角或一元的硬币。投入一元五角钱硬币后机器自动给出一杯饮料；投入两元（两枚一元）硬币后，在给出饮料的同时找回一枚五角的硬币。

**解：**

（1）根据设计要求，设定状态，画出状态转换图

设投币信号为输入逻辑变量：投入一枚一元硬币时用 A=1 表示，未投入时 A=0；投入一枚五角硬币用 B=1 表示，未投入时 B=0。

投出饮料和找回钱为两个输出变量，分别以 Y、Z 表示。投出饮料时 Y=1，不投出时 Y=0；找回一枚五角硬币时 Z=1，不找时 Z=0。

假定通过传感器产生的投币信号（A=1 或 B=1）要在电路转入新状态的同时也随之消失，否则将被误认作又一次投币信号。

设未投币前电路的初始状态为 $S_0$，投入五角硬币以后为 $S_1$，投入满一元硬币后为 $S_2$。再投入一枚五角硬币后电路返回到 $S_0$，同时投出饮料，不找零，即输出 Y=1、Z=0；如果在 $S_2$ 状态下，再投入的是一枚一元硬币，则电路也应返回 $S_0$，同时输出为 Y=1、Z=1，即投出饮料的同时又找了零。因此，选电路的状态数 $M$=3。而该电路不会出现 A=1、B=1 的情况，所以将与之对应的状态与输出都作为无关项处理。依据题意画出状态转换图 6-71。

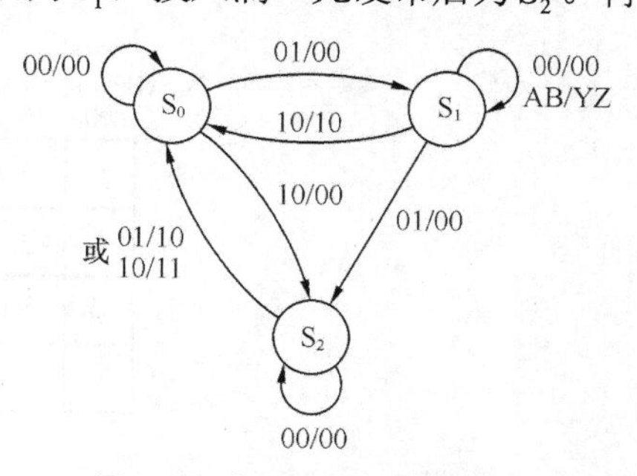


图 6-71　例 6-16 的状态转换图

（2）状态化简

图 6-71 所示状态图无多余状态，故不需化简。

（3）状态分配，列状态转换表

由状态转换图可见，状态数 $M$=3，所以取触发器级数 $n$=2，并取 $S_0$=00、$S_1$=01、$S_2$=10。画出状态转换与激励信号、输出表 6-17。

**表 6-17　　　　例 6-16 状态转换与激励信号、输出表**

| $Q_1^nQ_0^nAB$ | $Q_1^{n+1}Q_0^{n+1}$ | Y | Z | $J_1K_1$ | $J_0K_0$ |
|---|---|---|---|---|---|
| 0 0 0 0 | 0 0 | 0 | 0 | 0$\phi$ | 0$\phi$ |
| 0 0 0 1 | 0 1 | 0 | 0 | 0$\phi$ | 1$\phi$ |
| 0 0 1 0 | 1 0 | 0 | 0 | 1$\phi$ | 0$\phi$ |
| 0 0 1 1 | $\phi$ $\phi$ | $\phi$ | $\phi$ | $\phi\phi$ | $\phi\phi$ |
| 0 1 0 0 | 0 1 | 0 | 0 | 0$\phi$ | $\phi$0 |
| 0 1 0 1 | 1 0 | 0 | 0 | 1$\phi$ | $\phi$1 |
| 0 1 1 0 | 0 0 | 1 | 0 | 0$\phi$ | $\phi$1 |
| 0 1 1 1 | $\phi$ $\phi$ | $\phi$ | $\phi$ | $\phi\phi$ | $\phi\phi$ |
| 1 0 0 0 | 1 0 | 0 | 0 | $\phi$0 | 0$\phi$ |
| 1 0 0 1 | 0 0 | 1 | 0 | $\phi$1 | 0$\phi$ |
| 1 0 1 0 | 0 0 | 1 | 1 | $\phi$1 | 0$\phi$ |
| 1 0 1 1 | $\phi$ $\phi$ | $\phi$ | $\phi$ | $\phi\phi$ | $\phi\phi$ |
| 1 1 0 0 | $\phi$ $\phi$ | $\phi$ | $\phi$ | $\phi\phi$ | $\phi\phi$ |
| 1 1 0 1 | $\phi$ $\phi$ | $\phi$ | $\phi$ | $\phi\phi$ | $\phi\phi$ |
| 1 1 1 0 | $\phi$ $\phi$ | $\phi$ | $\phi$ | $\phi\phi$ | $\phi\phi$ |
| 1 1 1 1 | $\phi$ $\phi$ | $\phi$ | $\phi$ | $\phi\phi$ | $\phi\phi$ |

（4）选择触发器，求出激励方程和输出方程

本题选择 JK 触发器，根据表 6-17，分别画出表示 $J_1$、$K_1$、$J_0$、$K_0$、Y 及 Z 的卡诺图，如图 6-72 所示。

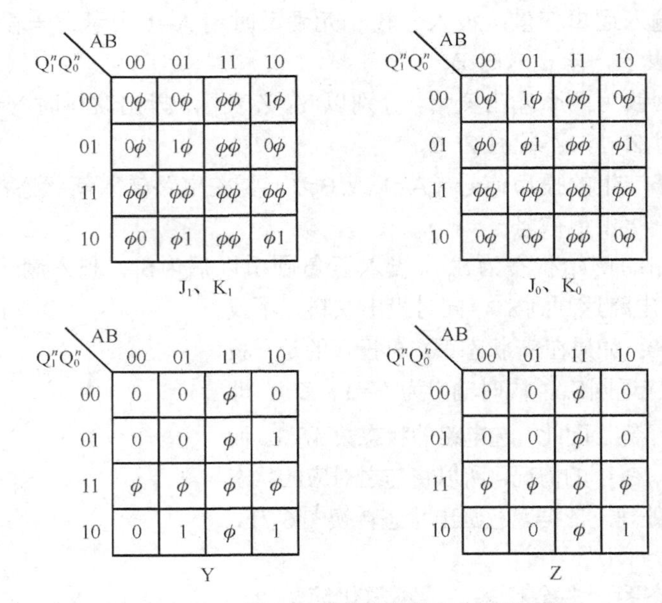


图 6-72　例 6-16 激励信号/输出的卡诺图

由卡诺图可写出电路的激励信号与输出方程

$$J_1=\overline{Q}_0A+Q_0B,\quad K_1=\overline{\overline{A}\,\overline{B}}$$

$$J_0=\overline{Q}_1B,\quad K_0=\overline{\overline{A}\,\overline{B}} \tag{6-16}$$

$$Y=Q_1^nB+Q_1^nA+Q_0^nA$$

$$Z=Q_1^nA \tag{6-17}$$

也可以采用对照法得到 JK 的激励方程。由表 6-17 得到 $Q_1^{n+1}$ 和 $Q_0^{n+1}$ 的卡诺图，如图 6-73 所示，然后化简得到由卡诺图可写出电路的状态方程

$$Q_1^{n+1}=Q_1^n\overline{A}\,\overline{B}+\overline{Q}_1^n\overline{Q}_0^nA+\overline{Q}_1^nQ_0^nB=(\overline{Q}_0^nA+Q_0^nB)\overline{Q}_1^n+(\overline{A}\,\overline{B})Q_1^n$$

$$Q_0^{n+1}=\overline{Q}_1^n\overline{Q}_0^nB+Q_0^n\overline{A}\,\overline{B}=(\overline{Q}_1^nB)\overline{Q}_0^n+(\overline{A}\,\overline{B})Q_0^n \tag{6-18}$$

由 JK 触发器特性方程 $Q^{n+1}=J\overline{Q}^n+\overline{K}Q^n$ 与式（6-18）对比，也可写出电路的激励方程

$$J_1=\overline{Q}_0A+Q_0B,\quad K_1=\overline{\overline{A}\,\overline{B}}$$

$$J_0=\overline{Q}_1B,\quad K_0=\overline{\overline{A}\,\overline{B}} \tag{6-19}$$

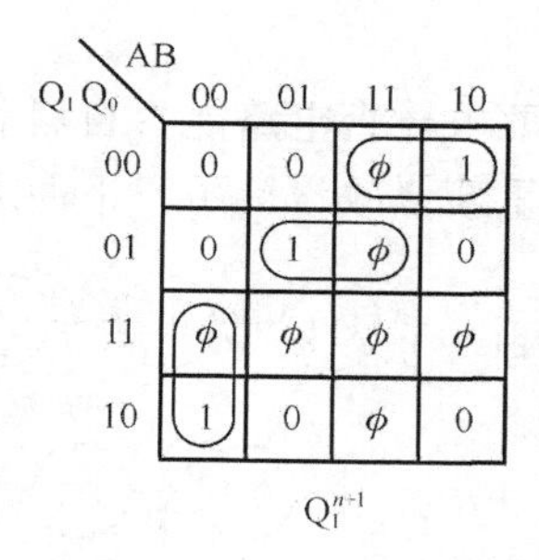


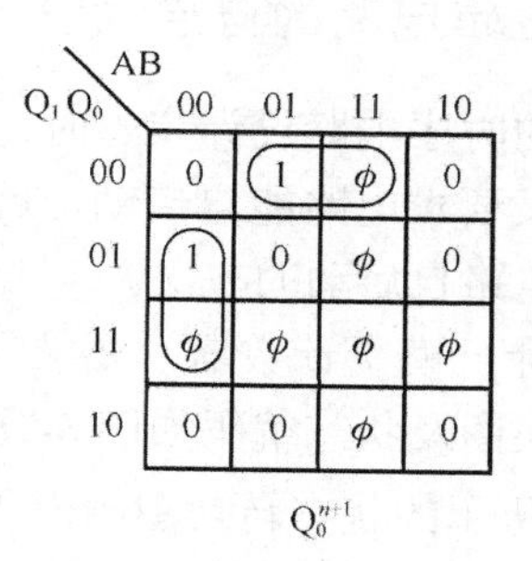


图 6-73 【例 6-16】次状态的卡诺图

（5）检查能否自启动

当状态处于无效状态 $Q_1^n Q_0^n=11$ 时，由式（6-21）有：$Q_1^{n+1}=\left(\overline{Q}_0^nA+Q_0^nB\right)\overline{Q}_1^n+\overline{A}\overline{B}Q_1^n=\overline{A}\overline{B}$，$Q_0^{n+1}=\overline{Q}_1^nB\overline{Q}_0^n+\overline{A}\overline{B}Q_0^n=\overline{A}\overline{B}$。故有：

$$AB=00,\quad Q_1^{n+1}Q_0^{n+1}=11/00;$$

$$AB=01,\quad Q_1^{n+1}Q_0^{n+1}=00/10;$$

$$AB=10,\quad Q_1^{n+1}Q_0^{n+1}=00/11。$$

由此可将完整状态转换图画出，如图 6-74 所示。可见，电路能够自启动。

（6）画逻辑图

根据激励方程和输出方程，画出该自动饮料销售机逻辑电路如图 6-75 所示。

为了保证电路正常工作，通常在开始工作之前，先采用异步置 0 端 $\overline{R}$ 复位的方式，迫使电路回到 $Q_1^n Q_0^n=00$ 的初始状态。

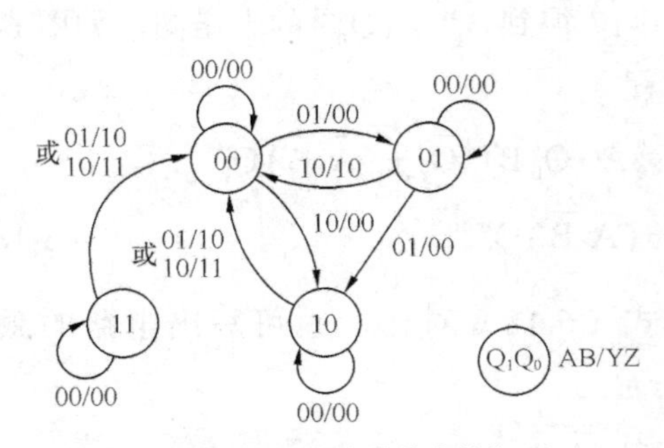


图 6-74 例 6-16 完整状态转换图

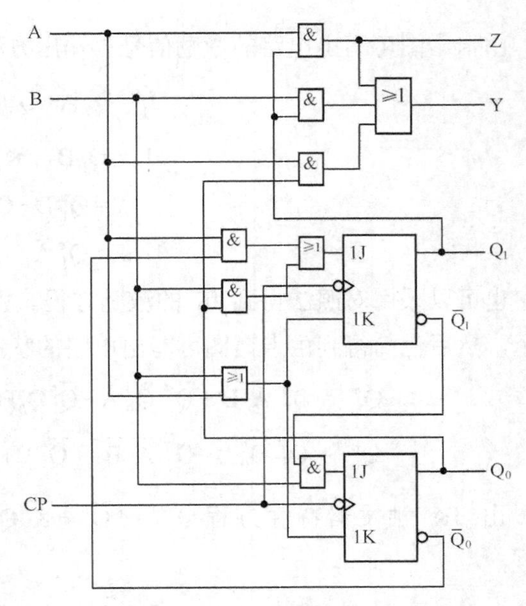


图 6-75 例 6-16 自动销售机的逻辑电路

## 6.4.2 时序逻辑电路的自启动设计

在前面所介绍的时序电路设计步骤时，最后要求检查电路能否自启动。若电路不具有自启动特性，而设计又要求电路能自启动，就必须重新修改设计了。下面通过一个例子来说明如何通过设计实现电路自启动的方法。

**【例 6-17】** 设计一模 7 计数器，要求它能够自启动。已知状态转换图及状态编码如图 6-76 所示。

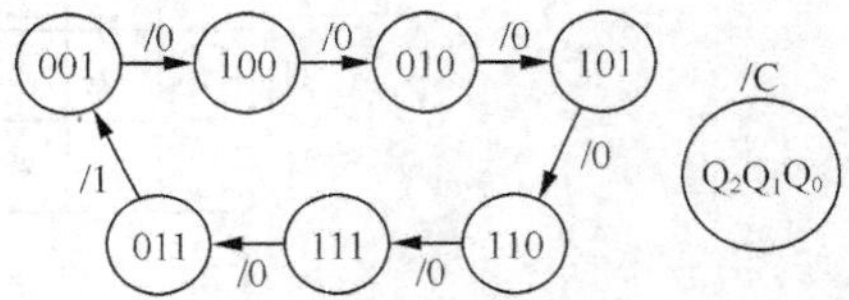


图 6-76 例 6-17 模 7 计数器状态转换图

**解：** 由图 6-78 所示的状态转换图画出所要设计电路的新状态 $Q_2^{n+1}$、$Q_1^{n+1}$、$Q_0^{n+1}$ 的卡诺图如图 6-77 所示，其中 000 为无效状态。

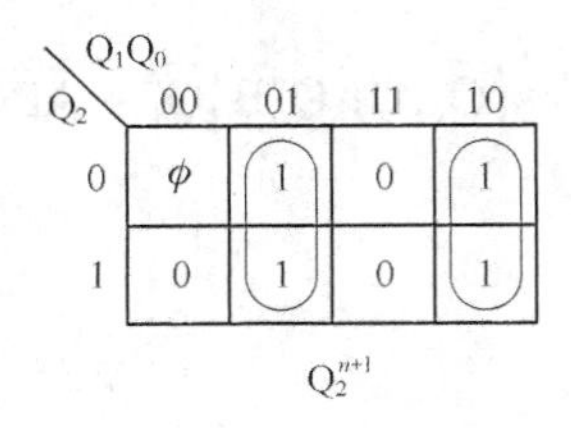


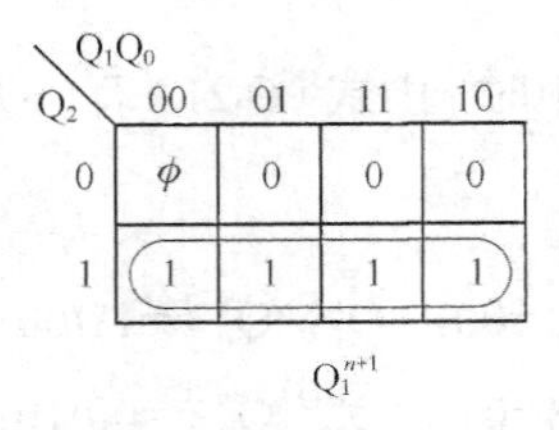


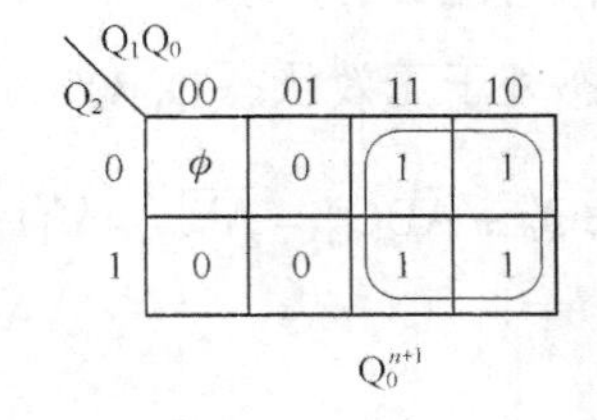


图 6-77 例 6-17 卡诺图

若单纯最简化状态方程，则可得

$$
\begin{cases}
Q_2^{n+1}=Q_1^n \oplus Q_0^n \\
Q_1^{n+1}=Q_2^n \\
Q_0^{n+1}=Q_1^n
\end{cases}
\qquad (6\text{-}20)
$$

在上述卡诺图的化简中，如果把任意项$\phi$包括在“1”圈内进行合并，则等于把$\phi$ 取作 1；否则等于把$\phi$取为 0。这就意味着已经为无效状态指定了次态。如果被指定的次态属于有效循环中的状态，那么电路就能自启动。反之，就为无效状态，则电路将不能自启动。在后一种情况下，就需要修改状态方程的化简方式，将无效状态的次态改为某个有效状态。

由图6-77可见，化简时将所有的$\phi$全都划在圈外，也就是化简时把它们取作0。这也就意味着把图6-76中000状态的次态仍旧定成了000。如此，电路一旦进入000状态以后，就不可能在时钟信号作用下脱离这个无效状态而进入有效循环，所以电路不能自启动。

为使电路能够自启动，应将图6-76中的$\phi$取为一个有效状态，例如取为010。这时$Q_1^{n+1}$的卡诺图被修改为图6-78所示的形式。

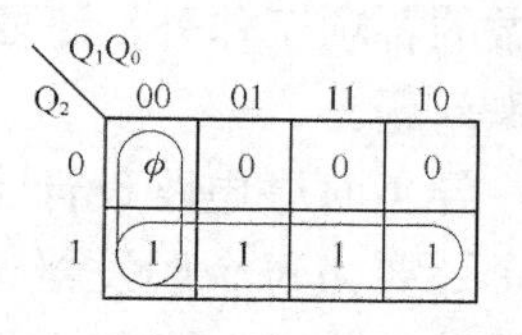


图6-78 修改后的$Q_1^{n+1}$卡诺图

由图6-78化简后有

$$Q_1^{n+1}=Q_2^n+\overline{Q}_1^n\ \overline{Q}_0^n$$

则将式（6-20）修改为

$$\begin{cases}Q_2^{n+1}=\overline{Q}_1^n\oplus\overline{Q}_0^n\\ Q_1^{n+1}=Q_2^n+\overline{Q}_1^n\ \overline{Q}_0^n\\ Q_0^{n+1}=Q_1^n\end{cases}$$

若选用D触发器，则电路的激励方程就为

$$\begin{cases}D_2=Q_1\oplus Q_0\\ D_1=Q_2+\overline{Q}_1^n\overline{Q}_0^n\\ D_0=Q_1\end{cases}\tag{6-21}$$

计数器的进位输出方程显然由状态011译出

$$C=\overline{Q}_2\ Q_1\ Q_0\tag{6-22}$$

根据式（6-21）、式（6-22）便可画出其逻辑电路如图6-79所示。

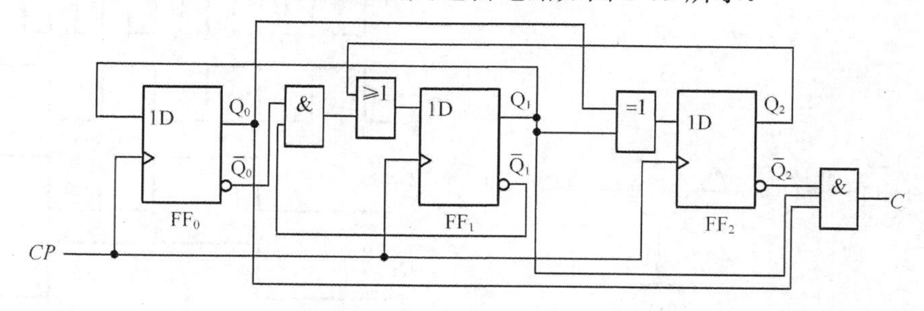


图6-79 例6-17电路逻辑图

如此设计的电路状态转换图（图6-76）就被修改成如图6-80所示。显然是具有自启动特性。

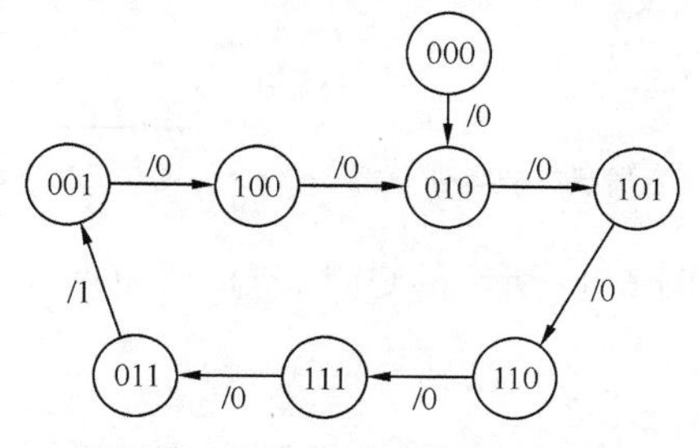


图6-80 图6-79电路的状态转换图

## 6.5 异步时序逻辑电路的设计方法

没有统一触发时钟 CP 的逻辑电路称为异步时序逻辑电路。也就是说异步时序电路中各触发器的翻转不是同时进行的，所以在异步时序电路的设计中，除了完成与同步时序电路设计所做的各项工作外，还要为每个触发器选定合适的时钟信号 CP。这就是异步时序电路设计的特殊问题。

异步时序电路设计步骤与同步时序电路设计的步骤基本相似，只是在选定触发器类型之后，还要为每个触发器选定时钟信号，具体过程相比要复杂的多。虽然异步时序电路有着电路简单的优点，但却由于各触发器状态不是同一翻转的，其状态译码存在竞争冒险现象，所以应用受到很大限制。为了初步了解异步时序电路设计方法，下面通过一个列子简单说明设计过程。

**【例 6-18】**试用下降沿触发边沿 JK 触发器设计一个 8421BCD 码异步十进制减法计数器，并要求所设计的电路能自启动。

**解**：根据 8421BCD 码十进制减法计数规则画出电路的状态转换图，如图 6-81 所示。

为便于选取各个触发器的时钟信号，首先根据状态转换图 6-81 画出电路的时序图，如图 6-81 所示。

为触发器挑选时钟信号的原则是：第一，触发器的状态应该翻转时必须有时钟信号发生；第二，触发器的状态不应翻转时“多余的”时钟信号越少越好，这将有利于触发器状态方程和激励方程的化简。由上述原则，根据图 6-82，选定 $FF_0$ 的时钟信号 $CP_0$ 为计数输入脉冲，$FF_1$ 的时钟 $CP_1$ 取自 $\overline{Q}_0$，$FF_2$ 的时钟信号 $CP_2$ 取自 $\overline{Q}_1$，$FF_3$ 的时钟信号 $CP_3$ 取自 $\overline{Q}_0$。

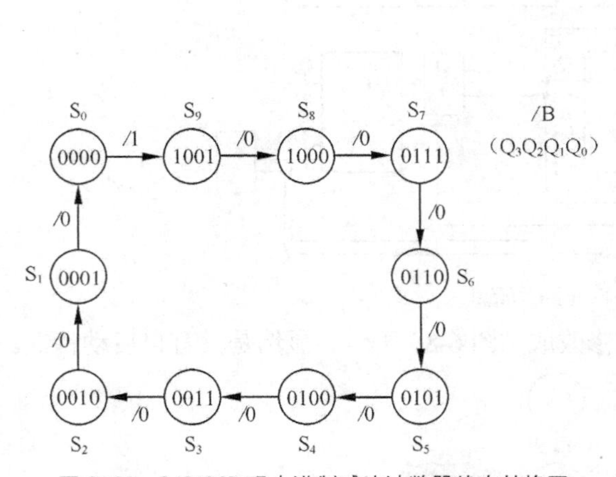


图 6-81　8421BCD 码十进制减法计数器状态转换图

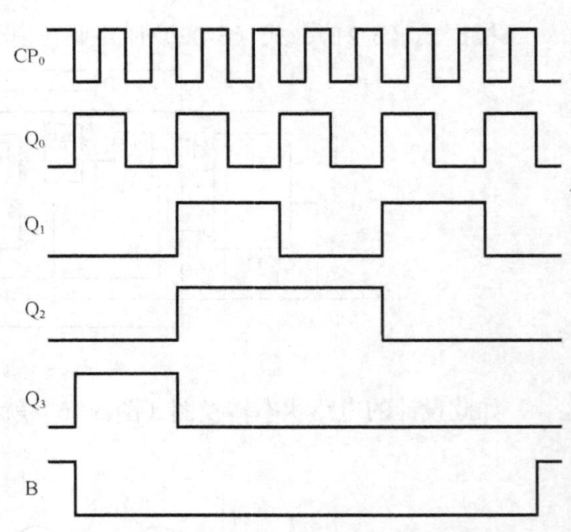


图 6-82　8421BCD 码十进制减法计数器时序图

根据图 6-81 分别画出如图 6-83 所示的 $Q_3^{n+1}$、$Q_2^{n+1}$、$Q_1^{n+1}$、$Q_0^{n+1}$ 卡诺图以及如图 6-84 所示的借位输出 B 的卡诺图。

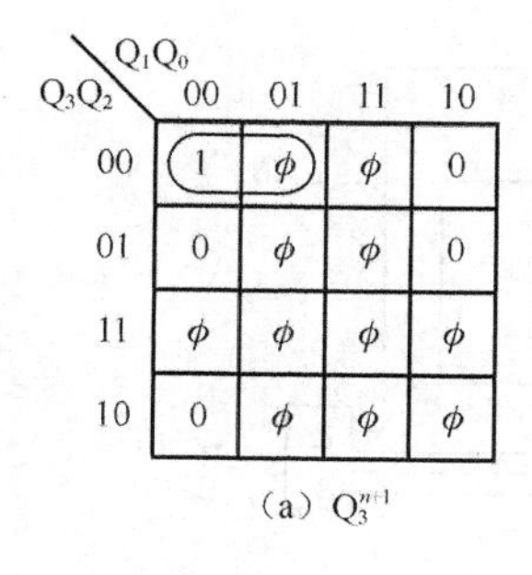

（a）$Q_3^{n+1}$

| $Q_3Q_2$ \ $Q_1Q_0$ | 00 | 01 | 11 | 10 |
|---|---|---|---|---|
| 00 | φ | φ | φ | φ |
| 01 | φ | φ | φ | φ |
| 11 | φ | φ | φ | φ |
| 10 | 1 | φ | φ | φ |

（b）$Q_2^{n+1}$

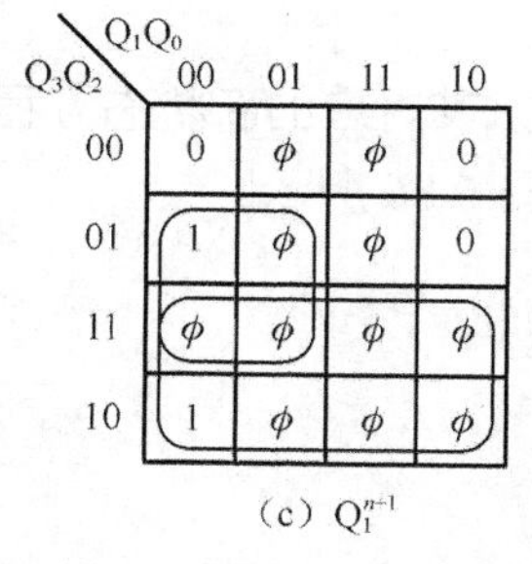

（c）$Q_1^{n+1}$

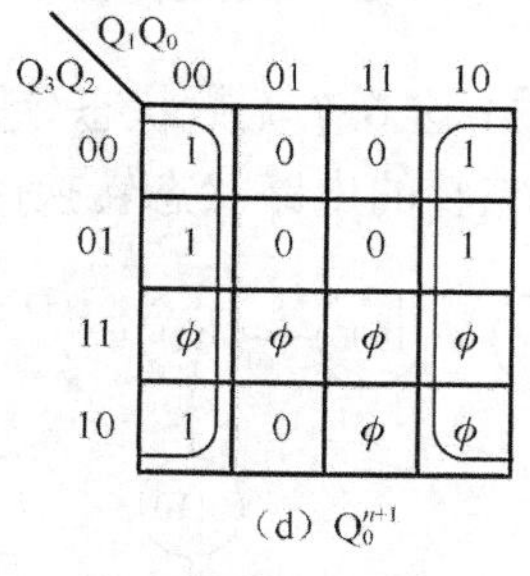

（d）$Q_0^{n+1}$

图 6-83 异步十进制减法计数器新状态及输出卡诺图

| $Q_3Q_2$ \ $Q_1Q_0$ | 00 | 01 | 11 | 10 |
|---|---|---|---|---|
| 00 | 1 | 0 | 0 | 0 |
| 01 | 0 | 0 | 0 | 0 |
| 11 | φ | φ | φ | φ |
| 10 | 0 | 0 | φ | φ |

图 6-84 异步十进制减法计数器借位输出 B 卡诺图

由图 6-83 所示卡诺图化简可有

$$\begin{cases} Q_3^{n+1}=\overline{Q}_3^n\,\overline{Q}_2^n\,\overline{Q}_1^n\cdot CP_3 \\ Q_2^{n+1}=\overline{Q}_2^n\cdot CP_2 \\ Q_1^{n+1}=(Q_3^n+Q_2^n\,\overline{Q}_1^n)\cdot CP_1 \\ Q_0^{n+1}=\overline{Q}_0^n\cdot CP_0 \end{cases} \tag{6-23}$$

将式（6-23）化为 JK 触发器特性方程的标准形式得到

$$\begin{cases} Q_3^{n+1}=[(\overline{Q}_2^n\,\overline{Q}_1^n)\overline{Q}_3^n+0\cdot Q_3^n]\cdot CP_3 \\ Q_2^{n+1}=[1\cdot\overline{Q}_2^n+0\cdot Q_2^n]\cdot CP_2 \\ Q_1^{n+1}=[(Q_3^n+Q_2^n)\overline{Q}_1^n+Q_3^n\,Q_1^n]\cdot CP_1=[(Q_3^n+Q_2^n)\overline{Q}_1^n+0\cdot Q_1^n]\cdot CP_1 \\ Q_0^{n+1}=[1\cdot\overline{Q}_0^n+0\cdot Q_0^n]\cdot CP_0 \end{cases} \tag{6-24}$$

由图 6-84 化简可得借位输出方程

$$B=\overline{Q}_3^n\,\overline{Q}_2^n\,\overline{Q}_1^n\,\overline{Q}_0^n \tag{6-25}$$

由图 6-82 所示时序图显见，电路正常工作时不会出现 $Q_3^n\,Q_1^n=1$ 的情况，所以在 $Q_2^{n+1}$ 的方程中删去了此项，为对比 JK 触发器特性方程，则用 $0\cdot Q_1^n$ 代替。

根据式（6-24）可得电路的激励方程

$$\begin{aligned} &J_3=\overline{Q}_2^n\,\overline{Q}_1^n，\ K_3=1 \\ &J_2=K_2=1 \\ &J_1=(Q_3^n+Q_2^n)，\ K_1=1 \\ &J_0=K_0=1 \end{aligned} \tag{6-26}$$

根据式（6-25）和式（6-26）画出逻辑电路如图 6-85 所示。

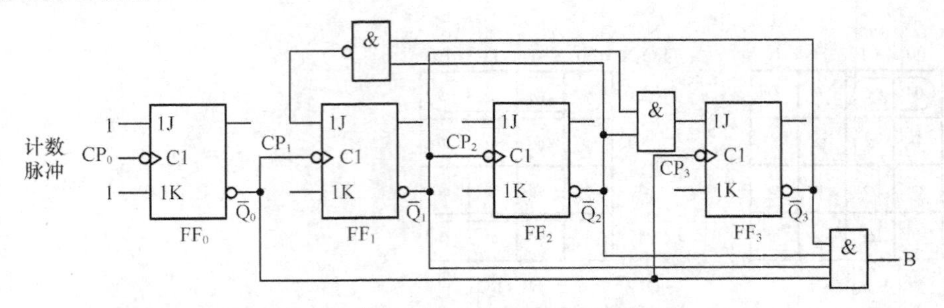


图 6-85 异步十进制减法计数器逻辑电路图

最后检查电路的自启动。将 1010～1111 这 6 个无效状态分别代入其对应的新状态方程求其次态，结果表明电路时可以自启动的。完整的电路状态转换图如图 6-86 所示。

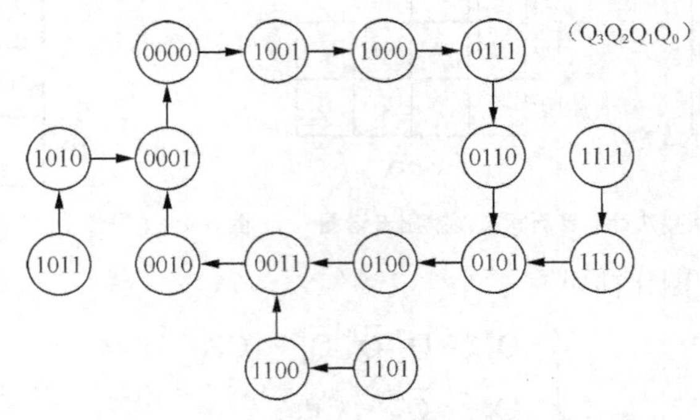


图 6-86 图 6-83 所示电路状态转换图

# 本章小结

时序逻辑电路与组合逻辑电路在逻辑功能及描述方法、电路结构、分析方法和设计方法上都有明显区别。

时序逻辑电路的特点是，任一时刻的输出信号不仅和当时的输入信号有关，而且还与电路原来的状态有关。因此，任意时刻时序电路的状态和输出均可以表示为输入变量和电路原来状态的逻辑函数。显然时序电路具有记忆性和时序性。

通常用于描述时序电路逻辑功能的方法有逻辑方程组（包括状态方程、激励方程和输出方程）、状态转换表、状态转换图和时序图等。其中方程组是和具体电路结构直接对应的一种表达方式。这些方法各具特点，都需掌握，以便灵活运用。

在分析时序电路时，关键是求出状态方程与输出方程。方法是根据电路图写出激励函数，再将激励函数代入特性方程，即可得到状态方程。由状态方程和输出函数作出状态表、状态图、波形图，并从中断定其逻辑功能。

在设计时序电路时，关键是求出各触发器的激励方程与电路的输出方程，再根据所求方程画出逻辑电路图。具体方法如下。

① 将设计任务逻辑抽象，画出原始状态转换图，再进行状态化简，状态分配。

② 根据状态分配后的状态图列出状态转换表，再由该表画出新状态卡诺图或激励函数卡诺图，从而得到激励方程，或通过得到的新状态简化方程再与所用触发器的特性方程比较后

得到激励方程。

③ 用给定的触发器，再根据所得激励函数及输出方程画出所设计时序电路。之后，看实际情况还要检查自启动特性。

本章还介绍了常用的中规模时序部件及其应用。常用的有寄存器、移位寄存器、计数器、顺序脉冲发生器和伪随机信号发生器等。通过巧妙地利用其功能控制端，还可实现多种功能电路的应用。

本书中所介绍的分析和设计时序电路的一般步骤是本章学习的重点。这些步骤和方法对于任何复杂的时序电路都是适用的。当然，这并不一定说任何时序电路问题都必须机械地按这些步骤进行，需要灵活掌握。

由于时序电路通常包含组合电路和存储电路两部分，自然时序电路中的竞争-冒险现象也有两个方面。一方面是组合电路的竞争-冒险引起触发器的误翻使电路产生误动作。再就是存储电路本身也存在竞争-冒险问题。存储器产生的竞争-冒险实质上是由于触发器的输入信号和时钟信号同时改变而在时间上配合不当，从而导致触发器的误动作。而该种现象多发生在异步时序电路中，所以在设计要求较高的时序电路时多采用同步时序电路。

## 习　题

[6-1] 分析题图 6-1 时序电路的逻辑功能，写出电路的激励方程、状态方程和输出方程，画出电路的状态转换图，说明电路能否自启动。

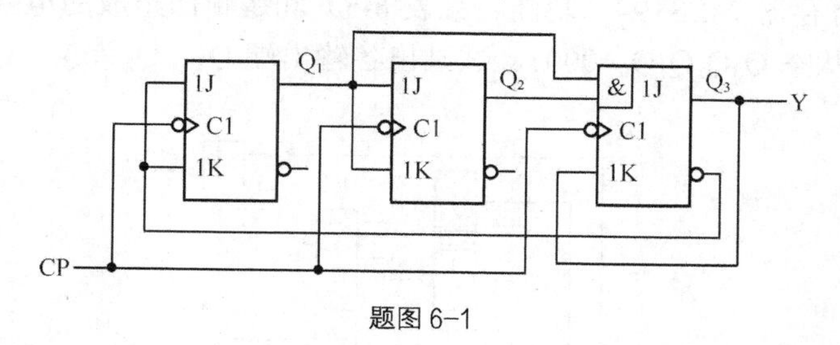


题图 6–1

[6-2] 试分析题图 6-2 时序电路的逻辑功能，写出电路的激励方程、状态方程和输出方程，画出电路的状态转换图。A 为输入逻辑变量。

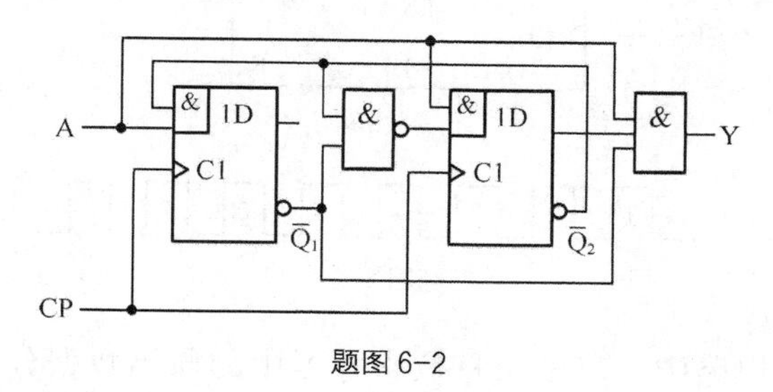


题图 6–2

[6-3] 分析题图 6-3 给出的时序电路，画出电路的状态转换图，检查电路能否自启动，说明电路实现的功能。A 为输入变量。

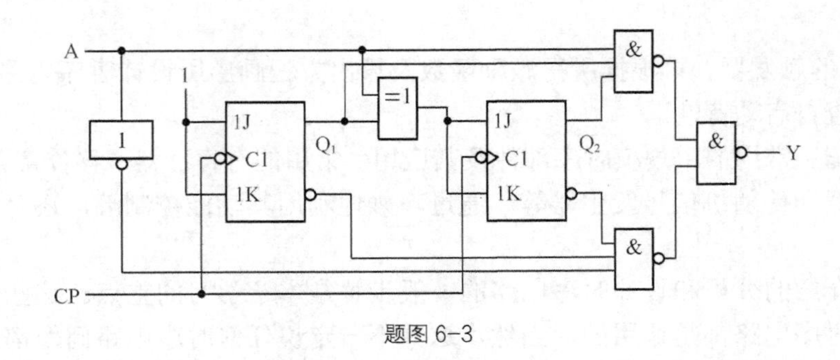


题图 6-3

[6-4] 分析题图 6-4 时序逻辑电路，写出电路的激励方程、状态方程和输出方程，画出电路的状态转换图，检查电路能否自启动。

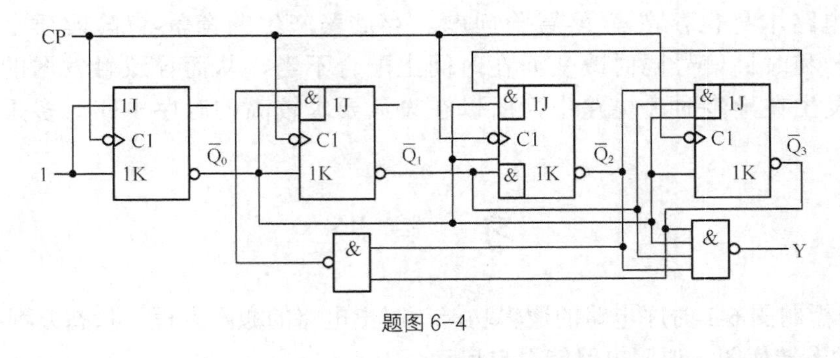


题图 6-4

[6-5] 用移位寄存器 74LS194（功能表见表 6-5）和逻辑门组成的电路如题图 6-5 所示。设 74LS194 的初始状态 $Q_3Q_2Q_1Q_0$=0001，试画出各输出端 $Q_3$、$Q_2$、$Q_1$、$Q_0$ 和 L 的波形。

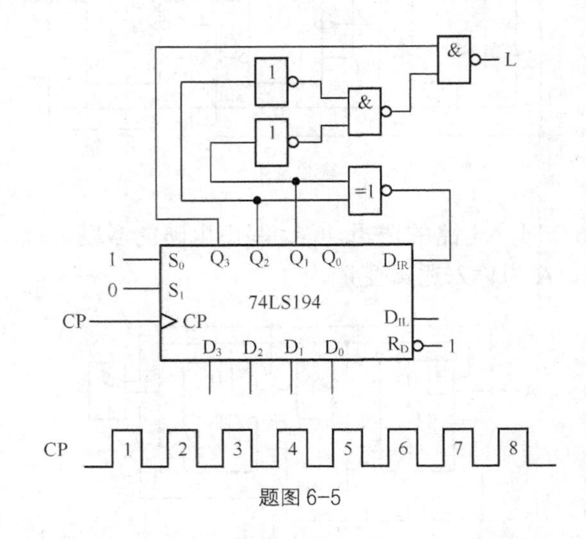


题图 6-5

[6-6] 在题图 6-6 电路中，若两个移位寄存器中的原始数据分别为 $A_3A_2A_1A_0$=1001，$B_3B_2B_1B_0$=0011，试问经过 4 个 CP 信号作用以后两个寄存器中的数据如何？这个电路完成什么功能？

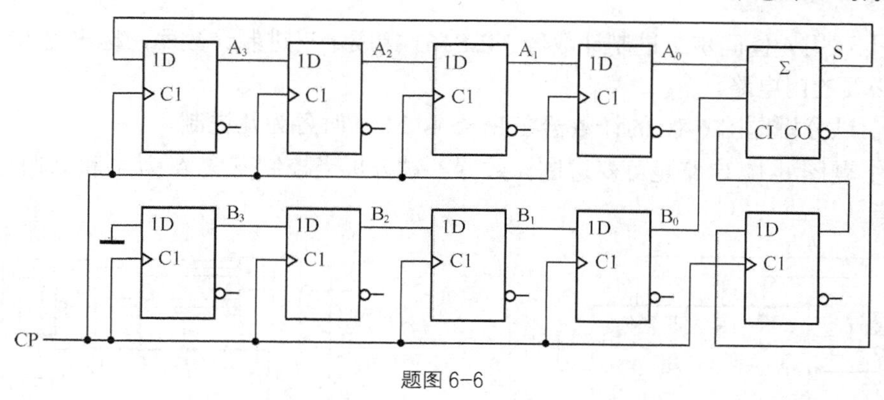


题图 6-6

[6-7]分析题图 6-7 所示的移位寄存器 74LS194 和 3/8 译码器 74LS138 构成的计数分频器的工作原理，并画出当 $A_2A_1A_0=110$ 时的输出波形。

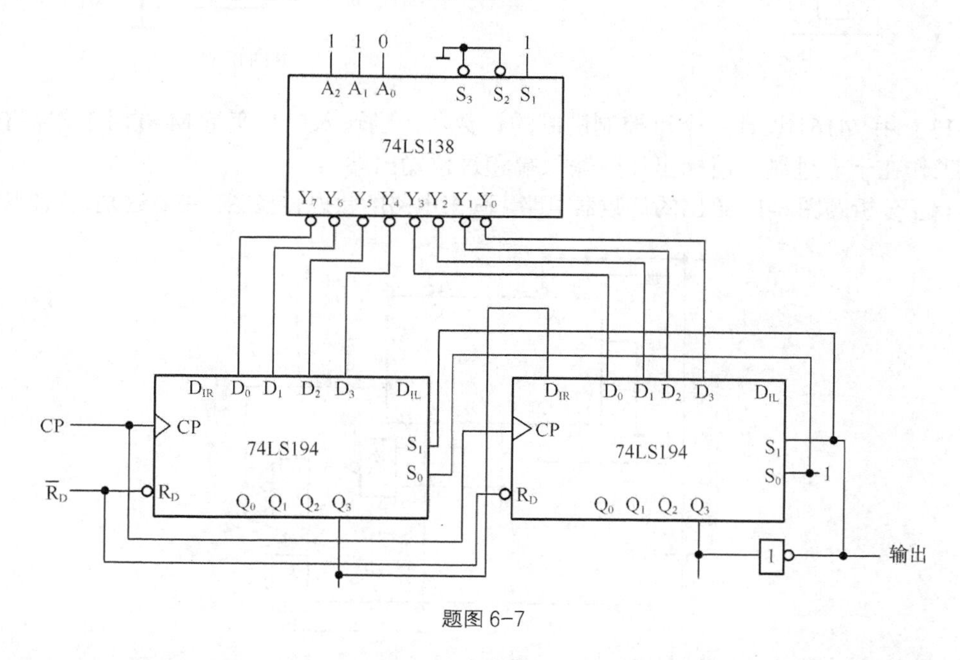


题图 6-7

[6-8]分析题图 6-8 的计数器电路，说明这是多少进制的计数器，画出电路的状态转换图。

[6-9] 分析题图 6-9 的计数器电路，画出电路的状态转换图，说明这是多少进制的计数器。

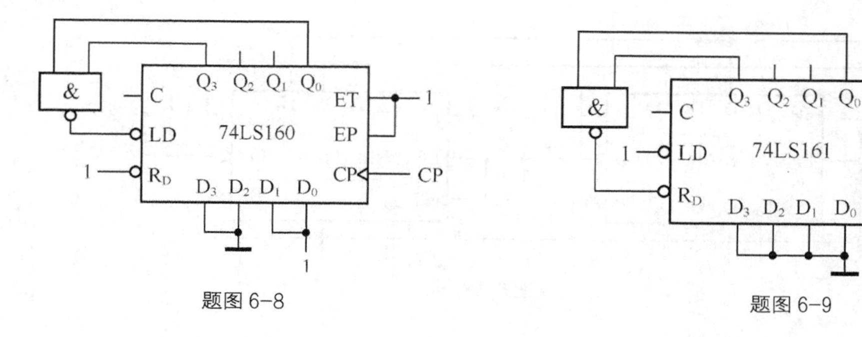


题图 6-8

题图 6-9

［6-10］试用 4 位同步二进制计数器 74LS161 接成十三进制计数器，标出输入、输出端。可以附加必要的门电路。

［6-11］试分析题图 6-10 的计数器在 M=1 和 M=0 时各为几进制。

［6-12］题图 6-11 电路是可变进制计数器。试分析当控制变量 A 为 1 和 0 时电路各为几进制计数器。

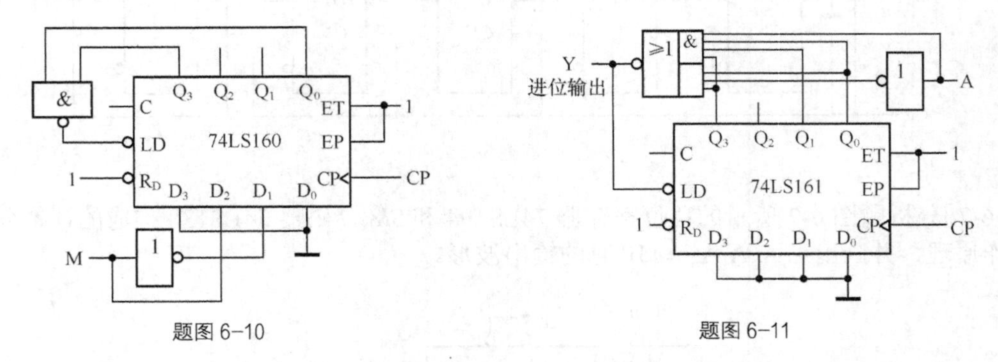


题图 6-10　　题图 6-11

［6-13］用 74161 设计一个可控制进制的计数器，当输入控制变量 M=0 时工作在五进制，M=1 时工作在十五进制。请标出计数输入端和进位输出端。

［6-14］分析题图 6-12 给出的计数器电路，画出电路的状态转换图，说明这是几进制计数器。

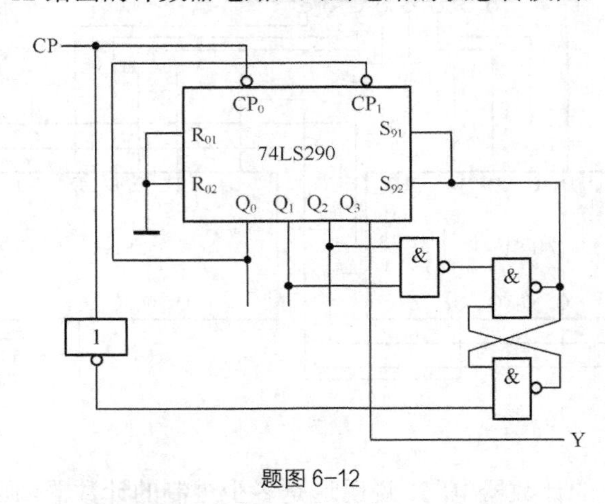


题图 6-12

［6-15］试分析题图 6-13 计数器电路的分频比（即 Y 与 CP 的频率之比），两片之间是几进制。

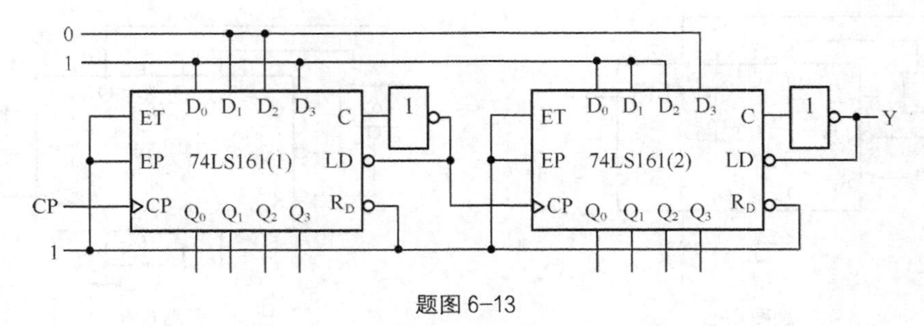


题图 6-13

[6-16] 题图 6-14 电路是由两片同步十进制计数器 74LS160 组成的计数器，试分析这是多少进制的计数器。

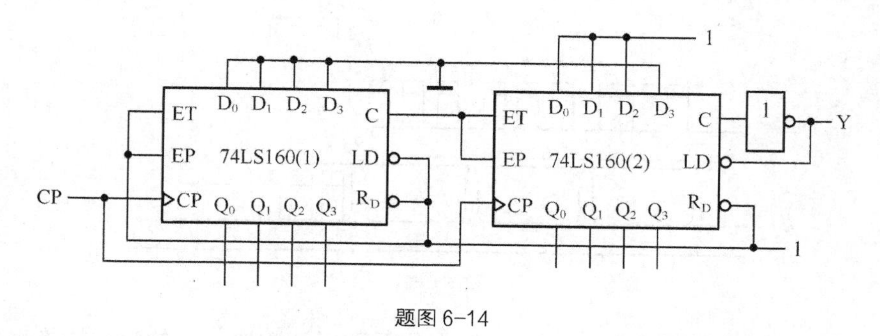


题图 6-14

[6-17] 分析题图 6-15 给出的电路，说明这是多少进制的计数器，两片之间是多少进制。

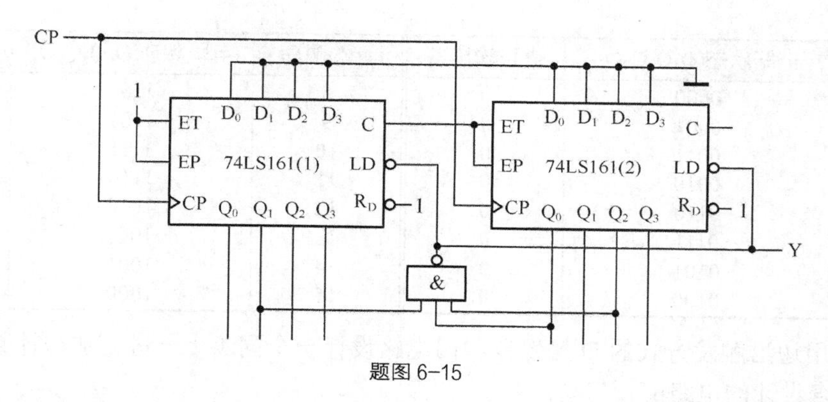


题图 6-15

[6-18] 用同步十进制计数芯片 74LS160 设计一个三百六十五进制的计数器。要求各位间为十进制关系，允许附加必要的门电路。

[6-19] 电路如题图 6-16 所示，图中 74HC153 为 4 选 1 数据选择器，74LS138 为 3 线-8 线译码器，74LS161 为同步十六进制计数器。试问当 *MN* 为各种不同输入时，电路分别是哪几种不同进制的计数器。

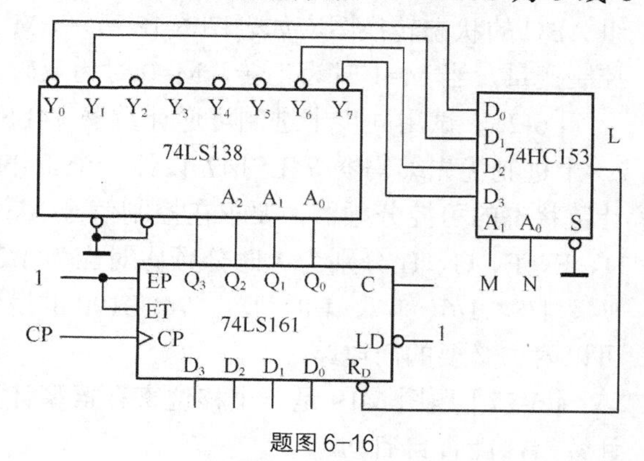


题图 6-16

[6-20] 用上升沿触发的边沿 D 触发器设计一个模可变的同步递增计数器。当控制信号 X＝0 时为三进制计数器；X＝1 时为四进制计数器。

[6-21] 设计一“011”序列检测器，每当输入 011 码时，对应最后一个 1，电路输出为 1。选 T 触发器，状态编码为 00、01、10。

[6-22]用边沿 D 触发器设计一个咖啡产品包装线上用的检测逻辑电路。正常工作状态下，传送带顺序送出成品，每三瓶一组，装入一个纸箱中，如题图 6-17 所示。每组含两瓶咖啡和一瓶咖啡伴侣，咖啡的顶盖为棕色，咖啡伴侣顶盖为白色。要求在传送带上的产品排列次序

出现错误时逻辑电路能发出故障信号，同时自动返回初始状态。

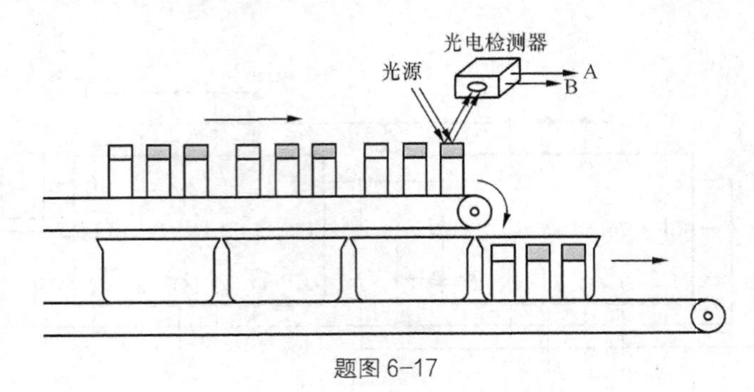


题图 6-17

［6-23］用 JK 触发器和门电路设计一个 4 位循环码计数器，它的状态转换表如题表 6-1 所示。

**题表 6-1**

| 计数顺序 | 电路状态 $Q_4Q_3Q_2Q_1$ | 进位输出 C | 计数顺序 | 电路状态 $Q_4Q_3Q_2Q_1$ | 进位输出 C |
|---|---|---|---|---|---|
| 0 | 0000 | 0 | 8 | 1100 | 0 |
| 1 | 0001 | 0 | 9 | 1101 | 0 |
| 2 | 0011 | 0 | 10 | 1111 | 0 |
| 3 | 0010 | 0 | 11 | 1110 | 0 |
| 4 | 0110 | 0 | 12 | 1010 | 0 |
| 5 | 0111 | 0 | 13 | 1011 | 0 |
| 6 | 0101 | 0 | 14 | 1001 | 0 |
| 7 | 0100 | 0 | 15 | 1000 | 1 |

［6-24］用边沿触发方式的 D 触发器和门电路设计一个同步十一进制加法计数器，初态为 0000，并检查设计的电路能否启动。

［6-25］用边沿触发方式的 D 触发器设计一个控制步进电动机三相六状态工作的逻辑电路，如果用 1 表示电机绕组导通，0 表示电机绕组截止，则 3 个绕组 ABC 的状态转换图应如题图 6-18 所示，M 为输入控制变量，当 M=1 时为正转，M=0 时为反转。

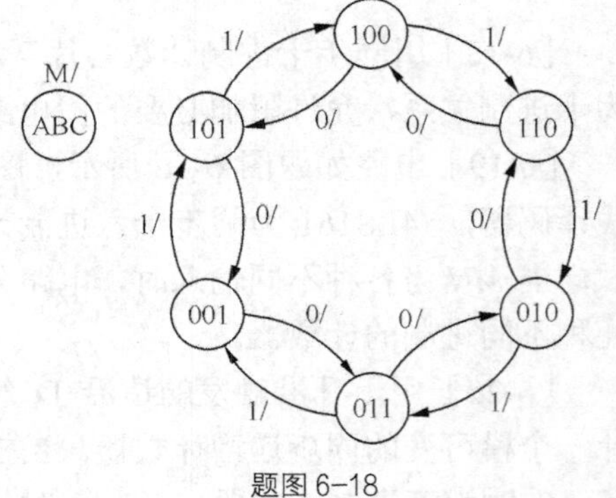


题图 6-18

［6-26］试用同步十进制可逆计数器 74LS190 和二-十进制优先编码器 74LS147 设计一个工作在减法计数状态的可控分频器。要求在控制信号 A、B、C、D、E、F、G、H 分别为 1 时分频比对应为 1/2、1/3、1/4、1/5、1/6、1/7、1/8、1/9。74LS190 的逻辑图如图 6-16 所示，它的功能表如表 6-7 所示。可以附加必要的门电路。

［6-27］题图 6-19 是一个移位寄存器型计数器，试画出它的状态转换图，说明这是几进制计数器，能否自启动。

［6-28］用 8 选 1 数据选择器 74HC151 和十进制计数器 74LS160 设计一个序列信号发生器电路，使之在一系列 CP 信号作用下能周期性地输出“0010110111”的序列信号。允许附加必要的门电路。

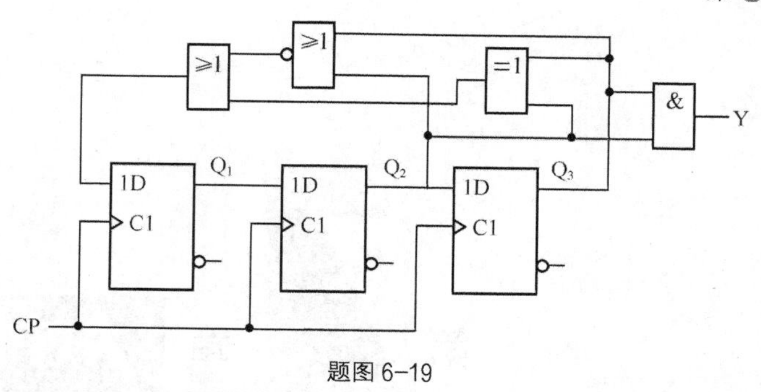

题图 6-19

[6-29] 设计一个灯光控制逻辑电路。要求红、绿、黄 3 种颜色的灯在时钟信号作用下按题表 6-2 规定的顺序转换状态。表中的 1 表示“亮”，0 表示“灭”。要求电路能自启动，并尽可能采用中规模集成电路芯片。

**题表 6-2**

| CP 顺序 | 红 黄 绿 | CP 顺序 | 红 黄 绿 |
|---|---|---|---|
| 0 | 000 | 4 | 111 |
| 1 | 100 | 5 | 001 |
| 2 | 010 | 6 | 010 |
| 3 | 001 | 7 | 100 |

[6-30] 有一个外输入 A 及一个输出 Z 的时序电路其状态表如题表 6-3 所示，试用边沿 JK 触发器及二选一数据选择器设计此时序电路，要求电路尽量简单，写出设计过程，画出电路图。

**题表 6-3** 电路状态表

| $Q_2^n$ $Q_1^n$ $Q_0^n$ | $Q_2^{n+1}Q_1^{n+1}Q_0^{n+1}/Z$ A = 0 | $Q_2^{n+1}Q_1^{n+1}Q_0^{n+1}/Z$ A = 1 |
|---|---|---|
| 0 0 0 | 0 0 0/ 0 | 0 0 1/ 0 |
| 0 0 1 | 0 0 0/ 0 | 0 1 0/ 0 |
| 0 1 0 | 0 0 0/ 0 | 0 1 1/ 0 |
| 0 1 1 | 1 0 0/ 0 | 0 1 1/ 0 |
| 1 0 0 | 0 0 0/ 1 | 0 0 1/ 0 |
| 1 0 1 | 0 0 0/ 1 | 0 1 0/ 0 |
| 1 1 0 | 0 0 0/ 1 | 0 1 1/ 0 |
| 1 1 1 | 0 0 0/ 1 | 0 1 1/ 0 |

[6-31] 用双向移位寄存器 74LS194 及其他必要的器件设计状态表如题表 6-3 所示的时序电路，写出设计过程，画出电路图。

# 第 7 章 大规模集成电路

半导体存储器可以用来存储大量的二值数据，是当今数字系统不可缺少的组成部分。按集成度分，它属于大规模集成电路。

本章首先介绍半导体存储器电路结构、工作原理和分类，讲述存储器的容量的扩展方法以及应用存储器实现组合逻辑电路的方法。最后介绍简单的可编程逻辑器件和现场可编程逻辑器件。

## 7.1 概述

随着科技的发展，集成电路生产工艺水平的提高，数字电路的集成度越来越大，从小规模（SSIC）、中规模（MSIC）、大规模集成电路（LSIC）发展到超大规模集成电路（VLSIC）。品种也越来越多，如果从逻辑功能的特点上将数字电路分类，则可以分为通用型和专用型两类。如 54/74 系列及 CC4000 系列、74HC 系列都属于通用型数字集成电路。它们的集成度较低，逻辑功能固定，难于改变，通用型数字集成电路在组成复杂数字系统时经常要用到。

从理论上讲，用这些通用型的中、小规模集成电路可以组成任何复杂的数字电路系统，但如果能把所设计的数字系统做成一片大规模集成电路，则不仅能减小电路的体积、重量、功耗，而且会使电路的可靠性大为提高。这种为某种专门用途而设计的集成电路称为 ASIC（Application Specific Integrated Circuit，专用集成电路）。但是随着微电子技术的发展，设计与制造集成电路的任务已不完全由半导体厂商独立承担。这是由于定制的 ASIC 芯片要承担一定的设计风险，制造周期较长，成本高，从而延迟了上市时间。

可编程只读存储器（PROM）、可擦除可编程只读存储器（EPROM）是最基本的可编程逻辑器件（Programmable Logic Device，PLD），同时半导体存储器也在不断发展。在半导体存储器基础上发展起来还有通用阵列逻辑（Generic Array Logic，GAL），现场可编程门阵列（Field Programmable Gate Array，FPGA）等。

这些可编程逻辑器件的出现，解决了 ASIC 的缺欠。PLD 是标准器件，在使用前其内部是“空的”，用一定的方式对其编程，可将其配置成特定的逻辑功能，有许多品种可反复修改，使得产品设计变得容易，降低了设计的风险，缩短了上市时间。

## 7.2 只读存储器 ROM

存储器是存储信息的器件，用来存放二进制数据、程序等信息，是数字系统中不可缺少的部件，按功能半导体存储器分为两大类：只读存储器（Read-only memory，ROM）和随机存储器（Random access memory，RAM）。只读存储器 ROM 的特点是信息存入以后，在电路的工作过程中只能读取不能随意改写信息，断电信息也不丢失。而随机存储器的信息，在电路工作过程中可以根据需要随时存储或读出，断电信息就会丢失。按器件类型分，有双极型和场效应型的两大类。双极型的速度快，但功耗大，使用较少；场效应型的速度较低，但功耗很小，集成度高，在大规模集成电路中采用很多。

### 7.2.1 ROM 的结构和工作原理

ROM 的电路结构主要包括 3 部分：输入缓冲器、地址译码器、存储矩阵和输出缓冲器。如图 7-1 所示。

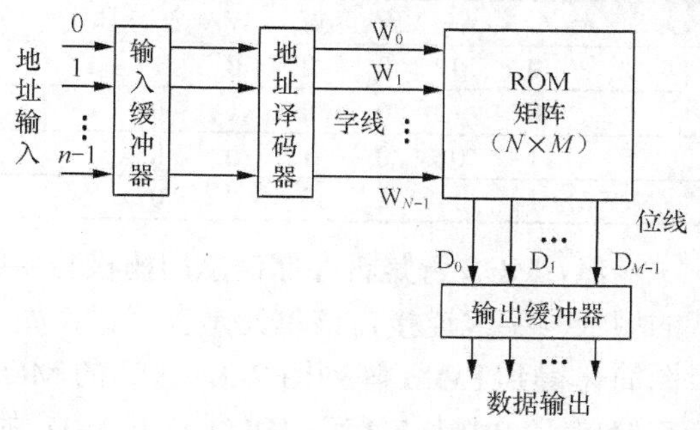


图 7-1 ROM 的结构

用于地址寻址的译码器称为地址译码器。它有 $n$ 个输入，它的输出为 $W_0$，$W_1$，…，$W_{N-1}$，共有 $N=2^n$ 个，称为字线。字线是 ROM 矩阵的输入，ROM 矩阵有 M 条输出线，称为位线。字线与位线的交点，即是 ROM 矩阵的存储单元。输出缓冲器的作用有 3 个，一是能提高存储器的带负载能力；二是通过使能端实现对输出的三态控制，以便与系统的总线连接；三是规范逻辑电平，将输出的高、低电平变换为标准的逻辑电平。

图 7-2 是一个说明 ROM 存储单元和工作原理的电路图，ROM 矩阵的存储单元是由 N 沟道增强型 MOS 管构成的，MOS 管采用了简化画法。它具有 2 位地址输入，共 4 条字线 $W_0$、$W_1$、$W_2$、$W_3$。有 4 位数据线输出，即 $D_0$、$D_1$、$D_2$、$D_3$。地址译码器的输入 $A_1$、$A_0$ 称为地址线，如图 7-2（b）所示。每输入一个地址，地址译码器的字线 $W_0$～$W_3$ 中将有一根为高电平，其余为低电平。即

$$W_0=\overline{A}_1\overline{A}_0;$$

$$W_1=\overline{A}_1A_0;$$

$$W_2=A_1\overline{A}_0;$$

$$W_3=A_1A_0。$$

图 7-2（a）中有 4×4=16 个跨接在字线和位线上的存储单元。当字线 $W_0$～$W_3$ 中某一根线上给出高电平信号时，就会在位线上输出 4 位二进制码。如输入一个地址码［$A_1A_0$］=00 时，仅字线 $W_0$ 等于高电平。接在字线 $W_0$ 上的 MOS 管导通，并使与这些 MOS 管漏极相连的位线为低电平，经反相后输出高电平。反之，输出低电平。从相应的位线上读出的信息为［$D_3D_2D_1D_0$］=0101。ROM 中存储的数据可由表 7-1 表示。

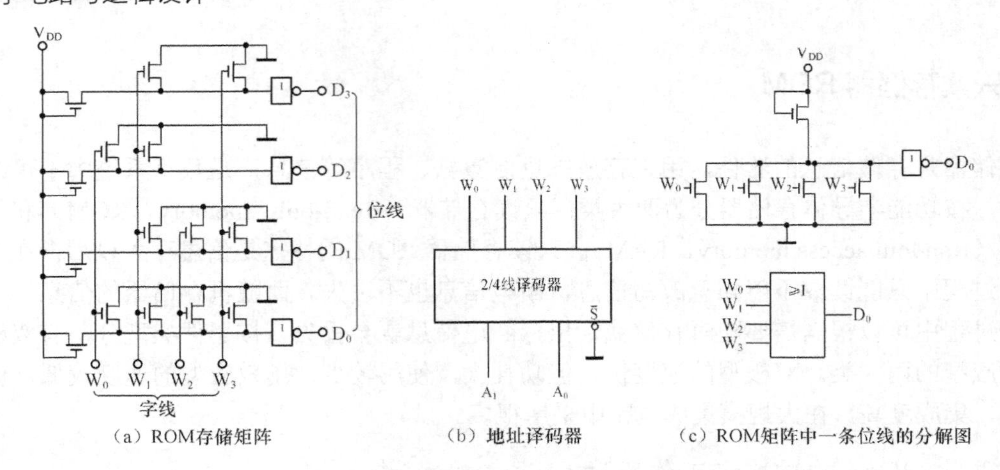


（a）ROM存储矩阵　　（b）地址译码器　　（c）ROM矩阵中一条位线的分解图

图 7-2　ROM 矩阵字线与位线的关系

**表 7-1　　ROM 中的存储数据**

| $A_1$ | $A_2$ | $W_3$ | $W_2$ | $W_1$ | $W_0$ | $D_3$ | $D_2$ | $D_1$ | $D_0$ |
|---|---|---|---|---|---|---|---|---|---|
| 0 | 0 | 0 | 0 | 0 | 1 | 0 | 1 | 0 | 1 |
| 0 | 1 | 0 | 0 | 1 | 0 | 1 | 1 | 1 | 1 |
| 1 | 0 | 0 | 1 | 0 | 0 | 0 | 0 | 1 | 1 |
| 1 | 1 | 1 | 0 | 0 | 0 | 1 | 0 | 1 | 1 |

显然，MOS 管是否存储信息用栅极与字线相连接来表示，如果 MOS 管存储信息，该 MOS 管的栅极与字线连接，该单元是存“1”；如果没有 MOS 管的存储单元存“0”。将图 7-2 的逻辑图简化得到 ROM 阵列图 7-3，接通的 MOS 管用小黑点表示，没有小黑点的表示没有 MOS 管存储单元。由表 7-1 可以得到 $D_3D_2D_1D_0$ 的表达式，即：

$$D_0 = \bar{A}_1\bar{A}_0 + \bar{A}_1A_0 + A_1\bar{A}_0 + A_1A_0 = W_0+W_1+W_2+W_3;$$

$$D_1 = \bar{A}_1A_0 + A_1\bar{A}_0 + A_1A_0 = W_1+W_2+W_3;$$

$$D_2 = \bar{A}_1\bar{A}_0 + \bar{A}_1A_0 = W_0+W_1;$$

$$D_3 = \bar{A}_1A_0 + A_1A_0 = W_1+W_3。$$

可见，每一个位线与字线间的逻辑关系是或逻辑关系，简称或矩阵，这与图 7-2（c）所示一致。而字线 W 是地址码的最小项，所以实际上地址码和字线间是一个与逻辑关系，简称与矩阵。因此位线与地址码 $A_1$、$A_0$ 之间是与或矩阵。

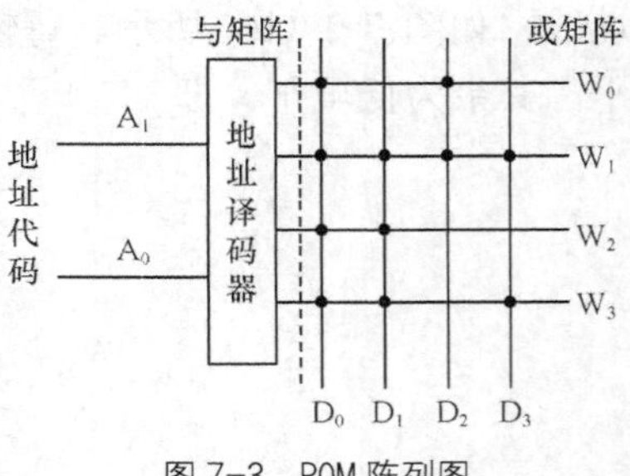


图 7-3　ROM 阵列图

ROM 存储器的与矩阵是不可编程的，而或矩阵是可编程的（由是否接入开关管决定）。在实际应用中，存储单元个数代表了 ROM 矩阵的容量，即字线×位线。例如：一个容量为 256×4 的存储器，有 256 个字，因此有 8 条地址线，位长为 4 位，总共 1024 个存储单元。存储容量较大时，字数通常采用 kbit、Mbit 或 Gbit 为单位，其中 1kbit=$2^{10}$bit=1024bit，1Mbit=$2^{20}$bit=1024kbit，1Gbit=$2^{30}$bit=1024Mbit。

## 7.2.2　ROM 的分类

ROM 按其内容写入方式，一般分为 3 种：固定内容 ROM；可一次编程 ROM（PROM）；可擦除ROM。可擦除ROM又分为EPROM（紫外线擦除电写入）和$E^2PROM$（电擦除电写入）等类型。

### 1. 固定内容ROM

这种ROM是采用掩模工艺制作的，其内容在出厂时已按要求固定，用户无法修改，图7-2为固定内容ROM存储矩阵的例子。由于固定ROM所存信息不能修改，断电后信息不消失，所以常用来存储固定的程序和数据，如在计算机中，用来存放监控、管理等专用程序。

### 2. 可一次编程PROM

PROM（Programmable ROM）是可一次编程ROM。这种存储器在出厂时未存入数据信息。单元可视为全“0”或全“1”，用户可按设计要求将所需存入的数码“一次性地写入”，一旦写入后就不能再改变了。这种PROM在每一个存储单元中都接有快速熔断丝，在用户写入数据前，各存储单元相当于存入“1”。写入数据时，将应该存“0”的单元，通以足够大的电流脉冲将熔丝烧断即可。哪些熔丝烧断，哪些保留，可用熔丝图表示。在其他没有熔丝结构的存储器中，也沿用熔丝图这一名词。

### 3. EPROM

为了克服PROM只能写入一次的缺点，又出现了可多次擦除和编程的存储器。这种存储器在擦除方式上有两种，一种是电写入紫外线擦除的存储器EPROM。另一种是电写入电擦除的存储器，称为EEPROM或$E^2PROM$。

EPROM内容的改写不像RAM那么容易，在使用过程中，EPROM的内容是不能擦除重写的，所以仍属于只读存储器。要想改写EPROM中的内容，必须将芯片从电路板上拔下，将存储器上面的一块石英玻璃窗口对准紫外灯光照数分钟，使存储的数据消失。数据的写入可用软件编程，生成电脉冲来实现。

EPROM存储器之所以可以多次写入和擦除信息，是因为采用了一种浮栅雪崩注入MOS管FAMOS（Floating gate Avalanche injection MOS）来实现的。浮栅型MOS晶体管的结构示意图如图7-4所示。FAMOS的浮动栅本来是不带电的，所以在S、D之间没有导电沟道，FAMOS管处于截止状态。如果在S、D间加入10～30 V左右的电压使PN结击穿，这时产生高能量的电子，这些电子中的一部分有能力穿越$SiO_2$层而驻留在多晶硅构成的浮动栅上。于是浮栅被充上电荷，在靠近浮栅表面的N型半导体形成导电沟道，使MOS管处于长久导通状态。FAMOS管作为存储单元存储信息，就是利用其截止和导通两个状态来表示“1”和“0”的。

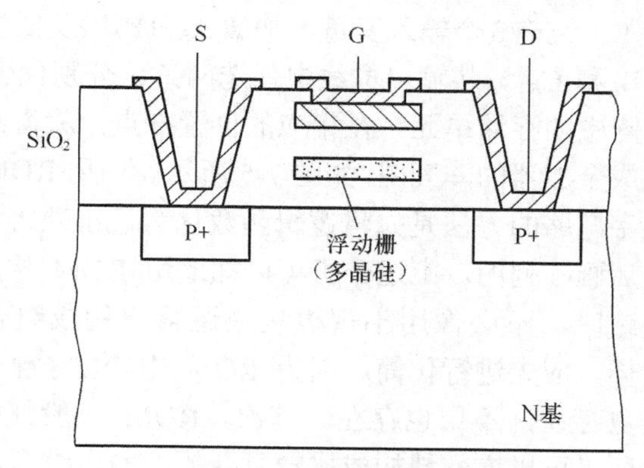

图7-4 FAMOS管的结构

要擦除写入信息时，用紫外线照射氧化膜，可使浮栅上的电子能量增加从而逃逸浮栅，于是FAMOS管又处于截止状态。擦除时间大约为10～30 min，视型号不同而异。为便于擦除操作，在器件外壳上装有透明的石英盖板，便于紫外线通过。在写好数据以后应使用不透明的纸将石英盖板遮蔽，以防止数据丢失。

### 4．$E^2$PROM

EPROM 要改写其中的存储内容，需要放到紫外线擦除器中进行照射，使用起来不太方便。$E^2$PROM 是一种电写入电擦除的只读存储器，擦除时不需要紫外线，只要用加入 10 ms、20 V 左右的电脉冲即可完成擦除操作。擦除操作实际上是对 $E^2$PROM 进行写“1”操作，全部存储单元均写为“1”状态，编程时只要对相关部分写为“0”即可。

$E^2$PROM 之所以具有这样的功能，是因为采用了一种浮栅隧道氧化层 MOS 管（Floating gate Tunnel Oxide，Flotox）。在 Flotox 管的浮栅与漏区之间有一个 20 nm 左右十分薄的氧化层区域，称为隧道区，当这个区域的电场足够大时，可以在浮栅与漏区出现隧道效应，形成电流，可对浮栅进行充电或放电。放电相当写“1”，充电相当写“0”。所以 $E^2$PROM 使用起来比 EPROM 方便得多，改写重新编程也节省时间。

### 5．Flash Memory

快闪存储器 Flash Memory 是新一代 $E^2$PROM，它具有 $E^2$PROM 擦除的快速性，结构又有所简化，进一步提高了集成度和可靠性，从而降低了成本。快闪存储器应用十分广泛，例如应用在计算机上的固态硬盘，数码相机中的 SD 卡，手机上的 TF 卡等。

## 7.2.3 ROM 的应用

ROM 除了在计算机等数字系统中存储程序外，还可用于构成组合逻辑电路。在 7.1 的分析中知道，位线与相连的各字线的关系为或逻辑，而字线 W 是地址码的最小项。在组合数字电路中我们知道任何一个组合数字电路输出逻辑表达式都可以变换为若干个最小项之和的形式，因此都可以用 ROM 实现。

**【例 7-1】** 用含有 3 线-8 线地址译码器和 4 条位线的 ROM 实现 1 位全加器的功能。

**解：** 由表 4-13 可知，1 位全加器的逻辑式为

$$S_i = \overline{A}_i\overline{B}_iC_{i-1} + \overline{A}_iB_i\overline{C}_{i-1} + A_i\overline{B}_i\overline{C}_{i-1} + A_iB_iC_{i-1} = m_1 + m_2 + m_4 + m_7$$

$$C_i = \overline{A}_iB_iC_{i-1} + A_i\overline{B}_iC_{i-1} + A_iB_i\overline{C}_{i-1} + A_iB_iC_{i-1} = m_3 + m_5 + m_6 + m_7$$

它有 3 个输入变量，加数 $A_i$ 和 $B_i$ 以及低位的进位信号 $C_{i-1}$，所以 3 个地址线分别代表 $A_i$、$B_i$ 和 $C_{i-1}$。从输出位线中任选两条，分别代表本位和 $S_i$ 和向高位进位 $C_i$。于是可以确定或矩阵中的存储单元。在相应的位置打点，就得到用 ROM 构成全加器的阵列图，如图 7-5 所示。由用 ROM 构成组合数字电路的方法是先将逻辑函数化为最小项之和的形式，然后画阵列图。上述分析可以知道用 ROM 构成组合数字电路时，不必像用小规模集成逻辑门构成组合数字电路那样，应先进行化简。因为 ROM 中给出了全部最小项，用也存在，不用也存在。其次，ROM 一般都有多条位线，所以可以方便地构成比较复杂的多输出组合数字电路。

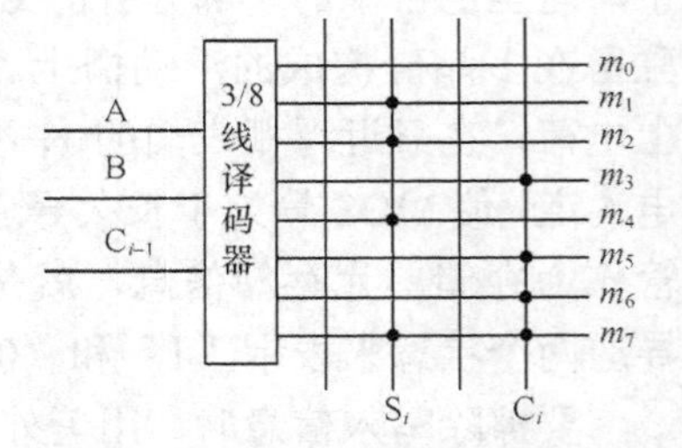


图 7-5 用 ROM 构成全加器的阵列图

## 7.3 随机存储器 RAM

### 7.3.1 RAM 的结构和原理

RAM 通常称为随机存储器，它的特点是在工作过程中，数据可以随时写入和读出，使用灵活方便，但所存数据在断电后消失。

RAM 电路由地址译码器、存储矩阵和读-写控制电路组成。如图 7-6 所示，RAM 中的核心是存储单元，其结构有双极型和 MOS 型两种。

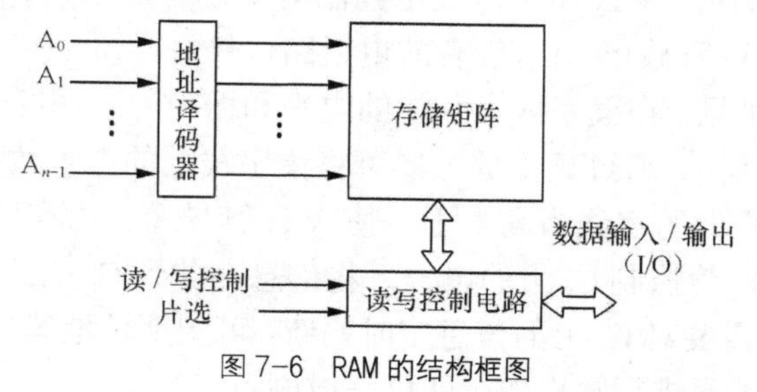


图 7-6 RAM 的结构框图

### 7.3.2 RAM 的存储单元

RAM 按工作原理分为静态随机存储器（Static Random Access Memory，SRAM）和动态随机存储器（Dynamic Random Access Memory，DRAM）两种。

**1．静态存储单元**

图 7-7 为六 CMOS 管组成的静态 RAM 存储单元。图中 $VT_1$～$VT_4$ 构成基本 RS 触发器，用以存储二进制信息。$VT_5$、$VT_6$ 为门控管，其状态由行选择线 $X_i$ 决定。$X_i$=1 时，$VT_5$、$VT_6$ 导通，Q 和 $\overline{Q}$ 的状态分别送至位线 $B_j$ 和 $\overline{B}_j$。$VT_7$、$VT_8$ 是每列存储单元的门控管，其状态取决于列选择线 $Y_j$。$Y_j$=1 时，$VT_7$、$VT_8$ 导通，数据端 D、$\overline{D}$ 和位线接通进行读（输出）、写（输入）等操作。当 $X_i$、$Y_j$ 都为“1”时，存储单元进行读或写，这种状态称为选中。只要 $X_i$ 或 $Y_j$ 有一条线为“0”时，存储单元就处于维持状态。

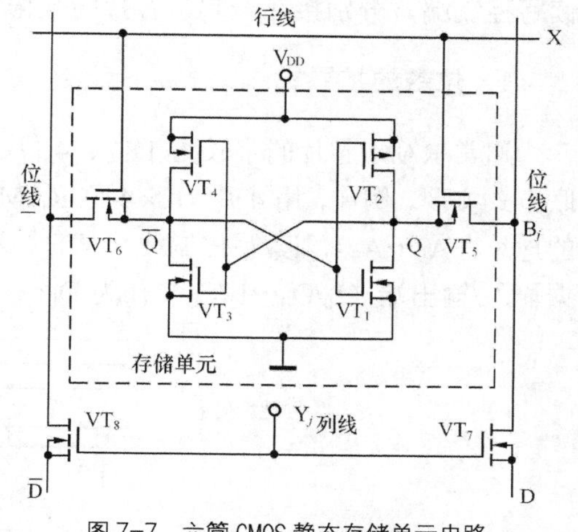


图 7-7 六管 CMOS 静态存储单元电路

**2．动态存储单元**

动态存储单元是利用 MOS 管的栅极电阻十分大，栅极电容上存储的电荷短时间内不易消失，从而对信号起到存储作用。但是时间不能太长，时间太长存储的信息就会丢失，所以动态存储器，需要隔一段时间就对栅极电容补充电荷，通常把这种操作称为刷新。因此 DRAM 的外围要配备刷新电路和相应的控制电路，整个电路要复杂一些。

图 7-8 是一个三 MOS 管动态存储单元，信息存储在 $VT_2$ 管的栅极电容 $C_g$ 上，用 $C_g$ 上的电压控制 $VT_2$ 的状态。读字线和写字线是分开的，读位线和写位线也是分开的。读字线控制 $VT_3$ 管，写字线控制 $VT_1$ 管。$VT_4$ 管是同列若干存储单元写入时的预充管。

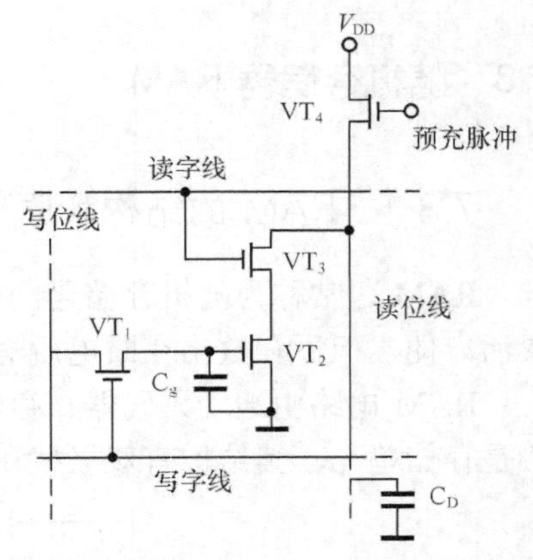


图 7-8　三管动态存储单元

在进行读操作时，首先使位线上的电容 $C_D$ 预充到 $V_{DD}$，然后选通读字线为高电平，则 $VT_3$ 管导通。如果 $C_g$ 上充有电荷，且 $C_g$ 上的电压超过了 $VT_2$ 管的开启电压，则 $VT_2$ 导通。那么 $C_D$ 将通过 $VT_3$ 和 $VT_2$ 放电到低电平。如果 $C_g$ 上没有电荷，$VT_2$ 管截止，$C_D$ 没有放电通路，仍保持预充后的高电平。可见，在读字线上获得的电平和栅极电容 $C_g$ 上的电平是相反的。通过读出放大器可将读字线上的电平数据送至存储器的输出端。

在进行写操作时，控制写字线为高电平，使 $VT_1$ 管导通。由存储器输入端送来的信号传输至写位线上，通过 $VT_1$ 管控制 $C_g$ 上的电位，将信息存储到 $C_g$ 上。

因为 $C_g$ 存在漏电，需要对 $C_g$ 上的信息定时刷新。可周期性地读出 $C_g$ 上信息到读字线上，经过反相器，再对存储单元进行写操作，即可完成刷新。

就存储单元本身而言 DRAM 的结构比 SRAM 简单，因此 DRAM 的集成度可以制作得更高。但是，加上外围电路后，如读写电路、预充电路，DRAM 的结构也比较复杂。

### 7.3.3　存储容量的扩展

尽管存储器容量已经很大，但如果单个芯片不能满足存储要求，就需要扩展存储容量。例如，个人电脑内存条就是一个典型的例子，它是由焊接在一块印制电路板上的多个芯片组成。

扩展存储容量的方法可以通过增加字长或字数来实现。存储器在使用过程中如果容量不够，可以进行扩展。用相同型号的存储器进行位数扩展时，将各片对应的地址线、片选端、读写控制端，分别接在一起，各片的数据输出端并列使用即可。

#### 1．位数的扩展

通常 RAM 芯片的字长为 1 位、4 位、8 位、16 位和 32 位等。位扩展可以利用芯片的并联方式实现，例如，用 4 片 1K×4 位 RAM2114 芯片扩展成 1K×16 位的存储系统，即将 RAM 的地址（$A_9 \cdots A_0$）、读/写控制线（$\overline{WE}$）和片选信号（$\overline{CS}$）对应地连在一起，而各芯片的数据输入/输出端（$I_0/O_0 \cdots I_3/O_3$）作为 $D_0$～$D_{15}$ 的各个位线。如图 7-9 所示。

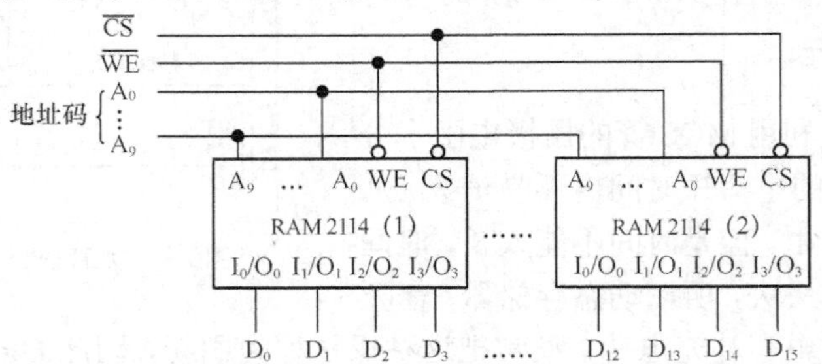


图 7-9　1K× 4 位 RAM2114 扩展为 1K× 16 位 RAM 芯片

### 2. 字数的扩展

字数的扩展可以利用外加的译码器控制存储器芯片的片选输入端来实现。例如，利用 2 线-4 线译码器 74139 将 4 个 8K×8 位的 RAM 芯片扩展为 32K×8 的存储器系统。扩展方式如图 7-10 所示，图中，存储器扩展所要增加的地址线 $A_{14}$，$A_{13}$ 与译码器 74139 的输入相连，译码器的输出 $\overline{Y}_0$～$\overline{Y}_3$ 分别接至 4 片 RAM 的片选信号控制端 $\overline{CS}$。其他输入输出端并联。这样，当输入一个地址码（$A_{14}$~$A_0$）时，只有一片 RAM 被选中，从而实现了字的扩展。

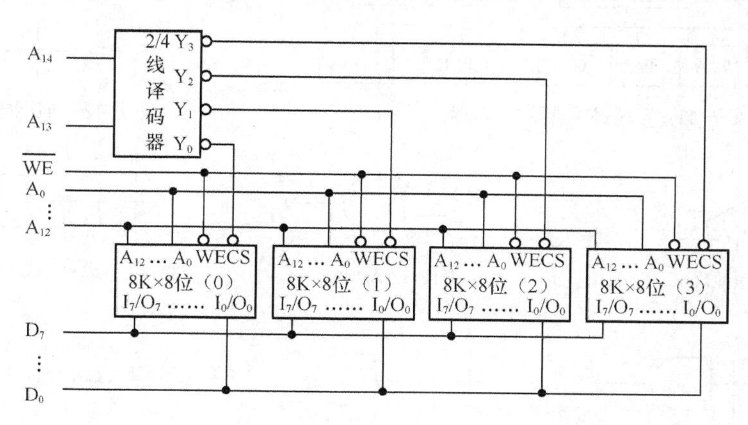


图 7-10 8K×8 位扩展为 32K×8 位 RAM 芯片

实际应用中，常将两种方法相互结合，以达到字和位均扩展的要求。可见，无论需要多大容量的存储器系统，均可利用容量有限的存储器芯片，通过位数和字数的扩展来构成。

## 7.4 可编程逻辑器件概述

可编程逻辑器件（PLD）出现于 20 世纪 70 年代，是一种半定制逻辑器件，它为用户最终把自己所设计的逻辑电路直接写入到芯片上提供了物质基础。

使用这类器件可及时方便地研制出各种所需的逻辑电路，并可重复擦写多次，因而它的应用越来越受到重视，上节存储器中介绍的 PROM、EPROM、$E^2$PROM 皆属于可编程逻辑器件。

可编程逻辑器件大致经历了从 PROM、PLA、PAL、GAL、EPLD、CPLD、FPGA 的发展过程，在结构、工艺、集成度、功能、速度和灵活性方面都有很大的改进和提高。

进入 1990 年代，可编程逻辑集成电路技术进入飞速发展时期。器件和软件几乎每两三年更新一次。目前生产 PLD 的厂家主要有 Xilinx 和 Altera 等。常见的可编程逻辑器件产品有：PROM、EPROM、EEPROM、PLA、PAL、GAL、CPLD、FPGA 等。从结构的复杂程度上一般可将可编程逻辑器件分为简单（或低密度）可编程逻辑器件和复杂（或高密度）可编程逻辑器件，如图 7-11 所示。

PLD 器件内部电路虽然十分复杂，但 PLD 器件实现可编程的基本方法不外乎通过与矩阵或矩阵的编程，通过改变内部连接线的编程；通过数据传输方向的编程来构成功能复杂的逻辑电路。

PLD 所用的单元器件数目很多，按常规绘制电路原理图非常不便，制造厂商推出了一套简化的表示方法，如图 7-12 和图 7-13 所示。

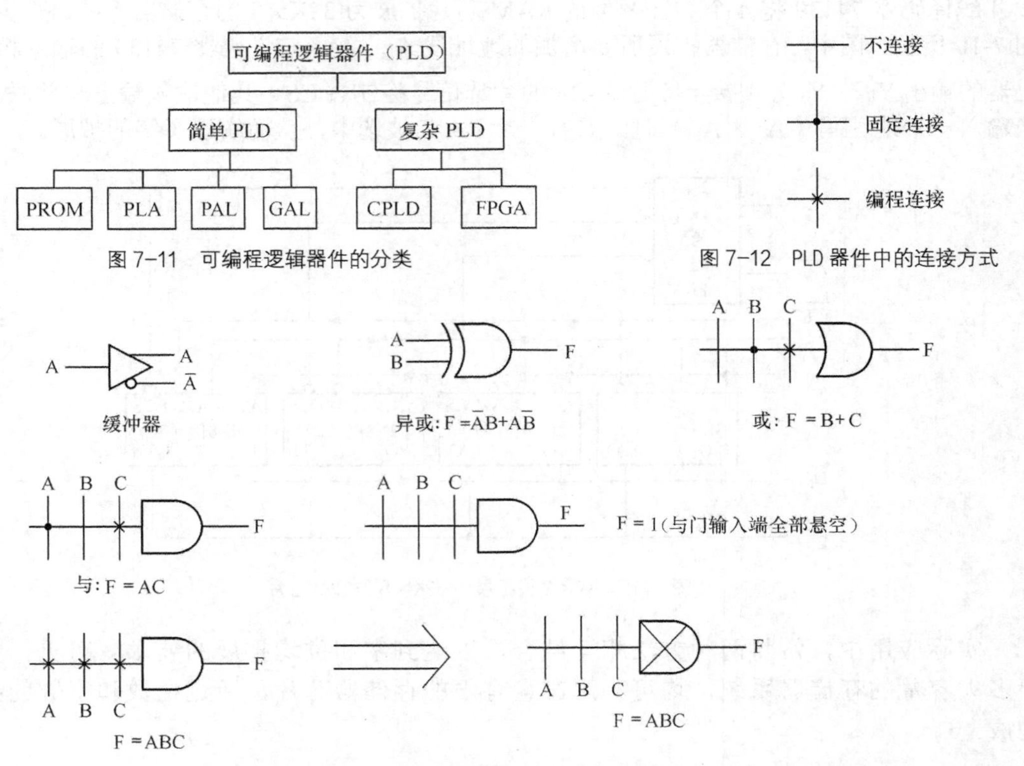


图 7-11 可编程逻辑器件的分类

图 7-12 PLD 器件中的连接方式

图 7-13 PLD 电路中器件的表示方法

## 7.5 简单的可编程逻辑器件

### 7.5.1 简单可编程逻辑器件的阵列结构特点

简单可编程逻辑器件包括 PROM、PLA、PAL、GAL 4 种。它们的阵列结构特点如表 7-2 所示。

**表 7-2 4 种简单可编程逻辑的阵列结构**

| PLD 类型 | 阵列 | | 输出 |
|---|---|---|---|
| | 与 | 或 | |
| PROM | 固定 | 可编程，一次性 | 三态，集电极开路 |
| PLA | 可编程<br>一次性 | 可编程<br>一次性 | 三态，集电极开路<br>寄存器 |
| PAL | 可编程<br>一次性 | 固定 | 三态 I/O 寄存器互补带反馈 |
| GAL | 可编程<br>多次性 | 固定或可编程 | 输出逻辑宏单元，组态由用户定义 |

图 7-14、图 7-15 和图 7-16 分别画出了 PROM、PLA 和 PAL（GAL）的阵列结构图。在这些图中，左边部分为与阵列，右边部分为或阵列，与门采用“线与”的形式；在交叉点上的符号，实点表示固定连接，“*”号表示可编程连接。输入信号通过互补缓冲器输入，通过交叉点上的连接加到函数的与或表达式的乘积项中。与阵列产生的多个乘积项，通过或阵列的交叉点连接，完成函数的或运算。其中 PAL 和 GAL 基本门阵列结构相同，均为与阵列可编程，或阵列固定连接，编程容易实现且费用低。一般在 PAL 和 GAL 产品中，最多的乘积项数可达 8 个。

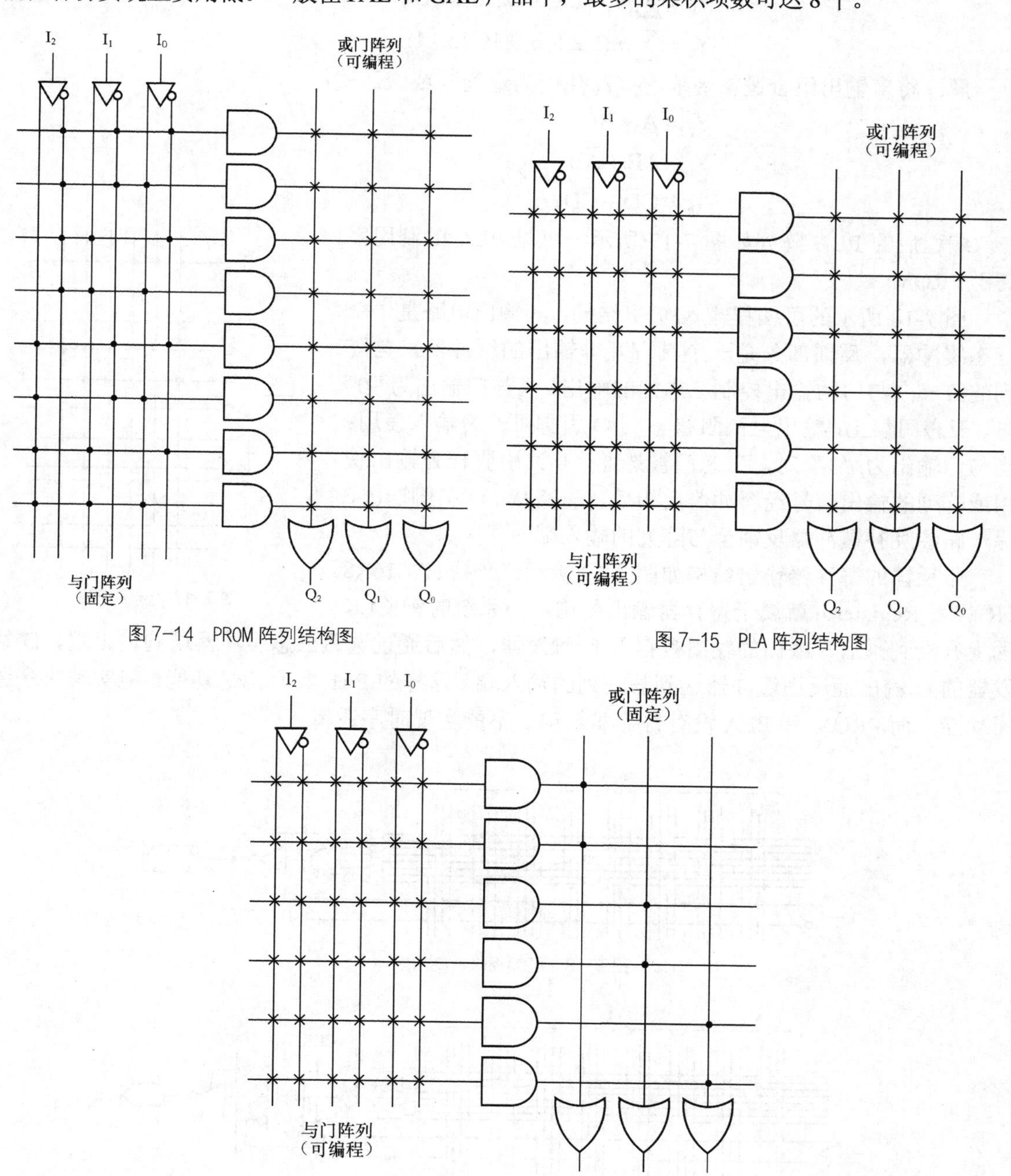


图 7-14　PROM 阵列结构图

图 7-15　PLA 阵列结构图

图 7-16　PAL（GAL）的阵列结构图

PAL 和 GAL 的输出结构并不相同。PAL 的输出结构是固定的，不能编程。芯片型号选定后，输出结构也就选定了，根据输出和反馈的结构不同，PAL 器件主要有：可编程输入/输出结构，带反馈的寄存器型结构，异或结构，专用组合输出和算术选通反馈结构等。

**【例 7-2】** 用 PLA 芯片实现下面的多输出组合逻辑函数。

$$Y_2 = \sum m(6,7,8,9,10,11,12,13,14,15)$$

$$Y_1 = \sum m(0,1,2,3,12,13,14,15)$$

$$Y_0 = \sum m(1,2,5,6,9,10,13,14)$$

**解**：将多输出组合逻辑函数 $Y_2$~$Y_0$ 化简为最简与或表达式：

$$Y_2 = A + BC$$

$$Y_1 = AB + \bar{A}\bar{B}$$

$$Y_0 = C\bar{D} + \bar{C}D$$

编程后的 PLA 阵列如图 7-17 所示。可见 PLA 的利用率高于 PROM。

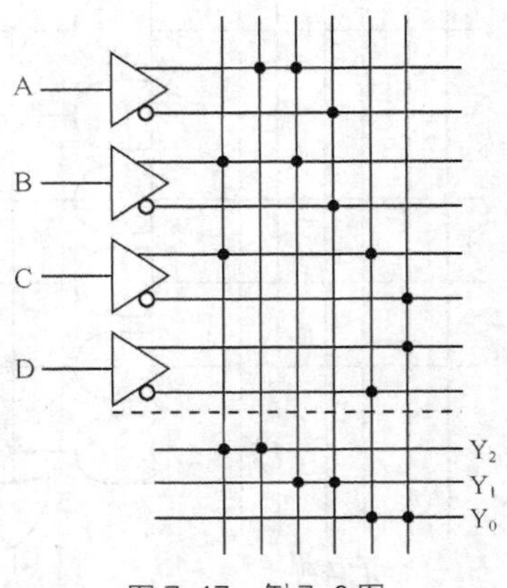


图 7-17　例 7-2 图

图 7-18 所示的可编程输入/输出结构，其输出电路是一个三态缓冲器，反馈部分是一个具有互补输出的缓冲器。与阵列的第一个与门的输出控制三态门的输出，当与门输出为“0”时，三态门禁止，输出呈高阻状态，I/O 引脚可作为输入使用；当与门输出为“1”时，三态门被选通，I/O 引脚作为输出使用或阵列的输出信号经缓冲器反相后，一路从 I/O 引脚送出，另一路经互补缓冲器反馈至与阵列的输入端。

带反馈的寄存器输出结构如图 7-19 所示，产品 PAL16R8（R 代表 Register）就属于寄存器输出结构。当系统时钟 CLK 的上升沿到来后，或门的输出被存入 D 触发器，然后通过选通三态缓冲器送到输出端，D 触发器的 Q 输出经反馈缓冲器送到与阵列的输入端，这样的 PAL 具有记忆功能，能实现时序逻辑功能，而 PROM 和 PLA 没有寄存器结构，不能实现时序逻辑。

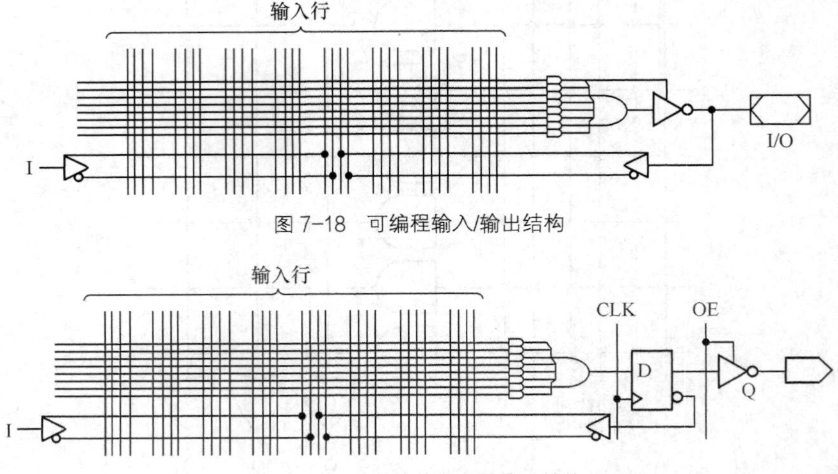


图 7-18　可编程输入/输出结构

图 7-19　带反馈的寄存器输出结构

### 7.5.2 与阵列和或阵列编程方法

在ROM的应用中曾讲述了用ROM构成组合和时序逻辑电路的方法，在此介绍一种更加灵活的方法以实现电路的可编程。电路可以通过软件编程，确定与矩阵和或矩阵内部的硬件电路的连接，下面通过可变模计数器的例子来说明如何实现电路逻辑功能的可编程。

可变模计数器的逻辑方框图如图7-20所示。在一般的同步计数器中，通过卡诺图的设计，在触发器之间连接一些门电路，这些门电路的作用是检测触发器的现态，以确定触发器的新状态，当计数器计数到第$N-1$个状态时，这些门电路要保证下一个时钟来到后，计数器复零。所以计数器不同的进制，这些门电路的连接是不同的。

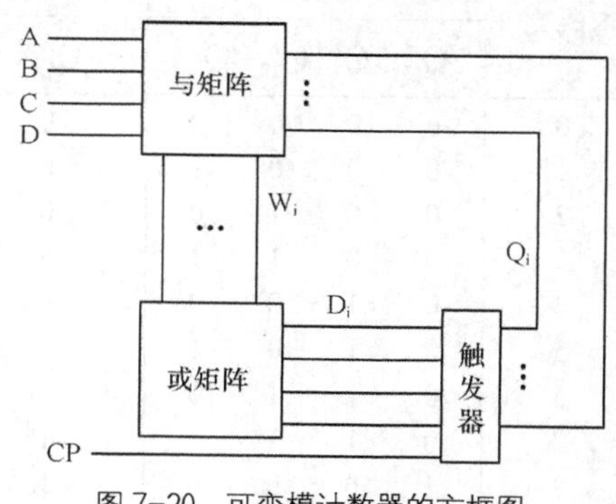

图7-20　可变模计数器的方框图

在可变模计数器的逻辑方框图中，包括ROM中的与矩阵、或矩阵以及作为反馈网络的一些触发器和逻辑门。$A_{n-1}$，…，$A_1$、$A_0$是与矩阵的输入，称为地址输入，与矩阵是可编程的，而ROM中与矩阵是不可编程的。或矩阵与ROM中的或矩阵相同，是可编程的。触发器在这里作为反馈网络，将电路中触发器的状态反馈到与矩阵的内部输入，以实现对计数器模，即计数周期的编程控制。

可变模计数器编程的基本工作原理基于在可编程的与矩阵和或矩阵的基础上，设置了一个符合函数，在计数过程中，触发器的输出，即计数器的状态和与矩阵输入的地址码进行比较。当计数器的状态与地址码一致时，则给出符合信号，强迫计数器进入所希望的状态，即初始状态，随后计数器则按卡诺图确定的程序继续工作，直到最后一个状态，即由地址码确定的第$N-1$个状态，再强迫计数器回到初始状态。所以每个触发器应当受到两个控制函数的控制，即

$$P = \overline{T}F + Tf$$

式中：$f$为正常的由卡诺图得到的控制函数；

F为强迫计数器进入的希望状态；

T为符合函数。

符合函数是一组异或函数。

$$T = D \oplus Q_D + C \oplus Q_C + B \oplus Q_B + A \oplus Q_A$$

当符合函数T=1时，F不起作用，$P=f$，计数器按正常程序计数；当T=0时，F起作用，P=F，强迫计数器跳变到所希望的状态。当$[Q_DQ_CQ_BQ_A]=[DCBA]$时，T=0；当$[Q_DQ_CQ_BQ_A]\neq[DCBA]$时，T=1。

在大规模可编程集成电路中，为了减少连线，往往不采用JK触发器，而采用D触发器，集成起来可占用较小的芯片面积。

如采用四级触发器，可从0000一直计数到1111，可实现二进制计数到十六进制计数，一般就以二进制的计数顺序作为$N$进制同步计数器的计数顺序，状态转换表如表7-3所示。根据表7-3确定计数器的驱动方程，这一过程与传统的计数器的设计步骤一样，如图7-21所示的卡诺图。

地址码与 N 之间的关系如表 7-4 所示，地址码的状态即为计数器的最后一个状态。由 F、$f$ 和 T 确定新的驱动方程式，新的驱动方程式为

$$P = \overline{T}F + Tf$$

**表 7-3　　状态转换**

| 态序 | 原状态 | | | | 新状态 | | | |
|---|---|---|---|---|---|---|---|---|
| | $Q_D^n$ | $Q_C^n$ | $Q_B^n$ | $Q_A^n$ | $Q_D^{n+1}$ | $Q_C^{n+1}$ | $Q_B^{n+1}$ | $Q_A^{n+1}$ |
| 0 | 0 | 0 | 0 | 0 | 0 | 0 | 0 | 1 |
| 1 | 0 | 0 | 0 | 1 | 0 | 0 | 1 | 0 |
| 2 | 0 | 0 | 1 | 0 | 0 | 0 | 1 | 1 |
| 3 | 0 | 0 | 1 | 1 | 0 | 1 | 0 | 0 |
| 4 | 0 | 1 | 0 | 0 | 0 | 1 | 0 | 1 |
| 5 | 0 | 1 | 0 | 1 | 0 | 1 | 1 | 0 |
| 6 | 0 | 1 | 1 | 0 | 0 | 1 | 1 | 1 |
| 7 | 0 | 1 | 1 | 1 | 1 | 0 | 0 | 0 |
| 8 | 1 | 0 | 0 | 0 | 1 | 0 | 0 | 1 |
| 9 | 1 | 0 | 0 | 1 | 1 | 0 | 1 | 0 |
| 10 | 1 | 0 | 1 | 0 | 1 | 0 | 1 | 1 |
| 11 | 1 | 0 | 1 | 1 | 1 | 1 | 0 | 0 |
| 12 | 1 | 1 | 0 | 0 | 1 | 1 | 0 | 1 |
| 13 | 1 | 1 | 0 | 1 | 1 | 1 | 1 | 0 |
| 14 | 1 | 1 | 1 | 0 | 1 | 1 | 1 | 1 |
| 15 | 1 | 1 | 1 | 1 | 0 | 0 | 0 | 0 |

**表 7-4　地址码与 $N$ 之间的关系**

| $N$ | D | C | B | A |
|---|---|---|---|---|
| 2 | 0 | 0 | 0 | 1 |
| 3 | 0 | 0 | 1 | 0 |
| 4 | 0 | 0 | 1 | 1 |
| 5 | 0 | 1 | 0 | 0 |
| 6 | 0 | 1 | 0 | 1 |
| 7 | 0 | 1 | 1 | 0 |
| 8 | 0 | 1 | 1 | 1 |
| 9 | 1 | 0 | 0 | 0 |
| 10 | 1 | 0 | 0 | 1 |
| 11 | 1 | 0 | 1 | 0 |
| 12 | 1 | 0 | 1 | 1 |
| 13 | 1 | 1 | 0 | 0 |
| 14 | 1 | 1 | 0 | 1 |
| 15 | 1 | 1 | 1 | 0 |
| 16 | 1 | 1 | 1 | 1 |

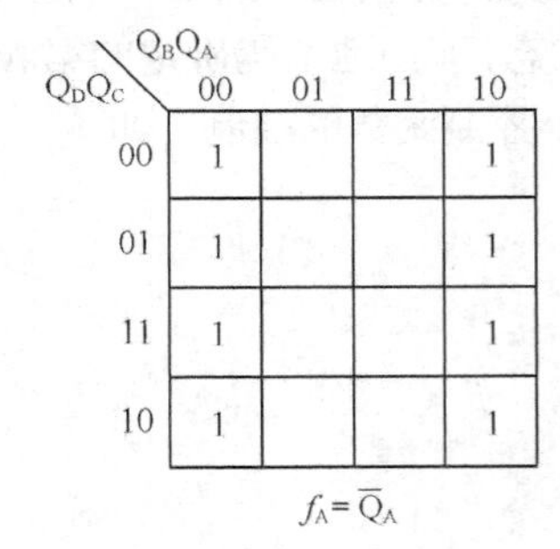

$f_A = \overline{Q}_A$

| $Q_DQ_C$ \ $Q_BQ_A$ | 00 | 01 | 11 | 10 |
|---|---|---|---|---|
| 00 | | 1 | | 1 |
| 01 | | 1 | | 1 |
| 11 | | 1 | | 1 |
| 10 | | 1 | | 1 |

$f_B = \overline{Q}_BQ_A + Q_B\overline{Q}_A$

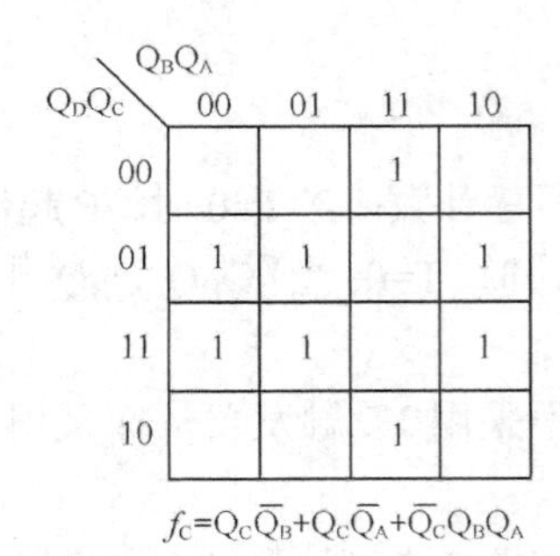

$f_C = Q_C\overline{Q}_B + Q_C\overline{Q}_A + \overline{Q}_CQ_BQ_A$

| $Q_DQ_C$ \ $Q_BQ_A$ | 00 | 01 | 11 | 10 |
|---|---|---|---|---|
| 00 | | | | |
| 01 | | | 1 | |
| 11 | 1 | 1 | | 1 |
| 10 | 1 | 1 | 1 | 1 |

$f_D = Q_D\overline{Q}_C + Q_D\overline{Q}_B + Q_D\overline{Q}_A + \overline{Q}_DQ_CQ_BQ_A$

图 7-21　卡诺图

根据求出的 T 和 $f_D$、$f_C$、$f_B$、$f_A$，当计数器计数到 $N$−1 状态时，[$Q_DQ_CQ_BQ_A$] 与 [DCBA]

符合，T=0，则 P=F，再来一个计数脉冲 CP，强迫计数器进入初始状态，如果设初态为 0000，则 P=F=0，可以使驱动方程比较简单，于是有

$$
\begin{aligned}
P_A &= Tf_A = T\overline{Q}_A = D_A \\
P_B &= Tf_B = T(\overline{Q}_B Q_A + Q_B\overline{Q}_A) = D_B \\
P_C &= Tf_C = T(Q_C\overline{Q}_B + Q_C\overline{Q}_A + \overline{Q}_C Q_B Q_A) = D_C \\
P_D &= Tf_D = T(Q_D\overline{Q}_C + Q_D\overline{Q}_B + Q_D\overline{Q}_A + \overline{Q}_D Q_C Q_B Q_A) = D_D \\
T &= (Q_D \oplus D) + (Q_C \oplus C) + (Q_B \oplus B) + (Q_A \oplus A) \\
&= (\overline{Q}_D D + Q_D\overline{D}) + (\overline{Q}_C C + Q_C\overline{C}) + (\overline{Q}_B B + Q_B\overline{B}) + (\overline{Q}_A A + Q_A\overline{A})
\end{aligned}
$$

以上 5 个与或逻辑式，可以根据图 7-21 所示方框图的基本原理来实现，与项可以在与矩阵中编程实现，或项可以在或矩阵中编程实现。

*N* 进制可变模计数器的阵列图如图 7-22 所示。上方是与矩阵，它的输入是 A、B、C、D 4 个地址码和触发器提供的反馈信号 $Q_D$、$\overline{Q}_D$、$Q_C$、$\overline{Q}_C$、$Q_B$、$\overline{Q}_B$、$Q_A$、$\overline{Q}_A$。可通过编程构成符合信号 *T* 和 4 个触发器驱动方程式中所需要的与项。下方的或矩阵对各个与项进行相加。根据设计的结果，对矩阵进行编程，一旦编程完毕，计数器将根据地址码进行计数，不同的地址码，计数周期将不同。

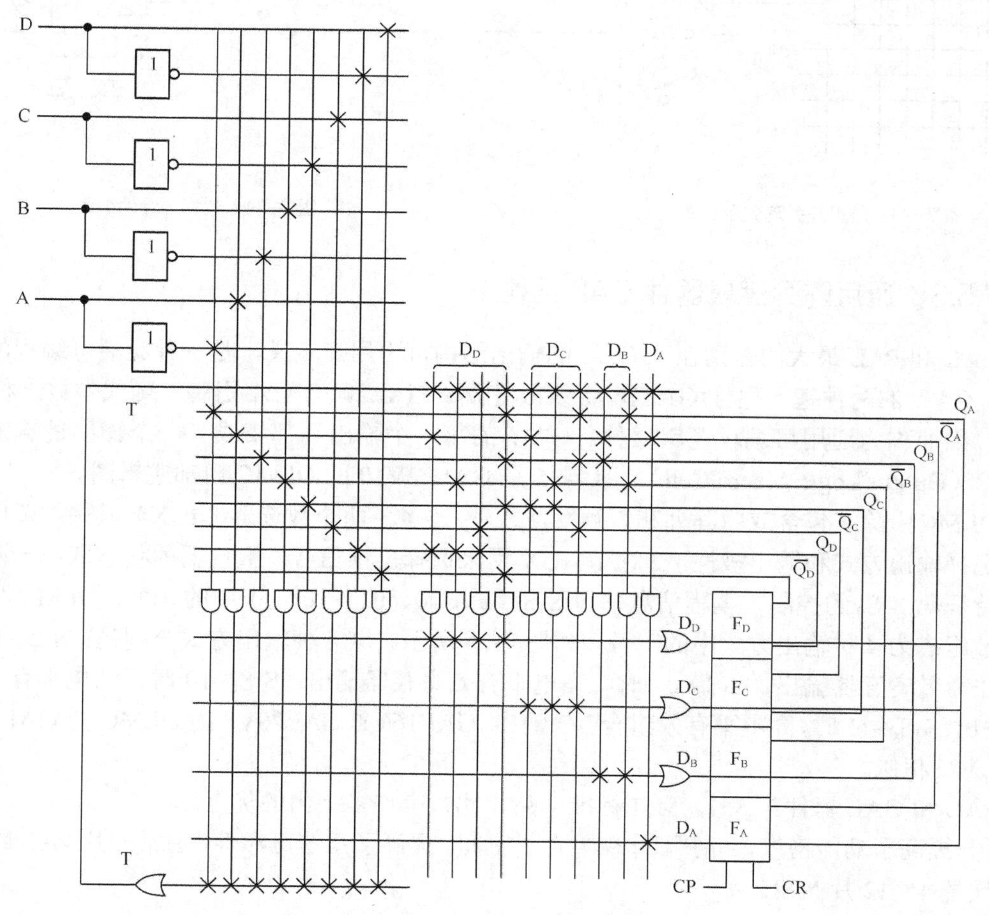


图 7-22 可变模计数器的阵列图

### 1. 编程实现连线

通过电子开关实现连线的可编程，电子开关有 MOS 晶体管和传输门。图 7-23 是一个通用开关阵列，每一个接点上有 6 个电子开关，通过编程可实现任意方向的连线接通。根据需要也可以在一个方向进行编程连线。在复杂可编程逻辑器件内部的数据传输，以及单片的在系统通用阵列开关，基本上都采用这种方式来对电路的连接进行编程，以确定信号的传输去向。

### 2. 可编程实现数据传输

数据传输的编程一般是通过异或门或数据选择器实现的，如图 7-24 所示。图（a）是采用异或门的形式，以确定信号是以原变量的形式，还是反变量的形式向前传输。图（b）是采用 MUX 的形式，通过对选择变量 $C_2$、$C_1$、$C_0$ 的编程，可控制数据快速直通、输出高电平、输出反变量、输出原变量和输出低电平等形式传输。这种方式在低密度和高密度可编程器件中都有采用。

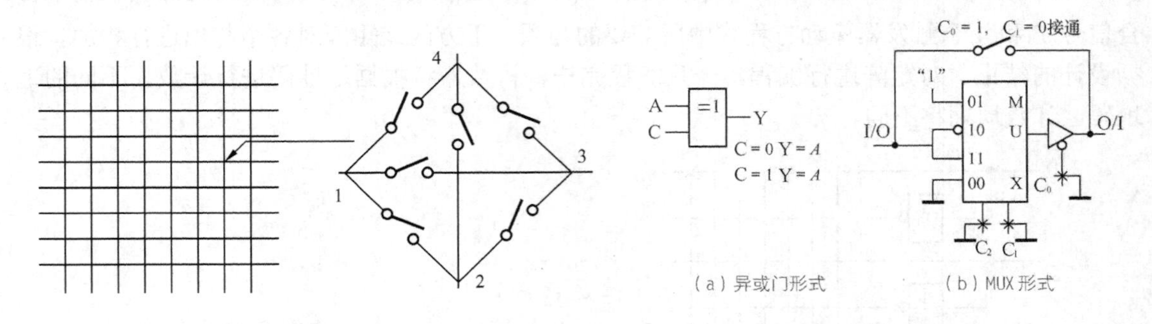


（a）异或门形式　　（b）MUX 形式

图 7-23　通用开关阵列示意图　　图 7-24　数据传输的编程

## 7.5.3　通用阵列逻辑器件 GAL 结构

GAL 和 PAL 最大的差别在于 GAL 的输出结构可由用户定义，是一种灵活可编程的输出结构。GAL 的两种基本型号 GAL16V8（20 引脚）GAL20V8（24 引脚）可代替数十种 PAL 器件，因而称为通用可编程逻辑器件。GAL 的每一个输出端都集成了一个输出逻辑宏单元 OLMC（Output Logic Macro Cell），图 7-25 是 GAL22V10 的 OLMC 内部逻辑图。

OLMC 中除了包含或门阵列和 D 触发器之外，还多了两个数选器（MUX），其中 4 选 1 MUX 用来选择输出方式和输出极性，2 选 1 MUX 用来选择反馈信号。数选器的状态取决于两位可编程特征码 $S_1S_0$ 的控制。编程信息使得 $S_1S_0$ 编为 00、01、10、11 中的一个，OLMC 便可以分别被组态为 4 种输出方式中的一种，如图 7-26 所示。这 4 种输出方式分别是：$S_1S_0$=00 时，低电平有效寄存器输出；$S_1S_0$=01 时，高电平有效寄存器输出；$S_1S_0$=10 时，低电平有效组合 I/O 输出；$S_1S_0$=11 时，高电平有效组合 I/O 输出。GAL16V8、GAL20V8 的 OLMC 与 GAL22V10 的 OLMC 相似。

PAL 和 GAL 器件与 SSI、MSI 标准产品相比，有许多突出的优点。

① 提高了功能密度，缩小了体积节省了空间，提高了系统可靠性，通常一片 PAL 或 GAL 可以代替 4～12 片 MSI。

② 使用方便，设计灵活。

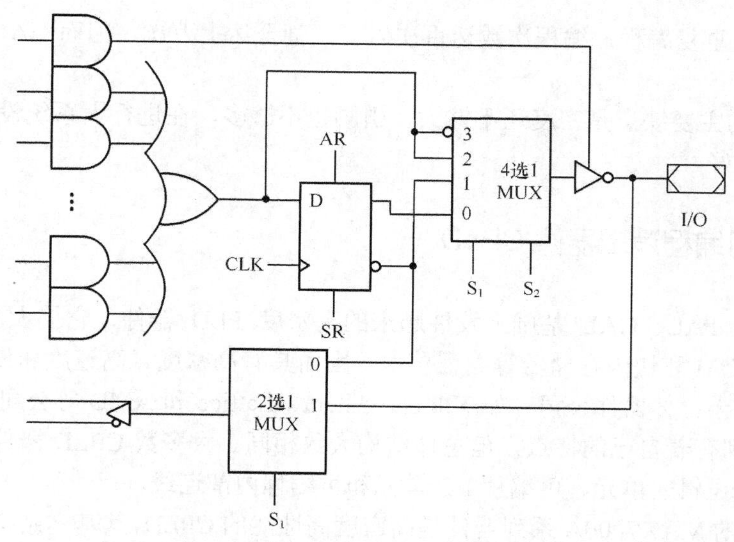


图 7-25　GAL22V10 的 OLMC

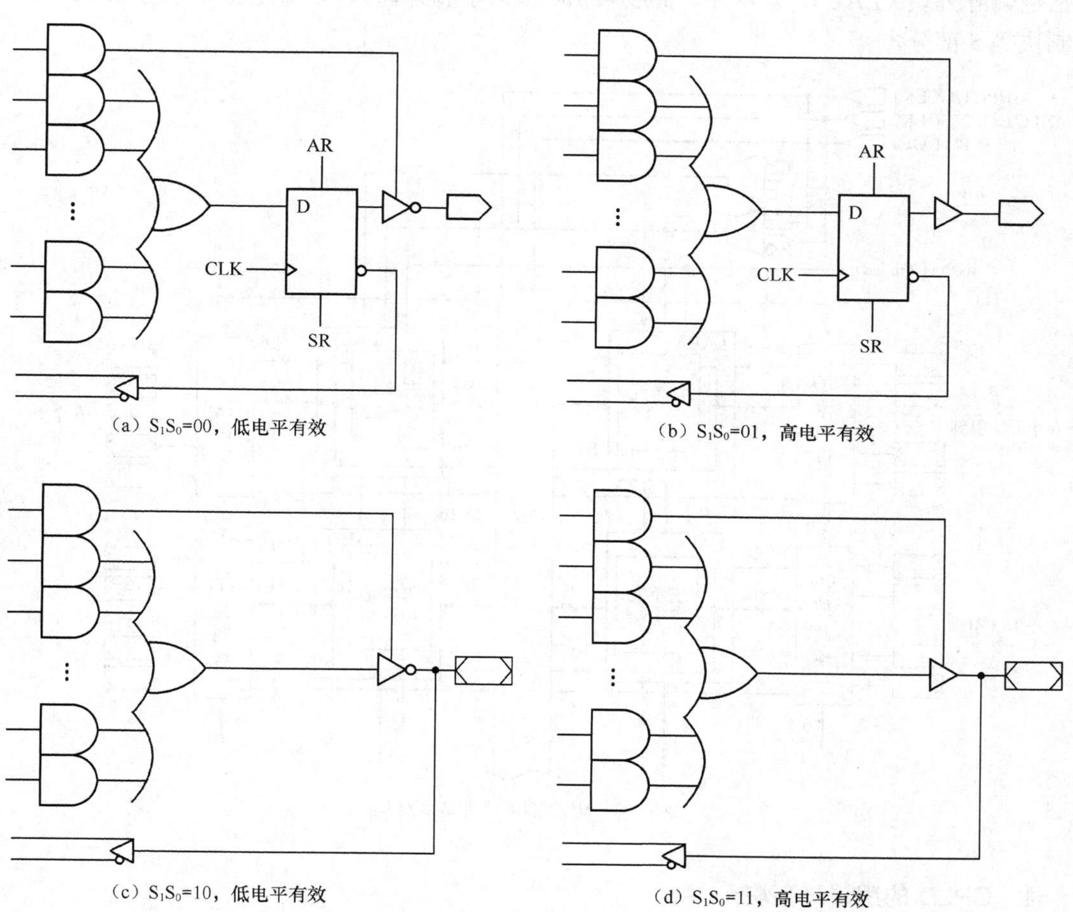


图 7-26　GAL22V10 的四种输出组态

③ 提高了系统速度，降低了成本。

④ 具有上电复位功能和加密功能，防止非法复制等。PAL 只能一次编程，而 GAL 采用

E2CMOS 工艺可重复编程，编程次数达百次以上，甚至达上万次，因而 GAL 比 PAL 获得更加广泛的应用。

GAL 器件的主要缺点是密度还不够大，引脚也不够多，在进行大系统设计时采用 CPLD 或 FPGA 效果更好。

## 7.6 复杂的可编程逻辑器件 CPLD

CPLD 是从 PAL、GAL 基础上发展起来的高密度 PLD 器件，它们大多采用 CMOS、EPROM、E2PROM 和快闪存储器等编程技术，因而具有高密度、高速度和低功耗等特点。

目前主要的半导体器件公司（如 Xilinx、Altera、Lattice 和 AMD 等公司）在各自的高密度 PLD 产品中都有着自己的特点，但总体结构大致相同。大多数 CPLD 器件中至少包含了 3 种结构：可编程逻辑宏单元、可编程 I/O 单元和可编程内部连线。

Altera 公司的 MAX7000A 系列器件是高密度高性能的 CPLD，其基本结构如图 7-27 所示，包括逻辑阵列块（LAB）、宏单元、扩展乘积项（共享和并联）、可编程连线阵列（PIA）和 I/O 控制块等 5 部分。

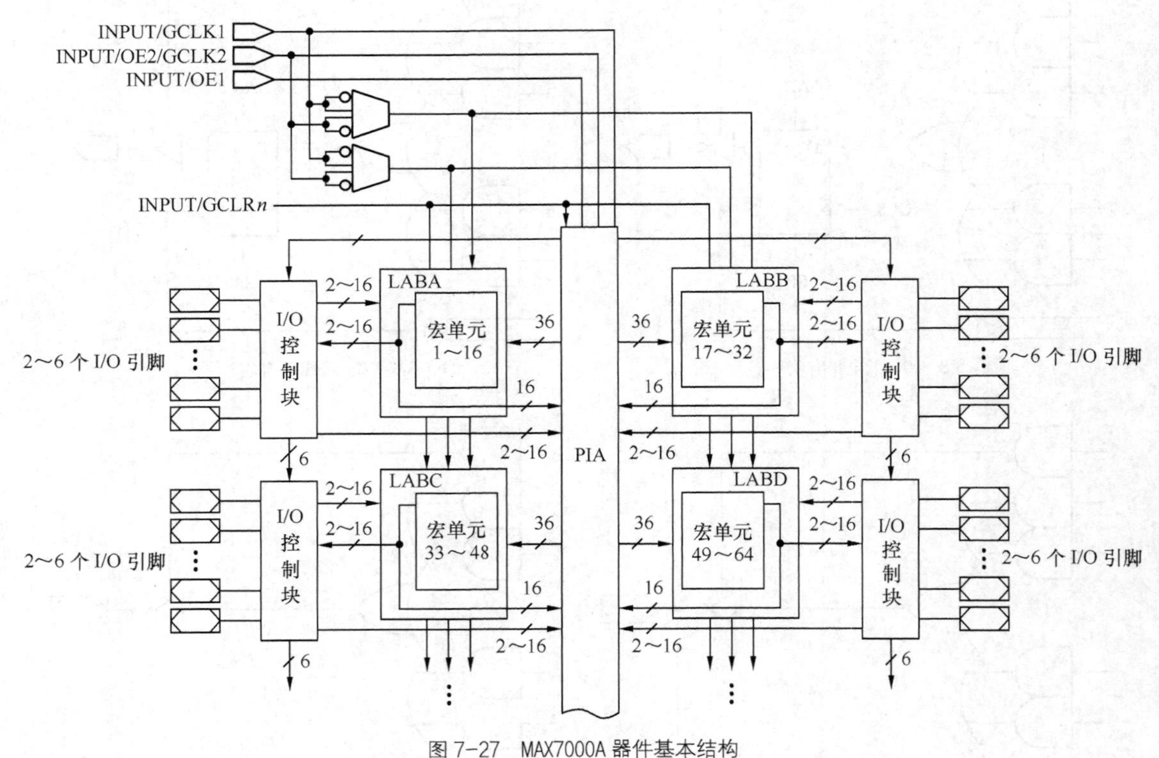


图 7-27 MAX7000A 器件基本结构

### 1. CPLD 的逻辑阵列块（LAB）

LAB 由 16 个宏单元阵列组成，多个 LAB 通过可编程连线阵列（PIA）和全局总线连接在一起，全局总线由所有的专用输入、I/O 引脚和宏单元馈给信号。每个 LAB 包括以下输入信号：①来自 PIA 的 36 个通用逻辑输入信号；②用于辅助寄存器功能的全局控制信号；③从 I/O 引脚到寄存器的直接输入信号。

### 2. CPLD 的宏单元

器件的宏单元可以单独配置成时序逻辑或者组合逻辑工作方式，CPLD 的宏单元同 I/O 引脚做在一起，称为输出逻辑宏单元，一般 CPLD 的宏单元在内部，称为内部逻辑宏单元。CPLD 除了高密度以外，许多优点都体现在逻辑宏单元上。每个宏单元由逻辑与阵列、乘积项选择矩阵和可编程寄存器等 3 个功能块组成。MAX7000A 器件的宏单元结构如图 7-28 所示。

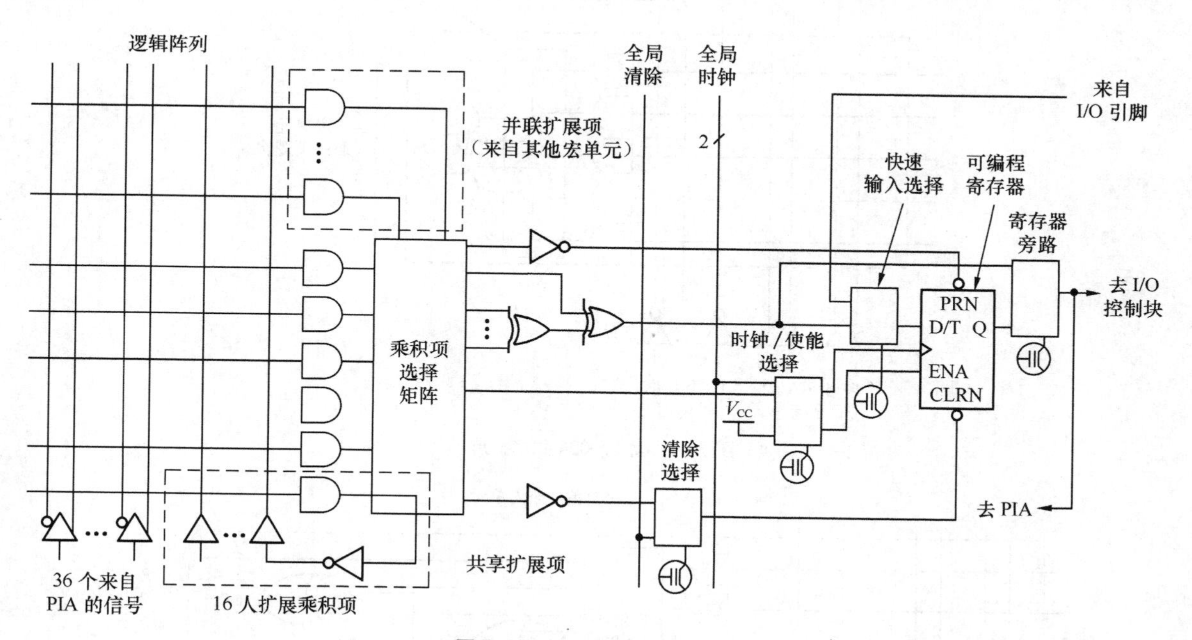


图 7-28 MAX7000A 的宏单元

逻辑与阵列用来实现组合逻辑，它为每个宏单元提供 5 个乘积项。乘积项选择矩阵把这些乘积项分配到或门和异或门来作为基本逻辑输入，以实现组合逻辑功能，或者把这些乘积项作为宏单元的辅助输入来实现寄存器清除、预置、时钟和时钟使能等控制功能。两种扩展乘积项可用来补充宏单元的逻辑资源：①共享扩展项，反馈到逻辑阵列的反向乘积项；②并联扩展项，借自邻近宏单元中的乘积项，可编程时钟寄存器可配置为 D、T、JK 和 RS 4 种触发器，其时钟可配置为 3 种不同方式，分别为全局时钟、中高电平有效使能的全局时钟和乘积项时钟。

### 3. CPLD 的扩展乘积项

尽管大多数逻辑功能可以用每个宏单元中的 5 个乘积项实现，但对于更复杂的逻辑功能，如与门不够用，就需借助其他宏单元的与门，或者用共享扩展来实现。MAX7000 系列就允许利用共享和并联扩展乘积项，作为附加的乘积项直接输送到本 LAB 的任一宏单元中。这样可保证在逻辑综合时，用尽可能少的逻辑资源得到尽可能快的工作速度，如

图 7-29 和图 7-30 所示。

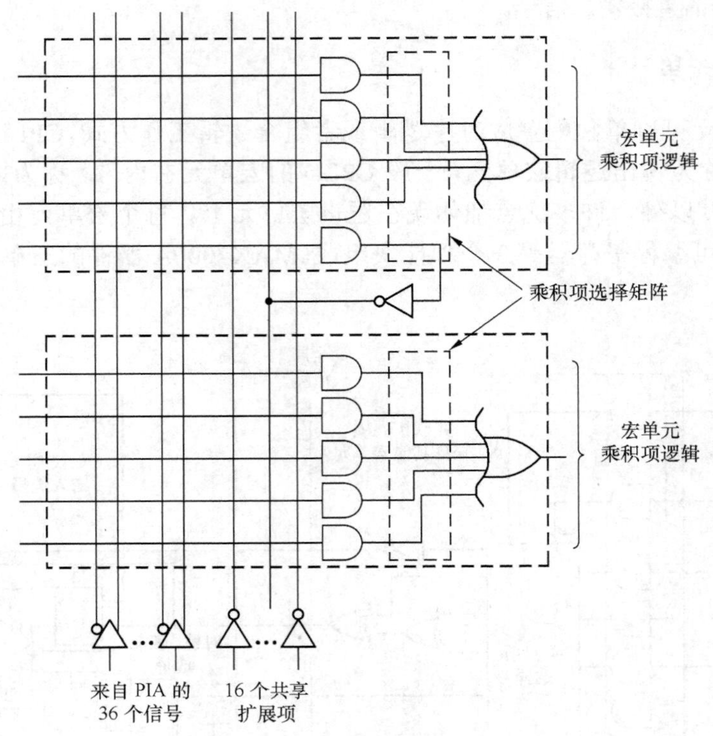


图 7-29 MAX7000A 共享扩展项

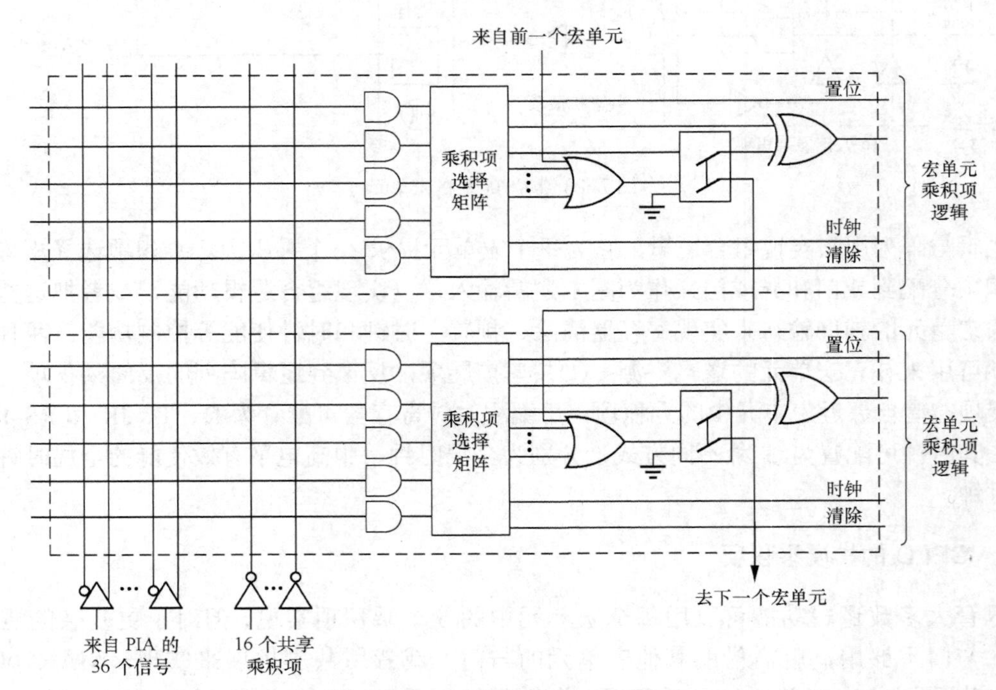


图 7-30 MAX7000A 并联扩展项

### 4. CPLD的可编程连线阵列（PIA）

通过可编程连线阵列把各LAB相互连接可构成所需的逻辑。通过可编程PIA可把器件中任一信号源连接到其目的地，所有MAX7000A的专用输入、I/O引脚和宏单元输出均馈送到PIA，PIA可把这些信号送到器件内的各个地方。只有每个LAB所需的信号才真正给它布置从PIA到该LAB的连线。图7-31表示了PIA的信号是如何布线到LAB的，E2PROM控制二输入与门的一个输入端，以选择驱动LAB的PIA信号。

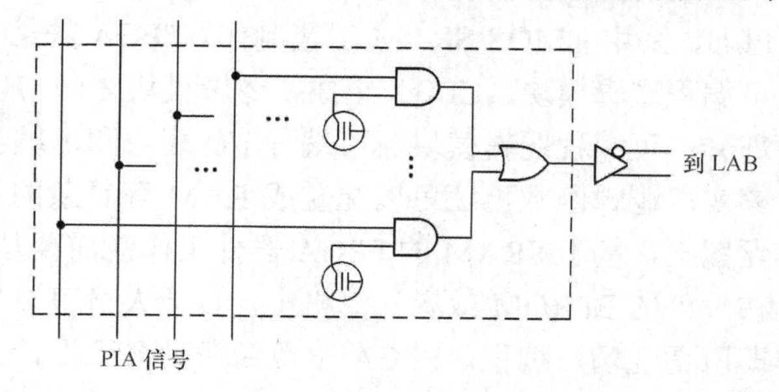


图7-31 MAX7000A的PIA结构

在掩膜或现场可编程门阵列（FPGA）中，基于通道布线方案的延时是累加的、可变的和与路径有关的，而CPLD一般具有固定的延时，使得时间性能容易预测。

### 5. CPLD的I/O控制块

输入/输出控制单元是内部信号到I/O引脚的接口部分，可控制I/O引脚单独地配置为输入、输出或双向工作方式。如图7-32所示，所有I/O引脚都有一个三态缓冲器，它由全局使能信号中的一个控制，或者把使能端直接连接到地（GND）或高电平（VCC）上。当三态缓冲器的控制端接到地时，其输出为高阻态，此时I/O引脚可作专用输入引脚，当接高电平时，输出使能有效。

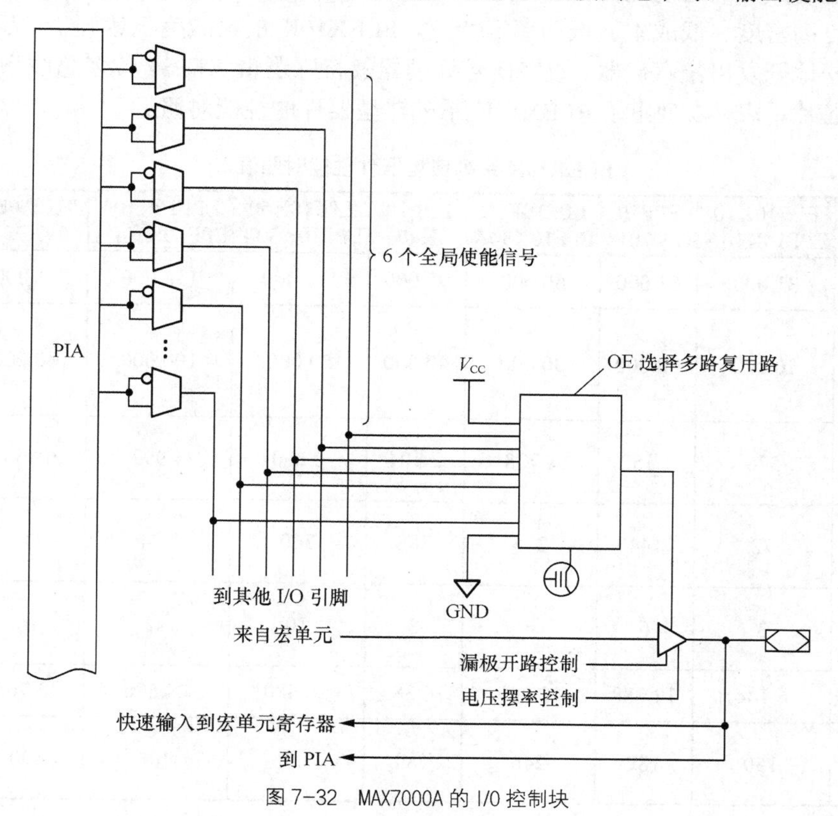


图7-32 MAX7000A的I/O控制块

## 7.7 现场可编程门阵列 FPGA

现场可编程门阵列 FPGA 器件是 Xilinx 公司 1985 年首家推出的。它是一种新型的高密度 PLD，采用 CMOS-SRAM 工艺制作。FPGA 的结构与门阵列 PLD 不同，其内部由许多独立的可编程逻辑模块（CLB）组成，逻辑模块之间可以灵活地相互连接。FPGA 的结构一般分为 3 部分：可编程逻辑模块、可编程 I/O 模块和可编程内部互连区 IR。CLB 的功能很强，不仅能够实现逻辑函数，还可以配置成 RAM 等复杂的形式。配置数据存放在片内的 SRAM 或者熔丝图上，基于 SRAM 的 FPGA 器件工作前需要从芯片外部加载配置数据。配置数据可以存储在片外的 EPROM 或者计算机上，设计人员可以控制加载过程，在现场修改器件的逻辑功能，即所谓现场可编程。FPGA 出现后受到电子设计工程师的普遍欢迎，发展十分迅速。Xilinx、Altera 和 Actel 等公司都提供了高性能的 FPGA 芯片。

下面以 Altera 公司采用查找表（LUT）结构来实现逻辑功能的 FLEX 10K 系列器件为例，分析其结构特点。

### 7.7.1 FPGA 性能及基本结构

FLEX10K 是工业界第一个嵌入式的可编程逻辑器件，采用可重构的 CMOS SRAM 工艺，把连续的快速通道互连与独特的嵌入式阵列结构相结合，同时也结合了众多可编程器件的优点来完成普通门阵列的宏功能。

由于具有高密度、低成本、低功率等特点，FLEX10K 的集成度已达到 25 万门。它能让设计人员轻松地开发出集存储器、数字信号处理器及特殊逻辑包括 32 位多总线系统等强大功能于一身的芯片。表 7-5 列出了 FLEX10K 系列典型器件的性能对照。

表 7-5　　　**FLEX10K 系列典型器件性能对照表**

| 特性 | EPF10K10<br>EPF10K10A | EPF10<br>K20 | EPF10K30<br>EPF10K30A | EPF10<br>K40 | EPF10K50<br>EPF10K50V | EPF10K100<br>EPF10K100A | EPF10K<br>130V | EPF10K<br>250A |
|---|---|---|---|---|---|---|---|---|
| 器件门数 | 31 000 | 63 000 | 69 000 | 93 000 | 116 000 | 158 000 | 211 000 | 310 000 |
| 典型可用门（逻辑和 RAM） | 10 000 | 20 000 | 30 000 | 40 000 | 50 000 | 100 000 | 130 000 | 250 000 |
| 逻辑单元（LE） | 576 | 1 152 | 1 728 | 2 304 | 2 880 | 4 992 | 6 656 | 12 160 |
| 逻辑阵列块（LAB） | 72 | 144 | 216 | 288 | 360 | 624 | 832 | 1 520 |
| 嵌入式阵列块（EAB） | 3 | 6 | 6 | 8 | 10 | 12 | 16 | 20 |
| 总 RAM 位数 | 6 144 | 12 288 | 12 288 | 16 384 | 20 480 | 24 576 | 32 768 | 40 960 |
| 最大用户 I/O 引脚 | 150 | 189 | 246 | 189 | 310 | 406 | 470 | 470 |

FLEX10K 结构类似于嵌入式门阵列，是门阵列市场中成长最快的器件。每个 FLEX10K 器件包含一个嵌入式阵列和一个逻辑阵列。嵌入式阵列用来实现各种存储器及复杂的逻辑功能，如数字信号处理、微控制器、数据传输等。逻辑阵列用来实现普通逻辑功能，如计数器、加法器、状态机、多路选择器等。嵌入式阵列和逻辑阵列结合而成的嵌入式门阵列的高性能和高密度特性，使得设计人员可在单个器件中实现一个完整的系统。

FLEX10K 器件的配置通常是在系统上电时，通过存储于一个串行 PROM 中的配置数据或者由系统控制器提供的配置数据来完成。

Altera 提供 EPC1、EPC2、EPC16 和 EPC1441 等配置用的 PROM 器件，配置数据也能从系统 RAM 和 BitBlaster 串行下载电缆或 ByteBlasterMV 并行下载电缆获得。对于配置过的器件，可以通过重新复位器件、加载新数据的方法实现在线可配置（In Circuit Reconfigurability，ICR）。由于重新配置要求少于 320 ms，因此可在系统工作时实时改变配置。

FLEX10K 系列器件主要由嵌入式阵列块、逻辑阵列块、快速通道（FastTrack）互连和 I/O 单元 4 部分组成。

嵌入式阵列由一系列嵌入式阵列块（EAB）构成。当用来实现有关存储器功能时，每个 EAB 提供 2048 位用来构造 RAM、ROM、FIFO 或双口 RAM 等功能。当用来实现乘法器、微控制器、状态机以及 DSP 等复杂逻辑时，每个 EAB 可以贡献 100 到 600 个门。EAB 可以单独使用，也可组合起来使用。

逻辑阵列由一系列逻辑阵列块（LAB）构成。每个 LAB 包含 8 个 LE 和一些局部互连，每个 LE 含有一个四输入查找表（LUT）、一个可编程触发器、进位链和级联链。8 个 LE 可以构成一个中规模的逻辑块，如八位计数器、地址译码器和状态机。多个 LAB 组合起来可以构成更大的逻辑块。每个 LAB 代表大约 96 个可用逻辑门。

器件内部信号的互连和器件引脚之间的信号互连由快速通道（FastTrack）连线提供，FastTrack 互连是一系列贯通器件长、宽的快速连续通道。

FLEX10K 系列器件的 I/O 引脚由一些 I/O 单元（IOE）驱动。IOE 位于快速通道的行和列的末端，每个 IOE 有一个双向 I/O 缓冲器和一个既可作输入寄存器也可作输出寄存器的触发器。当 I/O 引脚作为专用时钟引脚时，这些寄存器提供特殊的性能。当作为输入时，可提供少于 1.6 ns 的建立时间；而作为输出时，这些寄存器可提供少于 5.3 ns 的时钟到输出延时。IOE 还具有许多特性，如 JTAG 编程支持、摆率控制、三态缓冲和漏极开路输出等。

FLEX10K 器件的结构如图 7-33 所示。由图可以看出，一组 LE 构成一个 LAB，LAB 是排列成行和列的，每一行也包含了一个 EAB。LAB 和 EAB 是由快速通道连接的，IOE 位于快速通道连线的行和列的两端。

FLEX10K 器件还提供了 6 个专用输入引脚，这些引脚用来驱动触发器的控制端，以确保控制信号高速、低偏移（少于 1.5 ns）、有效地分配。这些信号使用了专用的布线支路，以便具有比快速通道更短的延迟和更小的偏移。专用输入中的 4 个输入引脚可用来驱动全局信号，这 4 个全局信号也能由内部逻辑驱动，它为时钟分配或产生用以清除器件内部多个寄存器的异步清除信号提供了一个理想的方法。

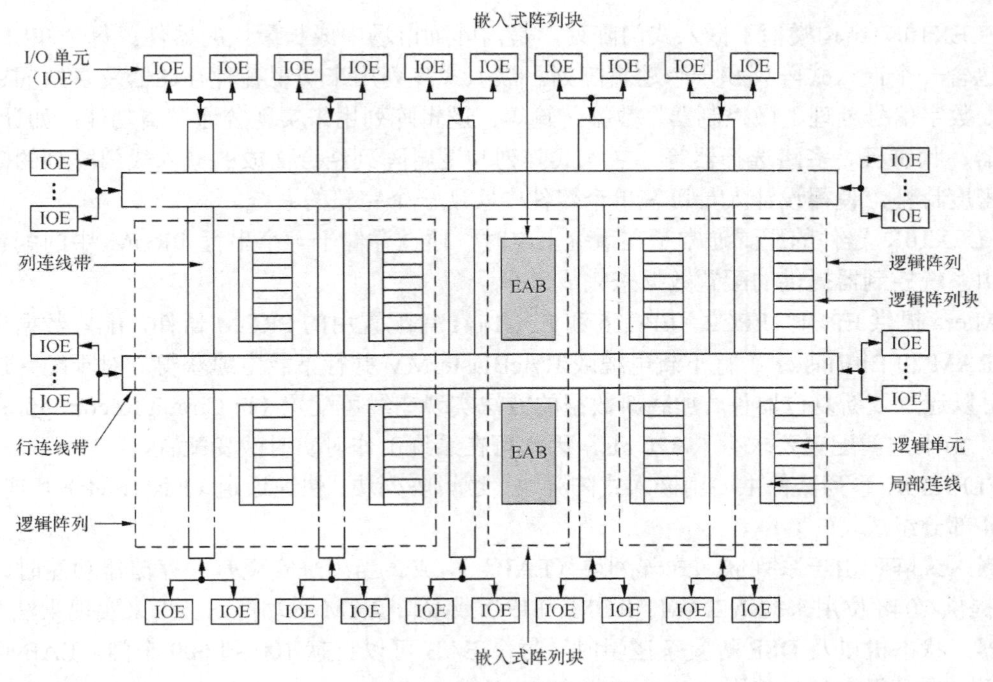


图 7-33 FLEX10K 器件的结构

## 7.7.2 嵌入式阵列和逻辑阵列块

### 1. 嵌入式阵列

嵌入阵列块（EAB）是一种在输入、输出端口上带有寄存器的灵活 RAM 电路，用来实现一般门阵列的宏功能，适合实现乘法器、矢量标量、纠错电路等功能。因为它很大也很灵活，还可应用于数字滤波和微控制器等领域。

EAB 为驱动和控制时钟信号提供灵活的选择，如图 7-34 所示。EAB 的输入和输出可以用不同的时钟。寄存器可以独立地运用在数据输入、EAB 输出或地址写使能信号上。全局信号和 EAB 的局部互连都可以驱动写使能信号。全局信号、专用时钟引脚和 EAB 的局部互连能够驱动 EAB 时钟信号。由于逻辑单元可驱动 EAB 局部互连，所以可以用来控制写信号或 EAB 时钟信号。

### 2. 逻辑阵列块

逻辑阵列块（LAB）由 8 个 LE 以及它们的进位链、级联链、LAB 控制信号与 LAB 局部互连组成。LAB 为 FLEX10K 器件提供“粗颗粒”结构，容易实现高速布线，不但能提高器件利用率，还能提高器件性能。FLEX10K 器件的 LAB 结构如图 7-35 所示。

每个 LAB 为 8 个 LE 提供 4 个反向可编程的控制信号。其中的两个可以用作时钟，另外两个用作清除/置位控制。LAB 的时钟、清除/置位信号可以由器件的专用时钟输入引脚、全局信号、I/O 信号或经过 LAB 局部互连的内部信号直接驱动。由于全局控制信号通过器件时失真很小，因而通常用作全局时钟、清除或置位等异步控制信号。全局控制信号能够由器件内任一 LAB 中的一个或多个 LE 形成，并直接驱动目标 LAB 的局部互连。另外，全局控制信号也可以由 LE 输出直接产生。

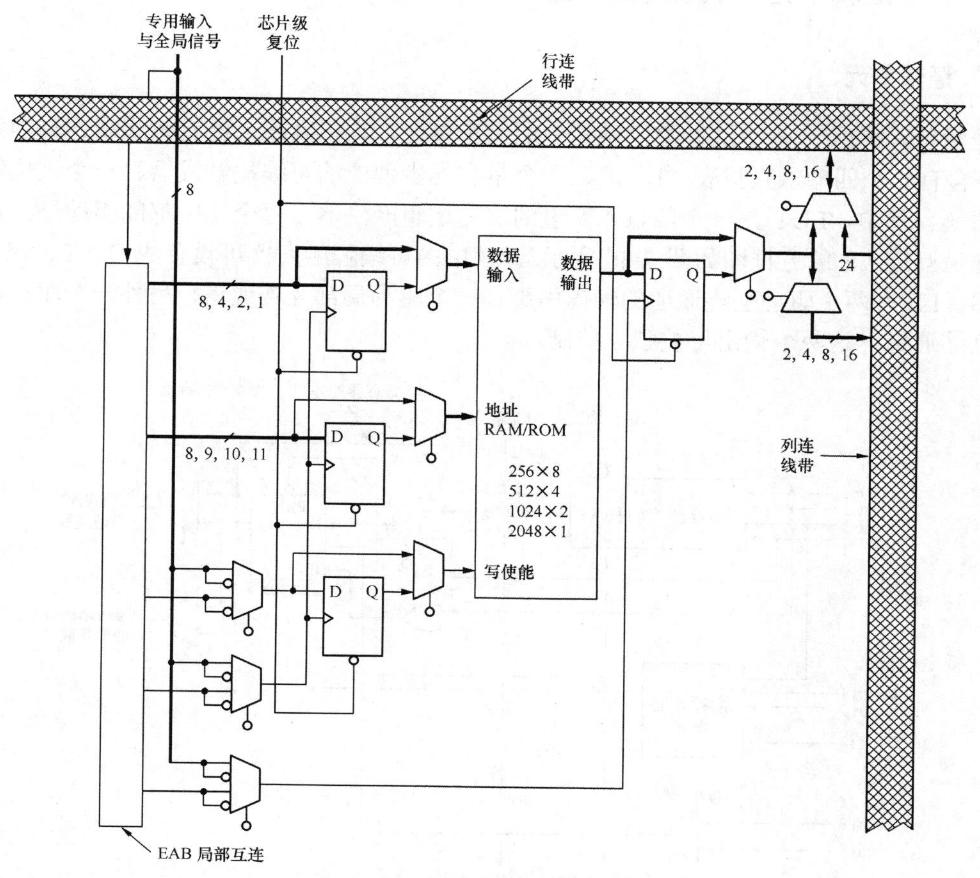


图 7-34 FLEX10K 器件的 EAB 结构

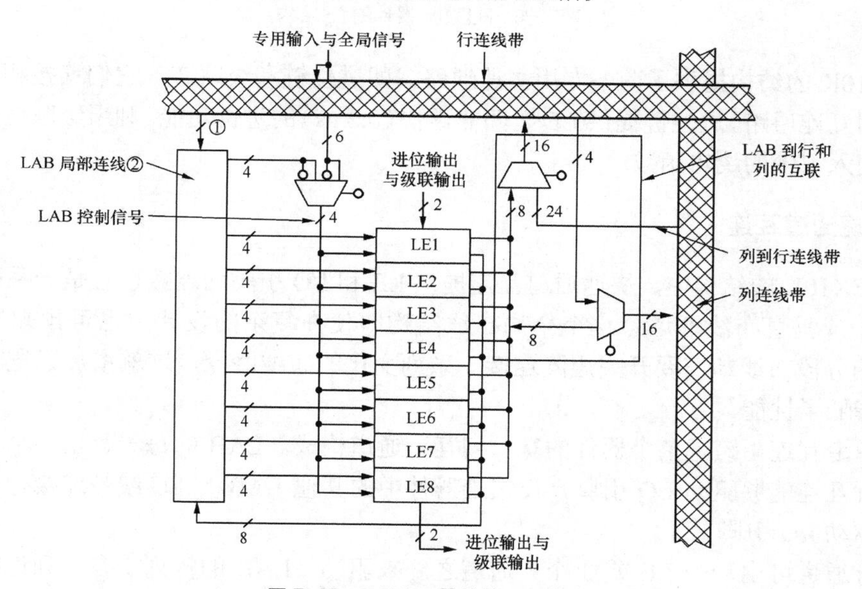


图 7-35 FLEX10K 器件的 LAB 结构

### 7.7.3 逻辑单元、快速通道互连及 I/O 单元

#### 1. 逻辑单元

逻辑单元（LE）是 FLEX10K 结构中的最小单元，它很紧凑，能有效实现逻辑功能。每个 LE 含有一个四输入查找表（LUT）、一个带有同步使能的可编程触发器、一个进位链和一个级联链。其中，LUT 是一个四输入变量的快速逻辑产生器。每个 LE 都能驱动局部互连和快速通道互连 LE 的方框图如图 7-36 所示。LE 中的可编程触发器可设置成 D、T、JK 或 RS 触发器。LE 有两个驱动互连通道的输出引脚：一个驱动局部互连通道，另外一个驱动行或列快速互连通道。这两个输出可被独立控制。

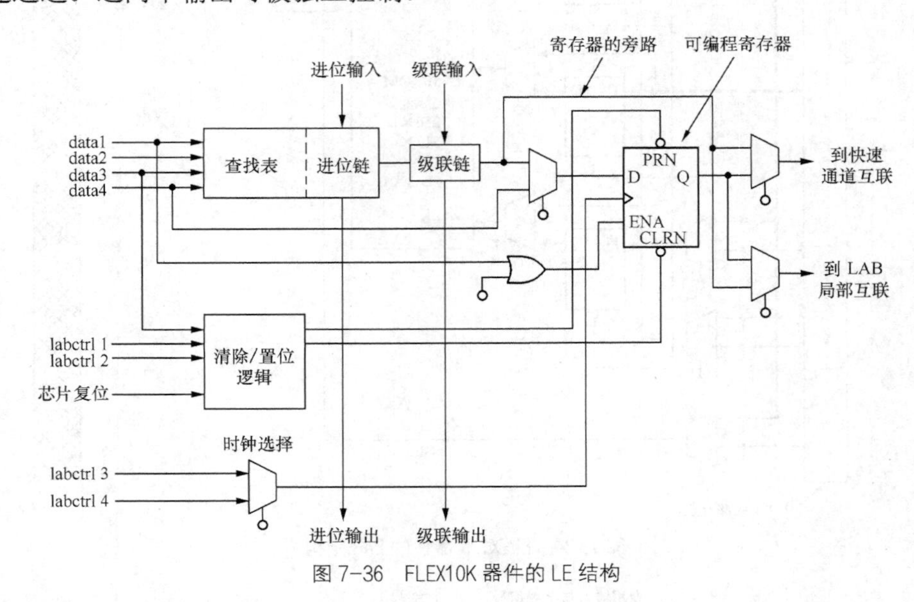


图 7-36 FLEX10K 器件的 LE 结构

FLEX10K 的结构提供了两条专用高速通路，即进位链和级联链，它们连接相邻的 LE 但不占用通用互连通路。进位链提供 LE 之间非常快（0.2 ns）的进位功能。利用级联链，FLEX10K 可以实现扇入很多的逻辑函数。

#### 2. 快速通道互连

在 FLEX10K 的结构中，快速通道互连提供 LE 和 I/O 引脚的连接，它是一系列贯穿整个器件的水平或垂直布线通道。这个全局布线结构即使在复杂的设计中也可预知性能。而在 FPGA 中的分段布线却需要开关矩阵连接一系列变化的布线路径，这就增加了逻辑资源之间的延时并降低了性能。

快速通道互连由跨越整个器件的行、列互连通道构成。LAB 的每一行由一个专用行连线带传递。行互连能够驱动 I/O 引脚，反馈给器件中的其他 LAB。列连线带连接行与行之间的信号，并驱动 I/O 引脚。

一个行通道可由一个 LE 或 3 个列通道之一来驱动。LAB 的每列由专用列连接带服务。行、列通道的进入可以由相邻的 LAB 对其中的 LE 来转换。例如，一个 LAB 中，一个 LE 可

以驱动由行中相邻的 LAB 的某个特别的 LE 正常驱动的行、列通道。这种灵活的布线使得布线资源得到更有效的利用，如图 7-37 所示。

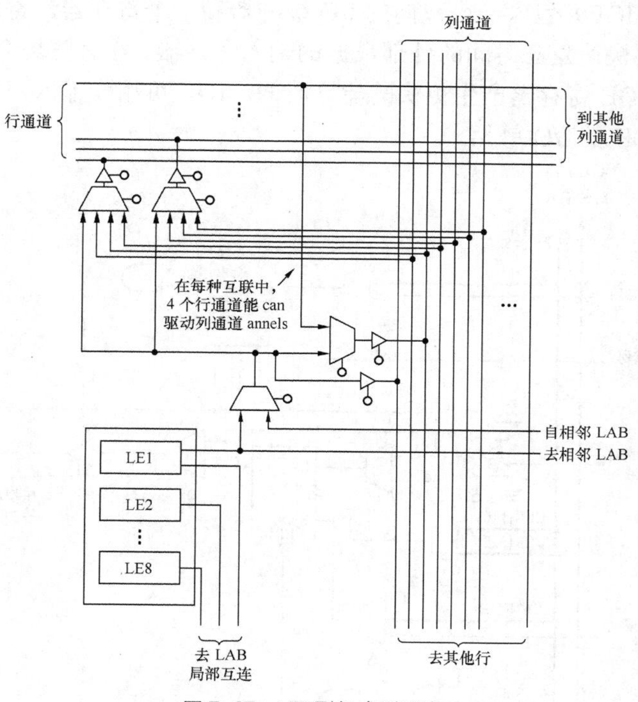


图 7-37 LAB 到行或列互连

图 7-38 表示了 FLEX10K 的互连资源。其中每个 LAB 根据其位置标号表示其所在位置，位置标号由表示行的字母和表示列的数字组成。例如，LAB B3 位于 B 行 3 列。

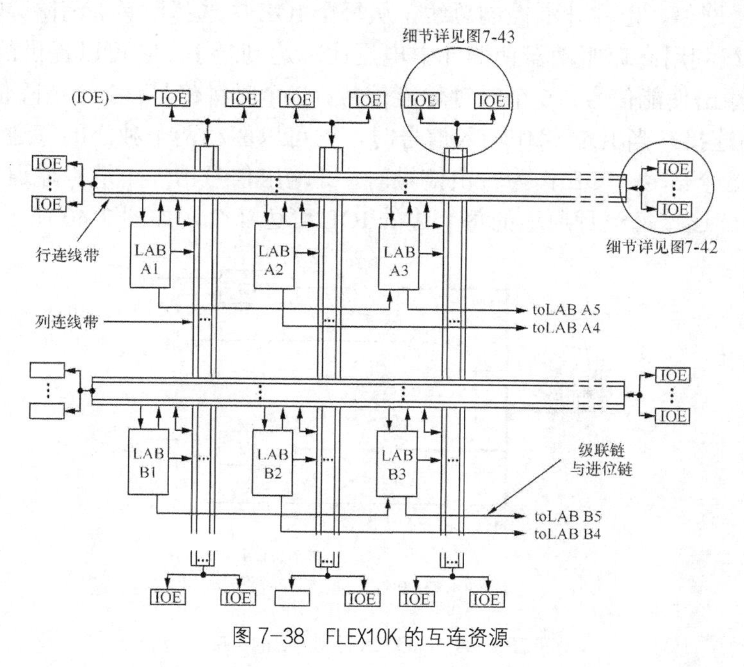


图 7-38 FLEX10K 的互连资源

### 3. I/O 单元

一个 I/O 单元（IOE）包含一个双向的 I/O 缓冲器和一个寄存器。寄存器可作输入寄存器使用，这是一种需要快速建立时间的外部数据的输入寄存器。在有些场合，用 LE 寄存器作为输入寄存器会比用 IOE 寄存器产生更快的建立时间。IOE 可用作输入、输出或双向引脚。图 7-39 表示了 FLEX10K 的 I/O 单元。

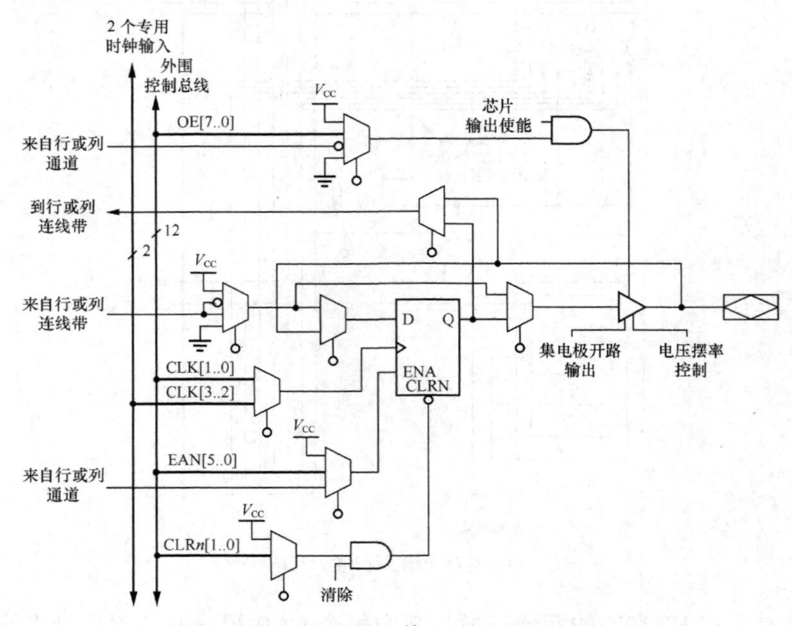


图 7-39　FLEX10K 的 I/O 单元（IOE）

I/O 控制信号网络，也称外围控制总线，从每个 IOE 中选择时钟、清除、输出使能控制信号。外围控制总线利用高速驱动器使器件中电压比率达到最小。它可以提供的外围控制信号，划分如下：8 个输出使能信号；6 个时钟使能信号；2 个时钟信号；2 个清除信号。

行到 IOE 的连接。当 IOE 用作输入信号时，它可以驱动两个独立的行通道。该行中的所有 LE 都可访问这个信号。IOE 作为输出信号时，其输出信号由一个从行通道实现信号选择的多路选择器驱动。连接每一行通道的每个边的 IOE 可达 8 个，如图 7-40 所示。

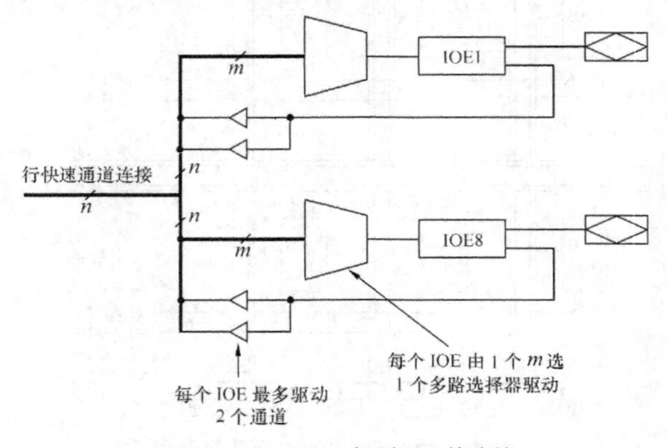


图 7-40　FLEX10K 行到 IOE 的连接

列到 IOE 的连接。当 IOE 作为输入时，可驱动两个独立的列通道。IOE 作为输出时，其输出信号由一个对列通道进行选择的多路选择器驱动。两个 IOE 连接列通道的每个边。每个 IOE 可由通过多路选择器的列通道驱动，每个 IOE 可访问的列通道的设置是不同的，如图 7-41 所示。

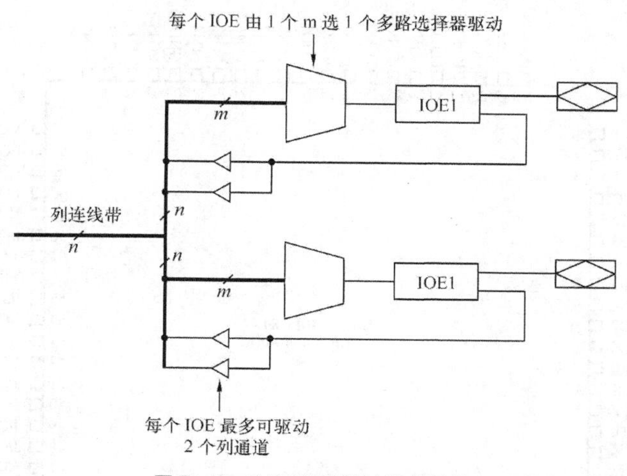


图 7-41 FLEX10K 列到 IOE 的连接

FLEX10K 器件为每个 I/O 引脚提供一个可选的开漏输出（等效于集电极开路）。开漏输出使得器件能够提供系统级的控制信号（例如，中断和写信号）。

## 7.8 CPLD 和 FPGA 的编程与配置

在传统的的数字电路的设计中，把器件焊接在电路板上是设计的最后步骤。当设计需要修改时，设计者花费大量的时间修改电路、重新调换并重新设计印制电路板。CPLD 和 FPGA 的出现改变了这一切。设计者可以在未涉及具体电路时，就把 CPLD 或 FPGA 焊接在印制电路板上，然后设计调试是可以随意改变整个电路的硬件逻辑关系，而不必改变电路板的结构。这一切主要是因为 CPLD 和 FPGA 的在线可编程或重新配置功能。

目前大规模可编程器件常见的编程方式有 3 种。

① 基于电可擦除存储单元的 $E^2$PROM 或 Flash 技术。CPLD 一般使用此技术进行编程（Program）。CPLD 被编程后改变了电可擦除存储单元中的信息，掉电后可保持。某些 FPGA 也采用 Flash 技术，比如 Lattice 的 LatticeXP 系列 FPGA。

② 基于 SRAM 查找表的编程单元。该类器件的编程信息保持在 SRAM 中，SRAM 在掉电后编程信息立即丢失。这类器件的编程一般称为配置（Configure）。大部分的 FPGA 采用该种编程工艺。

③ 基于反熔丝编程单元。此编程方法是一次可编程的。比如 Xilinx 的早期 FPGA。

针对 PLD 器件不同的内部结构，各公司提供了不同的器件配置方式。在此以 Altera 公司的器件为例进行介绍。Altera 可编程逻辑器件的配置可通过编程器、JATG 接口在线编程及在线配置等 3 种方式进行。Altera 器件编程的连接硬件包括 ByteBlasterII 并口下载电缆，ByteBlasterMV 并口下载电缆，MasterBlaster 串行/USB 通信电缆，BitBlaster 串口下载电缆。

Altera 还提供 EPC1、EPC2、EPC16 和 EPC1441 等 PROM 专用配置芯片。

在对器件下载程序前，首先应对管脚进行分配。图 7-42 为 FLEX10K10LC84 的管脚图。该器件共有 84 个管脚。分别介绍如下。

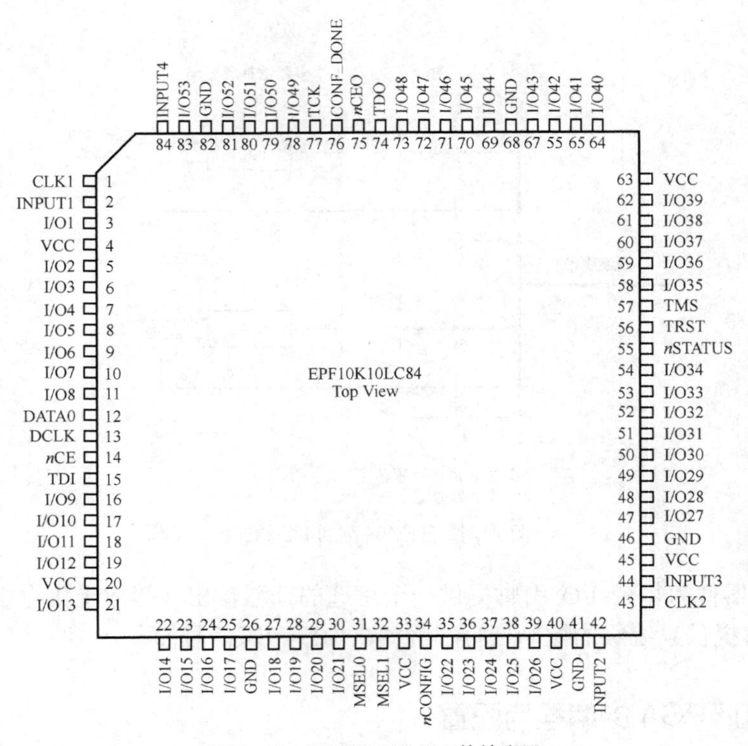


图 7-42　FLEX10K10PLC84 的管脚图

① I/O 管脚有 53 个。

② 专用编程管脚 15 个，分别为 MSEL0（31）、MSEL1（32）、nSTATUS（55）、nCONFIG（34）、DCLK（13）、CONF_DONE（76）、INT_DONE（69）、nCE（14）、nCEO（75）、DATA0（12）、TDI（3）、TDO（3）、TCLK（77）、TMS（57）、TRST（56），这些管脚在对芯片下载程序时使用，不能作为 I/O 管脚。

③ 时钟输入 2 个：CLK1（1）、CLK2（43）。

④ 电源管脚有 6 个，分别为：VCC（4）、VCC（20）、VCC（33）、VCC（40）、VCC（45）、VCC（63），电源电压 5V。

⑤ 地管脚 5 个，分别为：GND（26）、GND（41）、GND（46）、GND（68）、GND（82）。

⑥ 专用输入管脚 4 个，分别为：GND（2），GND（42），GND（44），GND（84）。

可编程器件配置分为两大类：被动配置方式和主动配置方式。

① 被动配置由计算机或控制器控制配置过程。程序通过下载电缆下载到 FLEX10K 器件中的方式称为被动配置过程，这种配置方式，在 FLEX10K 器件正常工作时，它的配置数据储存在内部的 SRAM 内，但由于 SRAM 的易失性，所以每次加电期间，配置数据都必须重新构造。

② 主动配置由 CPLD 器件引导配置操作过程，它控制着外部存储器和初始化过程。具体

步骤是：首先，将经过可编程器件软件工具编译过的程序，使用专用编程器写入 ALTERA 公司提供的专用存储器 EPC1 器件内。然后，将 EPC1 器件与 FLEX10K 相联接。如图 7-40 为 FLEX10K 器件与 EPC1 器件的连接方式，工作时 FLEX 10K 控制着 EPC1 器件向 FLEX 10K 器件输入串行位流的配置数据。

在图 7-43 中，*n*CONFIG 引脚为 $V_{CC}$。在加电过程中，FLEX10K 检测到 nCONFIG 由低到高的跳变时，就开始准备配置。FELX 10K 将 CONF_DONE 拉低，驱动 EPC1 的 *n*CS 为低，而 nSTSTUS 引脚释放并由上拉电阻拉至高电平以使能 EPC1。因此，EPC1 就用其内部振荡器的时钟将数据串行地从 EPC1（DATA）输送到 FLEX10K（DATA0）。

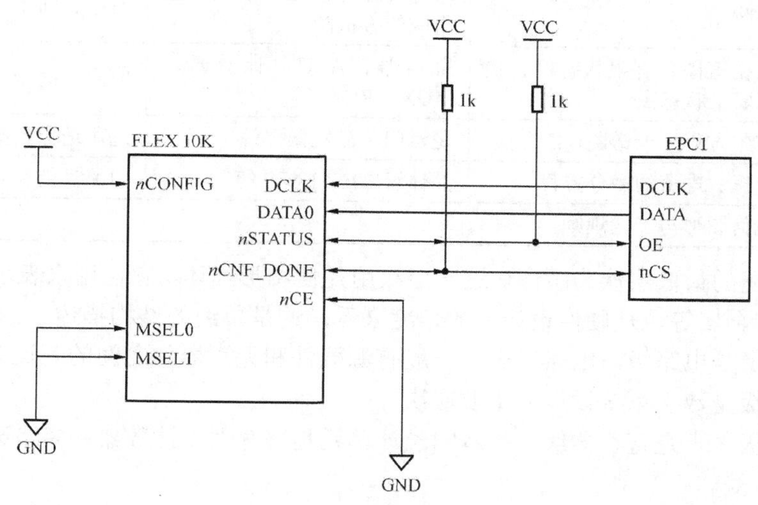


图 7-43 主动串行配置方式

以上所作的介绍，只是想通过 FLEX10K 的例子使读者对 FPGA 的数据装载过程有些初步了解。在选定某种型号 FPGA 器件设计时，还应仔细阅读所用器件的技术资料。

## 7.9 数字小系统的设计及实现

电子设计自动化技术（Electronic Design Automation，EDA）是一种以计算机为基本工作平台，利用计算机图形学、拓扑逻辑学、计算数学以及人工智能学等多种集成电路学科的最新成果开发出来的一整套软件工具，是一种帮助电子设计工程师从事电子元件、产品和系统设计的综合技术。

在可编程集成电路的开发过程中，为了提高设计效率，应用了各种设计输入工具、仿真工具及设计下载等工具，这些都可以看作是 EDA 技术的一部分。EDA 技术可以看作是电子 CAD 技术的高级阶段。EDA 从 1970 年代开始发展到 1990 年代，已经趋于成熟。EDA 技术出现了以高级语言描述、系统级仿真和综合技术为特征的第三代 EDA 技术，设计者更多需要考虑的是“要设计什么”，而不是“如何设计”。借助 EDA 工具，设计者能够方便地将自己的新产品、新的构思直接送入设计系统，EDA 工具将根据不同的要求，输出产品的 PCB 版图或专用集成电路的版图。新概念得以迅速、有效地变为产品，大大缩短了产品的研制周期。

### 7.9.1 数字系统的 6 个设计层次

通常可将数字系统设计划分为 6 个层次，如表 7-6 所示，层次最高的为系统级，最低层次为版图级或称物理级。

**表 7-6 集成电路设计的层次**

| 设计层次 | 行为描述 | 结构描述 | 设计考虑 |
| --- | --- | --- | --- |
| 系统级 | 自然语言描述的性能指标 | 方框图 | 系统功能 |
| 芯片级 | 算法 | 微处理器、RAM、ROM 等组成的方框图 | 时序、同步、测试 |
| 寄存器级 | 数据流图、有限状态机、状态表、状态图 | 寄存器、ALU、计数器、MUX、ROM 等 | 时序、同步、测试 |
| 逻辑门级 | 布尔方程、卡诺图、Z 变换 | 逻辑门、触发器 | 选用适当的基本门实现硬件 |
| 电路级 | 电压、电流的微分方程 | 晶体管、R、L、C 等 | 电路性能、延时、噪声 |
| 版图级 | 几何图形与工艺规则 | | |

① 设计描述的最低层次为版图。这一层次用几何图形描述，它们用来表示硅表面上的扩散区、多晶硅和金属等。从硬件设计者的角度来看，这是单纯的结构描述。

② 版图之上是电路级。电路级表示一般有源器件和无源器件之间的互连关系。

③ 逻辑门级是数字系统设计的主要层次。

④ 逻辑门级之上是寄存器级。基本的设计单元是寄存器、计数器、多路选择器、算术逻辑单元（ALU）等。

⑤ 芯片级是寄存器级之上的一个层次。芯片级结构描述的基本单位是微处理器、存储器、串行接口、并行接口、中断控制器等大的电路单元。

⑥ 层次化设计的最高层次是系统级。系统级的基本单元可以是计算机、A/D 采集卡、总线接口等更大的单元。

现代电路系统的设计采用“自顶向下”的设计方法，首先从系统设计入手，在顶层进行功能方框图的划分和结构设计。在方框图一级进行仿真、纠错，并用硬件描述语言对高层次的系统行为进行描述，在系统一级进行验证。然后用逻辑综合优化工具生成具体的门级逻辑电路的网表，对应的物理实现级可以是印刷电路板或专用集成电路。与传统的“自下向上”的设计方法相比，“自顶向下”设计方法将有利于在早期发现结构设计中的错误，提高设计的一次成功率。

### 7.9.2 应用 FPGA/CPLD 的 EDA 开发流程

EDA 工具大致可以分为设计输入编辑器、HDL 综合器、仿真器、适配器（或布局布线器）、下载器。

应用 FPGA/CPLD 的 EDA 开发流程如图 7-44 所示。

#### 1. 源程序的编辑和编译

利用 EDA 技术进行一项工程设计，首先需利用 EDA 工具的文本编辑器或图形编辑器将它用文本方式或图形方式表达出来，进行排错编译，变成 HDL 文件格式，为进一步的逻辑综合做准备。

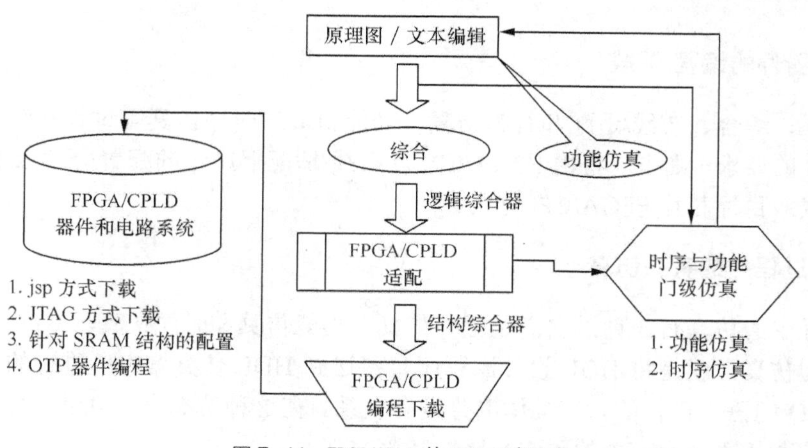


图 7-44 FPGA/CPLD 的 EDA 开发流程

常用的源程序输入方式有 3 种。

原理图输入方式：利用 EDA 工具提供的图形编辑器以原理图的方式进行输入。原理图输入方式比较容易掌握，直观且方便，所画的电路原理图（注意这种原理图与利用 Protel 画的原理图有本质的区别）与传统的器件连接方式完全一样，很容易被人接受，而且编辑器中有许多现成的单元器件可以利用，自己也可以根据需要设计元件。然而原理图输入法的优点同时也是它的缺点：①随着设计规模的增大，设计的易读性迅速下降，对于图中密密麻麻的电路连线，极难搞清电路的实际功能；②一旦完成，电路结构的改变将十分困难，因而几乎没有可再利用的设计模块；③移植困难、入档困难、交流困难、设计交付困难，因为不可能存在一个标准化的原理图编辑器。

状态图输入方式：以图形的方式表示状态图进行输入。当填好时钟信号名、状态转换条件、状态机类型等要素后，就可以自动生成 HDL 程序。这种设计方式简化了状态机的设计，比较流行。

HDL 软件程序的文本方式：最一般化、最具普遍性的输入方法，任何支持 HDL 的 EDA 工具都支持文本方式的编辑和编译。

### 2. 逻辑综合和优化

欲把 HDL 的软件设计与硬件的可实现性挂钩，需要利用 EDA 软件系统的综合器进行逻辑综合。

所谓逻辑综合，就是将电路的高级语言描述（如 HDL、原理图或状态图形的描述）转换成版图表示（ASIC 设计），或转换到 FPGA/CPLD 的配置网表文件，有了版图信息就可以把芯片生产出来了。有了对应的配置文件，就可以使对应的 FPGA/CPLD 变成具有专门功能的电路器件。

### 3. 目标器件的布线/适配

所谓逻辑适配，就是将由综合器产生的网表文件针对某一具体的目标器进行逻辑映射操作，其中包括底层器件配置、逻辑分割、逻辑优化、布线与操作等，配置于指定的目标器件中，产生最终的下载文件。

#### 4. 目标器件的编程/下载

如果编译、综合、布线/适配和行为仿真、功能仿真、时序仿真等过程都没有发现问题，即满足原设计的要求，则可以将由 FPGA/CPLD 布线/适配器产生的配置/下载文件通过编程器或下载电缆载入目标芯片 FPGA/CPLD 中。

#### 5. 设计过程中的有关仿真

设计过程中的仿真有 3 种，它们是行为仿真、功能仿真和时序仿真。

所谓行为仿真，就是将 HDL 设计源程序直接送到 HDL 仿真器中所进行的仿真。该仿真只是根据 HLD 的语义进行的，与具体电路没有关系。在这种仿真中，可以充分发挥 HD 中的适用于仿真控制的语句及有关的预定义函数和库文件。

所谓功能仿真，就是将综合后的 HDL 网表文件再送到 HDL 仿真器中所进行的仿真。

所谓时序仿真，就是将布线器/适配器所产生的 HDL 网表文件送到 HLD 仿真器中所进行的仿真。

## 本章小结

半导体存储器是存储大量数据和信息的器件，分为 ROM 和 RAM 两大类。ROM 只能读取数据，根据写入方式分为固定 ROM、PROM、EPROM 等。RAM 即可以读又可以写。它们的扩展方式有两种，即字扩展和位扩展。PLD 是 1980 年代以后迅速发展起来的一种新型半导体数字集成电路，它的最大特点是可以通过编程的方法实现其逻辑功能。本章的重点介绍了各种 PLD 电路结构和性能特点，以及它们都能用来实现哪些逻辑功能，适合在哪些场合。

PLA 和 PAL 是较早应用的两种 PLD。这两种器件多采用双极型、熔丝工艺制作，电路的基本结构是与-或逻辑阵列型。因为 PLA 需要设置比 PAL 更多的熔丝，占用更大的硅片面积，所以目前已基本被 PAL 所取代。虽然采用熔丝工艺的器件不能改写，但由于这种工艺的 PAL 可靠性好，成本也较低，所以在一些定型产品中仍然有一定的使用价值。

GAL 是继 PAL 之后出现的一种 PLD，它采用 $E^2$CMOS 工艺生产，可以用电信号擦除和改写。电路的基本结构形式仍为与-或阵列形式，但由于输出电路做成了可编程的 OLMC 结构，能设置成不同的输出电路结构，所以有较强的通用性。而且，用电信号擦除比用紫外线擦除更方便得多。

PLA、PAL 和 GAL 的集成度都比较低，一般在千门以下，因此又将它们称为低密度 PLD。

CPLD 和 FPGA 是集成度更高的两种可编程逻辑器件。两者在电路结构形式和工作方式上有所不同。CPLD 由若干大的可编程逻辑模块、输入/输出模块和可编程的连线阵列组成。每个可编程逻辑模块类似于一个 PAL 或 GAL，相互间的连接灵活，且传输延迟时间是确定的。

FPGA 大多采用 SRAM 工艺制作，电路的结构为逻辑单元阵列形式。每个逻辑单元是可编程的。单元之间可以灵活地互相连接，没有与-或阵列结构的局限性。但由于编程数据是存放在器件内部的 SRAM 中，一旦停电后，数据便会丢失，所以每次开始工作时需要用配置芯片重新装载编程数据。

各种 PLD 的编程工作都需要在开发系统的支持下进行。开发系统的硬件由计算机和编程器组成，软件由编程语言和相应的编程软件组成。目前常用的 PLD 开发系统的种类很多，性能差别也很大，各有一定的适用范围。

# 习　　题

[7-1] 填空

（1）半导体存储器利用________来存储数据。

（2）半导体存储器按功能分有________和________两种。

（3）ROM 主要由________和________两部分组成。按照工作方式的不同进行分类，ROM 可分为________、________和________3 种。

（4）某 EPROM 有 8 位数据线，13 位地址线，则其存储容量为________。

（5）可编程逻辑器件简称为________器件，这种器件在系统工作时________（可以、不可以）对器件的内容进行重构。

[7-2] 题图 7-1 是 16×4 位 ROM，$A_3$、$A_2$、$A_1$、$A_0$ 为地址输入，地址译码器的字线从上到下为 $W_0$～$W_{15}$。$D_3$、$D_2$、$D_1$、$D_0$ 为数据输出，试分别写出 $D_3$、$D_2$、$D_1$ 和 $D_0$ 的逻辑表达式。

[7-3] 用 16×4 位 ROM 设计一个两位二进制数相乘（A1 A0×B1 B0）的运算器，列出真值表，画出存储矩阵的结点图。

[7-4] 由一个 3 位二进制加法计数器和一个 ROM 构成的电路如题图 7-2（a）所示，地址译码器的字线从上到下为 $W_0$～$W_{15}$。

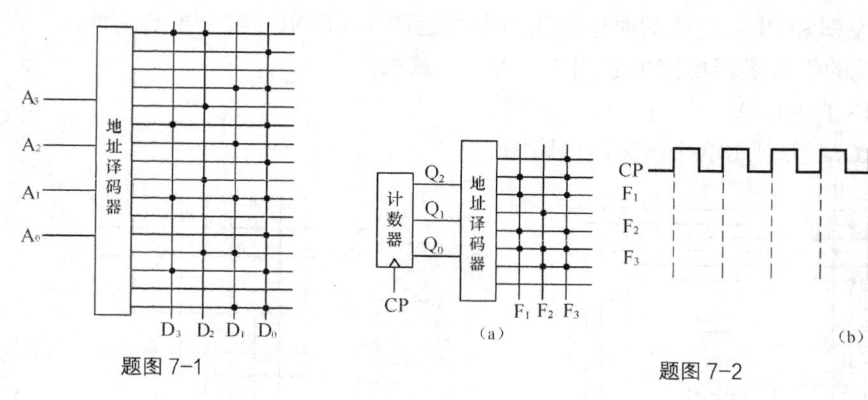


题图 7-1

题图 7-2

（1）写出输出 $F_1$、$F_2$ 和 $F_3$ 的表达式；

（2）在题图 7-2（b）上画出 CP 作用下 $F_1$、$F_2$ 和 $F_3$ 的波形（计数器的初态为“0”）。

[7-5] 题图 7-3 是用 16×4 位 ROM 和 74LS161 组成的脉冲分频电路，ROM 的数据表如题表 7-1 所示。试画出在 CP 信号连续作用下 $D_3$、$D_2$、$D_1$ 和 $D_0$ 输出的电压波形。

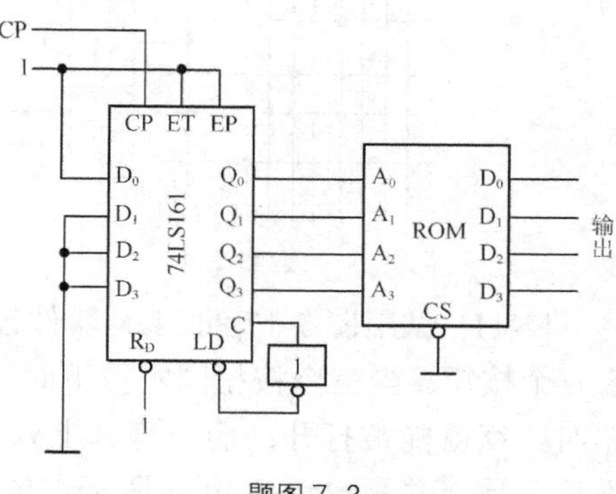


题图 7-3

**题表 7-1**

| 地址输入 | | | | 数据输出 | | | | 地址输入 | | | | 数据输出 | | | |
|---|---|---|---|---|---|---|---|---|---|---|---|---|---|---|---|
| $A_3$ | $A_2$ | $A_1$ | $A_0$ | $D_3$ | $D_2$ | $D_1$ | $D_0$ | $A_3$ | $A_2$ | $A_1$ | $A_0$ | $D_3$ | $D_2$ | $D_1$ | $D_0$ |
| 0 | 0 | 0 | 0 | 1 | 1 | 1 | 1 | 1 | 0 | 0 | 0 | 1 | 1 | 1 | 1 |
| 0 | 0 | 0 | 1 | 0 | 0 | 0 | 0 | 1 | 0 | 0 | 1 | 1 | 1 | 0 | 0 |
| 0 | 0 | 1 | 0 | 0 | 0 | 1 | 1 | 1 | 0 | 1 | 0 | 0 | 0 | 0 | 1 |
| 0 | 0 | 1 | 1 | 0 | 1 | 0 | 0 | 1 | 0 | 1 | 1 | 0 | 0 | 1 | 0 |
| 0 | 1 | 0 | 0 | 0 | 1 | 0 | 1 | 1 | 1 | 0 | 0 | 0 | 0 | 0 | 1 |
| 0 | 1 | 0 | 1 | 1 | 0 | 1 | 0 | 1 | 1 | 0 | 1 | 0 | 1 | 0 | 0 |
| 0 | 1 | 1 | 0 | 1 | 0 | 0 | 1 | 1 | 1 | 1 | 0 | 0 | 1 | 1 | 1 |
| 0 | 1 | 1 | 1 | 1 | 0 | 0 | 0 | 1 | 1 | 1 | 1 | 0 | 0 | 0 | 0 |

［7-6］若用 ROM 实现一组四变量的逻辑函数，试问：

（1）ROM 应有多少个输入、输出端？

（2）列出逻辑函数的真值表；

（3）画出 ROM 的存储阵列图。

$$\begin{cases} F_1 = \overline{B}D + BC + \overline{A}\,\overline{B}\,\overline{C} \\ F_2 = BC + \overline{A}\,\overline{B}\,\overline{C} + AB\overline{C} \\ F_3 = CD + BC + \overline{B}D + \overline{A}\,\overline{B}\,\overline{C} \\ F_4 = A \oplus C + \overline{B}\,\overline{C} \end{cases}$$

［7-7］用 4kbit 容量的 RAM2114（逻辑框图见 7-9），实现一个容量为 1024×8（≈8k 字位）字位容量的 RAM。

［7-8］用 RAM2114（逻辑框图见 7-9）和译码器，扩展成容量为 4096×8 字位（32 kbit）的 RAM。

[7-9] 由 JK 触发器和 PLA 构成的时序逻辑电路如题图 7-4 所示，试分析其功能。

[7-10] PLA 实现的组合逻辑电路如题图 7-5 所示，试求：

（1）写出 $F_1$、$F_2$ 的表达式。

（2）若改用 PROM 实现此电路，画出电路图。

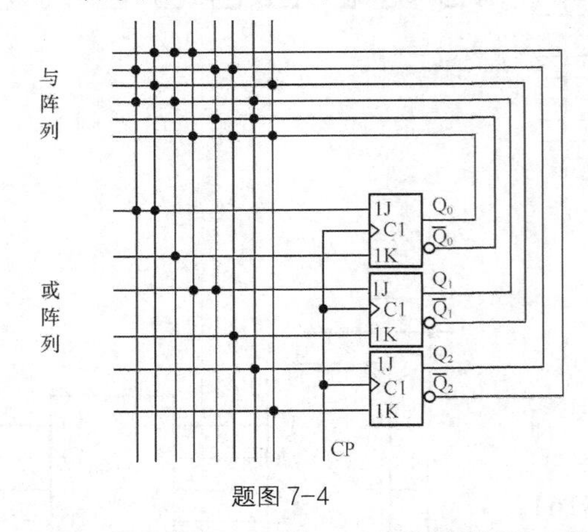


题图 7-4

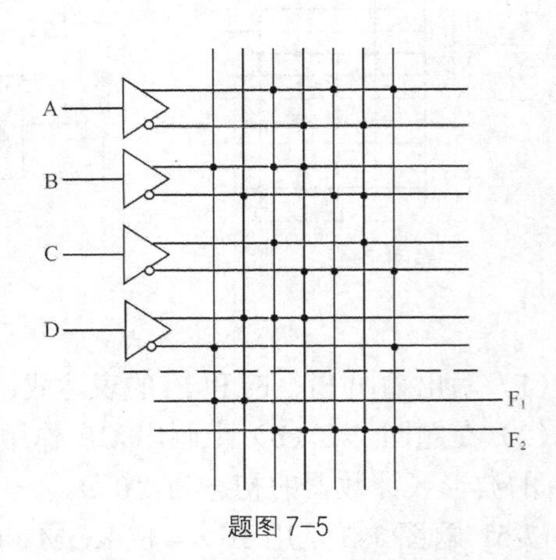


题图 7-5

[7-11] 试用图 7-17 的 PLA 器件设计一保密锁逻辑电路。在此电路中，保密锁上有 A、B、C 三个按钮。当三个按扭同时按下时，或 A、B 两个同时按下时，或按下 A、B 中的任一位按钮时，锁就能被打开；而不符合上列组合状态时，将使电铃发出报警响声。要求写出必要的设计步骤，并画出包括 PLA 阵列图的逻辑图。

# 第8章 硬件描述语言简介

通过前面的学习，我们知道构成数字逻辑系统的基本单元是门电路，并学习了如何用布尔代数和卡诺图化简方法来设计一些简单的组合逻辑电路和时序电路。这些基础知识使我们从理论上了解了一个复杂的数字系统，例如 CPU 等可以由这些基本的单元构成。但真正设计一个复杂的数字系统，通常会用到 FPGA 等现场可编程电路，这需要来学习硬件描述语言。本章从简单介绍了 Verilog HDL 的语言要素，语句和系统函数等，并介绍几个用 Verilog HDL 描述简单的逻辑电路的实例。

## 8.1 概述

随着半导体技术的发展，数字电路已经由中小规模的电路向可编程逻辑器件（PLD）及专用集成电路（ASIC）转变。数字集成电路的设计方法也发生了变化，由传统的手工方式逐渐转变为以电子设计自动化（Electronic Design Automation，EDA）工具作为设计平台的工作方式。传统的用原理图设计电路的方法虽具有直观形象的优点，但如果所设计系统的规模比较大，或设计软件不能提供设计者所需的库单元时，这种方法就显得很受限制了。而且用原理图表示的设计，通用性、可移植性也较弱。所以在现代电子电路的设计中，越来越多地采用了基于硬件描述语言的设计方式。

硬件描述语言（Hardware Description Language，HDL）是硬件设计人员和电子设计自动化（EDA）工具之间的界面，主要用来编写设计文件，建立电子系统行为级的仿真模型。即利用计算机的巨大能力对用 Verilog HDL 或 VHDL 建模的复杂数字逻辑进行仿真，然后再自动综合以生成符合要求且在电路结构上可以实现的数字逻辑网表（Netlist），根据网表和某种工艺的器件自动生成具体电路，然后生成该工艺条件下这种具体电路的延时模型。仿真验证无误后用于制造 ASIC 芯片或写入 CPLD 和 FPGA 器件中。

Verilog HDL 和 VHDL 是目前两种最常用的硬件描述语言，下面简要介绍用 Verilog HDL 对逻辑电路进行描述的方法。

## 8.2 Verilog HDL 硬件描述语言程序基本结构

Verilog HDL 语言最初是于 1983 年由 Gateway Design Automation 公司为其模拟器产品开发的硬件建模语言，1990 年被推向公众领域。Verilog 语言于 1995 年成为 IEEE 标准，称为 IEEE

Std.1364-1995。后来又推出了 IEEE Std.1364-2001，它在前者的基础上对 Verilog 语言做了若干改进和扩充，使其功能更强，使用更方便。从语法结构上看，Verilog HDL 语言与 C 语言有许多相似之处，并继承和借鉴了 C 语言的多种操作符和语法结构。它可以用于从算法级、门级到开关级的多种抽象设计层次的数字系统建模。被建模的数字系统对象的复杂性可以介于简单的门和完整的电子数字系统之间。数字系统能够按层次描述，并可在相同描述中显式地进行时序建模。

Verilog HDL 语言具有下述描述能力：设计的行为特性、设计的数据流特性、设计的结构组成以及包含响应监控和设计验证方面的时延和波形产生机制。所有这些都使用同一种建模语言。此外，Verilog HDL 语言提供了编程语言接口，通过该接口可以在模拟、验证期间进行外部访问设计，包括模拟的具体控制和运行。

### 8.2.1 Verilog 语言程序的模块

Verilog 语言的基本描述单位是模块，以模块集合的形式来描述数字系统。其中每一个模块都有接口部分，用来描述与其他模块之间的连接。模块代表硬件上的逻辑实体，其范围可以从简单的门到整个大的系统。一个模块的基本语法如下：

```
module <顶层模块名>(<输入输出端口列表>);
output 输出端口列表;
input  输入端口列表;
// 定义数据、信号的类型，任务、函数声明
wire  信号名;
reg   信号名;
//逻辑功能定义
assign<结果信号名>=<表达式>;          //使用 assign 语句定义逻辑功能
//用 always 块描述逻辑功能
always @(<敏感信号表达式>)
begin
//过程赋值
//if_else
//case 语句
//while, repeat, for 循环语句
//task, function 调用
end
//调用其他模块
<调用模块名 module_name><例化模块名>(<端口列表 port_list>);
//门元件例化
门元件关键字<例化门元件名> (<端口列表 portlist>);
endmodule
```

说明部分和逻辑功能描述语句可以放在模块的任何地方，但是变量、寄存器、线网和参数等的说明部分必须在使用前出现。一般为了使模块描述清晰以及具有良好的可读性，最好将说明部分放在语句前。//符号为注释。

下面看一个简单的 Verilog HDL 程序。

**【例 8-1】** 二选一数据选择器。

```
module mux2_1(out, a, b, sel);     //模块名为 mux2_1(端口列表 out, a, b, sel)
output out;                        //模块的输出端口为 out
```

```
input a, b, sel;                    //模块的输入端口为a, b, sel
assign out=sel?a:b;                 //逻辑功能描述
endmodule
```

可以看出，Verilog 模块的内容都嵌在 module 和 endmodule 两个语句之间，每个 Verilog 模块包括 4 个主要部分：模块声明、端口定义、信号类型说明和逻辑功能描述。

（1）模块声明

模块声明包括模块名字和模块输入、输出端口列表。

格式如下：

```
module 端口名(端口1, 端口2, 端口3, ……)
```

模块结束的关键字为：endmodule。

（2）端口定义

端口是模块与外界或其他模块连接和通信的信号线，对模块的输入、输出端口要明确说明，格式为：

```
output   端口名1, 端口名2, ……, 端口名N;  //输出端口
input    端口名1, 端口名2, ……, 端口名N;  //输入端口
inout    端口名1, 端口名2, ……, 端口名N;  //输入/输出端口
```

（3）信号类型声明

对模块中所用到的所有信号（包括端口信号、节点信号等）都必须进行数据类型的定义。语言提供了各种信号类型，分别模拟实际电路中的各种物理连接和物理实体。如：

```
wire a, b, c;                       //定义信号a, b, c为wire型
reg  out;                           //定义信号out为reg型
reg[7:0]out;                        //定义信号out的数据类型为8位reg型
```

如果信号的数据类型没有定义，则综合器将其默认为 wire 型。其中还应注意：输入和双向端口不能定义为寄存器型；在测试模块中不需要定义端口。

（4）逻辑功能描述

模块中最核心的部分是逻辑功能的描述。有多种方法可以在模块中描述和定义逻辑功能，还可以调用函数（function）和任务（task）来描述逻辑功能。

### 8.2.2　逻辑功能的几种基本描述方法

#### 1．数据流描述（用“assign”连续赋值语句）

数据流描述方式类似于布尔方程，既含有逻辑单元的结构信息，又隐含地表示某种行为。“assign”语句一般用于组合逻辑的赋值，称为持续赋值方式。这种方法简单，只需将逻辑表达式放在关键字“assign”后即可。如：assign F=～((A&B)|(C&D))。

#### 2．结构描述

结构描述是通过实例进行描述的。将 Verilog 预定义的基元实例嵌入到语言中，监控实例的输入，一旦其中任何一个发生变化，便重新运算并输出。在 Verilog 语言中，可通过调用如下元件的方式来描述电路的结构：

（1）调用 Verilog 内置门元件（门级结构描述）；

（2）调用开关级元件（开关级结构描述）；

（3）用户定义元件 UDP（门级结构描述）；

（4）模块实例（创建层次结构）。

调用元件的方法类似于在电路图输入方式下调入库元件一样，键入元件的名字和引脚的名字即可。要求每个实例元件的名字必须是唯一的。如：

```
and myand4(f, a, b, c, d);                    //调用门元件，定义了一个四输入与门
and c3(out, a, b, c)                       //三输入与门，名字为c3
```

### 3. 行为描述

行为描述方式是一种使用高级语言的方法。它和用软件编程语言描述没有什么不同，具有很强的通用性和有效性。它是通过行为实例来实现的。

（1）initial 语句：一般用于仿真中的初始化，仅执行一次。

（2）always 语句：语句不断重复执行，含义是一旦赋值给定，仿真器便等待变量的下一次变化，有无限循环之意。

### 4. 混合描述

在模块中，上述逻辑功能的描述方法可以混合使用，即模块描述中可以包含实例化的门、模块实例化语句、连续赋值语句以及 always 语句和 initial 语句的混合。它们之间可以相互包含。来自 always 语句和 initial 语句的值能够驱动门或开关，而来自于门或连续赋值语句的值能够反过来用于触发 always 语句和 initial 语句。

下面是混合设计方式的 1 位全加器实例（电路示意图如图 8-1 所示）。

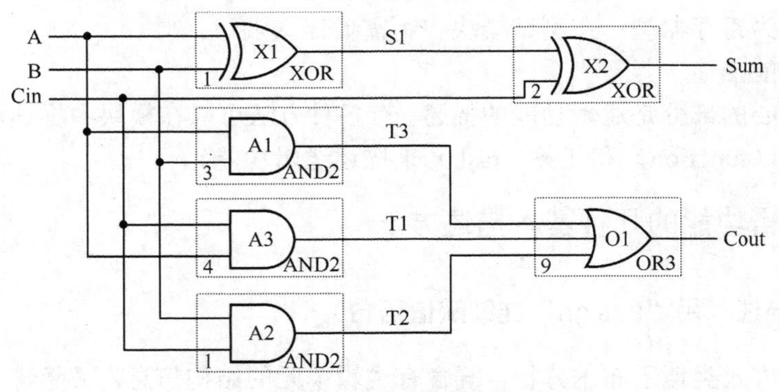


图 8-1　一位全加器电路

**【例 8-2】** 1 位全加器

```
module  Add1(A, B, Cin, Sum, Cout ) ;
input A, B,  Cin;
output Sum,  Cout;
reg Cout;
reg T1, T2, T3;
wire S1;
xor X1(S1,  A,  B);                  // 门实例语句。
always @ ( A or B or Cin )   // always 语句
```

```
begin
T1 = A&Cin;
T2 = B&Cin;
T3 = A&B;
Cout = (T1|T2)|T3;
end
assign Sum = S1^Cin;           // 连续赋值语句。
endmodule
```

只要A或B上有事件发生，门实例语句即被执行。只要A、B或C i n上有事件发生，就执行always语句，并且只要S1或Cin上有事件发生，就执行连续赋值语句。

## 8.3 Verilog HDL语言要素

Verilog HDL的基本要素，包括标识符、空白符、注释、数值和字符串、数据类型及运算符等。

### 8.3.1 标识符

Verilog HDL中的标识符（identifier）可以是任意一组字母、数字、$符号和_（下划线）符号的组合，但标识符的第一个字符必须是字母或者下划线。另外，标识符是区分大小写的。以下是标识符的几个例子：

```
Count;
COUNT //与 Count 不同;
_R1_D2;
R56_68;
FIVE$。
```

另外还有转义标识符（escaped identifier），可以在一条标识符中包含任何可打印字符。转义标识符以\（反斜线）符号开头，以空白结尾（空白可以是一个空格、一个制表字符或换行符）。下面列举了几个转义标识符：

```
\7400;
\.*.$;
\{ * * * * * * };
\ ~Q;
\OutGate 与 OutGate 相同。
```

最后这个例子解释了在一条转义标识符中，反斜线和结束空格并不是转义标识符的一部分。也就是说，标识符\ OutGate 和标识符 OutGate 恒等。

### 8.3.2 关键字

Verilog HDL定义了一系列保留字，叫做关键词，它仅用于某些上下文中。注意只有小写的关键词才是保留字。例如，标识符always（这是个关键词）与标识符ALWAYS（非关键词）是不同的。

另外，转义标识符与关键词并不完全相同。标识符\initial 与标识符 initial（这是个关键词）不同。注意这一约定与那些转义标识符不同。

### 8.3.3 格式

Verilog HDL 区分大小写，也就是说大小写不同的标识符是不同的。此外，Verilog HDL 是自由格式的，即结构可以跨越多行编写，也可以在一行内编写。空白符（空格、tab、换行和换页）没有特殊意义，只是使代码错落有致，阅读起来更方便。在综合时，空白符被忽略。

### 8.3.4 注释

在 Verilog HDL 中有两种形式的注释。

```
/ *第一种形式:可以扩展至多行* /
/ /第二种形式:在本行结束。
```

### 8.3.5 数字与字符串

Verilog HDL 有下列 4 种基本的值。

0：逻辑 0 或“假”、低电平。

1：逻辑 1 或“真”、高电平。

x：未知或者不确定的状态。

z：高阻态。

这 4 种值的解释都内置于语言中。如一个为 z 的值总是意味着高阻抗，一个为 0 的值通常是指逻辑 0。此外，x 值和 z 值都是不分大小写的，即值 0 x 1 z 与值 0 X 1 Z 相同。而且在门的输入或一个表达式中为“z”的值通常解释成“x”。Verilog HDL 中的常量是由以上这 4 类基本值组成的。

Verilog HDL 中有 3 类常量：

整型；

实数型；

字符串型。

（1）整数

整数的书写格式为：

```
<位宽>' <进制> <数字>
```

位宽为对应二进制数的宽度，数字是基于进制的数字序列。常用的进制有：

二进制（b 或 B）；

十进制整数（d 或 D）；

十六进制整数（h 或 H）；

八进制整数（o 或 O）；

例：

```
8'b11000101  //位宽为 8 位的二进制数 11000101
3'o6         //位宽为 3 位的八进制数 6
8'ha3        //位宽为 8 位的十六进制数 a3
4'D3         //4 位十进制数 3
108          //代表十进制数 108，十进制的数可以缺省位宽和进制说明
```

```
4'b1x_10      //位宽为 4 位的二进制数 1x10，下划线符号“_”可以随意用在整数或实数中，它们就数量
本身没有意义。
5'hx          //4 位十六进制数 x，即 xxxxx
4'h 1a        //在位宽和和字符之间，以及进制和数值之间允许出现空格
```

（2）实数

例如：

```
2.0        //合法表示
23_5.1e2      //其值为 23510.0；忽略下划线
3.6  E2          //360.0(e 与 E 相同)
```

（3）字符串

字符串是双引号内的字符序列，字符串不能分成多行书写。例如：

“INTERNAL ERROR”。

### 8.3.6 数据类型

Verilog HDL 有两大类数据类型：线网类型和寄存器类型。

线网类型（nets type）表示 Verilog 结构化元件间的物理连线。它的值由驱动元件的值决定，例如连续赋值或门的输出。如果没有驱动元件连接到线网，线网的缺省值为 z。

寄存器类型（register type）表示一个抽象的数据存储单元，它只能在 always 语句和 initial 语句中被赋值，并且它的值从一个赋值到另一个赋值被保存下来。寄存器类型的变量具有 x 的缺省值。

（1）线网类型（nets type）

线网类型包含多种类的线网子类型，其中 wire 是最常用的连线型变量，这里主要对其进行介绍。wire 型数据常量用来表示以 assign 语句赋值的组合逻辑信号。Verilong HDL 模块中的输入/输出信号类型缺省时自动定义为 wire 型。wire 型信号可以用作任何方程式的输入，也可以用做“assign”语句和实例元件的输出。对于综合而言，其取值为 0，1，X，Z。

wire 型变量的定义格式如下：

```
wire 数据名 1，数据名 2，数据名 3，……，数据名 n;
```

例如：

```
wire a, b;                  //定义了两个 wire 型变量 a, b
```

wire 型向量可按以下方式使用：

```
wire [7:0] in, out;              //定义了两个 8 位 wire 型向量 in, out
assign out =in;
```

若只使用其中某几位，可直接指明，但应注意宽度要一致。如：

```
wire [7:0] out;
wire [3:0] in
assign out [5:2] =in;      //out 向量的第 2 到第 5 位与 in 向量相等
```

即等效于：Assign out ［5］=in ［3］

Assign out ［4］=in ［2］；

Assign out ［3］=in ［1］；

Assign out ［2］=in ［0］。

（2）寄存器类型（register type）

寄存器数据类型的 reg 是最常见的数据类型。reg 类型使用保留字 reg 加以说明，形式如下：

```
Reg 数据名 1，数据名 2，……，数据名 n;
```

例如：

```
reg a, b;                //定义了两个 reg 型变量 a，b
reg [7:0] data;          //定义 data 为 8 位宽的 reg 型向量
```

（3）存储器

存储器是一个寄存器数组，若干个相同宽度的向量构成数组，reg 型数组变量即为 memory 型变量，既可定义存储器型数据，如：

```
reg [7:0] mymem [1023:0]; //定义了一个宽度为 8 位、1024 个存储单元的存储器，该存储器的名字是 mymem。
```

### 8.3.7 参数

在 Verilong HDL 中，用 parameter 来定义常量，其定义格式如下：

```
parameter 参数名 1=表达式，参数名 2=表达式，参数名 3=表达式……
```

例如：

```
parameter se1=8, code=8'ha3;
//分别定义参数 sel 为常数 8（十进制），参数 code 为常数 a3（十六进制）
```

### 8.3.8 运算符及表达式

Verilog HDL 的运算符范围很广，按功能分为：算术运算符、逻辑运算符、关系运算符、等式运算符、缩减运算符、条件运算符、位运算符、位移运算符和拼接运算符。如果按运算符所在操作数的个数来区分，运算符可分为 3 类，分别为：

单目运算符（unary operator），运算符可带一个操作数；

双目运算符（binary operator），运算符可带两个操作数；

三目运算符（ternary operator），运算符可带三个操作数。

下面对上述运算符分别说明。

（1）算术运算符（Arithmetic operators）

常用的算术运算符包括：

+　加；

-　减；

*　乘（常数或乘数是 2 的整数次幂数）；

/　除（常数或除数是 2 的整数次幂数）；

%　求模（常数或右操作数是 2 的整数次幂数）。

以上的算术运算符都属于双目运算符。前 4 种常用于加、减、乘、除四则运算，%是求模运算符，或成为求余运算符，比如 9%4 的值为 1，6%3 的值为 0。

（2）逻辑运算符（Logical operators）

&& 逻辑与；

‖　逻辑或；

!　逻辑非；

如A的非表示为！A ；A和B的与表示为A&&B; A和B的或表示为A‖B。

（3）位运算符（Bitwise operators）

位运算符是将两个操作数按对应位进行逻辑运算。位运算符包括：

～　按位取反；

&　按位与；

|　按位或；

^　按位异或；

^～，～^按位同或（符号^～与～^是等价的）。

（4）关系运算符（Relational operators）

关系运算符包括：

<　小于；

< =　小于或等于；

>　大于；

> =　大于或等于。

注：其中“< =”操作符也用于表示信号的一种赋值操作。

在进行关系运算时，如果声明的关系是假，则返回值是0；如果声明的关系是真，则返回值是1；如果某个操作数的值不定，则其结果是模糊的，返回值是不定值。

（5）等式运算符（Equality operators）

等式运算符有4种，分别为：

==　等于；

! =　不等于；

===　全等；

! ==　不全等。

这4种运算符都是双目运算符，得到的结果是1位的逻辑值。如果得到1，说明声明的关系为真；如果得到0，说明声明的关系为假。

相等运算符（==）和全等运算符（===）的区别是：参与比较的两操作数必须逐位相等，相等比较的结果才为1，如果某些位是不定态或高组值，则相等比较得到的结果就会是不定值。而全等比较（===）是对这些不定态或高组值的位也进行比较，两个操作数必须完全一致，其结果才为1，否则结果是0。

比如：设寄存器变量a=5′ b11x01，b=5′ b11x01，则“a==b”的结果为不定值x，而“a===b”得到的结果为1。

（6）缩减运算符（Reduction Operators）

缩减运算符是单目运算符，它包括下面几种：

&　与；

～&　与非；

|　或；

～|　或非；

^　　　异或；

^~，~^同或。

缩减运算符与位运算符的逻辑运算法则一样，但缩减运算是对单个操作数进行与、或、非递推运算的。如：

```
reg [3:0] a;
b=&a; 等效于 b=((a [0] &a [1] ) &a [2] ) &a [3] ;
```

例：若 A=5'B11001，则：

```
&A=0;    //只有 A 的各位都为 1 时，其与缩减运算的值才为 1。
|A=1;    //只有 A 的各位都为 0 时，其或缩减运算的值才为 0。
```

（7）移位运算符（Shift operators）

移位运算符包括：

〉〉　右移；

〈〈　左移。

Verilog HDL 的移位运算只有左移和右移两个。其用法为：

```
A〉〉n 或  A〈〈n
```

表示把操作数 A 右移或左移 n 位，同时用 0 填补移出的位。

例：假如 A=5′ b11001，则

A〉〉 2 的值为 5′ b00110;　　//将 A 右移 2 位，用 0 填补移出的位。

（8）条件运算符（Conditional operators）

条件运算符为：？：。

它是一个三目运算符，对 3 个操作数进行运算，其定义同 C 语言中的定义一样，方式如下：

```
signal= condition? True_expression :false_expression;
```

即：信号=条件？表达式 1：表达式 2；

当条件成立时，信号取表达式 1 的值，反之取表达式 2 的值。

（9）位拼接运算符（Concatenation operators）

位拼接运算符：{}。

它将这两个或多个信号在某些位拼接起来。用法如下：

```
{信号 1 的某几位，信号 2 的某几位}，……，信号 n 的某几位}
```

例如，在进行加法运算时，可将进位输出与和拼接在一起使用：

```
output [3:0:] sum;                   //sum 代表和
output cout;                         //cout 为进位输出
input [3:0] int a, int b;
input cin;
assign {cout, sum}=inta+intb+cin;    //进位与和拼接在一起
```

（10）运算符的优先级

以上运算符的优先级如表 8-1 所示。为避免出错，同时为增加程序的可读性，在书写程序时可用括号（）来控制运算符的优先级。

表 8-1 运算符的优先级

<table>
<tr><th>运算符</th><th>优先级</th></tr>
<tr><td>! ～</td><td>高优先级</td></tr>
<tr><td>* / %</td><td></td></tr>
<tr><td>+ -</td><td></td></tr>
<tr><td>〈 〈 〉 〉</td><td></td></tr>
<tr><td>〈 〈 = 〉 〉=</td><td></td></tr>
<tr><td>== != === ! ==</td><td>↓</td></tr>
<tr><td>& ～&</td><td></td></tr>
<tr><td>^^ ～</td><td></td></tr>
<tr><td>| ～ |</td><td></td></tr>
<tr><td>& &</td><td></td></tr>
<tr><td>||</td><td></td></tr>
<tr><td>? :</td><td>低优先级</td></tr>
</table>

## 8.4 Verilog HDL 语句

Verilog HDL 支持许多高级行为语句，使其成为结构化和行为性的语言。Verilog HDL 的语句包括：赋值语句、条件语句、循环语句、过程语句和编译预处理语句等。每一类又包括几种不同的语句。下面分别进行说明。

### 8.4.1 赋值语句

（1）持续赋值语句(Continuous Assignments)

assign 语句为持续赋值语句，用于对 wire 型变量进行赋值。比如：

```
assign c=a&b;
```

在上面的赋值中，a，b，c 3 个变量皆为 wire 型变量，a 和 b 的信号的任何变化，都将随时反映到 c 上来，因此称为连续赋值方式。

（2）过程赋值语句（Procedural Assignments）

过程赋值语句用于对寄存器类型（reg）的变量进行赋值。过程赋值有以下两种方式。

① 非阻塞（nod_blocking）赋值方式

赋值符号<=，如 b<=a。

非阻塞赋值在块结束时才完成赋值操作，即 b 的值并不是立刻就改变的。

② 阻塞（blocking）赋值方式

赋值符号为=，如 b=a。

阻塞赋值在该语句结束时就完成赋值操作，即 b 的值在该赋值语句结束后立刻改变。如果在一个块语句中，有多条阻塞赋值语句，那么在前面的赋值语句没有完成之前，后面的语句就不能被执行，就像被阻塞（blocking）了一样，因此称为阻塞赋值方式。

### 8.4.2 条件语句

条件语句有 if 语句和 case 语句两种。它们都是顺序语句，应放在“always”块内。下面对这两种语句分别进行介绍。

（1）if-else 语句

if 语句语法有下列 3 种形式。

① if（表达式）语句 1；

② if（表达式）语句 2；

else 语句 2；

③ if（表达式 1）语句 1；

else if（表达式 2）语句 2；

else if（表达式 3）语句 3；

……

else if（表达式 n）语句 n；

else 语句 n+1;

（2）case 语句。

与 C 语言的 case 语句不同，Verilog 语言中，选择第一个与<表达式>的值相匹配的<数值>，并执行相关的语句，然后控制指针将转移到 endcase 语句之后，也就是说，与 C 语言不同的是，它不需要 break 语句。具体 case 语句形式如下：

```
case（敏感信号表达式）
    值 1：语句 1；
    值 2：语句 2；
    ……
    值 n：语句 n；
    default:语句 n+1；
endcase
```

在每一个条件执行语句结构中当多于一条语句的时候，必须利用 begin-end 结构。

### 8.4.3 循环语句

循环语句包括：for 循环语句、while 循环语句、repeat 循环语句和 Forever 循环语句。

（1）for 语句

for 循环语句与 C 语言的 for 循环语句非常相似，只是 Verilog 中没有增 1++和减 1−−运算符，因此要使用 $i$=$i$+1;for 语句的使用格式如下：

```
for（表达式 1；表达式 2；表达式 3）语句
```

（2）repeat 语句

这种循环语句是执行指定循环次数的过程语句。repeat 语句的使用格式为：

```
repeat（循环次数表达式）语句；
或 repeat（循环次数表达式）begin
……
end
```

（3）While 语句

While 语句的使用格式如下：

```
While（循环执行条件表达式）语句;
或 while（循环执行条件表达式）begin
…….
end
```

While 语句在执行时，首先判断循环执行条件表达式是否为真。若是真，执行后面的语句或语句块。然后再回头判断循环执行条件表达式是否为真；若是真，再执行一次后面的语句，如此不断，直到条件表达式不为真。因此在执行的语句中，必须有一条改变循环执行条件表达式的值的语句。

（4）Forever 语句

Forever 语句的使用格式如下：

```
Forever 语句;
或 forever    begin
……
end
```

Forever 循环语句连续不断地执行后面的语句或语句块，常用来产生周期性的波形，作为仿真激励信号。

### 8.4.4　过程语句

过程语句有 always 语句和 initial 语句。一个模块中可以包含任意多个 always 或 initial 语句。这些语句相互并行执行，即这些语句的执行顺序与其在模块中的顺序无关。

（1）initial 语句

initial 语句的格式如下：

```
initial
begin
语句 1:
语句 2:
……
end
```

initial 语句不带触发条件，其过程块中的语句仅执行一次，常用于仿真中的初始化。initial 语句通常不能够被逻辑综合工具所支持。

（2）always 语句

与 initial 语句不同，always 块内的语句是不断重复执行的，且 always 语句是可综合的。

always 语句的格式如下：

```
always @(敏感信号 1 or 敏感信号 2 or …… 敏感信号 n)
begin
语句 1;
语句 2;
……
end
```

always 通常是带有触发条件的，只有当触发条件满足时，其后的 begin-end 块语句才能被执行。其触发条件由敏感信号构成，有两种类型：一种是边沿触发方式，posedge（上升沿触发）和 negedge（下降沿触发）；另一种是电平触发方式。使用时应注意以下问题。

（1）多个敏感信号之间用 or 连接，如：

```
always @(a or b);
```

```
always @(posedge clk);
always @(posedge clk or negedge en);
always @(a or b or c or d)。
```

（2）每个 always 过程最好只有一种类型敏感信号触发，通常不要将边沿触发和电平触发信号混合在一起。如一般建议不要这样使用：always @（posedge clk or en）。

## 8.5 系统任务和系统函数

任务和函数关键字分别是 task 和 function，利用任务和函数可以把一个大的程序模块分解成许多小的任务和函数，以方便调试，并且能使程序结构简单清晰。

### 8.5.1 任务

任务（task）定义与调用的格式如下：

```
定义：task<任务名>;//没有端口列表
          端口及数据类型说明语句;
          其他语句;
        endtask
```

任务调用格式为：

```
<任务名>(端口 1，端口 2，……);
```

需要注意的是：任务调用变量和定义时说明的 I/O 变量是一一对应的。

### 8.5.2 函数

函数（function）和任务一样，可以在模块的不同位置执行共同的代码，函数必须带有至少一个输入，只能够返回一个值，函数中还可以调用其他的函数。

函数定义与调用格式如下：

```
定义：function <返回值位宽或类型说明>函数名;
          端口声明;
          局部变量定义;
          其他语句;
    endfunction
```

函数调用格式如下：

```
函数名(<表达式 1> <表达式 2>);
```

函数的调用是通过将函数作为表达式中的操作数来实现的。

## 8.6 用 Verilog HDL 描述逻辑电路的实例

在这一节里，通过几个简单逻辑电路和应用电路的实例来说明用 Verilog HDL 描述电路逻辑功能的方法。

**【例 8-3】** 四选一数据选择器。

参考程序：

```
//利用 case 语句实现的 4 选 1 数据选择器
module mux4_1(data1, data2, data3, data4, select, y);
input [3:0] data1, data2, data3, data4;     //四组输入信号
```

```
input [1:0] select;                                  //选择信号
output [3:0] y;                                      //输出信号
reg [3:0] y;
wire [15:0] data;
assign data={data1, data2, data3, data4};
always @(data or select)
begin
case(select)
2'd0:y=data1;
2'd1:y=data2;
2'd2:y=data3;
2'd3:y=data4;
endcase
end
endmodule
```

仿真波形如图 8-2 所示。

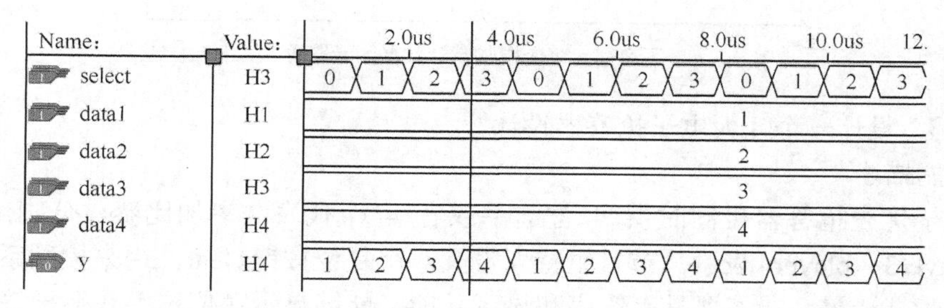


图 8-2 四选一数据选择器仿真波形图

**【例 8-4】** 可变模加减计数器。

参考程序：

```
module clock_updown(in_data, clk, rest, load, up_down, count_out);
input clk, rest, load, up_down;
input [3:0] in_data;            //置位数据
output [3:0] count_out;         //计数器输出
reg  [3:0] count_out;           //计数器寄存器变量
always @(posedge clk)           //敏感信号只有clk，所以计数器是同步计数器
begin
 if(!rest)
   count_out=4'b0000;           //同步清0
 else if(!load)                 //同步置位
   count_out=in_data;
 else if(up_down)               //加计数
   count_out=count_out+1;
 else                           //减计数
   count_out=count_out-1;
end
endmodule
```

仿真波形如图 8-3 所示。

生成的图元符号如图 8-4 所示。

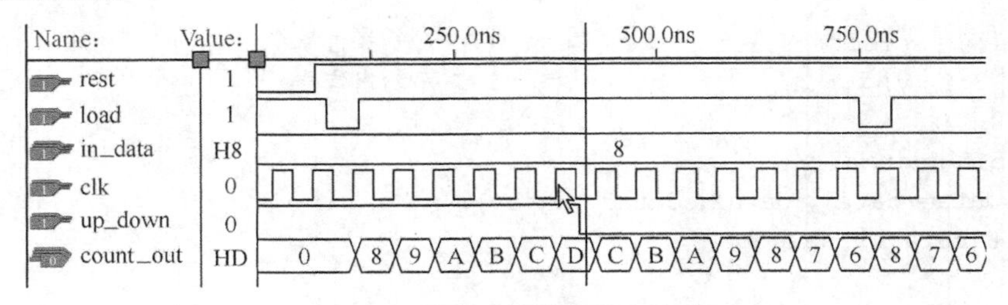


图 8-3 可变模加减计数器仿真波形图

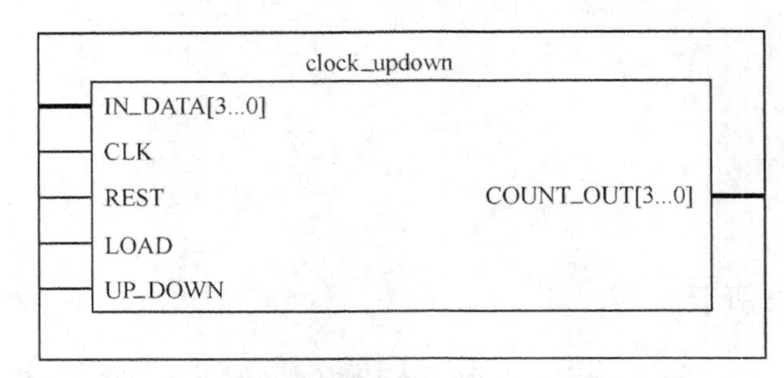


图 8-4 可变模加减计数器图元符号

**【例 8-5】** 设计一个 4 人电子抢答器设计。

（1）功能描述

4 人电子优先抢答器可同时供 4 位选手或者 4 个代表队参加比赛，分别用 player1、player2、player3、player4 表示。节目主持人设置一个复位按键 clear，用来控制系统的清零，使编号数码管灯清零。抢答器具有锁存和显示功能，能够显示哪位选手获得抢答，并能够显示处理具体选手的号码，同时能够屏蔽别的选手再选择按钮信号。在选手回答问题时给出时间限制，在规定时间到达时发出报警，主持人按键清零，一次抢答结束。

（2）设计思路与实现

在本设计中，共 4 位选手，即 4 个输入信号，我们考虑到优先原则，所以引用一个标志状态变量。当这个标志变化为“1”的时候，说明有选手已经抢答，则对其他选手输入信号进行屏蔽，然后锁存这个选手的编号并显示。假设本设计回答问题限制时间是 99s，采用两个数码管显示，计数采用 BCD 码输出。

（3）参考程序

```
module qiangdaqi(clk, clear, player, count_time, result, alert, flag);
input clk, clear;               //clk 用于计时, clear 用于主持人将抢答器复位
input [3:0] player;             //4 位选手
output [7:0] count_time;        //共 8 位宽度, 驱动两个数码管, 用于回答时间显示
output [3:0] result;            //用于抢答结果显示
output alert;                   //计时结束报警, 当为 1 的时候报警
output flag;                    //其中有选手已经抢答就报警
reg flag;                       //寄存器变量, 留给任何一位获得抢答获胜者
reg [7:0] count;                //为了计时 99s, 分两个数码管,
reg [3:0] result;                     //显示哪位选手按键
reg alert;
assign count_time=count;        //让计时显示
always @(player or clear)       //抢答器处理模块
begin
```

```
   if(clear)
    begin
     if(!flag)                          //为了屏蔽其他的选手
      begin
        case(player)
        1:
         begin
          flag=1;
          result=4'b0001;               //显示第 1 位选手获得抢答
         end
        2:
         begin
          flag=1;
          result=4'b0010;               //显示第 2 位选手获得抢答
         end
        4:
         begin
          flag=1;
          result=4'b0011;               //显示第 3 位选手获得抢答
         end
        8:
         begin
          flag=1;
          result=4'b0100;               //显示第 4 位选手获得抢答
         end
        default:result=4'b0000;
      endcase
     end
   end
 else
  begin
   flag=0;
   result=4'b0000;
  end
 end
 always @(posedge clk)                            //回答时间计数
 begin
 if(flag)
  begin
  if(!alert)                                      //防止在报警后再计数
   begin
   if(count>0)
     begin
       if(count[3:0]==0)                          //先考虑减到 0 没有?
         begin
```

```
        count[3:0]=4'b1001;              //如果低位减到 0，则置位成 9
        count[7:4]=count[7:4]-1;         //如果减到零高位减一
        end
      else
        count[3:0]=count[3:0]-1;
    end
  else
   begin
    alert=1;                             //倒计时到 0 报警
    count=8'b10011001;
    end
  end
end
else
 begin
 alert=0;
 count=8'b10011001;
 end
end
endmodule
```

仿真波形如图 8-5 和图 8-6 所示。

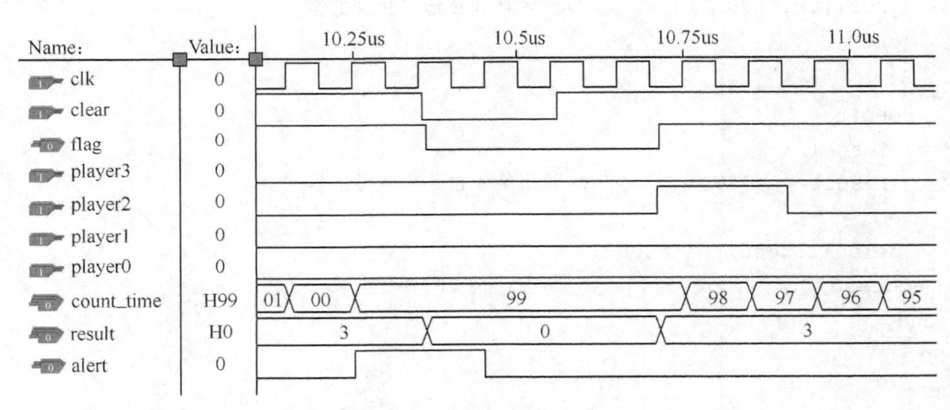


图 8-5　4 人抢答器仿真波形图 1

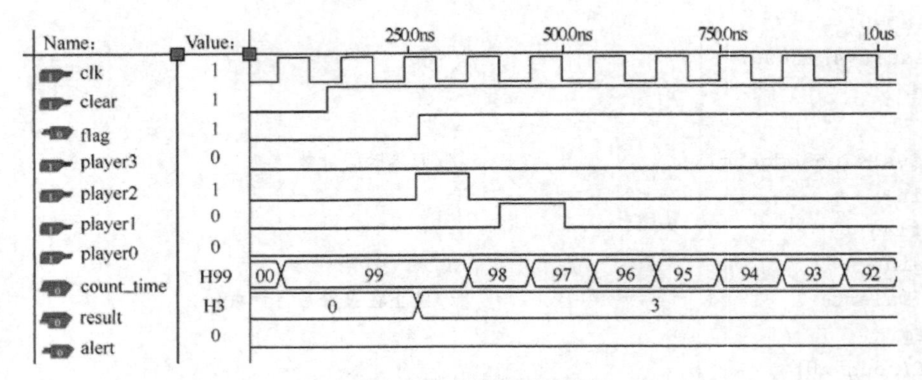


图 8-6　4 人抢答器仿真波形图 2

生成的图元符号如图 8-7 所示。

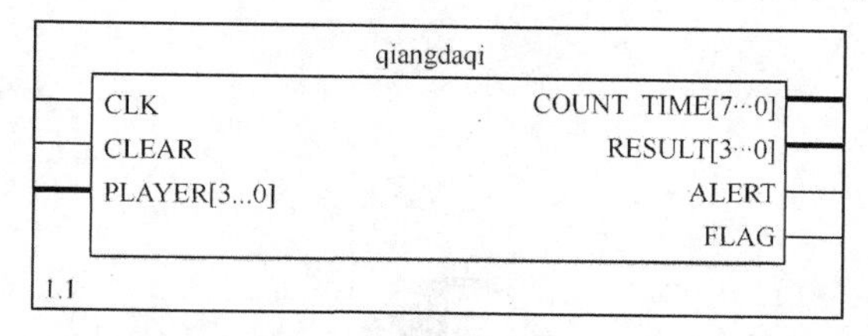


图 8-7　4 人抢答器图元符号

# 本章小结

硬件描述语言是用于描述硬件电路的一种专用计算机编程语言。它可以对任何复杂的逻辑电路进行完整的功能和动态时间参数甚至功耗参数的描述。利用硬件描述语言来设计电路，使探测各种设计方案变成一件很容易很便利的事情，因为只需要对描述语言进行修改，这比更改电路原理图原型要容易实现得多。

目前 Verilog HDL 和 VHDL 是两种最流行的硬件描述语言，大多数 EDA 开发软件都支持这两种语言编写的源文件。因受课内学时的限制，本章仅向读者初步地介绍了 Verilog HDL 的概况。推荐使用 Altera 公司的 QuartusII 软件开发该公司的 FPGA 器件。全面了解和真正掌握它，还需进一步的学习，并在实践中加深理解。

# 习　　题

[8-1] 用 Verilog HDL 语言实现题图 8-1 所示电路。

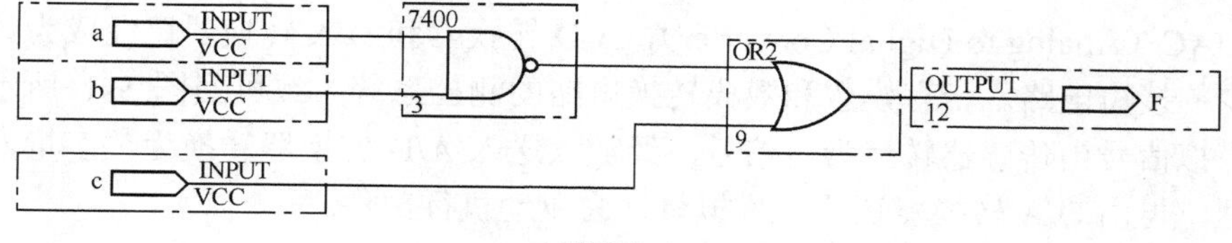


题图 8-1

[8-2] 用 Verilog HDL 语言实现图题 8-2 所示电路一个带控制端的 3/8 译码器。

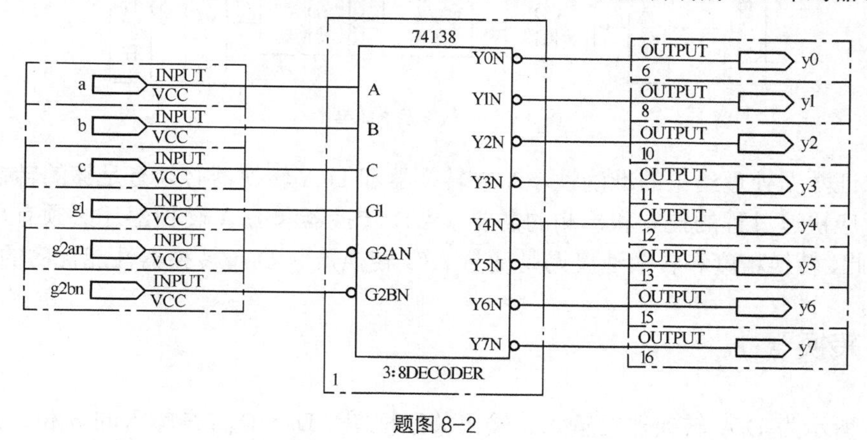


题图 8-2

[8-3] 用 Verilog HDL 语言实现带异步清零、异步置 1 的 D 触发器。

# 第9章 数模与模数转换器

在现代控制、通信及检测领域中，对信号的处理广泛采用了数字计算机技术。但系统的实际处理对象往往都是一些模拟量（如温度、压力、语音、图像等），要使计算机或数字仪表能识别和处理这些信号，必须首先将这些模拟信号转换成数字信号；而经计算机分析、处理后输出的数字量往往也需要将其转换成为相应的模拟信号才能为执行机构所接收。这样就需要一种能在模拟信号与数字信号之间起桥梁作用的电路——模数转换电路和数模转换电路。本章将介绍几种常用的模数和数模转换电路的电路结构、工作原理及应用。

## 9.1 概述

能将模拟信号转换成数字信号的电路，称为模数转换器，简称 A/D 转换器或 ADC（Analog to Digital Converter）；而将能把数字信号转换成模拟信号的电路称为数模转换器，简称 D/A 转换器或 DAC（Analog to Digital Converter），A/D 转换器和 D/A 转换器已经成为计算机系统中不可缺少的接口电路。带有模数和数模转换电路的测控系统大致可用图 9-1 所示的框图表示。图中模拟信号由传感器转换为电信号，经放大送入 A/D 转换器转换为数字量，由数字电路进行处理，再由 D/A 转换器还原为模拟量，去驱动执行部件。

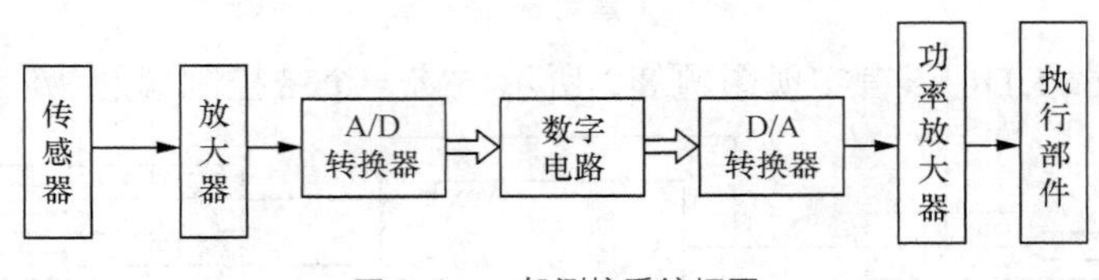

图 9-1 一般测控系统框图

为了保证数据处理结果的准确性，A/D 转换器和 D/A 转换器必须有足够的转换精度。同时，为了适应快速过程的控制和检测的需要，A/D 转换器和 D/A 转换器还必须有足够快的转换速度。因此，转换精度和转换速度乃是衡量 A/D 转换器和 D/A 转换器性能优劣的主要标志。

## 9.2 D/A 转换器

图 9-2 所示为 D/A 转换器的输入、输出关系框图，$D_0$～$D_{n-1}$ 是输入的 $n$ 位二进制数，$v_o$ 是与输入二进制数成比例的输出电压。

图 9-3 所示为一个输入为 3 位二进制数时 D/A 转换器的转换特性，它具体而形象地反映了 D/A 转换器的基本功能。

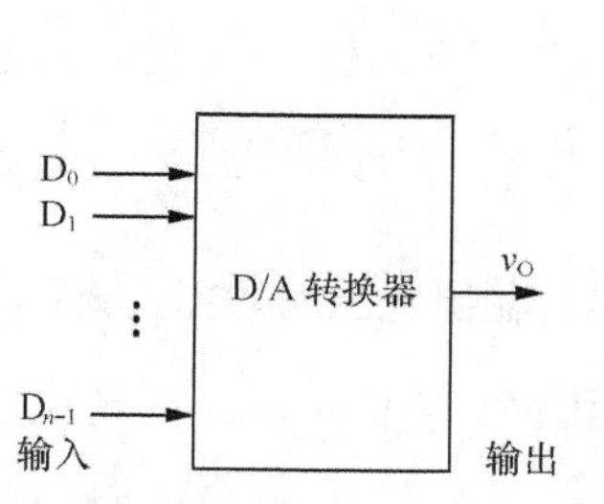


图 9-2 D/A 转换器的输入、输出关系框图

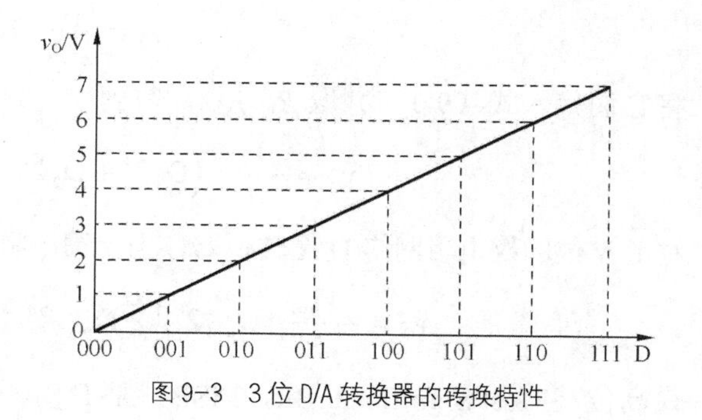


图 9-3 3 位 D/A 转换器的转换特性

## 9.2.1 权电阻网络 D/A 转换器

图 9-4 是 4 位权电阻网络 D/A 转换器的原理图，它由权电阻网络、4 个模拟开关和 1 个求和放大器组成。$S_0$～$S_3$ 为模拟开关，它们的状态分别受输入代码 $D_3$、$D_2$、$D_1$ 和 $D_0$ 的取值的控制，代码为 1 时开关参考电压 $V_{REF}$ 上，代码为 0 时开关接地。故 $D_i=1$ 时有支路电流 $I_i$ 流向放大器，$D_i=0$ 时，支路电流为零。

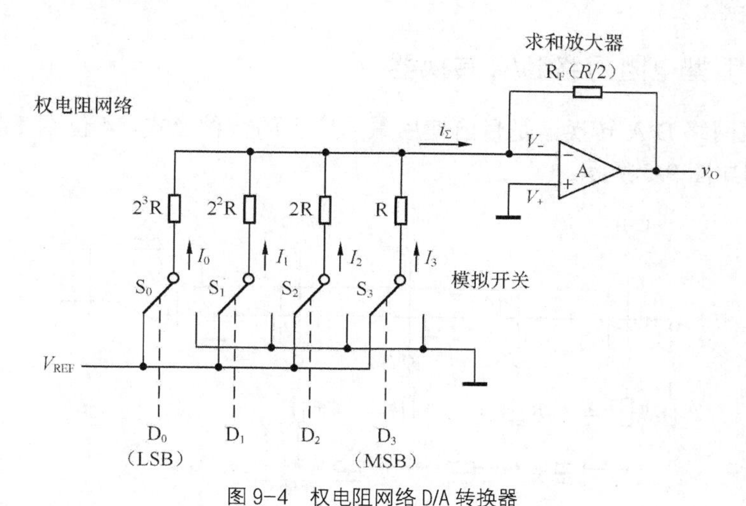


图 9-4 权电阻网络 D/A 转换器

求和放大器是一个接成负反馈的运算放大器，满足虚短（流入放大器电流为 0），虚断，（$V_-\approx V_+=0$），在此条件下可以得到

$$\begin{aligned} v_O &= -R_F i_\Sigma \\ &= -R_F\left(I_3+I_2+I_1+I_0\right) \end{aligned} \tag{9-1}$$

由于 $V_-\approx 0$，因而各支路电流分别为

$$I_3=\frac{V_{REF}}{R}D_3 \text{（} D_3=1\text{时 } I_3=\frac{V_{REF}}{R}D_3\text{，} D_3=0\text{时 } I_3=0\text{）}$$

$$I_2=\frac{V_{REF}}{2R}D_2$$

$$I_1 = \frac{V_{\rm REF}}{2^2 R} \mathrm{D}_1$$

$$I_0 = \frac{V_{\rm REF}}{2^3 R} \mathrm{D}_0$$

将它们代入式（9-1）并取 $R_{\rm F}=R/2$，得到

$$v_{\rm O} = -\frac{V_{\rm REF}}{2^4}\left(\mathrm{D}_3 2^3 + \mathrm{D}_2 2^2 + \mathrm{D}_1 2^1 + \mathrm{D}_0 2^0\right) \tag{9-2}$$

对于 $N$ 位的权电阻网络 D/A 转换器，当反馈电阻 $R_{\rm F}=R/2$ 时，输出电压的计算公式可写成

$$v_{\rm O} = -\frac{V_{\rm REF}}{2^n}\left(\mathrm{D}_{n-1} 2^{n-1} + \mathrm{D}_{n-2} 2^{n-2} + \cdots + \mathrm{D}_1 2^1 + \mathrm{D}_0 2^0\right) \tag{9-3}$$

最高位（Most Significant Bit，MSB）是 $\mathrm{D}_{n-1}$，最低位（Least Significant Bit，LSB）$\mathrm{D}_0$，上式表明，输出的模拟电压正比于输入的数字量。

从式（9-3）可以看到，在 $V_{\rm REF}$ 为正电压时输出电压 $v_{\rm o}$ 始终为负值，要想得到正的输出电压，可以将 $V_{\rm REF}$ 取负值即可。

权电阻网络 D/A 转换器的优点是简单；缺点为电阻值相差大，难于保证精度，且大电阻不宜于集成在 IC 内部。

为了克服权电阻网络 D/A 转换器中电阻阻值相差太大的问题，又设计了称为倒 T 形电阻网络的 D/A 转换器。

## 9.2.2 倒 T 型电阻网络 D/A 转换器

倒 T 型电阻网络 D/A 转换器是目前使用最为广泛的一种形式，4 位倒 T 型电阻网络 D/A 转换器的原理图如图 9-5 所示。

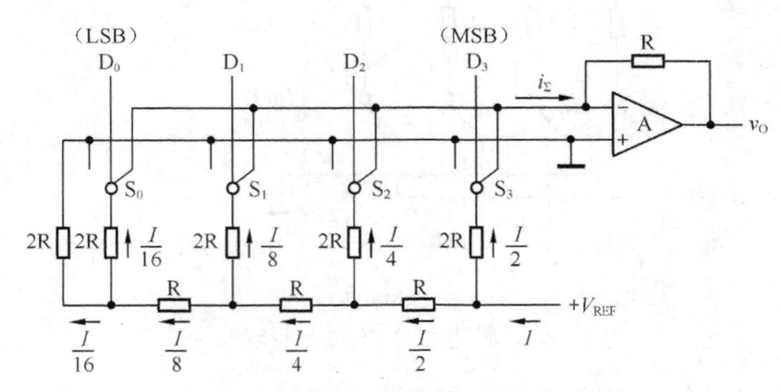


图 9-5　倒 T 型电阻网络 D/A 转换器

$\mathrm{S}_0$～$\mathrm{S}_3$ 为模拟开关，R-2R 电阻解码网络呈倒 T 型，运算放大器 A 构成求和电路。$\mathrm{S}_i$ 由输入数码 $\mathrm{D}_i$ 控制，当 $\mathrm{D}_i=1$ 时，$\mathrm{S}_i$ 接运放反相输入端（“虚地”），$I_i$ 流入求和电路；当 $\mathrm{D}_i=0$ 时，$\mathrm{S}_i$ 将电阻 2R 接地。

无论模拟开关 $\mathrm{S}_i$ 处于何种位置，与 $\mathrm{S}_i$ 相连的 2R 电阻均等效接“地”（地或虚地）。分析 $\mathrm{R}-2\mathrm{R}$ 电阻网络不难发现，从每个节点向左看的二端网络等效电阻均为 R，流入每个 2R 电阻的电流从高位到低位按 2 的整倍数递减。设由基准电压源提供的总电流为 $\mathrm{I}(\mathrm{I} = V_{\rm REF}/\mathrm{R})$，则流过各开关支路（从右到左）的电流分别为 $\mathrm{I}/2$、$\mathrm{I}/4$、$\mathrm{I}/8$ 和 $\mathrm{I}/16$。

于是可得总电流

$$i_{\Sigma}=\frac{V_{\mathrm{REF}}}{R}\left(\frac{\mathrm{D}_0}{2^4}+\frac{\mathrm{D}_1}{2^3}+\frac{\mathrm{D}_2}{2^2}+\frac{\mathrm{D}_3}{2^1}\right)$$

输出电压

$$v_{\mathrm{O}}=-i_{\Sigma}R=-\frac{V_{\mathrm{REF}}}{2^4}(\mathrm{D}_3 2^3+\mathrm{D}_2 2^2+\mathrm{D}_1 2^1+\mathrm{D}_0 2^0)$$

将输入数字量扩展到 $n$ 位，可得 $n$ 位倒 T 型电阻网络 D/A 转换器输出模拟量与输入数字量之间的一般关系式如下

$$v_{\mathrm{O}}=-RI_{\Sigma}=-\frac{V_{\mathrm{REF}}}{2^n}(\mathrm{D}_{n-1}\times 2^{n-1}+\mathrm{D}_{n-2}\times 2^{n-2}+\cdots+\mathrm{D}_1\times 2^1+\mathrm{D}_0\times 2^0) \tag{9-4}$$

要使 D/A 转换器具有较高的精度，对电路中的参数有以下要求。

（1）基准电压稳定性好。

（2）倒 T 型电阻网络中 R 和 2R 电阻的比值精度要高。

（3）每个模拟开关的开关电压降要相等。为实现电流从高位到低位按 2 的整倍数递减，模拟开关的导通电阻也相应地按 2 的整倍数递增。

由于在倒 T 型电阻网络 D/A 转换器中，各支路电流直接流入运算放大器的输入端，它们之间不存在传输上的时间差。电路的这一特点不仅提高了转换速度，而且也减少了动态过程中输出端可能出现的尖脉冲。它是目前广泛使用的 D/A 转换器中速度较快的一种。常用的 CMOS 开关倒 T 型电阻网络 D/A 转换器的集成电路有 AD7520（10 位）、DAC1210（12 位）和 AK7546（16 位高精度）等。

图 9-6 是采用倒 T 型电阻网络的单片集成 D/A 转换器 CB7520（AD7520）的电路原理图。它的输入为 10 位二进制数，采用 CMOS 电路构成的模拟开关。

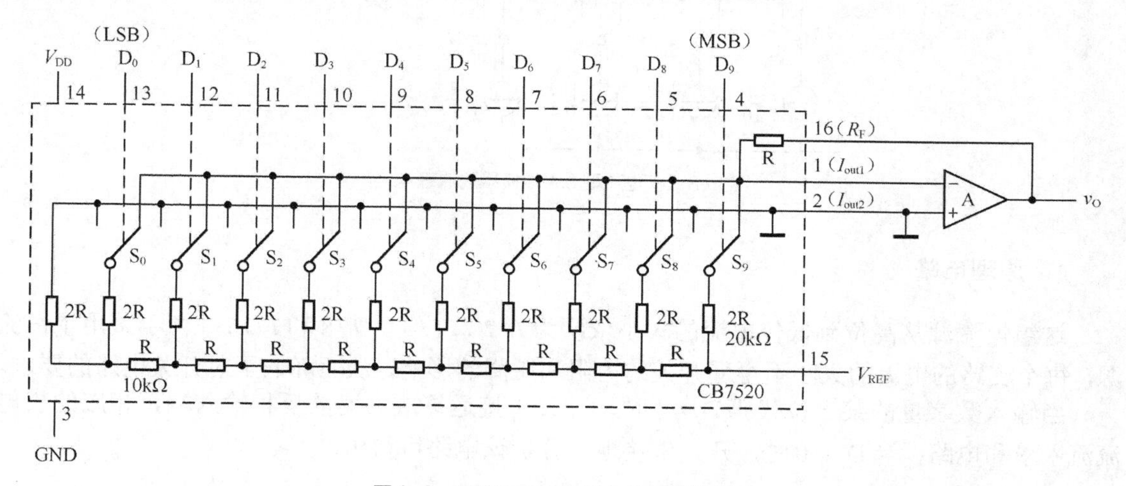


图 9-6 CB7520（AD7520）的电路原理图

图 9-7 所示为 CMOS 组成的模拟开关单元电路。图中，$VT_1$、$VT_2$、$VT_3$ 构成输入级，$VT_4$、$VT_5$ 构成的 CMOS 反相器与 $VT_6$、$VT_7$ 构成的 CMOS 反相器互为倒相，两个反相器的输出分别是 $VT_8$ 和 $VT_9$ 的栅极，$VT_8$、$VT_9$ 的漏极同时接电阻网络中的一个电阻，例如 T 型电阻网络中的 2R，而源极分别接电流输出端 $I_{\mathrm{out1}}$ 和 $I_{\mathrm{out2}}$。当输入端 $\mathrm{D_i}$ 为低电平时，$VT_4$、$VT_5$ 构成的 CMOS 反相器

输出低电平，$VT_6$、$VT_7$构成的 CMOS 反相器输出高电平，结果使$VT_8$导通、$VT_9$截止，$VT_8$将电流$I_i$引向$I_{out2}$。当输入端$D_i$为高电平时，则$VT_8$截止、$VT_9$导通，$VT_9$将电流$I_i$引向$I_{out1}$。

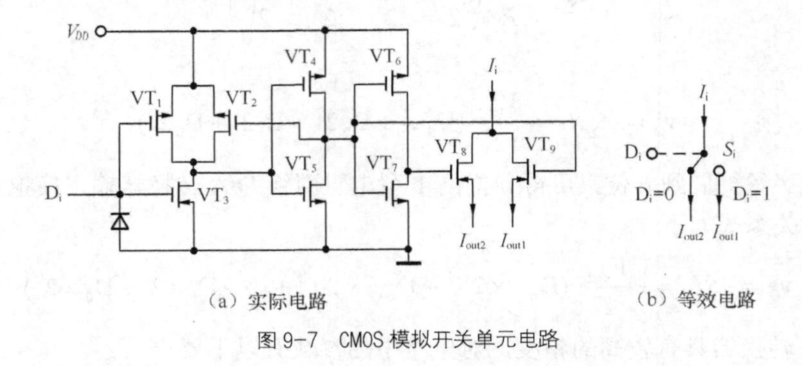


（a）实际电路　　（b）等效电路

图 9-7　CMOS 模拟开关单元电路

注意，为了保证 D/A 转换的精度，电子开关的导通电阻应计入相应支路的阻值中。

### 9.2.3　权电流型 D/A 转换器

在前面分析权电阻网络 D/A 转换器的过程中，都把模拟开关当作理想开关处理，没有考虑到它们的导通电阻和导通压降。而实际上这些开关总有一定的导通电阻和导通压降，而且每个开关的情况又不完全相同，它们的存在无疑将引起转换误差，影响转换精度。为进一步提高 D/A 转换器的转换精度，可采用图 9-8 所示的权电流型 D/A 转换器。

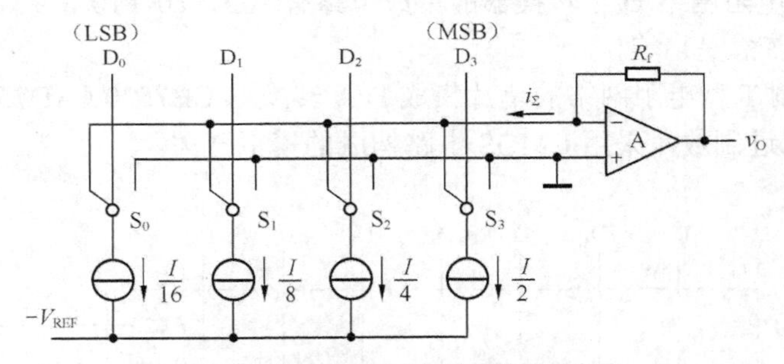


图 9-8　权电流型 D/A 转换器的原理电路

#### 1．原理电路

这组恒流源从高位到低位电流的大小依次为$I/2$、$I/4$、$I/8$和$I/16$。由于采用了恒流源，每个支路的电流的大小不再受开关的内阻和压降的影响，从而降低了对开关电路的要求。

当输入数字量的某一位代码$D_i=1$时，开关$S_i$接运算放大器的反相输入端，相应的权电流流入求和电路；当$D_i=0$时，开关$S_i$接地。分析该电路可得出：

$$\begin{aligned}v_O &= i_\Sigma R_f \\ &= R_f\left(\frac{I}{2}D_3+\frac{I}{4}D_2+\frac{I}{8}D_1+\frac{I}{16}D_0\right) \\ &= \frac{R_f I}{2^4}(D_3\cdot 2^3+D_2\cdot 2^2+D_1\cdot 2^1+D_0\cdot 2^0)\end{aligned} \tag{9-5}$$

从式（9-5）可以看出，输出 $v_o$ 正比于输入的数字量。

### 2．采用具有电流负反馈的 BJT 恒流源电路的权电流 D/A 转换器

图 9-9 所示为权电流 D/A 转换器的实际电路。为了消除因各 BJT 发射极电压 $V_{BE}$ 的不一致性对 D/A 转换器精度的影响，图中 $VT_3$～$VT_0$ 均采用了多发射极晶体管，其发射极个数是 8:4:2:1，即 $VT_3$～$VT_0$ 发射极面积之比为 8:4:2:1。这样，在各 BJT 电流比值为 8:4:2:1 的情况下，$VT_3$～$VT_0$ 的发射极电流密度相等，可使各发射结电压 $V_{BE}$ 相同。由于 $VT_3$～$VT_0$ 的基极电压相同，所以它们的发射极 $e_3$、$e_2$、$e_1$、$e_0$ 就为等电位点。在计算各支路电流时将它们等效连接后，可看出倒 T 型电阻网络与图 9-4 中工作状态完全相同，流入每个 2R 电阻的电流从高位到低位依次减少 1/2，各支路中电流分配比例满足 8:4:2:1 的要求。

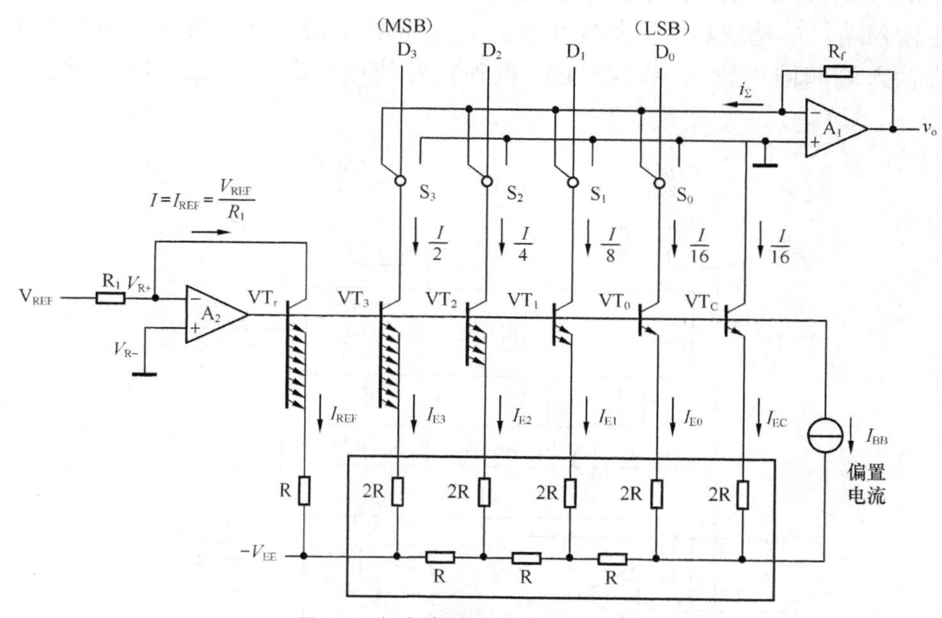


图 9-9　权电路 D/A 转换器的实际电路

基准电流 $I_{REF}$ 产生电路由运算放大器 $A_2$、$R_1$、$T_r$、$R$ 和 $-V_{EE}$ 组成，$A_2$ 和 $R_1$、$T_r$ 的 cb 结组成电压并联负反馈电路，以稳定输出电压，即 $T_r$ 的基极电压，$T_r$ 的 cb 结，电阻 $R$ 到 $-V_{EE}$ 为反馈电路的负载，由于电路处于深度负反馈，根据虚短的原理，其基准电流为

$$I_{REF}=\frac{V_{REF}}{R_1}=2I_{E3}$$

由倒 T 型电阻网络分析可知，$I_{E3}=I/2$，$I_{E2}=I/4$，$I_{E1}=I/8$，$I_{E0}=I/16$，于是可得输出电压为

$$\begin{aligned}v_O&=i_\Sigma R_f\\&=\frac{R_f V_{REF}}{2^4 R_1}(D_3\cdot 2^3+D_2\cdot 2^2+D_1\cdot 2^1+D_0\cdot 2^0)\end{aligned}$$

可推得 $n$ 位倒 T 型权电流 D/A 转换器的输出电压

$$v_O = \frac{V_{REF}}{R_1} \cdot \frac{R_f}{2^n} \sum_{i=0}^{n-1} D_i \cdot 2^i \tag{9-6}$$

该电路特点为：基准电流仅与基准电压 $V_{REF}$ 和电阻 $R_1$ 有关，而与 BJT、R 、2R 电阻无关。这样，电路降低了对 BJT 参数及 R 、2R 取值的要求，对于集成化十分有利。

由于在这种权电流 D/A 转换器中采用了高速电子开关，电路还具有较高的转换速度。采用这种权电流型 D/A 转换电路生产的单片集成 D/A 转换器有 A/D1408、DAC0806、DAC0808 等。这些器件都采用双极型工艺制作，工作速度较高。

### 3. 权电流型 D/A 转换器的应用举例

图 9-10 所示为权电流型 D/A 转换器 DAC0808 的电路结构框图，图中 $D_0 \sim D_7$ 是 8 位数字量输入端，$I_O$ 是求和电流的输出端。$V_{REF+}$ 和 $V_{REF-}$ 接基准电流发生电路中运算放大器的反相输入端和同相输入端。COMP 供外接补偿电容之用。$V_{CC}$ 和 $V_{EE}$ 为正负电源输入端。

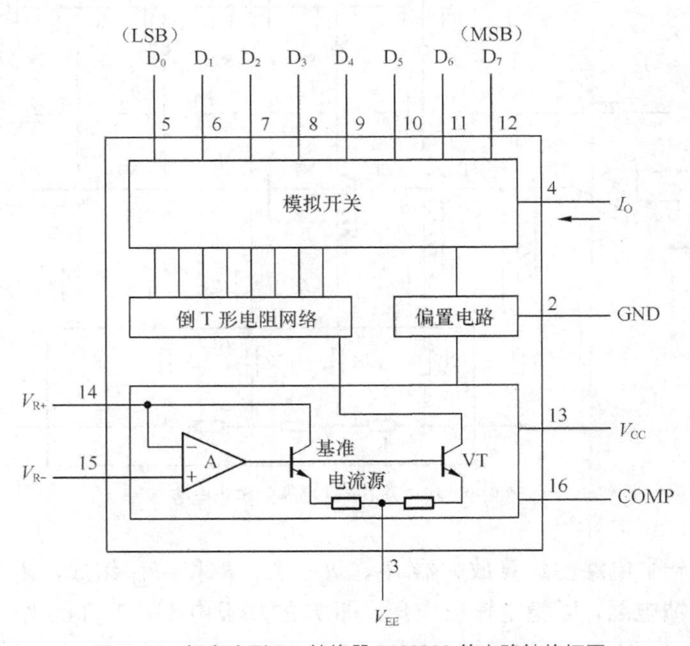


图 9-10 权电流型 D/A 转换器 DAC0808 的电路结构框图

用 DAC0808 这类器件构成的 D/A 转换器时需要外接运算放大器和产生基准电流用的电阻 $R_1$，如图 9-11 所示。在 $V_{REF} = 10V$、$R_1 = 5k\Omega$、$R_f = 5k\Omega$ 的情况下，根据式（9-6）可知输出电压为

$$v_O = \frac{R_f V_{REF}}{2^8 R_1} \sum_{i=0}^{7} D_i \cdot 2^i$$
$$= \frac{10}{2^8} \sum_{i=0}^{7} D_i \cdot 2^i$$

当输入的数字量在全 0 和全 1 之间变化时，输出模拟电压的变化范围为 0～9.96V。

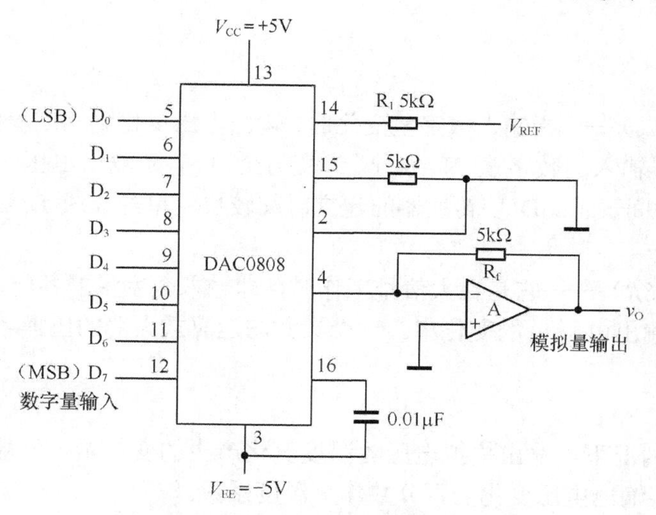


图 9-11 DAC0808D/A 转换器的典型应用

### 9.2.4 D/A 转换器的转换精度与转换速度

**1．转换精度**

D/A 转换器的转换精度通常用分辨率和转换误差来描述。

（1）分辨率——D/A 转换器模拟输出电压可能被分离的等级数

分辨率是用以说明 D/A 转换器在理论上可达到的精度，用于表征 D/A 转换器对输入微小量变化的敏感程度，显然输入数字量位数越多，输出电压可分离的等级越多，即分辨率越高。所以实际应用中，往往用输入数字量的位数表示 D/A 转换器的分辨率。

（2）转换误差

造成 D/A 转换器转换误差的原因有转换器中各元件参数值的误差、基准电源不够稳定和运算放大器的零漂的影响等。

转换误差可用输出电压满度值的百分数表示，也可用 LSB[1]的倍数表示。例如，转换误差为 $\frac{1}{2}$LSB，用以表示输出模拟电压的绝对误差等于当输入数字量的 LSB 为 1，其余各位均为 0 时输出模拟电压的二分之一。一个 8 位的 D/A 转换器，对应最大数字量（FFH）的模拟理论输出值为 $\frac{255}{256}V_{REF}$，$\frac{1}{2}\text{LSB}=\frac{1}{512}V_{REF}$ 所以实际值不应超过 $\left(\frac{255}{256}\pm\frac{1}{512}\right)V_{REF}$。转换误差又分静态误差和动态误差。产生静态误差的原因有：基准电源 $V_{REF}$ 的不稳定，运放的零点漂移，模拟开关导通时的内阻和压降以及电阻网络中阻值的偏差等。动态误差则是在转换的动态过程中产生的附加误差，它是由于电路中的分布参数的影响，使各位的电压信号到达解码网络输出端的时间不同所致。

---

［注 1］输入的 *n* 位数字代码最低有效位用 LSB 表示，$V_{LSB}$ 即最低位为 1，其余各位都为 0 时所对应的电压值；$V_m$ 为输入数字代码所有各位为 1 时，所对应的电压值。

**2．转换速度**

① 建立时间（$t_{set}$）——指输入数字量变化时，输出电压变化到相应稳定电压值所需时间。一般用 D/A 转换器输入的数字量 $N_B$ 从全 0 变为全 1 时，输出电压达到规定的误差范围（±LSB/2）时所需时间表示。D/A 转换器的建立时间较快，单片集成 D/A 转换器建立时间最短可达 0.1 μs 以内。

② 转换速率（*SR*）——它是在大信号工作时，即输入数字量的各位由全 0 变为全 1，或由全 1 变为 0 时，输出电压 $v_0$ 的变化率。这个参数与运算放大器的压摆率类似。

**3．温度系数**

在输入不变的情况下，输出模拟电压随温度变化产生的变化量。一般用满刻度输出条件下温度每升高 1℃，输出电压变化的百分数作为温度系数。

## 9.3 A/D 转换器

### 9.3.1 A/D 转换的基本概念

A/D 转换器的功能是将输入的模拟电压转换为输出的数字信号，即将模拟量转换成与其成比例的数字量。一个完整的 A/D 转换过程，必须包括采样、保持、量化、编码 4 部分电路。在具体实施时，常把这 4 个步骤合并进行。如图 9-12 所示，采样和保持是利用同一电路连续完成的。量化和编码是在转换过程中同步实现的，而且所用的时间又是保持的一部分。

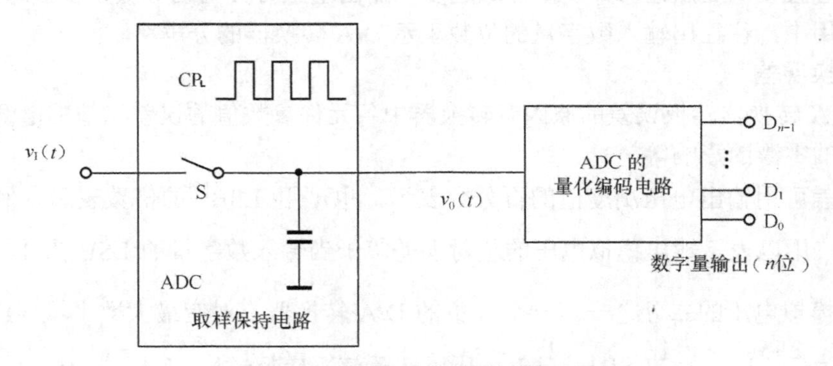


图 9-12　模拟量到数字量的转换过程

**1．采样保持电路**

（1）采样定理

为了正确无误地用取样信号 $v_L$ 表示模拟信号 $v_I$，必须满足：

$$f_L \geqslant 2f_{I(max)}$$

式中 $f_L$ 取样频率，$f_{I(max)}$ 为输入信号 $v_I$ 的最高频率分量的频率。

图 9-13 的表示了输入信号中 $v_I$ 经过取样保持电路，得到的输出电压 $v_O$，输出电压所保持的值，实际上每次取样结束时的 $v_I$ 值。取样与保持过程都是同时完成的。

（2）电路组成及工作原理

取样-保持电路的基本形式如图 9-14 所示。图中 N 沟道增强型 MOS 管 VT 作为取样开关使用。当控制信号 $v_I$ 为高电平时，VT 导通，输入信号 $v_I$ 经电阻 $R_i$ 和 T 向电容 $C_h$ 充电。若取 $R_i$=$R_f$，则充电结束后 $v_O$=$-v_I$=$v_C$。

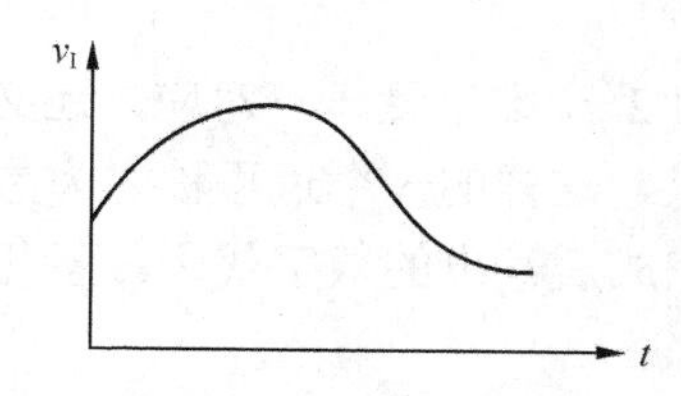


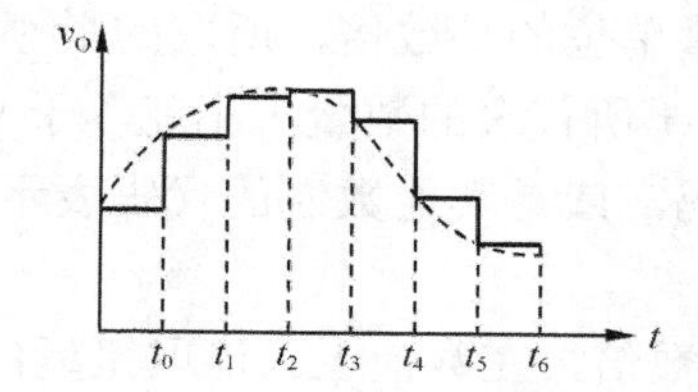


图 9-13 对输入模拟信号的采样—保持

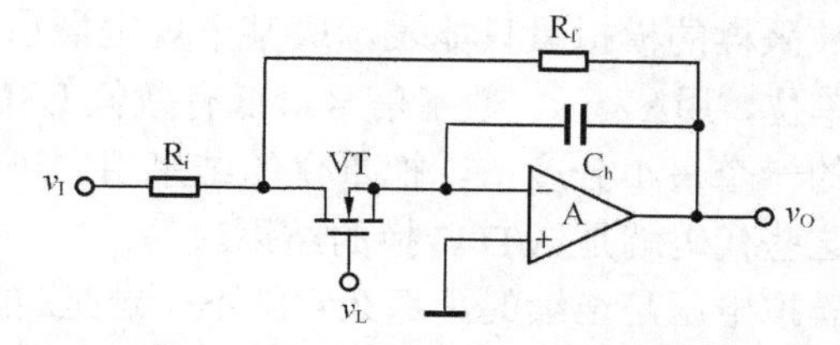


图 9-14 取样—保持电路的基本形式

当控制信号返回低电平，VT 截止。由于 $C_h$ 无放电回路，所以 $v_o$ 的数值被保存。

缺点：取样过程中需要通过 $R_i$ 和 VT 向 $C_h$ 充电，所以使取样速度受到了限制。同时，$R_i$ 的数值又不允许取得很小，否则会进一步降低取样电路的输入电阻。

（3）改进电路及其工作原理

图 9-15 是单片集成取样-保持电路 LE198 的电路原理图及符号，它是一个经过改进的取样-保持电路。图中 $A_1$、$A_2$ 是两个运算放大器，S 是电子开关，L 是开关的驱动电路，当逻辑输入 $v_L$ 为 1，即 $v_L$ 为高电平时，S 闭合；$v_L$ 为 0，即低电平时，S 断开。

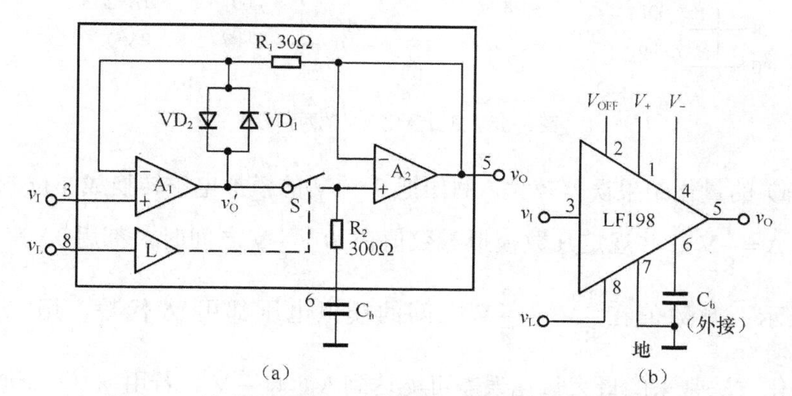


图 9-15 单片集成取样—保持电路 LE198 的电路原理图及符号

当 S 闭合时，$A_1$、$A_2$ 均工作在单位增益的电压跟随器状态，所以 $v_O = v_O' = v_I$。如果将电容 $C_h$ 接到 $R_2$ 的引出端和地之间，则电容上的电压也等于 $v_I$。当 $v_L$ 返回低电平以后，虽然 S

断开了，但由于 $C_h$ 上的电压不变，所以输出电压 $v_O$ 的数值得以保持。

在 S 再次闭合以前的这段时间里，如果 $v_I$ 发生变化，$v'_O$ 可能变化非常大，甚至会超过开关电路所能承受的电压，因此需要增加 $VD_1$ 和 $VD_2$ 构成保护电路。当 $v'_O$ 比 $v_O$ 所保持的电压高（或低）一个二极管的压降时，$VD_1$（或 $VD_2$）导通，从而将 $v'_O$ 限制在 $v_I+v_D$ 以内。而在开关 S 闭合的情况下，$v'_O$ 和 $v_O$ 相等，故 $VD_1$ 和 $VD_2$ 均不导通，保护电路不起作用。

### 2．量化与编码

为了使采样得到的离散的模拟量与 $n$ 位二进制码的 $2^n$ 个数字量一一对应，还必须将采样后离散的模拟量归并到 $2^n$ 个离散电平中的某一个电平上，这样的一个过程称之为量化。

量化后的值再按数制要求进行编码，以作为转换完成后输出的数字代码。量化和编码是所有 A/D 转换器不可缺少的核心部分之一。

数字信号具有在时间上离散和幅度上断续变化的特点。这就是说，在进行 A/D 转换时，任何一个被采样的模拟量只能表示成某个规定最小数量单位的整数倍，所取的最小数量单位叫做量化单位，用Δ表示。数字信号最低有效位 LSB 的 1 所代表的数量大小就等于Δ，即模拟量量化后的一个最小分度值。把量化的结果用二进制码，或是其他数制的代码表示出来，称为编码。这些代码就是 A/D 转换的结果。

既然模拟电压是连续的，那么它就不一定是Δ的整数倍，在数值上只能取接近的整数倍，因而量化过程不可避免地会引入误差。这种误差称为量化误差。将模拟电压信号划分为不同的量化等级时通常有以下两种方法，如图 9-16 所示，它们的量化误差相差较大。

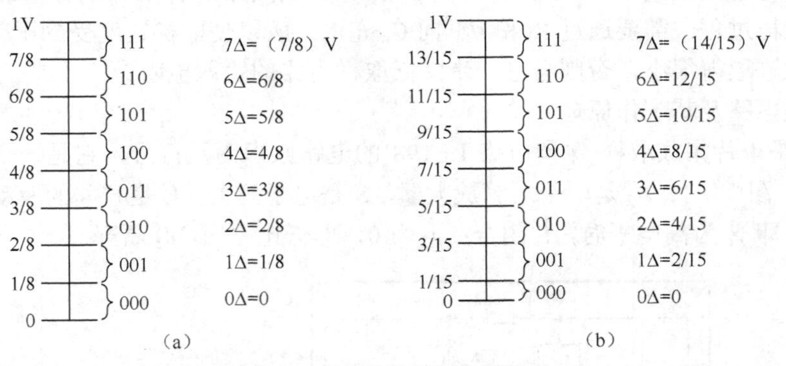

图 9-16　划分量化电平的两种方法

图 9-16（a）的量化结果误差较大，例如把 0～1V 的模拟电压转换成 3 位二进制代码，取最小量化单位 $\Delta=\frac{1}{8}$V，并规定凡数模拟量数值在 0～$\frac{1}{8}$V 之间时，都用 0Δ 来替代，用二进制数 000 来表示；凡数值在 $\frac{1}{8}$V ～ $\frac{2}{8}$V 之间的模拟电压都用 1Δ 代替，用二进制数 001 表示……这种量化方法带来的最大量化误差可能达到Δ，即 $\frac{1}{8}$V。若用 $n$ 位二进制数编码，则所带来的最大量化误差为 $\frac{1}{2^n}$V。

为了减小量化误差，通常采用图 9-16（b）所示的改进方法来划分量化电平。在划分量化电平时，基本上是取第一种方法 Δ 的二分之一，在此取量化单位 $\Delta=\frac{2}{15}\text{V}$。将输出代码 000 对应的模拟电压范围定为 $0\sim\frac{1}{15}\text{V}$，即 $0\sim\frac{1}{2}\Delta$；$\frac{1}{15}\text{V}\sim\frac{3}{15}\text{V}$ 对应的模拟电压用代码用 001 表示，对应模拟电压中心值为 $1\Delta=\frac{2}{15}\text{V}$；依此类推。这种量化方法的量化误差可减小到 $\frac{1}{2}\Delta$，即 $\frac{1}{15}\text{V}$。这是因为在划分的各个量化等级时，除第一级（$0\sim\frac{1}{15}\text{V}$）外，每个二进制代码所代表的模拟电压值都归并到它的量化等级所对应的模拟电压的中间值，所以最大量化误差自然不会超过 $\frac{1}{2}\Delta$。

### 3. A/D 转换器的分类

按转换过程，A/D 转换器可大致分为直接型 A/D 转换器和间接 A/D 转换器。直接型 A/D 转换器能把输入的模拟电压直接转换为输出的数字代码，而不需要经过中间变量。常用的电路有并行比较型和反馈比较型两种。间接 A/D 转换器是把待转换的输入模拟电压先转换为一个中间变量，例如时间 $T$ 或频率 $F$，然后再对中间变量量化编码，得出转换结果。A/D 转换器的大致分类如下所示。

- A/D转换器
  - 直接型
    - 并行比较型
    - 反馈比较型
      - 计数型
      - 逐次逼近型
  - 间接型
    - 电压−时间型（$VT$）型——双积分型
    - 电压−频率型（$VF$）型

## 9.3.2　并行比较型 A/D 转换器

3 位并行比较型 A/D 转换原理电路如图 9-17 所示，它由电压比较器、寄存器和代码转换器 3 部分组成。

电压比较器中量化电平的划分采用图 9-16（b）所示的方式，用电阻链把参考电压 $V_{\text{REF}}$ 分压，得到从 $\frac{1}{15}V_{\text{REF}}$ 到 $\frac{13}{15}V_{\text{REF}}$ 之间 7 个比较电平，量化单位 $\Delta=\frac{2}{15}V_{\text{REF}}$。然后，把这 7 个比较电平分别接到 7 个比较器 $C_1\sim C_7$ 的输入端，作为比较基准。同时将输入的模拟电压同时加到每个比较器的另一个输入端上，与这 7 个比较基准进行比较。

例如，当 $0\leqslant v_{\text{I}}<V_{\text{REF}}/15$ 时，$C_1\sim C_7$ 的输出状态都为 0；当 $3V_{\text{REF}}/15<v_{\text{I}}<5V_{\text{REF}}/15$ 时，比较器 $C_1$ 和 $C_2$ 的输出 $C_{\text{O1}}=C_{\text{O2}}=1$，其余各比较器输出状态都为 0。根据各比较器的参考电压值，可以确定输入模拟电压值与各比较器输出状态的关系。比较器的输出状态由 D 触发器存储，CP 作用后，触发器的输出状态 $Q_7\sim Q_1$ 与对应的比较器的输出状态 $C_{\text{O7}}\sim C_{\text{O1}}$ 相同。经代码转换网络（优先编码器）输出数字量 $D_2D_1D_0$。优先编码器优先级别最高是 $Q_7$，最低是 $Q_1$。

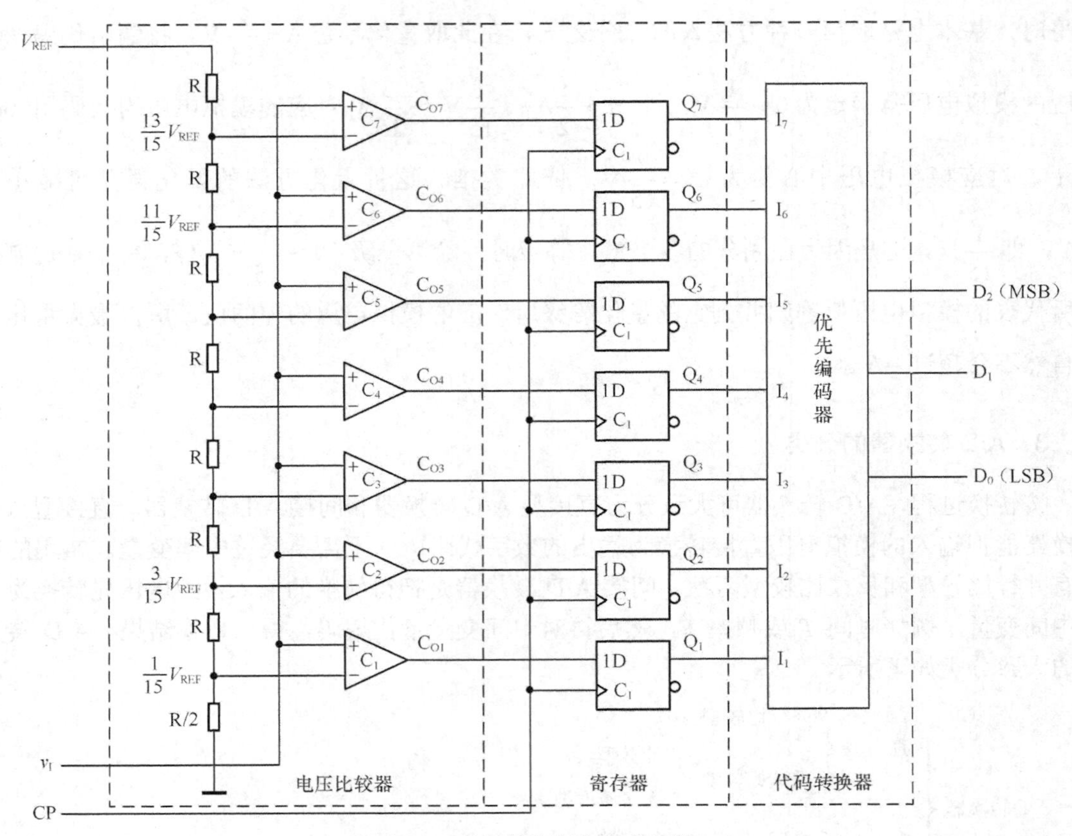


图 9-17　并行比较型 A/D 转换器

设 $v_I$ 变化范围是 $0 \sim V_{REF}$，输出 3 位数字量为 $D_2$、$D_1$、$D_0$，3 位并行比较型 A/D 转换器的输入、输出关系如表 9-1 所示。

**表 9-1　　3 位并行 A/D 转换器输入与输出转换关系对照表**

| 输入模拟电压 $v_I$ | 寄存器状态（代码转换器输入） | | | | | | | 数字量输出（代码转换器输出） | | |
|---|---|---|---|---|---|---|---|---|---|---|
| | $Q_7$ | $Q_6$ | $Q_5$ | $Q_4$ | $Q_3$ | $Q_2$ | $Q_1$ | $D_2$ | $D_1$ | $D_0$ |
| $\left(0 \sim \frac{1}{15}\right)V_{REF}$ | 0 | 0 | 0 | 0 | 0 | 0 | 0 | 0 | 0 | 0 |
| $\left(\frac{1}{15} \sim \frac{3}{15}\right)V_{REF}$ | 0 | 0 | 0 | 0 | 0 | 0 | 1 | 0 | 0 | 1 |
| $\left(\frac{3}{15} \sim \frac{5}{15}\right)V_{REF}$ | 0 | 0 | 0 | 0 | 0 | 1 | 1 | 0 | 1 | 0 |
| $\left(\frac{5}{15} \sim \frac{7}{15}\right)V_{REF}$ | 0 | 0 | 0 | 0 | 1 | 1 | 1 | 0 | 1 | 1 |

续表

| 输入模拟电压 $v_I$ | 寄存器状态（代码转换器输入） | | | | | | | 数字量输出（代码转换器输出） | | |
|---|---|---|---|---|---|---|---|---|---|---|
| | $Q_7$ | $Q_6$ | $Q_5$ | $Q_4$ | $Q_3$ | $Q_2$ | $Q_1$ | $D_2$ | $D_1$ | $D_0$ |
| $\left(\frac{7}{15}\sim\frac{9}{15}\right)V_{REF}$ | 0 | 0 | 0 | 1 | 1 | 1 | 1 | 1 | 0 | 0 |
| $\left(\frac{9}{15}\sim\frac{11}{15}\right)V_{REF}$ | 0 | 0 | 1 | 1 | 1 | 1 | 1 | 1 | 0 | 1 |
| $\left(\frac{11}{15}\sim\frac{13}{15}\right)V_{REF}$ | 0 | 1 | 1 | 1 | 1 | 1 | 1 | 1 | 1 | 0 |
| $\left(\frac{13}{15}\sim 1\right)V_{REF}$ | 1 | 1 | 1 | 1 | 1 | 1 | 1 | 1 | 1 | 1 |

在并行 A/D 转换器中，输入电压 $v_I$ 同时加到所有比较器的输出端，从 $v_I$ 加入经比较器、D 触发器和编码器的延迟后，可得到稳定的输出。如不考虑上述器件的延迟，可认为输出的数字量是与 $v_I$ 输入时刻同时获得的。并行 A/D 转换器的优点是转换时间短，可小到几十纳秒，但所用的元器件较多，如一个 $n$ 位转换器，所用的比较器的个数为 $2^n-1$ 个。

单片集成并行比较型 A/D 转换器的产品较多，如 A/D 公司的 A/D9012（TTL 工艺，8 位）、A/D9002（ECL 工艺，8 位）A/D9020（TTL 工艺，10 位）等。

并行 A/D 转换器具有如下特点。

① 由于转换是并行的，其转换时间只受比较器、触发器和编码电路延迟时间限制，因此转换速度最快。

② 随着分辨率的提高，元件数目要按几何级数增加。一个 $n$ 位转换器，所用的比较器个数为 $2^n-1$，如 8 位的并行 A/D 转换器就需要 $2^8-1=255$ 个比较器。由于位数越多，电路越复杂，因此制成分辨率较高的集成并行 A/D 转换器是比较困难的。

③ 使用这种含有寄存器的并行 A/D 转换电路时，可以不用附加取样-保持电路，因为比较器和寄存器这两部分也兼有取样-保持功能。这也是该电路的一个优点。

**【例 9-1】** 在图 9-17 的电路中模拟输入电压 $v_I$=3.8V，$V_{REF}$=8V，试确定 3 位并行比较型 A/D 转换器的输出数码。

**解：**根据并行比较型 A/D 转换器的工作原理可知，$\frac{7}{15}V_{REF}\approx 3.73V$，$\frac{9}{15}V_{REF}=4.8V$，即 $\frac{7}{15}V_{REF}<v_I<\frac{9}{15}V_{REF}$，因此比较器 $C_7$～$C_1$ 的输出为 0001111。在时钟脉冲作用下，比较器的输出存入寄存器，经代码转换器输出数码 100。

### 9.3.3 逐次逼近型 A/D 转换器

#### 1. 概述

逐次逼近型 A/D 转换器属于直接型 A/D 转换器，它能把输入的模拟电压直接转换为输出的数字代码，而不需要经过中间变量。转换过程相当于一架天平秤量物体的过程，不过这里不是加减砝码，而是通过 D/A 转换器及寄存器加减标准电压，使标准电压值与被转换电压平衡，这些标准电压通常称为电压砝码。

逐次逼近型 A/D 转换器由比较器、环形分配器、控制门、寄存器与 D/A 转换器构成。比较的过程首先是取最大的电压砝码，即寄存器最高位为 1 时的二进制数所对应的 D/A 转换器输出的模拟电压，将此模拟电压 $v_A$ 与 $v_I$ 进行比较，当 $v_A$ 大于 $v_I$ 时，最高位置 0；反之，当 $v_A$ 小于 $v_I$ 时，最高位 1 保留，再将次高位置 1，转换为模拟量与 $v_I$ 进行比较，确定次高位 1 保留还是去掉。依次类推，直到最后一位比较完毕，寄存器中所存的二进制数即为 $v_I$ 对应的数字量。以上过程可以用图 9-18 加以说明，图中表示将模拟电压 $v_I$ 转换为四位二进制数的过程。图中的电压砝码依次为 800 mV、400 mV、200 mV 和 100 mV，转换开始前先将寄存器清零，所以加给 D/A 转换器的数字量全为 0。当转换开始时，通过 D/A 转换器送出一个 800 mV 的电压砝码与输入电压比较，由于 $v_I<800$ mV，将 800 mV 的电压砝码去掉，再加 400 mV 的电压砝码，$v_I>400$ mV，于是保留 400 mV 的电压砝码，再加 200 mV 的砝码，$v_I>400$ mV $+200$ mV，200 mV 的电压砝码也保留；再加 100 mV 的电压砝码，因 $v_I<400$ mV $+200$ mV$+100$ mV，故去掉 100 mV 的电压砝码。最后寄存器中获得的二进制码 0110，即为 $v_I$ 对应的二进制数。

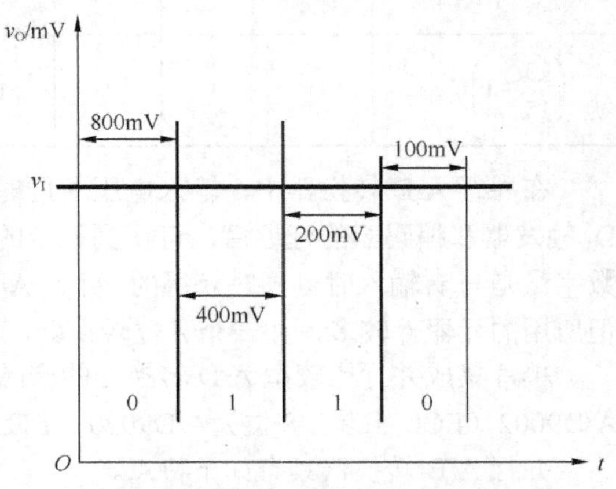

图 9-18　逐次逼近型 A/D 转换器的逼进过程示意图 $v_I$

### 2. 逐次逼近 A/D 转换器的工作原理

按照天平称重的思路，逐次比较型 A/D 转换器，就是将输入模拟信号与不同的参考电压做多次比较，使转换所得的数字量在数值上逐次逼近输入模拟量的对应值。

4 位逐次比较型 A/D 转换器的逻辑电路如图 9-19 所示。

图 9-19 中 5 位移位寄存器可进行并入/并出或串入/串出操作，其输入端 F 为并行置数使能端，高电平有效。其输入端 S 为高位串行数据输入。数据寄存器由 D 边沿触发器组成，数字量从 $Q_4 \sim Q_1$ 输出。

电路工作过程如下：当启动脉冲上升沿到达后，$FF_0 \sim FF_4$ 被清零，$Q_5$ 置1，$Q_5$ 的高电平开启与门 $G_2$，时钟脉冲 CP 进入移位寄存器。在第一个 CP 脉冲作用下，由于移位寄存器的置数使能端 F 由 0 变 1，并行输入数据 ABCDE 置入，$Q_AQ_BQ_CQ_DQ_E=01111$，$Q_A$ 的低电平使数据寄存器的最高位 $(Q_4)$ 置 1，即 $Q_4Q_3Q_2Q_1=1000$。D/A 转换器将数字量1000 转换为模拟电压 $v'_O$，送入比较器 C 与输入模拟电压 $v_I$ 比较，若 $v_I>v'_O$，则比较器 C 输出 $v_C$ 为 1，否则为 0。比较结果送 $D_3 \sim D_0$。

第二个 CP 脉冲到来后，移位寄存器的串行输入端 $S$ 为高电平，$Q_A$ 由 0 变 1，同时最高位 $Q_A$ 的 0 移至次高位 $Q_B$。于是数据寄存器的 $Q_3$ 由 0 变 1，这个正跳变作为有效触发信号加到 $FF_4$ 的 CP 端，使 $v_C$ 的电平得以在 $Q_4$ 保存下来。此时，由于其他触发器无正跳变触发脉冲，$v_C$ 的信号对它们不起作用。$Q_3$ 变 1 后，建立了新的 D/A 转换器的数据，输入电压再与其输出

电压 $v'_O$ 进行比较，比较结果在第三个时钟脉冲作用下存于 $Q_3$……如此进行，直到 $Q_E$ 由 1 变 0 时，使触发器 $FF_0$ 的输出端 $Q_0$ 产生由 0 到 1 的正跳变，做触发器 $FF_1$ 的 CP 脉冲，使上一次 A/D 转换后的 $v_C$ 电平保存于 $Q_1$。同时使 $Q_5$ 由 1 变 0 后将 $G_2$ 封锁，一次 A/D 转换过程结束。于是电路的输出端 $D_3D_2D_1D_0$ 得到与输入电压 $v_I$ 成正比的数字量。

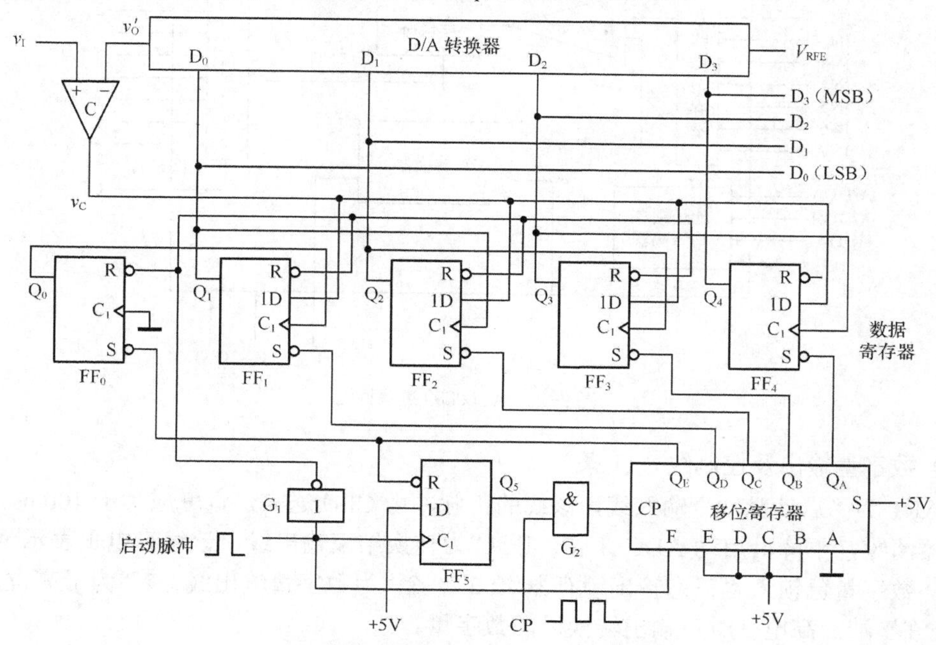


图 9-19　4 位逐次比较型 A/D 转换器的逻辑电路

由以上分析可见，逐次比较型 A/D 转换器完成一次转换所需时间与其位数和时钟脉冲频率有关，位数越少，时钟频率越高，转换所需时间越短。这种 A/D 转换器具有转换速度快，精度高的特点。

### 3．逐次逼近型集成 A/D 转换器 ADC0809

逐次逼近型 A/D 转换器和下面将要介绍的双积分型 A/D 转换器都是大量使用的 A/D 转换器，现在介绍 A/D 公司生产的一种逐次逼近型集成 A/D 转换器 ADC0809。ADC0809 由八路模拟开关、地址锁存与译码器、比较器、D/A 转换器、寄存器、控制电路和三态输出锁存器等组成，电路如图 9-20 所示。

A/DC0809 采用双列直插式封装，共有 28 条引脚，现分 4 组简述如下。

（1）模拟信号输入 IN0～IN7

IN0～IN7 为八路模拟电压输入线，加在模拟开关上，工作时采用时分割的方式，轮流进行 A/D 转换。

（2）地址输入和控制线

地址输入和控制线共 4 条，其中 A/DDA、A/DDB 和 A/DDC 为地址输入线（A/Ddress）。用于选择 IN0～IN7 上哪一路模拟电压送给比较器进行 A/D 转换。ALE 为地址锁存允许输入线，高电平有效。当 ALE 线为高电平时，A/DDA、A/DDB 和 A/DDC 三条地址线上地址信号得以锁存，经译码器控制八路模拟开关工作。

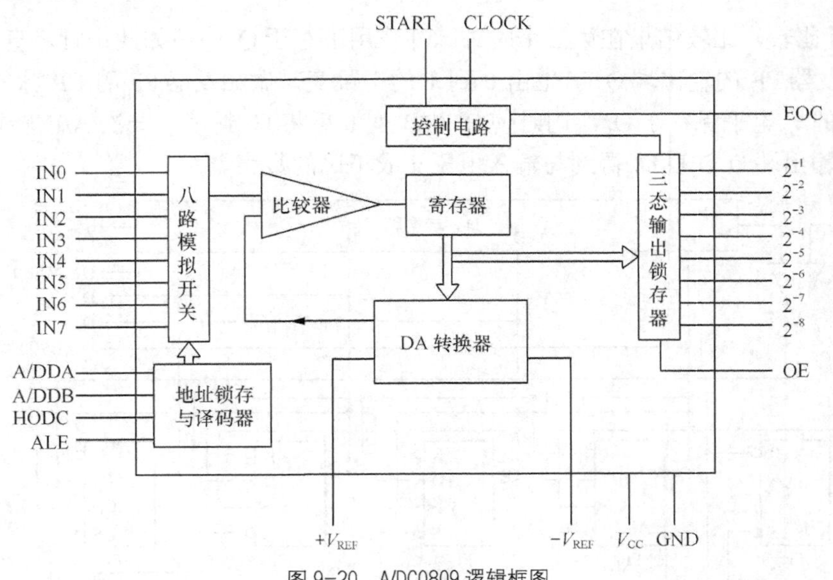


图 9-20　A/DC0809 逻辑框图

（3）数字量输出及控制线（11 条）

START 为“启动脉冲”输入线，该线的正脉冲由 CPU 送来，宽度应大于 100 ns，上升沿将寄存器清零，下降沿启动 ADC 工作。EOC 为转换结束输出线，该线高电平表示 A/D 转换已结束，数字量已锁入“三态输出锁存器”。$2^{-1}$～$2^{-8}$ 为数字量输出线，$2^{-1}$ 为最高位。OE 为“输出允许”端，高电平时可输出转换后的数字量。

（4）电源线及其他（5 条）

CLOCK 为时钟输入线，用于为 ADC0809 提供逐次比较所需的 640kHz 时钟脉冲。$V_{CC}$ 为+5V 电源输入线，GND 为地线。$+V_{REF}$ 和 $-V_{REF}$ 为参考电压输入线，用于给 D/A 转换器供给标准电压。$+V_{REF}$ 常和 $V_{CC}$ 相连，$-V_{REF}$ 常接地。

## 9.3.4　双积分型 A/D 转换器

### 1. 双积分型 A/D 转换器的工作原理

双积分型 A/D 转换器是一种间接 A/D 转换器。它的基本原理是，对输入模拟电压和参考电压分别进行两次积分，将输入电压平均值变换成与之成正比的时间间隔，然后利用时钟脉冲和计数器测出此时间间隔，进而得到相应的数字量输出。由于该转换电路是对输入电压的平均值进行转换，所以它具有很强的抗工频干扰能力，在数字测量中得到广泛应用。

图 9-21 是这种转换器的原理电路，它由积分器（由集成运放 A 组成）、过零比较器（C）、时钟脉冲控制门（G）和定时器/计数器（$FF_0$～$FF_n$）等几部分组成。

积分器：积分器是转换器的核心部分，它的输入端所接开关 $S_1$ 由定时信号 $Q_n$ 控制。当 $Q_n$ 为不同电平时，极性相反的输入电压 $v_I$ 和 $n$ 参考电压 $V_{REF}$ 将分别加到积分器的输入端，进行两次方向相反的积分，积分时间常数 $\tau = RC$。

过零比较器：过零比较器用来确定积分器输出电压 $v_O$ 的过零时刻。当 $v_O \geqslant 0$ 时，比较器输出 $v_C$ 为低电平；当 $v_O < 0$ 时，$v_C$ 为高电平。比较器的输出信号接至时钟控制门（G）作为

关门和开门信号。

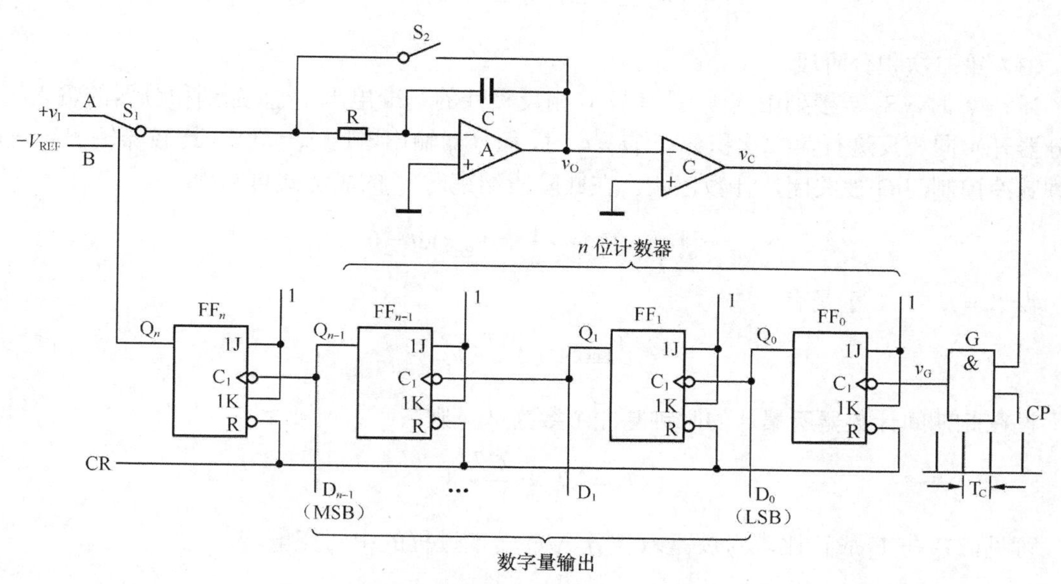


图 9-21 双积分型 A/D 转换器的原理电路图

计数器和定时器：它由 $n+1$ 个接成计数型的触发器 $FF_0$～$FF_n$ 串联组成。触发器 $FF_0$～$FF_{n-1}$ 组成 $n$ 级计数器，对输入时钟脉冲 CP 计数，以便把与输入电压平均值成正比的时间间隔转变成数字信号输出。当计数到 $2^n$ 个时钟脉冲时，$FF_0$～$FF_{n-1}$ 均回到 0 状态，而 $FF_n$ 反转为 1 态，$Q_n=1$ 后，开关 $S_1$ 从位置 A 转接到 B。

时钟脉冲控制门：时钟脉冲源标准周期 $T_C$，作为测量时间间隔的标准时间。当 $v_C=1$ 时，与门打开，时钟脉冲通过与门加到触发器 $FF_0$ 的输入端。

下面以输入正极性的直流电压 $v_I$ 为例，说明电路将模拟电压转换为数字量的基本原理。电路工作过程分为以下几个阶段。

（1）准备阶段

首先控制电路提供 CP 信号使计数器清零，同时使开关 $S_2$ 闭合，待积分电容放电完毕，再 $S_2$ 使断开。

（2）第一次积分阶段

在转换过程开始时($t$=0)，开关 $S_1$ 与 A 端接通，正的输入电压 $v_I$ 加到积分器的输入端。积分器从 0V 开始对 $v_I$ 积分

$$v_o=-\frac{1}{\tau}\int_0^t v_I \mathrm{d}t$$

由于 $v_o<0$，过零比较器输出端 $v_C$ 为高电平，时钟控制门 G 被打开。于是，计数器在 CP 作用下从 0 开始计数。经过 $2^n$ 个时钟脉冲后，触发器 $FF_0$～$FF_{n-1}$ 都翻转到 0 态，而 $Q_n=1$，开关 $S_1$ 由 A 点转到 B 点，第一次积分结束。第一次积分时间为

$$t=T_1=2^n T_C$$

在第一次积分结束时积分器的输出电压 $V_P$ 为

$$V_{\mathrm{P}}=-\frac{T_1}{\tau}V_{\mathrm{I}}=-\frac{2^nT_{\mathrm{C}}}{\tau}V_{\mathrm{I}}$$

（3）第二次积分阶段

当$t=t_1$时，$S_1$转接到 B 点，具有与$v_{\mathrm{I}}$相反极性的基准电压$-V_{\mathrm{REF}}$加到积分器的输入端；积分器开始向相反进行第二次积分；当$t=t_2$时，积分器输出电压$v_{\mathrm{O}}>0\,\mathrm{V}$，比较器输出$v_{\mathrm{C}}=0$，时钟脉冲控制门 G 被关闭，计数停止。在此阶段结束时$v_{\mathrm{O}}$的表达式可写为

$$v_{\mathrm{o}}(t_2)=V_{\mathrm{P}}-\frac{1}{\tau}\int_{t_1}^{t_2}(-V_{\mathrm{REF}})\mathrm{d}t=0$$

设$T_2=t_2-t_1$，于是有

$$\frac{V_{\mathrm{REF}}T_2}{\tau}=\frac{2^nT_{\mathrm{C}}}{\tau}V_{\mathrm{I}}$$

设在此期间计数器所累计的时钟脉冲个数为$\lambda$，则

$$T_2=\lambda T_{\mathrm{C}}=\frac{2^nT_{\mathrm{C}}}{V_{\mathrm{REF}}}V_{\mathrm{I}}$$

可见，$T_2$与$V_{\mathrm{I}}$成正比，$T_2$就是双积分 A/D 转换过程的中间变量。

$$\lambda=\frac{T_2}{T_{\mathrm{C}}}=\frac{2^n}{V_{\mathrm{REF}}}V_{\mathrm{I}}$$

上式表明，在计数器中所计得的数$\lambda(\lambda=\mathrm{Q}_{n-1}\cdots\mathrm{Q}_1\mathrm{Q}_0)$，与在取样时间$T_1$内输入电压的平均值$\mathrm{V_I}$成正比。只要$V_{\mathrm{I}}<V_{\mathrm{REF}}$，转换器就能将输入电压转换为数字量，并能从计数器读取转换结果。如果取$V_{\mathrm{REF}}=2^n\mathrm{V}$，则$\lambda=V_{\mathrm{I}}$，计数器所计的数在数值上就等于被测电压。图 9-22 是这个电路的电压波形图。

由于双积分 A/D 转换器在$T_1$时间内采的是输入电压的平均值，因此具有很强的抗工频干扰能力。尤其对周期等于$T_1$或$T_1$的几分之一的对称干扰（所谓对称干扰是指整个周期内平均值为零的干扰），从理论上来说，有无穷大的抑制能力。即使当工频干扰幅度大于被测直流信号，使输入信号正负变化时，仍有良好的抑制能力。在工业系统中经常碰到的是工频（50 Hz）或工频的倍频干扰，故通常选定采样时间$T_1$总是等于工频电源周期的倍数，如 20 ms 或 40 ms 等。另一方面，由于在转换过程中，前后两次积分所采用的是同一积分器。因此，在两次积分期间（一般在几十至数百毫秒之间），R、C 和脉冲源等元器件参数的变化对转换精度的影响均可以忽略。

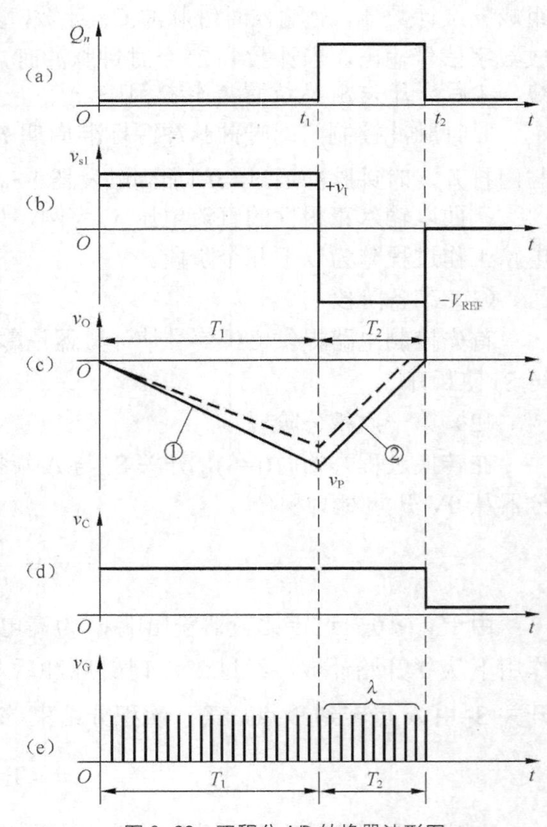

图 9-22 双积分 A/D 转换器波形图

最后必须指出，在第二次积分阶段结束后，控制电路又使开关$S_2$闭合，电容 C 放电，积分

器回零。电路再次进入准备阶段，等待下一次转换开始。

单片集成双积分式 A/D 转换器有 ADC-EK8B（8 位，二进制码）、ADC-EK10B（10 位，二进制码）、MC14433（$3\frac{1}{2}$ 位，BCD 码）等。

**2．集成双积分型 A/D 转换器**

集成双积分型 A/D 转换器品种有很多，大致分成二进制输出和 BCD 输出两大类，图 9-23 分型 A/D 转换器的框图，它是一种 $3\frac{1}{2}$ 位 BCD 码 A/D 转换器。这一芯片输出数码的最高位（千位）仅为 0 或 1，其余 3 位均由 0～9 组成，故称为 $3\frac{1}{2}$ 位。$3\frac{1}{2}$ 位的 3 表示完整的 3 个数位有十进制数码 0～9，$\frac{1}{2}$ 的分母 2 表示最高位只有 0、1 二个数码，分子 1 表示最高位显示的数码最大为 1，显示的数值范围为 0000～1999。同类产品有 ICL7107、7109、5G14433 等。双积分型 A/D 转换器一般外接配套的 LED 显示器件或 LCD 显示器件，可以将模拟电压 $v_I$ 用数字量直接显示出来。

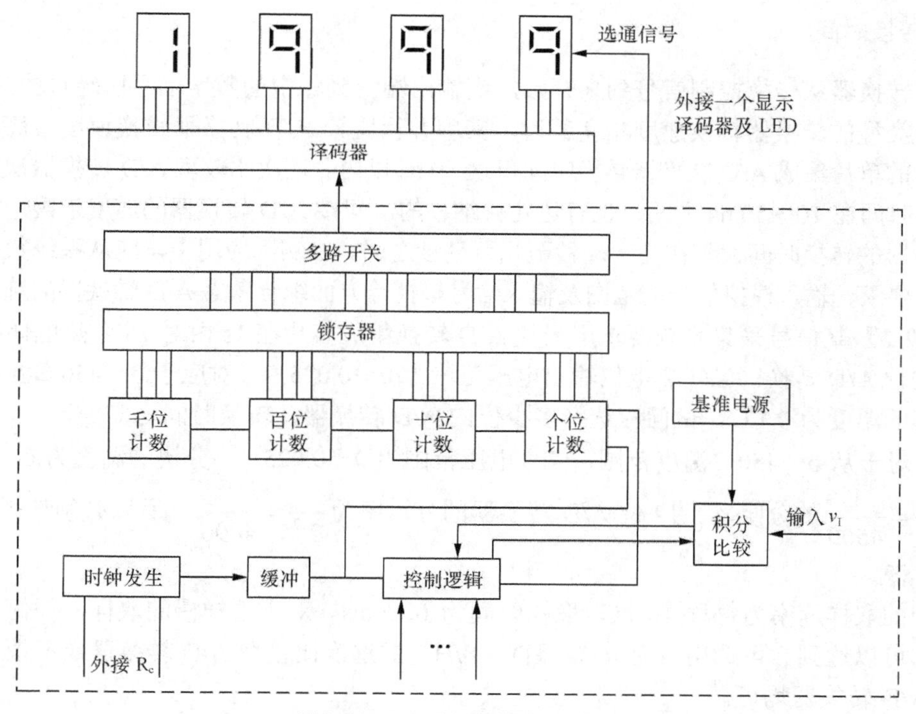


图 9-23　BCD 码双积分型 ADC 框图

为了减少输出线，译码显示部分采用动态扫描的方式，按着时间顺序依次驱动显示器件，利用位选通信号及人眼的视觉暂留效应，就可将模拟量对应的数字量显示出来。

这种双积分型 A/D 转换器的优点，是利用较少的元器件就可以实现较高的的精度（如 $3\frac{1}{2}$ 位折合 11 位二进制）；一般输入都是直流或缓变化的直流量，抗干扰性能很强，广泛用于各种数字测量仪表，工业控制柜面板表，汽车仪表等方面。

### 9.3.5 A/D 转换器的转换精度与转换时间

#### 1．A/D 转换器的转换精度

单片集成 A/D 转换器的转换精度是用分辨率和转换误差来描述的。

① 分辨率——它说明 A/D 转换器对输入信号的分辨能力。

A/D 转换器的分辨率以输出二进制（或十进制）数的位数表示。从理论上讲，$n$ 位输出的 A/D 转换器能区分 $2^n$ 个不同等级的输入模拟电压，能区分输入电压的最小值为满量程输入的 $1/2^n$。在最大输入电压一定时，输出位数越多，量化单位越小，分辨率越高。例如 A/D 转换器输出为 8 位二进制数，输入信号最大值为 5V，那么这个转换器应能区分输入信号的最小电压为 19.53 mV。

② 转换误差——表示 A/D 转换器实际输出的数字量和理论上的输出数字量之间的差别。常用最低有效位的倍数表示。例如给出相对误差$\leqslant \pm \mathrm{LSB}/2$，这就表明实际输出的数字量和理论上应得到的输出数字量之间的误差小于最低位的半个字。

#### 2．转换时间

A/D 转换器从转换控制信号到来开始，到输出端得到稳定的数字信号所经过的时间。

不同类型的转换器转换速度相差甚远。其中并行比较 A/D 转换器转换速度最高，8 位二进制输出的单片集成 A/D 转换器转换时间可达 50 ns 以内。逐次比较型 A/D 转换器次之，它们多数转换时间在 10～50 ns 之间，也有达几百纳秒的。间接 A/D 转换器的速度最慢，如双积分 A/D 转换器的转换时间大都在几十毫秒至几百毫秒之间。在实际应用中，应从系统数据总的位数、精度要求、输入模拟信号的范围及输入信号极性等方面综合考虑 A/D 转换器的选用。

**【例 9-2】**某信号采集系统要求用一片 A/D 转换集成芯片在 1s 内对 16 个热电偶的输出电压分时进行 A/D 转换。已知热电偶输出电压范围为 0～0.025 V（对应于 0～450℃温度范围），需要分辨的温度为 0.1℃，试问应选择多少位的 A/D 转换器，转换时间为多少？

**解**：对于从 0～450℃温度范围，信号电压范围为 0～0.025 V，分辨的温度为 0.1℃，这相当于$\dfrac{0.1}{450}=\dfrac{1}{4500}$的分辨率。12 位 A/D 转换器的分辨率为$\dfrac{1}{2^{12}}=\dfrac{1}{4096}$，所以必须选用 13 位的 A/D 转换器。

系统的取样速率为每秒 16 次，取样时间为 62.5 ms。对于这样慢的取样，任何一个 A/D 转换器都可以达到。可选用带有取样-保持（S/H）的逐次比较型 A/D 转换器或不带 S/H 的双积分式 A/D 转换器均可。

## 本章小结

（1）倒 T 型电阻网络 D/A 转换器具有如下特点：电阻网络阻值仅有两种，即 $R$ 和 $2R$；各 $2R$ 支路电流 $I_i$ 与相应的 $D_i$ 数码状态无关，是一定值；由于支路电流流向运放反相端时不存在传输时间，因而具有较高的转换速度。

（2）在权电流型 D/A 转换器中，由于恒流源电路和高速模拟开关的运用使其具有精度高、转换快的优点，双极型单片集成 D/A 转换器多采用此种类型电路。

（3）不同的 A/D 转换方式具有各自的特点，在要求转换速度高的场合，选用并行 A/D 转换器；在要求精度高的情况下，可采用双积分 A/D 转换器，当然也可选高分辨率的其他形式 A/D 转换器，但会增加成本。由于逐次比较型 A/D 转换器在一定程度上兼有以上两种转换器的优点，因此得到普遍应用。

（4）A/D 转换器和 D/A 转换器的主要技术参数是转换精度和转换速度，在与系统连接后，转换器的这两项指标决定了系统的精度与速度。目前，A/D 与 D/A 转换器的发展趋势是高速度、高分辨率及易于与微型计算机接口连接，用以满足各个应用领域对信号处理的要求。

# 习　　题

［9-1］$n$ 位权电阻型 D/A 转换器如题图 9-1 所示。

如 $n$=8，$V_{REF}$=−10 V 时，如输入数码为$(20)_H$，试求输出电压值？

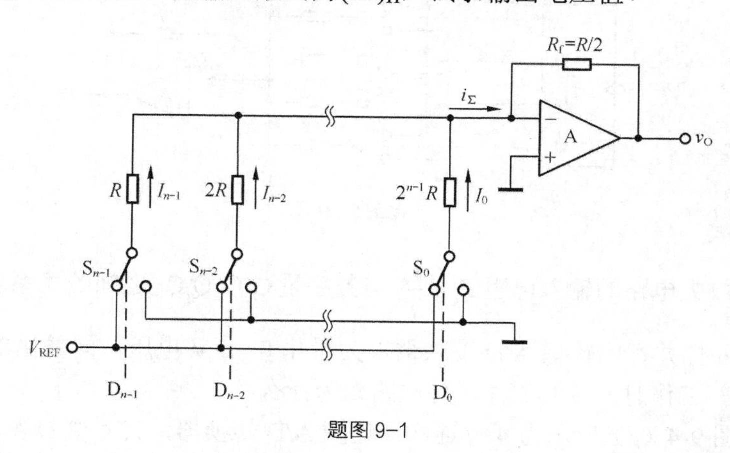


题图 9-1

［9-2］一个 8 位的倒 T 型电阻网络数模转换器，若 $d_7$～$d_0$ 为 11111111 时的输出电压 $v_o$=5 V，则 $d_7$～$d_0$ 分别为 11000000、00000001 时 $v_o$ 各为多少？

［9-3］在 10 位二进制数 D/A 转换器中，已知其最大满刻度输出模拟电压 $V_{om}$=5 V，求最小分辨电压 $V_{LSB}$ 和分辨率。

［9-4］题图 9-2 电路是用 D/A 转换器 CB7520（见图 9-6）和运算放大器组成的增益可编程放大器，它的电压放大倍数 $A_v=\dfrac{v_O}{v_I}$ 由输入的数字量 D（$D_9$～$D_0$）来设定。试写出 $A_v$ 的计算公式，并说明 $A_v$ 取值的范围是多少。

［9-5］D/A 转换器和 A/D 转换器的分辨率说明了什么？

［9-6］一程控增益放大电路如题图 9-3 所示，图中计数器某位输出 $Q_i=1$ 时，相应的模拟开关 $S_i$ 与 $v_I$ 相接；$Q_i=0$，$S_i$ 与地相接。

（1）试求该放大电路的电压放大倍数 $A_v=\dfrac{v_O}{v_I}$ 与数字量 $Q_3Q_2Q_1Q_0$ 之间的关系表达式；

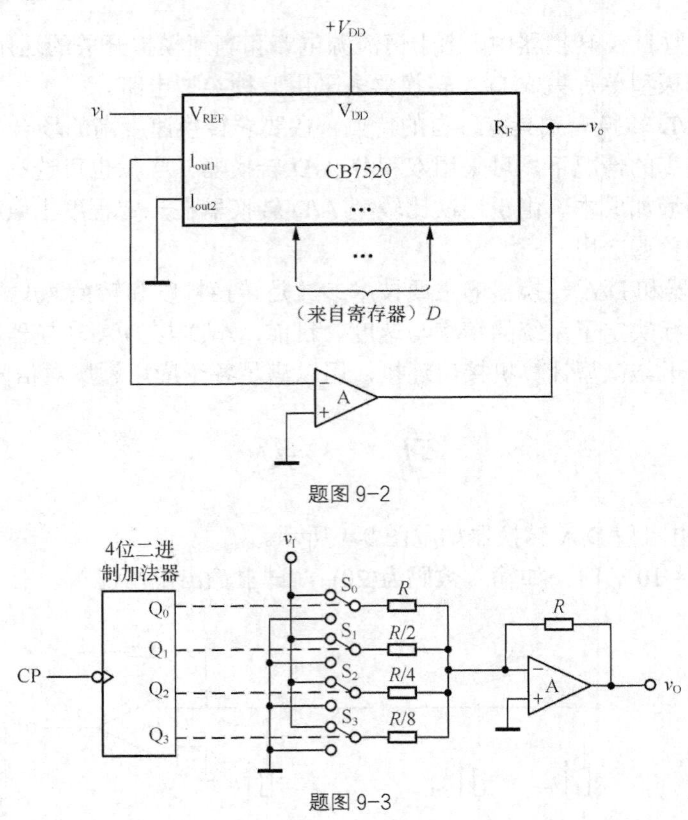


题图 9-2

题图 9-3

（2）试求该放大电路的输入电阻 $R_I=\dfrac{v_o}{i_I}$ 与数字量 $Q_3Q_2Q_1Q_0$ 之间的关系表达式。

［9-7］一个 6 位并行比较型 A/D 变换器，为量化 0～5 V 电压，问量化单位Δ应为多少？共需多少比较器？工作时是否要取样保持电路？为什么？

［9-8］如题图 9-4（a）所示为 4 位逐次逼近型 A/D 转换器，其 4 位 D/A 输出波形 $v_o$ 与输入电压 $v_I$ 分别如题图 9-4（b）和题图 9-4（c）所示。

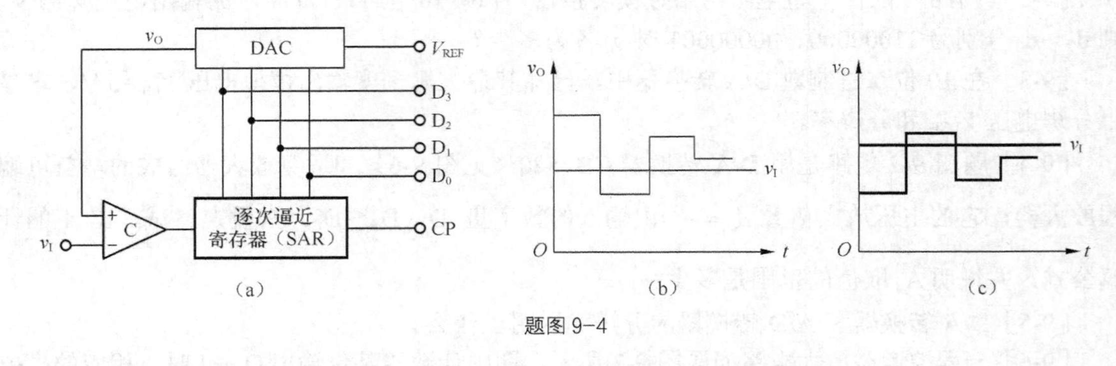


题图 9-4

（1）转换结束时，题图 9-4（b）和题图 9-4（c）的输出数字量各为多少？

（2）若 4 位 D/A 转换器的最大输出电压 $V_{o(max)}$=5 V，估计两种情况下的输入电压范围各为多少？

［9-9］双积分式 A/D 如题图 9-5 所示。

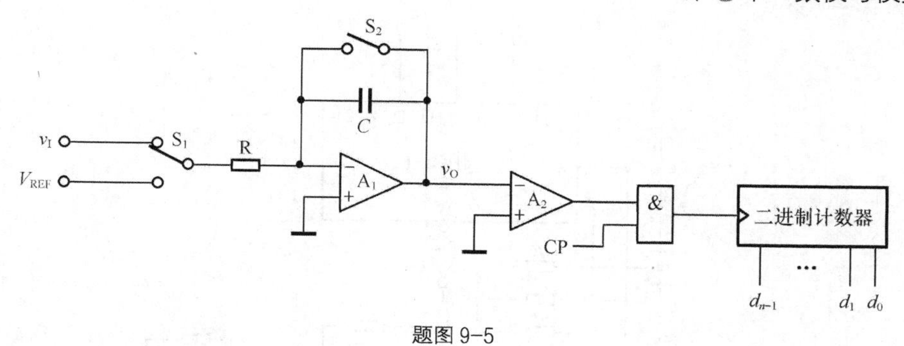


题图 9-5

（1）若被测电压 $v_{I(max)}=2$ V，要求分辨率≤0.1 mV，则二进制计数器的计数总容量 $N$ 应大于多少？

（2）需要多少位的二进制计数器？

（3）若时钟频率 $f_{cp}$=200 kHz，则采样保持时间为多少？

（4）若 $f_{cp}$=200 kHz，$|v_I|<|V_{REF}|=2$ V，积分器输出电压的最大值为 5 V，此时积分时间常数 $RC$ 为多少毫秒？

［9-10］题图 9-6 所示电路是用 CB7520 和同步十六进制计数器 74LS161 组成的波形发生器电路。CB7520 是 10 位倒 T 型电阻网络 DAC，CB7520 的电路结构如题图 9-6 所示，已知 CB7520 的 $V_{REF}=-10$ V，试画出输出电压 $v_o$ 的波形，并标出波形图上各点电压的幅度。74LS161 的功能表参看第 6 章。

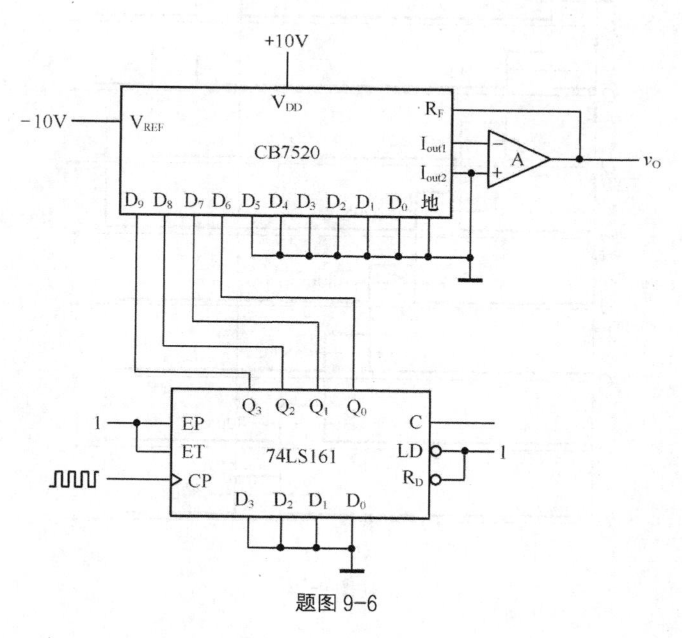


题图 9-6

［9-11］试分析题图 9-7（a）电路的工作原理，画出输出电压 vo 的波形图。其中 74HC151 是 8 选 1 数据选择器，它的功能见表 4-11。74LS161 为同步十六进制加法计数器，它的功能参看表 6-8。假定 74LS161 和反相器 G1 的输出电阻阻值远远小于 R 的阻值。74HC151 各输入端电压波形如题图 9-7（b）所示。

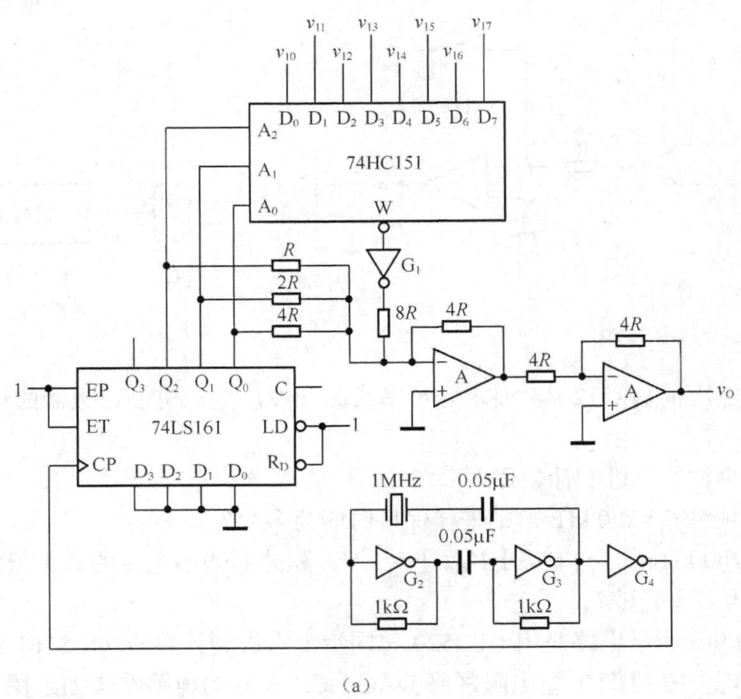

$v_{10}$ $v_{11}$ $v_{12}$ $v_{13}$ $v_{14}$ $v_{15}$ $v_{16}$ $v_{17}$
$D_0$ $D_1$ $D_2$ $D_3$ $D_4$ $D_5$ $D_6$ $D_7$
$A_2$
$A_1$
$A_0$
74HC151
W
$G_1$
R
2R
4R
8R
4R
4R
4R
A
A
$v_O$
1
EP
ET
CP
$Q_3$ $Q_2$ $Q_1$ $Q_0$
C
74LS161
LD
$R_D$
$D_3$ $D_2$ $D_1$ $D_0$
1MHz
0.05μF
0.05μF
$G_2$
$G_3$
$G_4$
1kΩ
1kΩ


（a）

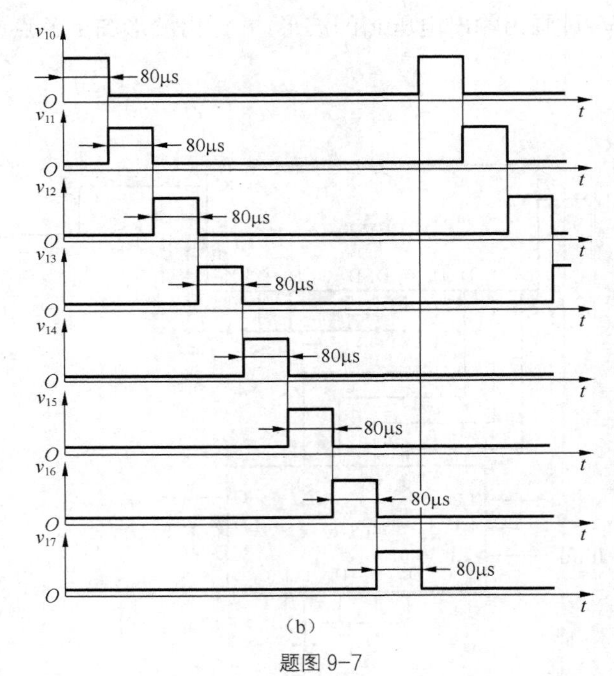

$v_{10}$ $v_{11}$ $v_{12}$ $v_{13}$ $v_{14}$ $v_{15}$ $v_{16}$ $v_{17}$
80μs
O
t


（b）

题图 9-7

# 第10章 脉冲波形的产生与变换

在数字系统中，时钟信号是用于控制系统中各部件间协调工作的。因此，时钟脉冲的特性直接关系到数字系统工作的可靠性。它的获取通常有两种方法：一种是采用脉冲信号产生电路直接得到；另一种将已有的非脉冲波形通过波形变换得到。

本章主要先介绍555定时器工作原理，然后讨论了555定时器构成的波形变换和产生电路，即施密特触发器、单稳态触发器、多谐振荡器。

## 10.1 概述

为了定量描述矩形脉冲信号的特性，通常给出图10-1中所标注的几个主要参数。

脉冲幅度 $V_m$：脉冲电压波形的最大幅度值。

上升时间 $t_r$：脉冲上升沿从 $0.1V_m$ 上升到 $0.9V_m$ 所需要的时间。

下降时间 $t_f$：脉冲下降沿从 $0.9V_m$ 下降到 $0.1V_m$ 所需要的时间。

脉冲宽度 $t_w$：从脉冲前沿的 $0.5V_m$ 起至脉冲下降沿 $0.5V_m$ 止的时间间隔。

脉冲周期 $T$：在周期性重复的脉冲序列中，两个相邻脉冲的时间间隔。

脉冲频率 $f$: $f=\frac{1}{T}$ 表示单位时间内脉冲重复的次数。

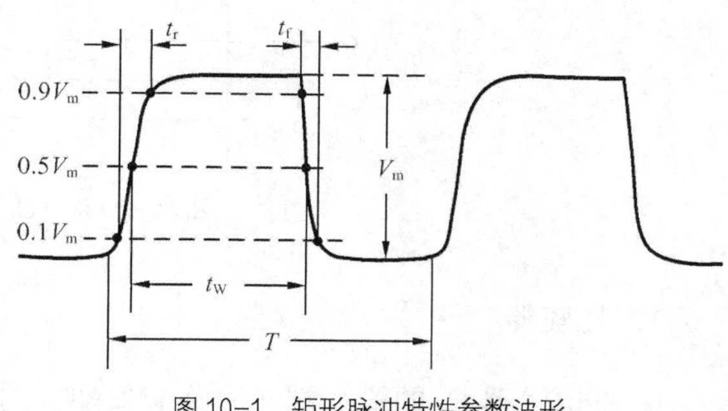

图10-1 矩形脉冲特性参数波形

占空比 $q$：脉冲宽度与脉冲周期的比值，即 $q=\frac{t_w}{T}$。

此外，在将脉冲整形或产生电路用于具体的数字系统时，还需要增加一些相应的性能参数来说明，例如幅度的稳定性等。

## 10.2 555定时器的电路结构及工作原理

555 定时器是一种多用途的数字-模拟混合集成电路，用它可构成施密特触发器、单稳态触发器和自激多谐振荡器。

555 定时器使用灵活、方便，在脉冲信号的产生、波形变换、测量与控制、定时、报警、家电与电子玩具中都得到广泛应用。

目前，555 定时器的型号繁多，但所有双极性产品型号最后 3 位数码都是 555，而 CMOS 产品型号最后 4 位都是 7555。它们的功能与引脚排列是完全相同的，可互换使用。为提高器件集成度，又生产出双定时器 556（双极型）和 7556（单极型）。

### 10.2.1 电路结构

国产 CMOS 型 CC7555 定时器电路结构如图 10-2 所示（图上数码 1～8 是器件的引脚编号），由比较器 $C_1$ 和 $C_2$ 以及或非门构成的 SR 锁存器、漏极开路放电管 $VT_D$ 与输出驱动电路 3 部分组成。

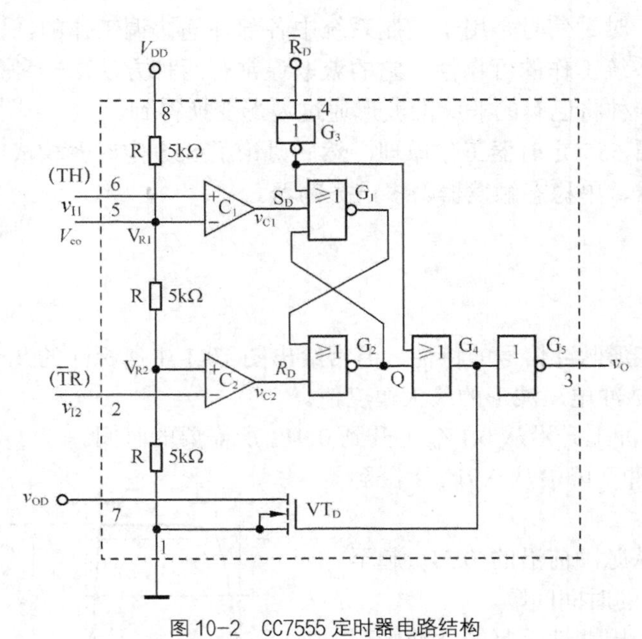


图 10-2 CC7555 定时器电路结构

#### 1. 比较器

$v_{I1}$ 是比较器 $C_1$ 的输入端（又称阈值端，用 TH 标注），$v_{I2}$ 是比较器 $C_2$ 的输入端（又称触发端，用 $\overline{TR}$ 标注）。比较器 $C_1$、$C_2$ 两个输入参考电压 $V_{R1}$ 与 $V_{R2}$ 是由 $V_{DD}$ 经 3 个等值电阻 R 分压给出的。在控制端电压输入端 $V_{CO}$ 悬空时，$V_{R1}=\frac{2}{3}V_{DD}$，$V_{R2}=\frac{1}{3}V_{DD}$。若控制电压 $V_{CO}$ 接固定电压，则 $V_{R1}=V_{CO}$，$V_{R2}=\frac{1}{2}V_{CO}$。

#### 2. SR 触发器

由或非门 $G_1$ 和 $G_2$ 构成 SR 触发器，其输出状态取决于比较器 $C_1$、$C_2$ 的输出。$\overline{R}_D$ 是异步置 0 输入端。

**3. 放电开关管 $VT_D$ 和输出驱动电路**

NMOS 开关管 $VT_D$ 在其栅极接低电平时截止，接高电平时导通，以控制外接在 $v_{OD}$ 端上电容的充放电。

输出端 $G_5$ 是一互补式输出反相驱动门，目的是增强电路的带载能力，并起到隔离作用。

### 10.2.2 555 定时器工作原理

由图 10-2 可知：

（1）当异步置 0 端 $\overline{R}_D=0$ 时，则输出端 $V_o$ 立即被置成低电平，同时，用于放电的 NMOS 开关管 $T_D$ 导通，而正常工作时，要确保 $\overline{R}_D=1$，应避免该信号作用于电路；

（2）当 $v_{I1}>V_{R1}$、$v_{I2}>V_{R2}$ 时，比较器 $C_1$ 的输出 $v_{c1}=1$，比较器 $C_2$ 的输出 $v_{c2}=0$，SR 触发器 $Q$ 被置为 1，$T_D$ 导通，同时 $V_o=0$ 为低电平；

（3）当 $v_{I1}<V_{R1}$、$v_{I2}>V_{R2}$ 时，比较器 $C_1$ 的输出 $v_{c1}=0$，比较器 $C_2$ 的输出 $v_{c2}=0$，SR 触发器 $Q$ 保持状态不变，因而 $T_D$ 导通和输出状态也维持不变；

（4）当 $v_{I1}<V_{R1}$、$v_{I2}<V_{R2}$ 时，比较器 $C_1$ 的输出 $v_{c1}=0$，比较器 $C_2$ 的输出 $v_{c2}=1$，SR 触发器 Q 被置为 0，$T_D$ 截止，同时 $V_o=1$ 为高电平；

（5）当 $v_{I1}>V_{R1}$、$v_{I2}<V_{R2}$ 时，比较器 $C_1$ 的输出 $v_{c1}=1$，比较器 $C_2$ 的输出 $v_{c2}=1$，SR 触发器处于 $Q=\overline{Q}=0$ 状态，$T_D$ 截止，同时 $V_o=1$ 为高电平。

由此可得到表 10-1 所示 CC7555 定时器功能。

**表 10-1　　CC7555 定时器功能**

| 输入 | | | 比较器输出 | | SR 触发器状态 $Q$ | 输出 | |
|---|---|---|---|---|---|---|---|
| $\overline{R}_D$ | $v_{i1}$ | $v_{i2}$ | $V_{c1}(S_D)$ | $V_{c2}(R_D)$ | | $T_D$ 状态 | $V_O$ |
| 0 | $\phi$ | $\phi$ | $\phi$ | $\phi$ | $\phi$ | 导通 | 0 |
| 1 | $>\frac{2}{3}V_{DD}$ | $>\frac{1}{3}V_{DD}$ | 1 | 0 | 1 | 导通 | 0 |
| 1 | $<\frac{2}{3}V_{DD}$ | $>\frac{1}{3}V_{DD}$ | 0 | 0 | 不变 | 不变 | 不变 |
| 1 | $<\frac{2}{3}V_{DD}$ | $<\frac{1}{3}V_{DD}$ | 0 | 1 | 0 | 截止 | 1 |
| 1 | $>\frac{2}{3}V_{DD}$ | $<\frac{1}{3}V_{DD}$ | 1 | 1 | 0 | 截止 | 1 |

555 定时器有较宽的电压工作范围及较大的电流负载能力，双极型电源电压范围为 5～16 V，最大负载电流达 200 mA。CMOS 的电源电压范围为 3～18 V，但最大负载电流在 4 mA 以下。

## 10.3 用 555 定时器构成脉冲电路

### 10.3.1 用 555 定时器构成施密特触发器

施密特触发器是脉冲波形变换中常用的电路之一。该电路与第 5 章所介绍的触发器

（Flip-Flop）是截然不同的两种电路。

施密特触发器构成方式很多，也有标准的集成电路。本节介绍的是如何用 555 定时电路构成施密特触发器。

### 1. 电路组成

将 555 定时器的两个输入端 $v_{I1}$（6 管脚）、$v_{I2}$（2 管脚）连接在一起作为信号输入端，就构成了如图 10-3（a）所示的施密特触发器。在图中，$V_{co}$（5 管脚）端接有 0.01 μF 滤波电容是为了提高该点电压稳定性，防止干扰所用。图 10-3（b）给出了其电路符号。

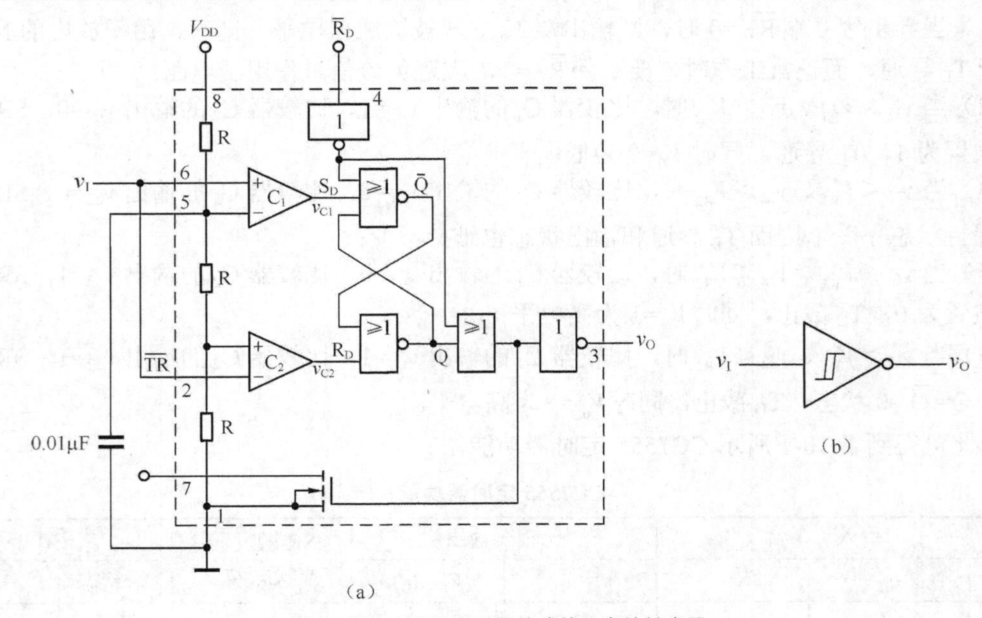


图 10-3　由 555 定时器构成的施密特触发器

### 2. 工作原理

（1）输入信号 $v_I$ 从 0 逐渐上升

当 $v_I < \frac{1}{3}V_{DD}$ 时，有 $v_{C1}=0$，$v_{C2}=1$，Q=0，故 $v_O=V_{OH}=1$；

当 $\frac{1}{3}V_{DD} < v_I < \frac{2}{3}v_{DD}$ 时，$v_{C1}=0$，$v_{C2}=0$，Q =0 保持不变，故 $v_O=V_{OH}=1$。

当输入信号上升到 $v_I > \frac{2}{3}V_{DD}$ 时，则 $v_{C1}=1$，$v_{C2}=0$，此时 SR 触发器发生翻转，由低电平变为高电平，Q=1，同时输出信号电平由高变低，即 $v_O=V_{OL}=0$。

输入信号上升过程中使得电路状态发生翻转所对应的输入电平值称为正向阈值电压 $V_{T+}$。显然，用 555 定时器所构成的施密特触发器的 $V_{T+}=\frac{2}{3}V_{DD}$。

（2）输入信号 $v_I$ 从高电平 $V_{DD}$ 逐渐下降

当 $v_I > \frac{2}{3}V_{DD}$ 时，仍有 $V_{C1}=1$，$V_{C2}=0$，$Q=1$，$v_O=V_{OL}=0$；

当$\frac{1}{3}V_{DD}<v_I<\frac{2}{3}V_{DD}$时，$v_{C1}=0$，$v_{C2}=0$，Q=1保持不变，故$v_O=V_{OL}=0$；

当输入下降至$v_I<\frac{1}{3}V_{DD}$时，则$v_{C1}=0$，$v_{C2}=1$，此时SR触发器再次发生翻转置0，即Q=0，故输出电平又回到高电平，即$v_O=V_{OH}=1$。

同理，输入信号下降过程中使得电路状态发生翻转所对应的输入电平值称为负向阈值电压$V_{T-}$。显然，用555定时器所构成的施密特触发器的$V_{T-}=\frac{1}{3}V_{DD}$。

将$V_{T+}$与$V_{T-}$之差定义为回差电压$\Delta V_T$，即

$$\Delta V_T=V_{T+}-V_{T-} \tag{10-1}$$

由此可得图10-3所示电路的回差电压为

$$\Delta V_T=V_{T+}-V_{T-}=\frac{2}{3}V_{DD}-\frac{1}{3}V_{DD}=\frac{1}{3}V_{DD} \tag{10-2}$$

根据上述，可得到其电压传输特性，如图10-4所示。

### 3. 施密特触发器的应用

（1）用于波形变换

用施密特触发器可以将边沿变化缓慢的周期性信号（如三角波、正弦波等）变换为边沿很陡的矩形脉冲信号。

图10-5中，输入信号是由直流分量和正弦波分量叠加而成的，只要输入信号的幅度大于$V_{T+}$，就可经施密特触发器变换成同频率的矩形脉冲信号。

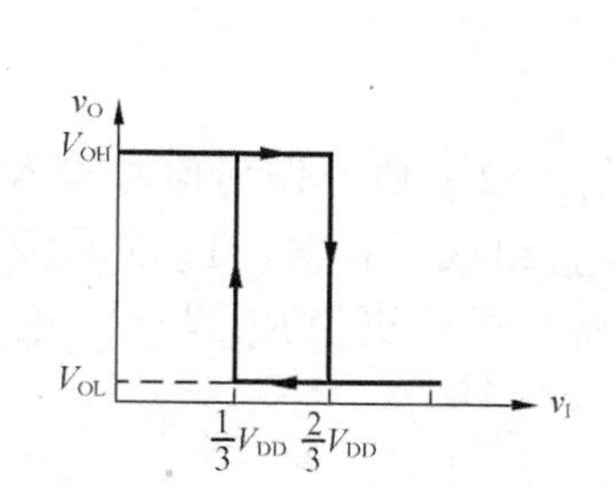


图10-4 图10-3所示电路电压传输特性

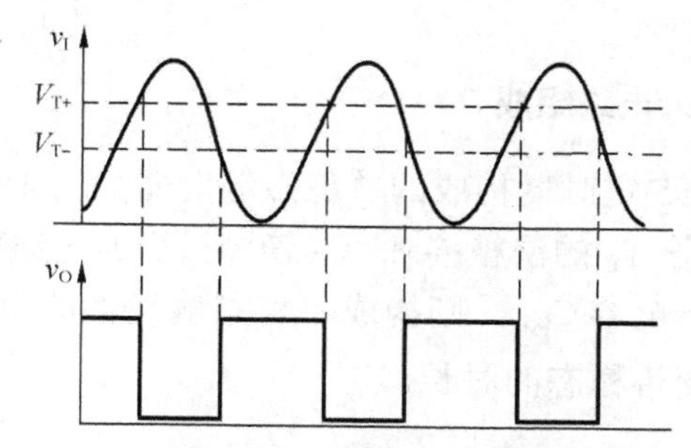


图10-5 施密特触发器用于波形变换

（2）用于脉冲整形

在数字系统中，矩形脉冲经过线路传输时，经常由于传输线的线间电容作用、传输过程中其他干扰源的影响以及传输线较长使得信号接收端阻抗不匹配等原因，造成波形上升沿与下降沿波形变坏，且伴有振荡现象及附加噪声，使得所接收到的信号发生畸形。

上述各种原因引起的波形畸形，可以经过施密特整形而获得较理想的矩形波。由图10-6可见，只要适当设置$V_{T+}$、$V_{T-}$值，均能收到满意的整形效果。可见，利用施密特触发器的回差特性$\Delta V_T$，可以提高电路的抗干扰能力。

（3）用于脉冲幅度鉴别

由图 10-7 可见，当有许多幅度不等的脉冲信号加到施密特触发器的输入端时，通过调整电路的 $V_{T+}$、$V_{T-}$ 值，使只有输入信号幅度大于 $V_{T+}$ 的脉冲才能使触发器的状态发生翻转，从而得到所需的方波脉冲信号。因此，施密特触发器能够将幅度大于 $V_{T+}$ 的输入信号选出，即具有脉冲幅度鉴别能力。

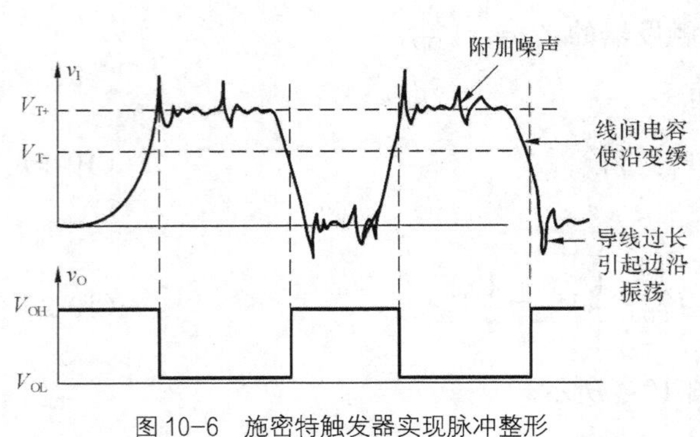


图 10-6　施密特触发器实现脉冲整形

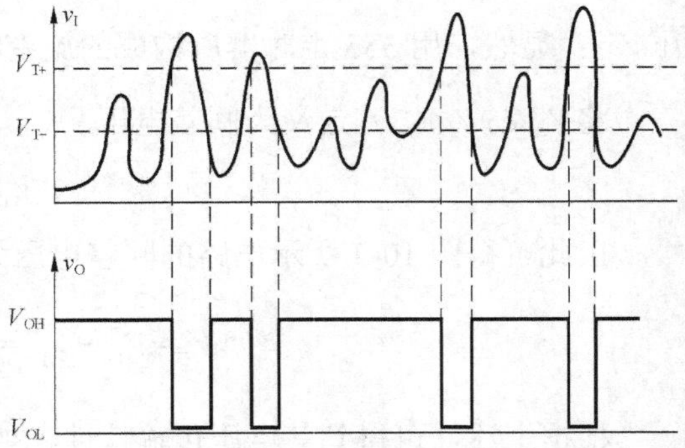

图 10-7　施密特触发器实现脉冲鉴幅

施密特触发器主要有两个特点：

① 施密特触发器具有低电平与高电平两种输出状态，它能将变化缓慢的信号（如正弦波、三角波及各种周期性的不规则波形）变换成矩形波；

② 对正向和负向变化的输入信号，电路的触发转换电平（又称阈值电压）不同，即电路具有回差特性。

### 10.3.2　用 555 定时器构成单稳态触发器

#### 1. 电路组成

555 定时器构成的单稳态触发器如图 10-8 所示，是将 $v_{I2}$（2 管脚）作为信号输入端，MOS 管 $T_D$ 的漏极接 $v_{I1}$（6 管脚）后通过电阻 $R_{ext}$ 连接到 $V_{DD}$ 组成反相器，$T_D$ 的漏极再对地接一电容 $C_{ext}$，则构成单稳态触发器的暂稳时间控制电路，通过更换 $R_{ext}$ 与 $C_{ext}$ 的值就可改变暂稳态的时长。

#### 2. 工作原理

（1）稳定状态

555 定时器构成单稳态触发器时，触发信号为低电平，通常时间都很短。在无触发信号时，输入信号为高电平，即 $v_I=V_{DD}>\frac{1}{3}V_{DD}$，$v_{C2}=0$。电路接通电源后，$V_{DD}$ 通过 $R_{ext}$ 对 $C_{ext}$ 充电，当电容 $C_{ext}$ 电压 $v_C>\frac{2}{3}V_{DD}$ 时，$v_{C1}=1$，使 SR 触发器状态发生翻转，Q=1，$v_O=V_{OL}=0$，$T_D$ 导通，电容 $C_{ext}$ 又通过 $T_D$ 对地迅速放电至 $v_C=0$，此时 $v_C<\frac{2}{3}V_{DD}$。因此 $v_{C1}=0$，$v_{C2}=0$，使基本 SR 触发器的两个输入信号都为低电平，即保持 Q=1 状态不变，继而保持 $v_O=V_{OL}$ 稳定状态。

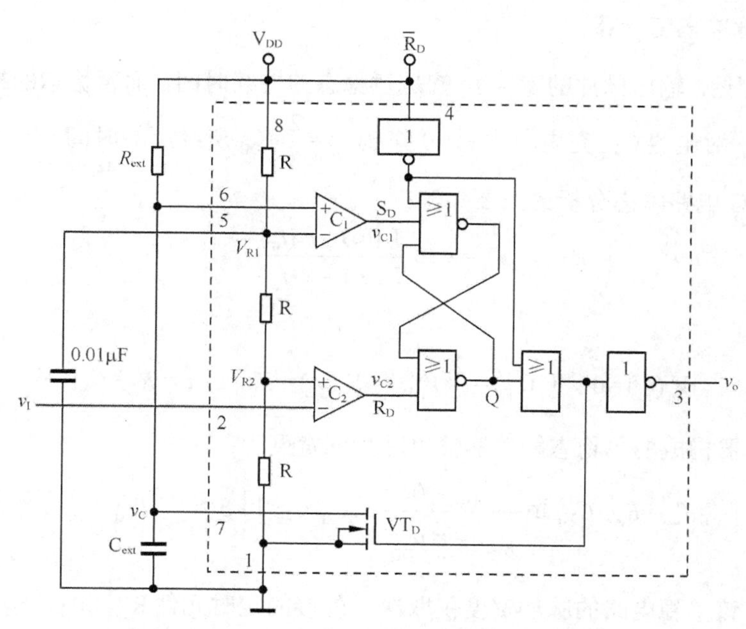


图 10-8 用 555 定时器构成单稳态触发器

（2）触发器进入暂稳态

当输入触发信号 $v_I$ 到达，即 $v_I$=0 时，使 $v_{I2} < \frac{1}{3} V_{DD}$，$v_{C2}$=1，上一步电容 $C_{ext}$ 放电，$v_C$=0，因此 $v_{C1}$=0，基本 SR 触发器状态 Q 发生翻转被置 0，输出 $v_O$ 由低电平 $V_{OL}$ 跳变为高电平 $V_{OH}$，即 $v_O = V_{OH}$，而 $T_D$ 因 Q=0 而截止，$V_{DD}$ 通过 $R_{ext}$ 对 $C_{ext}$ 又开始充电，电路进入暂稳态。

此过程无论输入信号 $v_I$ 为何值，只要 $v_C < \frac{2}{3} V_{DD}$，将有 $v_{C1}$=0，$v_{C2}=\phi$，触发器状态都将保持不变。电容 $C_{ext}$ 充电至 $v_C = \frac{2}{3} V_{DD}$ 时，如触发信号结束（$v_I$=1），$v_{C1}$=1，$v_{C2}$=0，基本 SR 触发器状态 $Q$ 再次翻转被置 1，电路结束暂稳态，自动恢复到稳定状态 $v_O = V_{OL}$。同时 $T_D$ 导通，电容 $C_{ext}$ 再次通过 $T_D$ 迅速放电至 $v_C$=0。图 10-9 给出了在输入触发信号作用下，$v_I$、$v_C$ 与 $v_O$ 的相应波形。

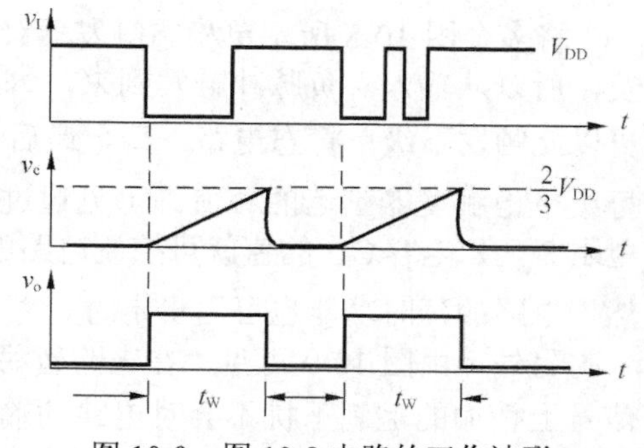


图 10-9 图 10-8 电路的工作波形

单稳态触发器（Monostable Multibrator）具有如下特点：

① 电路仅有一个稳态，另一个是暂稳态；

② 在外加触发脉冲信号的作用下，电路才能从稳定的状态翻转到暂稳状态；

③ 在暂稳态维持一段时间后，电路会自动翻转回到稳态，而暂稳态维持的时间长短仅取决于电路本身的参数，而与外加触发信号的参数无关。

### 3．单稳态脉冲宽度计算

由图 10-9 可见，输出脉冲的宽度 $T_w$ 就是暂稳态的持续时间，而暂稳态的持续时间取决于 $V_{DD}$ 通过电阻 $R_{ext}$ 对电容 $C_{ext}$ 充电，由 $v_C=0$ 充到 $v_C=\frac{2}{3}V_{DD}$ 所经历的时间。

根据一阶 RC 电路瞬态分析的三要素法：

$$T_w=\tau\ \ln\frac{V(\infty)-V(t_0)}{V(\infty)-V(t_w)}$$

由上述可知：

$$V_c(t_0)=0,\quad V_c(t_w)=\frac{2}{3}V_{DD},\quad V_c(\infty)=V_{DD},\quad \tau=R_{ext}\ C_{ext}$$

由 555 定时器构成的单稳态触发器输出脉冲的宽度为：

$$T_w=R_{ext}\ C_{ext}\ \ln\frac{V_{DD}-0}{V_{DD}-\frac{2}{3}V_{DD}}=R_{ext}\ C_{ext}\ \ln 3\approx 1.1\,R_{ext}\ C_{ext} \tag{10-3}$$

由式可见，该单稳电路的脉冲宽度仅取决于外接的定时元件 $R_{ext}$ 和 $C_{ext}$，而与 $V_{DD}$ 无关。

由电路工作原理可知，该单稳电路在单稳态持续时间内，对于重复触发输入是不起作用的，所以称其为非重复触发的单稳态触发器。

### 4．单稳态触发器应用举例

单稳态触发器是数字系统中最常用的单元电路，常用于以下两种情况

（1）脉冲展宽

由图 10-9 可见，当触发输入端 $v_I$ 加一个负向窄脉冲，在电路的输出端 Q 就可得到一个正向宽脉冲，其脉冲宽度为 $T_w\approx 1.1\,R_{ext}\ C_{ext}$。

（2）脉冲延时

将多个图 10-8 所示单稳态触发器级联，便可构成脉冲延时电路。由于该电路是负脉冲触发，所以从输入 $v_I$ 负脉冲触发到来，每级单稳态电路都可经 $T_w\approx 1.1\,R_{ext}\ C_{ext}$ 后产生负跳变，再以此触发下级单稳态电路，直至最后一级输出 $v_O$ 出现负跳变为止，整个电路产生的延迟是每级单稳触发器延迟的和值。可见通过调节每级外接电阻 $R_{ext}$ 和电容 $C_{ext}$ 的值就可控制电路的延迟时间。显然，电路的延时功能也可用于定时。

另外，由图 10-9 可见，在电路暂稳过程中，输入信号上叠加的毛刺干扰不会对电路的输出产生影响，因此可以提高控制电路的抗干扰性。

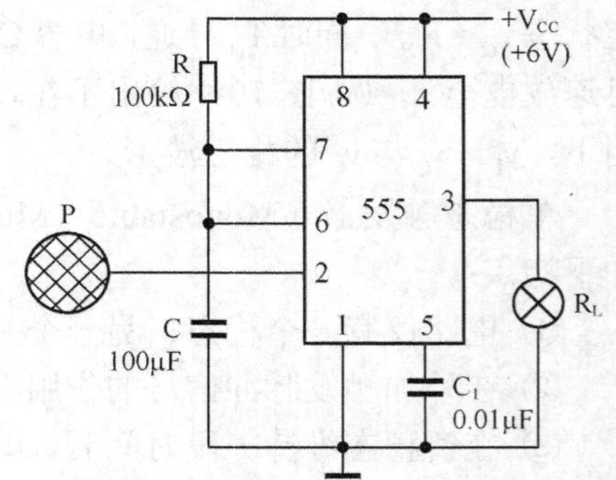

图 10-10　单稳态触发器构成的定时照明电路

**【例 10-1】** 用 555 定时器设计触摸开关用于夜间定时照明，定时时间为 11s。

**解**：555 定时器构成单稳态触发器。只要用手触摸一下金属片 P，由于人体感应电压相当于在触发输入端（管脚 2）加入一个短暂的负脉冲，555 输出端输出高电平，灯泡（$R_L$）发光，当暂稳态时间

（$t_W$）结束时，555 输出端恢复低电平，灯泡熄灭。可选如图所示参数，满足 $t_W$=1.1RC=11s。

### 10.3.3　用 555 定时器构成自激多谐振荡器

自激多谐振荡器是一种无稳态的电路，它仅有 2 个暂稳态，无需外加触发信号，只要接通电源就能自动产生周期性矩形脉冲信号。由于矩形波含有丰富的谐波分量，所以习惯上将这种矩形波振荡器称为多谐振荡器（Astable Multivibrator）。自激多谐振荡器常用于产生脉冲信号。

自激多谐振荡器可由门电路构成，也可用本节所述的 555 定时器构成。

#### 1．电路构成

将由 555 定时器构成施密特电路的输入端 $v_I=v_{I1}=v_{I2}$ 接到 $R_1$、$R_2$，与 $C_{ext}$ 组成积分电路上，并将 $VT_D$ 的漏极接在 $R_1$ 与 $R_2$ 之间，以控制对电容 $C_{ext}$ 的充放电过程，从而实现电路实现自激的工作过程。555 定时器构成的自激多谐振荡器电路如图 10-11 所示。

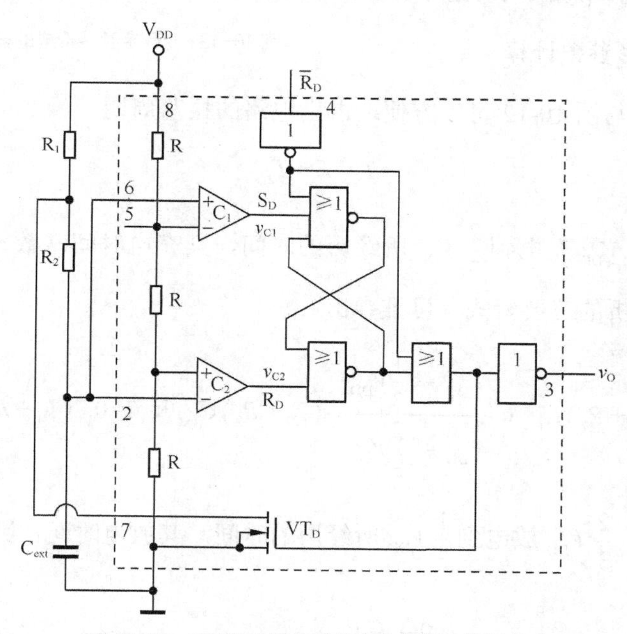


图 10-11　555 定时器构成的自激多谐振荡器电路

#### 2．工作原理

① 电路接通电源时，由于定时电容 $C_{ext}$ 的电压 $v_c$=0，则使 $v_{C1}$=0，$v_{C2}$=1，$Q$=0，故 $v_O=V_{OH}$ 为高电平，$VT_D$ 管截止。

② 电源 $V_{DD}$ 经 $R_1$、$R_2$ 对 $C_{ext}$ 进行充电，由 555 定时器功能（如表 10-1 所示）可知，当 $C_{ext}$ 的电压 $v_C$ 上升到 $\frac{1}{3}V_{DD}$ 时，使 $v_{C2}$=0，SR 触发器仍保持状态不变，$VT_D$ 管依然截止，电路处于第一暂稳状态。

当电容 $C_{ext}$ 电压上升到 $v_C=\frac{2}{3}V_{DD}$ 时，则 $v_{C1}=1$，$v_{C2}=0$，使 SR 触发器翻转置 1，放电管 $VT_D$ 导通，电路输出由高电平跳变为低电平 $v_O=V_{OL}$，电路翻转进入第二暂稳态。

③ 放电管 $VT_D$ 导通后，电容 $C_{ext}$ 经 $R_2$ 及 $VT_D$ 对地放电，此时，$\frac{1}{3}V_{DD}<v_C<\frac{2}{3}v_{DD}$，使 $v_{C1}=0$、$V_{C2}=0$，SR 触发器状态保持不变。当电容 $C_{ext}$ 继续放电到 $v_C=\frac{1}{3}V_{DD}$ 时，则 $v_{C1}=0$，$v_{C2}=1$，SR 触发器再次翻转置 0，放电管 $VT_D$ 截止，输出 $v_O=V_{OH}$ 为高电平，电路又回到第一暂稳状态。

电源 $V_{DD}$ 又重新经 $R_1$、$R_2$ 给 $C_{ext}$ 进行充电，如此周而复始形成自激振荡，输出周期性矩形波。其工作波形如图 10-12 所示。

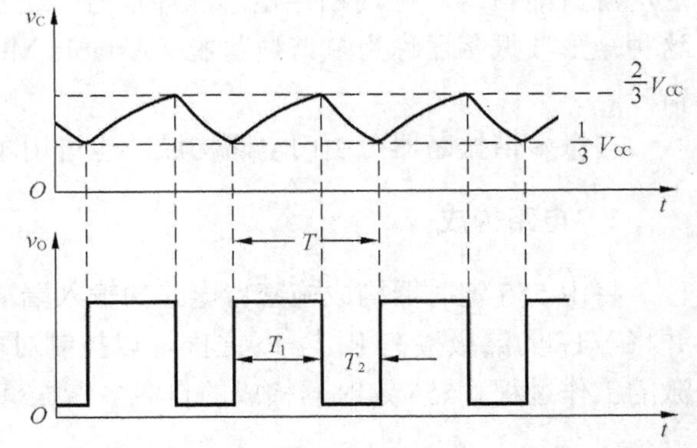

图 10-12　555 定时器构成的多谐振荡器的工作波形

### 3．输出脉冲波形参数计算

由上述工作原理与图 10-12 可以方便地得出电路的振荡周期

$$T=T_1+T_2$$

式中 $T_1$ 是 $v_C$ 从 $\frac{1}{3}V_{DD}$ 充电到 $\frac{2}{3}V_{DD}$ 所经历的时间，其充电时间常数 $\tau_{充}=(R_1+R_2)C_{ext}$。由一阶 RC 电路瞬态分析的三要素式，可推导出

$$T_1=(R_1+R_2)C_{ext}\ln\frac{V_{DD}-\frac{1}{3}V_{DD}}{V_{DD}-\frac{2}{3}V_{DD}}=(R_1+R_2)C_{ext}\ln 2=0.7(R_1+R_2)C_{ext} \tag{10-4}$$

同理，$T_2$ 是 $v_C$ 从 $\frac{2}{3}V_{DD}$ 放电到 $\frac{1}{3}V_{DD}$ 所经历的时间，其放电时间常数 $\tau_{放}=R_2C_{ext}$，故此

$$T_2=R_2C_{ext}\ln\frac{0-\frac{2}{3}V_{DD}}{0-\frac{1}{3}V_{DD}}=R_2C_{ext}\ln 2=0.7R_2C_{ext} \tag{10-5}$$

电路的振荡周期为

$$T=T_1+T_2=0.7(R_1+R_2)C_{ext}+0.7R_2C_{ext}=0.7(R_1+2R_2)C_{ext} \tag{10-6}$$

电路的振荡频率

$$f=\frac{1}{T}=\frac{1}{0.7(R_1+2R_2)C_{ext}} \tag{10-7}$$

电路输出脉冲的占空比为

$$q=\frac{T_1}{T}=\frac{R_1+R_2}{R_1+2R_2} \tag{10-8}$$

**【例 10-2】** 555 定时器设置运行于自激多谐振荡器，如图 10-13 所示。确定输出频率和占空比。

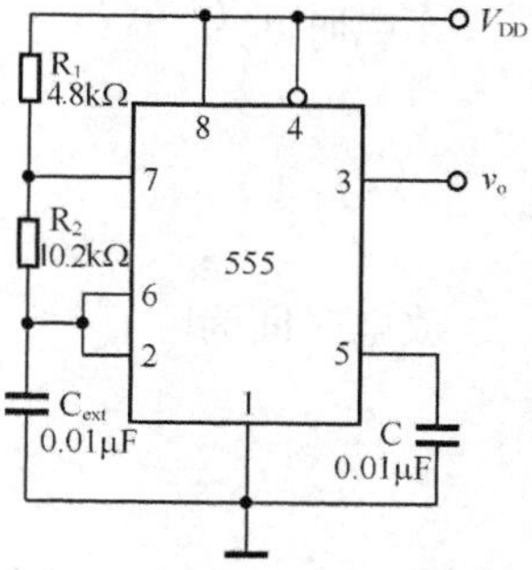

**解:** 使用式（10-7）和式（10-8）$f=\frac{1}{T}=\frac{1}{0.7(R_1+2R_2)C_{ext}}=5.64\text{kHz}$

$$\text{占空比}=\left(\frac{R_1+R_2}{R_1+2R_2}\right)100\%=59.5\%$$

图 10-13　自激多谐振荡器

**4．改进型电路**

由例 10-1 可知，多谐振荡器输出脉冲的占空比大于 50%，若想构成方波发生器（$q$=50%），或占空比小于 50%，或构成占空比与重复频率都可调的，则可采用图 10-14 所示的占空比可调多谐振荡器和图 10-15 所示的可调多谐振荡器。

（1）改进一：占空比可调多谐振荡器

由图 10-14 可见，电路利用二极管 $VD_1$ 与 $VD_2$ 的单向导电性，使电容 $C_{ext}$ 的充放电回路分开。充电时，$VD_1$ 导通，$VD_2$ 截止，充电时间为

$$T_1=R_1\,C_{ext}\ln 2=0.7\,R_1\,C_{ext} \tag{10-9}$$

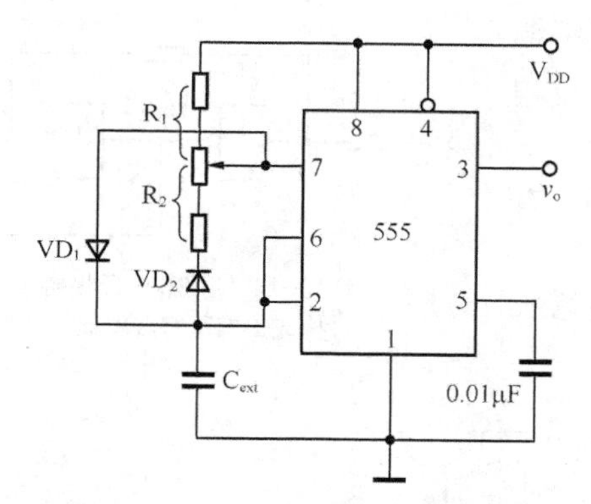

图 10-14　占空比可调的多谐振荡器

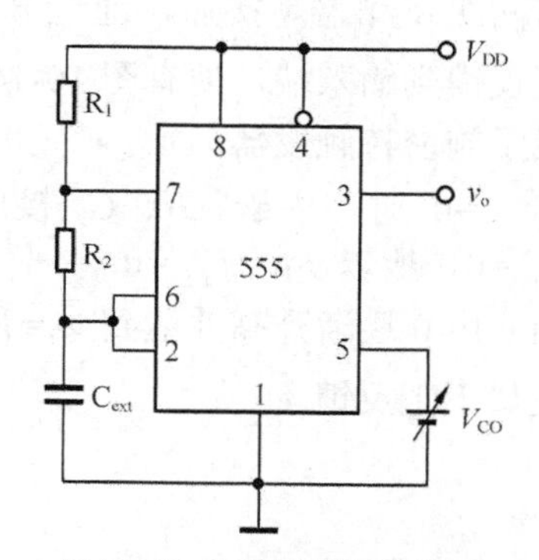

图 10-15　可调多谐振荡器

放电时，$VD_1$ 截止，$VD_2$ 导通，放电时间为

$$T_2=R_2\,C_{ext}\ln 2=0.7\,R_2\,C_{ext} \tag{10-10}$$

$$\text{占空比：}q=\frac{R_1}{R_1+R_2} \tag{10-11}$$

若取 $R_1=R_2$　则 $q$=50%，就形成方波发生器。

（2）改进二：可调多谐振荡器

如图 10-15 所示，若将控制电压输入端 $V_{CO}$ 外加一可调控制电压，则就构成输出脉冲占空

比和重复频率都可调的多谐振荡器。

显然，电容器 $C_{ext}$ 两端的电压 $v_C$ 只能在 $\frac{1}{2}V_{CO}$ 与 $V_{CO}$ 之间变化。故有

充电时间为

$$T_1=(R_1+R_2)C_{ext}\ln\frac{V_{DD}-\frac{1}{2}V_{CO}}{V_{DD}-V_{CO}} \tag{10-12}$$

放电时间为

$$T_2=R_2C_{ext}\ln\frac{0-V_{CO}}{0-\frac{1}{2}V_{CO}}=0.7R_2C_{ext} \tag{10-13}$$

可见，$T_2$ 与控制电压 $V_{CO}$ 无关，而 $T_1$ 则与 $V_{CO}$、$V_{DD}$ 都有关。若 $V_{DD}$ 恒定不变，则调节 $V_{CO}$ 就可改变 $T_1$，从而改变输出脉冲占空比和重复频率。

## 10.4 常用脉冲发生和整形电路

### 10.4.1 施密特触发器

#### 1. 用 CMOS 逻辑门构成的施密特触发器

将两级反相器串接后，通过分压电阻 $R_1$ 和 $R_2$ 将输出电压反馈到输入端，便有图 10-16 所示的 CMOS 反相器构成了施密特触发器。

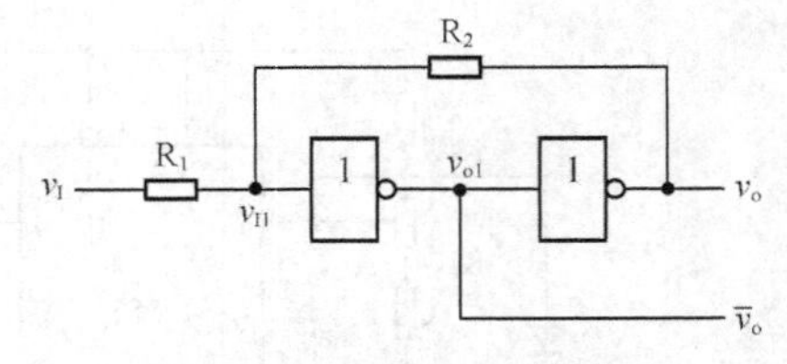

图 10-16　用 CMOS 反相器构成的施密特触发器

当 $v_I$=0 时，由于 $G_1$、$G_2$ 接成了正反馈电路，有 $V_O=V_{OL}=0$，所以 $v_{I1}\approx V_{OL}=0$；

当 $v_I$ 由 0 逐渐升高并达到 $v_{I1}=V_{TH}$ 时，则 $v_I$ 的再增长将引发如下正反馈

$$v_I\uparrow\rightarrow v_{I1}\uparrow\rightarrow v_{O1}\downarrow\rightarrow v_O\uparrow$$

结果是电路迅速翻转，$V_O=V_{OH}=V_{DD}$。

由图 10-16 可有

$$v_{I1}=V_{TH}=\frac{R_2}{R_1+R_2}(V_{T+}-V_{OL}) \tag{10-14}$$

则输入电平正向阈值电压

$$V_{T+}=\left(1+\frac{R_1}{R_2}\right)V_{TH} \tag{10-15}$$

由于 CMOS 门电路的阈值电压 $V_{TH}\approx\frac{1}{2}V_{DD}$，所以正向阈值电压还可写成

$$V_{T+}=\frac{1}{2}\left(1+\frac{R_1}{R_2}\right)V_{DD} \tag{10-16}$$

当$v_I$由高电平$V_{DD}$逐渐下降并达到$v_{i1}=V_{TH}$时，则$v_I$的继续下降将引发如下正反馈

$$v_I\downarrow \rightarrow v_{I2}\downarrow \rightarrow v_{O1}\uparrow \rightarrow v_O\downarrow$$

结果是电路又迅速翻转，$V_O=V_{OL}=0$

由此可有

$$V_{DD}-\left(\frac{V_{DD}-V_{T-}}{R_1+R_2}\right)R_2=V_{TH}$$

则输入电平正向阈值电压

$$\begin{aligned}V_{T-}&=\frac{R_1+R_2}{R_2}V_{TH}-\frac{R_1}{R_2}V_{DD}\\&=\left(1-\frac{R_1}{R_2}\right)V_{TH}\\&=\frac{1}{2}\left(1-\frac{R_1}{R_2}\right)V_{DD}\end{aligned} \tag{10-17}$$

电压回差

$$\begin{aligned}\Delta V_T&=V_{T+}-V_{T-}\\&=\left(1+\frac{R_1}{R_2}\right)V_{TH}-\left(1-\frac{R_1}{R_2}\right)V_{TH}\\&=\frac{2R_1}{R_2}V_{TH}=\frac{R_1}{R_2}V_{DD}\end{aligned} \tag{10-18}$$

显然，改变$R_1$与$R_2$的值，就可调节$V_{T+}$、$V_{T-}$与$\Delta V_T$的大小。但必须满足$R_1<R_2$，否则电路将进入自锁状态，不能正常工作。

由式（10-16）和式（10-17）可画出的电压传输特性，如图 10-17（a）所示。由于这种施密特触发器的$v_I$和$v_O$是同相的，故将这种形式的触发器称为同相施密特触发器。若取$u_{o1}$为输出，则可得到反相输出$\overline{u}_o$施密特特性，如图 10-17（b）所示。

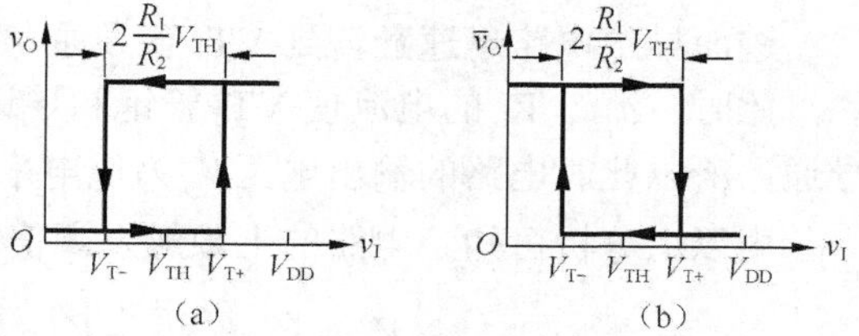


图 10-17　图 10-16 电路的电压传输特性

## 2．TTL 集成施密特触发器

（1）电路构成

典型的 TTL 集成施密特触发器 7413 的电路如图 10-18 所示。

电路由 4 部分构成。

① 输入级：由二极管 $TD_1$～$TD_4$ 构成与门，实现与运算。

② 施密特电路：由 $VT_1$、$VT_2$ 构成射级耦合触发电路，是电路的核心部分。

③ 反相放大级：由 $VT_3$、$VT_4$、$D_5$ 管构成，完成平的偏移与反相。

④ 输出级：由 $VT_5$、$VT_6$ 构成推拉输出级，增加驱动能力。

由于该电路的输入级附加了与逻辑功能，输出又是反相，故称此电路为施密特触发器与非门。

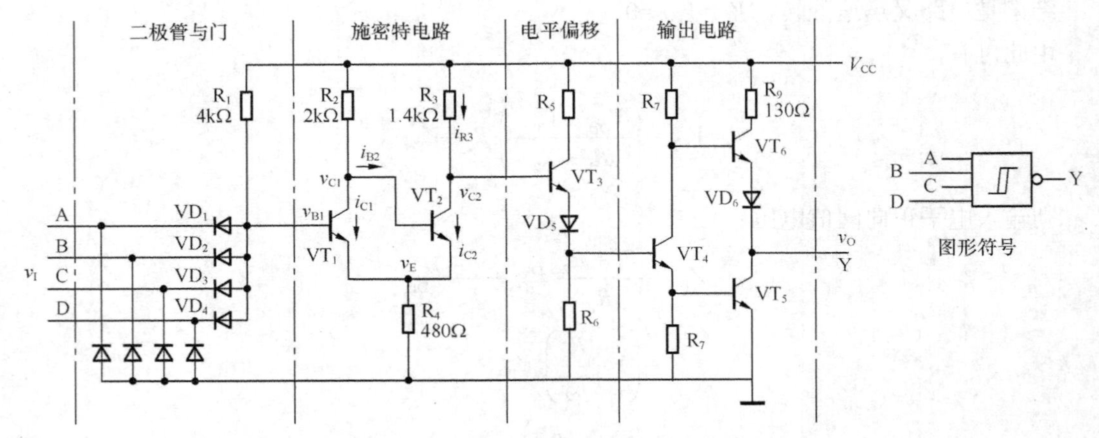


图 10-18 具有与非功能的 TTL 施密特触发器

（2）电路工作原理

① 当输入电压 $v_I$ 为低电平，使 $v_{be1} < V_{BE}$=0.7 V 时，$VT_1$ 管截止，$VT_2$ 管饱和导通，此时，P 点电压 $V_P = V_{R4} = I_{e2}\ R_4 = \dfrac{V_{cc}-V_{ces2}}{R_3+R_4}\ R_4$，$VT_2$ 管的集电极电压 $v_{c2}$ =( $V_{R4}+V_{ces2}$ ) < $(V_{bes3}+V_{D5}+V_{bes4}+V_{bes6})$，使 $VT_3$、$D_5$、$VT_4$、$VT_6$ 管均截止，电路输出 $V_o$ 为高电平。

② 当输入电压 $v_I$ 由低电平逐渐上升，并使 $v_{be1} \geqslant V_{BE}$=0.7 V 时，$VT_1$ 管转为导通，电路发生如下所示的正反馈链锁反应过程

$$v_I\uparrow \rightarrow v_{B1}\uparrow \rightarrow i_{c1}\uparrow \rightarrow V_{c1}\downarrow \rightarrow i_{c2}\downarrow \rightarrow V_P\downarrow \rightarrow v_{be1}\uparrow$$

进而导致电路迅速翻转到 $VT_1$ 管导通、$VT_2$ 管截止的状态。

此时，流过 $R_3$ 的电流使 $VT_3$ 管饱和导通，而 $I_{C3}$ 在 $R_6$ 上的压降足以使 $VT_4$、$VT_6$ 管饱和导通，所以此时电路的输出电压 $V_O$ 为低电平。

由以上分析可知，电路的上限触发阈值电平为

$$V_{T+}=V_{R4}+V_{BE1}-V_D \approx V_{R4}=I_{e2}\ R_4=\frac{V_{cc}-V_{ces2}}{R_3+R_4}\ R_4 \tag{10-19}$$

若输入电压 $v_I$ 继续上升，电路的状态不会改变，输出电压 $V_O$ 仍为低电平。

③ 输入电压 $v_I$ 达最高值后开始下降，当下降到时 $V_{T+}$，因 $R_2 > R_3$，所以 $I_{e1} < I_{e2}$，则 $I_{e1}\ R_4 < I_{e2}\ R_4 = V_{T+}$，仍能维持 $VT_1$ 管仍导通，$VT_2$ 管截止状态，使电路输出电压 $v_O$ 仍处于低电平状态不变。

④ 当输入电压 $v_I$ 继续下降到 $V_{T-} = I_{e1}\ R_4$ 时，电路又发生另一个正反馈链锁反应过程

$$v_I\downarrow \to v_{B1}\downarrow \to i_{c1}\downarrow \to V_{c1}\uparrow \to i_{c2}\uparrow \to V_P\uparrow \to v_{be1}\downarrow$$

导致电路迅速返回到 $VT_1$ 管截止，$VT_2$ 管饱和导通，电路的输出电压 $v_O$ 由低电平跃跳到高电平。若 $v_I$ 继续下降，电路仍保持在这种状态。

由上述分析可知，电路回差

$$\Delta V_T = V_{T+} - V_{T-} = I_{e2}R_4 - I_{e1}R_4 \tag{10-20}$$

根据 7413 电路参数可知，$V_{T+}=1.7\ V$，$V_{T-}=0.8\ V$，则 $\Delta V_T \approx 0.9\ V$。

### 3．CMOS 集成施密特触发器

（1）电路构成

典型 CMOS 集成施密特触发器 CC40106 的电路如图 10-19 所示。电路是由施密特电路、整形级和缓冲输出级 3 部分组成。电路的核心部分是由 $VT_1$～$VT_6$ 组成的施密特触发电路。

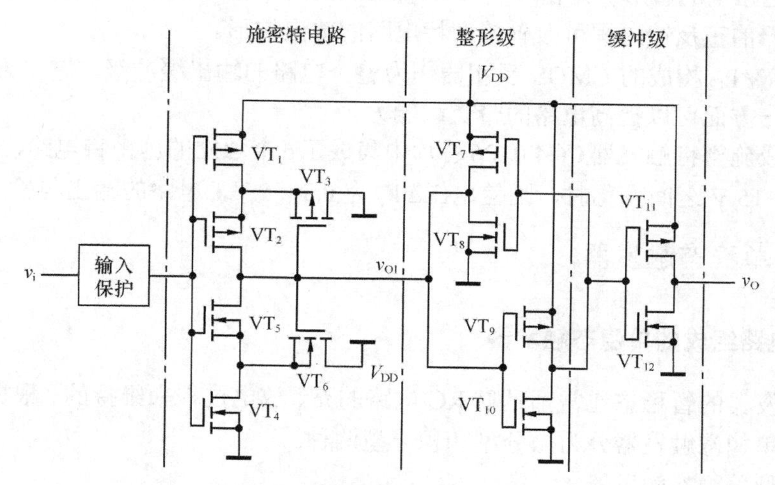


图 10-19　CMOS 集成施密特触发器 CC40106

（2）工作原理

设 $V_{GS(th)N}$ 为 N 沟道管的开启电压，$V_{GS(th)P}$ 为 P 沟道管的开启电压。

① 当输入电压 $v_I=0$ 时，PMOS 管 $VT_1$ 和 $VT_2$ 导通，NMOS 管 $VT_4$ 和 $VT_5$ 截止。此时，电路中 $V_{o1} \approx V_{DD}$ 为高电平，使 PMOS 管 $VT_3$ 截止，NMOS 管 $VT_6$ 导通并工作于源极输出状态，于是 $VT_5$ 管的源极电位较高为

$$V_{s5} = V_{s6} \approx V_{DD} - V_{GS(th)N}$$

② 当输入电压 $v_I$ 逐渐升高到 $v_I > V_{GS(th)N}$ 后，$VT_4$ 管导通，但由于此时 $VT_5$ 管的源极电位 $V_{s5} = V_{DD} - V_{GS(th)N} > \frac{1}{2}V_{DD}$，所以即使 $v_I$ 再升高至 $\frac{1}{2}V_{DD}$，$V_{GS5}=v_I - V_{s5}$ 仍小于它的开启电压 $V_{GS(th)N}$，故 $VT_5$ 管仍处于截止状态。

若输入电压 $v_I$ 再继续升高，使 PMOS 管 $VT_1$ 和 $VT_2$ 管的栅源电压 $|V_{GS1}|$ 和 $|V_{GS2}|$ 减少，而使 $VT_1$ 和 $VT_2$ 管趋向截止，$VT_1$ 和 $VT_2$ 管的内阻也就急剧增大，致使 $V_{o1}$ 和 $V_{s5}$ 开始下降。当 $v_I - V_{s5} > V_{GS(th)N}$ 时，$VT_5$ 管就转向导通，并发生如下的正反馈链锁反应过程：

$$v_I \uparrow \rightarrow V_{o1} \downarrow \rightarrow V_{s5} \downarrow \rightarrow V_{GS5} \uparrow \rightarrow R_{T5-ON}\ (T_5\text{管导通电阻}) \downarrow$$

使 $VT_5$ 迅速导通，并进入可变电阻区。与此同时，随着 $V_{O1}$ 的下降，$VT_3$ 开始转向导通，促使 $VT_1$ 和 $VT_2$ 管截止，$V_{O1}$ 变为低电平。

由上述分析可知，在电源电压 $V_{DD} >> V_{GS(th)N} + |G_{GS(th)P}|$ 的条件下，输入电压 $v_I$ 上升时，电路的上限阈值电平 $V_{T+} > \frac{1}{2}V_{DD}$，显然，$V_{T+}$ 随 $V_{DD}$ 的加大而升高。

③ 同理，在 $V_{DD} > V_{GS(th)N} + |G_{GS(th)P}|$ 的条件下，输入电压 $v_I$ 下降时电路的下限阈值电平 $V_{T-} < \frac{1}{2}V_{DD}$。电路状态的转换过程请读者自行分析，不再赘述。

图 10-19 电路中的整形级是由 $VT_7$～$VT_{10}$ 组成的两个首尾相连的 CMOS 反相器构成的，通过两级反相器的正反馈过程可改善施密特电路的输出波形。

由 $VT_{11}$ 和 $VT_{12}$ 构成的 CMOS 反相器作为整个电路的输出缓冲级。它一方面可起隔离和缓冲作用，另一方面可以提高电路的带负载能力。

CMOS 集成施密特触发器 CC4 0106 芯片中集成了 6 个独立的施密特电路，当电源电压 $V_{DD}$ 在 5 V、10 V、15 V 之间变化时，回差电压 $\Delta V_T$ 为 0.3～5 V，电路的输出与输入反相。

### 10.4.2 单稳态触发器

#### 1. 用门电路组成的单稳态触发器

单稳态触发器的暂稳态通常都是靠 RC 电路的充、放电过程来维持的。根据 RC 电路的不同接法，可将单稳态触发器分为微分型和积分型两种。

（1）微分型单稳态触发器

用 CMOS 门电路和 RC 微分电路构成的微分型单稳态触发器如图 10-20 所示。

由图可见，在稳定状态下，$v_I=0$，所以 $v_{o1}=V_{DD}$，又因 $v_{I2}=V_{DD}$，电容上无电压，$v_C=0$，$v_O=0$。

当触发脉冲 $v_I$ 加到输入端时，在由 $R_d$ 和 $C_d$ 组成的微分电路输出端 $v_d$ 得到很窄的正脉冲与负脉冲。当 $v_d$ 上升到阈值电压 $V_{TH}=\frac{1}{2}V_{DD}$ 以后，将引发如下的正反馈过程

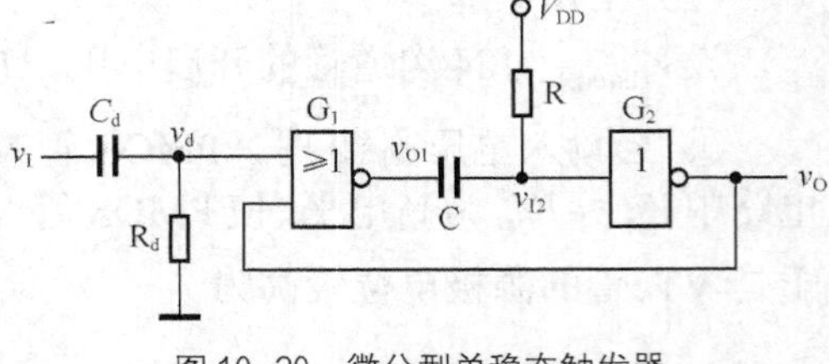

图 10-20 微分型单稳态触发器

$$v_I \uparrow \rightarrow v_d \uparrow \rightarrow v_{O1} \downarrow \rightarrow v_2 \downarrow \rightarrow v_O \uparrow$$

由此 $v_{O1}$ 迅速跳变为低电平。由于电容上的电压不可能突变，所以 $v_{I2}$ 也随之变为低电平，使 $v_O$ 变为高电平，电路进入暂稳态。这时即使 $v_d$ 回到低电平，由于 $v_O$ 的高电平仍将维持 $v_{O1}$

低电平不变。

与此同时，随着电容 C 开始充电，$v_{I2}$ 逐渐升高，触发脉冲也随之消失，$v_I$=0，使 $v_d$=0 回到触发前状态。当 $G_2$ 门的输入随 C 的充电升至 $v_{I2}=V_{TH}=\frac{1}{2}V_{DD}$ 时，又引发另外一个正反馈过程

$$v_{I2}\uparrow \rightarrow v_O\downarrow \rightarrow v_{O1}\uparrow$$

则 $v_{o1}$、$v_{I2}$ 迅速跳变为高电平，并使输出返回 $v_O$=0 的状态。同时，电容 C 通过电阻 R 和 $G_2$ 门的输入保护电路向 $V_{DD}$ 放电，直至电容 C 上的电压为 0，电路恢复到稳定状态。

根据以上的分析，可画出图 10-20 所示电路中工作原理波形，如图 10-21 所示。

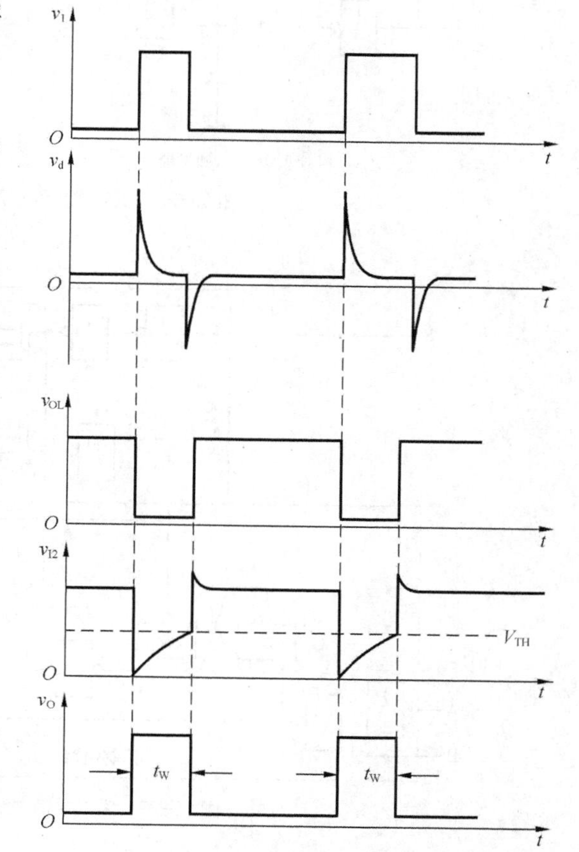

图 10-21　图 10-20 电路的工作原理电压波形

显然暂稳态的持续时间 $t_w$ 就是电源 $V_{DD}$ 经电阻 R 对电容 C 从 0 V 充电至 $V_{TH}$ 的所需时间，由此可得

$$t_w=RC\ln\frac{V_{DD}-0}{V_{DD}-V_{TH}}=RC\ln 2=0.69RC \quad (10\text{-}21)$$

输出的脉冲幅度

$$V_m=V_{OH}-V_{OL}=V_{DD}-0=V_{DD} \quad (10\text{-}22)$$

而从电路暂稳状态结束后，电容 C 还要放电至 $V_C$=0 才能恢复到起始状态，所需要的时间为恢复时间 $t_{re}$。通常认为经过 3～5 倍电路时间常数后，RC 电路能够达到稳态。由于 $G_2$ 门的输入保护二极管导通阻抗远小于 R 与 $G_1$ 门的输出导通阻抗 $R_{ON}$，则有

$$t_{re}=(3\sim5)R_{ON}C \quad (10\text{-}23)$$

分辨时间 $t_{re}=t_w+t_{re}$ 表示在保证电路正常工作的前提下，允许两个相邻触发脉冲之间的最小时间间隔。

（2）积分型单稳态触发器

由门电路构成的积分型单稳态触发器电路如图 10-22（a）所示，电路工作电压波形如图 10-22（b）所示。

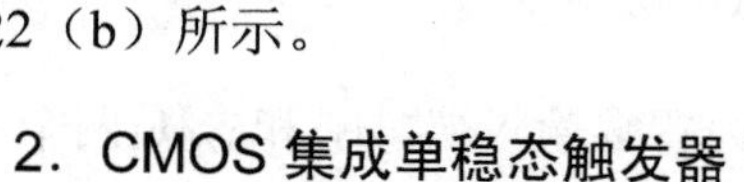

**2．CMOS 集成单稳态触发器**

（1）电路组成

CMOS 单稳态触发器的种类多样，CC14528 单稳态触发器逻辑电路如图 10-23 所示。由图 10-23 可见，CC14528 由 3 个组成部分。

① 门 $G_1$～$G_9$ 组成的输入控制电路；

② 门 $G_{10}$～$G_{12}$ 和 $T_1$、$T_2$ 管组成的三态门；

③ 门 $G_{13}$～$G_{16}$ 组成的输出缓冲电路。

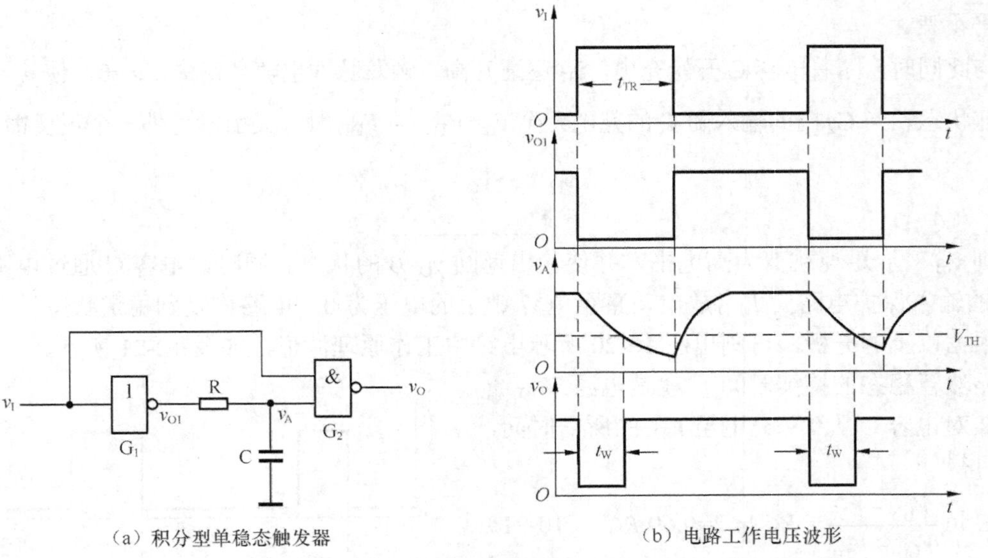

（a）积分型单稳态触发器

（b）电路工作电压波形

图 10-22 积分型单稳态触发器电路及工作电压波形

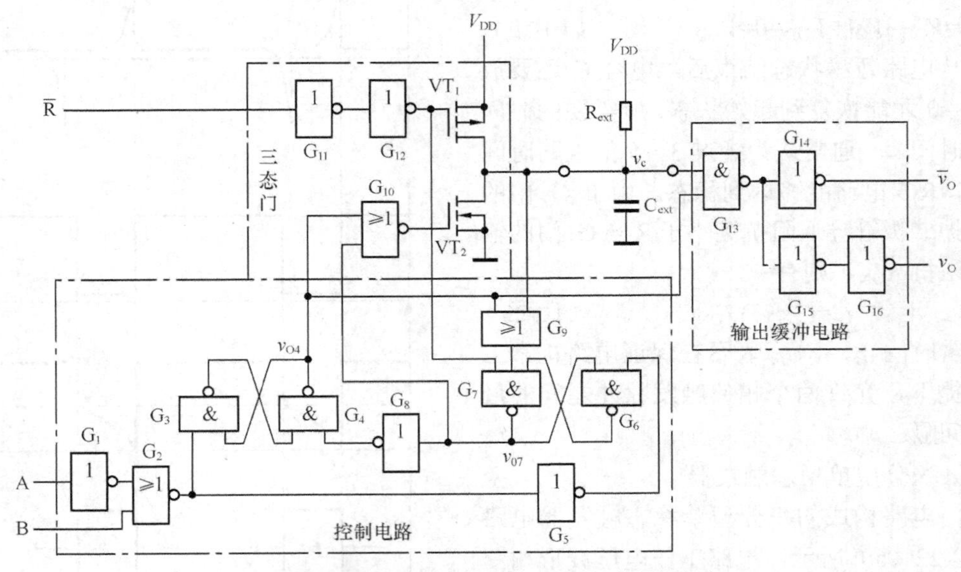

图 10-23 集成单稳态触发器 CC14528 的逻辑电路

A 为下降沿触发输入端，B 为上升沿触发输入端，$\overline{R}$ 为置零输入端，$v_O$ 和 $\overline{v}_O$ 是两个互补输出端。

电路的核心部分是由外接电阻 $R_{ext}$ 与电容 $C_{ext}$ 构成的积分电路、三态门及三态门的控制电路构成的积分型单稳态触发器。

（2）工作原理

① 电路处于稳定状态。

在没有触发信号（A=1、B=0）时，电路处于稳态，门 $G_4$ 的输出 $V_{o4}$=1。

如果接通电源后 $V_{o4}$=0，由于电容电压 $v_C$ 在开始接通电源瞬间为低电平，使门 $G_9$ 输出 $V_{o9}$=0，则 $G_7$ 输出 $V_{O7}$=1、$G_8$ 输出 $V_{O8}$=0，于是 $V_{O4}$=1。

如果接通电源后 $G_4$ 输出 $v_{O4}$=1 已为高电平，则由门 $G_6$ 和 $G_7$ 构成的锁存器一定处于 $v_{o7}$=0 为低电平状态，故 $G_8$ 输出 $v_{o8}$=1 为高电平，$v_{o4}$=1 将保持不变。

显然此时 $G_{10}$ 输出 $v_{10}$=0 为低电平，而 $G_{12}$ 输出因 $\overline{R}$=1 而为高电平，因而 $T_1$ 和 $T_2$ 同时截止，电容 $C_{ext}$ 通过 $R_{ext}$ 被充电，最终稳定在 $v_C=V_{DD}$，所以输出口 $v_o$=0、$\overline{v}_O$=1。

② 电路的暂稳态。

在 B 端加入正脉冲触发（或在 A 端负脉冲触发），另一个触发端保持不变时，则 $G_3$ 和 $G_4$ 组成的锁存器立即被置成 $v_{O4}$=0 的状态，从而使 $G_{10}$ 的输出变为高电平，$VT_2$ 导通，$C_{ext}$ 开始放电。当 $v_C$ 下降到 $G_{13}$ 的转换电平 $V_{TH13}$ 时，输出状态变为 $v_O$=1，$\overline{v}_O$=0，电路进入暂稳态。

在暂稳状态下，当 $v_c$ 进一步下降至 $G_9$ 的阈值电压 $V_{TH9}$ 时，$G_9$ 的输出变成低电平，并通过 $G_7$、$G_8$ 将 $G_4$ 输出置成高电平（$V_{O4}$=1），于是 $VT_2$ 截止，$C_{ext}$ 又重新开始充电。当 $C_{ext}$ 充电到 $V_{TH13}$ 时，输出端返回 $v_O$=0，$\overline{v}_O$=1 的状态。$C_{ext}$ 继续充电至 $V_{DD}$ 以后，电路又恢复为稳态。

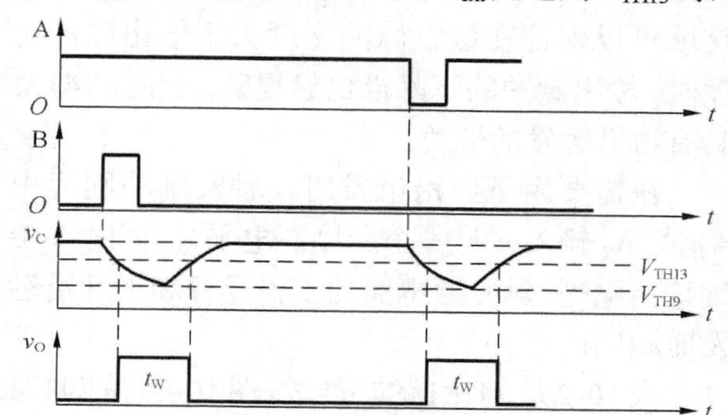


图 10-24 集成单稳态触发器 CC14528 的工作波形

图 10-24 中给出了 $v_C$ 和 $v_O$ 在触发脉冲作用下的工作波形。由图可见，输出脉冲宽度 $t_w$ 等于 $v_C$ 从 $V_{TH13}$ 下降到 $V_{TH9}$ 的放电时间与 $v_C$ 再从 $V_{TH9}$ 充电到 $V_{TH13}$ 的充电时间之和。为了获得较宽的输出脉冲，一般都将 $V_{TH13}$ 设计得较高而将 $V_{TH9}$ 设计得较低。

置零端 $\overline{R}$ 加入低电平信号时，$VT_1$ 导通、$VT_2$ 截止，$C_{ext}$ 通过 $VT_1$ 迅速充电到 $V_{DD}$，使 $v_O$=0。

输出脉冲宽度：

$$t_w \approx 0.69 R_{ext} C_{ext} \tag{10-24}$$

### 3．TTL 集成单稳态触发器

（1）电路组成

TTL 集成单稳态触发器 74121 简化的逻辑图如图 10-25 所示。它是在微分型单稳态触发器的基础上附加了输入控制电路和输出缓冲电路而形成的。

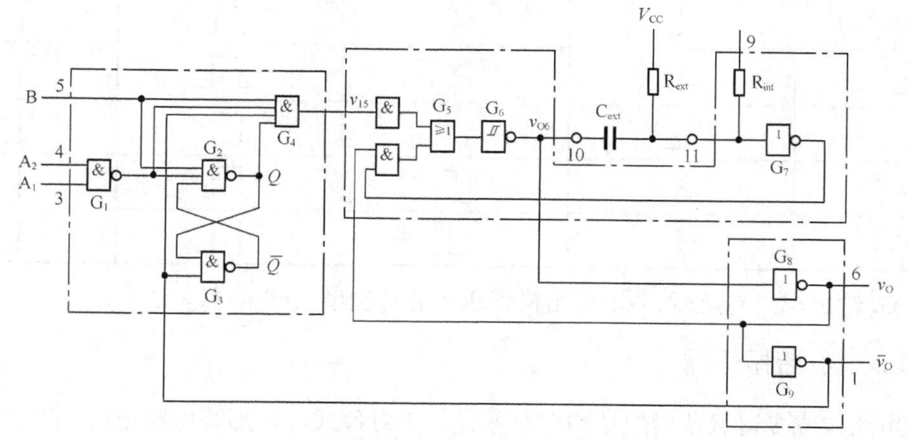


图 10-25 TTL 集成单稳态触发器 7421 简化的逻辑图

门 $G_5$、$G_6$ 与外接电阻 $R_{ext}$ 和外接电容 $C_{ext}$ 构成微分单稳态触发器。

门 $G_1$～$G_4$ 组成的输入控制电路用于实现上升沿触发或下降沿触发的控制。B 端是上升沿触发端，$A_1$ 与 $A_2$ 是低电平触发端。

门 $G_8$、$G_9$ 组成输出缓冲电路，用于提高电路的负载能力。

（2）工作原理

当 B 端输入触发脉冲的上升沿到达时，因为门 $G_4$ 的其他 3 个输入端均处于高电平，所以 $v_{I5}$ 也随之跳变为高电平，并触发单稳态电路使之进入暂稳态，输出端跳变为 $v_O$=1、$\overline{v}_O$=0。与此同时，$\overline{v}_O$ 的低电平立即将有门 $G_2$ 和 $G_3$ 组成的锁存器置 0，使 $V_{I5}$ 返回低电平。可见，$v_{I5}$ 的高电平持续时间极短，与触发脉冲的宽度无关。这就可以保证在触发脉冲宽度大于输出脉冲宽度时，输出脉冲的下降沿仍然很陡。因此，74121 具有边沿触发的性质。

在需要用下降沿触发时，触发脉冲则应由 $A_1$ 或 $A_2$ 输入（另一个应接高电平），同时将 B 端接高电平。触发后电路的工作过程和上升沿触发时相同。

表 10-2 是 74121 的功能表，图 10-26 是 74121 在触发脉冲作用下的波形。

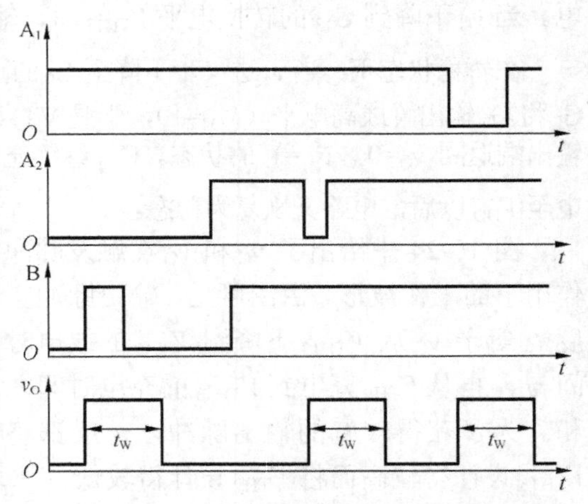

图 10-26 TTL 集成单稳态触发器 74121 的工作波形

**表 10-2　　TTL 集成单稳态触发器 74121 的功能表**

| 输入 | | | 输出 | |
|---|---|---|---|---|
| $A_1$ | $A_2$ | B | $v_0$ | $\overline{v}_0$ |
| 0 | × | 1 | 0 | 1 |
| × | 0 | 1 | 0 | 1 |
| × | × | 0 | 0 | 1 |
| 1 | 1 | × | 0 | 1 |
| 1 | ↓ | 1 | ⊓ | ⊔ |
| ↓ | 1 | 1 | ⊓ | ⊔ |
| ↓ | ↓ | 1 | ⊓ | ⊔ |
| 0 | × | ↑ | ⊓ | ⊔ |
| × | 0 | ↑ | ⊓ | ⊔ |

由门 $G_6$ 输出与门 $G_7$ 输入的电路结构可求出脉冲宽度 $t_W=0.69R_{ext}C_{ext}$。

### 10.4.3　多谐振荡器

用门电路构成多谐振荡器的结构有对称式、不对称式与环形等电路结构，限于篇幅，本书只介绍对称式多谐振荡器。

### 1．对称式多谐振荡器

图 10-27 所示电路是对称式多谐振荡器的典型电路，它是由两个反相器 $G_1$、$G_2$ 经耦合电容 $C_1$、$C_2$ 连接起来的正反馈振荡回路。

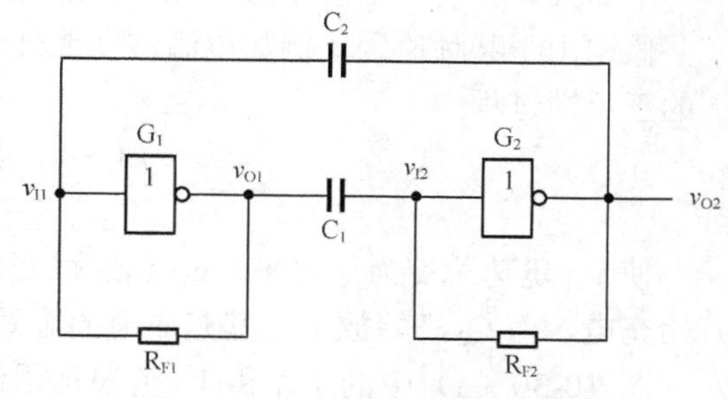

图 10-27　对称式多谐振荡器电路

为了产生自激振荡，电路不能有稳定状态。也就是说，在静态下（电路没有振荡时）它的状态必须是不稳定的。图 10-28 给出反相器的电压传输特性，可以看出，如果能设法使 $G_1$、$G_2$ 工作在电压传输特性的转折区或线性区，则它们将工作在放大状态，即电压放大倍数 $A_v=\dfrac{|\Delta v_o|}{|\Delta v_i|}>1$。这时只要 $G_1$ 或 $G_2$ 的输入电压有极微小的扰动，就会被正反馈回路放大而引起振荡，因此图 10-27 电路的静态将是不稳定的。

为了使反相器静态时工作在放大状态，必须给它们设置适当的偏置电压，它的数值应介于高、低电平之间。这个偏置电压可以通过在反相器的输入端与输出端之间接入反馈电阻 $R_f$ 来得到。

由图 10-29 可知，如果忽略门电路的输出电阻，则利用叠加定理可求出输入电压：

$$v_I=\frac{R_{f1}}{R_1+R_{f1}}(V_{cc}-V_{BE})+\frac{R_1}{R_1+R_{f1}}v_O \tag{10-25}$$

这就是从外电路求得 $v_O$ 与 $v_I$ 的关系。该式表明，$v_O$ 与 $v_I$ 之间是线性关系，其斜率

$$\frac{\Delta v_O}{\Delta v_I}=\frac{R_1+R_f}{R_1} \tag{10-26}$$

而且 $v_O$=0 时与横轴相交处的 $v_I$ 值

$$v_I=\frac{R_{f1}}{R_1+R_{f1}}(V_{cc}-V_{BE}) \tag{10-27}$$

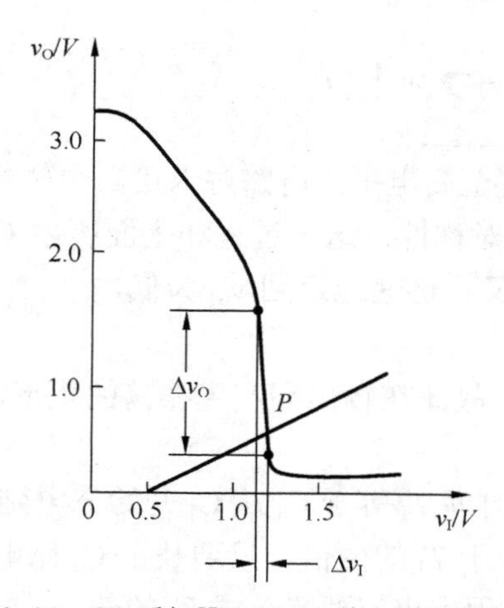

图 10-28　TTL 反相器（7404）的电压传输特性

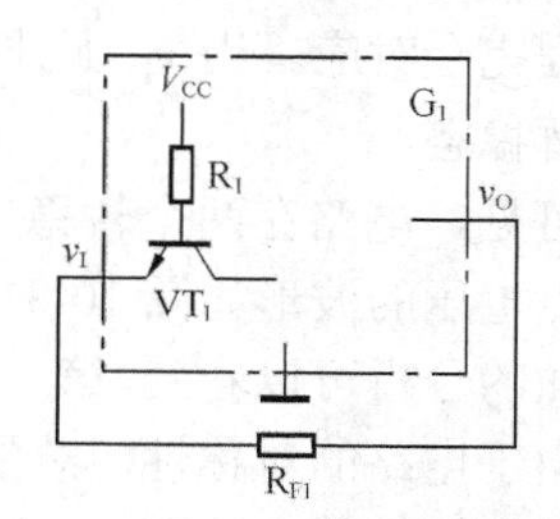

图 10-29　计算 TTL 反相器静态工作点的等效电路

这条直线与电压传输特性的交点就是反相器的静态工作点。只要恰当地选取 $R_{f1}$ 值，定能使静态工作点 P 位于电压传输特性的转折区，如图 10-28 所示。计算结果表明，对于 74 系列的门电路而言，$R_{f1}$ 的阻值应取在 0.5～1.9 kΩ之间。

下面具体分析一下图 10-27 所示电路接通电源后的工作情况。

假定由于某种原因（例如电源波动或外界干扰）使 $v_{i1}$ 有微小的正跳变，则必然会引起如下的正反馈过程

$$v_{I1}\uparrow \rightarrow v_{o1}\downarrow \rightarrow v_{i2}\downarrow \rightarrow v_{o2}\uparrow$$

使 $v_{o1}$ 迅速跳变为低电平、$v_{o2}$ 迅速跳变为高电平，电路进入第一个暂稳态。同时电容 $C_1$ 开始充电，而 $C_2$ 开始放电。其充放电的等效电路如图 10-30 所示。

图 10-30（a）中的 $R_{E1}$ 和 $V_E$ 是根据戴维南定理求得的等效电阻和等效电压源，它们分别为：

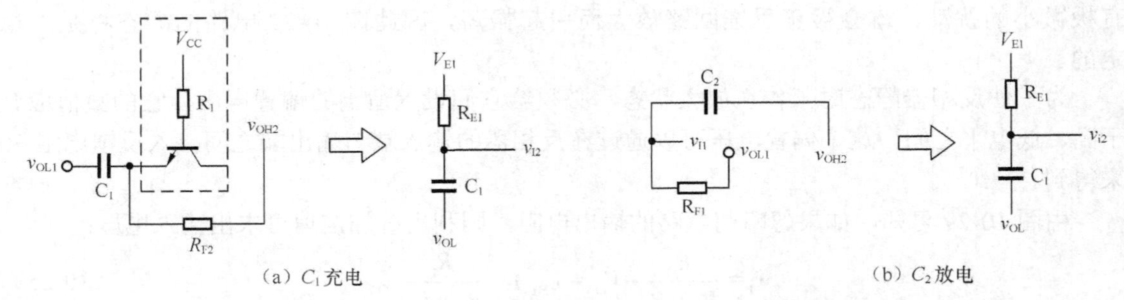


图 10-30　图 10-27 电路中电容的充、放电等效电路

$$R_{E1}=\frac{R_1R_{F2}}{R_1+R_{F2}} \tag{10-28}$$

$$V_E=V_{OH}+\frac{R_1}{R_1+R_{F2}}(V_{cc}-V_{OH}-V_{BE}) \tag{10-29}$$

因为 $C_1$ 经 $R_1$ 和 $R_{F2}$ 两条支路同时充电，所以充电速度较快，$u_{i2}$ 首先上升到 $G_2$ 的阈值电压 $V_{TH}$，并引起如下的正反馈过程

$$v_{I2}\uparrow \rightarrow v_{o2}\downarrow \rightarrow v_{I1}\downarrow \rightarrow v_{o1}\uparrow$$

从而使 $v_{o2}$ 迅速跳变至低电平，而 $v_{o1}$ 迅速跳变至高电平。电路进入第二个暂稳态。

同时 $C_2$ 开始充电，$C_1$ 开始放电。由于电路的对称性，这一过程和上面所述 $C_1$ 充电、$C_2$ 放电的过程完全对应。当 $v_{I1}$ 上升到 $V_{TH}$ 时，电路又将迅速地返回 $v_{o1}$ 为低电平、$v_{o2}$ 为高电平的第一个暂稳态。

由此可见，电路在两个暂稳态之间往复转换，故此在输出端产生振荡的矩形输出脉冲。电路中各点电压的波形如图 10-31 所示。

从上面的分析可以看到，第一个暂稳态的持续时间 $T_1$ 等于 $C_1$ 从 $C_1$ 开始充电到上升至 $T_{TH}$ 的时间。由于电路的对称性，总的振荡周期必然等于 $T_1$ 的两倍。只要找出 $C_1$ 充电的起始值、最终趋向值和转换值，就可由一阶 RC 电路过渡过程求出三要素公式 $T_1$ 的值。

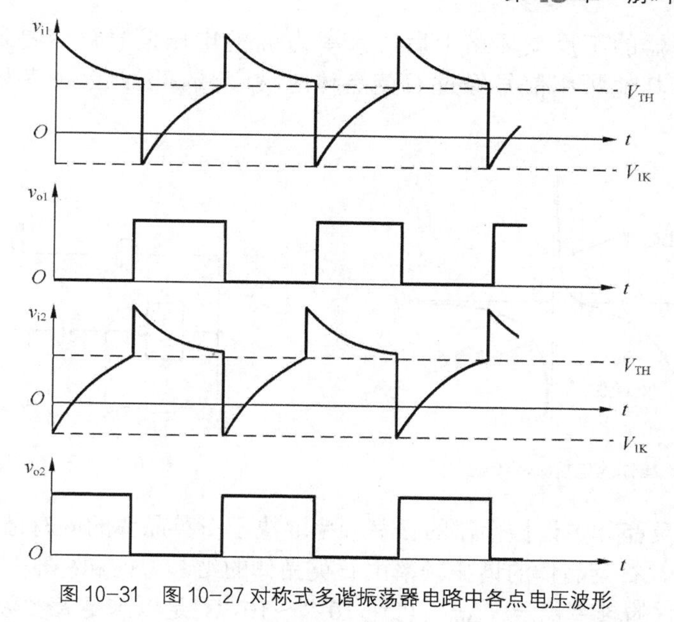


图 10-31 图 10-27 对称式多谐振荡器电路中各点电压波形

由于 TTL 门输入端反相箝位二极管的影响，在 $v_{i2}$ 产生负跳变时只能下跳到输入端负向箝位电压 $V_{IK}$，所以 $C_1$ 充电的起始值 $v_{I2}(0)=V_{IK}$。假定 $V_{OL}\approx 0$，则 $C_1$ 上的电压 $v_{c1}=v_{I2}$。所以 $v_{c1}(0)=V_{IK}$，$v_{c1}(\infty)=V_E$，转换电压 $V_{TH}$，故可得

$$T_1 = R_{E1}C_1 \ln\frac{V_E - V_{IK}}{V_E - V_{TH}} \tag{10-30}$$

若 $R_{F1}=R_{F2}$，$C_1=C_2$，则该电路振荡周期为

$$T = 2T_1 = 2R_{E1}C_1 \ln\frac{V_E - V_{IK}}{V_E - V_{TH}} \tag{10-31}$$

### 2．石英晶体多谐振荡器

在许多应用场合下都对多谐振荡器的振荡频率稳定性有严格的要求，比如，将多谐振荡器作为数字钟的脉冲源使用时，它的频率稳定性直接影响着计时的准确性。在这种情况下，前面所述多谐振荡器电路就难以满足要求。因为在这些多谐振荡器中，振荡频率主要取决于门电路输入电压在充、放电过程中达到转换电平所需要的时间，所以频率稳定性不可能很高。

不难看到：第一，这些振荡器中门电路的转换电平 VTH 本身就不够稳定，易受电源电压和温度变化的影响；第二，这些电路的工作方式容易受干扰，造成电路状态转换时间的提前或滞后；第三，在电路状态临近转换时电容的充、放电已经比较缓慢，在这种情况下转换电平微小的变化或轻微的干扰都会严重影响振荡周期。因此，在对频率稳定性有较高要求时，必须采取稳频措施。

目前普遍采用的一种稳频方法是在多谐振荡器电路中接入石英晶体，组成石英晶体多谐振荡器。图 10-32 给出了石英晶体的符号和电抗的频率特性。将石英晶体与对称式多谐振荡器中的耦合电容串联起来，就组成了如图 10-33 所示的石英晶体多谐振荡器。

由石英晶体的电抗频率特性可知，当外加电压的频率为 $f_0$ 时，它的阻抗最小，所以

把它接入多谐振荡器的正反馈环路中后，频率为 $f_0$ 的电压信号最容易通过它，并在电路中形成正反馈，而其他频率信号经过石英晶体时被衰减。因此，振荡器的工作频率也必然是 $f_0$。

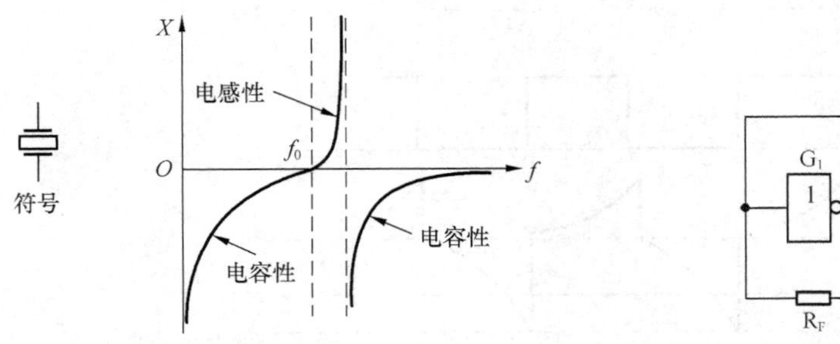


图 10-32 石英晶体的电抗频率特性与符号

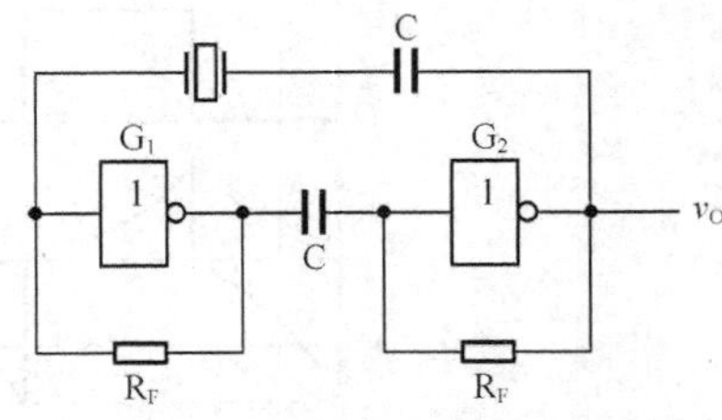


图 10-33 石英晶体多谐振荡器

由此可见，石英晶体多谐振荡器的振荡频率取决于石英晶体的固有谐振频率 $f_0$，而与外接电阻、电容无关。石英晶体的谐振频率由石英晶体的结晶方向和外形尺寸所决定，具有极高的频率稳定性。它的频率稳定度$\Delta f_0/f_0$可达 $10^{-10}$～$10^{-11}$，足以满足大多数数字系统对频率稳定度的要求。具有各种谐振频率的石英晶体已被制成标准化和系列化的产品出售。

在非对称式多谐振荡器电路中，也可以接入石英晶体构成石英晶体多谐振荡器，以达到稳定频率的目的。电路的振荡频率同样也等于石英晶体的谐振频率，与外接电阻和电容的参数无关。

## 本章小结

本章主要讨论了脉冲波形的产生与变换电路，着重介绍了用 555 集成定时器构成的施密特触发器、单稳态触发器、多谐振荡器。

555 集成定时器是一种用途广泛的集成单元电路，它把模拟电路和数字电路兼容在一起。它的触发灵敏度高，驱动能力很强，并有较宽的参数选择范围，使用方便，只要外接几个元件就可构成上述各种脉冲波形变换及产生电路，在自动控制、仪表、家电产品等中都有广泛的应用。

施密特触发器是一种波形变换电路，它有两个稳定状态、两个触发电平，因此具有回差特性。电路的输出状态取决于输入信号。只有当输入信号电平处于回差范围内时，电路才能保持状态，电路输出脉冲的宽度是由输入信号所决定。

单稳态触发器也是一种常用的波形变换电路。它有一个稳定状态和一个暂稳状态。单稳态触发器可将输入触发脉冲变换为一定宽度的输出脉冲，输出脉冲的宽度即为暂稳态持续时间，仅取决于电路本身的参数，而与输入触发信号无关，输入信号仅起触发作用。

集成单稳态触发器的特点是：温度漂移小，稳定性高，有较宽的脉宽调节范围，使用方便。

多谐振荡器，它无需外加触发信号，只要接通电源，就可产生连续的矩形脉冲信号，常用作信号源。

在分析单稳态触发器和多谐振荡器时，常采用的是简单实用的波形分析法。这种分析方法的关键在于能否通过对电路工作过程的分析正确地画出电路各点的电压波形，为此，必须正确理解电路的工作原理。具体分析步骤如下：

① 分析电路的工作过程，定性地画出电路中各点电压的波形，找出决定电路状态发生转换的控制电压；

② 画出控制电压充、放电的等效电路，并将得到的电路进行化简；

③ 确定每个控制电压充、放电的起始值、终值和转换值；

④ 利用一阶 RC 电路瞬态分析的三要素法，计算充、放电时间，求出所需的计算结果。

# 习 题

[10-1] 如题图 10-1 所示是由 555 构成的施密特触发器，当输入信号为图示周期性心电波形时，试画出经施密特触发器整形后的输出电压波形。

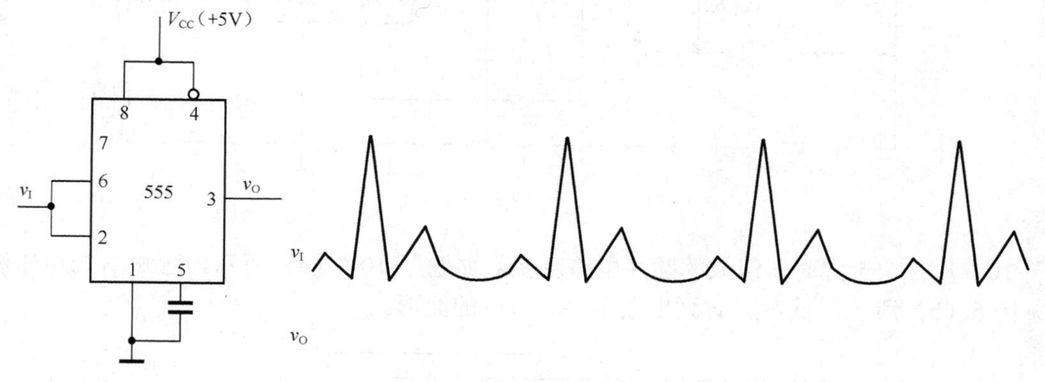


题图 10-1

[10-2] 一过压监视电路如题图 10-2 所示，试说明当监视电压 $v_X$ 超过一定值时，发光二极管 VD 将发出闪烁的信号。

提示：当晶体管 VT 饱和时，555 的管脚 1 端可认为处于地电位。

[10-3] 如题图 10-3 所示电路是由 555 构成的锯齿波发生器，三极管 VT 和电阻 $R_1$、$R_2$、$R_e$ 构成恒流源电路。给定时电容 C 充电，当触发输入端输入负脉冲后，画出触发脉冲、电容电压 $v_C$ 及 555 输出端 $v_O$ 的电压波形，并计算电容 C 的充电时间。

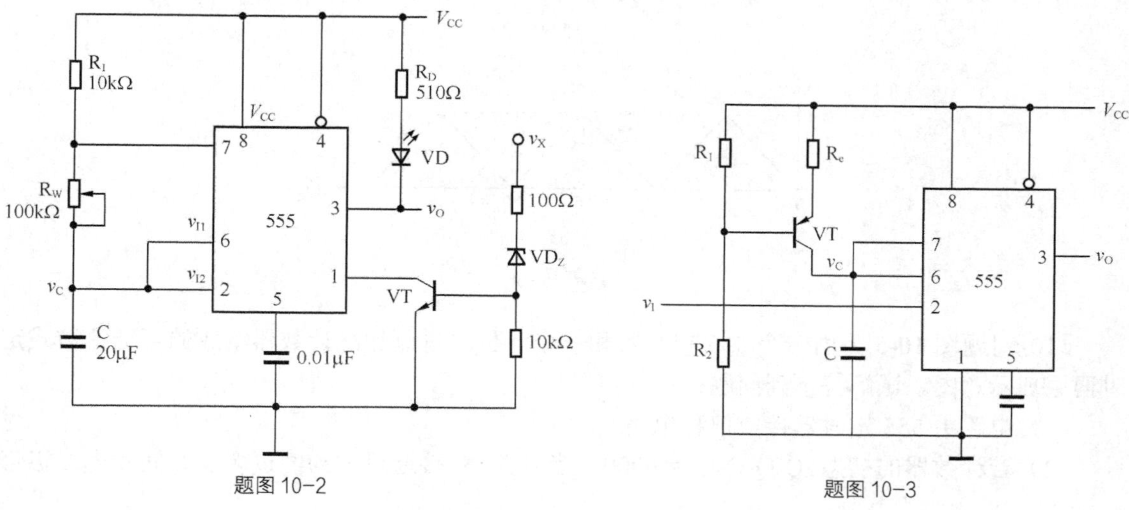


题图 10-2

题图 10-3

[10-4] 题图 10-4 是一个简易电子琴电路。当琴键 $S_1$～$S_n$ 均未按下时，三极管 VT 接近饱和导通，$V_E$ 约为 0 V，使 555 定时器组成的振荡器停振；当按下不同琴键时，因 $R_1$～$R_n$ 阻值不等，扬声器发出不同的声音，三极管的电流放大系数$\beta$=150。试计算按下琴键 $S_1$ 时扬声器发出声音的频率。

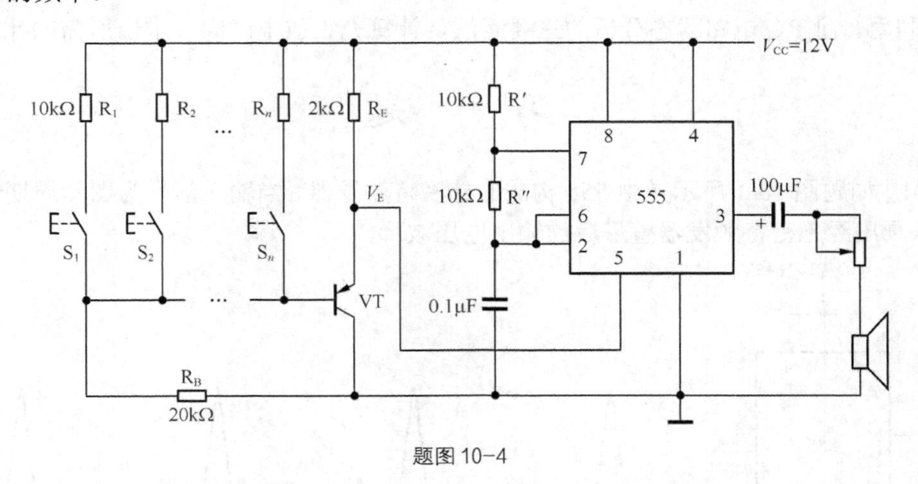


题图 10-4

[10-5] 由 555 定时器组成的脉冲电路及参数如题图 10-5（a）所示。已知 $v_I$ 的电压波形如题 10-5（b）所示。试对应 $v_I$ 画出图中 $v_{O1}$、$v_{O2}$ 的波形。

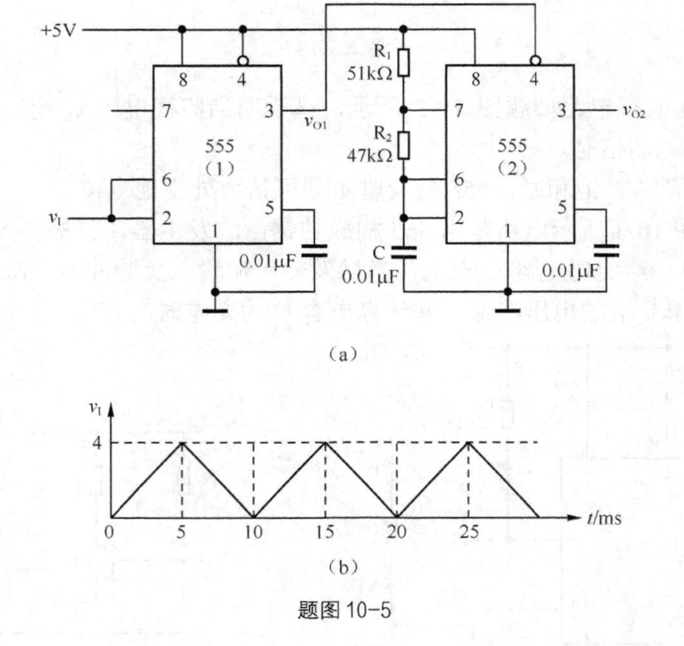


（a）

（b）

题图 10-5

[10-6] 题图 10-5 为由一个 555 定时器和一个 4 位二进制加法计数器组成的可调计数式定时器原理示意图。试解答下列问题：

（1）电路中 555 定时器接成何种电路?

（2）若计数器的初态 $Q_4Q_3Q_2Q_1$＝0000，当开关 S 接通后大约经过多少时间发光二极管

VD 变亮（设电位器的滑片接在电阻的中间）？

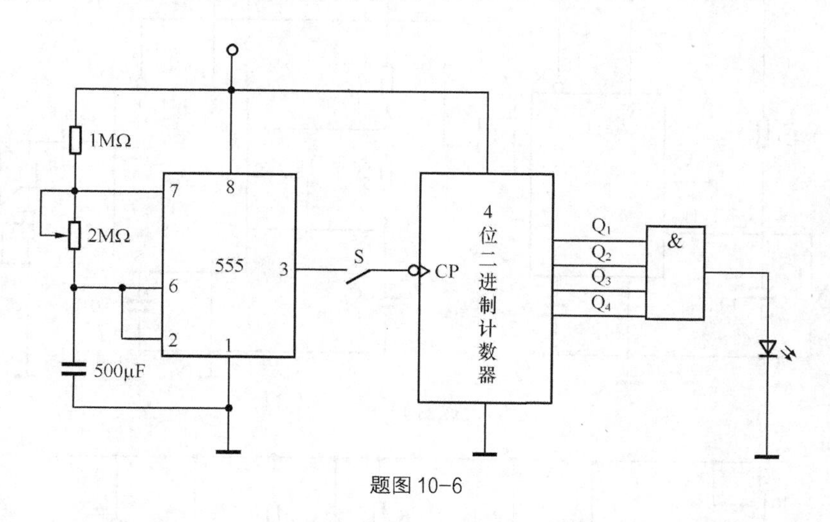


题图 10-6

［10-7］题图 10-7 示出了 555 定时器构成的施密特触发器用作光控路灯开关的电路，分析其工作原理。

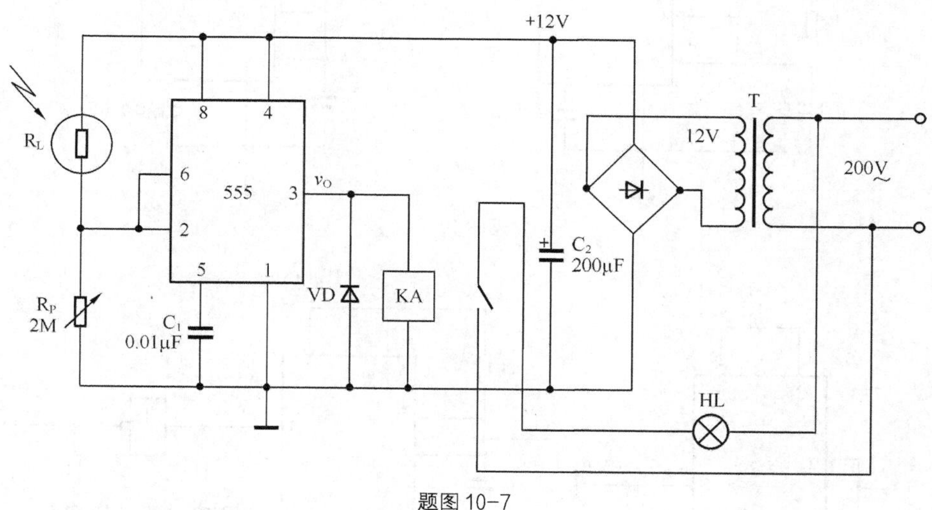


题图 10-7

［10-8］题图 10-8 是用两个 555 定时器接成的延时报警器。当开关 S 断开后，经过一定的延迟时间后，扬声器开始发声。如果在延迟时间内开关 S 重新闭合，扬声器不会发出声音。在图中给定参数下，试求延迟时间的具体数值和扬声器发出声音的频率。图中 $G_1$ 是 CMOS 反相器，输出的高、低电平分别为 $V_{OH}$=12 V，$V_{OL}\approx$0 V。

［10-9］题图 10-9 所示电路是由两个 555 定时器构成的频率可调而脉宽不变的方波发生器。试说明其工作原理；确定频率变化的范围和输出脉宽；解释二极管 VD 在电路中的作用。

［10-10］题图 10-10 为一心律失常报警电路，图中 $v_I$ 是经过放大后的心电信号，其幅值 $v_{Im}$=4 V。

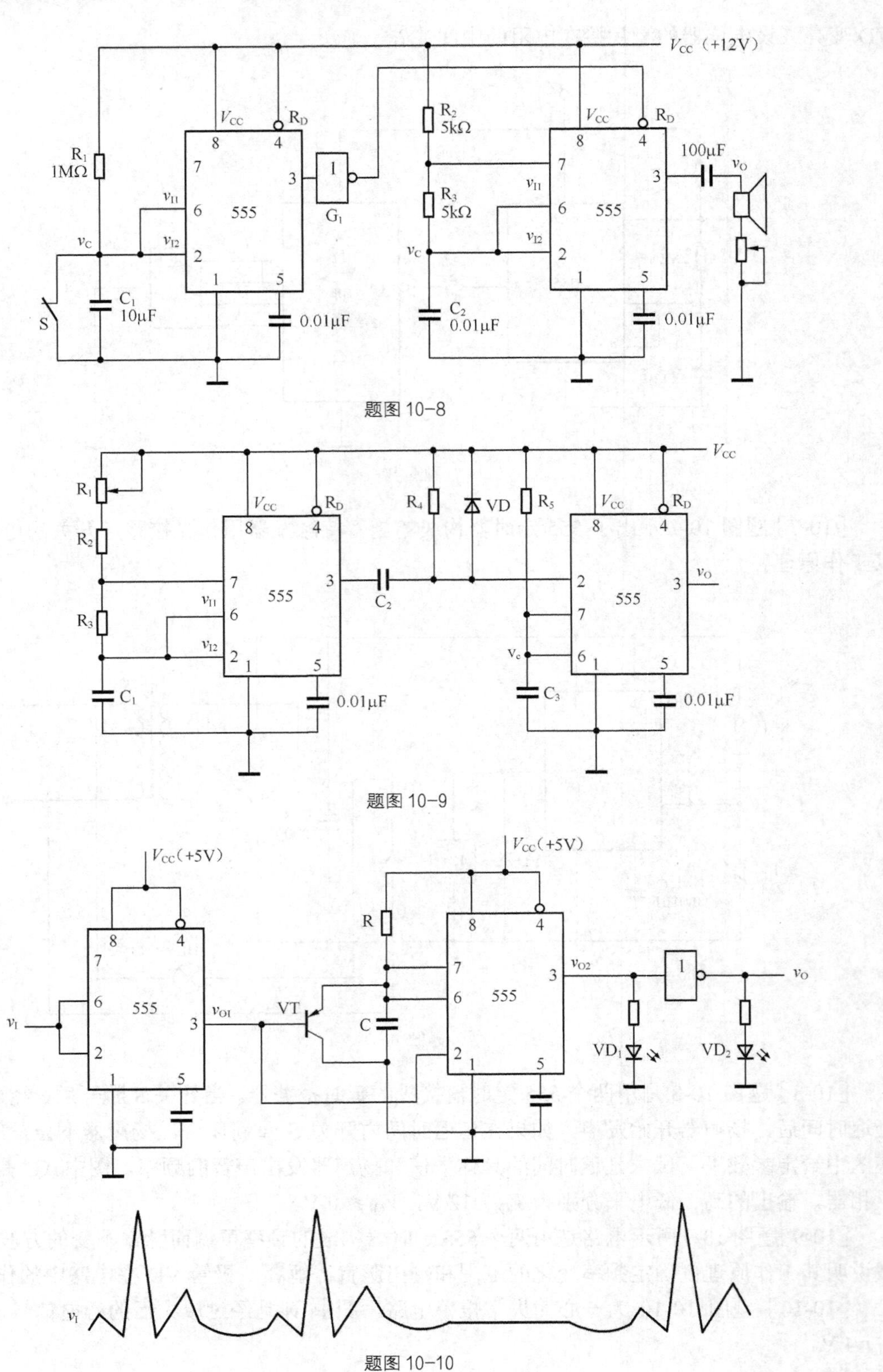


题图 10-8

题图 10-9

题图 10-10

（1）对应 $v_I$ 分别画出图中 $v_{o1}$、$v_{o2}$、$v_o$ 三点的电压波形；

（2）说明电路的组成及工作原理。

［10-11］题图 10-11 是救护车扬声器发声电路。在图中给定参数下，设 $V_{CC}$=12 V 时，555 定时器输出的高、分别为 11 V 和 0.2 V，输出电阻小于 100Ω，设 555 定时器内部分压电阻 $R$=5k，试计算扬声器发出的高、低音的持续时间及高低音频率。

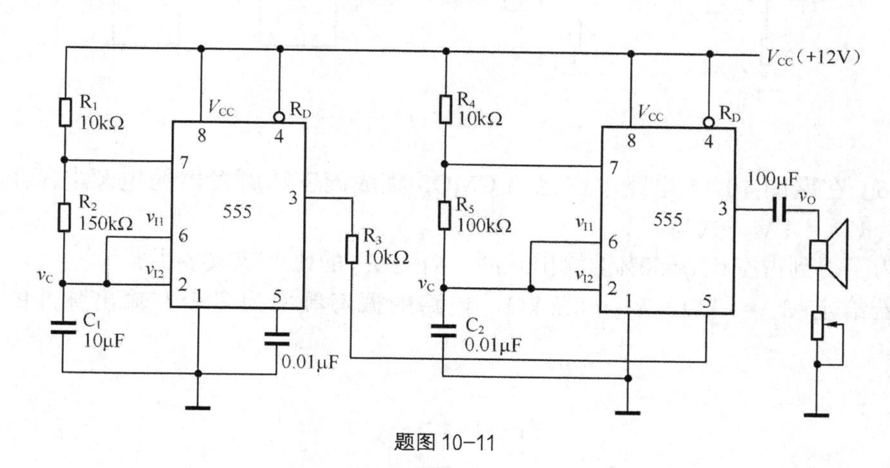


题图 10-11

［10-12］在题图 10-12（a）所示的施密特触发器电路中，已知 $R_1$=10 kΩ，$R_2$=30 kΩ。$G_1$ 和 $G_2$ 为 CMOS 反相器，$V_{DD}$=15 V。

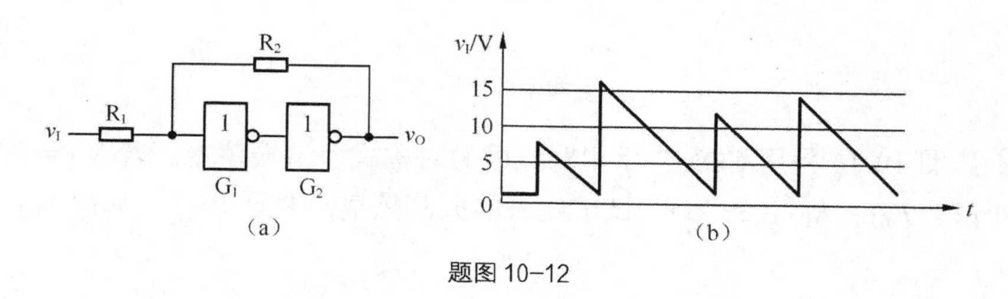


题图 10-12

（1）试计算电路的正向阈值电压 $V_{T+}$、负向阈值电压 $V_{T-}$ 和回差电压 $\Delta V_T$。

（2）若将题图 10-12（b）给出的电压信号加到题图 10-12（a）电路的输入端，试画出输出电压的波形。

［10-13］在题图 10-13 施密特触发器电路中，若 $G_1$ 和 $G_2$ 为 74LS 系列与非门和反相器，它们的阈值电压 $V_{TH}$=1.1 V，$R_1$=1 kΩ，二极管的导通压降 $V_D$=0.7 V，试计算电路的正向阈值电压 $V_{T+}$、负向阈值电压 $V_{T-}$ 和回差电压 $\Delta V_T$。

［10-14］题图 10-14 是用 TTL 门电路接成的微分型单稳态触发器，其中 $R_d$ 的阻值足够大，保证稳态时 $v_A$ 为高电平；R 的阻值很小，保证稳态时 $v_{I2}$ 为低电平。试分析该电路在给定触发信号 $v_I$ 作用下的工作过程；画出 $v_A$、$v_{01}$、$v_{I2}$ 和 $v_O$ 的电压波形；$C_d$ 的电容量很小，它与 $R_d$ 组成微分电路。

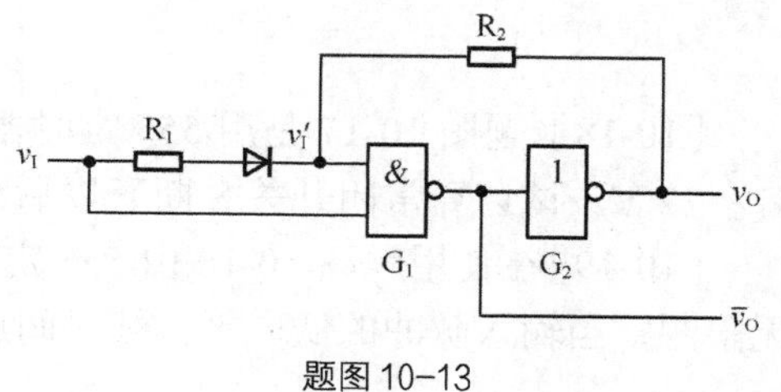


题图 10-13

[10-15]在题图 10-14 中，若 $G_1$、$G_2$ 为 TTL 门电路，它们的 $V_{OH}$=3.2 V，$V_{OL}$=0 V，$V_{TH}$=1.3 V，$R$=0.3 kΩ，$C$=0.01 μF，试求电路输出负脉冲的宽度 $t_w$。

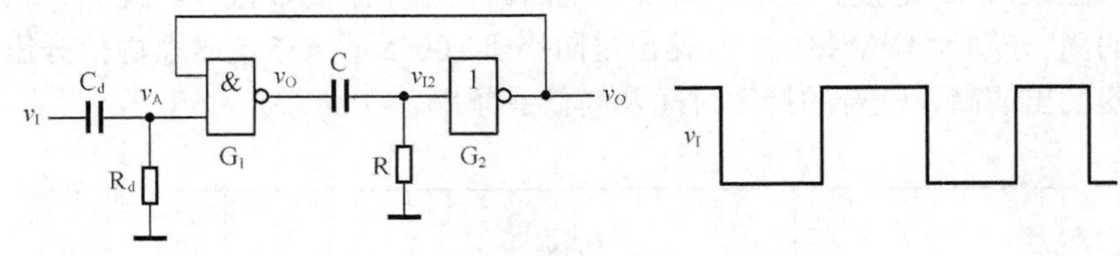


题图 10-14

[10-16] 在题图 10-15 电路中，已知 CMOS 集成施密特触发器的电源电压 $V_{DD}$=15 V，$V_{T+}$ = 9 V，$V_{T-}$ = 4 V。试问：

（1）为了得到占空比 $q$=50%的输出脉冲，$R_1$ 与 $R_2$ 的比值应取多少？

（2）若给定 $R_1$=3 kΩ，$R_2$ =8.2 kΩ，电路的振荡频率为多少？输出脉冲的占空比是多少？

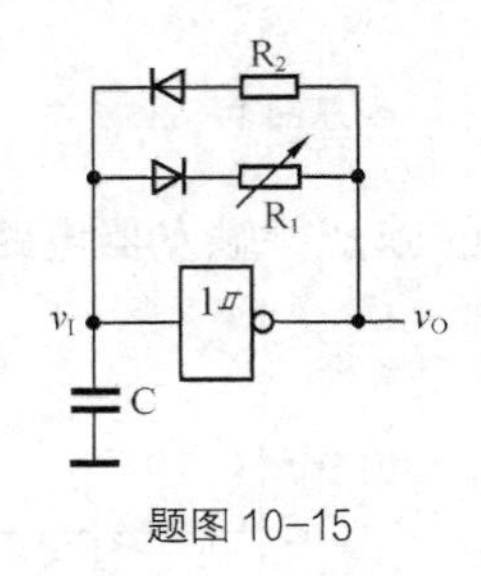


题图 10-15

[10-17] 题图 10-16 是用 COMS 反相器组成的对称式多谐振荡器。若 $R_{F1}$ = $R_{F2}$= 10 kΩ，$C_1$ =$C_2$ = 0.01 μF，$R_{P1}$ = $R_{P2}$ = 33 kΩ，试求电路的振荡频率，并画出 $v_{I1}$、$v_{o1}$、$v_{I2}$、$v_{o2}$ 各点的电压波形。

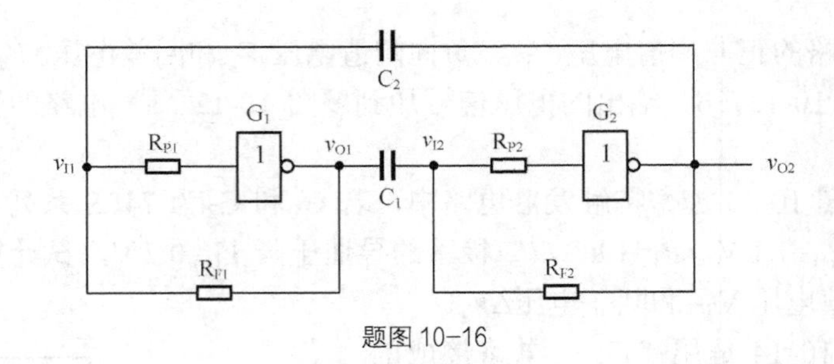


题图 10-16

[10-18] 题图 10-17 是用 555 定时器组成的开机延时电路。若给定 $C$ =25 μF，$R$ =91 kΩ，$V_{CC}$=12 V，试计算常闭开关 S 断开以后经过多长的延迟时间 $v_O$ 才跳变为高电平。

[10-19]在使用题图 10-18 由 555 定时器组成的单稳态触发器电路时对触发脉冲的宽度有无限制？当输入脉冲的低电平持续时间过长时，电路应作何修改？

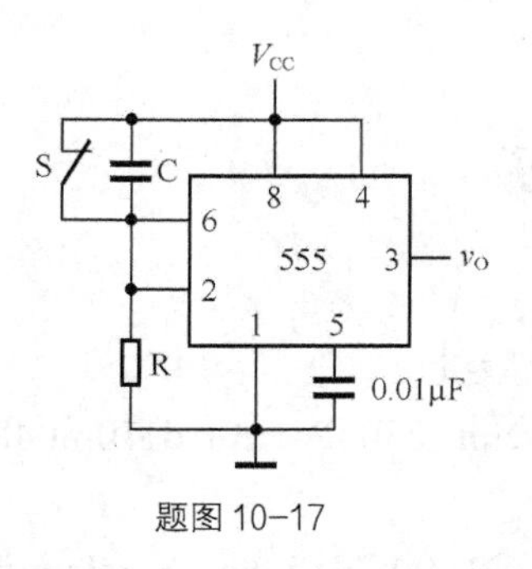

题图 10-17

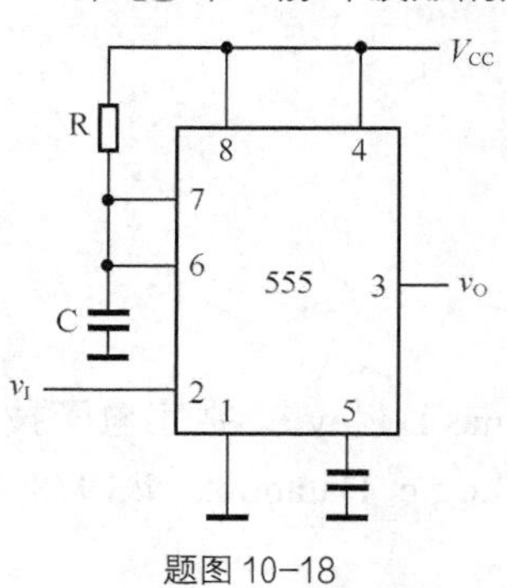

题图 10-18

［10-20］由 555 定时器、3-8 线译码器 74LS138 和 4 位二进制加法器 74LS161 组成的电路如题图 10-19 所示。

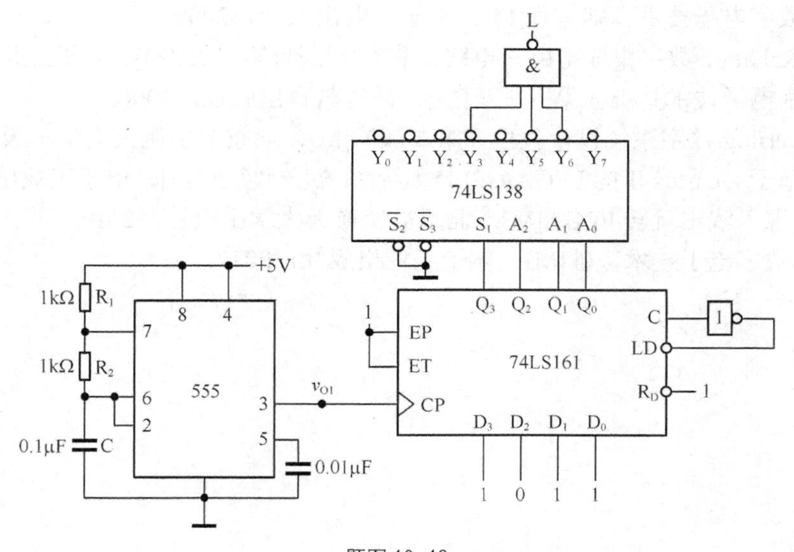

题图 10-19

（1）试问 555 定时器组成的是什么功能电路？计算 $v_{O1}$ 输出信号的周期。

（2）试问 74LS161 组成什么功能电路？列出其状态转换图。

（3）用逻辑表达式表示 L 与 $Q_3$、$Q_2$、$Q_1$、$Q_0$ 的关系。

（4）画出图中 $v_{o1}$、$Q_3$、$Q_2$、$Q_1$、$Q_0$ 及 L 的波形。

# 参 考 文 献

1．[美]Thomas L.Floyd．数字电子技术[M]．电子工业出版社.
2．CMOS Logic Databook @1988 National Semiconductor 2304P rrd-rrd110m048/Printed in U.S.A.
3．ALS/AS Logic Databook National Semiconductor @1990 National Semiconductor Corp TL2802P RRD/RRd75M129/Printed in U.S.A.
4．康华光．电子技术基础（数字部分）第五版[M]．高等教育出版社，2006.
5．夏路易．数字电子技术基础教程[M]．电子工业出版社，2009.
6．[美]Jan M.Rabaey．数字集成电路—电路、系统与设计(第二版)[M]．电子工业出版社，2012.
7．阎石．数字电子技术基础（第五版）[M]．高等教育出版社，2006.
8．夏宇闻．Verilog 数字系统设计教程（第二版）[M]．北京航空航天大学出版社，2008.
9．周润景．基于 Quartus II 的 FPGA/CPLD 数字系统设计实例[M]．电子工业出版社，2013.
10．吴厚航．深入浅出玩转 FPGA[M]．北京航空航天大学出版社，2010.
11．高燕梅．数字电子技术基础[M]．电子工业出版社，2012.